# 2024 KCS

**11차개정판 규정적용**

콘크리트실기 필독

KB160983

토목분야 베스트셀러 1
최고의 합격률

**필답형+작업형**

# 콘크리트기사실기
# 산업기사 3주완성 실기

정용욱 · 한웅규 · 홍성협 · 전지현 공저

## 2023 콘크리트기사실기 대비

- KCS 콘크리트표준시방서 규정적용
- Pick Remember 핵심 요약 정리
- 2011~2022 실기 필답형 수록

KDS 적용
2023 대비
KCS 적용

학원 : www.inup.co.kr
출판 : www.bestbook.co.kr

한솔아카데미 H/A/N/S/O/L/A/C/A/D/E/M/Y

❶ 신분증 지참은 반드시 필수입니다.

❷ 계산기(SOLVE기능) 지참은 필수입니다.

❸ [년도별 · 회별] 표시로 출제빈도를 알 수 있습니다.

---

**1단계** 　　　　**핵심이론 마스터**

- Pick Remember 핵심정리와 핵심문제를 서로 연계하여 이해하며 마스터합니다.
- 처음에는 완벽하게 하지말고 문제위주로 핵심정리(이론)를 이해하면 됩니다.

**2단계** 　　　　**핵심문제 스피드 마스터**

- Pick Remember 핵심정리를 오가며 핵심문제를 집중적이고 반복적으로 학습하며 문제해결 능력을 마스터합니다.
- Pick Remember 핵심정리를 오가며 핵심문제를 많이 반복할수록 시험에 유리합니다.

**3단계** 　　　　**과년도 실전 마스터**

- 12개년 과년도 문제를 실전처럼 수시로 실전테스트 합니다.
- 까다로운 계산문제와 용어정의 문제는 수시로 풀어봅니다.
- ☑☑☑ 체크된 문제는 반드시 확인하고 확인하셔야 합니다.

**4단계** 　　　　**작업형 실기**

- 교재를 통해 수없이 반복 학습을 하셔야 합니다.
- 시중 유튜브를 통해 완벽하게 이해하시면 도움이 됩니다.
- 특히 "콘크리트의 배합설계"는 시험방법과 계산방법을 통달하셔야만 시험장에서 만점을 받을 수 있습니다.

# 머리말

*가장 바쁜 사람이
가장 많은 시간을 갖는다.
그래서 보람된 많은 것을 얻는다.*

　콘크리트 기사·산업기사 자격증을 취득하기 위해서 생각을 반복하고 반복한 끝에 계획을 세우고, 결국은 실천에 옮겨 이렇게 콘크리트기사·산업기사실기 교재를 접하는 단계까지 오셨으리라 생각합니다.

　가장 바쁜 시간 중에 시간을 지배할 줄 아는 사람이 인생도 지배할 줄 안다고 생각됩니다. 콘크리트기사·산업기사 자격증이 출발점이라 생각하시고, 꾸준히 라이선스(license)에 도전하십시오. 그리고 한솔아카데미와 함께 하십시오. 반드시 계획했던 모든 꿈을 이루실겁니다.

1시간이 모여 하루가 되고
하루가 모여 한 주가 되며
한 주가 한 달이 됩니다.
그 한 달이 모여 일 년이 됩니다.

　이 책은 현행 시행되는 한국산업인력공단 국가기술자격검정에 의한 콘크리트기사 실기, 그동안 출제되었던 기출문제를 현재의 SI 국제단위와 시공코드 KCS 콘크리트표준시방서, KDS 국가건설기준 규정에 맞게 개정하였습니다.

　혹여 집필 중 오류나 문제 복원 중의 오류가 있다면 더욱 좋은 책으로 거듭날 수 있도록 애정 어린 관심과 조언을 부탁드립니다.

---

이 책의 특징

첫째, "콘크리트 기사·산업기사 필기"+"콘크리트 기사 실기" 필기에서 실기까지 최소한의 시간으로 조기의 목적을 달성할 수 있도록 하였습니다.
둘째, 필답형 실기(60점)와 작업형 실기(40점)를 동시에 완주하도록 하였습니다.
셋째, 한솔아카데미가 가장 빠른 시간에 독자께 자격증을 안겨 줄 수 있도록 편집하였습니다.

---

　한 권의 책이 나올 수 있도록 최선을 다해 도와주신 여러 교수님, 대학교 동문·후배님, 그리고 문제 복원을 위해 도움주시는 독자님들께 진심으로 감사드립니다.

　또한 한솔아카데미 편집부 여러분, 이 책의 얼굴을 예쁘게 디자인 해주신 강수정 실장님, 까다로운 수문도 이해하고 묵묵히 편집을 하여 주신 안주현 부장님, 언제나 가교역할을 해 주시는 최상식 이사님, 항상 큰 그림을 그려 주시는 이종권 사장님, 사랑받는 수험서로 출판될 수 있도록 아낌없이 지원해 주신 한병천 대표이사님께 감사드립니다.

저자 드림

# 책의 구성

**01**
Pick Remember
핵심정리

- 문제풀이 과정에 앞서 핵심요점을 제시하여 학습길잡이 역할을 하였다.
- 반드시 이론을 숙지하여 문제 해결의 요지를 납득할 수 있도록 기출문제로 자가 진단을 하도록 하였다.

**02**
추가적인
보충설명

- MEMO 란을 두어 보충설명을 하여 사전 학습관리를 하도록 하였다.
- KEY 를 두어 오류를 범하지 않도록 광범위한 방식으로 문제 해결 능력을 기르도록 하였다.

**03**
핵심
기출문제

- 2004년 이후 출제되었던 대부분의 문제로 구성하여 실전에 대한 감각을 자연스럽고 확실하게 터득할 수 있도록 하였다.
- 산출근거를 요구하는 문제는 먼저 공식을 제시하여 답안 작성법을 익히도록 하였다.

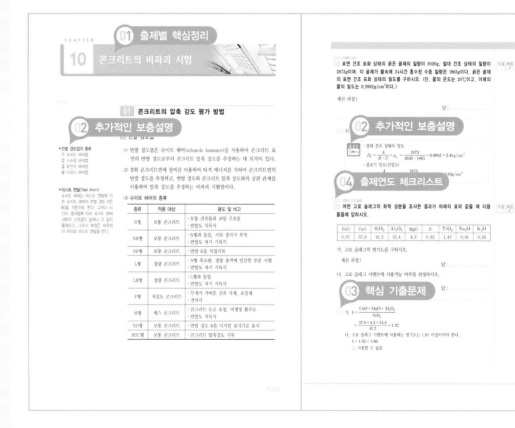

## 4
### 출제연도 체크리스트

- 문제마다 □□□를 두어 체크업을 하도록 하여 다시 한 번 문제를 확인할 수 있도록 하였다.
- 시험일에 임박해서는 **√√□**된 문제만 확인하여 좋은 결과를 얻을 수 있도록 하였다.

## 05
### 12개년 과년도 문제

- 과년도 출제문제를 통해 실전 감각을 익히도록 하였다.
- 과년도 출제문제를 반복하는 동안 연상법에 의해 자연스럽게 시험장에서도 답안 작성이 되도록 하였다.

## 6
### 작업형 실기문제

- 작업단계별로 특징을 숙지할 수 있도록 칼라사진을 넣고 자세한 부연 설명을 하였다.
- 시험결과 작성되는 성과표를 완벽하게 작성할 수 있도록 하였다.

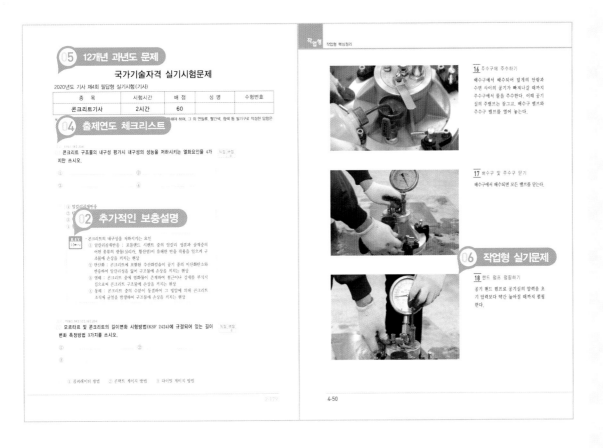

# 수험자 유의사항

## ❂ 시험전 반드시 준비 사항

① 신분증(주민등록증, 운전면허증, 여권, 모바일 신분증 등)을 반드시 소지해야만 시험에 응시할 수 있다.

② 기사, 산업기사 등급은 허용된 기종의 공학용계산기만 사용가능합니다.

| 연번 | 제조사 | 허용기종군 | [예] FX-570 ES PLUS |
|---|---|---|---|
| 1 | 카시오(CASIO) | FX-901 ~ 999 | |
| 2 | 카시오(CASIO) | FX-501 ~ 599 | |
| 3 | 카시오(CASIO) | FX-301 ~ 399 | |
| 4 | 카시오(CASIO) | FX-80 ~ 120 | |
| 5 | 샤프(SHARP) | FL-501 ~ 599 | |
| 6 | 샤프(SHARP) | EL-5100, EL-5230, EL-5250, EL-5500 | |
| 7 | 유니원(UNIONE) | UC-600E, UC-400M, UC-800X | |
| 8 | 캐논(Canon) | F-715SG, F-788SG, F-792SGA | |
| 9 | 모닝글로리(MORNING GLORY) | ECS-101 | |

※ 상기 기종은 변경될 수 있음을 알려드립니다.

## ❂ 답안 작성 (필기구)

① 문제순서가 아닌 정확히 아는 문제부터 풀어 간다.

② 흑색의 필기구만 사용한다.

③ 그 외 연필류, 빨간색, 청색 등 필기구로 작성한 답항은 0점 처리 됩니다.

## ❂ 계산과정과 답란

① 답란에는 문제와 관련이 없는 불필요한 낙서나 특이한 기록사항 등을 기재하여서는 안 된다.

② 부정의 목적으로 특이한 표식을 하였다고 판단될 경우에는 모든 문항이 0점 처리된다.

③ 답안을 정정할 때에는 반드시 정정부분을 두 줄(=)로 그어 표시하여야 한다.

> 예  $f_{sp} = \dfrac{2P}{\pi dl} = \dfrac{2 \times 165 \times 10^3}{\pi \times 100 \times 200} = \cancel{5.52\text{MPa}} = 5.25\text{MPa}$

④ 계산문제는 반드시 「계산과정」, 「답」 란에 계산과정과 답을 정확히 기재하여야 한다. 계산과정이 틀리거나 없는 경우 0점 처리된다.
 • 계산과정에서 연필류를 사용한 경우 0점 처리되므로 반드시 흑색으로만 덧씌우고 연필 자국은 반드시 없앤다.

⑤ 개별문제에서 소수 처리에 대한 요구사항이 있을 경우 그 요구사항에 따라야 한다.
 • 소수 일곱 번째 자리까지 최종 결과값(답)을 요구하는 경우 소수 여덟 번째 자리에서 반올림하여 소수 일곱 번째 자리까지 구하면 더 정확한 값을 얻는다.(투수계수의 경우)

⑥ 계산문제는 최종 결과값(답)의 소수 셋째자리에서 반올림하여 둘째자리까지 구한다.

- 이런 경우 중간계산은 소수 둘째자리까지 계산하거나, 더 정확한 계산을 위해서 셋째
  자리까지 구하여 최종값에서만 둘째자리까지 구하면 된다.

> **예** $M_n = 400(4765 - 1284)\left(500 - \dfrac{156.01}{2}\right) + 400 \times 1284(500 - 50)$
>
> $\qquad = 587585838 + 231120000 = 818705838 \text{N} \cdot \text{mm} = 818.71 \text{kN} \cdot \text{m}$
>
> $\qquad \therefore$ 설계휨모멘트 $\phi M_n = 0.85 \times 818.71 = 695.90 \text{kN} \cdot \text{m}$

⑦ 답에 단위가 없거나 단위가 틀려도 오답으로 처리된다.

> **예** • $d_A = \dfrac{495}{690.6 + 495 - 997} \times 0.991 = 2.62$      답 : 2.62 (오답)
>
>   • $d_A = \dfrac{495}{690.6 + 495 - 997} \times 0.991 = 2.62 \text{g/cm}^2$    답 : 2.62g/cm² (오답)
>
>   • $d_A = \dfrac{495}{690.6 + 495 - 997} \times 0.991 = 2.62 \text{g/cm}^3$    답 : 2.62g/cm³ (정답)

## ✪ 다답형(항수) 기재

① 요구한 가짓수만큼만 기재순으로 기재한다.

- 3가지를 요구하면 3가지만 기재한다.

> **예** ① _____ ② _____ ③ _____

- 4가지를 요구하면 4가지만 기재한다.

> **예** ① _____ ② _____ ③ _____ ④ _____

② 정의나 품질기준을 요구하는 문제는 간략하고 핵심적인 내용만 기재한다.

> **예** 온도 23±2℃에서 비중이 약 0.73 이상인 완전히 탈수된 등유나 나프타를
> 사용한다.

③ 한 문제에서 소문제로 파생되는 문제나 가짓수를 요구하는 문제는 대부분의 경우 부분
배점을 적용한다.

- 3가지를 요구한 경우 한 가지 또는 두 가지라도 답을 알면 반드시 기재하여 부분 배점을
  받아야 한다.

> **예** ① _질산은 적정법_ ② _흡광 광도법_ ③ _이온 전극법_ ④ _____

# CONTENTS

## PART2 필답형 콘크리트기사 과년도 문제

## PART3 필답형 콘크리트산업기사 과년도 문제

## PART4 작업형 핵심정리

# 콘크리트 실기 출제기준

## 1 콘크리트기사 실기 출제기준

| 중직무분야 | 토목 | 자격종목 | 콘크리트기사 | 적용기간 | 2022.1.1. ~ 2024.12.31 |
|---|---|---|---|---|---|

○직무내용 : 콘크리트에 대한 이해와 실무를 통하여 효율적으로 콘크리트의 제조, 시공, 시험, 검사, 품질관리와 콘크리트 제품, 콘크리트 구조, 진단 및 평가, 유지관리 등의 업무를 합리적으로 관리함으로써 콘크리트의 품질, 내구성 및 안전성의 확보를 도모하는데 필요한 직무이다.

○수행준거 : • 콘크리트 재료 및 각종콘크리트에 대한 이론적 지식을 바탕으로 각종 재료에 대한 시험을 실시하고 결과를 판정할 수 있다.
• 콘크리트 제조에 대한 이론적 지식을 바탕으로 배합설계 및 현장배합을 실시할 수 있다.
• 콘크리트 시공 및 품질관리에 대한 이론적 지식을 바탕으로 일반 및 특수콘크리트의 시공과 품질관리를 할 수 있다.
• 콘크리트 유지관리에 대한 이론적 지식을 바탕으로 열화조사 및 비파괴시험을 실시하고 콘크리트의 상태를 진단할 수 있다.
• 콘크리트 구조설계에 대한 이론적 지식을 바탕으로 구조설계 및 해석을 할 수 있다.

| 실기검정방법 | 복합형 | 시험시간 | 필답형 : 2시간<br>작업형 : 4시간 정도 |
|---|---|---|---|

| 실기과목명 | 주요항목 | 세부항목 |
|---|---|---|
| 콘크리트관련<br>전반적 사항 | 1. 콘크리트 일반 | 1. 콘크리트의 재료 시험하기<br>2. 배합 및 제조하기<br>3. 각종 콘크리트 시공하기<br>4. 콘크리트의 품질 관리하기<br>5. 콘크리트 유지 관리하기<br>6. 콘크리트 구조 설계하기 |
|  | 2. 콘크리트 시험 | 1. 굳지 않은 콘크리트 시험하기<br>2. 굳은 콘크리트 시험하기<br>3. 내구성 관련 시험하기 |

# 2 콘크리트산업기사 실기 출제기준

| 중직무분야 | 토목 | 자격종목 | 콘크리트산업기사 | 적용기간 | 2022.1.1. ~ 2024.12.31 |
|---|---|---|---|---|---|

○직무내용 : 콘크리트에 대한 이해와 실무를 통하여 효율적으로 콘크리트의 제조, 시공, 시험, 검사, 품질관리와 콘크리트 제품, 콘크리트 구조, 진단 및 평가, 유지관리 등의 업무를 이해하고 수행함으로써 콘크리트의 품질, 내구성 및 안전성의 확보를 도모하는데 필요한 직무이다.

○수행준거 : • 콘크리트 재료 및 각종콘크리트에 대한 이론적 지식을 바탕으로 각종 재료에 대한 시험을 실시하고 결과를 판정할 수 있다.
• 콘크리트 제조에 대한 이론적 지식을 바탕으로 배합설계 및 현장배합을 실시할 수 있다.
• 콘크리트 시공 및 품질관리에 대한 이론적 지식을 바탕으로 일반 및 특수콘크리트의 시공과 품질관리를 할 수 있다.
• 콘크리트 유지관리에 대한 이론적 지식을 바탕으로 열화조사 및 비파괴시험을 실시하고 콘크리트의 상태를 진단할 수 있다.
• 콘크리트 구조설계에 대한 이론적 지식을 바탕으로 구조설계 및 해석을 할 수 있다.

| 실기검정방법 | 복합형 | 시험시간 | 필답형 : 1시간 30분<br>작업형 : 4시간 정도 |
|---|---|---|---|

| 실기과목명 | 주요항목 | 세부항목 |
|---|---|---|
| 콘크리트관련<br>전반적 사항 | 1. 콘크리트 일반 | 1. 콘크리트의 재료 시험하기<br>2. 배합 및 제조하기<br>3. 각종 콘크리트 시공하기<br>4. 콘크리트의 품질 관리하기<br>5. 콘크리트 유지 관리하기<br>6. 콘크리트 구조 설계하기 |
| | 2. 콘크리트 시험 | 1. 굳지 않은 콘크리트 시험하기<br>2. 굳은 콘크리트 시험하기<br>3. 내구성 관련 시험하기 |

# 출제빈도표

| 주요내용 | 기사 | | 산업기사 | |
|---|---|---|---|---|
| | 계 | % | 계 | % |
| 1. 콘크리트의 재료 | 16 | 10 | 9 | 5 |
| 2. 시멘트 시험 | 4 | 2 | 0 | 0 |
| 3. 골재 시험 | 21 | 13 | 25 | 14 |
| 4. 배합 설계 | 24 | 14 | 34 | 19 |
| 5. 레디믹스트 콘크리트 | 5 | 3 | 7 | 4 |
| 6. 일반 콘크리트의 시공 | 4 | 2 | 10 | 6 |
| 7. 콘크리트의 성질 | 6 | 4 | 1 | 1 |
| 8. 특수 콘크리트의 시공 | 20 | 12 | 16 | 9 |
| 9. 굳지 않은 콘크리트 시험 | 10 | 6 | 10 | 6 |
| 10. 굳은 콘크리트 시험 | 4 | 2 | 11 | 6 |
| 11. 콘크리트의 비파괴 시험 | 8 | 5 | 6 | 3 |
| 12. 내구성 관련 시험 | 18 | 11 | 18 | 10 |
| 13. 콘크리트의 품질관리 | 3 | 2 | 8 | 4 |
| 14. 콘크리트의 유지관리 | 2 | 1 | 1 | 1 |
| 15. 철근콘크리트 구조설계 | 22 | 13 | 22 | 12 |

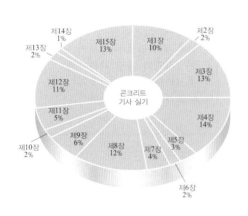

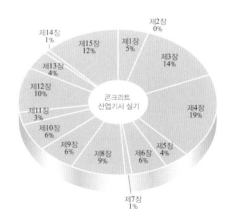

# PART 1

# Pick Remember
## 필답형 핵심정리

## 01 시멘트

### 1 시멘트의 원료

(1) 석회석, 점토, 규석 및 슬래그 등 시멘트의 원료를 소성로에서 소성시켜 만든 클링커에 응결 지연제로, 석고를 3% 정도 첨가하여 미분쇄하면 시멘트가 제조된다.

(2) 포틀랜드 시멘트의 제조에 필요한 주원료는 석회석, 점토, 규석, 슬래그 및 석고로서 석회질 원료와 점토질 원료를 4 : 1의 비율로 섞어 만든다.

(3) 포틀랜드 시멘트의 주원료

| 원 료 | | 주 성 분 | 시멘트 1t을 생산하는 데 필요한 양 |
|---|---|---|---|
| 석회질 원료(80%) | 석회석 | $CaO$ | 약 1130kg |
| 점토질 원료(20%) | 점토 | $SiO_2$(20~26%) $Al_2O_3$(4~9%) | 약 240kg |
| | 규석 | $SiO_2$ | 약 50kg |
| | 슬래그 | $Fe_2O_3$ | 약 35kg |
| | 석고 | $CaSO_4 \cdot 2H_2O$ | 약 33kg |

### 2 총알칼리량

$$R_2O = Na_2O + 0.658K_2O$$

여기서, $R_2O$ : 포틀랜드 시멘트 중의 전체 알칼리의 질량(%)

$Na_2O$ : 포틀랜드 시멘트(저알칼리형) 중의 산화나트륨의 질량(%)

$K_2O$ : 포틀랜드 시멘트(저알칼리형) 중의 산화칼륨의 질량(%)

MEMO

### 3 시멘트 클링커의 조성 광물

(1) 규산 3석회($C_3S$) : 수화열이 $C_2S$에 비해 크며 조기 강도가 크다.

(2) 규산 2석회($C_2S$) : 수화열이 작아서 강도 발현은 늦지만 장기 강도의 발현성과 화학 저항성이 우수하다.
  • 벨라이트($C_2S$)는 $C_3S$보다 수화열이 작아서 강도발현은 늦지만 장기강도의 발현성과 화학저항성이 우수하다.

(3) 알민산 3석회($C_3A$) : 수화 속도가 매우 빠르고 발열량과 수축이 크다.
  • 알루미네이트는 $C_3A$가 주성분으로 조기 강도는 크고 장기 강도는 낮고, 수화 속도가 대단히 빠르고 발열량과 수축이 크다.

(4) 알민산철 4석회($C_4AF$) : 수화열이 적고 수축도 적다. 강도 증진에는 큰 효과가 없으나 화학 저항성이 양호하다.
  • 페라이트($C_4AF$)는 수화열이 적고 수축도 적으며 강도도 작지만 화학 저항성이 양호하다.

(5) 클링커 화합물의 특성

| 조성 광물 | 주요 화합물 | 특 성 | | | | |
|---|---|---|---|---|---|---|
| | | 조기 강도 | 장기 강도 | 수화열 (cal/g) | 화학 저항성 | 건조 수축 |
| 알라이트 (Alite) | $C_3S$ | 대 | 중 | 120 | 중 | 중 |
| 벨라이트 (Belite) | $C_2S$ | 소 | 대 | 60 | 대 | 소 |
| 페라이트 (Ferrite) | $C_4AF$ | 소 | 소 | 100 | 대 | 소 |
| 셀라이트 (Celite) | $C_3A$ | 대 | 소 | 200 | 소 | 대 |

### 4 시멘트의 일반적 성질

❶ 시멘트의 분말도

(1) 시멘트 입자의 크기 정도를 분말도 또는 비표면적으로 나타내며 시멘트의 입자가 미세할수록 분말도가 크다고 말한다.

(2) 분말도가 큰 시멘트의 특징
  ① 색이 밝게 되며 비중도 가벼워진다.
  ② 초기 강도가 크게 되며 강도 증진율이 높다.
  ③ 블리딩이 적고 워커블한 콘크리트가 얻어진다.
  ④ 물과 혼합 시 접촉 표면적이 커서 수화 작용이 빠르다.
  ⑤ 풍화하기 쉽고 건조 수축이 커져서 균열이 발생하기 쉽다.

(3) 분말도의 시험

　① 공기 투과 장치에 의한 시험

　② 표준체에 의한 방법

## ❷ 응결

(1) **정의** : 시멘트풀이 시간이 경과함에 따라 수화에 의하여 유동성과 점성을 상실하고 고화하는 현상을 응결이라 한다.

(2) **시멘트의 응결 시간 측정 방법**

　① 비카트(Vicat) 침 장치에 의한 방법

　② 길모어(gillmore) 침에 의한 방법

(3) **응결 시간에 영향을 미치는 요인**

　① 분말도가 크면 응결은 빨라진다.

　② $C_3A$ 가 많을수록 응결은 빨라진다.

　③ 온도가 높을수록 응결은 빨라진다.

　④ 습도가 낮으면 응결은 빨라진다.

　⑤ 석고의 첨가량이 많을수록 응결은 지연된다.

　⑥ 물-시멘트비가 클수록 응결은 지연된다.

　⑦ 풍화된 시멘트는 일반적으로 응결이 지연된다.

　⑧ 풍화가 될수록 이상 응결을 일으키기 쉽다.

## ❸ 시멘트의 풍화

(1) **정의** : 시멘트가 저장 중에 공기 중의 수분과 이산화탄소와 반응하여 수화 반응을 일으켜 탄산칼슘을 만드는 현상을 풍화라 한다.

(2) **풍화된 시멘트의 특징**

　① 비중이 떨어진다.

　② 응결이 지연된다.

　③ 강열 감량이 증가된다.

　④ 강도의 발현이 저하된다.

## ❹ 시멘트의 비중

(1) 포틀랜드 시멘트의 비중은 한국산업규격에 3.05 이상으로 규정하고 있다.

(2) **일반적으로 시멘트 비중이 작아지는 이유**

　① 클링커의 소성이 불충분할 때 비중이 작아진다.

　② 혼합물이 섞여 있을 때 비중이 작아진다.

　③ 시멘트가 풍화되었을 때 비중이 작아진다.

　④ 저장기간이 길었을 때 비중이 작아진다.

　⑤ $CaO$, $Al_2O_3$가 많으면 비중이 작아진다.

(3) 일반적으로 시멘트 비중이 커지는 경우
- 일반적으로 $SiO_2$, $Fe_2O_3$가 많으면 비중이 커진다.

## ❺ 안정성

(1) 안정성의 정의 : 시멘트가 경화 중에 체적이 팽창하여 팽창 균열이나 휨 등이 생기는 정도를 말한다.

(2) 안정성의 시험 : 시멘트의 오토클레이브 팽창도 시험 방법(KS L 5107)

## 5 시멘트의 종류

### ❶ 포틀랜드 시멘트의 종류

(1) 1종 보통 포틀랜드 시멘트 : 석회석과 점토와 같은 원료로 제조되었으며, 우리나라 전체 시멘트 생산량의 거의 90%가 된다.

(2) 2종 중용열 포틀랜드 시멘트 : 조기 강도는 작으나 수화열이 작고 내구성이 좋아 댐과 같은 매시브한 콘크리트에 사용한다.

(3) 3종 조강 포틀랜드 시멘트 : 보통 포틀랜드 시멘트가 재령 28일에 나타내는 강도를 재령 7일에서 낼 수 있으며, 수화열이 많으므로 한중 콘크리트 시공에 적합하다.

(4) 4종 저열 포틀랜드 시멘트 : 중용열 포틀랜드 시멘트보다도 수화열을 5~10% 정도 적게한 것으로 댐 등의 매스 콘크리트의 시공에 적합하다.

(5) 5종 내황산염 포틀랜드 시멘트 : 황산염의 화학 침식에 대한 저항성을 크게 한 시멘트로서, 알루민산삼석회의 양을 적게 한 것이다.

(6) 백색 포틀랜드 시멘트 : 시멘트 원료 중 점토에서 실리카 성분을 제거하여 백색으로 만들어지며 주로 건축물의 미장, 장식용, 채광용 등에 쓰인다.

### ❷ 혼합 시멘트

① 고로 슬래그 시멘트
② 플라이 애시 시멘트
③ 포틀랜드 포졸란 시멘트

### ❸ 특수 시멘트

① 알루미나 시멘트
② 초속경 시멘트
③ 팽창 시멘트
④ 메이슨리 시멘트

MEMO

## 02 골 재

### 1 골재의 분류

(1) 굵은 골재

① 5mm 체에 거의 다 남는 골재

② 5mm 체에 다 남는 골재

(2) 잔골재

① 10mm 체를 전부 통과하고, 5mm 체를 거의 다 통과하며, 0.08mm 체에 거의 다 남는 골재

② 5mm 체를 통과하고 0.08mm 체에 남는 골재

### 2 골재가 갖추어야 할 성질

(1) 깨끗하고 유해물의 유해량을 포함하지 않을 것

(2) 물리적·화학적으로 안정하고 내구성이 클 것

(3) 견경하고 강고할 것

(4) 대소립(大小粒)이 적당하게 혼입될 것, 즉 입도가 적당할 것

(5) 소요의 중량을 가질 것

(6) 내화적인 콘크리트를 제조할 때는 그에 적합한 성질을 가질 것

(7) 마모에 대한 저항이 클 것

(8) 모양이 둥글고 구형에 가까울 것(가늘고 길거나, 편평하거나 얇으면 부스러지기 쉽고 불안정하다).

### 3 골재의 함수량

❶ 골재의 함수 상태

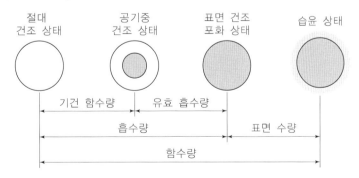

(1) **습윤 상태** : 골재 입자의 내부에 물이 채워져 있고, 표면에도 물이 부착되어 있는 상태이다.

MEMO

(2) **표면 건조 포화 상태** : 골재 알의 표면에는 물기가 없고, 알 속의 빈틈만 물로 차 있는 상태이다.

(3) **공기 중 건조 상태** : 골재 알 속의 빈틈 중 일부만 물로 차 있는 상태로 기건 상태라고도 한다.

(4) **절대 건조 상태** : 건조로에서 $(105\pm5)$℃의 온도로 무게가 일정하게 될 때까지 완전히 건조시킨 상태로 절건 상태라고도 한다.

❷ **골재의 수량**

(1) **골재의 함수율** : 골재의 표면 및 내부에 있는 물 전체 질량의 절건 상태 골재 질량에 대한 백분율

$$함수율 = \frac{습윤\ 상태의\ 질량 - 절건상태의\ 질량}{절건\ 상태의\ 질량} \times 100$$

(2) **골재의 흡수량** : 표면 건조 포화 상태의 골재에 함유되어 있는 전체 수량의 절건 상태 골재 질량에 대한 백분율

$$흡수율 = \frac{표건\ 상태의\ 질량 - 절건\ 상태의\ 질량}{절건\ 상태의\ 질량} \times 100$$

(3) **골재의 표면 수율** : 골재의 표면에 붙어 있는 수량의 표면 건조 포화 상태 골재 질량에 대한 백분율

$$표면\ 수율 = \frac{습윤\ 상태의\ 질량 - 표건\ 상태의\ 질량}{표면\ 건조의\ 질량} \times 100$$

■유효 흡수량
공기 중 건조 상태와 표면 건조 포화 상태 사이의 함수량

(4) **골재의 유효 흡수율** : 골재가 공기 중 건조 상태로부터 표면 건조 포화 상태가 될 때까지 흡수하는 수량의 기건 상태 골재 질량에 대한 백분율

$$유효\ 흡수율 = \frac{표건\ 상태의\ 질량 - 기건\ 상태의\ 질량}{절건\ 상태의\ 질량} \times 100$$

**4 공극률과 실적률**

(1) **공극률**

• 골재의 단위 용적 중의 공극의 비율을 백분율로 나타낸 것을 공극률이라 한다.

$$공극률 = \left(1 - \frac{M}{G_s}\right) \times 100$$

여기서, $M$ : 골재의 단위 무게
$G_s$ : 골재의 절대 건조 밀도

(2) 실적률

$$\bullet\ G = \frac{T}{d_D} \times 100$$

$$\bullet\ G = \frac{T}{d_s} \times (100 + Q)$$

$$\bullet\ 실적률 = 100 - 공극률(\%)$$

여기서,  $G$ : 골재의 실적률(%)
$T$ : 단위 용적 질량(kg/L)
$d_D$ : 골재의 절건 밀도(kg/L)
$d_S$ : 골재의 표건 밀도(kg/L)
$Q$ : 골재의 흡수율(%)

## 5 콘크리트용 골재

### (1) 골재의 물리적 성질

■정밀도(시험값은 평균값과의 차이)

| 구분 | 밀도(g/cm³) | 흡수율(%) |
|---|---|---|
| 잔골재 | 0.01 이하 | 0.05 이하 |
| 굵은 골재 | 0.01 이하 | 0.03 이하 |

| 구 분 | 전체 시료에 대한 최대 질량 백분율(%) | |
|---|---|---|
| | 굵은 골재 | 잔골재 |
| 절대 건조 밀도(g/cm³) | 2.50 이상 | 2.50 이상 |
| 흡수율(%) | 3.0 이하 | 3.0 이하 |
| 안정성(%) | 12 이하 | 10 이하 |
| 마모율(%) | 40 이하 | – |

• 황산나트륨으로 5회 시험을 하며, 손실량은 입도로 규정한 각 시료별 합산값을 말한다.
• 마모율도 콘크리트에 사용된 입도에 따라 측정한다. 하나 이상의 입도를 콘크리트에 사용할 경우 마모율의 허용값은 각 입도에 따라 적용한다.

### (2) 골재의 유해물 함유량의 허용값

| 구 분 | 전체 시료에 대한 최대 질량 백분율(%) | |
|---|---|---|
| | 굵은 골재 | 잔골재 |
| 점토 덩어리 | 0.25 | 1.0 |
| 연한 석편 | 5.0 | – |
| 0.08mm 체 통과량<br>• 콘크리트의 표면이 마모 작용을 받는 경우<br>• 기타의 경우 | 1.0<br>1.0 | 3.0<br>5.0 |
| 석탄, 갈탄 등으로 밀도 2g/cm³의 액체에 뜨는 것<br>• 콘크리트의 외관이 중요한 경우<br>• 기타의 경우 | 0.5<br>1.0 | 0.5<br>1.0 |
| 염화물(NaCl 환산량) | – | 0.04 |

MEMO

## 6 콘크리트용 부순 골재

• 부순 골재의 물리적 성질

| 시험 항목 | 품질 기준 | |
|---|---|---|
| | 부순 굵은 골재 | 부순 잔골재 |
| 절대 건조 밀도(g/cm$^3$) | 2.50 이상 | 2.50 이상 |
| 흡수율(%) | 3.0 이하 | 3.0 이하 |
| 안정성(%) | 12 이하 | 10 이하 |
| 마모율(%) | 40 이하 | – |
| 0.08mm 체 통과량(%) | 1.0 이하 | 7.0 이하 |
| 안정성 시험은 황산나트륨으로 5회 시험한다. | | |

MEMO

## 03 혼화 재료

### 1 고로슬래그 분말

■ 고로슬래그 미분말의 염기도는 1.60 이상의 것을 사용하도록 규정하고 있다.

(1) 고로슬래그의 염기도 $b = \dfrac{CaO + MgO + Al_2O_3}{SiO_2} \geq 1.60$ 이상

(2) 고로슬래그 미분말의 품질(KS F 2563)

| 품질 | | 1종 | 2종 | 3종 |
|---|---|---|---|---|
| 밀도(g/cm³) | | 2.80 이상 | 2.80 이상 | 2.80 이상 |
| 비표면적(cm²/g) | | 8000~10000 | 6000~8000 | 4000~6000 |
| 활성도 지수(%) | 재령 7일 | 95 이상 | 75 이상 | 55 이상 |
| | 재령 28일 | 105 이상 | 105 이상 | 95 이상 |
| | 재령 91일 | 105 이상 | 105 이상 | 55 이상 |
| 플로값비(%) | | 95 이상 | 95 이상 | 95 이상 |
| 산화마그네슘(MaO)(%) | | 10.0 이하 | 10.0 이하 | 10.0 이하 |
| 삼산화황($SiO_3$)(%) | | 4.0 이하 | 4.0 이하 | 4.0 이하 |
| 강열 감량(%) | | 3.0 이하 | 3.0 이하 | 3.0 이하 |
| 염화물 이온(%) | | 0.02 이하 | 0.02 이하 | 0.02 이하 |

(3) 고로슬래그 미분말의 장점
 ① 단위 수량을 줄일 수 있다.
 ② 알칼리 골재 반응을 억제한다.
 ③ 블리딩이 작고 유동성이 향상된다.
 ④ 콘크리트의 워커빌리티가 좋아진다.
 ⑤ 잠재 수경성으로 장기 강도가 향상된다.
 ⑥ 황산염 등에 대한 화학 저항성이 향상된다.
 ⑦ 콘크리트의 조직이 치밀하여 수밀성이 향상된다.
 ⑧ 염화물 이온 침투 억제에 의한 철근 부식 억제에 효과가 있다.
 ⑨ 수화 발열 속도의 감소 및 콘크리트의 온도 상승 억제에 효과가 있다.

### 2 플라이 애시

플라이 애시(fly ash)는 화력발전소 등의 연소 보일러에서 부산되는 석탄 재료서 연소 폐가스 중에 포함되어 집진기에 의해 회수된 특정 입도 범위의 입상 잔사를 말하며 포졸란계를 대표하는 혼화재 중의 하나이다.

(1) 플라이 애시의 특징
 ① 사용 수량을 감소시켜 준다.
 ② 콘크리트의 수밀성을 크게 개선한다.

③ 콘크리트의 워커빌리티를 좋게 한다.

④ 동결 융해에 대한 저항성을 향상시킨다.

⑤ 시멘트의 수화열에 의한 콘크리트의 온도를 감소시킨다.

(2) 플라이 애시를 사용한 콘크리트의 성질

① 유동성의 개선 : 워커빌리티를 개선하여 단위 수량을 감소시킨다.

② 장기 강도의 개선 : 콘크리트의 강도는 비교적 초기 재령에서는 일반 콘크리트보다 낮지만 재령이 길어짐에 따라 포졸란 반응의 증가에 의해 장기강도는 증가한다.

③ 수화열의 감소 : 플라이 애시 첨가 콘크리트는 수화열에 의한 균열을 방지할 목적으로 댐과 같은 매스 콘크리트 등에 이용된다.

④ 알칼리 골재 반응의 억제 : 플라이 애시는 알칼리 골재 반응에 의한 팽창을 억제하는 효과가 있다.

(3) 플라이 애시의 품질(KS L 5405)

| 항 목 | | 플라이 애시 1종 | 플라이 애시 2종 |
|---|---|---|---|
| 이산화규소($SiO_2$) | | 45% 이상 | 45% 이상 |
| 수분 | | 1.0% 이하 | 1.0% 이하 |
| 강열 감량 | | 3.0% 이하 | 5.0% 이하 |
| 밀도($g/cm^3$) | | 1.95 이상 | 1.95 이상 |
| 분말도 | 45$\mu$m 체 망체 방법(%) | 10 이하 | 40 이하 |
| | 비표면적($cm^2/g$) (블레인 방법) | 4500 | 3000 |
| 플로값비(%) | | 105 이상 | 95 이상 |
| 활성도 지수(%) | 재령 28일 | 90 이하 | 80 이상 |
| | 재령 91일 | 100 이상 | 90 이상 |

### 3 공기 연행(AE)제

공기 연행제는 계면 활성제의 일종으로 미세한 크기의 독립 기포를 콘크리트 내부에 발생시켜 콘크리트의 워커빌리티와 동결 융해에 대한 저항성을 갖도록 사용되는 혼화제이다.

(1) **연행 공기** : 공기 연행제에 의해 콘크리트 중에 생성된 공기를 연행공기라 한다.

(2) **갇힌 공기** : 혼화제를 사용하지 않더라도 콘크리트 속에 자연적으로 포함되는 공기

(3) **콘크리트의 공기량에 영향을 미치는 요인**

① 시멘트의 분말도가 증가하면 공기량은 감소한다.

② 잔골재의 입도에 의한 영향이 크며 잔골재 중에 0.3~0.6mm의 잔입자량이 많으면 공기량은 증가한다.

MEMO

③ 콘크리트의 온도는 낮을수록 공기량이 증가한다.

④ 일반적으로 콘크리트의 슬럼프가 크면 공기량이 증가되는 경향이 있으며 슬럼프 150mm 이상의 매우 묽은 반죽에서는 오히려 공기량이 감소된다.

⑤ 잔골재율이 작으면 공기량은 감소한다.

⑥ 혼합 시간이 너무 짧거나 길면 공기량은 감소되며 3~5분 정도 혼합을 할 때 공기량이 최대가 된다.

⑦ 레디믹스트 콘크리트는 운반 시간에 따라 0.5~1% 정도 공기량이 저하된다.

## **4 콘크리트용 화학 혼화제**

(1) 콘크리트용 화학 혼화제로 사용되는 AE제, 감수제, AE 감수제 및 고성능 AE 감수제에 대하여 규정한다.

(2) **화학 혼화제** : 주로 계면 활성 작용에 의해 콘크리트의 제성질을 개선하기 위하여 사용하는 혼화제

(3) **화학 혼화제의 종류**

① 표준형 : 화학 혼화제의 종류로서 콘크리트의 응결 속도를 거의 변화시키지 않는 것

② 지연형 : 화학 혼화제의 종류로서 콘크리트의 응결 속도를 지연시키는 것

③ 촉진형 : 화학 혼화제의 종류로서 콘크리트의 응결 속도 및 초기 강도의 발현을 촉진시키는 것

(4) **콘크리트용 화학 혼화제의 품질(KS F 2560)**

| 항목 | | AE제 | 감수제 | | | AE 감수제 | | | 고성능 AE감수제 | |
|---|---|---|---|---|---|---|---|---|---|---|
| | | | 표준형 | 지연형 | 촉진형 | 표준형 | 지연형 | 촉진형 | 표준형 | 지연형 |
| 감수율(%) | | 6 이상 | 4 이상 | 4 이상 | 4 이상 | 10 이상 | 10 이상 | 8 이상 | 18 이상 | 18 이상 |
| 블리딩량의 비(%) | | 75 이하 | 100 이하 | 100 이하 | 100 이하 | 70 이하 | 70 이하 | 70 이하 | 60 이하 | 70 이하 |
| 응결 시간의 차(분) | 초결 | −60 ~ +60 | −60 ~ +90 | −60 ~ +210 | +30 이하 | −60 ~ +90 | −60 ~ +210 | + 30 이하 | −30 ~ +120 | +90 ~ +240 |
| | 종결 | −60 ~ +60 | −60 ~ +90 | +210 이상 | 0 이하 | −60 ~ +90 | +210 이상 | 0 이하 | −60 ~ +120 | +240 이상 |
| 압축 강도비 (%) | 재령 3일 | 95 이상 | 115 이상 | 105 이상 | 125 이상 | 115 이상 | 105 이상 | 125 이상 | 135 이상 | 135 이상 |
| | 재령 7일 | 95 이상 | 110 이상 | 110 이상 | 115 이상 | 110 이상 | 110 이상 | 115 이상 | 125 이상 | 125 이상 |
| | 재령 28일 | 90 이상 | 110 이상 | 110 이상 | 110 이상 | 110 이상 | 110 이상 | 110 이상 | 115 이상 | 115 이상 |
| 길이 변화비(%) | | 120 이하 | 120 이상 | 120 이상 | 120 이상 | 120 이상 | 120 이상 | 120 이하 | 120 이상 | 120 이상 |
| 동결 융해에 대한 저항성 [상대동탄성계수(%)] | | 80 이상 | – | – | – | 80 이상 | 80 이상 | 80 이상 | 80 이상 | 80 이상 |
| 경시 변화량 | 슬럼프 (mm) | – | – | | | | | | 60 이하 | 60 이하 |
| | 공기량 (%) | – | – | | | | | | ±1.5 이내 | ±1.5 이내 |

## 5 실리카퓸

- 실리카퓸을 사용한 콘크리트의 성질
  ① 실리카퓸의 미세 분말의 영향으로 시멘트 페이스트의 점착성이 증대되어 콘크리트의 재료 분리 저항성이 증대되어 블리딩량은 감소한다.
  ② 마이크로 필러 효과 및 포졸란 반응이 동시에 작용함으로써 강도를 향상시키기 때문에 압축 강도 발현성은 대단히 양호하다.
  ③ 마이크로 필러(micro filler) 효과는 초미립의 실리카퓸이 $0.5 \sim 1.0 \mu m$의 시멘트 입자 둘레에 생기는 공극을 충전하여 아주 치밀한 구조를 만들어 골재와 결합재 간의 부착력이 증가하여 콘크리트의 강도가 증가되는 효과이다.
  ④ 포졸란(pozzolan) 반응은 혼합률은 5~15%에서 강도 증진 효과가 크며 다른 포졸란 재료와 달리 초기에 포졸란 반응이 일어나는 특징을 가지고 있다.

제1장 콘크리트의 재료

# 과년도 예상문제

## 01 시멘트

□□□ 기05③,09①, 4점

01 시멘트 성분 중 클링커의 조성 광물을 4가지만 쓰시오.

① _____  ② _____

③ _____  ④ _____

해답 ① 알라이트(Alite)  ② 벨라이트(Belite)
　　 ③ 알루미네이트(Celite)  ④ 페라이트(Ferrite)

□□□ 기10③, 4점

02 시멘트의 안전성(soundness)에 대해 아래의 물음에 답하시오.

가. 시멘트의 안정성 정의를 간단히 설명하시오.

　○

나. 시멘트의 안정성을 알아보기 위한 시험의 명칭을 쓰시오.

　○

해답 가. 시멘트가 경화 중에 체적이 팽창하여 팽창 균열이나 휨 등이 생기는 정도를 말한다.
　　 나. 시멘트의 오토클레이브 팽창도 시험 방법(KS L 5107)

□□□ 기06③, 4점

03 콘크리트, 시멘트풀, 모르타르의 체적이 시멘트 수화 반응의 진행에 의해 감소하여 수축하는 현상을 무엇이라 하는가?

해답 건조 수축

## 02 골 재

□□□ 산05③, 6점

**04 콘크리트 사용 골재로서 갖추어야 할 필요한 성질 3가지만 쓰시오.**

① _____

② _____

③ _____

해답 ① 소요의 중량을 가질 것
② 마모에 대한 저항성이 클 것
③ 깨끗하고 유해물을 포함하지 않을 것
④ 물리적으로 안정하고 내구성이 클 것
⑤ 모양이 둥글거나 정육면체에 가깝고 시멘트풀과의 부착력이 좋을 것

□□□ 산05①, 4점

**05 콘크리트용 골재의 함수 상태에 따른 다음 그림을 보고 (   ) 안의 빈칸을 채우시오.**

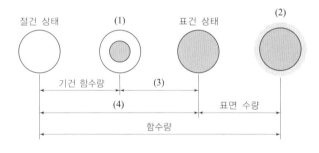

① _____  ② _____

③ _____  ④ _____

해답 ① 공기 중 건조 상태    ② 습윤 상태    ③ 유효 흡수량    ④ 흡수량

□□□ 기09③, 4점

**06 골재의 흡수율에 대하여 정의를 간단히 쓰시오.**

○ _____

해답 공기 중 건조 상태의 골재 질량에 대한 골재가 표면 건포화 상태가 될 때까지 흡수하는 수량의 백분율

□□□ 기07③,10①, 4점

07 다음 그림은 골재의 함수 상태를 나타낸 그림이다. 그림을 보고 (   ) 안에 알맞은 용어를 넣으시오.

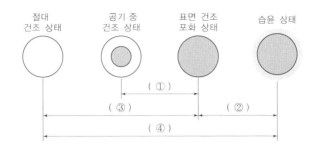

① _____   ② _____

③ _____   ④ _____

[해답]  ① 유효 흡수량    ② 표면 수량    ③ 흡수량    ④ 함수량

□□□ 산05③, 4점

08 골재의 절대 건조 상태의 질량이 1100g, 표면 건조 포화상태의 질량이 1120g, 습윤 상태의 질량이 638g이었다. 이 골재의 흡수율을 구하시오.

계산 과정)

답 : _____

[해답]  흡수율 $= \dfrac{\text{표면 건조 포화 상태} - \text{노건조 상태}}{\text{노건조 상태}} \times 100 = \dfrac{1120 - 1100}{1100} \times 100 = 1.82\,\%$

□□□ 기05①, 4점

09 골재 시험 결과 다음과 같을 결과를 얻었을 때 공극률을 구하시오.

• 골재의 단위 용적 질량 : 1.55(kg/L)
• 골재의 밀도 : 2.65(kg/L)

계산 과정)

답 : _____

[해답]  • 골재의 실적률 $G = \dfrac{T}{d_d} \times 100 = \dfrac{1.55}{2.65} \times 100 = 58.49\%$
• 골재의 공극률 $\nu = 100 - G = 100 - 58.49 = 41.51\%$

□□□ 기05①.09①.12①, 6점

**10** 굵은 골재의 유해물 함유량 한도 규격을 아래 표의 빈칸을 채우시오.

| 종류 | 최대값(%) |
|---|---|
| 점토 덩어리 | ① |
| 연한 석편 | ② |
| 0.08mm 체 통과량 | ③ |

해답 ① 0.25　　② 5.0　　③ 1.0

□□□ 산05③, 5점

**11** 콘크리트용 부순 굵은 골재(KS F 2527)는 규정에 적합한 골재를 사용하여야 한다. 부순 굵은 골재의 물리적 품질에 대한 아래 표의 빈칸을 채우시오.

| 시험 항목 | 품질 기준 |
|---|---|
| 절대 건조 밀도(g/cm$^3$) | |
| 흡수율(%) | |
| 안정성(%) | |
| 마모율(%) | |
| 0.08mm체 통과율(%) | |

해답

| 시험 항목 | 품질 기준 |
|---|---|
| 절대 건조 밀도(g/cm$^3$) | 2.50 이상 |
| 흡수율(%) | 3.0 이하 |
| 안정성(%) | 12 이하 |
| 마모율(%) | 40 이하 |
| 0.08mm체 통과율(%) | 1.0 이하 |

□□□ 기07③, 산05③, 4점

12 콘크리트용 부순 굵은 골재(KS F 2527)는 규정에 적합한 골재를 사용하여야 한다. 부순 굵은 골재의 물리적 품질에 대한 아래 표의 빈칸을 채우시오.

| 시험 항목 | 품질 기준 |
|---|---|
| 절대 건조 밀도(g/cm³) | |
| 흡수율(%) | |
| 안정성(%) | |
| 0.08mm체 통과율(%) | |

해답

| 시험 항목 | 품질 기준 |
|---|---|
| 절대 건조 밀도(g/cm³) | 2.50 이상 |
| 흡수율(%) | 3.0 이하 |
| 안정성(%) | 12 이하 |
| 0.08mm체 통과율(%) | 1.0 이하 |

## 03　혼화 재료

□□□ 기12①, 15③, 6점

**13** 콘크리트용 화학 혼화제(KS F 2560)의 성능시험 항목 6가지만 쓰시오.

① _____　② _____

③ _____　④ _____

⑤ _____　⑥ _____

해답 　① 감수율　　　② 블리딩양의 비
　　　③ 응결시간의 차　④ 압축강도비
　　　⑤ 길이변화비　　⑥ 동결융해에 대한 저항성
　　　⑦ 경시변화량

□□□ 기05①, 산06③, 4점

**14** 혼화 재료인 플라이 애시(fly ash)의 특징을 4가지만 쓰시오.

① _____

② _____

③ _____

④ _____

해답 　① 콘크리트의 사용 수량을 감소시켜 준다.
　　　② 콘크리트의 수밀성을 크게 개선한다.
　　　③ 콘크리트의 워커빌리티를 좋게 한다.
　　　④ 동결 융해에 대한 저항성을 향상시킨다.
　　　⑤ 시멘트의 수화열에 의한 콘크리트의 온도를 감소시킨다.

□□□ 산05①, 4점

**15** 콘크리트 속에 함유된 연행 공기(entrained air)와 갇힌 공기(entrapped air)에 대하여 간단히 설명하시오.

가. 연행 공기 :

나. 갇힌 공기 :

해답 가. 연행 공기 : 공기 연행제 또는 공기 연행 작용이 있는 혼화제를 사용하여 콘크리트 속에 연행시킨 독립된 미세한 기포
　　나. 갇힌 공기 : 혼화제를 사용하지 않더라도 콘크리트 속에 자연적으로 포함되는 공기

□□□ 산13③, 4점

**16** 콘크리트용 화학 혼화제 중 유동화제와 고성능 감수제에 대해서 각각 설명하시오.

가. 유동화제 :

나. 고성능 감수제 :

해답 가. 유동화제 : 콘크리트 배합 완료 후 유동성을 목적으로 사용
　　나. 고성능 감수제 : 콘크리트 배합 초기부터 감수 및 유동성을 목적으로 사용

□□□ 산08③, 4점

**17** 고강도 콘크리트를 제조하기 위해서는 혼화재로서 실리카퓸을 주로 사용하기도 한다. 실리카퓸의 어떤 효과들이 콘크리트가 고강도화가 되도록 하는지 2가지의 효과를 쓰시오.

① _____

② _____

해답 ① 공극 충전(micro filler) 효과
　　② 포졸란(pozzolan) 반응

## 01 시멘트의 밀도 시험

### 1 장치

(1) 르샤틀리에 플라스크 : 표준 르샤틀리에 플라스크를 사용한다.
(2) 광유 : 온도 (23±2)℃에서 비중 약 0.73 이상인 완전히 탈수된 등유나 나트라를 사용한다.
(3) 동일한 시험자가 이 장치에 대체할 다른 장치로 시험하거나 다른 비중 측정 방법으로 시험할 경우에는, 이 르샤틀리에 플라스크 시험 방법 결과의 ±0.03mg/m³ 이내에 있을 경우 이 시험 방법을 대신하여 사용할 수 있다.

### 2 시험 방법

(1) 비중병의 0~1mL 사이와 눈금선까지 광유를 채운다.
(2) 광유의 온도 차가 0.2℃ 이내로 되었을 때의 눈금을 읽어 기록한다.
(3) 시멘트는 약 64g을 0.05g까지 달아 광유와 동일한 온도에서 조금씩 넣는다.
(4) 시멘트가 비중병에 잘 들어가고, 또 병의 안쪽 벽에 묻어 있지 않도록 적당히 진동시킨다.
(5) 시멘트를 다 넣은 다음에 비중병의 마개를 막고 공기 방울이 나오지 않을 때까지 병을 조금 기울여 굴려서 시멘트 안의 공기를 없앤다.
(6) 비중병을 물 중탕 안에 넣어 광유 온도 차가 0.2℃ 이내로 되었을 때의 눈금을 읽는다.
(7) 동일 시험자가 동일 재료에 대하여 2회 측정한 결과가 ±0.03 이내이어야 한다.

### 3 밀도 계산

$$밀도 = \frac{시멘트의\ 무게(g)}{비중병의\ 눈금\ 읽음차(mL)}$$

## 02 시멘트의 응결 시험

**1** 비카트(Vicat) 침에 의한 수경성 시멘트의 응결 시간 시험 방법

### (1) 온도와 습도

① 반죽판, 건조 시멘트 및 길모어 침 부근의 공기 온도는 20~27.5℃로 유지하여야 한다.

② 시험실의 상대 습도는 50% 이상이어야 한다.

③ 혼합수 및 습기함이나 흡기실의 온도는 (23±2.0)℃ 범위 내에 있어야 한다.

④ 습기함이나 습기실은 시험체를 90% 이상의 표준 습도에서 저장할 수 있는 구조이어야 한다.

### (2) 시험체의 성형

① 준비한 시멘트 반죽은 고무장갑을 낀 손으로 속히 구형으로 만들어 두 손을 약 150mm 간격으로 벌리어, 한 손에서 다른 손으로 여섯 번 던진다.

② 한쪽 손바닥 위에 올려놓은 구를 다른 손에 쥔 원추형 링 G의 큰 쪽으로 밀어 넣고, 링을 반죽으로 완전히 채운다.

③ 큰 쪽 끝에 있는 여분은 손바닥으로 한 번에 떼어 낸다.

④ 다음에 링의 큰 쪽 끝을 밑으로 하여 유리판 위에 놓고, 작은 쪽 끝에 있는 여분의 반죽은 링의 윗면에 대하여 조금 기울여 잡은 예리한 흙손 날로 한 번에 경사지게 문질러, 링 윗부분을 잘라 낸다.

⑤ 시험할 동안 시험체는 원추형 틀 안에 들어 있어야 하고, 유리판 위에 올려 놓여져 있어야 한다.

### (3) 응결 시간의 결정

① 시험체는 성형한 다음 30분 동안 움직이지 않고, 습기함 속에 넣어 두어 응결할 시간을 준다.

② 30분 후부터 1mm의 침으로 25mm의 침입도를 얻을 때까지 시험한다.

③ 침입도 시험에 있어서는 로드 아래에 있는 침 D의 끝을 시멘트 반죽의 표면에 접촉시킨다.

④ 매번 시험한 침입도의 결과를 기록하고, 25mm의 침입도가 되었을 때까지의 시간을 초결 시간으로 하고 완전히 침의 흔적이 나타나지 않을 때를 종결 시간으로 한다.

## 2 길모어(Gillmore) 침에 의한 시멘트의 응결 시간 시험 방법

### (1) 온도와 습도

① 반죽판, 건조 시멘트 및 길모어 침 부근의 공기 온도는 20~27.5℃로 유지하여야 한다.

② 시험실의 상대 습도는 50% 이상이어야 한다.

③ 혼합수 및 습기함이나 흡기실의 온도는 (23±2.0)℃ 범위 내에 있어야 한다.

### (2) 시험체의 성형

① 제조한 시멘트 반죽으로 약 10cm 정사각형의 깨끗한 유리판 위에 밑면 지름이 약 7.5cm, 중앙면의 두께가 약 1.3cm이고, 바깥쪽으로 갈수록 점점 얇은 패드를 만든다.

② 패드를 만드는 데는 처음에 시멘트 반죽을 유리판 위에 편평하게 놓고 패드의 바깥쪽에서 안쪽으로는 훑는 것과 같이 흙손질을 하여 만든다.

### (3) 응결 시간의 결정

① 응결 시간을 측정하는 데는 침을 수직 위에 놓고 패드의 표면에 가볍게 댄다.

② 알아볼 만한 흔적을 내지 않고 패드가 길모어와 초결침을 받치고 있을 때를 시멘트의 초결로 하고, 길모어 종결침을 받치고 있을 때를 시멘트의 종결로 한다.

## 03 시멘트의 분말도 시험

### 1 블레인 공기 투과 장치

블레인 공기 투과 장치에 의한 시멘트 분말도의 시험은 시멘트의 분말로 만든 베드에 공기를 투과시켜 그 투과 속도로서 비표면적을 측정하는 것이다.

### 2 분말도 시험 시 특기 사항

(1) 마노미터의 제2표선과 제3표선을 읽을 때에는 정확한 눈금의 위치를 읽도록 한다.

(2) 셀이 수은과 아말감 작용을 일으키는 재질로 되어 있으면, 수은을 넣기 전에 기름을 얇게 발라야 한다.

(3) 표준 시료 약 10g을 100mL의 시료병에 넣고 밀봉하여 약 2분 동안 흔들어 덩어리를 푼다.

(4) 시료는 약 20g을 준비한다.

(5) 분말도의 성질

| 종 류 | 분말도의 성질 |
|---|---|
| 분말도가 큰 시멘트 | ① 수화열이 많아지고 응결이 빠르다.<br>② 시멘트 입자의 크기가 가늘어 면적이 커진다.<br>③ 건조 수축이 커지므로 균열이 발생하기 쉽다. |
| 분말도가 작은 시멘트 | ① 시공 연도가 나쁘고 수밀성이 저하된다.<br>② 시멘트 입자가 크므로 면적이 적어진다.<br>③ 골재를 둘러싸는 능력이 적어서 강도가 저하된다. |

### 3 시멘트 베드의 부피 측정

$$V = \frac{W_a - W_b}{D}$$

여기서, $V$ : 시멘트 베드의 부피($cm^3$)

$W_a$ : 셀 안에 전부 채운 수은의 질량(g)

$W_b$ : 셀 안에 시멘트 베드를 만들고 남은 공간을 채운 수은의 질량(g)

## 4 포틀랜드 시멘트의 비표면적

$$S = S_s \sqrt{\frac{T}{T_s}}$$

여기서, $S$ : 시험 시료의 비표면적($cm^2$)

$S_s$ : 표준 시료의 비표면적($cm^2$)

$T$ : 시험 시료에 대한 마노미터액의 제2표선에서 제3표선까지 내려오는 시간(초)

$T_s$ : 표준 시료에 대한 마노미터액의 제2표선에서 제3표선까지 내려오는 시간(초)

제2장 시멘트 시험

# 과년도 예상문제

## 01  시멘트의 밀도 시험

□□□ 예상

**01** 시멘트 밀도 시험에서 시멘트 64g으로 시험한 결과 처음 광유 표면 읽음값이 0.5mL이고, 시료를 넣은 후 광유 표면 읽음값이 20.8mL일 때 시멘트의 밀도는 얼마인가?

해답  밀도 $= \dfrac{\text{시멘트의 무게(g)}}{\text{비중병의 읽음 눈금 차(mL)}}$

$= \dfrac{64}{20.8-0.5} = 3.15(\text{g/cm}^3)$

□□□ 기10①,14③ 4점

**02** 시멘트 밀도 시험(KS L 5110)과 관련된 다음 물음을 답하시오.

가. 광유의 품질 기준을 쓰시오.

나. 르샤틀리에 플라스크에 광유를 넣었을 때의 눈금이 0.5mL, 시멘트 64g를 넣은 경우의 눈금이 20.8mL이었다. 이 시멘트의 밀도를 구하시오.

계산 과정)

답 : _____

해답  가. 온도 (23±2)℃에서 밀도가 약 0.73 이상인 완전히 탈수된 등유나 나프타를 사용한다.

나. 시멘트 밀도 $= \dfrac{\text{시멘트의 무게(g)}}{\text{비중병의 눈금차(mL)}}$

$= \dfrac{64}{20.8-0.5} = 3.15(\text{g/cm}^3)$

## 02 시멘트의 응결 시험

□□□ 기07③, 4점
**03** 시멘트의 응결 시험 방법 2가지를 쓰시오.

① _____

② _____

해답 ① 길모어 침에 의한 시멘트의 응결 시간 시험 방법
② 비카트 침에 의한 수경성 시멘트의 응결 시간 시험 방법

## 03 시멘트의 분말도 시험

□□□ 산05③, 4점
**04** 시멘트의 분말도는 블레인 투과 장치에 의하여 측정되는 시멘트 1g이 가지는 표면적인 비표면적으로 나타낸다. 시멘트의 비표면적이 $280\text{cm}^2/\text{g}$ 이하인 시멘트를 사용할 때 굳지 않은 콘크리트에 나타나는 성질을 2가지만 쓰시오.

① _____

② _____

해답 ① 시공 연도가 나쁘고 수밀성이 저하된다.
② 시멘트 입자가 크므로 면적이 적어진다.
③ 골재를 둘러싸는 능력이 적어서 강도가 저하된다.

## 01 골재의 체가름 시험

### 1 골재 시험용 체의 호칭 치수

(1) 잔골재용 : 0.08mm, 0.15mm, 0.3mm, 0.4mm, 0.6mm, 1.2mm, 1.7mm, 2.5mm, 3.5mm, 5mm

(2) 굵은 골재용 : 10mm, 13mm, 15mm, 20mm, 25mm, 30mm, 40mm, 50mm, 65mm, 75mm, 90mm, 100mm

### 2 입도 곡선

입도 곡선이란 세로축에 체의 크기, 가로축에 통과 질량 백분율로 표시하여 체가름 시험 결과를 나타낸다.

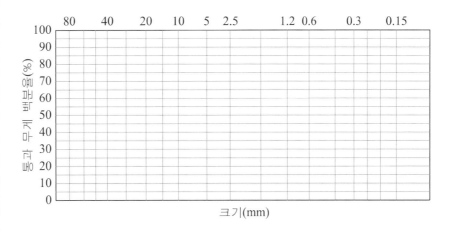

(1) 골재의 체가름 시험 결과표 양식

| 체의 크기 | 잔류량 | 잔류율(%) | 누적 잔류율(%) | 누적 통과율(%) |
|---|---|---|---|---|
|  |  |  |  |  |

| 체의 크기 | 각 체에 남은 양 | | 각 체에 남은 양의 누계 | | 통과량 |
|---|---|---|---|---|---|
|  | (g) | (%) | (g) | (%) | (%) |
|  |  |  |  |  |  |

(2) 잔류율 $= \dfrac{\text{각 체에 남은 시료의 양}}{\text{총 시료양}} \times 100$

(3) 누적 잔류율 $= \sum (\text{그 체까지의 잔류율})$

(4) 누적 통과율 $= 100 -$ 누적 잔류율

(5) **굵은 골재의 최대 치수** : 질량비로 90% 이상을 통과시키는 체 중에서 최소 치수의 체눈을 호칭 치수로 나타낸다.

## 3 골재의 조립률(F.M)

(1) 조립률(finess modulus)은 골재의 크기를 개략적으로 나타내는 방법이다.

(2) 75mm, 40mm, 20mm, 10mm, 5mm, 2.5mm, 1.2mm, 0.6mm, 0.3mm, 0.15mm의 10개 체를 사용한다.

(3) 조립률(F.M) $= \dfrac{\sum \text{각 체에 잔류한 중량 백분율(\%)}}{100}$

(4) 일반적으로 잔골재의 조립률은 2.3~3.1, 굵은 골재는 6~8이 되면 입도가 좋은 편이다.

(5) 잔골재의 조립률이 콘크리트 배합을 정할 때 가정한 잔골재의 조립률에 비하여 ±0.20 이상의 변화를 나타내었을 때는 배합을 변경해야 한다고 규정하고 있다.

(6) 혼합 골재의 조립률

$$F_a = \frac{m}{m+n}F_s + \frac{n}{m+n}F_g$$

여기서, $m$ : 잔골재의 질량비
　　　　$n$ : 굵은 골재의 질량비
　　　　$F_s$ : 잔골재 조립률
　　　　$F_g$ : 굵은 골재 조립률

## 02 골재의 밀도 및 흡수율 시험

### 1 굵은 골재의 밀도 및 흡수율

(1) 표면 건조 상태의 밀도

$$D_s = \frac{B}{B-C} \times \rho_w$$

(2) 절대 건조 상태의 밀도

$$D_d = \frac{A}{B-C} \times \rho_w$$

(3) 겉보기 밀도(진밀도)

$$D_A = \frac{A}{A-C} \times \rho_w$$

(4) 흡수율

$$Q = \frac{B-A}{A} \times 100$$

여기서, $B$ : 표면 건조 포화 상태의 질량(kg)
$C$ : 시료의 수중 질량(kg)
$A$ : 절대 건조 상태의 질량(kg)
$\rho_w$ : 시험 온도에서 물의 밀도(g/cm$^3$)

### 2 잔골재의 밀도 및 흡수율

(1) 표면 건조 포화 상태의 밀도

$$d_s = \frac{m}{B+m-C} \times \rho_w$$

(2) 절대 건조 상태의 밀도

$$d_d = \frac{A}{B+m-C} \times \rho_w$$

(3) 겉보기 밀도(진밀도)

$$d_A = \frac{A}{B+A-C} \times \rho_w$$

(4) 흡수율

$$Q = \frac{m-A}{A} \times 100$$

여기서, $m$ : 표면 건조 포화상태의 질량(g)

$A$ : 공기 중에서의 시료의 노 건조 질량(g)

$B$ : 물을 검정선까지 채운 플라스크의 질량(g)

$C$ : 시료와 물을 검정선까지 채운 플라스크의 질량(g)

$\rho_w$ : 시험 온도에서 물의 밀도(g/cm$^3$)

【물의 밀도】

| 온도(℃) | 밀도(g/cm$^3$) | 온도(℃) | 밀도(g/cm$^3$) |
|---|---|---|---|
| 0 | 0.99984 | 16 | 0.99895 |
| 1 | 0.99990 | 17 | 0.99878 |
| 2 | 0.99994 | 18 | 0.99860 |
| 3 | 0.99997 | 19 | 0.99841 |
| 4 | 0.99998 | 20 | 0.99821 |
| 5 | 0.99997 | 21 | 0.99800 |
| 6 | 0.99994 | 22 | 0.99777 |
| 7 | 0.99990 | 23 | 0.99754 |
| 8 | 0.99985 | 24 | 0.99730 |
| 9 | 0.99978 | 25 | 0.99705 |
| 10 | 0.99970 | 26 | 0.99679 |
| 11 | 0.99961 | 27 | 0.99652 |
| 12 | 0.99950 | 28 | 0.99624 |
| 13 | 0.99938 | 29 | 0.99599 |
| 14 | 0.99925 | 30 | 0.99565 |
| 15 | 0.99910 | 31 | 0.99534 |

## 03 잔골재의 표면수 시험 방법

### 1 질량법

$$m = m_1 + m_2 - m_3$$

여기서, $m$ : 시료에서 치환된 물의 질량(g)

$m_1$ : 시료의 질량(g)

$m_2$ : 용기와 물의 질량(g)

$m_3$ : 용기, 시료 및 물의 질량(g)

### 2 용적법

$$V = V_2 - V_1$$

여기서, $V$ : 시료에서 치환된 물의 양(g)

$V_2$ : 시료와 물의 부피의 합(mL)

$V_1$ : 시료를 덮도록 넣은 물의 양(mL)

• 시료에서 치환된 물의 질량

$m = 1 \times V$

### 3 표면수율

$$H = \frac{m - m_s}{m_1 - m} \times 100$$

여기서, $H$ : 표면수율(%)

$m_s = \dfrac{m_1}{d_s}$

$d_s$ : 잔골재의 표건 밀도(g/cm$^3$)

MEMO

## 04 모래에 포함된 유기 불순물 시험

### 1 시료 및 표준색 용액 만들기

**(1) 시료**

• 대표적인 것을 취하고 공기 중 건조 상태로 건조시켜서 4분법 또는 시료 분취기를 사용하여 약 450g을 채취한다.

**(2) 수산화나트륨 용액(3%)**

• 물 97에 수산화나트륨 3의 질량비(97 : 3)로 용해시킨다.

**(3) 식별용 표준색 용액**

① 식별용 표준색 용액은 10%의 알코올 용액으로 2% 탄닌산 용액을 만든다.
② 2%의 탄닌산 용액 2.5mL를 3%의 수산화나트륨 용액 97.5mL에 타서 유리병에 넣고 마개를 닫고 잘 흔든다. 이것을 식별용 표준색 용액으로 한다.
③ 제조된 용액 100mL을 400mL인 시험용 유리병에 넣고 마개를 닫고 잘 흔든 다음 24시간 가만히 놓아둔다. 이것을 표준색 용액이라 한다.

▤ 2%의 탄닌산 용액 만들기

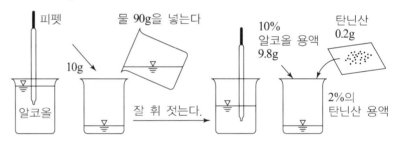

▤ 3%의 수산화나트륨 용액 만들기

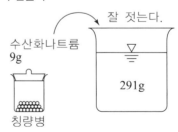

### 2 시험 용액 만들기

(1) 시료를 용량 400mL의 무색 유리병에 130mL의 눈금까지 채운다.
(2) 이 무색 유리병에 3%의 수산화나트륨 용액을 가하여 시료와 용액의 전체량이 200mL이 되게 한다.
(3) 병 마개를 닫고 잘 흔든 다음 24시간 동안 놓아둔다.

■ 표준색 용액과 시험 용액

## 3 색도의 측정

(1) 같은 색의 배경에서 두 병을 가까이 대고, 시료 윗부분의 투명한 용액의 색을 표준색 용액의 색과 비교한다.

(2) 시료 윗부분의 용액이 표준색 용액보다 연한지 진한지, 또는 같은지를 기록한다.

(3) 시험 용액의 색깔이 표준색 용액보다 연할 때에는 그 모래는 합격으로 한다.

## 05 골재의 안정성 시험

골재의 안정성 시험은 골재의 내구성을 알기 위해서 황산나트륨 포화 용액으로 인한 골재의 부서짐 작용에 대한 저항성을 시험하는 것이다.

### 1 황산나트륨 포화 용액의 만들기

(1) 25~30℃의 깨끗한 물 1L에 무수 황산나트륨($Na_2SO_4$)을 약 250g, 또는 황산나트륨(결정)($Na_2SO_4 \cdot 10H_2O$)을 약 750g의 비율로 넣는다.
(2) 용액을 잘 휘저어서 녹인 다음 (20±1)℃에서 48시간 이상 둔다.
(3) 시험에 사용할 때의 용액의 비중은 1.151~1.174이어야 한다.

### 2 시료의 담그기 및 건조

(1) 시료를 철 망태 속에 담근다.
(2) 시료가 든 철 망태를 황산나트륨 용액 속에 16~18시간 동안 담가 둔다. 이때 용액이 시료의 표면보다 15mm 이상 올라오게 한다.
(3) 시료를 용액에서 꺼내어 용액이 빠지게 한다.
(4) 시료를 (105±5)℃의 건조기에서 4~6시간 동안 건조시킨다.
(5) 일정한 질량이 된 시료를 실내 온도까지 식힌다.

### 3 정량 시험

(1) 정해진 횟수로 시험한 시료를 깨끗한 물로 씻는다.
(2) 씻은 물에 염화바륨 용액을 넣어 흰색으로 탁해지지 않게 될 때까지 씻는다.
(3) 완전한 씻은 시료를 (105±5)℃의 온도로 건조기에서 무게가 일정하게 될 때까지 건조시킨다.
(4) 잔골재는 각 무더기의 시료를 시험하기 전의 남는 체로 체가름하고, 체에 남는 시료의 질량을 단다.
(5) 굵은 골재는 각 무더기의 시료를 시험하기 전의 남은 체로 체가름하고, 각 체에 남는 시료의 질량을 단다.

## 4 골재의 손실 무게비 계산

### (1) 각 군의 손실 질량 백분율

$$P_1 = \left(1 - \frac{m_2}{m_1}\right) \times 100$$

여기서, $P_1$ : 골재의 손실 질량 백분율(%)

$m_1$ : 시험 전 시료의 질량(g)

$m_2$ : 시험 전에 시료가 남은 체에 남은 시험 후의 시료의 질량(g)

### (2) 골재의 손실 질량 백분율(%)

$$= \frac{\text{각 군의 질량 백분율} \times \text{각 군의 손실 질량 백분율}}{100}$$

### (3) 손실 질량비의 한도

| 시험 용액 | 손실 질량 | |
|---|---|---|
| | 잔골재 | 굵은 골재 |
| 황산나트륨 | 10% 이하 | 12% 이하 |

골재의 안정성은 황산나트륨으로 5회 시험을 하여 평가한다.

제3장 골재 시험

# 과년도 예상문제

## 01 골재의 체가름 시험

□□□ 기06③,15①, 4점

**01** 콘크리트용 골재의 조립률을 계산하기 위해 사용하는 표준체의 호칭 치수 (KS F 2523) 10개를 큰 순서대로 쓰시오.

① _____    ② _____

③ _____    ④ _____

⑤ _____    ⑥ _____

⑦ _____    ⑧ _____

⑨ _____    ⑩ _____

해답 75mm, 40mm, 20mm, 10mm, 5mm, 2.5mm, 1.2mm, 0.6mm, 0.3mm, 0.15mm

□□□ 기08③,10①, 4점

**02** 잔골재 A의 조립률이 3.4이고 잔골재 B의 조립률이 2.2이다. 이 두 잔골재의 조립률이 적당하지 않아 조립률 2.9인 혼합 골재 1000g을 만들고자 할 때 잔골재 A, B는 각각 몇 g씩 혼합하여 하는지 계산하시오.

계산 과정)

답 : _____

해답 $A + B = 1000$ ·························· (1)

$3.4A + 2.2B = 2.9(A + B)$ ············· (2)

(2)에서

$0.5A - 0.7B = 0$ ·························· (3)

(3) + (1) × 0.7

$0.5A - 0.7B = 0$ ·························· (3)

$0.7A + 0.7B = 700$ ······················ (4)

$1.2A = 700$

$A = 583.33g$

(1)에서

$B = 1000 - A = 416.67g$

□□□ 산09③, 4점

**03** 골재의 체가름 시험에서 조립률을 구하기 위해 사용되는 표준체 10가지를 큰 순서대로 쓰시오.

① _____     ② _____

③ _____     ④ _____

⑤ _____     ⑥ _____

⑦ _____     ⑧ _____

⑨ _____     ⑩ _____

해답 75mm, 40mm, 20mm, 10mm, 5mm, 2.5mm, 1.2mm, 0.6mm, 0.3mm, 0.15mm

□□□ 기13③, 4점

**04** 잔골재 A의 조립률이 3.4이고 잔골재 B의 조립률이 2.3이다. 이 두 잔골재의 조립률이 적당하지 않아 조립률 2.9인 혼합 골재 1000g을 만들고자 할 때 잔골재 A, B는 각각 몇 g씩 혼합하여야 하는지 계산하시오.

계산 과정)

답 : _____

해답 A + B = 1000 ······························· (1)

3.4A + 2.2B = 2.9(A + B) ············· (2)

(2)에서

0.5A − 0.6B = 0 ··························· (3)

(3) + (1) × 0.6

0.5A − 0.6B = 0 ··························· (3)

0.6A + 0.6B = 600 ······················ (4)

(3)과 (4)에서

1.1A = 600

A = 545.45g

(1)에서

B = 1000 − A = 455.55g

□□□ 산05①,12①, 4점

## 05 잔골재 체가름 시험 결과 각 체의 잔류율이 다음과 같다. 조립률을 구하시오.
(단, 10mm 체 이상의 잔류량은 0이다.)

| 체 크기(mm) | 5 | 2.5 | 1.2 | 0.6 | 0.3 | 0.15 | Pan |
|---|---|---|---|---|---|---|---|
| 잔류율(%) | 0 | 10.46 | 26.63 | 29.36 | 17.17 | 12.88 | 3.5 |

해답

| 체 크기(mm) | 5 | 2.5 | 1.2 | 0.6 | 0.3 | 0.15 | Pan |
|---|---|---|---|---|---|---|---|
| 잔류율(%) | 0 | 10.46 | 26.63 | 29.36 | 17.17 | 12.88 | 3.5 |
| 누적 잔류율(%) | 0 | 10.46 | 37.09 | 66.45 | 83.62 | 96.50 | 100 |

$$F.M = \frac{\sum 각\ 체의\ 누적\ 잔류율}{100}$$

$$= \frac{0 \times 5 + 10.46 + 37.09 + 66.45 + 83.62 + 96.50}{100} = 2.94$$

□□□ 산06③, 4점

## 06 잔골재 체가름 시험 결과 잔류율이 다음과 같을 때 잔골재의 조립률을 구하시오.

| 체의 크기(mm) | 5 | 2.5 | 1.2 | 0.6 | 0.3 | 0.15 | Pan |
|---|---|---|---|---|---|---|---|
| 각 체의 잔류율(%) | 2 | 10 | 21 | 20 | 26 | 16 | 5 |

해답

| 체의 크기(mm) | 5 | 2.5 | 1.2 | 0.6 | 0.3 | 0.15 | Pan |
|---|---|---|---|---|---|---|---|
| 각 체의 잔류율(%) | 2 | 10 | 21 | 20 | 26 | 16 | 5 |
| 누적 잔류율(%) | 2 | 12 | 33 | 53 | 79 | 95 | 100 |

$$F.M = \frac{\sum 각\ 체에\ 남는\ 잔류율의\ 누계}{100}$$

$$= \frac{0 \times 4 + 2 + 12 + 33 + 53 + 79 + 95}{100}$$

$$= \frac{274}{100} = 2.74$$

□□□ 산10③, 4점

## 07 잔골재의 체가름 시험 결과 각 체의 잔류율이 다음과 같다면, 이 골재의 조립률이 얼마인지 구하시오. (단, 10mm 이상 체의 잔류율은 0이다.)

| 체 크기(mm) | 10 | 5 | 2.5 | 1.2 | 0.6 | 0.3 | 0.15 | PAN |
|---|---|---|---|---|---|---|---|---|
| 누적 잔류율(%) | 0 | 3 | 13 | 33 | 73 | 90 | 99 | 100 |

[해답] $F.M = \dfrac{\sum 각\ 체에\ 남는\ 가적\ 잔유율}{100}$

$= \dfrac{0 \times 4 + 3 + 13 + 33 + 73 + 90 + 99}{100} = \dfrac{311}{100} = 3.11$

□□□ 산07③, 4점

**08** 잔골재의 체가름 시험 결과 각 체의 잔류율이 다음과 같다면, 이 골재의 조립률이 얼마인지 구하시오. (단, 10mm 이상 체의 잔류율은 0이다.)

| 체 크기(mm) | 5 | 2.5 | 1.2 | 0.6 | 0.3 | 0.15 | pan |
|---|---|---|---|---|---|---|---|
| 잔류율(%) | 2 | 14 | 20 | 23 | 26 | 12 | 3 |

[해답]

| 체의 크기(mm) | 5 | 2.5 | 1.2 | 0.6 | 0.3 | 0.15 | Pan |
|---|---|---|---|---|---|---|---|
| 잔류율(%) | 2 | 14 | 20 | 23 | 26 | 12 | 3 |
| 누적 잔류율(%) | 2 | 16 | 36 | 59 | 85 | 97 | 100 |

$F.M = \dfrac{\sum 각\ 체의\ 누적\ 잔류율}{100}$

$= \dfrac{0 \times 4 + 2 + 18 + 36 + 59 + 85 + 97}{100} = \dfrac{295}{100} = 2.95$

□□□ 기09③, 4점

**09** 잔골재 체가름 시험을 한 결과 각 체의 잔류량은 다음과 같다. 잔골재의 조립률을 구하시오. (단, 10mm 이상 체의 잔량은 0이다.)

| 체의 크기(mm) | 5 | 2.5 | 1.2 | 0.6 | 0.3 | 0.15 | PAN |
|---|---|---|---|---|---|---|---|
| 각 체의 잔류량(g) | 5 | 36 | 104 | 110 | 142 | 95 | 8 |

[해답]

| 체의 크기(mm) | 5 | 2.5 | 1.2 | 0.6 | 0.3 | 0.15 | PAN |
|---|---|---|---|---|---|---|---|
| 각 체의 잔류량(g) | 5 | 36 | 104 | 110 | 142 | 95 | 8 |
| 각 체의 잔류율(%) | 1 | 7.2 | 20.8 | 22.0 | 28.4 | 19.0 | 1.6 |
| 각 체의 잔류율의 누계(%) | 1 | 8.2 | 29.0 | 51.0 | 79.4 | 98.4 | 100 |

$조립률 = \dfrac{\sum 각\ 체에\ 남는\ 잔류율의\ 누계}{100}$

$= \dfrac{0 \times 4 + 1 + 8.2 + 29.0 + 51.0 + 79.4 + 98.4}{100} = \dfrac{267}{100} = 2.67$

> **KEY**
> ① 골재의 조립률 : 75mm, 40mm, 20mm, 10mm, 5mm, 2.5mm, 1.2mm, 0.6mm, 0.3mm, 0.15mm 등 10개의 체를 사용한다.
> ② 각 체의 잔류율 $\dfrac{각\ 체의\ 잔류량}{\sum 각\ 체의\ 잔류량}\times 100$
> 즉, $\dfrac{5}{500}\times 100 = 1\%$, $\dfrac{36}{500}\times 100 = 7.2\%$
> ③ 각 체의 잔류율 누계 = 앞 체의 잔류율의 누계 + 그 체의 잔류율

□□□ 산09①,11①, 6점

**10** 어떤 잔골재에 대해 체가름 시험을 한 결과가 다음과 같다. 체가름 시험 결과표를 이용하여 다음 물음에 답하시오.

가. 각 체에 남는 양의 누계표를 완성하시오.

| 체(mm) | 각 체에 남는 양 | | 각 체에 남는 양의 누계 | |
|---|---|---|---|---|
| | (g) | (%) | (g) | (%) |
| 5 | 25 | 5 | | |
| 2.5 | 50 | 10 | | |
| 1.2 | 70 | 14 | | |
| 0.6 | 100 | 20 | | |
| 0.3 | 200 | 40 | | |
| 0.15 | 55 | 11 | | |
| PAN | 0 | 0 | | |

나. 조립률을 구하시오.

계산 근거)

답 : _____

해답 가.

| 체(mm) | 각 체에 남는 양 | | 각 체에 남는 양의 누계 | |
|---|---|---|---|---|
| | (g) | (%) | (g) | (%) |
| 5 | 25 | 5 | 25 | 5 |
| 2.5 | 50 | 10 | 75 | 15 |
| 1.2 | 70 | 14 | 145 | 29 |
| 0.6 | 100 | 20 | 245 | 49 |
| 0.3 | 200 | 40 | 445 | 89 |
| 0.15 | 55 | 11 | 500 | 100 |
| PAN | 0 | 0 | | |

나. $F.M = \dfrac{\sum 각\ 체에\ 남는\ 잔류율의\ 누계}{100}$

$= \dfrac{0\times 4 + 5 + 15 + 29 + 49 + 89 + 100}{100}$

$= \dfrac{287}{100} = 2.87$

□□□ 산07③,10①, 4점

11 잔골재의 체가름 시험 결과 각 체의 잔류율이 다음과 같다면, 이 골재의 조립률이 얼마인지 구하시오. (단, 10mm 이상 체의 잔류율은 0이다.)

| 체의 크기(mm) | 5 | 2.5 | 1.2 | 0.6 | 0.3 | 0.15 | Pan |
|---|---|---|---|---|---|---|---|
| 각 체의 잔류율(%) | 0 | 10.46 | 26.63 | 29.36 | 17.17 | 12.88 | 3.5 |

해답

| 체의 크기(mm) | 5 | 2.5 | 1.2 | 0.6 | 0.3 | 0.15 | Pan |
|---|---|---|---|---|---|---|---|
| 각 체의 잔류율(%) | 0 | 10.46 | 26.63 | 29.36 | 17.17 | 12.88 | 3.5 |
| 각 체의 누적 잔류율(%) | 0 | 10.46 | 37.09 | 66.45 | 83.62 | 96.50 | 100 |

$$F.M = \frac{\sum 각\ 체의\ 누적\ 잔류율}{100}$$

$$= \frac{0 \times 5 + 10.46 + 37.09 + 66.45 + 83.62 + 96.5}{100}$$

$$= \frac{294.12}{100} = 2.94$$

□□□ 산05③, 4점

12 잔골재 체가름 시험을 한 결과 각 체의 잔류량은 다음과 같다. 잔골재의 조립률을 구하시오. (단, 10mm 이상 체의 잔량은 0이다.)

| 체의 크기(mm) | 10 | 5 | 2.5 | 1.2 | 0.6 | 0.3 | 0.15 | PAN |
|---|---|---|---|---|---|---|---|---|
| 각 체의 잔류량(g) | 0 | 12 | 110 | 236 | 295 | 262 | 85 | 0 |

계산 과정)

답 : _____

해답

| 체의 크기(mm) | 10 | 5 | 2.5 | 1.2 | 0.6 | 0.3 | 0.15 | PAN |
|---|---|---|---|---|---|---|---|---|
| 잔류량(g) | 0 | 12 | 110 | 236 | 295 | 262 | 85 | 0 |
| 잔류율(%) | 0 | 1.2 | 11.0 | 23.6 | 29.5 | 26.2 | 8.5 | 0 |
| 누적 잔류율(%) | 0 | 1.2 | 12.2 | 35.8 | 65.3 | 91.5 | 100 | 100 |

$$F.M = \frac{\sum 각\ 체의\ 누적\ 잔류율}{100}$$

$$= \frac{0 \times 4 + 1.2 + 12.2 + 35.8 + 65.3 + 91.5 + 100}{100}$$

$$= \frac{306}{100} = 3.06$$

**13** 잔골재의 체가름 시험 결과가 다음과 같은 경우에 잔골재의 조립률을 구하시오.

| 체의 크기(mm) | 잔류량(g) |
|---|---|
| 50 | 0 |
| 40 | 430 |
| 25 | 2140 |
| 20 | 3920 |
| 15 | 1630 |
| 10 | 1160 |
| 5 | 720 |
| 계 | 10000 |

계산 과정)

답 : _____

＊ 조립률체

| 체의 크기(mm) | 잔류량(g) | 잔류율(%) | 누적 잔류율(%) |
|---|---|---|---|
| 75 | 0 | 0 | 0* |
| 50 | 0 | 0 | 0 |
| 40 | 430 | 4.30 | 4.30* |
| 25 | 2140 | 21.40 | 25.70 |
| 20 | 3920 | 39.20 | 64.90* |
| 15 | 1630 | 16.30 | 81.20 |
| 10 | 1160 | 11.60 | 92.80* |
| 5 | 720 | 7.20 | 100* |
| 2.5 | 0 | 0 | 100* |
| 1.2 | 0 | 0 | 100* |
| 0.6 | 0 | 0 | 100* |
| 0.3 | 0 | 0 | 100* |
| 0.15 | 0 | 0 | 100* |
| 계 | 10000 | 100.0 | |

$$F.M = \frac{\sum \text{각 체의 누적 잔류율}}{100}$$
$$= \frac{0 + 4.30 + 64.90 + 92.80 + 100 \times 6}{100}$$
$$= \frac{762}{100}$$
$$= 7.62$$

□□□ 기05③, 4점

14 콘크리트용 잔골재의 체가름 시험 결과 각 체의 잔류율이 다음과 같다. 조립률을 구하시오.

| 체 크기(mm) | 잔류량(g) |
|---|---|
| 10 | 0 |
| 2.5 | 67.9 |
| 1.2 | 99.2 |
| 0.6 | 148.8 |
| 0.3 | 242.8 |
| 0.15 | 94.1 |
| 합계 | 652.8 |

계산 과정)

답 : _____

| 체 크기(mm) | 잔류량(g) | 잔류율(%) | 누적 잔류율(%) |
|---|---|---|---|
| 10 | 0 | 0.0 | 0.0 |
| 2.5 | 67.9 | 10.4 | 10.4 |
| 1.2 | 99.2 | 15.2 | 25.6 |
| 0.6 | 148.8 | 22.8 | 48.4 |
| 0.3 | 242.8 | 37.2 | 85.6 |
| 0.15 | 94.1 | 14.4 | 100 |
| 합계 | 652.8 | 100 | 270 |

$$F.M = \frac{\sum 각\ 체의\ 누적\ 잔류율}{100}$$

$$= \frac{0 \times 5 + 10.4 + 25.6 + 48.4 + 85.6 + 100}{100}$$

$$= \frac{270}{100} = 2.70$$

□□□ 산13③, 4점

15 어떤 골재에 대해 10개의 체를 1조로 체가름 시험한 결과, 각 체에 잔류한 골재의 중량 백분율이 다음 표와 같았다. 이 골재의 조립률을 구하시오.

【골재의 체가름 시험 결과】

| 체의 크기(mm) | 각 체에 남은 골재의 누적 중량 백분율(%) |
|---|---|
| 75 | 0 |
| 40 | 0 |
| 20 | 0 |
| 10 | 0 |
| 5.0 | 4 |
| 2.5 | 15 |
| 1.2 | 37 |
| 0.6 | 62 |
| 0.3 | 84 |
| 0.15 | 98 |

해답 $F.M = \dfrac{\sum \text{각 체에 남는 잔류율의 누계}}{100}$

$= \dfrac{0 \times 4 + 4 + 15 + 37 + 62 + 84 + 98}{100}$

$= \dfrac{300}{100} = 3.0$

## 02 골재의 밀도 및 흡수율 시험

□□□ 기13③, 산08③,12③, 6점

16 20℃에서 실시된 굵은 골재의 밀도 시험 결과 다음과 같은 측정 결과를 얻었다. 표면 건조 포화 상태의 밀도, 절대 건조 상태의 밀도, 진밀도를 구하시오.

> • 절대 건조 상태 질량(A) : 989.5g
> • 표면 건조 포화 상태 질량(B) : 1000g
> • 시료의 수중 질량(C) : 615.4g
> • 20℃에서 물의 밀도 : 0.9970g/cm$^3$

가. 표면 건조 상태의 밀도를 구하시오.

계산 과정 )

답 : _____

나. 절대 건조 상태의 밀도를 구하시오.

계산 과정 )

답 : _____

다. 겉보기 밀도(진밀도)를 구하시오.

계산 과정 )

답 : _____

해답 가. $D_s = \dfrac{B}{B-C} \times \rho_w = \dfrac{1000}{1000-615.4} \times 0.9970 = 2.59\,\text{g/cm}^3$

나. $D_d = \dfrac{A}{B-C} \times \rho_w = \dfrac{989.5}{1000-615.4} \times 0.9970 = 2.57\,\text{g/cm}^3$

다. $D_A = \dfrac{A}{A-C} \times \rho_w = \dfrac{989.5}{989.5-615.4} \times 0.9970 = 2.64\,\text{g/cm}^3$

□□□ 기05①,07③,12③, 산12①, 6점

**17** 다음 성과표는 굵은 골재의 밀도 및 흡수율 시험을 15℃에서 실시한 결과이다. 이 결과를 보고 아래 물음에 답하시오.

| 공기 중 절대 건조 상태의 시료 질량(A) | 3940g |
|---|---|
| 표면 건조 포화 상태의 시료 질량(B) | 4000g |
| 물속에서의 시료 질량(C) | 2491g |
| 15℃에서의 물의 밀도 | $0.9991g/cm^3$ |

가. 표면 건조 상태의 밀도를 구하시오.

계산 과정)

답 : _____

나. 절대 건조 상태의 밀도를 구하시오.

계산 과정)

답 : _____

다. 겉보기 밀도(진밀도)를 구하시오.

계산 과정)

답 : _____

해답 가. $D_s = \dfrac{B}{B-C} \times \rho_w = \dfrac{4000}{4000-2491} \times 0.9991 = 2.65\,g/cm^3$

나. $D_d = \dfrac{A}{B-C} \times \rho_w = \dfrac{3940}{4000-2491} \times 0.9991 = 2.61\,g/cm^3$

다. $D_A = \dfrac{A}{A-C} \times \rho_w = \dfrac{3940}{3940-2491} \times 0.9991 = 2.72\,g/cm^3$

□□□ 기06③,09③,11③, 6점

**18** 다음 성과표는 굵은 골재의 밀도 및 흡수율 시험을 실시한 결과이다. 이 결과표를 보고 아래 물음에 답하시오.

| 표면 건조 포화상태의 시료 질량 | 205g |
|---|---|
| 대기 중 시료의 노건조 시료 질량 | 200g |
| 물속에서의 시료 질량 | 135g |
| 시험 온도에서 물의 밀도 | $1g/cm^3$ |

가. 겉보기 밀도(진밀도)를 구하시오.

　계산 과정 )

　　　　　　　　　　　　　　　　　　답 : ＿＿＿＿＿＿＿＿＿＿

나. 표면 건조 포화 밀도를 구하시오.

　계산 과정 )

　　　　　　　　　　　　　　　　　　답 : ＿＿＿＿＿＿＿＿＿＿

다. 절대 건조 밀도를 구하시오.

　계산 과정 )

　　　　　　　　　　　　　　　　　　답 : ＿＿＿＿＿＿＿＿＿＿

해답 가. $D_A = \dfrac{A}{A-C} \times \rho_w = \dfrac{200}{200-135} \times 1 = 3.08\,\mathrm{g/cm^3}$

　　나. $D_s = \dfrac{B}{B-C} \times \rho_w = \dfrac{205}{205-135} \times 1 = 2.93\,\mathrm{g/cm^3}$

　　다. $D_d = \dfrac{A}{B-C} \times \rho_w = \dfrac{200}{205-135} \times 1 = 2.86\,\mathrm{g/cm^3}$

□□□ 산05①,10①, 8점

19 20℃에서 실시된 굵은 골재의 밀도 시험 결과 다음과 같은 측정 결과를 얻었다. 표면 건조 포화 상태의 밀도, 절대 건조 상태의 밀도, 진밀도, 흡수율을 구하시오.

- 절대 건조 상태 질량(A) : 6194g
- 표면 건조 포화 상태 질량(B) : 6258g
- 시료의 수중 질량(C) : 3878g
- 20℃에서 물의 밀도 : 0.9970g/cm³

가. 표면 건조 상태의 밀도를 구하시오.

　계산 과정 )

　　　　　　　　　　　　　　　　　　답 : ＿＿＿＿＿＿＿＿＿＿

나. 절대 건조 상태의 밀도를 구하시오.

　계산 과정 )

　　　　　　　　　　　　　　　　　　답 : ＿＿＿＿＿＿＿＿＿＿

다. 겉보기 밀도(진밀도)를 구하시오.

계산 과정 )

답 : _____

라. 흡수율을 구하시오.

계산 과정 )

답 : _____

---

해답 가. $D_s = \dfrac{B}{B-C} \times \rho_w = \dfrac{6258}{6258-3878} \times 0.9970 = 2.62\,\mathrm{g/cm^3}$

나. $D_d = \dfrac{A}{B-C} \times \rho_w = \dfrac{6194}{6258-3878} \times 0.9970 = 2.59\,\mathrm{g/cm^3}$

다. $D_A = \dfrac{A}{A-C} \times \rho_w = \dfrac{6194}{6194-3878} \times 0.9970 = 2.67\,\mathrm{g/cm^3}$

라. $Q = \dfrac{B-A}{A} \times 100 = \dfrac{6258-6194}{6194} \times 100 = 1.03\%$

---

□□□ 기09①,12①, 4점

**20** 표면 건조 포화 상태의 굵은 골재의 질량이 3020g, 절대 건조 상태의 질량이 2873g이며, 이 골재가 물속에 24시간 흡수된 수중 질량은 1865g이다. 굵은 골재의 표면 건조 포화 상태의 밀도를 구하시오. (단, 물의 온도는 20℃이고, 이때의 물의 밀도는 0.9982g/cm³이다.)

계산 과정)

답 : _____

해답 $D_s = \dfrac{B}{B-C} \times \rho_w = \dfrac{3020}{3020-1865} \times 0.9982 = 2.61\,\mathrm{g/cm^3}$

---

□□□ 기11③, 4점

**21** 잔골재의 밀도 및 흡수율 시험(KS F 2504)에서 표면 건조 포화 상태의 시료를 제작하는 방법을 간단히 설명하시오.

○

해답 시료를 원뿔형 몰드에 느슨하게 채워 넣고 다짐대로 시료의 표면을 가볍게 25회 다진 후 원뿔형 몰드를 수직으로 빼 올렸을 때 원뿔 모양으로 흘러내려진 시료를 표면 건조 포화 상태의 시료라 한다.

22 잔골재에 대한 밀도 시험 결과가 아래 표와 같을 때 다음 물음에 답하시오.

- (플라스크+물)의 질량 : 689.6g
- (플라스크+물+시료)의 질량 : 998g
- 건조시료의 질량 : 495g
- 표면건조시료의 질량 : 500g
- 물의 단위질량 : 0.997g/cm$^3$

가. 겉보기 밀도(진밀도)를 구하시오.

계산 과정 )

답 : _____

나. 표면 건조 포화 상태의 밀도를 구하시오.

계산 과정 )

답 : _____

다. 절대 건조 상태의 밀도를 구하시오.

계산 과정 )

답 : _____

해답 가. $d_A = \dfrac{A}{B+A-C} \times \rho_w = \dfrac{495}{689.6+495-998} \times 0.997 = 2.65\,\mathrm{g/cm^3}$

나. $d_s = \dfrac{m}{B+m-C} \times \rho_w = \dfrac{500}{689.6+500-998} \times 0.997 = 2.60\,\mathrm{g/cm^3}$

다. $d_d = \dfrac{A}{B+m-C} \times \rho_w = \dfrac{495}{689.6+500-998} \times 0.997 = 2.58\,\mathrm{g/cm^3}$

## 03  잔골재의 표면수 시험 방법

□□□ 산07③,09①, 4점

**23** 잔골재의 표면수 측정 시험을 실시한 결과 다음과 같다. 이 시료의 표면수율을 구하시오.

- 시료의 질량 : 500g
- (용기 + 표시선까지의 물)의 질량 : 692g
- (용기 + 표시선까지의 물 + 시료)의 질량 : 1000g
- 잔골재의 표건 밀도 : 2.62g/cm$^3$

계산 과정)

답 : _____

---

해답 표면수율 $H = \dfrac{m - m_s}{m_1 - m} \times 100$

- $m = m_1 + m_2 - m_3 = 500 + 692 - 1000 = 192 \text{g}$

- 용기와 물의 질량 $m_s = \dfrac{m_1}{d_s} = \dfrac{500}{2.62} = 190.84 \text{g}$

- ∴ 표면수율 $H = \dfrac{192 - 190.84}{500 - 192} \times 100 = 0.38\%$

□□□ 산06③,10①, 4점

**24** 잔골재의 표면수 시험 방법(KS F 2509) 2가지를 쓰시오.

① _____   ② _____

해답 ① 질량법
　　 ② 용적법

## 04 모래에 포함된 유기 불순물 시험

☐☐☐ 기15②, 산12③, 4점
**25** 콘크리트용 모래에 포함되어 있는 유기 불순물 시험(KS F 2510)에 사용되는 식별용 표준색 용액을 제조하는 방법과 색도의 측정 방법을 쓰시오.

가. 식별용 표준색 용액을 제조하는 방법을 쓰시오.

　○

나. 색도의 측정 방법을 쓰시오.

　○

해답 가. 식별용 용액은 10%의 알코올 용액으로 2% 탄닌산 용액을 만들고, 그 2.5mL를 3%의 수산화나트륨 용액 97.5mL에 가하여 유리병에 넣어 마개를 닫고 잘 흔든다.

나. 시료에 수산화나트륨 용액을 가한 유리 용기와 표준색 용액을 넣은 유리 용기를 24시간 정치한 후 잔골재 상부의 용액색이 표준색 용액보다 연한지, 진한지 또는 같은지를 육안으로 비교한다.

☐☐☐ 기06③,07③,09①,10①,14②,15③, 산09③,12①, 4점
**26** 콘크리트용 모래에 포함되어 있는 유기 불순물 시험(KS F 2510)에 사용되는 식별용 표준색 용액을 제조하는 방법을 쓰시오.

　○

해답 식별용 용액은 10%의 알코올 용액으로 2% 탄닌산 용액을 만들고, 그 2.5mL를 3%의 수산화나트륨 용액 97.5mL에 가하여 유리병에 넣어 마개를 닫고 잘 흔든다.

 **KEY** 표준색 용액 만들기 순서
① 알코올 10g에 물 90g을 타서 10%의 알코올 용액을 만든다.
② 10%의 알코올 용액 9.8g에 탄닌산 가루 0.2g을 넣어서 2% 탄닌산 용액을 만든다.
③ 물 291g에 수산화나트륨 9g을 섞어서 3%의 수산화나트륨 용액을 만든다.
④ 2% 탄닌산 용액 2.5mL를 3%의 수산화나트륨 용액 97.5mL에 타서 식별용 표준색 용액을 만든다.
⑤ 식별용 표준색 용액 400mL의 시험용 무색 유리병에 넣어 마개를 막고 잘 흔든 다음 24시간 동안 가만히 놓아 둔다.

## 05 골재의 안정성 시험

□□□ 기05,08③,10③,15②, 8점

**27** 콘크리트용 굵은 골재의 동결 융해 저항성을 간접적으로 평가하기 위하여 황산나트륨($Na_2SO_4$) 포화 용액에 의한 안정성을 측정한 결과 다음과 같다. 시트를 완성하고 콘크리트용 골재로서 적합성을 평가하시오.

| 체 눈의 크기 | | 각 무더기 질량(g) | 각 무더기 백분율(%) | 시험 전 각 무더기 질량(g) | 시험 후 각 무더기 질량(g) | 각 무더기 손실 질량 백분율(%) | 골재의 손실 질량 백분율(%) |
|---|---|---|---|---|---|---|---|
| 통과체 (mm) | 남는체 (mm) | | | | | | |
| 75 | 65 | 0 | | 0 | 0 | | |
| 65 | 40 | 0 | | 0 | 0 | | |
| 40 | 25 | 3063 | | 1504 | 1430 | | |
| 25 | 20 | 10207 | | 1025 | 943 | | |
| 20 | 15 | 1916 | | 752 | 672 | | |
| 15 | 10 | 3252 | | 510 | 465 | | |
| 10 | 5 | 3646 | | 305 | 266 | | |
| 합계 | | 22084 | | | | | |

해답

| 체눈의 크기 | | 각 무더기 질량(g) | 각 무더기 백분율(%) | 시험 전 각 무더기 질량(g) | 시험 후 각 무더기 질량(g) | 각 무더기 손실 질량 백분율(%) | 골재의 손실 질량 백분율(%) |
|---|---|---|---|---|---|---|---|
| 통과체 (mm) | 남는체 (mm) | | | | | | |
| 75 | 65 | 0 | 0 | 0 | 0 | 0 | 0 |
| 65 | 40 | 0 | 0 | 0 | 0 | 0 | 0 |
| 40 | 25 | 3063 | 13.87 | 1504 | 1430 | 4.92 | 0.68 |
| 25 | 20 | 10207 | 46.22 | 1025 | 943 | 8.00 | 3.70 |
| 20 | 15 | 1916 | 8.68 | 752 | 672 | 10.64 | 0.92 |
| 15 | 10 | 3252 | 14.73 | 510 | 465 | 8.82 | 1.30 |
| 10 | 5 | 3646 | 16.50 | 305 | 266 | 12.79 | 2.11 |
| 합계 | | 22084 | 100 | | | | 8.71 |

$8.71\% < 12\%$   ∴ 합격

**KEY**

■ 골재의 손실 질량 백분율

$$P_1 = \frac{m_1 - m_2}{m_1} \times 100 = \frac{1504 - 1430}{1504} \times 100 = 4.92\%$$

$m_1$ : 시험 전의 시료의 질량(g)

$m_2$ : 시험 후의 시료의 질량(g)

■ 골재의 손실질량 백분율(%)

$$\frac{\text{각 군의 질량 백분율} \times \text{각 군의 손실 질량 백분율}}{100} = \frac{13.87 \times 4.92}{100} = 0.68\%$$

■ 굵은 골재로서 사용한 굵은 골재의 안정성은 황산나트륨으로 5회 시험을 하여 평가하는데, 그 손실량은 12% 이하를 표준으로 한다.

□□□ 기09③,12①, 4점
## 28 골재의 안정성 시험을 위한 시험 용액 제조 방법에 대해서 간단히 쓰시오.

○

해답 ① 25~30℃의 깨끗한 물 1L에 무수 황산나트륨을 약 250g, 또는 황산나트륨(결정)을 750g의 비율로 가하여 저어 섞으면서 녹이고 약 20℃가 될 때까지 식힌다.

② 용액을 48시간 이상 (20±1)℃의 온도로 유지한 후 시험에 사용한다.

## 01 배합 강도

### 1 일반사항

(1) 콘크리트의 배합은 소요의 강도, 내구성, 수밀성, 균열 저항성, 철근 또는 강재를 보호하는 성능을 갖도록 정하여야 한다.

(2) 작업에 적합한 워커빌리티를 갖도록 하기 위해서는 1회에 타설할 수 있는 콘크리트 단면 형상, 치수 및 강재의 배치, 특히 콘크리트의 다지기 방법 등에 따라 거푸집 구석구석까지 콘크리트가 충분히 채워지도록 한다.

### 2 표준편차의 설정

콘크리트 압축 강도의 표준편차는 실제 사용한 콘크리트의 30회 이상의 시험실적으로부터 결정하는 것을 원칙으로 한다.

$$s = \frac{\sqrt{\sum (x_i - \overline{x})^2}}{n-1}$$

여기서, $s$ : 표준편차(MPa)
$x_i$ : 개개의 평균 시험값
$\overline{x}$ : $n$개의 강도 시험 결과 평균값
$n$ : 연속 강도 시험 횟수

### 3 수정 표준편차의 결정

압축 강도의 시험 횟수가 29회 이하이고 15회 이상인 경우는 그것으로 계산한 표준편차에 보정 계수를 곱한 값을 표준편차로 사용할 수 있다.

【시험 횟수가 29회 이하일 때 표준편차의 보정 계수】

| 시험 횟수 | 표준편차의 보정계수 |
|---|---|
| 15 | 1.16 |
| 20 | 1.08 |
| 25 | 1.03 |
| 30 또는 그 이상 | 1.00 |

\* 위 표에 명시되지 않은 시험 횟수는 직선 보간한다.

## 4 배합 강도의 결정

• 구조물에 사용된 콘크리트의 압축 강도가 설계 기준 압축 강도보다 작아지지 않도록 현장 콘크리트의 품질 변동을 고려하여 콘크리트의 배합강도$(f_{cr})$를 호칭강도$(f_{cn})$보다 충분히 크게 정하여야 한다.

(1) $f_{cn} \leq 35\text{MPa}$인 경우

$$f_{cr} = f_{cn} + 1.34\,s\,(\text{MPa})$$
$$f_{cr} = (f_{cn} - 3.5) + 2.33\,s\,(\text{MPa})$$
둘 중 큰 값을 사용한다.

(2) $f_{cn} > 35\text{MPa}$인 경우

$$f_{cr} = f_{cn} + 1.34\,s\,(\text{MPa})$$
$$f_{cr} = 0.9f_{cn} + 2.33\,s\,(\text{MPa})$$
둘 중 큰 값을 사용한다.

여기서, $f_{cr}$ : 콘크리트의 배합강도(MPa)

　　　　$f_{cn}$ : 콘크리트의 호칭강도(MPa)

　　　　$s$ : 콘크리트 압축 강도의 표준편차(MPa)

## 5 시험 횟수가 14 이하이거나 기록이 없는 경우의 배합 강도

(1) 콘크리트 압축 강도의 표준편차를 알지 못할 때, 또는 압축 강도의 시험 횟수가 14회 이하인 경우 콘크리트의 배합 강도는 다음 표와 같이 정한다.

| 호칭강도 $f_{cn}$(MPa) | 배합 강도 $f_{cr}$(MPa) |
|---|---|
| 21 미만 | $f_{cn} + 7$ |
| 21 이상 35 이하 | $f_{cn} + 8.5$ |
| 35 초과 | $1.1f_{cn} + 5.0$ |

MEMO

## 02 굵은 골재의 최대 치수

### 1 정의

질량비로 90% 이상을 통과시키는 체 중에서 최소 치수인 체의 호칭 치수로 나타낸 굵은 골재의 치수

### 2 굵은 골재의 공칭 최대 치수

(1) 슬래브 두께의 1/3
(2) 거푸집 양 측면 사이의 최소 거리의 1/5
(3) 개별 철근, 다발 철근, 긴장재 또는 덕트 사이 최소 순간격의 3/4

### 3 굵은 골재의 최대 치수의 표준값

| 구조물의 종류 | 굵은 골재의 최대 치수(mm) |
|---|---|
| 일반적인 경우 | 20 또는 25 |
| 단면이 큰 경우 | 40 |
| 무근 콘크리트 | 40<br>부재 최소 치수의 1/4을 초과해서는 안 됨. |

## 03 시방 배합

### 1 시방 배합의 재료량 결정

(1) 단위 시멘트량(kg) $= \dfrac{\text{단위 수량}}{\text{물} - \text{시멘트비}(W/C)}$

(2) 단위 골재량의 절대 부피($m^3$)

$= 1 - \left( \dfrac{\text{단위 수량}}{1000} + \dfrac{\text{단위 시멘트량}}{\text{시멘트 비중} \times 1000} + \dfrac{\text{단위 혼화재량}}{\text{혼화재의 비중} \times 1000} + \dfrac{\text{공기량}}{100} \right)$

(3) 단위 잔골재량의 절대 부피($m^3$) = 단위 골재량의 절대 부피 × 잔골재율 (S/a)

(4) 단위 잔골재량(kg) = 단위 잔골재량의 절대 부피 - 잔골재의 비중 × 1000

(5) 단위 굵은 골재량의 절대 부피($m^3$) = 단위 골재량의 절대 부피 - 단위 잔 골재량의 절대 부피

(6) 단위 굵은 골재량(kg) = 단위 굵은 골재의 절대 부피 × 굵은 골재의 비중 × 1000

### 2 콘크리트의 단위 굵은 골재 용적, 잔골재율 및 단위 수량의 대략값

| 굵은 골재 최대 치수 (mm) | 단위 굵은 골재 용적 (%) | 공기 연행제를 사용하지 않은 콘크리트 | | | 공기 연행 콘크리트 | | | | |
|---|---|---|---|---|---|---|---|---|---|
| | | 갇힌 공기 (%) | 잔골재율 S/a (%) | 단위 수량 (kg) | 공기량 (%) | 양질의 공기 연행제를 사용한 경우 | | 양질의 공기 연행 감수제를 사용한 경우 | |
| | | | | | | 잔골재율 S/a(%) | 단위 수량 W ($kg/m^3$) | 잔골재율 S/a(%) | 단위 수량 W ($kg/m^3$) |
| 15 | 58 | 2.5 | 53 | 202 | 7.0 | 47 | 180 | 48 | 170 |
| 20 | 62 | 2.0 | 49 | 197 | 6.0 | 44 | 175 | 45 | 165 |
| 25 | 67 | 1.5 | 45 | 187 | 5.0 | 42 | 170 | 43 | 160 |
| 40 | 72 | 1.2 | 40 | 177 | 4.5 | 39 | 165 | 40 | 155 |

주 1) 이 표의 값은 보통의 입도를 가진 잔골재(조립률 2.8 정도)와 부순 돌을 사용한 물-결합재비 55% 정도, 슬럼프 80mm 정도의 콘크리트에 대한 것이다.
  2) 사용 재료 또는 콘크리트의 품질이 주1)의 조건과 다를 경우에는 위 표의 값을 다음 표에 따라 보정한다.

### 3 배합수 및 잔골재율의 보정 방법

| 구 분 | S/a의 보정(%) | W의 보정 |
|---|---|---|
| 잔골재의 조립률이 0.1만큼(작을) 때마다 | 0.5만큼 크게(작게) 한다. | 보정하지 않는다. |
| 슬럼프값이 10mm보다 클(작을) 때마다 | 보정하지 않는다. | 1.2% 크게(작게) 한다. |
| 공기량이 1%만큼 클(작을) 때마다 | 0.5~1.0만큼 작게(크게) 한다. | 3%만큼 작게(크게) 한다. |
| 물-결합재비가 0.05만큼 클(작을) 때마다 | 1만큼 크게(작게) 한다. | 보정하지 않는다. |
| S/a가 1% 클(작을) 때마다 | 보정하지 않는다. | 1.5kg만큼 크게(작게) 한다. |
| 자갈을 사용할 경우 | 3~5만큼 작게 한다. | 9~15kg만큼 작게 한다. |
| 부순 모래를 사용할 경우 | 2~3만큼 크게 한다. | 6~9g만큼 크게 한다. |

주) 단위 굵은 골재 용적에 의하는 경우에는 잔골재의 조립률이 0.1만큼 커질(작아질) 때마다 단위 굵은 골재용적을 1%만큼 작게(크게) 한다.

### 4 배합의 표시 방법

(1) 배합은 질량으로 표시하는 것을 원칙으로 한다.

(2) 배합의 표시 방법

| 굵은 골재 최대 치수 (mm) | 슬럼프 범위 (mm) | 공기량 (%) | 물-결합재비 W/B (%) | 잔골 재율 (S/a) (%) | 단위 질량(kg/m³) | | | | | |
|---|---|---|---|---|---|---|---|---|---|---|
| | | | | | 물 | 시멘트 | 잔골재 | 굵은 골재 | 혼화재 | 혼화제 |
| | | | | | | | | | | |

## 04 현장 배합

현장 골재의 입도와 표면수의 상태에 따라 시방 배합을 현장 배합으로 수정하며 혼화제를 희석시킨 희석 수량을 고려해야 한다.

### 1 입도에 대한 보정

현장 골재에서 잔골재 속에 들어 있는 굵은 골재량(5mm 체에 남는 양)과 굵은 골재 속에 들어 있는 잔골재량(5mm 체 통과량)에 따라 입도를 보정한다.

- $X + Y = S + G$
- $\dfrac{a}{100} X + \left(1 - \dfrac{b}{100}\right) Y = G$
- $\dfrac{b}{100} Y + \left(1 - \dfrac{a}{100}\right) X = S$

여기서, $X$ : 실제 계량할 단위 잔골재량(kg)

$Y$ : 실제 계량할 단위 굵은 골재량(kg)

$S$ : 시방 배합의 단위 잔골재량(kg)

$G$ : 시방 배합의 단위 굵은 골재량(kg)

$a$ : 잔골재에서 5mm(No.4) 체에 남는 굵은 골재량(%)

$b$ : 굵은 골재에서 5mm(No.4) 체를 통과하는 잔골재량(%)

### 2 공식에 의한 입도에 대한 보정

단위 잔골재량 $X = \dfrac{100S - b(S + G)}{100 - (a + b)}$

단위 굵은 골재량 $Y = \dfrac{100G - a(S + G)}{100 - (a + b)}$

MEMO

## 3 표면수에 대한 보정

골재의 함수 상태에 따라 시방 배합의 물 양과 골재량을 보정한다.

$$\cdot\ S' = X\left(1 + \frac{c}{100}\right)$$

$$\cdot\ G' = Y\left(1 + \frac{d}{100}\right)$$

$$\cdot\ W' = W - \frac{c}{100} \cdot X - \frac{d}{100} \cdot Y$$

여기서, $S'$ : 실제 계량할 단위 잔골재량(kg)

$G'$ : 실제 계량할 단위 굵은 골재량(kg)

$W'$ : 계량해야 할 단위 수량(kg)

$c$ : 현장 잔골재의 표면 수량(%)

$d$ : 현장 굵은 골재의 표면 수량(%)

$W$ : 시방 배합의 단위 수량(kg)

MEMO

## 05 콘크리트의 배합설계 예

### 1 설계 조건

① 주어진 재료를 사용하고 콘크리트 표준시방서의 규정에 따라 배합을 설계하시오.

② 설계기준압축강도는 재령 28일에서 압축강도 24MPa이며, 표준편차 $s = 3.6\,\mathrm{MPa}$이다.

③ 목표로 하는 슬럼프는 100mm이고, 공기량은 4.5%이다.

④ 굵은골재의 최대치수는 25mm 부순돌을 사용하고, 혼화제 제조자가 추천한 공기연행제 사용량은 시멘트 질량의 0.03%이다.

⑤ 결합재-물비 $B/W$와 재령 28일 압축강도 $f_{28}$과의 관계로 산정한다.

$$f_{28} = -13.8 + 21.6\frac{B}{W}\,(\mathrm{MPa})$$

⑥ 1배치는 30L로 한다.

### 2 잔골재율 및 단위수량의 결정

① 콘크리트의 잔골재율과 단위수량의 대략값

| 굵은 골재 최대 치수 (mm) | 단위 굵은 골재 용적 (%) | 공기연행제를 사용하지 않은 콘크리트 | | | | 공기연행 콘크리트 | | | |
|---|---|---|---|---|---|---|---|---|---|
| | | 갇힌 공기 (%) | 잔골 재율 $S/a$ (%) | 단위 수량 (kg) | 공기 량 (%) | 양질의 공기연행제를 사용한 경우 | | 양질의 공기연행 감수제를 사용한 경우 | |
| | | | | | | 잔골 재율 $S/a$(%) | 단위수량 W (kg/m³) | 잔골 재율 $S/a$(%) | 단위 수량 W (kg/m³) |
| 15 | 58 | 2.5 | 53 | 202 | 7.0 | 47 | 180 | 48 | 170 |
| 20 | 62 | 2.0 | 49 | 197 | 6.0 | 44 | 175 | 45 | 165 |
| 25 | 67 | 1.5 | 45 | 187 | 5.0 | 42 | 170 | 43 | 160 |
| 40 | 72 | 1.2 | 40 | 177 | 4.5 | 39 | 165 | 40 | 155 |

주1) 이 표의 값은 보통의 입도를 가진 잔골재(조립률 2.8 정도)와 부순 돌을 사용한 물-결합재비 55% 정도, 슬럼프 80mm 정도의 콘크리트에 대한 것이다.

주2) 사용재료 또는 콘크리트의 품질이 1)의 조건과 다를 경우에는 위 표의 값을 다음 표에 따라 보정한다.

② 배합수 및 잔골재율의 보정방법

| 구 분 | $S/a$의 보정(%) | $W$의 보정(kg) |
|---|---|---|
| 잔골재의 조립률이 0.1 만큼 클(작을) 때마다 | 0.5 만큼 크게(작게) 한다. | 보정하지 않는다. |
| 슬럼프 값이 10mm 만큼 클 (작을) 때마다 | 보정하지 않는다. | 1.2% 만큼 크게(작게) 한다. |
| 공기량이 1% 만큼 클(작을) 때마다 | 0.5~1.0 만큼 작게(크게) 한다. | 3% 만큼 작게(크게) 한다. |
| 물–결합재비가 0.05 클(작을) 때마다 | 1 만큼 크게(작게) 한다. | 보정하지 않는다. |
| $S/a$가 1% 클(작을) 때마다 | 보정하지 않는다. | 1.5kg 만큼 크게(작게) 한다. |
| 자갈을 사용할 경우 | 3~5 만큼 작게 한다. | 9~15kg 만큼 작게 한다. |
| 부순 모래를 사용할 경우 | 2~3 만큼 크게 한다. | 6~9 만큼 크게 한다. |

주) 단위 굵은골재 용적에 의하는 경우에는 잔골재의 조립률이 0.1 만큼 커질(작아질) 때마다 단위 굵은골재용적을 1% 만큼 작게(크게) 한다.

【배합표】

| 굵은골재 최대치수 (mm) | 슬럼프 (mm) | 공기량 (%) | W/B (%) | 잔골 재율 ($S/a$) (%) | 단위량(kg/m³) | | | | 혼화제 단위량 (g/m³) |
|---|---|---|---|---|---|---|---|---|---|
| | | | | | 물 (W) | 시멘트 (C) | 잔골재 (S) | 굵은 골재 (G) | |
| | | | | | | | | | |

## 3 재료시험의 결과 값

- 시멘트 밀도 : $3.15\text{g}/\text{cm}^3(0.00315\text{g}/\text{mm}^3)$
- 잔골재의 표건밀도 : $2.60\text{g}/\text{cm}^3(0.0026\text{g}/\text{mm}^3)$
- 굵은골재 표건밀도 : $2.65\text{g}/\text{cm}^3(0.00265\text{g}/\text{mm}^3)$
- 시험에 사용된 물의 밀도는 $0.997\text{g}/\text{cm}^3$
- 잔골재의 조립률 : 2.85

MEMO

■ $a = 4\%$, $b = 3\%$

## 4 현장골재 상태

• 잔골재 속의 5mm체에 남은 양 : 4%
• 굵은골재 속의 5mm체에 통과한 양 : 3%
• 잔골재의 표면수량 : 2.5%
• 굵은골재의 표면수량 : 0.5%

### 문 제

가. 배합강도를 구하시오.

계산 과정)

답 : _____

나. 물−결합재비를 구하시오.

계산 과정)

답 : _____

다. 잔골재율 및 단위수량을 구하시오.

계산 과정)

[답] 잔골재율 : _____     단위수량 : _____

라. 시방배합에 의한 단위량을 결정하시오.

계산 과정)

[답]

| 재료 | 단위량 (kg/m³) | | | | 단위량(g/m³) |
|------|------|--------|--------|----------|----------|
|      | 물 | 시멘트 | 잔골재 | 굵은골재 | 혼화제량 |
| 단위량 | | | | | |

마. 제1배치량을 계산하시오.

계산과정)

[답]

| 재료 | 단위량 (kg/m³) | | | | 단위량(g/m³) |
|------|------|--------|--------|----------|----------|
|      | 물 | 시멘트 | 잔골재 | 굵은골재 | 혼화제량 |
| 30L | | | | | |

바. 현장배합으로 환산하시오.

계산과정)

[답] 단위수량 : _____     단위잔골재량 : _____     단위굵은골재량 : _____

MEMO

해답 가. $f_{ck} \leq 35\,\mathrm{MPa}$인 경우

$$f_{cr} = f_{ck} + 1.34s = 24 + 1.34 \times 3.6 = 28.82\,\mathrm{MPa}$$

$$f_{cr} = (f_{ck} - 3.5) + 2.33s = (24 - 3.5) + 2.33 \times 3.6 = 28.89\,\mathrm{MPa}$$

$\therefore$ 배합강도 $f_{cr} = 28.89\,\mathrm{MPa}$ (두 값 중 큰 값)

나. $f_{28} = -13.8 + 21.6\dfrac{B}{W} \rightarrow 28.89 = -13.8 + 21.6\dfrac{B}{W}$

$28.89 + 13.8 = 21.6\dfrac{B}{W} \rightarrow \dfrac{B}{W} = \dfrac{28.89 + 13.8}{21.6} = \dfrac{42.69}{21.6}$

$\therefore \dfrac{W}{B} = \dfrac{21.6}{42.69} = 0.5060 = 50.60\% \quad \therefore \dfrac{W}{B} = 51\%$

다. 잔골율(S/a)과 단위수량(W)

| 보정<br>항목 | 배합<br>참고표 | 설계<br>조건 | 잔골재율($S/a$) 보정 | 단위수량($W$)의 보정 |
|---|---|---|---|---|
| 굵은골재의<br>치수<br>25mm일때 | | | $S/a = 42\%$ | $W = 170\mathrm{kg}$ |
| 잔골재의<br>조립률 | 2.80 | 2.85(↑) | $\dfrac{2.85 - 2.80}{0.10} \times (+0.5)$<br>$= +0.25(\uparrow)$ | 보정하지 않는다. |
| 슬럼프값 | 80mm | 100mm(↑) | 보정하지 않는다. | $\dfrac{100 - 80}{10} \times 1.2$<br>$= 2.4\%(\uparrow)$ |
| 공기량 | 5.0 | 4.5(↓) | $\dfrac{5.0 - 4.5}{1} \times 0.75$<br>$= +0.375\%(\uparrow)$ | $\dfrac{5.0 - 4.5}{1} \times 3$<br>$= +1.5\%(\uparrow)$ |
| $W/C$ | 55% | 51%(↓) | $\dfrac{0.55 - 0.51}{0.05} \times 1$<br>$= -0.8\%(\downarrow)$ | 보정하지 않는다. |
| $S/a$ | 42% | 41.83%(↓) | 보정하지 않는다. | $\dfrac{42 - 41.83}{1} \times 1.5$<br>$= -0.255(\downarrow)$ |
| 보정값 | | | $S/a = 42 + 0.25 + 0.375$<br>$- 0.8 = 41.83\%$ | $170\left(1 + \dfrac{2.4}{100} + \dfrac{1.5}{100}\right)$<br>$- 0.255 = 176.38\mathrm{kg}$ |

$\therefore$ 잔골재율 $S/a = 41.83\%$, 단위수량 $W = 176.38\mathrm{kg}$

- 단위시멘트량 C : $\dfrac{W}{C} = 0.51 = \dfrac{176.38}{C} \quad \therefore C = 345.84\,\mathrm{kg/m^3}$

- 공기연행(AE)제 : $345.84 \times \dfrac{0.03}{100} = 0.103752\,\mathrm{kg/m^3} = 103.75\,\mathrm{g/m^3}$

- 단위골재량의 절대체적

$$V_a = 1 - \left(\dfrac{\text{단위수량}}{1000} + \dfrac{\text{단위 시멘트}}{\text{시멘트비중} \times 1000} + \dfrac{\text{공기량}}{100}\right)$$

$$= 1 - \left(\dfrac{176.38}{1000} + \dfrac{345.84}{3.15 \times 1000} + \dfrac{4.5}{100}\right) = 0.669\,\mathrm{m^3}$$

- 단위 잔골재량

$$S = V_a \times S/a \times \text{잔골재밀도} \times 1000$$

$$= 0.669 \times 0.4183 \times 2.60 \times 1000 = 727.59\,\mathrm{kg/m^3}$$

• 단위 굵은골재량

$$G = V_g \times (1 - S/a) \times 굵은골재\ 밀도 \times 1000$$

$$= 0.669 \times (1 - 0.4183) \times 2.65 \times 1000 = 1039.24\,\mathrm{kg/m^3}$$

| 재료 | 단위량 (kg/m³) | | | | 혼화제량 g/m³ |
|------|------|--------|--------|--------|------|
| | 물 | 시멘트 | 잔골재 | 굵은골재 | |
| 단위량 | 176.38 | 345.84 | 727.59 | 1039.24 | 103.75 |

마. 1배치량 계산

• 물 $176.38 \times \dfrac{30}{1000} = 5.29\,\mathrm{kg/m^3}$

• 시멘트 $345.84 \times \dfrac{30}{1000} = 10.38\,\mathrm{kg/m^3}$

• 잔골재 $727.59 \times \dfrac{30}{1000} = 21.83\,\mathrm{kg/m^3}$

• 굵은골재 $1039.24 \times \dfrac{30}{1000} = 31.18\,\mathrm{kg/m^3}$

• 혼화제량 $103.75 \times \dfrac{30}{1000} = 3.11\,\mathrm{g/m^3}$

| 재료 | 단위량 (kg/m³) | | | | 혼화제량 g/m³ |
|------|------|--------|--------|--------|------|
| | 물 | 시멘트 | 잔골재 | 굵은골재 | |
| 단위량 | 176.38 | 345.84 | 727.59 | 1039.24 | 103.75 |
| 30L | 5.29 | 10.38 | 21.83 | 31.18 | 3.11 |

바. ① 입도에 의한 보정

$S = 727.59\,\mathrm{kg/m^3}$, $G = 1,039.24\,\mathrm{kg/m^3}$, $a = 4\%$, $b = 3\%$

$$X = \frac{100S - b(S+G)}{100 - (a+b)} = \frac{100 \times 727.59 - 3(727.59 + 1039.24)}{100 - (4+3)} = 725.36\,\mathrm{kg/m^3}$$

$$Y = \frac{100G - a(S+G)}{100 - (a+b)} = \frac{100 \times 1039.24 - 4(727.59 + 1039.24)}{100 - (4+3)}$$

$$= 1041.47\,\mathrm{kg/m^3}$$

■ 표면수에 의한 조정

잔골재의 표면수 $= 725.36 \times \dfrac{2.5}{100} = 18.13\,\mathrm{kg/m^3}$

굵은골재의 표면수 $= 1041.47 \times \dfrac{0.5}{100} = 5.21\,\mathrm{kg/m^3}$

■ 현장 배합량

• 단위수량 : $176.38 - (18.13 + 5.21) = 153.04\,\mathrm{kg/m^3}$

• 단위잔골재량 : $725.36 + 18.13 = 743.49\,\mathrm{kg/m^3}$

• 단위굵은재량 : $1041.47 + 5.21 = 1046.68\,\mathrm{kg/m^3}$

【답】 단위수량 : $153.04\,\mathrm{kg/m^3}$, 단위잔골재량 : $743.49\,\mathrm{kg/m^3}$

단위굵은골재량 : $1046.68\,\mathrm{kg/m^3}$

KEY

배합설계 참고표에서 찾는 법

■ 「설계조건 및 재료」에서 확인할 사항

• 양질의 공기연행제 사용여부

• 굵은골재의 최대치수 확인

| 굵은골재 최대치수 (mm) | 공기량(%) | 공기연행제를 사용하지 않는 콘크리트 | |
|------|------|------|------|
| | | 잔골재율 $S/a(\%)$ | 단위수량 $W(\mathrm{kg/m^3})$ |
| 25 | 5.0 | 42 | 170 |

제4장 배합 설계

# 과년도 예상문제

## 01 배합 강도

□□□ 산09①,10③,11③, 6점

**01** 콘크리트 압축 강도의 표준편차를 알지 못할 때(기록이 없는 경우) 또는 압축 강도의 시험 횟수가 14회 이하인 경우 콘크리트 배합 강도를 구하는 식을 쓰시오.

| 호칭강도 $f_{cn}$ (MPa) | 배합 강도 $f_{cr}$ (MPa) |
|---|---|
| 21 미만 | |
| 21 이상 35 이하 | |
| 35 초과 | |

해답

| 호칭강도 $f_{cn}$ (MPa) | 배합 강도 $f_{cr}$ (MPa) |
|---|---|
| 21 미만 | $f_{cn} + 7$ |
| 21 이상 35 이하 | $f_{cn} + 8.5$ |
| 35 초과 | $1.1f_{cn} + 5.0$ |

□□□ 산11①, 4점

**02** 콘크리트 압축 강도의 표준편차를 알지 못했을 때 콘크리트의 배합 강도를 구하시오.

가. $f_{cn} > 35$MPa일 때

답 : _____

나. $f_{cn} \leq 35$MPa일 때

답 : _____

해답 가. $1.1f_{cn} + 5.0$
　　나. $f_{cn} + 8.5$

☐☐☐ 산07③, 4점

**03** 30회 이상의 콘크리트 압축 강도 시험 실적으로부터 결정한 압축 강도의 표준 편차가 2.4MPa이고, 호칭강도가 24MPa일 때 배합 강도를 구하시오.

계산 과정)

답 : ＿＿＿＿＿＿＿＿＿

**해답** $f_{cn} \leq 35$MPa인 경우

- $f_{cr} = f_{cn} + 1.34\,s\,(\mathrm{MPa}) = 24 + 1.34 \times 2.4 = 27.22\,\mathrm{MPa}$
- $f_{cr} = (f_{cn} - 3.5) + 2.33\,s\,(\mathrm{MPa}) = (24 - 3.5) + 2.33 \times 2.4 = 26.09\,\mathrm{MPa}$

∴ 배합 강도 $f_{cr} = 27.22\,\mathrm{MPa}$

☐☐☐ 기11③, 4점

**04** 호칭강도($f_{cn}$)가 30MPa이고, 23회 이상의 충분한 압축 강도 시험을 거쳐 2.0MPa의 표준편차를 얻었다. 이 콘크리트의 배합 강도($f_{cr}$)를 구하시오.

계산 과정)

답 : ＿＿＿＿＿＿＿＿＿

**해답** ■ 시험 횟수가 23회일 때 표준편차
- 시험 횟수가 29회 이하일 때 표준편차의 보정 계수

| 시험 횟수 | 표준편차의 보정 계수 |
|---|---|
| 15 | 1.16 |
| 20 | 1.08 |
| 25 | 1.03 |
| 30 또는 그 이상 | 1.00 |

직선 보간 표준편차 $= 2.0 \times \left(1.08 - \dfrac{23-20}{25-20} \times (1.08 - 1.03)\right) = 2.1\,\mathrm{MPa}$

■ $f_{cn} \leq 35$MPa일 때
- $f_{cr} = f_{cn} + 1.34\,s\,(\mathrm{MPa}) = 30 + 1.34 \times 2.1 = 32.81\,\mathrm{MPa}$
- $f_{cr} = (f_{cn} - 3.5) + 2.33\,s\,(\mathrm{MPa}) = (30 - 3.5) + 2.33 \times 2.1 = 31.39\,\mathrm{MPa}$

∴ 둘 중 큰 값이 배합 강도 $f_{cr} = 32.81\,\mathrm{MPa}$

□□□ 산08③, 4점

**05** 품질 기준 강도가 25.0MPa이고, 30회 이상의 충분한 압축 강도 시험을 거쳐 4.0MPa의 표준편차를 얻었다. 이 콘크리트의 배합 강도($f_{cr}$)를 구하시오.

계산 과정)

답 : _____

해답 $f_{cq} \leq 35$MPa인 경우

- $f_{cr} = f_{cq} + 1.34\,s\,(\text{MPa}) = 25 + 1.34 \times 4.0 = 30.36\,\text{MPa}$
- $f_{cr} = (f_{cq} - 3.5) + 2.33\,s\,(\text{MPa}) = (25 - 3.5) + 2.33 \times 4 = 30.82\,\text{MPa}$

∴ 둘 중 큰 값이 배합강도 $f_{cr} = 30.82\,\text{MPa}$

□□□ 산05③,13③, 6점

**06** 콘크리트 압축 강도를 35회 측정하였을 때 표준편차가 3.0MPa이었다. 품질 기준 강도 $f_{cq} = 30$MPa일 때, 콘크리트의 배합 강도 $f_{cr}$를 구하시오.

계산 과정)

답 : _____

해답 $f_{cq} \leq 35$MPa인 경우

- $f_{cr} = f_{cq} + 1.34\,s\,(\text{MPa}) = 30 + 1.34 \times 3.0 = 34.02\,\text{MPa}$
- $f_{cr} = (f_{cq} - 3.5) + 2.33\,s\,(\text{MPa}) = (30 - 3.5) + 2.33 \times 3 = 33.49\,\text{MPa}$

∴ 둘 중 큰 값이 배합강도 $f_{cr} = 34.02\,\text{MPa}$

□□□ 기05①, 4점

**07** 콘크리트 압축 강도를 30회 측정하였을 때 표준편차가 3.0MPa이었다. 품질 기준 강도 $f_{cq} = 24$MPa일 때, 콘크리트의 배합 강도 $f_{cr}$를 구하시오.

계산 과정)

답 : _____

해답 $f_{cq} \leq 35$MPa일 때

- $f_{cr} = f_{cq} + 1.34\,s\,(\text{MPa}) = 24 + 1.34 \times 3.0 = 28.02\,\text{MPa}$
- $f_{cr} = (f_{cq} - 3.5) + 2.33\,s\,(\text{MPa}) = (24 - 3.5) + 2.33 \times 3 = 27.49\,\text{MPa}$

∴ 둘 중 큰 값인 배합 강도 $f_{cr} = 28.02\,\text{MPa}$

□□□ 기06③, 산10①, 4점

**08** 콘크리트 압축 강도를 30회 측정하였을 때 표준편차가 2.7MPa이었다. 품질 기준 강도 $f_{cq}$ =18MPa일 때, 콘크리트의 배합 강도 $f_{cr}$를 구하시오.

계산 과정)

답 : ＿＿＿＿＿＿＿＿＿

해답 $f_{cq} \leq 35$MPa인 경우

- $f_{cr} = f_{cq} + 1.34\,s\,(\mathrm{MPa}) = 18 + 1.34 \times 2.7 = 21.62\,\mathrm{MPa}$
- $f_{cr} = (f_{cq} - 3.5) + 2.33\,s\,(\mathrm{MPa}) = (18 - 3.5) + 2.33 \times 2.7 = 20.79\,\mathrm{MPa}$

∴ 큰 값인 배합강도 $f_{cr} = 21.62\,\mathrm{MPa}$

□□□ 기08③, 6점

**09** 콘크리트의 압축강도 측정결과가 다음과 같을 때 배합설계에 적용할 표준편차를 구하고, 품질 기준 강도가 24MPa일 때 콘크리트 배합강도를 구하시오.

【압축강도 측정결과(MPa)】

| 25.4 | 23.7 | 29.2 | 28.4 | 27.8 | 27.1 | 25.4 | 25.3 | 30.2 | 24.8 | 29.3 | 23.1 |
|------|------|------|------|------|------|------|------|------|------|------|------|
| 27.2 | 25.9 | 25.4 | 32.4 | 24.3 | 24.9 | 25.5 | 27.9 | 23.7 | 29.3 | 28.5 | 29.4 |
| 27.5 | 28.7 | 29.3 | 26.4 | 30.5 | 30.2 |      |      |      |      |      |      |

가. 표준편차를 구하시오.

답 : ＿＿＿＿＿＿＿＿＿

나. 배합강도를 구하시오.

답 : ＿＿＿＿＿＿＿＿＿

해답 가. 표준편차 $s = \sqrt{\dfrac{\sum (x_i - \overline{x})^2}{n-1}}$

① 압축 강도 합계

$\sum x_i = 25.4 + 23.7 + 29.2 + 28.4 + 27.8 + 27.1 + 25.4 + 25.3 + 30.2 + 24.8$
$\qquad + 29.3 + 23.1 + 27.2 + 25.9 + 25.4 + 32.4 + 24.3 + 24.9 + 25.5 + 27.9 + 23.7$
$\qquad + 29.3 + 28.5 + 29.4 + 27.5 + 28.7 + 29.3 + 26.4 + 30.5 + 30.2$
$\qquad = 816.7\,\mathrm{MPa}$

② 압축 강도평균값

$\overline{x} = \dfrac{\sum x_i}{n} = \dfrac{816.7}{30} = 27.22\,\mathrm{MPa}$

③ 표준편차의 합

$$\sum (x_i - \overline{x})^2 = 163.64\,\text{MPa}$$

$$\therefore \text{표준편차 } s = \sqrt{\frac{163.64}{30-1}} = 2.38\,\text{MPa}$$

나. 배합 강도

$f_{cq} = 24\,\text{MPa} < 35\,\text{MPa}$인 경우, ①과 ②의 값 중 큰 값

① $f_{cr} = f_{cq} + 1.34s = 24 + 1.34 \times 2.38 = 27.19\,\text{MPa}$

② $f_{cr} = (f_{cq} - 3.5) + 2.33s = (24 - 3.5) + 2.33 \times 2.38 = 26.05\,\text{MPa}$

$\therefore$ 배합 강도 $f_{cr} = 27.19\,\text{MPa}$

□□□ 기13③, 6점

**10** 콘크리트 압축 강도 측정 결과가 다음과 같았다. 배합설계에 적용할 표준편차를 구하고 호칭강도가 40MPa일 때 콘크리트의 배합 강도를 구하시오.

──── 【압축 강도 측정 결과(MPa)】────
35, 45.5, 40, 43, 45, 42.5, 40, 38.5, 36, 41, 37.5, 45.5, 44, 36, 45.5

가. 배합설계에 적용할 압축 강도의 표준편차를 구하시오.

계산 과정)

답 : _____

나. 배합 강도를 구하시오.

계산 과정)

답 : _____

해답 가. 표준편차 $s = \sqrt{\dfrac{\sum (x_i - \overline{x})^2}{n-1}}$

① 압축 강도의 합계

$$\sum x_i = 35 + 45.5 + 40 + 43 + 45 + 42.5 + 40 + 38.5 + 36 + 41 + 37.5$$
$$\qquad + 45.5 + 44 + 36 + 45.5$$
$$= 615\,\text{MPa}$$

② 압축 강도의 평균값

$$\overline{x} = \frac{\sum x_i}{n} = \frac{615}{15} = 41\,\text{MPa}$$

③ 표준편차 합

$$\sum (x_i - \overline{x})^2 = 198.5\,\text{MPa}$$

④ 표준편차 $s = \sqrt{\dfrac{198.5}{15-1}} = 3.77\,\text{MPa}$

⑤ 직선 보간의 표준편차

【시험 횟수가 29회 이하일 때 표준편차의 보정 계수】

| 시험 횟수 | 표준편차의 보정 계수 |
|---|---|
| 15 | 1.16 |
| 20 | 1.08 |
| 25 | 1.03 |
| 30 이상 | 1.00 |

∴ 직선 보간 표준편차 $= 3.77 \times 1.16 = 4.37\,\text{MPa}$

나. 배합 강도

$f_{cn} = 40\,\text{MPa} > 35\,\text{MPa}$인 경우,　①과 ②의 값 중 큰 값

① $f_{cr} = f_{cn} + 1.34s = 40 + 1.34 \times 4.37 = 45.86\,\text{MPa}$

② $f_{cr} = 0.9f_{cn} + 2.33s = 0.9 \times 40 + 2.33 \times 4.37 = 46.18\,\text{MPa}$

∴ 배합 강도 $f_{cr} = 46.18\,\text{MPa}$

**KEY** 시험 기록을 갖고 있지 않지만 15회 이상, 29회 이하의 연속 시험의 기록을 갖고 있는 경우, 표준편차는 계산된 표준편차와 보정 계수의 곱으로 계산할 수 있다.

□□□ 기10①, 6점

**11** 콘크리트 압축 강도 측정 결과가 다음과 같다. 배합설계에 적용할 표준편차를 구하고 호칭강도가 40MPa일 때 콘크리트의 배합 강도를 구하시오.

【압축 강도 측정 결과(MPa)】

| 23.5 | 33 | 35 | 28 | 26 | 27 | 28.5 | 29 |
|---|---|---|---|---|---|---|---|
| 26.5 | 23 | 33 | 29 | 26.5 | 35 | 32 | |

【시험 횟수가 29회 이하일 때 표준편차의 보정 계수】

| 시험 횟수 | 표준편차의 보정 계수 |
|---|---|
| 15 | 1.16 |
| 20 | 1.08 |
| 25 | 1.03 |
| 30 또는 그 이상 | 1.00 |

가. 배합설계에 적용할 압축 강도의 표준편차를 구하시오.

계산 과정)

답 : _____

나. 배합 강도를 구하시오.

계산 과정)

답 : _____

해답 가. 표준편차 $s = \sqrt{\dfrac{\sum(x_i - \overline{x})^2}{n-1}}$

① 압축강도 합계

$$\sum x_i = 23.5 + 33 + 35 + 28 + 26 + 27 + 28.5 + 29 + 26.5 + 23$$
$$+ 33 + 29 + 26.5 + 35 + 32$$
$$= 435\,\mathrm{MPa}$$

② 압축 강도의 평균값

$$\overline{x} = \frac{\sum x_i}{n} = \frac{435}{15} = 29\,\mathrm{MPa}$$

③ 표준편차 합

$$\sum(x_i - \overline{x})^2 = (23.5 - 29)^2 + (33 - 29)^2 + (35 - 29)^2 + (28 - 29)^2$$
$$+ (26 - 29)^2 + (27 - 29)^2 + (28.5 - 29)^2 + (29 - 29)^2 + (26.5 - 29)^2$$
$$+ (23 - 29)^2 + (33 - 29)^2 + (29 - 29)^2 + (26.5 - 29)^2 + (35 - 29)^2$$
$$+ (32 - 29)^2$$
$$= 206\,\mathrm{MPa}$$

④ 표준편차 $s = \sqrt{\dfrac{206}{15-1}} = 3.84\,\mathrm{MPa}$

직선 보간 표준편차 $= 3.84 \times 1.16 = 4.45\,\mathrm{MPa}$

나. 배합 강도

$f_{cn} = 40\,\mathrm{MPa} > 35\,\mathrm{MPa}$인 경우, ①과 ②의 값 중 큰 값

① $f_{cr} = f_{cn} + 1.34s = 40 + 1.34 \times 4.45 = 45.96\,\mathrm{MPa}$

② $f_{cr} = 0.9 f_{cn} + 2.33s = 0.9 \times 40 + 2.33 \times 4.45 = 46.37\,\mathrm{MPa}$

∴ 배합강도 $f_{cr} = 46.37\,\mathrm{MPa}$

□□□ 기05①, 6점

**12** 콘크리트 압축 강도 측정 결과가 다음과 같다. 배합설계에 적용할 표준편차를 구하고 호칭강도가 24MPa일 때 콘크리트의 배합 강도를 구하시오.

【콘크리트 압축 강도 측정치(MPa)】

| | | | | | |
|------|------|------|------|------|------|
| 26.5 | 25.7 | 26.5 | 27.5 | 30.2 | 24.5 |
| 28.7 | 28.5 | 25.7 | 24.7 | 25.5 | 24.7 |
| 26.2 | 27.2 | 26.7 | 24.2 | 26.7 | 28.2 |

【시험 횟수가 29회 이하일 때 표준편차의 보정 계수】

| 시험 횟수 | 표준편차의 보정 계수 |
|---|---|
| 15 | 1.16 |
| 20 | 1.08 |
| 25 | 1.03 |
| 30 또는 그 이상 | 1.00 |

가. 배합설계에 적용할 압축 강도의 표준편차를 구하시오.

계산 과정)

답 : _____

나. 배합 강도를 구하시오.

계산 과정)

답 : _____

해답 가. 표준편차 $s = \sqrt{\dfrac{\sum (x_i - \overline{x})^2}{n-1}}$

① 압축강도 합계

$\sum x_i = 26.5 + 25.7 + 26.5 + 27.5 + 30.2 + 24.5$
$\qquad + 28.7 + 28.5 + 25.7 + 24.7 + 25.5 + 24.7$
$\qquad + 26.2 + 27.2 + 26.7 + 24.2 + 26.7 + 28.2$
$\qquad = 477.9 \, \text{MPa}$

② 압축 강도의 평균값

$\overline{x} = \dfrac{\sum x_i}{n} = \dfrac{477.9}{18} = 26.6 \text{MPa}$

③ 표준편차의 합

$\sum (x_i - \overline{x})^2 = (26.5 - 26.6)^2 + (25.7 - 26.6)^2 + (26.5 - 26.6)^2 + (27.5 - 26.6)^2$
$\qquad + (30.2 - 26.6)^2 + (24.5 - 26.6)^2 + (28.7 - 26.6)^2 + (28.5 - 26.6)^2$
$\qquad + (25.7 - 26.6)^2 + (24.7 - 26.6)^2 + (25.5 - 26.6)^2 + (24.7 - 26.6)^2$
$\qquad + (26.2 - 26.6)^2 + (27.2 - 26.6)^2 + (26.7 - 26.6)^2 + (24.2 - 26.6)^2$
$\qquad + (26.7 - 26.6)^2 + (28.2 - 26.6)^2$
$\qquad = 45.085 \, \text{MPa}$

④ 표준편차 $s = \sqrt{\dfrac{45.085}{18-1}} = 1.63 \, \text{MPa}$

∴ 직선 보간 표준편차 $= 1.63 \times \left(1.16 - \dfrac{1.16 - 1.08}{20 - 15} \times 3\right) = 1.81 \, \text{MPa}$

나. 배합 강도

$f_{cn} = 24 \, \text{MPa} \leq 35 \, \text{MPa}$인 경우, ①과 ②의 값 중 큰 값

① $f_{cr} = f_{cn} + 1.34 s = 24 + 1.34 \times 1.81 = 26.43 \, \text{MPa}$

② $f_{cr} = (f_{cn} - 3.5) + 2.33 s = (24 - 3.5) + 2.33 \times 1.81 = 24.72 \, \text{MPa}$

∴ 배합 강도 $f_{cr} = 26.43 \, \text{MPa}$

□□□ 기07③,11①, 6점

**13** 콘크리트의 배합 강도를 구하기 위해 전체 시험 횟수 18회의 콘크리트 압축 강도 측정 결과 다음 표와 같고 호칭강도가 24MPa일 때 다음 물음에 답하시오.

【압축 강도 측정 결과(MPa)】

| 27.2 | 24.1 | 23.4 | 24.2 | 28.6 | 25.7 | 23.5 |
|------|------|------|------|------|------|------|
| 30.7 | 29.7 | 27.7 | 29.7 | 24.4 | 26.9 | 29.5 |
| 28.5 | 29.7 | 25.9 | 26.6 |      |      |      |

【시험 횟수가 29회 이하일 때 표준편차의 보정 계수】

| 시험 횟수 | 표준편차의 보정 계수 |
|-----------|---------------------|
| 15 | 1.16 |
| 20 | 1.08 |
| 25 | 1.03 |
| 30 또는 그 이상 | 1.00 |

가. 표준편차를 구하시오. (단, 표준편차의 보정 계수가 사용표에 없을 경우 직선 보간하여 사용한다.)

계산 과정)

답 : _____

나. 배합 강도를 구하시오.

계산 과정)

답 : _____

해답 가. 표준편차 $s = \sqrt{\dfrac{\sum (x_i - \overline{x})^2}{n-1}}$

① 압축 강도의 합계

$\sum x_i = 27.2 + 24.1 + 23.4 + 24.2 + 28.6 + 25.7 + 23.5 + 30.7 + 29.7 + 27.7$
$\qquad + 29.7 + 24.4 + 26.9 + 29.5 + 28.5 + 29.7 + 25.9 + 26.6$
$\qquad = 486 \, \text{MPa}$

② 압축 강도의 평균값

$\overline{x} = \dfrac{\sum x_i}{n} = \dfrac{486}{18} = 27 \text{MPa}$

③ 표준편차의 합

$\sum (x_i - \overline{x})^2 = (27.2-27)^2 + (24.1-27)^2 + (23.4-27)^2 + (24.2-27)^2$
$\qquad\qquad + (28.6-27)^2 + (25.7-27)^2 + (23.5-27)^2 + (30.7-27)^2$
$\qquad\qquad + (29.7-27)^2 + (27.7-27)^2 + (29.7-27)^2 + (24.4-27)^2$
$\qquad\qquad + (26.9-27)^2 + (29.5-27)^2 + (28.5-27)^2 + (29.7-27)^2$
$\qquad\qquad + (25.9-27)^2 + (26.6-27)^2$
$\qquad\quad = 98.44 \, \text{MPa}$

④ 표준편차 $s = \sqrt{\dfrac{98.44}{18-1}} = 2.41\,\text{MPa}$

직선 보간 표준편차 $= 2.41 = 2.41 \times \left(1.16 - \dfrac{1.16 - 1.08}{20 - 15} \times 3\right) = 2.68\,\text{MPa}$

나. 배합 강도

$f_{cn} = 24\,\text{MPa} \le 35\,\text{MPa}$인 경우, ①과 ②의 값 중 큰 값

① $f_{cr} = f_{cn} + 1.34s = 24 + 1.34 \times 2.68 = 27.59\,\text{MPa}$

② $f_{cr} = (f_{cn} - 3.5) + 2.33\,s = (24 - 3.5) + 2.33 \times 3.77 = 26.74\,\text{MPa}$

∴ 배합 강도 $f_{cr} = 27.59\,\text{MPa}$

---

□□□ 산12③, 4점

**14** 콘크리트 품질 기준 압축 강도가 24MPa이고, 30회의 콘크리트 압축 강도 시험으로 표준편차 2.4MPa을 얻었다. 이 콘크리트 배합 강도를 구하시오.

계산 과정)

답 : _____

해답 $f_{cq} = 24\,\text{MPa} \le 35\,\text{MPa}$인 경우, 두 값 중 큰 값

• $f_{cr} = f_{cq} + 1.34s = 24 + 1.34 \times 2.4 = 27.22\,\text{MPa}$

• $f_{cr} = (f_{cq} - 3.5) + 2.33\,s = (24 - 3.5) + 2.33 \times 2.4 = 26.09\,\text{MPa}$

∴ 배합 강도 $f_{cr} = 27.22\,\text{MPa}$

> **KEY**  시험 횟수가 29회 이하일 때 표준편차의 보정 계수를 해 준다.

---

□□□ 산12①, 4점

**15** 콘크리트의 호칭강도가 24MPa이고, 15회의 콘크리트 압축 강도 시험으로 표준편차 2.4MPa을 얻었다. 이 콘크리트 배합 강도를 구하시오.

계산 과정)

답 : _____

해답 ■ 표준편차 $s = 2.4\,\text{MPa}$

• 직선 보간 표준편차 $= 2.4 \times 1.16 = 2.784\,\text{MPa}$

■ $f_{cn} = 24\,\text{MPa} \le 35\,\text{MPa}$인 경우, 두 값 중 큰 값

• $f_{cr} = f_{cn} + 1.34s = 24 + 1.34 \times 2.784 = 27.73\,\text{MPa}$

- $f_{cr} = (f_{cn} - 3.5) + 2.33\,s = (24 - 3.5) + 2.33 \times 2.784 = 26.99\,\text{MPa}$

  $\therefore$ 배합 강도 $f_{cr} = 27.73\,\text{MPa}$

**KEY** 시험 횟수가 29회 이하일 때 표준편차의 보정 계수

| 시험 횟수 | 표준편차의 보정 계수 |
|---|---|
| 15 | 1.16 |
| 20 | 1.08 |
| 25 | 1.03 |
| 30 또는 그 이상 | 1.00 |

---

□□□ 기10③, 4점

**16** 품질 기준 압축 강도가 40MPa이고, 20회의 콘크리트 압축 강도 시험으로 표준편차 4.5MPa을 얻었다. 이 콘크리트 배합 강도를 구하시오.

계산 과정)

답 : _____

---

해답 ■ 표준편차 $s = 4.5\,\text{MPa}$

- 직선 보간 표준편차 $= 4.5 \times 1.08 = 4.86\,\text{MPa}$

■ $f_{cq} = 40\,\text{MPa} > 35\,\text{MPa}$인 경우, 두 값 중 큰 값

- $f_{cr} = f_{cq} + 1.34s = 40 + 1.34 \times 4.86 = 46.51\,\text{MPa}$
- $f_{cr} = 0.9f_{cq} + 2.33\,s = 0.9 \times 40 + 2.33 \times 4.86 = 47.32\,\text{MPa}$

  $\therefore$ 배합 강도 $f_{cr} = 47.32\,\text{MPa}$

## 02 굵은 골재의 최대 치수

□□□ 산11①, 6점

**17** 콘크리트 배합에 사용되는 굵은 골재 최대 치수의 표준에 대한 아래 표의 빈 칸을 채우시오.

| 구조물의 종류 | 굵은 골재의 최대 치수(mm) |
| --- | --- |
| 일반적인 경우 | |
| 단면이 큰 경우 | |
| 무근 콘크리트 | |

해답

| 구조물의 종류 | 굵은 골재의 최대 치수(mm) |
| --- | --- |
| 일반적인 경우 | 20 또는 25 |
| 단면이 큰 경우 | 40 |
| 무근 콘크리트 | 40<br>부재 최소 치수의 1/4을 초과해서는 안 됨. |

□□□ 산11①, 6점

**18** 콘크리트 배합에 사용되는 굵은 골재의 공칭 최대 치수는 어떤 값을 초과하면 안 되는지 아래 표의 예시와 같이 2가지만 쓰시오.

| 개별 철근, 다발 철근, 긴장재 또는 덕트 사이의 최소 순간격의 3/4 |
| --- |

① _____

② _____

해답 ① 거푸집 양 측면 사이의 최소 거리의 1/5
② 슬래브 두께의 1/3

□□□ 산11③,15②, 6점

## 19 콘크리트용 굵은 골재의 최대 치수에 대한 아래 물음에 답하시오.

가. 굵은 골재의 최대 치수에 대한 정의를 간단히 쓰시오.

ㅇ

나. 콘크리트 배합에 사용되는 굵은 골재의 공칭 최대 치수는 어떤 값을 초과하면 안되는지 아래 표의 예시와 같이 2가지만 쓰시오.

| 개별 철근, 다발철근, 긴장재 또는 덕트 사이의 최소 순간격의 3/4 |
| --- |

① _____

② _____

해답 가. 질량비로 90% 이상을 통과시키는 체 중에서 최소 치수인 체의 호칭 치수로 나타낸 굵은 골재의 치수
나. ① 거푸집 양 측면 사이의 최소 거리의 1/5
② 슬래브 두께의 1/3

□□□ 산11③,13③, 8점

## 20 콘크리트용 굵은 골재의 최대 치수에 대한 아래 물음에 답하시오.

가. 굵은 골재의 최대 치수에 대한 정의를 간단히 쓰시오.

ㅇ

나. 콘크리트 배합에 사용되는 굵은 골재의 공칭 최대 치수는 어떤 값을 초과하면 안 되는지 아래 표의 예시와 같이 2가지만 쓰시오.

| 개별 철근, 다발 철근, 긴장재 또는 덕트 사이의 최소 순간격의 3/4 |
| --- |

① _____

② _____

다. 콘크리트 배합에 사용되는 굵은 골재 최대 치수의 표준에 대한 아래 표의 빈 칸을 채우시오.

| 구조물의 종류 | 굵은 골재의 최대 치수(mm) |
|---|---|
| 일반적인 경우 | ① |
| 단면이 큰 경우 | ② |
| 무근 콘크리트 | 40<br>부재 최소 치수의 1/4을 초과해서는 안 됨. |

해답 가. 질량비로 90% 이상을 통과시키는 체 중에서 최소 치수인 체의 호칭 치수로 나타낸 굵은 골재의 치수

나. ① 거푸집 양 측면 사이의 최소 거리의 1/5
② 슬래브 두께의 1/3

다. ① 20 또는 25
② 40

# 03 시방 배합

□□□ 산05③, 5점

**21** 아래 표을 보고 시방 배합 설계의 일반적인 순서를 나열하시오.

> 가. 굵은 골재의 최대 치수 및 슬럼프
> 나. 잔골재율, 단위 수량, 공기량
> 다. 단위 시멘트량 계산
> 라. 현장 배합으로 산출
> 마. 물-결합재비 확정
> 바. 사용 재료의 물성 시험

○ 순서 :

해답 순서 : 바 – 마 – 가 – 나 – 다 – 라

□□□ 산05③, 4점

**22** 물-결합재의 비율이 50%이고, 단위 수량이 $175kg/m^3$, 플라이 애시량이 $75kg/m^3$일 때 단위 시멘트량을 계산하시오.

계산 과정)

답 :

해답 물-결합재비 $= \dfrac{W}{B} = \dfrac{175}{C+75} = 0.50$

$\therefore$ 단위 시멘트량 $C = \dfrac{175}{0.5} - 75 = 275\,kg/m^3$

□□□ 산06③, 4점

**23** 시방 배합을 현장 배합으로 수정할 경우 고려해야 할 사항 2가지만 쓰시오.

① _____

② _____

MEMO

해답 ① 골재의 함수 상태
② 골재의 입도 상태
또는 • 잔골재 중에서 5mm 체에 남는 굵은 골재량
• 굵은 골재 중에서 5mm 체를 통과하는 잔골재량
③ 혼화제를 희석시킨 희석 수량

**24** 콘크리트 배합 설계에 의해 1m³를 만들 경우 단위 시멘트 360kg/m³, 시멘트 밀도 3.15g/cm³, 단위 수량 180kg/m³, 공기량 5%이다. 단위 골재량의 절대 용적을 구하시오. (소수 넷째 자리에서 반올림하시오.)

계산 과정)

[답] ① 단위 골재량 : _____
② 절대 용적 : _____

해답 단위 골재의 절대 용적

$$V_a = 1 - \left( \frac{\text{단위 수량}}{1000} + \frac{\text{단위 시멘트량}}{\text{시멘트 밀도} \times 1000} + \frac{\text{공기량}}{100} \right)$$
$$= 1 - \left( \frac{180}{1000} + \frac{360}{3.15 \times 1000} + \frac{5}{100} \right) = 0.656 \text{m}^3$$

**25** 콘크리트 배합설계에 의해 1m³를 만들 경우 단위 수량 180kg/m³, 물−시멘트 비가 45%, 시멘트 밀도 3.15g/cm³, 공기량 2%, 혼화제량 76.1g/cm³이다. 단위 골재량의 절대 용적을 구하시오. (소수 넷째 자리에서 반올림하시오.)

계산 과정)

[답] ① 단위 골재량 : _____
② 절대 용적 : _____

해답 • 단위 시멘트량 $C = \dfrac{W}{0.45} = \dfrac{180}{0.45} = 400 \text{kg/m}^3$
• 단위 골재의 절대 용적

$$V_a = 1 - \left( \frac{\text{단위 수량}}{1000} + \frac{\text{단위 시멘트량}}{\text{시멘트 밀도} \times 1000} + \frac{\text{공기량}}{100} + \frac{\text{혼화 재량}}{\text{혼화 재밀도} \times 1000} \right)$$
$$= 1 - \left( \frac{180}{1000} + \frac{400}{3.15 \times 1000} + \frac{5}{100} + 0 \right) = 0.673 \text{m}^3$$

□□□ 기09③,13③, 6점

**26** 다음과 같은 배합설계표에 의해 콘크리트를 배합하는 데 필요한 단위 수량, 단위 잔골재량, 단위 굵은 골재량을 구하시오.

- 잔골재율($S/a$) : 41%
- 시멘트 밀도 : 3.15g/cm³
- 잔골재의 표건 밀도 : 2.59g/cm³
- 공기량 : 4.5%
- 단위 시멘트량 : 500kg/m³
- 물-시멘트비($W/C$) : 50%
- 굵은 골재의 표건 밀도 : 2.63g/cm³

계산 과정)

[답] ① 단위 수량 : _____
② 단위 잔골재량 : _____
③ 단위 굵은 골재량 : _____

해답 ① 물-시멘트비 $\dfrac{W}{C} = 50\%$에서

∴ 단위 수량 $W = 0.50 \times 500 = 250\,\mathrm{kg}$

② 단위 골재의 절대 체적

$$V_a = 1 - \left( \frac{\text{단위 수량}}{1000} + \frac{\text{단위 시멘트량}}{\text{시멘트 밀도} \times 1000} + \frac{\text{공기량}}{100} \right)$$

$$= 1 - \left( \frac{250}{1000} + \frac{500}{3.15 \times 1000} + \frac{4.5}{100} \right) = 0.5463\,\mathrm{m}^3$$

③ 단위 잔골재량 = 단위 잔골재의 절대 체적 × 잔골재 밀도 × 1000

$$= (0.5463 \times 0.41) \times 2.59 \times 1000 = 580.16\,\mathrm{kg/m}^3$$

④ 단위 굵은 골재량 = 단위 굵은골재의 절대체적 × 굵은 골재 밀도 × 1000

$$= 0.5463(1 - 0.41) \times 2.63 \times 1000 = 847.69\,\mathrm{kg/m}^3$$

□□□ 산05①, 6점

**27** 다음과 같은 배합설계표에 의해 콘크리트를 배합하는 데 필요한 단위 수량, 단위 잔골재량, 단위 굵은 골재량을 구하시오.

【배합설계표】

- 물-시멘트비 : 52%
- 잔골재율 : 38%
- 굵은 골재 밀도 : 2.62g/cm³
- 공기량 : 1%
- 단위 시멘트량 : 321kg/m³
- 잔골재 밀도 : 2.60g/cm³
- 시멘트 비중 : 3.15

가. 단위 수량을 구하시오.

계산 과정 )

답 : _____

나. 단위 잔골재량을 구하시오.

계산 과정 )

답 : _____

다. 단위 굵은 골재량을 구하시오.

계산 과정 )

답 : _____

해답 가. $W/C = \dfrac{W}{C} = 0.52$에서

$W = 321 \times 0.52 = 166.92\,\text{kg}/\text{m}^3$

나. 단위 골재의 절대 용적

$V_a = 1 - \left( \dfrac{단위\ 수량}{1000} + \dfrac{단위\ 시멘트량}{시멘트\ 비중 \times 1000} + \dfrac{공기량}{100} \right)$

$= 1 - \left( \dfrac{166.92}{1000} + \dfrac{321}{3.15 \times 1000} + \dfrac{1}{100} \right) = 0.721\,\text{m}^3$

∴ 단위 잔골재량 = 단위 잔골재의 절대 체적 × 잔골재 밀도 × 1000

$= (0.721 \times 0.38) \times 2.60 \times 1000 = 712.35\,\text{kg}/\text{m}^3$

다. 단위 굵은 골재량 = 단위 굵은 골재의 절대 체적 × 굵은 골재 밀도 × 1000

$= 0.721(1 - 0.38) \times 2.62 \times 1000 = 1171.19\,\text{kg}/\text{m}^3$

☐☐☐ 기07③,14②,15①, 4점

**28** 다음과 같은 배합설계표에 의해 콘크리트를 배합하는 데 필요한 단위 잔골재량, 단위 굵은 골재량을 구하시오.

| | |
|---|---|
| • 잔골재율($S/a$) : 42% | • 단위 수량 : 175kg/m$^3$ |
| • 시멘트 밀도 : 3.15g/cm$^3$ | • 물-시멘트비($W/C$) : 50% |
| • 잔골재의 표건 밀도 : 2.60g/cm$^3$ | • 굵은 골재의 표건 밀도 : 2.65g/cm$^3$ |
| • 공기량 : 4.5% | |

계산 과정)

[답] ① 단위 잔골재량 : _____

② 단위 굵은 골재량 : _____

해답 ① 물시멘트 비에서 $\dfrac{W}{C} = 50\%$ 에서

$\therefore$ 단위 시멘트량 $C = \dfrac{W}{0.50} = \dfrac{175}{0.50} = 350\,\mathrm{kg/m^3}$

② 단위 골재의 절대 체적

$V_a = 1 - \left( \dfrac{\text{단위 수량}}{1000} + \dfrac{\text{단위 시멘트량}}{\text{시멘트 밀도} \times 1000} + \dfrac{\text{공기량}}{100} \right)$

$= 1 - \left( \dfrac{175}{1000} + \dfrac{350}{3.15 \times 1000} + \dfrac{4.5}{100} \right) = 0.669\,\mathrm{m^3}$

③ 단위 잔골재량 = 단위 잔골재의 절대 체적 $\times$ 잔골재 밀도 $\times$ 1000

$= (0.669 \times 0.42) \times 2.60 \times 1000 = 730.55\,\mathrm{kg/m^3}$

④ 단위 굵은 골재량 = 단위 굵은 골재의 절대체적 $\times$ 굵은 골재 밀도 $\times$ 1000

$= 0.669(1 - 0.42) \times 2.65 \times 1000 = 1028.25\,\mathrm{kg/m^3}$

$\therefore$ 단위 잔골재량 : $730.55\,\mathrm{kg/m^3}$, 단위 굵은 골재량 : $1028.25\,\mathrm{kg/m^3}$

---

□□□ 산08③, 6점

**29** 아래와 같은 배합설계에 의해 콘크리트 1m³를 배합하는 데 필요한 단위 수량, 단위 잔골재량, 단위 굵은 골재량을 구하시오. (단, 소수 넷째자리에서 반올림하시오.)

| | |
|---|---|
| • 물-시멘트비 : 48% | • 잔골재율 : 42% |
| • 단위 시멘트량 : 280kg/m³ | • 시멘트 밀도 : 3.15g/cm³ |
| • 잔골재 표건 밀도 : 2.50g/cm³ | • 굵은 골재 표건 밀도 : 2.62g/cm³ |
| • 공기량 : 5% | |

계산 과정)

[답] ① 단위 수량 : _____

② 단위 잔골재량 : _____

③ 단위 굵은 골재량 : _____

---

해답 ① 물-시멘트비 $\dfrac{W}{C} = 48\%$ 에서

단위 수량 $W = 0.48 \times 280 = 134.4\,\mathrm{kg/m^3}$

② 단위 골재의 절대 체적

$V_a = 1 - \left( \dfrac{\text{단위 수량}}{1000} + \dfrac{\text{단위 시멘트량}}{\text{시멘트 밀도} \times 1000} + \dfrac{\text{공기량}}{100} \right)$

$= 1 - \left( \dfrac{134.4}{1000} + \dfrac{280}{3.15 \times 1000} + \dfrac{5}{100} \right) = 0.727\,\mathrm{m^3}$

③ 단위 잔골재량 = 단위 골재의 절대 체적 $\times$ 잔골재율 $\times$ 잔골재의 밀도 $\times$ 1000

$= 0.727 \times 0.42 \times 2.50 \times 1000 = 763.350\,\mathrm{kg/m^3}$

④ 단위 굵은 골재량 = 단위 굵은 골재의 절대 체적 $\times$ 굵은 골재 밀도 $\times$ 1000

$= 0.727 \times (1 - 0.42) \times 2.62 \times 1000 = 1104.749\,\mathrm{kg/m^3}$

□□□ 기08③,11③, 산07③,10①, 6점

**30** 아래와 같은 배합설계에 의해 콘크리트 1m³를 배합하는 데 필요한 단위 수량, 단위 잔골재량, 단위 굵은 골재량을 구하시오. (단, 소수 넷째 자리에서 반올림 하시오.)

- 잔골재율 : 40%
- 시멘트 밀도 : 3.15g/cm³
- 잔골재 표건 밀도 : 2.59g/cm³
- 공기량 : 4%
- 물-시멘트비 : 50%
- 단위 시멘트량 : 350kg/m³
- 굵은 골재 표건 밀도 : 2.62g/cm³

**가.** 단위 수량을 구하시오.

계산 과정)

답 : _____

**나.** 단위 잔골재량을 구하시오.

계산 과정)

답 : _____

**다.** 단위 굵은 골재량을 구하시오.

계산 과정)

답 : _____

---

[해답] **가.** 물-시멘트비 $\dfrac{W}{C}=50\%$ 에서

∴ 단위 수량 $W=0.5\times350=175\text{kg/m}^3$

**나.** 단위 골재의 절대 체적

$$V_a = 1-\left(\dfrac{\text{단위 수량}}{1000}+\dfrac{\text{단위 시멘트량}}{\text{시멘트 밀도}\times1000}+\dfrac{\text{공기량}}{100}\right)$$

$$= 1-\left(\dfrac{175}{1000}+\dfrac{350}{3.15\times1000}+\dfrac{4}{100}\right)=0.674\text{m}^3$$

∴ 단위 잔골재량 = 단위 골재의 절대 체적 × 잔골재율 × 잔골재의 밀도 × 1000

$$= 0.674\times0.40\times2.59\times1000 = 698.264\,\text{kg/m}^3$$

**다.** 단위 굵은 골재량 = 단위 굵은 골재의 절대 체적 × 굵은 골재 밀도 × 1000

$$= 0.674\times(1-0.40)\times2.62\times1000 = 1059.528\,\text{kg/m}^3$$

□□□ 산05③. 6점

31 아래와 같은 배합설계에 의해 콘크리트 $1m^3$를 배합하는 데 필요한 단위 수량, 단위 잔골재량, 단위 굵은 골재량을 구하시오.

---

- 잔골재율 : 34%
- 시멘트 밀도 : $3.17g/cm^3$
- 잔골재 표건 밀도 : $2.65g/cm^3$
- 공기량 : 2%

- 물-시멘트비 : 55%
- 단위 시멘트량 : $220kg/m^3$
- 굵은 골재 표건 밀도 : $2.70g/cm^3$

---

가. 단위 수량을 구하시오.

계산 과정 )

답 : _____

나. 단위 잔골재량을 구하시오.

계산과정 )

답 : _____

다. 단위 굵은 골재량을 구하시오.

계산과정 )

답 : _____

---

해답 가. 물-시멘트비 $\dfrac{W}{C} = 55\%$에서

∴ 단위 수량 $W = 0.55 \times 220 = 121kg/m^3$

나. 단위 골재의 절대 체적

$$V_a = 1 - \left( \frac{단위\ 수량}{1000} + \frac{단위\ 시멘트량}{시멘트\ 밀도 \times 1000} + \frac{공기량}{100} \right)$$

$$= 1 - \left( \frac{121}{1000} + \frac{220}{3.17 \times 1000} + \frac{2}{100} \right) = 0.790m^3$$

∴ 단위 잔골재량 = 단위 골재의 절대 체적 × 잔골재율 × 잔골재의 밀도 × 1000

$$= 0.790 \times 0.34 \times 2.65 \times 1000 = 711.79kg/m^3$$

다. 단위 굵은 골재량 = 단위 굵은 골재의 절대 체적 × 굵은 골재 밀도 × 1000

$$= 0.790 \times (1 - 0.34) \times 2.70 \times 1000 = 1407.78kg/m^3$$

□□□ 기10③,12③, 10점

**32** 굵은 골재의 최대 치수 25mm, 슬럼프 120mm, 물-결합재비 50%의 콘크리트 1m³를 만들기 위하여 제시된 표를 보고 배합표를 완성하시오. (단, 시멘트 밀도 0.00315g/mm³, 잔골재 밀도 0.0026g/mm², 잔골재 조립률 2.85, 굵은 골재 밀도 0.0027g/mm³, 양질의 공기 연행제를 사용하며 사용량은 시멘트 질량의 0.03%, 공기량은 4.5%로 설계한다.)

【콘크리트의 단위 굵은 골재 용적, 잔골재율 및 단위 수량의 대략값】

| 굵은 골재 최대 치수 (mm) | 단위 굵은 골재 용적 (%) | 공기 연행제를 사용하지 않은 콘크리트 | | | | 공기 연행 콘크리트 | | | |
|---|---|---|---|---|---|---|---|---|---|
| | | 갇힌 공기 (%) | 잔골재율 $S/a(\%)$ | 단위 수량 (kg) | 공기량 (%) | 양질의 공기 연행제를 사용한 경우 | | 양질의 공기 연행 감수제를 사용한 경우 | |
| | | | | | | 잔골재율 $S/a(\%)$ | 단위 수량 $W(\text{kg/m}^3)$ | 잔골재율 $S/a(\%)$ | 단위 수량 $W(\text{kg/m}^3)$ |
| 15 | 58 | 2.5 | 53 | 202 | 7.0 | 47 | 180 | 48 | 170 |
| 20 | 62 | 2.0 | 49 | 197 | 6.0 | 44 | 175 | 45 | 165 |
| 25 | 67 | 1.5 | 45 | 187 | 5.0 | 42 | 170 | 43 | 160 |
| 40 | 72 | 1.2 | 40 | 177 | 4.5 | 39 | 165 | 40 | 155 |

① 이 표의 값은 보통의 입도를 가진 잔골재(조립률 2.8 정도)와 부순 돌을 사용한 물-결합재비 55% 정도, 슬럼프 80mm 정도의 콘크리트에 대한 것이다.
② 사용재료 또는 콘크리트의 품질이 ①의 조건과 다를 경우에는 위 표의 값을 다음 표에 따라 보정한다.

【배합수 및 잔골재율의 보정 방법】

| 구 분 | $S/a$의 보정(%) | $W$의 보정 |
|---|---|---|
| 잔골재의 조립률이 0.1만큼 클(작을) 때마다 | 0.5만큼 크게(작게) 한다. | 보정하지 않는다. |
| 슬럼프값이 10mm보다 클(작을) 때마다 | 보정하지 않는다. | 1.2% 크게(작게) 한다. |
| 공기량이 1%만큼 클(작을) 때마다 | 0.5~1.0만큼 작게(크게) 한다. | 3%만큼 작게(크게) 한다. |
| 물-결합재비가 0.05만큼 클(작을) 때마다 | 1만큼 크게(작게) 한다. | 보정하지 않는다. |
| $S/a$가 1% 클(작을) 때마다 | 보정하지 않는다. | 1.5kg만큼 크게(작게) 한다. |
| 자갈을 사용할 경우 | 3~5만큼 작게 한다. | 9~15kg만큼 작게 한다. |
| 부순 모래를 사용할 경우 | 2~3만큼 크게 한다. | 6~9kg만큼 크게 한다. |

※ 주) 단위 굵은 골재 용적에 의하는 경우에는 잔골재의 조립률이 0.1만큼 커질(작아질) 때마다 단위 굵은 골재용적을 1%만큼 작게(크게) 한다.

【배합표】

| 굵은 골재<br>최대 치수<br>(mm) | 슬럼프<br>(mm) | 공기량<br>(%) | $W/B$<br>(%) | 잔골재율<br>$(S/a)$<br>(%) | 단위량(kg/m³) | | | | 혼화제<br>(g/m³) |
|---|---|---|---|---|---|---|---|---|---|
| | | | | | 물 | 시멘트 | 잔골재 | 굵은 골재 | |
| 25 | 120 | 4.5 | 50 | | | | | | |

계산 과정)

답 : _____

---

해답 • 잔골율($S/a$)과 단위수량($W$)

| 보정항목 | 배합<br>참고표 | 설계조건 | 잔골재율($S/a$) 보정 | 단위수량($W$)의 보정 |
|---|---|---|---|---|
| 굵은골재의 치수<br>25mm일 때 | | | $S/a = 42\%$ | $W = 170kg$ |
| 잔골재의<br>조립률 | 2.80 | 2.85(↑) | $\dfrac{2.85-2.80}{0.10}\times(+0.5)$<br>$=+0.25(↑)$ | 보정하지 않는다. |
| 슬럼프값 | 80mm | 120mm(↑) | 보정하지 않는다. | $\dfrac{120-80}{10}\times1.2$<br>$=4.8\%(↑)$ |
| 공기량 | 5.0 | 4.5(↓) | $\dfrac{5.0-4.5}{1}\times0.75$<br>$=+0.375\%(↑)$ | $\dfrac{5.0-4.5}{1}\times3$<br>$=+1.5\%(↑)$ |
| $W/C$ | 55% | 50%(↓) | $\dfrac{0.55-0.50}{0.05}\times1$<br>$=-1\%(↓)$ | 보정하지 않는다. |
| $S/a$ | 42% | 41.63%(↓) | 보정하지 않는다. | $\dfrac{42-41.63}{1}\times1.5$<br>$=-0.555(↓)$ |
| 보정값 | | | $S/a = 42+0.25+0.375-1$<br>$=41.63\%$ | $170\left(1+\dfrac{4.8}{100}+\dfrac{1.5}{100}\right)$<br>$-0.555=180.16\,kg$ |

∴ 잔골재율 $S/a = 41.63\%$, 단위수량 $W = 180.16kg$

• 단위시멘트량 $C$ : $\dfrac{W}{C}=0.50 = \dfrac{180.16}{C}$ ∴ $C=360.32\,kg/m^3$

• 공기연행(AE)제 : $360.32\times\dfrac{0.03}{100}=0.108096\,kg/m^3=108.10g/m^3$

• 단위골재량의 절대체적

$V_a = 1-\left(\dfrac{단위수량}{1000}+\dfrac{단위\ 시멘트}{시멘트\ 비중\times1000}+\dfrac{공기량}{100}\right)$

$= 1-\left(\dfrac{180.16}{1000}+\dfrac{360.32}{3.15\times1000}+\dfrac{4.5}{100}\right)=0.660\,m^3$

• 단위 잔골재량

$S = V_a\times S/a\times 잔골재밀도\times1000$

$= 0.660\times0.4163\times2.60\times1000=718.70\,kg/m^3$

• 단위 굵은골재량

$$G = V_g \times (1 - S/a) \times 굵은골재\ 밀도 \times 1000$$
$$= 0.660 \times (1 - 0.4163) \times 2.70 \times 1000 = 1040.15\,\text{kg/m}^3$$

∴ 배합표

| 굵은골재의<br>최대<br>치수(mm) | 슬럼프<br>(mm) | $W/C$<br>(%) | 잔골재율<br>$S/a(\%)$ | 단위량(kg/m³) | | | | 혼화제<br>g/m³ |
|---|---|---|---|---|---|---|---|---|
| | | | | 물 | 시멘트 | 잔골재 | 굵은골재 | |
| 25 | 120 | 50 | 41.63 | 180.16 | 360.32 | 718.70 | 1040.15 | 108.10 |

□□□ 예상

**33** 다음 표와 같은 설계조건 및 재료, 참고표를 이용하여 콘크리트를 배합설계하여 아래 배합표를 완성 하시오.

【설계조건 및 재료】

• 물–시멘트비는 50%로 한다.
• 굵은 골재는 최대치수 25mm의 부순돌을 사용한다.
• 양질의 공기 연행제(AE제)를 사용하며 그 사용량은 시멘트 질량의 0.03%로 한다.
• 목표로 하는 슬럼프는 120mm, 공기량은 5%로 한다.
• 사용하는 시멘트는 보통 포틀랜드시멘트로서 밀도는 $0.00315\text{g/mm}^3$이다.
• 잔골재의 표건 밀도는 $0.0026\text{g/mm}^3$ 이고, 조립률은 2.85이다.
• 굵은 골재의 표건 밀도는 $0.0027\text{g/mm}^3$ 이다.

【콘크리트의 단위굵은골재용적, 잔골재율 및 단위수량의 대략값】

| 굵은<br>골재<br>최대<br>치수<br>(mm) | 단위<br>굵은<br>골재<br>용적<br>(%) | 공기연행제를 사용<br>하지 않은 콘크리트 | | | 공기 연행 콘크리트 | | | | |
|---|---|---|---|---|---|---|---|---|---|
| | | 갇힌<br>공기<br>(%) | 잔골재율<br>$S/a(\%)$ | 단위<br>수량<br>(kg) | 공기량<br>(%) | 양질의 공기연행제를<br>사용한 경우 | | 양질의 공기연행<br>감수제를 사용한 경우 | |
| | | | | | | 잔골재율<br>$S/a(\%)$ | 단위수량<br>$W(\text{kg/m}^3)$ | 잔골재율<br>$S/a(\%)$ | 단위수량<br>$W(\text{kg/m}^3)$ |
| 15 | 58 | 2.5 | 53 | 202 | 7.0 | 47 | 180 | 48 | 170 |
| 20 | 62 | 2.0 | 49 | 197 | 6.0 | 44 | 175 | 45 | 165 |
| 25 | 67 | 1.5 | 45 | 187 | 5.0 | 42 | 170 | 43 | 160 |
| 40 | 72 | 1.2 | 40 | 177 | 4.5 | 39 | 165 | 40 | 155 |

주 ① 이 표의 값은 보통의 입도를 가진 잔골재(조립률 2.8 정도)와 부순돌을 사용한 물–시멘트비 55% 정도, 슬럼프 80mm 정도의 콘크리트에 대한 것이다.
  ② 사용재료 또는 콘크리트의 품질이 주 ①의 조건과 다를 경우에는 위의 표의 값을 아래 표에 따라 보정한다.

| 구 분 | S/a 의 보정(%) | W의 보정(kg) |
|---|---|---|
| 잔골재의 조립률이 0.1 만큼 클(작을) 때마다 | 0.5 만큼 크게(작게) 한다. | 보정하지 않는다. |
| 슬럼프값이 10mm 만큼 클(작을) 때마다 | 보정하지 않는다. | 1.2 만큼 크게(작게) 한다. |
| 공기량이 1% 만큼 클 (작을) 때마다 | 0.5~1.0 만큼 작게(크게) 한다. | 3% 만큼 작게(크게) 한다. |
| 물−시멘트비가 0.05 클 (작을) 때마다 | 1 만큼 크게(작게) 한다. | 보정하지 않는다. |

비고 : 단위 굵은 골재용적에 의하는 경우에는 모래의 조립률이 0.1민큼 커질(작아질) 때마다 단위굵은 골재용적을 1만큼 작게(크게) 한다.

【배합표】

| 굵은골재 최대치수 (mm) | 슬럼프 (mm) | 공기량 (%) | W/B (%) | 잔골재율 ($S/a$) (%) | 단위량(kg/m$^3$) | | | | 혼화제 (g/m$^3$) |
|---|---|---|---|---|---|---|---|---|---|
| | | | | | 물 ($W$) | 시멘트 ($C$) | 잔골재 ($S$) | 굵은골재 ($G$) | |
| 25 | 120 | 5 | 50 | | | | | | |

해답 잔골율($S/a$)과 단위수량($W$)

| 보정항목 | 배합 참고표 | 설계조건 | 잔골재율($S/a$) 보정 | 단위수량($W$)의 보정 |
|---|---|---|---|---|
| 굵은골재의 치수 25mm일 때 | | | $S/a = 42\%$ | $W = 170$kg |
| 잔골재의 조립률 | 2.80 | 2.85($\uparrow$) | $\dfrac{2.85 - 2.80}{0.10} \times (+0.5)$ $= +0.25(\uparrow)$ | 보정하지 않는다. |
| 슬럼프값 | 80mm | 120mm($\uparrow$) | 보정하지 않는다. | $\dfrac{120 - 80}{10} \times 1.2$ $= 4.8\%(\uparrow)$ |
| 공기량 | 5.0 | 5.5($\uparrow$) | $\dfrac{5.5 - 5.0}{1} \times (-0.75)$ $= -0.375\%(\downarrow)$ | $\dfrac{5.5 - 5.0}{1} \times (-3)$ $= -1.5\%(\downarrow)$ |
| $W/C$ | 55% | 50%($\downarrow$) | $\dfrac{0.55 - 0.50}{0.05} \times 1$ $= -1\%(\downarrow)$ | 보정하지 않는다. |
| $S/a$ | 42% | 40.88%($\downarrow$) | 보정하지 않는다. | $\dfrac{42 - 40.88}{1} \times (-1.5)$ $= -1.68(\downarrow)$ |
| 보정값 | | | $S/a = 42 + 0.25 - 0.375$ $-1 = 40.88\%$ | $170\left(1 + \dfrac{4.8}{100} - \dfrac{1.5}{100}\right)$ $-1.68 = 173.93$ kg |

∴ 잔골재율 $S/a = 40.88\%$, 단위수량 $W = 173.93$kg

- 단위시멘트량 $C$ : $\dfrac{W}{C} = 0.50 = \dfrac{173.93}{C}$ $\quad \therefore\ C = 347.86\,\mathrm{kg/m^3}$

- 공기연행(AE)제 : $347.86 \times \dfrac{0.03}{100} = 0.104358\,\mathrm{kg/m^3} = 104.36\,\mathrm{g/m^3}$

- 단위골재량의 절대체적

$$V_a = 1 - \left( \frac{\text{단위수량}}{1000} + \frac{\text{단위 시멘트}}{\text{시멘트밀도} \times 1000} + \frac{\text{공기량}}{100} \right)$$

$$= 1 - \left( \frac{173.93}{1000} + \frac{347.86}{3.15 \times 1000} + \frac{5.5}{100} \right) = 0.661\,\mathrm{m^3}$$

- 단위 잔골재량

$S = V_a \times S/a \times$ 잔골재밀도 $\times 1000$

$\quad = 0.661 \times 0.4088 \times 2.60 \times 1000 = 702.56\,\mathrm{kg/m^3}$

- 단위 굵은골재량

$G = V_g \times (1 - S/a) \times$ 굵은골재 밀도 $\times 1000$

$\quad = 0.661 \times (1 - 0.4088) \times 2.70 \times 1000 = 1055.11\,\mathrm{kg/m^3}$

$\therefore$ 배합표

| 굵은골재의 최대치수(mm) | 슬럼프 (mm) | $W/C$ (%) | 잔골재율 $S/a(\%)$ | 단위량(kg/m³) | | | | 혼화제 (g/m³) |
|---|---|---|---|---|---|---|---|---|
| | | | | 물 | 시멘트 | 잔골재 | 굵은골재 | |
| 25 | 120 | 50 | 40.88 | 173.93 | 347.86 | 702.56 | 1055.11 | 104.36 |

□□□ 예상

**34** 다음 표와 같은 조건에 의해 콘크리트의 배합설계를 하시오.

【설계조건】

- 설계기준압축강도는 24MPa이고 표준편차는 3.5MPa이다.
- 굵은골재는 최대치수 25mm의 부순돌을 사용한다.
- 공기연행제(AE제)를 사용하지 않은 콘크리트이다.
- 목표로 하는 슬럼프는 120mm이고 갇힌 공기량은 2.0%로 한다.

【재료】

- 사용하는 시멘트의 밀도 : 3.15g/cm³
- 잔골재의 표면건조상태의 밀도 : 2.57g/cm³
- 굵은골재의 표건밀도 : 2.65g/cm³
- 잔골재의 조립률은 2.80

【배합설계 참고표】

| 굵은골재 최대치수 (mm) | 단위굵은골재용적 (%) | 공기연행제를 사용하지 않은 콘크리트 | | | | 공기 연행 콘크리트 | | | |
|---|---|---|---|---|---|---|---|---|---|
| | | 갇힌공기 (%) | 잔골재율 $S/a(\%)$ | 단위수량 $W$ (kg) | 공기량 (%) | 양질의 공기연행제를 사용한 경우 | | 양질의 공기연행 감수제를 사용한 경우 | |
| | | | | | | 잔골재율 $S/a(\%)$ | 단위수량 $W(\mathrm{kg/m^3})$ | 잔골재율 $S/a(\%)$ | 단위수량 $W(\mathrm{kg/m^3})$ |
| 15 | 58 | 2.5 | 53 | 202 | 7.0 | 47 | 180 | 48 | 170 |
| 20 | 62 | 2.0 | 49 | 197 | 6.0 | 44 | 175 | 45 | 165 |
| 25 | 67 | 1.5 | 45 | 187 | 5.0 | 42 | 170 | 43 | 160 |
| 40 | 72 | 1.2 | 40 | 177 | 4.5 | 39 | 165 | 40 | 155 |

주 1) 이 표의 값은 보통의 입도를 가진 잔골재(조립률 2.8 정도)와 부순돌을 사용한 물-시멘트비 55% 정도, 슬럼프 80mm 정도의 콘크리트에 대한 것이다.

2) 사용재료 또는 콘크리트의 품질이 주 1)의 조건과 다를 경우에는 위의 표의 값을 아래 표에 따라 보정한다.

| 구 분 | $S/a$의 보정(%) | $W$의 보정(kg) |
|---|---|---|
| 잔골재의 조립률이 0.1 만큼 클(작을) 때마다 | 0.5 만큼 크게(작게) 한다. | 보정하지 않는다. |
| 슬럼프값이 10mm 만큼 클(작을) 때마다 | 보정하지 않는다. | 1.2 만큼 크게(작게) 한다. |
| 공기량이 1% 만큼 클(작을) 때마다 | 0.5~1.0(0.75) 만큼 작게(크게) 한다. | 3% 만큼 작게(크게) 한다. |
| 물-시멘트비가 0.05클(작을) 때마다 | 1 만큼 크게(작게) 한다. | 보정하지 않는다. |
| $S/a$가 1% 클(작을)때마다 | 보정하지 않는다. | 1.5kg 만큼 크게(작게)한다. |

비고 : 단위 굵은 골재용적에 의하는 경우에는 모래의 조립률이 0.1 만큼 커질(작아질) 때마다 단위 굵은 골재용적을 1 만큼 작게(크게) 한다.

가. 배합강도를 계산하시오.

계산과정 )

답 : _____

나. 물-결합재비를 계산하시오.

(단, $f_{28} = -13.8 + 21.6\, B/W(\text{MPa})$ 이 공식을 이용하시오.)

계산과정 )

답 : _____

다. 잔골재율과 단위수량을 계산하시오.

[답] ① 잔골재율 : _____

② 단위수량 : _____

라. 시방배합에 의한 단위량을 계산하시오.

[답] ① 단위 시멘트 : _____

② 단위 잔골재량 : _____

③ 단위 굵은골재량 : _____

해답 가. $f_{ck} \leq 35\text{MPa}$ 일 때

· $f_{cr} = f_{ck} + 1.34\,s = 24 + 1.34 \times 3.5 = 28.69\text{MPa}$

· $f_{cr} = (f_{ck} - 3.5) + 2.33\,s = (24 - 3.5) + 2.33 \times 3.5 = 28.66\,\text{MPa}$

$\therefore$ 배합강도 $f_{cr} = 28.69\,\text{MPa}$(두 값 중 큰 값)

나. $28.69 = -13.8 + 21.6\,B/W$

$B/W = \dfrac{28.69 + 13.8}{21.6} = \dfrac{42.49}{21.6}$ [요주의 : $f_{28} = f_{cr}$(두 값 중 큰 값)]

$\therefore$ 물-결합재비 $W/B = \dfrac{21.6}{42.49} \times 100 = 50.84\%$

다. 잔골재율과 단위수량

| 잔골재율 | 43.79% |
|---|---|
| 단위수량 | 191.36kg |

| 보정항목 | 배합<br>참고표 | 설계조건 | 잔골재율($S/a$) 보정 | 단위수량($W$)의 보정 |
|---|---|---|---|---|
| 굵은골재의<br>치수<br>25mm일때 | | | $S/a = 45\%$ | $W = 187\text{kg}$ |
| 잔골재의<br>조립률 | 2.80 | 2.80 | $\dfrac{2.80 - 2.80}{0.10} \times 0.5 = 0$ | 보정하지 않는다. |
| 슬럼프값 | 80mm | 120mm($\uparrow$) | 보정하지 않는다. | $\dfrac{120 - 80}{10} \times 1.2$<br>$= 4.8\%(\uparrow)$ |
| 공기량 | 1.5% | 2.0%($\uparrow$) | $\dfrac{2 - 1.5}{1} \times 0.75$<br>$= -0.375\%(\downarrow)$ | $\dfrac{2 - 1.5}{1} \times (-3)$<br>$= -1.5\%(\downarrow)$ |
| W/C | 55% | 50.84%($\downarrow$) | $\dfrac{0.55 - 0.5084}{0.05} \times 1$<br>$= -0.832\%(\downarrow)$ | 보정하지 않는다. |
| S/a | 45% | 43.79%($\downarrow$) | 보정하지 않는다. | $\dfrac{45 - 43.79}{1} \times (-1.5)$<br>$= -1.815(\downarrow)$ |
| 보정값 | | | $S/a = 45 - 0.375 - 0.832$<br>$= 43.79\%$ | $187\left(1 + \dfrac{4.8}{100} - \dfrac{1.5}{100}\right)$<br>$- 1.815 = 191.36\,\text{kg}$ |

• 잔골재율 $S/a = 43.79\%$, 단위수량 $W = 191.36\,\text{kg}$

라. • 단위시멘트량 $C$ : $\dfrac{W}{B} = 0.5084 = \dfrac{191.36}{C}$ $\therefore$ $C = 376.40\,\text{kg/m}^3$

• 단위골재량의 절대부피

$V_a = 1 - \left(\dfrac{\text{단위수량}}{1000} + \dfrac{\text{단위 시멘트}}{\text{시멘트밀도} \times 1000} + \dfrac{\text{공기량}}{100}\right)$

$= 1 - \left(\dfrac{191.36}{1000} + \dfrac{376.40}{3.15 \times 1000} + \dfrac{2.0}{100}\right) = 0.669\,\text{m}^3$

• 단위 잔골재량

$S = V_a \times S/a \times \text{잔골재밀도} \times 1000$

$= 0.669 \times 0.4379 \times 2.57 \times 1000 = 752.89\,\text{kg/m}^3$

• 단위 굵은골재량

$G = V_g \times (1 - S/a) \times \text{굵은골재 밀도} \times 1000$

$= 0.669 \times (1 - 0.4379) \times 2.65 \times 1000 = 996.52\,\text{kg/m}^3$

## 04 현장 배합

☐☐☐ 산05①,09③, 6점

**34** 시방 배합 결과 단위 수량 $150\text{kg/m}^3$, 단위 시멘트량 $300\text{kg/m}^3$, 단위 잔골재량 $700\text{kg/m}^3$, 단위 굵은 골재량 $1200\text{kg/m}^3$를 얻었다. 이 골재의 현장 야적 상태가 아래 표와 같다면 현장 배합상의 단위 수량, 단위 잔골재량, 단위 굵은골재량을 구하시오.

【현장 골재 상태】

• 잔골재 중 5mm 체에 잔류하는 양 3.5%
• 굵은 골재 중 5mm 체를 통과한 양 6.5%
• 잔골재의 표면수 2%
• 굵은 골재의 표면수 1%

계산 과정)

[답] ① 단위 수량 :
② 단위 잔골재량 :
③ 단위 굵은 골재량 :

해답 ■ 입도에 의한 조정

$S = 700\text{kg}, \quad G = 1200\text{kg}, \quad a = 3.5\%, \quad b = 6.5\%$

$$X = \frac{100S - b(S+G)}{100 - (a+b)} = \frac{100 \times 700 - 6.5(700+1200)}{100 - (3.5+6.5)} = 640.56\text{kg/m}^3$$

$$Y = \frac{100G - a(S+G)}{100 - (a+b)} = \frac{100 \times 1200 - 3.5(700+1200)}{100 - (3.5+6.5)} = 1259.44\text{kg/m}^3$$

■ 표면수에 의한 조정

잔골재의 표면수 $= 640.56 \times \dfrac{2}{100} = 12.81\text{kg}$

굵은 골재의 표면수 $= 1259.44 \times \dfrac{1}{100} = 12.59\text{kg}$

■ 현장 배합량

• 단위 수량 : $150 - (12.81 + 12.59) = 124.60\text{kg/m}^3$
• 단위 잔골재량 : $640.56 + 12.81 = 653.37\text{kg/m}^3$
• 단위 굵은 골재량 : $1259.44 + 12.59 = 1272.03\text{kg/m}^3$

∴ 단위 수량 : $124.60\text{kg/m}^3$
단위 잔골재량 : $653.37\text{kg/m}^3$
단위 굵은 골재량 : $1272.03\text{kg/m}^3$

☐☐☐ 기10①, 6점

**35** 다음과 같은 배합설계표에 의해 콘크리트를 배합하는 데 필요한 단위 시멘트량, 단위 잔골재량, 단위 굵은 골재량을 구하시오.

| | |
|---|---|
| • 잔골재율($S/a$) : 42% | • 단위 수량 : $168 \text{kg/m}^3$ |
| • 시멘트 밀도 : $3.15 \text{g/cm}^3$ | • 물–시멘트비($W/C$) : 60% |
| • 잔골재의 표건 밀도 : $2.57 \text{g/cm}^3$ | • 굵은 골재의 표건 밀도 : $2.62 \text{g/cm}^3$ |
| • 갇힌 공기량 : 1% | |

계산 과정)

[답] ① 단위 시멘트량 : _____

② 단위 잔골재량 : _____

③ 단위 굵은 골재량 : _____

해답 ① 물–시멘트비 $\dfrac{W}{C} = 50\%$에서

∴ 단위 시멘트량 $C = \dfrac{168}{0.60} = 280 \text{kg/m}^3$

② 단위 골재의 절대 체적

$$V_a = 1 - \left( \frac{\text{단위 수량}}{1000} + \frac{\text{단위 시멘트량}}{\text{시멘트 밀도} \times 1000} + \frac{\text{공기량}}{100} \right)$$

$$= 1 - \left( \frac{168}{1000} + \frac{280}{3.15 \times 1000} + \frac{1}{100} \right) = 0.733 \text{m}^3$$

③ 단위 잔골 재량 = 단위 잔골재의 절대 체적 × 잔골재 밀도 × 1000

$$= (0.733 \times 0.42) \times 2.57 \times 1000 = 791.20 \text{kg/m}^3$$

④ 단위 굵은 골재량 = 단위 굵은 골재의 절대 체적 × 굵은 골재 밀도 × 1000

$$= 0.733 \times (1 - 0.42) \times 2.62 \times 1000 = 1113.87 \text{kg/m}^3$$

∴ 단위 시멘트량 : $280 \text{kg/m}^3$, 단위 잔골재량 : $791.20 \text{kg/m}^3$

　단위 굵은 골재량 : $1113.87 \text{kg/m}^3$

☐☐☐ 산05③, 6점

**36** 시방 배합 결과 단위 수량 $165 \text{kg/m}^3$, 단위 시멘트량 $320 \text{kg/m}^3$, 단위 잔골재량 $705.4 \text{kg/m}^3$, 단위 굵은 골재량 $1134.6 \text{kg/m}^3$를 얻었다. 이 골재의 현장 야적 상태가 아래 표와 같다면 현장 배합상의 단위 수량, 단위 잔골재량, 단위 굵은 골재량을 구하시오.

【현장 골재 상태】

• 잔골재 중 5mm 체에 잔류하는 양 1%

• 굵은 골재 중 5mm 체를 통과한 양 4%

• 잔골재의 표면수 1%

• 굵은 골재의 표면수 3%

계산 과정)

[답] ① 단위 수량 : _____

② 단위 잔골재량 : _____

③ 단위 굵은 골재량 : _____

---

해답 ■ 입도에 의한 조정

$S = 705.4\text{kg}, \quad G = 1134.6\text{kg}, \quad a = 1\%, \quad b = 4\%$

$X = \dfrac{100S - b(S+G)}{100 - (a+b)} = \dfrac{100 \times 705.4 - 4(705.4 + 1134.6)}{100 - (1+4)} = 665.05\text{kg/m}^3$

$Y = \dfrac{100G - a(S+G)}{100 - (a+b)} = \dfrac{100 \times 1134.6 - 1(705.4 + 1134.6)}{100 - (1+4)} = 1174.95\,\text{kg/m}^3$

■ 표면수에 의한 조정

잔골재의 표면수 $= 665.05 \times \dfrac{1}{100} = 6.65\text{kg}$

굵은 골재의 표면수 $= 1174.95 \times \dfrac{3}{100} = 35.25\text{kg}$

■ 현장 배합량
- 단위 수량 : $165 - (6.65 + 35.25) = 123.10\,\text{kg/m}^3$
- 단위 잔골재량 : $665.05 + 6.65 = 671.70\,\text{kg/m}^3$
- 단위 굵은 골재량 : $1174.95 + 35.25 = 1210.20\,\text{kg/m}^3$
- ∴ 단위 수량 : $123.10\text{kg/m}^3$, 단위 잔골재량 : $671.70\text{kg/m}^3$

  단위 굵은 골재량 : $1210.20\text{kg/m}^3$

---

□□□ 기09①,11①, 6점

**37** 콘크리트의 시방 배합 결과 단위 시멘트량 320kg, 단위 수량 165kg, 단위 잔골재량 705.4kg, 단위 굵은 골재량 1134.6kg이었다. 현장 배합을 위한 검사 결과 잔골재 속의 5mm체에 남은 양 1%, 굵은 골재 속의 5mm 체를 통과하는 양 4%, 잔골재의 표면수 1%, 굵은 골재의 표면수 3%일 때 현장 배합량의 단위 잔골재량, 단위 굵은 골재량, 단위 수량을 구하시오.

계산 과정)

[답] ① 단위 수량 : _____

② 단위 잔골재량 : _____

③ 단위 굵은 골재량 : _____

---

해답 ■ 입도에 의한 조정

$S = 705.4\text{kg}, \quad G = 1134.6\text{kg}, \quad a = 1\%, \quad b = 4\%$

$X = \dfrac{100S - b(S+G)}{100 - (a+b)} = \dfrac{100 \times 705.4 - 4(705.4 + 1134.6)}{100 - (1+4)} = 665.05\text{kg/m}^3$

$$Y = \frac{100\,G - a(S + G)}{100 - (a + b)} = \frac{100 \times 1134.6 - 1(705.4 + 1134.6)}{100 - (1 + 4)} = 1174.95 \, \text{kg/m}^3$$

- 표면수에 의한 조정

  • 잔골재의 표면수 $= 665.05 \times \dfrac{1}{100} = 6.65 \text{kg}$

  • 굵은골재의 표면수 $= 1174.95 \times \dfrac{3}{100} = 35.25 \text{kg}$

- 현장 배합량
  - 단위 수량 : $165 - (6.65 + 35.25) = 123.10 \, \text{kg/m}^3$
  - 단위 잔골재량 : $665.05 + 6.65 = 671.70 \, \text{kg/m}^3$
  - 단위 굵은 골재량 : $1174.95 + 35.25 = 1210.20 \, \text{kg/m}^3$

  ∴ 단위 수량 : $123.10 \text{kg/m}^3$,  단위 잔골재량 : $671.70 \text{kg/m}^3$

  단위 굵은 골재량 : $1210.20 \text{kg/m}^3$

---

□□□ 산11③,14② 6점

**38** 콘크리트의 배합설계에서 시방 배합 결과가 아래 표와 같을 때 현장 골재의 상태에 따라 각 재료량을 구하시오. (단, 소수 셋째 자리에서 반올림하시오.)

[표 1]　　　　　　　　　　　　　　**【시방 배합표】**

| 굵은 골재의 최대 치수 (mm) | 슬럼프 (mm) | 공기량 (%) | $W/B$ (%) | $S/a$ (%) | 단위량(kg/m³) | | | | 혼화제 (g/m³) |
|---|---|---|---|---|---|---|---|---|---|
| | | | | | 물 | 시멘트 | 잔골재 | 굵은 골재 | |
| 25 | 120±15 | 4.5±0.5 | 50 | 42 | 180 | 360 | 715 | 985 | 108.6 |

[표 2]　　　　　　　　　　　**【현장 골재 상태】**

| | |
|---|---|
| 잔골재가 5mm 체에 남는 양 | 4% |
| 굵은 골재가 5mm 체에 통과하는 양 | 2% |
| 잔골재의 표면수 | 2.5% |
| 굵은골 재의 표면수 | 0.5% |

가. 단위 수량을 구하시오.

계산 과정)

답 : _____

나. 단위 잔골재량을 구하시오.

계산 과정)

답 : _____

다. 단위 굵은 골재량을 구하시오.

계산 과정)

답 : _____

_____

해답 ■ 입도에 의한 조정

$S = 715\text{kg}$, $G = 985\text{kg}$, $a = 4\%$, $b = 2\%$

$$X = \frac{100S - b(S+G)}{100 - (a+b)} = \frac{100 \times 715 - 2(715+985)}{100 - (4+2)} = 724.47\text{kg/m}^3$$

$$Y = \frac{100G - a(S+G)}{100 - (a+b)} = \frac{100 \times 985 - 4(715+985)}{100 - (4+2)} = 975.53\text{kg/m}^3$$

■ 표면수에 의한 조정

잔골재의 표면수 $= 724.47 \times \dfrac{2.5}{100} = 18.11\text{kg}$

굵은 골재의 표면수 $= 975.53 \times \dfrac{0.5}{100} = 4.88\text{kg}$

■ 현장 배합량

가. 단위 수량 : $180 - (18.11 + 4.88) = 157.01\text{kg/m}^3$

나. 단위 잔골재량 : $724.47 + 18.11 = 742.58\text{kg/m}^3$

다. 단위 굵은 골재량 : $975.53 + 4.88 = 980.41\text{kg/m}^3$

□□□ 기05③, 6점

**39** 다음과 같은 배합설계표에 의해 콘크리트를 배합하는 데 필요한 단위 수량, 단위 잔골재량, 단위 굵은 골재량을 구하시오.

| | |
|---|---|
| • 잔골재율($S/a$) : 38% | • 단위 수량 : $140\text{kg/m}^3$ |
| • 시멘트 밀도 : $3.14\text{g/cm}^3$ | • 물-시멘트비($W/C$) : 55% |
| • 잔골재의 표건 밀도 : $2.62\text{g/cm}^3$ | • 굵은 골재의 표건 밀도 : $2.65\text{g/cm}^3$ |
| • 공기량 : 2% | |
| • 잔골재 속의 5mm 체에 남는 양 : 5% | |
| • 굵은 골재 속의 5mm 체에 통과한 양 : 3% | |
| • 잔골재 표면 수량 : 2% | |
| • 굵은 골재의 표면 수량 : 1% | |

계산 과정)

[답] ① 단위 수량 : _____

② 단위 잔골재량 : _____

③ 단위 굵은 골재량 : _____

**해답** ① 물-시멘트비 $\dfrac{W}{C} = 55\%$에서

$\therefore$ 단위 시멘트량 $C = \dfrac{W}{0.55} = \dfrac{140}{0.55} = 254.55 \text{kg/m}^3$

② 단위 골재의 절대 체적

$$V_a = 1 - \left( \frac{\text{단위 수량}}{1000} + \frac{\text{단위 시멘트량}}{\text{시멘트 밀도} \times 1000} + \frac{\text{공기량}}{100} \right)$$

$$= 1 - \left( \frac{140}{1000} + \frac{254.55}{3.15 \times 1000} + \frac{2}{100} \right) = 0.759 \,\text{m}^3$$

③ 단위 잔골재량 = 단위 잔골재의 절대 체적 × 잔골재 밀도 × 1000

$$= (0.759 \times 0.38) \times 2.62 \times 1000 = 755.66 \text{kg/m}^3$$

④ 단위 굵은 골재량 = 단위 굵은 골재의 절대 체적 × 굵은 골재 밀도 × 1000

$$= 0.759(1 - 0.38) \times 2.65 \times 1000 = 1247.04 \text{kg/m}^3$$

⑤ 입도에 의한 보정

$S = 755.66 \,\text{kg/m}^3$, $G = 1247.04 \,\text{kg/m}^3$, $a = 5\%$, $b = 3\%$

$$X = \frac{100S - b(S+G)}{100 - (a+b)} = \frac{100 \times 755.66 - 3(755.66 + 1247.04)}{100 - (5+3)} = 756.04 \text{kg/m}^3$$

$$Y = \frac{100G - a(S+G)}{100 - (a+b)} = \frac{100 \times 1247.04 - 5(755.66 + 1247.04)}{100 - (5+3)} = 1246.64 \,\text{kg/m}^3$$

■ 표면수에 의한 조정

잔골재의 표면수 $= 756.04 \times \dfrac{2}{100} = 15.12 \text{kg/m}^3$

굵은 골재의 표면수 $= 1246.64 \times \dfrac{1}{100} = 12.47 \text{kg/m}^3$

■ 현장 배합량

• 단위 수량 : $140 - (15.12 + 12.47) = 112.41 \,\text{kg/m}^3$

• 단위 잔골재량 : $756.04 + 15.12 = 771.16 \,\text{kg/m}^3$

• 단위 굵은 골재량 : $1246.64 + 12.47 = 1259.11 \,\text{kg/m}^3$

$\therefore$ 단위 수량 : $112.41 \text{kg/m}^3$, 단위 잔골재량 : $771.16 \text{kg/m}^3$

단위 굵은 골재량 : $1259.11 \text{kg/m}^3$

□□□ 예상

**40** 콘크리트 시방 결과와 현장 골재 상태가 다음 표와 같을 때 현장 배합으로 고치시오.

[표 1] 【시방배합 결과】

| 시멘트($C$) | 물($W$) | 잔골재($S$) | 굵은 골재($G$) |
|---|---|---|---|
| 320kg | 168kg | 660kg | 1290kg |

[표 2] 【현장 골재 상태】

| | |
|---|---|
| 잔골재 표면수율 | 3% |
| 잔골재가 5mm 체 잔류율 | 4% |
| 굵은 골재 표면수율 | 1% |
| 굵은 골재가 5mm 체 통과율 | 4% |

가. $1m^3$의 콘크리트를 만드는데 현장에서 계량해야 할 재료의 양을 구하시오.

계산 과정)

답 : _____

나. 1배치(batch)에 시멘트 3포를 사용한다면 1배치에 계량되는 재료의 양을 구하시오. (단, 시멘트 1포의 무게는 40kg임.)

계산 과정)

답 : _____

---

해답 가. ① 입도에 의한 조정

$S = 660\text{kg}, \ G = 1{,}290\text{kg}, \ a = 4\%, \ b = 4\%$

잔골재량 $X = \dfrac{100S - b(S+G)}{100 - (a+b)}$

$= \dfrac{100 \times 660 - 4(660 + 1290)}{100 - (4+4)} = 632.61\,\text{kg}$

굵은 골재량 $Y = \dfrac{100G - a(S+G)}{100 - (a+b)}$

$= \dfrac{100 \times 1290 - 4(660 + 1290)}{100 - (4+4)} = 1317.39\,\text{kg}$

② 표면수에 의한 조정

잔골재의 표면 수량 $= 632.61 \times \dfrac{3}{100} = 18.98\,\text{kg}$

자갈의 표면 수량 $= 1317.39 \times \dfrac{1}{100} = 13.17\,\text{kg}$

③ 현장 배합량

단위 수량 $= 168 - (18.98 + 13.17) = 135.85\text{kg}$
단위 잔골재량 $= 632.61 + 18.98 = 651.59\text{kg}$
단위 굵은 골재량 $= 1317.39 + 13.17 = 1330.56\text{kg}$

∴ 단위 수량 : $135.85\text{kg/m}^3$, 단위 잔골재량 : $651.59\text{kg/m}^3$
단위 굵은 골재량 : $1330.56\text{kg/m}^3$

나. ① 1배치 시멘트량 $= 40 \times 3 = 120\text{kg}$

$320 : 135.85 = 120 : W$

물의 양 $W = \dfrac{120}{320} \times 135.82 = 50.93\,\text{kg}$

② 잔골재의 양

$320 : 651.59 = 120 : x$

잔골재의 양 $x = \dfrac{120}{320} \times 651.59 = 244.35\,\text{kg}$

③ 굵은 골재의 양

$320 : 1{,}330.56 = 120 : y$

굵은 골재의 양 $y = \dfrac{120}{320} \times 1330.56 = 498.96\,\text{kg}$

∴ 수량 : 50.93kg, 잔골재량 : 244.35kg, 굵은 골재량 : 498.96kg

# 05 레디믹스트 콘크리트

## 01 레디믹스트 콘크리트 개요

정비된 콘크리트 제조 설비를 갖춘 공장으로부터 구입자에게 배달되는 지점에 있어서의 품질을 지시하여 구입할 수 있는 굳지 않은 콘크리트를 레디믹스트 콘크리트(ready mixed concrete) 또는 레미콘(Remicon)이라 한다.

### 1 레디믹스트 콘크리트의 운반 방법

(1) 센트럴 믹스트 콘크리트

- 배치 플랜트 내 고정 믹서에서 혼합 완료 후 운반 중에 교반하면서 공사 현장까지 배달 공급하는 방식

(2) 쉬링크 믹스트 콘크리트

- 배치 플랜트 내 고정 믹서에서 1차 혼합 후 트럭믹서에서 2차 혼합하면서 공사 현장까지 배달·공급하는 방식

(3) 트랜싯 믹스트 콘크리트

- 배치 플랜트에서 재료 계량 완료 후 트럭믹서에서 혼합수를 가하여 혼합하면서 공사 현장까지 배달·공급하는 방식

### 2 품질

(1) 레디믹스트 콘크리트의 강도

① 1회의 시험 결과는 구입자가 지정한 호칭 강도값이 85% 이상이어야 한다.
② 3회의 시험 결과 평균값은 구입자가 지정한 호칭 강도값 이상이어야 한다.

(2) 슬럼프

• 슬럼프의 허용 오차

| 슬럼프 | 슬럼프 허용차 |
|---|---|
| 25mm | ±10mm |
| 50mm 및 65mm | ±15mm |
| 80mm 이상 | ±25mm |

(3) 슬럼프 플로

• 슬럼프 플로의 허용 오차

| 슬럼프 플로 | 슬럼프 플로의 허용차 |
|---|---|
| 500mm | ±75mm |
| 600mm | ±100mm |
| 700mm | ±100mm |

\* 슬럼프 플로 700mm에서 굵은 골재의 최대 치수가 15mm인 경우에 한하여 적용한다.

(4) 공기량

| 콘크리트의 종류 | 공기량(%) | 공기량의 허용 오차(%) |
|---|---|---|
| 보통 콘크리트 | 4.5 | ±1.5 |
| 경량 콘크리트 | 5.5 | |
| 포장 콘크리트 | 4.5 | |
| 고강도 콘크리트 | 3.5 | |

(5) 염화물 함유량

① 레디믹스트 콘크리트의 염화물 함유량은 염소 이온($Cl^-$) 양으로서 $0.30$ $kg/m^3$ 이하로 한다.

② 구입자의 승인을 얻은 경우에는 $0.60kg/m^3$ 이하로 할 수 있다.

(6) 레미콘의 규격 표시

$$25 - 180 - 18$$

① 25 : 굵은 골재 치수
② 180 : 콘크리트의 호칭강도
③ 18 : 슬럼프값

(7) 현장 도착 검사 방법

① 염화물 함유량 시험

② 공기량 시험

③ 슬럼프 시험

④ 공시체 압축 강도 시험

## 3 재료의 계량

### (1) 재료의 계량 오차

| 재료의 종류 | 측정 단위 | 1회 재량 분량의 한계 오차 |
|---|---|---|
| 시멘트 | 질량 | $-1\%,\ +2\%$ |
| 골재 | 질량 | $\pm 3\%$ |
| 물 | 질량 또는 부피 | $-2\%,\ +1\%$ |
| 혼화재 | 질량 | $\pm 2\%$ |
| 혼화제 | 질량 또는 부피 | $\pm 3\%$ |

### (2) 계량 오차의 계산

$$m_o = \frac{m_2 - m_1}{m_1}$$

여기서, $m_o$ : 계량 오차(정수로 끝맺음 함 %)

$m_1$ : 목표 1차 계량 분량

$m_2$ : 저울에 의한 계측값

## 02 혼합에 사용되는 물

### 1 용어의 정의

(1) 상수도 이외의 물 : 하천수, 호수물, 저수지수, 지하수 등으로서 상수돗물로서의 처리가 되어 있지 않은 물 및 공업용수를 말하며 회수수는 제외한다.

(2) 회수수 : 레디믹스트 콘크리트 공장에서 운반차, 플랜트의 믹서, 호퍼 등에 부착된 콘크리트 및 현장에서 되돌아오는 레디믹스트 콘크리트를 세척하여 잔골재, 굵은 골재를 분리한 세척 배수로서 슬러지수 및 상징수의 총칭

(3) 슬러지수 : 콘크리트의 회수수에서 상징수를 일부 활용하고 남은 슬러지를 포함한 물

(4) 상징수 : 슬러지에서 슬러지 고형분을 침강 또는 기타 방법으로 제거한 물

(5) 슬러지 : 슬러지수가 농축되어 유동성을 잃어버린 상태의 것

(6) 슬러지 고형분 : 슬러지를 105 ~ 110℃에서 건조시켜 얻어진 것

(7) 단위 슬러지 고형분율 : $1m^3$의 콘크리트 배합에 사용되는 슬러지 고형분량을 단위 결합재량으로 나눠 질량 배분율로 표시하는 것

### 2 상수돗물

(1) 상수돗물은 시험을 하지 않아도 사용할 수 있다.
(2) 수돗물의 품질

| 시험 항목 | 허용량 |
|---|---|
| 색도 | 5도 이하 |
| 탁도 | 0.3 NTU 이하 |
| 수소 이온 농도 | 5.8~8.5 pH |
| 증발 잔류물 | 500mg/L 이하 |
| 염소 이온($Cl^-$)량 | 250mg/L 이하 |
| 과망간산칼륨 소비량 | 10mg/L 이하 |

### 3 상수돗물 이외의 물

(1) 수도법의 수질 기준에 따라 상수돗물의 품질을 만족시키고 있는 경우에는 상수돗물에 준하여야 한다.

MEMO

(2) 상수돗물 이외의 물의 품질 기준

| 항 목 | 품 질 |
|---|---|
| 현탁 물질의 양 | 2g/L 이하 |
| 용해성 증발 잔류물의 양 | 1g/L 이하 |
| 염소 이온($Cl^-$)량 | 250mg/L 이하 |
| 시멘트 응결시간의 차 | 초결 30분 이내, 종결 60분 이내 |
| 모르타르의 압축 강도비 | 재령 7일 및 재령 28일에서 90% 이상 |

## 4 회수수

(1) 회수수를 사용하였을 경우, 단위 슬러지 고형분율이 3.0%를 초과하면 안 된다.

(2) 회수수의 품질 기준

| 항 목 | 품 질 |
|---|---|
| 염소 이온 ($Cl^-$)량 | 250mg/L 이하 |
| 시멘트 응결 시간의 차 | 초결 30분 이내, 종결 60분 이내 |
| 모르타르의 압축 강도비 | 재령 7일 및 재령 28일에서 90% 이상 |

제5장 레디믹스트 콘크리트

# 과년도 예상문제

## 01 레디믹스트 콘크리트 개요

□□□ 산10①,14②, 6점

**01** 레디믹스트 콘크리트(ready mixed concrete)는 제조·공급 방식에 따라 3가지로 분류한다. 이 3가지를 쓰고 간단히 설명하시오.

① _____

② _____

③ _____

해답 ① 센트럴 믹스트 콘크리트 : 배치 플랜트 내 고정 믹서에서 혼합 완료 후 운반 중에 교반하면서 공사 현장까지 배달·공급하는 방식
② 쉬링크 믹스트 콘크리트 : 배치 플랜트 내 고정 믹서에서 1차 혼합 후 트럭믹서에서 2차 혼합하면서 공사 현장까지 배달·공급하는 방식
③ 트랜싯 믹스트 콘크리트 : 배치 플랜트에서 재료 계량 완료 후 트럭믹서에서 혼합수를 가하여 혼합하면서 공사 현장까지 배달공급하는 방식

□□□ 산05①,14①, 4점

**02** 레디믹스트 콘크리트(KS F 4009)의 제조 시 각 재료의 1회 계량 분량의 한계 오차를 쓰시오.

| 재료의 종류 | 측정 단위 | 1회 계량 오차 |
|---|---|---|
| 시멘트 | 질량 | $-1\%$, $+2\%$ |
| 골재 | 질량 | ① |
| 물 | 질량 또는 부피 | ② |
| 혼화제 | 질량 | ③ |
| 혼화재 | 질량 또는 부피 | ④ |

해답 ① $\pm 3\%$   ② $-2\%$, $+1\%$   ③ $\pm 2\%$   ④ $\pm 3\%$

☐☐☐ 산12③, 6점

03 레디믹스트 콘크리트(KS F 4009)의 제조 시 각 재료의 1회 계량 분량의 한계 오차를 쓰시오.

| 재료의 종류 | 측정 단위 | 1회 계량 오차 |
|---|---|---|
| 시멘트 | 질량 | ① |
| 배합수 | 질량 또는 부피 | $-2\%$, $+1\%$ |
| 혼화재 | 질량 | ② |
| 화학 혼화제 | 질량 또는 부피 | $\pm 3\%$ |
| 골재 | 질량 | ③ |

해답 ① $-1\%$, $+2\%$　② $\pm 2\%$　③ $\pm 2\%$　④ $\pm 3\%$

☐☐☐ 기06③, 5점

04 레디믹스트 콘크리트(KS F 4009)를 제조하기 위한 재료의 계량에 대해 다음 빈칸을 채우시오.

| 재료의 종류 | 측정 단위 | 1회 계량 분량의 한계 오차 |
|---|---|---|
| 시멘트 | | |
| 물 | | |
| 골재 | | |
| 혼화재 | | |
| 혼화제 | | |

해답

| 재료의 종류 | 측정 단위 | 1회 계량 분량의 한계 오차 |
|---|---|---|
| 시멘트 | 질량 | $-1\%$, $+2\%$ |
| 물 | 질량 또는 부피 | $-2\%$, $+1\%$ |
| 골재 | 질량 | $\pm 3\%$ |
| 혼화재 | 질량 | $\pm 2\%$ |
| 혼화제 | 질량 또는 부피 | $\pm 3\%$ |

□□□ 산06③, 6점

**05** 레디믹스트 콘크리트(KS F 4009)의 품질 중 슬럼프의 허용 오차의 기준에 대한 빈칸을 채우시오.

| 슬럼프(mm) | 슬럼프 허용 오차(mm) |
|---|---|
| 25 | |
| 50 및 65 | |
| 80 이상 | |

해답

| 슬럼프(mm) | 슬럼프 허용 오차(mm) |
|---|---|
| 25 | $\pm 10$ |
| 50 및 65 | $\pm 15$ |
| 80 이상 | $\pm 25$ |

□□□ 예상

**06** 레디믹스트 콘크리트(KS F 4009)의 혼합에 사용되는 물 중 회수수의 품질 기준에 대한 빈칸을 채우시오.

| 항 목 | 품 질 |
|---|---|
| | |
| | |
| | |

해답

| 항 목 | 품 질 |
|---|---|
| 염소이온($Cl^-$)량 | 250mg/L |
| 시멘트 응결 시간의 차 | 초결 30분 이내, 종결 60분 이내 |
| 모르타르 압축 강도비 | 재령 7일 및 재령 28일에서 90% 이상 |

## 01  콘크리트 시공

### 1  재료의 계량

(1) 계량은 현장 배합에 의해 실시하는 것을 원칙으로 한다.

(2) 각 재료는 1배치씩 질량으로 계량하여 한다.

(3) 물과 혼화제 용액은 용적으로 계량해도 좋다.

(4) 재료의 계량 오차

| 재료의 종류 | 측정 단위 | 1회 재량 분량의 한계 오차 |
|---|---|---|
| 시멘트 | 질량 | −1%, +2% |
| 골재 | 질량 | ±3% |
| 물 | 질량 또는 부피 | −2%, +1% |
| 혼화재 | 질량 | ±2% |
| 혼화제 | 질량 또는 부피 | ±3% |

(5) 계량 오차의 계산

$$m_o = \frac{m_2 - m_1}{m_1}$$

여기서, $m_o$ : 계량 오차(정수로 끝맺음 함, %)

$m_1$ : 목표 1차 계량 분량

$m_2$ : 저울에 의한 계측값

### 2  비비기

(1) 콘크리트의 재료는 반죽된 콘크리트가 균질하게 될 때까지 충분히 비벼야 한다.

(2) 비비기는 미리 정해 둔 비비기 시간의 3배 이상 계속하지 않아야 한다.

(3) 시험을 실시하지 않을 경우 비비기 시간
  ① 가경식 믹서일 때 : 1분 30초 이상
  ② 강제식 믹서일 때 : 1분 이상

## 3 운반

(1) 콘크리트는 신속하게 운반하여 즉시 타설하고, 충분히 다져야 한다.
(2) 비비기로부터 타설이 끝날 때까지의 시간은 원칙적으로 외기 온도가 25 ℃ 이상일 때는 1.5시간을 넘어서는 안 된다.
(3) 외기 온도가 25 ℃ 미만일 때에는 2시간을 넘어서는 안 된다.

## 4 타설 및 다지기

(1) 콘크리트가 닿았을 때 흡수할 우려가 있는 곳은 미리 습하게 해 두어야 한다.
(2) 타설할 거푸집 안에서 횡방향으로 이동시켜서는 안 된다.
(3) 콘크리트를 2층 이상으로 나누어 타설할 경우, 상층의 콘크리트 타설은 원칙적으로 하층의 콘크리트가 굳기 시작하기 전에 해야 한다.
(4) 슈트, 펌프 배관, 버킷, 호퍼 등의 배출구의 타설면까지의 높이는 1.5m 이하를 원칙으로 한다.
(5) 벽 또는 기둥과 같이 높이가 높은 콘크리트를 연속해서 타설할 경우 쳐서 올라가는 속도는 일반적으로 30분에 1~1.5m 정도로 하는 것이 좋다.
(6) 허용 이어치기 시간 간격의 표준

| 외기 온도 | 허용 이어치기 시간 간격 |
|---|---|
| 25℃ 초과 | 2.0시간 |
| 25℃ 이하 | 2.5시간 |

## 02 내부 진동기

### 1 내부 진동기 사용 방법

【내부 진동기에 의한 찔러 다지기】

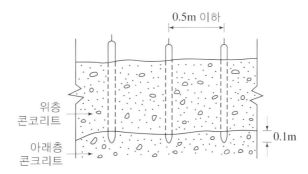

(1) 진동 다지기를 할 때에는 내부 진동기를 하층의 콘크리트 속으로 0.1m 정도 찔러 넣는다.
(2) 내부 진동기의 삽입 간격은 일반적으로 0.5m 이하로 하는 것이 좋다.
(3) 1개소당 진동 시간은 5~15초로 한다.
(4) 내부 진동기는 콘크리트로부터 천천히 빼내어 구멍이 남지 않도록 한다.
(5) 내부 진동기는 콘크리트를 횡방향으로 이동시킬 목적으로 사용하지 않아야 한다.
(6) 진동기의 형식, 크기 및 대수는 1회에 다짐하는 콘크리트의 전 용적을 충분히 다지는 데 적합하도록 부재 단면의 두께 및 면적, 1시간당 최대 타설량, 굵은 골재 최대 치수, 배합, 특히 잔골재율, 콘크리트 슬럼프 등을 고려하여 선정한다.

### 2 내부 진동기를 사용할 때의 주의사항

(1) 내부 진동기는 될 수 있는 대로 연직으로 일정한 간격으로 찔러 넣는다. 그 간격은 진동이 유효하다고 인정되는 범위의 지름 이하로 하며 일반적으로 0.5m 이하로 한다.
(2) 진동 다지기는 충분히 하여야 하며 진동기를 뺄 때는 구멍이 남지 않도록 천천히 뺀다.
(3) 내부 진동기를 콘크리트의 횡방향 이동에 사용해서는 안 된다.
(4) 1대의 내부 진동기로 다지는데 콘크리트의 용적은 소형은 1시간에 $4{\sim}8\text{m}^3$, 2명이 취급하는 대형은 1시간에 $30\text{m}^3$ 정도이다.
(5) 콘크리트를 타설한 후 즉시 거푸집의 외측을 가볍게 두드리는 것은 콘크리트를 거푸집 구석구석까지 잘 채워지도록 하여 평평한 표면을 만드는 데 유효한 방법이다.

## 03 양 생

### 1 습윤 양생

(1) 콘크리트의 노출면을 양생용 가마니, 마포, 모래 등을 적셔서 콘크리트 표면을 덮고 살수하여 양생하는 방법이다.

(2) 습윤 상태의 보호 기간은 보통 포틀랜드 시멘트를 사용한 경우 5일간 이상을 표준으로 한다.

(3) 습윤 상태의 보호 기간은 조강 포틀랜드 시멘트를 사용한 경우 3일간 이상을 표준으로 한다.

(4) 거푸집판이 건조할 염려가 있을 때에는 살수해야 한다.

(5) 습윤 양생 기간의 표준

| 일평균 기온 | 보통 포틀랜드 시멘트 | 고로 슬래그 시멘트 2종 플라이 애시 시멘트 2종 | 조강 포틀랜드 시멘트 |
|---|---|---|---|
| 15℃ 이상 | 5일 | 7일 | 3일 |
| 10℃ 이상 | 7일 | 9일 | 4일 |
| 5℃ 이상 | 9일 | 12일 | 5일 |

### 2 고압 증기 양생

(1) 고압 증기 양생(Autoclave curing)의 정의

양생 온도 180℃ 정도, 증기압 0.8MPa 정도의 고온·고압 상태에서 양생하는 방법이다.

(2) 공기 증기 양생의 특징

① 건조·수축 감소 및 수분 이동 감소한다.

② 내동결 융해성 및 백태 현상이 감소한다.

③ 고압증기양생은 포틀랜드 시멘트에만 적용된다.

④ 고압 증기 양생한 콘크리트는 어느 정도의 취성이 있다.

⑤ 표준 양생 콘크리트의 1/2 정도로 철근의 부착 강도 감소한다.

⑥ 고압 증기 양생은 치밀하고 내구성이 있는 양질의 콘크리트를 만든다.

⑦ 과열 증기가 콘크리트에 접촉해서는 안 되므로 여분의 물이 필요하다.

⑧ 콘크리트의 열팽창 계수와 탄성 계수는 고압 증기 양생에 따른 영향을 받지 않는 것으로 본다.

⑨ 고압 증기 양생은 표준 양생의 28일 강도를 약 24시간 만에 달성할 수 있어 조기 강도가 높다.

## 3 촉진 양생

(1) 정의

- 보다 빠른 콘크리트의 경화나 강도는 발현을 촉진하기 위해 실시하는 양생 방법

(2) 촉진 양생 방법의 종류

① 증기 양생
② 오토클레이브 양생
③ 온수 양생
④ 전기 양생
⑤ 적외선 양생
⑥ 고주파 양생

## 04 거푸집

### 1 거푸집의 해체

(1) 콘크리트의 압축 강도를 시험할 경우 거푸집널의 해체 시기

| 부재 | | 콘크리트의 압축강도 |
|---|---|---|
| 기초, 보, 기둥, 벽 등의 측면 | | 5MPa 이상[1] |
| 슬래브 및 보의 밑면, 아치 내면 | 단층구조인 경우 | 설계기준 압축강도의 2/3배 이상 또한, 최소강도 14MPa 이상 |
| | 다층구조인 경우 | 설계기준 압축강도 이상 (필러 동바리 구조를 이용할 경우는 구조계산에 의해 기간을 단축할 수 있음. 단, 이 경우라도 최소강도는 14MPa 이상으로 함) |

주1) 내구성이 중요한 구조물의 경우 10MPa 이상

(2) 콘크리트의 압축 강도를 시험하지 않을 경우 거푸집널의 해체 시기

| 시멘트의 종류 / 평균 기온 | 조강 포틀랜드 시멘트 | 보통 포틀랜드 시멘트 고로 슬래그 시멘트(1종) 포틀랜드 포졸란 시멘트(1종) 플라이 애시시멘트(1종) | 고로 슬래그 시멘트(2종) 포틀랜드 포졸란 시멘트(2종) 플라이 애시 시멘트(2종) |
|---|---|---|---|
| 20℃ 이상 | 2일 | 4일 | 5일 |
| 20℃ 미만 10℃ 이상 | 3일 | 6일 | 8일 |

### 2 현장 품질관리

| 검사 항목 | 검사 방법 | 시기·횟수 |
|---|---|---|
| 거푸집, 동바리 재료 및 체결재의 종류, 재질, 형상 치수 | 외관 검사 | 거푸집, 동바리 조립 전 |
| 동바리 배치 | 외관 검사 및 스케일에 의한 측정 | 동바리 조립 후 |
| 조임재의 위치 및 수량 | 외관 검사 및 스케일에 의한 측정 | 콘크리트 타설 전 |
| 거푸집의 형상 치수 및 위치 | 스케일에 의한 측정 | 콘크리트 타설 전 및 타설 도중 |
| 거푸집과 최외측 철근과의 거리 | 스케일에 의한 측정 | 콘크리트 타설 전 및 타설 도중 |

## 05 현장 품질관리

### 1 콘크리트의 운반 검사

| 항목 | 시험·검사 방법 | 시기 및 횟수 | 판정 기준 |
|---|---|---|---|
| 운반 설비 및 인원 배치 | 외관 관찰 | 콘크리트 타설 전 및 타설 중 | • 시공 계획서와 일치할 것 |
| 운반 방법 | | | • 시공 계획서와 일치할 것 |
| 운반량 | 양의 확인 | | • 소정의 양일 것 |
| 운반 시간 | 출하 및 도착 시간의 확인 | | |

### 2 콘크리트의 받아들이기 품질 검사

| 항목 | | 시기 및 횟수 | 판정 기준 |
|---|---|---|---|
| • 굳지 않은 콘크리트의 상태 | | 콘크리트 타설 개시 및 타설 중 수시로 함. | • 워커빌리티가 좋고, 품질이 균질하며 안정할 것 |
| • 슬럼프 | | 압축 강도 시험용 공시체 채취 시 및 타설 중에 품질 변화가 인정될 때 | • 30mm 이상 80mm 미만 : 허용 오차 ±15mm<br>• 80mm 이상 180mm 미만 : 허용 오차 ±25mm |
| • 공기량 | | | 허용 오차 ±1.5% |
| • 온도/단위 질량 | | | 정해진 조건에 적합할 것 |
| • 염소 이온량 | | • 바다 잔골재를 사용할 경우 2회/일<br>• 그 밖의 경우 1회/주 | 원칙적으로 $0.3\text{kg}/\text{m}^3$ 이하 |
| • 배합 단위 수량 | 굳지 않은 단위 수량으로부터 구하는 방법 | 내릴 때 오전 2회 이상 | 허용값 내에 있을 것 |
| | 골재의 표면수율과 단위 수량의 계량치로부터 구하는 방법 | 내릴 때 전면 배치 | |
| • 배합 물- 결합재비 | 굳지 않은 단위 수량으로부터 구하는 방법 | 내릴 때 오전 2회 이상 | 허용값 내에 있을 것 |
| | 골재의 표면수율과 단위 수량의 계량치로부터 구하는 방법 | 내릴 때 전면 배치 | |

MEMO

| 항목 | 시기 및 횟수 | 판정 기준 |
|---|---|---|
| • 배합<br> 단위 시멘트량 | 내릴 때<br>전면 배치 | 허용값 내에 있을 것 |
| • 배합 : 콘크리트<br> 재료의 단위량 | 내릴 때<br>전면 배치 | 허용값 내에 있을 것 |
| • 펌퍼빌리티 | 펌프 압송 시 | • 콘크리트 펌프의 최대 이론 토출 압력에 대한 최대 압송 부하의 비율이 80% 이하 |

## 3 압축강도에 의한 콘크리트의 품질 검사

| 종류 | 항목 | 시기 및 횟수[1] | 시기 및 횟수 | 판정 기준 | |
|---|---|---|---|---|---|
| | | | | $f_{cn} \leq 35\text{MPa}$ | $f_{cn} > 35\text{MPa}$ |
| 호칭강도로부터 배합을 정한 경우 | 압축강도 (재령 28일의 표준양생 공시체) | KS F 2405의 방법[1] | • 1회/일<br>• 구조물의 중요도와 공사의 규모에 따라 120m³마다 1회<br>• 배합이 변경될 때마다 | ① 연속 3회 시험값의 평균이 호칭강도 이상<br>② 1회 시험값이 (호칭강도− 3.5MPa) 이상 | ① 연속 3회 시험값의 평균이 호칭강도 이상<br>② 1회 시험값이 호칭강도의 90% 이상 |
| 그 밖의 경우 | | | | 압축 강도의 평균값이 품질기준강도[2] 이상일 것 | |

주1) 1회의 시험값은 공시체 3개의 압축강도 시험값의 평균값임

주2) 현장 배치플랜트를 구비하여 생산·시공하는 경우에는 설계기준압축강도와 내구성 설계에 따른 내구성기준압축강도 중에서 큰 값으로 결정된 품질기준강도를 기준으로 검사

## 4 콘크리트의 타설 검사

| 항목 | 시험·검사 방법 | 시기 및 횟수 | 판정 기준 |
|---|---|---|---|
| 타설 설비 및 인원 배치 | 외관 관찰 | 콘크리트 타설 전 및 타설 중 | • 시공 계획서와 일치할 것 |
| 타설 방법 | | | |
| 타설량 | 타설 개소의 형상 치수로부터 양의 확인 | | • 소정의 양일 것 |

## 5 콘크리트의 양생 검사

| 항목 | 시험·검사 방법 | 시기 및 횟수 | 판정 기준 |
|---|---|---|---|
| 양생 설비 및 인원 배치 | 외관 관찰 | 콘크리트 양생 중 | • 시공 계획서와 일치할 것 |
| 양생방법 | | | |
| 양생기간 | 일시, 시간의 확인 | | • 정해진 조건에 적합할 것 |

제6장 일반 콘크리트의 시공

# 과년도 예상문제

## 01 콘크리트 시공

☐☐☐ 산05①,08③,10③,11③, 6점

**01** 일반 콘크리트에서 타설한 콘크리트에 균일한 진동을 주기 위하여 진동기를 찔러 넣는 간격 및 한 개소당 진동 시간 등을 규정하고 있다. 이러한 내부 진동기의 올바른 사용 방법 3가지만 쓰시오.

① _____

② _____

해답 ① 하층의 콘크리트 속으로 0.1m 정도 찔러 넣는다.
② 삽입 간격은 일반적으로 0.5m 이하로 하는 것이 좋다.
③ 1개소당 진동 시간은 5~15초로 한다.
④ 콘크리트로부터 천천히 빼내어 구멍이 남지 않도록 한다.
⑤ 콘크리트를 횡방향으로 이동시킬 목적으로 사용하지 않아야 한다.

## 02 내부 진동기

☐☐☐ 기06③,10③, 4점

**02** 일반 콘크리트에서 타설한 콘크리트에 균일한 진동을 주기 위하여 진동기를 찔러 넣는 간격 및 한 개소당 진동 시간 등을 규정하고 있다. 이러한 내부 진동기의 사용 시 주의사항을 3가지만 쓰시오.

① _____

② _____

③ _____

해답 ① 하층의 콘크리트 속으로 0.1m 정도 찔러 넣는다.
② 삽입 간격은 일반적으로 0.5m 이하로 하는 것이 좋다.
③ 1개소당 진동 시간은 5~15초로 한다.
④ 콘크리트로부터 천천히 빼내어 구멍이 남지 않도록 한다.
⑤ 콘크리트를 횡방향으로 이동시킬 목적으로 사용하지 않아야 한다.

## 03　양 생

□□□ 산09①,11①, 4점

**03** 보다 빠른 콘크리트 경화나 강도 발현을 촉진시키기 위하여 실시하는 촉진 양생 방법 4가지만 쓰시오.

① _____

② _____

③ _____

④ _____

해답 ① 증기 양생
② 오토클레이브 양생
③ 온수 양생
④ 전기 양생
⑤ 적외선 양생
⑥ 고주파 양생

## 04 거푸집

□□□ 산06③,09③, 4점

**04** 거푸집은 콘크리트가 소정의 강도에 달하면 가급적 빨리 떼어 내는 것이 바람직하다. 다음 부재의 거푸집을 떼어 내어도 좋은 콘크리트의 압축 강도는 얼마인가?

| 부재 | 콘크리트의 압축 강도($f_{cu}$) |
|---|---|
| 기초, 보, 기둥, 벽 등의 측면 | |
| 슬래브 및 보의 밑면, 아치 내면 (단층구조인 경우) | |

**예답**

| 부재 | 콘크리트의 압축 강도 |
|---|---|
| 기초, 보, 기둥, 벽 등의 측면 | 5MPa 이상 |
| 슬래브 및 보의 밑면, 아치 내면 (다층구조인 경우) | 14MPa 이상 |

□□□ 기08③, 6점

**05** 거푸집 및 동바리의 품질관리를 위한 품질검사 시 주요 검사 항목, 시험·검사 방법 및 시기·횟수를 완성하시오.

| 검사 항목 | 검사 방법 | 시기·횟수 |
|---|---|---|
| 거푸집, 동바리 재료 및 체결재의 종류, 재질, 형상 치수 | 외관 검사 | 거푸집, 동바리 조립 전 |
| ① | | |
| ② | | |
| ③ | | |

**예답** 거푸집 및 동바리의 품질 검사

| 검사 항목 | 검사 방법 | 시기·횟수 |
|---|---|---|
| 거푸집, 동바리 재료 및 체결재의 종류, 재질, 형상 치수 | 외관 검사 | 거푸집, 동바리 조립 전 |
| ① 동바리 배치 | 외관 검사 및 스케일에 의한 측정 | 동바리 조립 후 |
| ② 조임재의 위치 및 수량 | 외관 검사 및 스케일에 의한 측정 | 콘크리트 타설 전 |
| ③ 거푸집의 형상 치수 및 위치 | 스케일에 의한 측정 | 콘크리트 타설 전 및 타설 도중 |
| ④ 거푸집과 최외측 철근과의 거리 | 스케일에 의한 측정 | 콘크리트 타설 전 및 타설 도중 |

## 05 현장 품질관리

□□□ 산12③, 6점

06 콘크리트 표면의 철근 노출이나 요철, 기포 등의 콘크리트의 표면 상태의 검사 항목 및 검사 방법에 대해 아래 표의 빈칸을 채우시오.

| 항 목 | 검사 방법 |
|---|---|
|  |  |
|  |  |
|  |  |

해답 콘크리트의 표면 상태의 검사

| 항 목 | 검사 방법 |
|---|---|
| 노출면의 상태 | 외관 관찰 |
| 균열 | 스케일에 의한 관찰 |
| 시공 이음 | 외관 및 스케일에 의한 관찰 |

## 01 한중 콘크리트

하루의 평균 기온이 4℃ 이하가 예상되는 조건일 때는 콘크리트가 동결할 염려가 있으므로 한중 콘크리트로 시공하여야 한다.

### 1 한중 콘크리트의 시공 시 주의사항

(1) 응결 경화 초기에 동결시키지 않도록 할 것
(2) 양생 종료 후 따뜻해질 때까지 받는 동결 융해 작용에 대하여 충분한 저항성을 가지게 할 것
(3) 공사 중의 각 단계에서 예상되는 하중에 대하여 충분한 강도를 가지게 할 것

### 2 배합 및 비비기

(1) 물-결합재비는 원칙적으로 60% 이하로 하여야 한다.
(2) 적산 온도

$$M = \sum_{0}^{t} (\theta + A) \Delta t$$

여기서, $M$ : 적산 온도(℃·D·D 또는 ℃·D)
$\theta$ : $\Delta t$ 시간 중의 콘크리트의 평균 양생 온도(℃)
$A$ : 정수로서 일반적으로 10℃가 사용된다.
$\Delta t$ : 시간(일)

(3) 배합 강도를 얻기 위한 물-결합재비

$$x = \alpha x_a$$

여기서, $x$ : 적산 온도가 M일 때, 배합 강도를 얻기 위한 물-결합재비
$\alpha$ : 적산 온도 M에 대한 물-결합재비의 보정 계수
$x_{20}$ : 콘크리트 양생 온도가 (20±3)℃일 때, 재령 28일에 있어서 배합 강도를 얻기 위한 물-결합재비

(4) 적산 온도 $M$에 대응하는 물-결합재비의 보정 계수

| 시멘트의 종류 | 산정식 |
|---|---|
| • 조강 포틀랜드 시멘트 | $\alpha = \dfrac{\log M + 0.08}{3}$ |
| • 보통 포틀랜드 시멘트<br>• 고로 슬래그 시멘트 특급<br>• 포틀랜드 포졸란 시멘트 A종<br>• 플라이 애시 시멘트 A종 | $\alpha = \dfrac{\log(M-100)+0.13}{3}$ |
| • 고로 슬래그 시멘트 1급<br>• 포틀랜드 포졸란 시멘트 B종<br>• 플라이 애시 시멘트 B종 | $\alpha = \dfrac{\log(M-100)+0.37}{2.5}$ |

(5) 콘크리트의 온도

$$T_2 = T_1 - 0.15(T_1 - T_0) \cdot t$$

여기서, $T_o$ : 주위의 온도(℃)

$T_1$ : 비볐을 때의 콘크리트의 온도(℃)

$t$ : 비빈 후부터 타설이 끝났을 때까지의 시간(h)

## 3 양 생

(1) 콘크리트 타설이 종료된 후 초기 동행을 받지 않도록 초기 양생을 실시하여야 한다.

(2) 한중 콘크리트의 양생 종료 때의 소요 압축 강도의 표준(MPa)

| 구조물의 노출 \ 단면(mm) | 300 이하 | 300 초과 800 이하 | 800 초과 |
|---|---|---|---|
| ① 계속해서 또는 자주 물로 포화되는 부분 | 15 | 12 | 10 |
| ② 보통의 노출 상태에 있고 ①에 속하지 않는 경우 | 5 | 5 | 5 |

(3) 소요의 압축 강도를 얻는 양생 일수의 표준(보통의 단면)

| 구조물의 노출 \ 시멘트의 종류 | | 보통 포틀랜드 시멘트 | 조강 포틀랜드, 보통 포틀랜드 + 촉진제 | 종합 시멘트 B종 |
|---|---|---|---|---|
| ① 계속해서 또는 자주 물로 포화되는 부분 | 5℃ | 9일 | 5일 | 12일 |
| | 10℃ | 7일 | 4일 | 9일 |
| ② 보통의 노출 상태에 있고 ①에 속하지 않는 부분 | 5℃ | 4일 | 3일 | 5일 |
| | 10℃ | 3일 | 2일 | 4일 |

MEMO

⑷ 보온 양생 방법

한중 콘크리트의 보온 양생 방법은 급열 양생, 단열 양생, 피복 양생 및 이들을 복합한 방법 중 한 가지 방법을 선택하여야 한다.

## 4 현장 품질 관리

• 한중 콘크리트의 온도 관리 및 검사

| 항목 | 시험·검사 방법 | 시기·횟수 | 판정 기준 |
|---|---|---|---|
| 외기온 | 온도 측정 | • 공사 시작 전<br>• 공사 중 | • 일 평균 기온 4℃ 이하 |
| 타설 때의 온도 | | | • 5~20℃ 이내<br>• 계획된 온도의 범위 |
| 양생 중의 콘크리트 온도 혹은 보온 양생된 공간의 온도 | | | • 계획 온도 범위 내 |

## 02 매스 콘크리트

### 1 용의 정의

(1) **매스 콘크리트** : 부재 혹은 구조물의 치수가 커서 시멘트의 수화열에 의한 온도 상승 및 강하를 고려하여 설계·시공해야 하는 콘크리트

(2) **적용** : 매스 콘크리트로 다루어야 하는 구조물의 부재 치수는 일반적인 표준으로서 넓이가 넓은 평판 구조의 경우 두께 0.8m 이상, 하단이 구속된 벽조의 경우 두께 0.5m 이상으로 한다.

(3) **관로식 냉각(pipe-cooling)** : 매스 콘크리트의 시공에서 콘크리트를 타설한 후 콘크리트의 내부 온도를 제어하기 위해 미리 묻어 둔 파이프 내부에 냉수 또는 공기를 강제적으로 순환시켜 콘크리트를 냉각하는 방법으로, 포스트 쿨링이라고도 함.

(4) **선행 냉각(pre-cooling)** : 매스 콘크리트의 시공에서 콘크리트를 타설하기 전에 콘크리트의 온도를 제어하기 위해 얼음이나 액체질소 등으로 콘크리트 원재료를 냉각하는 방법

(5) **온도 균열 지수** : 매스 콘크리트의 균열 발생 검토에 쓰이는 것으로 콘크리트의 인장 강도를 온도에 의한 인장 응력으로 나눈 값

### 2 온도 균열 방지 및 제어 방법

(1) 팽창 콘크리트의 사용에 의한 균열 방지 방법
(2) 균열 제어 철근의 배치에 의한 방법
(3) 외부 구속을 많이 받는 벽체 구조물의 경우에는 수축 이음을 설치
(4) 콘크리트의 선행 냉각(pre-cooling), 관로식 냉각(pipe-cooling) 등에 의한 온도 저하 및 제어 대책

### 3 선 냉각시키는 프리쿨링(pre-cooling) 방법

(1) 혼합수에 냉수를 사용하는 방법
(2) 액체 질소를 사용하는 방법
(3) 굵은 골재에 냉수를 살수하는 방법
(4) 냉수를 사용하여 모래를 냉각하는 방법
(5) 냉각수의 일부를 얼음으로 치환하는 방법

## 4 온도 균열 지수

정밀한 해석 방법에 의한 온도 균열 지수는 임의 재령에서의 콘크리트 인장 강도와 수화열에 의한 온도 응력의 비로서 구한다.

$$\text{온도 균열 지수 } I_{cr}(t) = \frac{f_{sp}(t)}{f_t(t)}$$

여기서, $f_t(t)$ : 재령 t일에서의 수화열에 의하여 생긴 부재 내부의 온도 응력 최대값(MPa)

$f_{sp}(t)$ : 재령 t일에서의 콘크리트의 쪼갬 인장 강도로서, 재령 및 양생온도를 고려하여 구함(MPa)

(1) 연질의 지반 위에 타설된 평판 구조 등과 같이 내부 구속 응력이 큰 경우

$$I_{cr} = \frac{15}{\Delta T_i}$$

여기서, $\Delta T_i$ : 내부 온도가 최고일 때 내부와 표면과의 온도차(℃)

(2) 암반이나 매시브한 콘크리트 위에 타설된 벽체나 평판 구조 등과 같이 외부 구속 응력이 큰 경우

$$I_{cr} = \frac{10}{R \cdot \Delta T_o}$$

여기서, $\Delta T_o$ : 부재의 평균 최고 온도와 외기 온도와의 온도차(℃)

$R$ : 외부 구속의 정도를 표시하는 계수

**【$R$ 계수값】**

| $R$ 계수의 타설할 때의 조건 | $R$ 계수값 |
|---|---|
| 비교적 연한 암반 위에 콘크리트를 타설할 때 | 0.50 |
| 중간 정도의 단단한 암반 위에 콘크리트를 타설할 때 | 0.65 |
| 경암 위에 콘크리트를 타설할 때 | 0.80 |
| 이미 경화된 콘크리트 위에 타설할 때 | 0.60 |

## 5 구조물의 표준적인 온도 균열 지수의 값

(1) 균열 발생을 방지하여야 할 경우 : 1.5 이상

(2) 균열 발생을 제한할 경우 : 1.2~1.5

(3) 유해한 균열 발생을 제한할 경우 : 0.7~1.2

## 03 서중 콘크리트

하루 평균 기온이 25℃ 또는 최고 온도 30℃를 넘는 시기에 시공하는 콘크리트를 서중 콘크리트라 한다.

### 1 용어 및 배합

(1) **용어 정의** : 높은 외부 기온으로 콘크리트의 슬럼프 저하나 수분의 급격한 증발 등의 염려가 있을 경우에 시공되는 콘크리트로서 하루 평균 기온이 25℃를 초과하는 경우 서중 콘크리트로서 시공

(2) **적용 범위** : 하루 평균 기온이 25℃를 초과하는 것이 예상되는 경우 서중 콘크리트로 시공하여야 한다.

(3) 일반적으로는 기온 10℃의 상승에 대하여 단위 수량은 2~5% 증가하므로 소요의 압축 강도를 확보하기 위해서는 단위수량에 비례하여 단위 시멘트량의 증가를 검토하여야 한다.

(4) 콘크리트 온도

$$T = \frac{0.2\,T_c W_c + \alpha_a T_a W_a + T_w W_w}{0.2\,W_c + \alpha_a W_a + W_w}$$

여기서, 0.2 : 고체 재료(시멘트 및 골재)의 평균 비열

$W_c$, $T_c$ : 시멘트의 질량(kg), 온도(℃)

$W_a$, $T_a$ : 골재의 질량(kg), 온도(℃)

$W_w$, $T_w$ : 물의 질량(kg), 온도(℃)

(5) 함수상태 골재의 비열

$$\alpha_a = \frac{0.2 + \mu_a + f_a(1 + \mu_a)}{(1 + f_a)(1 - \mu_a)}$$

여기서, $\alpha_a$ : 함수 상태 골재의 비열

$\mu_a$ : 골재의 흡수율

$f_a$ : 골재의 표면수율

**2** 서중 콘크리트의 시공

(1) 운반

① 비빈 콘크리트는 되도록 빨리 운송하여 타설하여야 한다.

② 펌프를 운반할 경우에는 관을 젖은 천으로 덮어야 한다.

③ 운반 및 대기 시간의 트럭믹서 내 수분 증발을 방지하여야 한다.

(2) 타설

① 콘크리트를 타설할 부분에 물을 흡수할 우려가 있는 부분은 습윤 상태로 유지해야 한다.

② 콘크리트의 비빈 후 타설은 비빈 후 1.5시간 이내에 쳐야 한다.

③ 콘크리트를 타설할 때의 콘크리트 온도는 35℃ 이하이어야 한다.

④ 콘크리트 타설은 콜드 조인트가 생기지 않도록 신속하게 실시하여야 한다.

**3** 현장 품질 관리

■ 서중 콘크리트의 품질 검사

| 항목 | 시험·검사 방법 | 시기·횟수 | 판단 기준 |
|---|---|---|---|
| 외기온 | 온도 측정 | · 공사 시작 전<br>· 공사 중 | 일평균 기온 25℃를 초과하는 경우 |
| 재료 온도 | 온도 측정 | 계획한 온도 범위 내 | |
| 비빔 온도 | 온도 측정 | 계획한 온도 범위 내 | |
| 타설 온도 | 온도 측정 | 공사 중 | 35℃ 이하 및 계획한 온도의 범위 내 |
| 운반 시간 | 시간의 확인 | · 공사 시작 전<br>· 공사 중 | 비비기로부터 타설 종료까지의 시간은 1.5시간 이내 |

**4** 서중 콘크리트의 시공 시 문제점

(1) 슬럼프의 감소

① 혼합 온도가 높을수록 슬럼프는 감소하고, 동일 슬럼프를 얻는 데 필요한 단위 수량은 증가한다.

② 서중 콘크리트에는 수량을 증가하고, 단위 시멘트량을 물–시멘트비가 일정하도록 조정하지 않는 한 물–시멘트비가 단위 수량 증가만큼 증가되어 강도 저하를 가져오게 된다.

⑵ 공기량의 감소

• 콘크리트의 온도가 높으면 공기량이 감소되므로 일정한 공기량을 보존하려면 AE제의 사용을 증가할 필요가 있다.

⑶ 응결 시간의 단축

• 시멘트에 물을 가한 직후부터 생기는 수화 반응이 빨라지며 시멘트는 빨리 응결된다. 이를 방지하기 위해 계획적인 타설과 지연제를 사용해서 응결시간을 연장하는 대책이 필요하다.

⑷ 슬럼프 손실의 증가

① 운반 중에 슬럼프가 저하되는 것은 피할 수 없지만 온도가 높으면 높을수록 슬럼프의 저하는 심하게 나타난다.
② 현장에서 타설을 쉽게 할 목적으로 가수(加水)하여 슬럼프 회복을 도모하는 것은 콘크리트 품질을 나쁘게 하므로 실시해서는 안 된다.

⑸ 강도의 저하

• 혼합 시 고온에 의한 장기 강도(보통 28일 강도) 증가율의 저하 및 공기량 보존을 위해 AE제의 사용량이 증가함으로 인한 강도의 문제가 많으므로 주의를 해야 한다.

⑹ 균열의 증가

• 서중 콘크리트에서는 보통 초기 건조 및 온도 상승에 의한 초기 건조 균열 및 온도 상승 균열이 현저하게 나타나는 경향이 있다.

## 04 수중 콘크리트

담수 중이나 안정액 중 혹은 해수 중에 타설되는 콘크리트를 수중 콘크리트라 한다.

### 1 용어 및 재료

(1) 수중 불분리성 콘크리트 : 수중 불분리성 혼화제를 혼합함에 따라 재료 분리 저항성을 높인 수중 콘크리트

(2) 굵은 골재의 최대 치수
  ① 수중 불분리성 콘크리트의 경우 40mm 이하
  ② 부재 최소 치수의 1/5 및 철근의 최소 순간격의 1/2을 초과해서는 안 된다.

(3) 현장 타설 말뚝 및 지하 연속벽 표준의 굵은 골재의 최대치수
  ① 콘크리트의 경우는 25mm 이하
  ② 철근 순간격의 1/2 이하

### 2 배 합

#### ❶ 배합 강도

(1) 콘크리트의 배합 규정 : 소정의 강도, 수중 분리 저항성, 유동성 및 내구성 등의 성능을 만족하도록 시험에 의해 정한다.

(2) 일반 수중 콘크리트 : 표준 공시체 강도의 0.6~0.8배가 되도록 배합 강도를 정하여야 한다.

(3) 현장 타설 콘크리트 말뚝 및 지하 연속벽 콘크리트 : 대기 중에서 시공할 때 강도의 0.8배, 안정액 중에서 시공할 때 강도의 0.7배

(4) 수중 콘크리트의 물-결합재비 및 단위 시멘트량

| 종 류 | 일반 수중 콘크리트 | 현장 타설 말뚝 및 지하 연속벽에 사용하는 수중 콘크리트 |
| --- | --- | --- |
| 물-결합재비 | 50% 이하 | 55% 이하 |
| 단위 시멘트량 | 370 kg/m³ 이상 | 350 kg/m³ 이상 |

❷ 유동성

(1) 일반 수중 콘크리트의 물-결합재비는 50% 이하를 표준으로 한다.

(2) 일반 수중 콘크리트의 단위 시멘트량은 370 kg/m³ 이상으로 한다.

(3) 일반 수중 콘크리트의 슬럼프의 표준값(mm)

| 시공 방법 | 일반 수중 콘크리트 | 현장 타설 말뚝 및 지하 연속벽에 사용하는 수중 콘크리트 |
|---|---|---|
| 트레미 | 130~180 | 180~210 |
| 콘크리트 펌프 | 130~180 | – |
| 밑열림 상자, 밑열림 포대 | 100~180 | – |

❸ 비비기

(1) 수중 불분리성 콘크리트의 비비기는 물을 투입하기 전 건식으로 20~30초를 비빈 후 전 재료를 투입하여 비빈다.

(2) 강제식 믹서의 경우 비비기 시간은 90~180초를 표준으로 한다.

**3** 수중 콘크리트의 타설 원칙

(1) 물을 정지시킨 정수 중에서 타설하여야 한다. 완전히 물막이를 할 수 없을 경우에도 유속은 50mm/sec 이하로 하여야 한다.

(2) 콘크리트는 수중에 낙하시켜서는 안 된다.

(3) 콘크리트면은 수평하게 유지하면서 연속해서 타설하여야 한다.

(4) 콘크리트가 경화될 때까지 물의 유동을 방지하여야 한다.

(5) 한 구획의 콘크리트 타설을 완료한 후 레이턴스를 모두 제거하고 다시 타설하여야 한다.

(6) 트레미나 콘크리트 펌프를 사용해서 타설하여야 한다.

**4** 수중 콘크리트의 시공 방법

(1) 트레미에 의한 타설

(2) 콘크리트 펌프에 의한 타설

(3) 밑열림 상자 및 밑열림 포대에 의한 타설

MEMO

## 05 고유동 콘크리트

굳지 않은 상태에서 높은 유동성 및 재료 분리 저항성을 가진 콘크리트로, 다짐작업 없이 거푸집 구석구석까지 재료 분리를 일으키지 않고 밀실하게 충전이 가능한 콘크리트를 고유동 콘크리트라 한다.

### 1 고유동 콘크리트의 제조 방법

(1) 분체계, 증점제계, 병용계 등으로 적용 현장 여건에 따라 적합한 방법을 선정한다.

(2) 고유동 콘크리트의 재료 분리 저항성을 확보하기 위한 방법
① 분체량을 증가시킨 분체계
② 증점계를 다량 사용한 증점제계
③ 분체량을 증가시키며, 증점제를 동시에 사용한 병용계

(3) 다음과 같은 효과가 기대되는 곳에 사용
① 보통 콘크리트로는 충전이 곤란한 구조체적인 경우
② 균질하고 정밀도가 높은 구조체를 요구하는 경우
③ 타설 작업의 합리화로 시간 단축이 요구되는 경우
④ 다짐 작업에 따르는 소음, 진동이 발생을 피해야 하는 경우

### 2 고유동 콘크리트의 품질

(1) 굳지 않은 콘크리트의 유동성은 슬럼프 플로 600mm 이상으로 한다.

(2) 굳지 않은 콘크리트의 재료 분리 저항성 규정 2가지를 만족하는 것으로 한다.
① 슬럼프 플로 시험 후 콘크리트 중앙부에는 굵은 골재가 모여 있지 않고, 주변부에는 페이스트가 분리되지 않아야 한다.
② 슬럼프 플로 500mm 도달 시간 3~20초 범위를 만족하여야 한다.

(3) 시공 시 펌프의 압송 조건
① 100mm 또는 125mm 관을 사용할 경우의 표준
② 그 길이는 300m 이하
③ 타설할 때 콘크리트의 최대 자유 낙하 높이는 5m 이하
④ 최대 수평 유동 거리는 8~15m 이하

## 06 경량 골재 콘크리트

### 1 경량 콘크리트의 종류

(1) **경량 골재 콘크리트** : 골재의 전부 또는 일부를 인공 경량 골재를 사용해서 만든 콘크리트

(2) **경량 기포 콘크리트**(A.L.C : Autoclaved Light Weight concrete) : 경량 골재를 사용하지 않고 석회질과 규산질을 주원료로 하여 여기에 기포제를 가하여 다공질화하고 고온·고압 양생한 것

(3) **무세골재 콘크리트** : 골재 사이에 공극을 형성시키기 위해서 잔골재의 사용을 제한한 것

### 2 용어의 정의

(1) **경량 골재 콘크리트** : 골재의 전부 또는 일부를 인공 경량 골재를 써서 만든 콘크리트로서 기건 단위 질량이 $1400 \sim 2000 \text{kg/m}^3$인 콘크리트

(2) **적용 범위** : 설계 기준 강도가 15MPa 이상, 24MPa 이하로서, 기건 단위 질량이 $1400 \sim 2000 \text{kg/m}^3$의 범위에 적용

### 3 경량 골재 콘크리트의 시공

❶ 물-결합재비

(1) 콘크리트의 수밀성을 기준으로 물-결합재비를 정할 경우에는 50% 이하를 표준으로 한다.

(2) 경량 골재 콘크리트의 내동해성을 기준으로 하여 물-결합재비를 정하는 경우, 공기 연행 콘크리트의 최대 물-결합재비(%)

| 기상 조건<br>단면<br>구조물의<br>노출 상태 | 기상 작용이 심한 경우<br>또는 동결 융해가 종종<br>번복되는 경우 | | 기상 작용이 심하지 않은<br>경우, 빙점 이하의<br>기온으로 되는 일이<br>드문 경우 | |
|---|---|---|---|---|
| | 얇은 경우 | 보통의 경우<br>두꺼운 경우 | 얇은 경우 | 보통의 경우<br>두꺼운 경우 |
| ① 계속해서 또는 자주 물로 포화되는 부분 | 45 | 50 | 50 | 55 |
| ② 보통의 노출 상태에 있고 ①에 속하지 않는 부분 | 50 | 55 | 55 | 60 |

MEMO

❷ 슬럼프

(1) 콘크리트의 슬럼프는 작업에 알맞은 범위 내에서 작게 하여야 한다.

(2) 슬럼프는 일반적인 경우 대체로 50~180mm를 표준으로 한다.

❸ 공기량

• 경량 골재 콘크리트의 공기량은 일반 골재를 사용한 콘크리트보다 1% 크게 하여야 한다.

❹ 비비기

• 표준 비비기 시간은 믹서에 재료를 전부 투입한 후, 강제식 믹서일 때는 1분 이상, 가경식 믹서일 때는 2분 이상으로 한다.

❺ 다지기

(1) 경량 골재 콘크리트는 보통 콘크리트에 비해 진동기를 찔러 넣는 간격을 작게 하거나 진동시간을 약간 길게 해 충분히 다져야 한다.

(2) 찔러 넣기 간격 및 시간의 표준

| 콘크리트의 종류 | 찔러 넣기 간격(m) | 진동 시간(초) |
|---|---|---|
| 유동화되지 않은 것 | 0.3 | 30 |
| 유동화된 것 | 0.4 | 10 |

## 07 섬유 보강 콘크리트

### 1 용어 및 배합

(1) 섬유 보강 콘크리트 : 보강용 섬유를 혼입하여 주로 인성, 균열 억제, 내충격성 및 내마모성 등을 높인 콘크리트

(2) 섬유 혼입률 : 섬유 보강 콘크리트 $1m^3$ 중에 점유하는 섬유의 용적 백분율(%)

### 2 시멘트계 복합 재료용 섬유

(1) 무기계 섬유 : 강섬유, 유리 섬유, 탄소 섬유

(2) 유기계 섬유 : 아라미드 섬유, 폴리프로필렌 섬유, 비닐론 섬유, 나일론

### 3 섬유로서 갖추어야 할 조건

(1) 가격이 저렴할 것
(2) 형상비가 50 이상일 것
(3) 시공성에 문제가 없을 것
(4) 섬유의 인장 강도가 충분히 클 것
(5) 내구성, 내열성 및 내후성이 우수할 것
(6) 섬유와 시멘트 결합재 사이의 부착성이 좋을 것
(7) 섬유의 탄성 계수는 시멘트 결합재 탄성 계수의 1/5 이상일 것

### 4 강섬유의 혼입률 측정

$$V_f = \frac{W_{sp}}{V \cdot \rho_{sp}} \times 100$$

여기서, $V_f$ : 강섬유 혼입률(%)

$W_{sp}$ : 용기 중의 강섬유의 질량(kg)

$V$ : 용기의 부피($mm^3$)

$\rho_{sp}$ : 강섬유의 단위 질량($kg/mm^2$)

## 08 방사선 차폐용 콘크리트

### 1 용어의 정의

(1) 방사선 차폐용 콘크리트 : 주로 생물체의 방호를 위하여 X선, $\gamma$선 및 중성 자선을 차폐할 목적으로 사용되는 콘크리트

(2) 방사선 차폐용 중량 골재

| 골재 | 밀도 |
|------|------|
| 바라이트 | 4.0~4.4 |
| 자철광 | 4.6~5.2 |
| 적철광 | 4.6~5.2 |

### 2 배합

(1) 일반적인 경우 150mm 이하로 하여야 한다.

(2) 물-결합재비는 50% 이하를 원칙으로 한다.

(3) 워커빌리티 개선을 위하여 품질이 입증된 혼화제를 사용할 수 있다.

(4) 콘크리트의 슬럼프는 작업에 알맞은 범위 내에서 가능한 한 작은 값이어 야 한다.

### 3 방사선 차폐용 콘크리트의 요구 조건

(1) 시멘트는 수화열이 적어야 한다.

(2) 골재는 밀도가 크고 차폐성이 커야 한다.

(3) 건조수축 및 온도 균열이 적어야 한다.

(4) 콘크리트의 밀도는 높고 열전도율 및 열팽창률이 낮아야 한다.

## 09 콘크리트-폴리머 복합체

시멘트 콘크리트가 갖는 결점을 개선할 목적으로 폴리머(polymer)를 사용해 만든 콘크리트를 총칭해서 콘크리트-폴리머 복합체라 한다.

### 1 콘크리트-폴리머 복합체의 종류

(1) 폴리머 시멘트 콘크리트(polymer cement concrete)

• 시멘트 콘크리트에서 결합재인 시멘트의 일부를 폴리머 라텍스 등으로 대체시켜 만든 것을 폴리머 시멘트 콘크리트(polymer cement concrete)라 한다.

(2) 폴리머 콘크리트(polymer concrete)

• 결합재로서 시멘트와 같은 무기질 시멘트를 전혀 사용하지 않고 폴리머만으로 골재를 결합시켜 콘크리트를 제조한 것으로 레진 콘크리트(resin concrete) 또는 폴리머 콘크리트(polymer concrete)라 한다.

(3) 폴리머 함침 콘크리트(polymer impregnated concrete)

• 시멘트계의 재료를 건조시켜 미세한 공극에 액상 모노머를 함침 및 중합시켜 일체화 시켜 만든 것을 폴리머 함침 콘크리트(polymer impregnated concrete)라 한다.

### 2 용어의 정의

(1) 폴리머 시멘트 콘크리트 : 결합 재료 시멘트와 시멘트 혼화용 폴리머(폴리머 혼화제)를 사용한 콘크리트

(2) 폴리머-시멘트비(P/C) : 폴리머 시멘트 페이스트, 모르타르 및 콘크리트에 있어서 시멘트에 대한 시멘트 혼화용 재유화형 분말 수지 및 디스퍼전의 전 고형분의 질량비

제7장 특수 콘크리트의 시공

# 과년도 예상문제

## 01 한중 콘크리트

□□□ 기08③, 4점

01 한중 콘크리트에서 치기 종료 시의 콘크리트의 온도를 추정하는 공식을 완성하시오.

> $T_2$ : 치기 종료시의 콘크리트 온도(℃)
> $T_1$ : 콘크리트 믹싱 시의 콘크리트 온도(℃)
> $T_0$ : 주위의 기온(℃)
> $t$ : 비빈 후부터 치기가 종료될 때까지의 시간(hr)

계산 과정)

답 : _____

해답 $T_2 = T_1 - 0.15(T_1 - T_0) \cdot t$

□□□ 산07③,09①,10③, 4점

02 한중 콘크리트 시공에 있어서 비빈 직후의 온도는 기상 조건, 운반 조건, 운반 시간 등을 고려하여 타설할 때에 소요의 콘크리트 온도가 얻어지도록 해야 한다. 비빈 직후 콘크리트 온도 및 주위 기온이 아래와 같을 때 타설 완료 후 콘크리트 온도를 계산하시오.

> • 비빈 직후의 콘크리트 온도 : 23℃
> • 주위의 온도 : 4℃
> • 비빈 후부터 타설이 완료 시까지의 시간 : 1시간 30분

계산 과정)

답 : _____

해답 $T_2 = T_1 - 0.15(T_1 - T_0) \cdot t$
$= 23 - 0.15(23 - 4) \times 1.5 = 18.73$ ℃

□□□ 기05①, 4점

**03** 한중 콘크리트 시공에 있어서 비빈 직후의 온도는 기상 조건, 운반 조건, 운반 시간 등을 고려하여 타설할 때에 소요의 콘크리트 온도가 얻어지도록 해야 한다. 비빈 직후 콘크리트 온도 및 주위 기온이 아래와 같을 때 타설 완료 후 콘크리트 온도를 계산하시오.

---

- 비빈 직후의 콘크리트 온도 : 25℃
- 주위의 온도 : 3℃
- 비빈 후부터 타설이 완료 시까지의 시간 : 1시간 30분

---

계산 과정)

답 : _____

해답 $T_2 = T_1 - 0.15(T_1 - T_0) \cdot t$
$= 25 - 0.15(25 - 3) \times 1.5 = 20.05$℃

□□□ 산06③,13③, 6점

**04** 특수 콘크리트에 대한 아래의 물음에 답하시오.

가. 하루의 평균 기온이 몇 ℃ 이하가 되는 기상 조건에서 한중 콘크리트로 시공하여야 하는가?

나. 한중 콘크리트의 물-시멘트비는 원칙적으로 몇 % 이하로 하여야 하는가?

다. 하루의 평균 기온이 몇 ℃를 초과하는 것이 예상될 경우, 서중 콘크리트로 시공하여야 하는가?

---

해답 가. 4℃ 나. 60% 다. 25℃

- 하루의 평균 기온이 4℃ 이하가 되는 기상 조건일 때는 콘크리트가 동결할 염려가 있으므로 한중 콘크리트로 시공하여야 한다.
- 한중 환경에 있어 동결 융해 저항성을 갖는 콘크리트의 모세관 조직의 치밀화를 위해서는 물-결합재비를 60% 이하로 하여 소정의 강도 수준을 갖는 콘크리트가 요구된다.
- 하루 평균 기온이 25℃를 초과하는 것이 예상되는 경우, 서중 콘크리트로 시공하여야 한다.

□□□ 기11①, 3점

05 한중 콘크리트 적산 온도 방식에 의해 보온 양생 조건이 타설 후 5일간 28℃일 때 적산 온도가 25℃에서 몇 일과 같은가?

계산 과정)

답 : _____

해설 적산 온도 $M = \sum_{0}^{t}(\theta + 10)\Delta t$

• 양생 조건이 28℃일 때

$$M_{28} = \sum_{0}^{t}(28 + 10) \times 5 = 190℃ \cdot D$$

• 양생 조건이 25℃일 때

$$M_{28} = \sum_{0}^{t}(25 + 10) \times \Delta t = 190℃ \cdot D$$

$$\therefore \ \Delta t = \frac{190}{(25 + 10)} = 5.43일$$

□□□ 기07③, 6점

06 아래 조건과 같은 한중 콘크리트에 있어서 적산 온도 방식에 의한 물-시멘트비를 보정하시오. (단, 1개월은 28일 임)

• 보통 포틀랜드 시멘트를 사용하고 설계 기준 강도는 24MPa로 물-시멘트비($x_{20}$)는 49%이다.
• 보온 양생 조건은 타설 후 최초 5일간은 20℃, 그 후 4일간은 15℃, 또 그 후 4일간은 10℃이고, 그 후 타설된 일평균 기온은 −8℃이다.
• 보통 포틀랜드 시멘트의 적산 온도 M에 대응하는 물-시멘트비의 보정 계수의 산정식 $\alpha = \dfrac{\log(M - 100) + 0.13}{3}$ 을 적용한다.

계산 과정)

답 : _____

해답 ■ 적산 온도

$$M = \sum_{0}^{t}(\theta + 10)\Delta t$$

$$= (20 + 10) \times 5 + (15 + 10) \times 4 + (10 + 10) \times 4 + (-8 + 10) \times 15 = 360℃ \cdot D$$

■ 보정 계수

$$\alpha = \frac{\log(M - 100) + 0.13}{3} = \frac{\log(360 - 100) + 0.13}{3} = 0.848$$

■ 물-시멘트비 보정

$$x = \alpha \cdot x_{20}$$

$$= 0.848 \times 49 = 41.55\%$$

## 02 매스 콘크리트

□□□ 산06③,14③, 4점
**07** 매스 콘크리트에서 수화열 발생으로 인해 발생하는 균열을 측정하는 방법으로서 콘크리트의 인장 강도를 부재 내부에 생긴 온도 응력 최대값으로 나눈 값을 무엇이라고 하는가?

해답 온도 균열 지수

□□□ 산09①,10③,12①, 4점
**08** 매스 콘크리트의 온도 균열 발생 여부에 대한 검토는 온도 균열 지수에 의해 평가하는 것을 원칙으로 한다. 이때 정밀한 해석 방법에 의한 온도 균열 지수를 구하고자 할 경우 반드시 필요한 인자 2가지를 쓰시오.

① 

② 

해답 ① $f_t(t)$ : 재령 t일에서의 수화열에 의하여 생긴 부재 내부의 온도 응력 최대값(MPa)
② $f_{sp}(t)$ : 재령 t일에서의 콘크리트의 쪼갬 인장 강도(MPa)

□□□ 기07③,12①, 산11③, 6점
**09** 철근이 배치된 일반적인 구조물에서 아래 각 조건의 경우 표준적인 온도 균열 지수 값의 범위를 쓰시오.

가. 균열 발생을 방지하여야 할 경우 :

나. 균열 발생을 제한할 경우 :

다. 유해한 균열 발생을 제한할 경우 :

해답 가. 1.5 이상
나. 1.2~1.5
다. 0.7~1.2

□□□ 산08③, 8점

10 매스 콘크리트에 대한 아래의 물음에 답하시오.

가. 매스 콘크리트의 정의를 간단히 쓰시오.

　○

나. 일반적으로 매스 콘크리트로 다루어야 하는 구조물의 부재 치수에 대하여 쓰시오.

　① 넓이가 넓은 평판 구조인 경우 :

　② 하단이 구속된 벽체인 경우 :

다. 매스 콘크리트의 온도 균열을 방지하거나 제어하기 위한 방법을 2가지만 쓰시오.

　①　＿＿＿＿＿＿＿＿＿＿＿＿＿＿＿＿＿＿＿＿＿＿＿＿＿＿＿＿＿＿

　②　＿＿＿＿＿＿＿＿＿＿＿＿＿＿＿＿＿＿＿＿＿＿＿＿＿＿＿＿＿＿

해답 가. 부재 혹은 구조물의 치수가 커서 시멘트의 수화열에 의한 온도 상승 및 강하를 고려하여 설계·시공해야 하는 콘크리트

　　나. ① 두께 0.8m 이상
　　　　② 두께 0.5m 이상

　　다. ① 균열제어 철근의 배치에 의한 방법
　　　　② 팽창 콘크리트의 사용에 의한 균열 방지 방법
　　　　③ 파이프 쿨링에 의한 온도 제어
　　　　④ 포스트 쿨링의 양생 방법에 의한 온도 제어
　　　　⑤ 콘크리트의 선행 냉각, 관로식 냉각 등에 의한 온도 저하 및 제어 방법

□□□ 기05①,06③,09①,12③,13③,15③, 8점

11 매스 콘크리트의 온도균열 발생 여부에 대한 검토는 온도 균열 지수에 의해 평가하는 것을 원칙으로 한다. 아래 물음에 답하시오.

가. 정밀한 해석 방법에 의한 온도 균열 지수를 구하는 식을 쓰시오.

　○

나. 철근이 배치된 일반적인 구조물에서 아래 각 조건의 경우 표준적인 온도 균열 지수값의 범위를 쓰시오.

① 균열 발생을 방지하여야 할 경우 :

② 균열 발생을 제한 할 경우 :

③ 유해한 균열 발생을 제한할 경우 :

───────────────────────────────────────

해답 가. $I_{cr}(t) = \dfrac{f_{sp}(t)}{f_t(t)}$

여기서, $f_t(t)$ : 재령 t일에서의 수화열에 의하여 생긴 부재 내부의 온도 응력 최대
값(MPa)

$f_{sp}(t)$ : 재령 t일에서의 콘크리트의 쪼갬 인장 강도로서, 재령 및 양생 온도
를 고려하여 구함(MPa).

나. ① 1.5 이상
② 1.2~1.5
③ 0.7~1.2

□□□ 기10①,14① 4점

**12** 매스 콘크리트 시공시의 타설 온도를 낮추는 방법으로는 물, 골재 등의 재료를 선 냉각시키는 프리쿨링(pre cooling) 방법을 아래의 보기와 같이 4가지만 쓰시오. (단, 표의 내용은 정답에서 제외한다.)

───────────────── 【보기】 ─────────────────
• 액체 질소를 사용하는 방법
────────────────────────────────────────────

① _____

② _____

③ _____

④ _____

해답 ① 혼합수에 냉수를 사용하는 방법
② 굵은 골재에 냉수를 살수하는 방법
③ 냉각수의 일부를 얼음으로 치환하는 방법
④ 냉수를 사용하여 모래를 냉각하는 방법

□□□ 기05①, 4점

**13** 매스 콘크리트 타설 시 온도 균열 방지 및 제어 방법을 4가지만 쓰시오.

① _____

② _____

③ _____

④ _____

해답 ① 균열 제어 철근의 배치에 의한 방법
② 팽창 콘크리트의 사용에 의한 균열 방지 방법
③ 파이프 쿨링에 의한 온도 제어
④ 포스트 쿨링의 양생 방법에 의한 온도 제어
⑤ 콘크리트의 선행 냉각, 관로식 냉각 등에 의한 온도 저하 및 제어 방법

□□□ 예상

**14** 매스 콘크리트의 온도 균열 발생에 대한 검토는 온도 균열 지수에 의해 평가하는 것을 원칙으로 하고 있다. 만약 연질의 지반위에 타설된 평판 구조 등과 같이 내부 구속 응력이 큰 구조물에서 $\Delta T_i$ (내부 온도가 최고일 때 내부와 표면과의 온도차)가 12.5℃ 발생하였다면 간이적인 방법으로 온도 균열 지수를 구하시오.

계산 과정)

답 : _____

해답 연질의 지반 위에 타설된 평판 구조 등과 같이 내부 구속 응력이 큰 경우

$$I_{cr} = \frac{15}{\Delta T_i} = \frac{15}{12.5} = 1.2$$

## 03 서중 콘크리트

□□□ 기13③, 6점

**15** 서중 콘크리트를 시공할 때 나타날 수 있는 문제점을 3가지만 쓰시오.

① _____

② _____

③ _____

해답 ① 슬럼프의 감소　　② 공기량의 감소　　③ 응결 시간의 단축
④ 슬럼프 손실의 증가　⑤ 강도의 저하　　⑥ 균열의 증가

## 04 수중 콘크리트

□□□ 기05③, 4점

**16** 일반 수중 콘크리트의 콘크리트 타설의 원칙 4가지만 쓰시오.

① _____

② _____

③ _____

④ _____

해답 ① 물을 정지시킨 정수 중에서 타설하여야 한다.
② 콘크리트는 수중에 낙하시켜서는 안 된다.
③ 콘크리트면은 수평하게 유지하면서 연속해서 타설하여야 한다.
④ 콘크리트가 경화될 때까지 물의 유동을 방지하여야 한다.
⑤ 한 구획의 콘크리트 타설을 완료한 후 레이턴스를 모두 제거하고 다시 타설하여야
한다.
⑥ 트레미나 콘크리트 펌프를 사용해서 타설하여야 한다.

□□□ 산10①, 8점

**17** 다음 수중 콘크리트의 물음에 대해 답하시오.

가. 수중 콘크리트의 배합 강도의 기준 :

나. 일반 수중 콘크리트의 물–결합재비 :

다. 일반 수중 콘크리트의 단위 시멘트량 :

라. 일반 불분리성 콘크리트의 타설시 유속 :

마. 수중 불분리성 콘크리트의 타설 시 수중 낙하 높이 :

바. 수중 불분리성 콘크리트의 타설 시 수중 유동 거리 :

해답 가. 수중 분리 저항성, 유동성 및 내구성 등의 성능을 만족하도록 시험에 의해 정한다.
나. 50% 이하
다. $370\text{kg/m}^3$
라. 50mm/sec 정도 이하
마. 0.5m 이하
바. 5m 이하

---

## 05 고유동 콘크리트

□□□ 기11①, 6점

**18** 고유동 콘크리트(high fluidity concrete)에 대해 아래 물음에 답하시오.

가. 고유동 콘크리트의 정의를 간단히 쓰시오.

○

나. 굳지 않은 콘크리트의 재료 분리 저항성 규정 2가지를 쓰시오.

① _____

② _____

해답 가. 굳지 않은 상태에서 재료 분리 없이 높은 유동성을 가지면서 다짐 작업 없이 자기
충전성이 가능한 콘크리트를 고유동 콘크리트라 한다.
나. ① 슬럼프 플로 시험 후 콘크리트의 중앙부에는 굵은 골재가 모여 있지 않고, 주변
부에는 페이스트가 분리되지 않아야 한다.
② 슬럼프 플로 500mm 도달 시간 3~20초 범위를 만족하여야 한다.

## 06 경량 골재 콘크리트

□□□ 기12③, 4점

19 경량 골재 콘크리트는 보통 콘크리트에 비해 진동기를 찔러 넣는 간격을 작게 하거나 진동 시간을 약간 길게 해 충분히 다져야 한다. 이 진동기로 다지는 표준적인 찔러 넣기 간격 및 진동 시간에 대해 빈칸을 채우시오.

| 콘크리트의 종류 | 찔러 넣기 간격(m) | 진동 시간(초) |
|---|---|---|
| 유동화되지 않은 것 | ① | ③ |
| 유동화된 것 | ② | ④ |

해답 찔러 넣기 간격 및 시간의 표준

| 콘크리트의 종류 | 찔러 넣기 간격(m) | 진동 시간(초) |
|---|---|---|
| 유동화되지 않은 것 | 0.3 | 30 |
| 유동화된 것 | 0.4 | 10 |

## 07 섬유 보강 콘크리트

□□□ 기11③,15②, 4점

20 섬유 보강 콘크리트에서 사용되는 보강용 섬유의 종류 4가지만 쓰시오.

①

②

③

④

해답 ① 강섬유  ② 유리섬유  ③ 탄소섬유  ④ 아라미드 섬유
⑤ 폴리프로필렌 섬유  ⑥ 비닐론섬유  ⑦ 나일론

□□□ 예상

21 숏크리트 코어 공시체($\phi 10 \times 10$cm)로부터 채취한 강섬유의 질량이 61.2g이었다. 강섬유 혼입률을 구하시오. (단, 강섬유의 단위 질량은 $7.85$g/cm$^3$)

계산 과정 )

답 : _____

해답 • 강섬유 혼입률 $V_f = \dfrac{W_{sp}}{V \cdot \rho_{sp}} \times 100$

• 코어 공시체 부피 $V = \dfrac{\pi \times 10^2}{4} \times 10 = 785.40$cm$^3$

∴ $V_f = \dfrac{61.2}{785.40 \times 7.85} \times 100 = 1\%$

---

## 08 방사선 차폐용 콘크리트

□□□ 기06③, 4점

22 방사선 차폐용 콘크리트에 대한 다음 물음에 답하시오.

가. 방사선 차폐용 콘크리트에 사용되는 중량 골재의 종류 2가지만 쓰시오.

① _____    ② _____

나. 방사선 차폐용 콘크리트의 슬럼프는 ( ① )mm 이하로 하여야 하며, 물 – 결합재비는 ( ② )% 이하를 원칙으로 한다.

① _____    ② _____

해답 가. ① 바라이트    ② 자철광    ③ 적철광
나. ① 150    ② 50

## 09 콘크리트-폴리머 복합제

□□□ 산10①, 6점

**23** 콘크리트 제조 시에 사용하는 결합재의 일부 또는 전부를 고분자 화학 구조를 가지는 폴리머로 대체시켜 제조한 콘크리트를 폴리머 콘크리트 또는 폴리머 복합체라고 한다. 이 폴리머 복합체로 이루어진 폴리머 콘크리트의 종류 3가지를 쓰시오.

① _____

② _____

③ _____

해답 ① 폴리머 콘크리트(Polymer Concrete : PC)
② 폴리머 시멘트 콘크리트(Polymer Cement Concrete : PCC)
③ 폴리머 함침 콘크리트(Polymer Impregnated cement Concrete : PIC)

## 10 공장 제품

□□□ 기12③, 3점

**24** 공장 제품에 사용하는 증기 양생의 양생 온도에 대한 시험 및 검사 방법을 3가지만 쓰시오.

① _____ ② _____

③ _____

해답 ① 온도 상승률 ② 온도 강하율 ③ 최고 온도와 지속 시간

| KEY | 공장 제품의 양생 온도에 대한 품질 검사 | | |
|---|---|---|---|
| | 항목 | 시험·검사 방법 | 시기·횟수 |
| | 양생온도 | • 온도 상승률<br>• 온도 강하율<br>• 최고 온도와 지속시간 | 재료·배합 등을 변경한 경우 또는 수시 |

# 08 굳지 않은 콘크리트 시험

## 01 워커빌리티 시험

### 1 슬럼프 시험(slump test)

(1) 슬럼프 콘은 밑면의 안지름이 200mm, 윗면의 안지름이 100mm, 높이가 300m인 원추형을 사용한다.

(2) 다짐봉은 지름이 16mm이고 길이 600mm의 강 또는 금속제 원형봉으로 그 앞끝을 반구 모양으로 한다.

(3) 콘크리트 시료를 콘 용적의 약 1/3씩 되도록 3층으로 나누어 각 층을 다짐대로 25회씩 골고루 다진다.

(4) 슬럼프는 콘크리트를 다진 후 콘을 윗방향으로 들어 올렸을 때 무너진 시료의 높이를 슬럼프값이라 한다.

(5) 슬럼프는 5mm 단위로 표시한다.

(6) 슬럼프 콘에 시료를 채우기 시작하고 나서 슬럼프 콘을 들어올리기를 종료할 때까지의 시간은 3분 이내로 한다.

(7) 슬럼프 콘을 벗기는 작업은 2~3.5(3.5±1.5)초 이내로 끝내야 한다.

### 2 구관입 시험(ball penetration test)

(1) Kelly ball 관입 시험이라고도 한다.

(2) 전 중량이 약 13.6kg인 반구를 굳지 않은 콘크리트 표면에 놓았을 때 구가 자중에 의하여 콘크리트 속으로 가라앉은 관입 깊이를 측정하여 콘크리트의 반죽 질기를 측정하는 시험 방법이다.

(3) 특히 포장 콘크리트와 같이 평면으로 타설된 콘크리트의 반죽 질기를 측정하는 데 편리하다.

(4) 관입값의 1.5~2배가 슬럼프값이다.

MEMO

### 3 비비 시험(Vee-Bee test)

(1) 진동대 위에 원통 용기를 고정시켜 놓고 그 속에 슬럼프 시험과 같은 조작으로 슬럼프 시험을 실시한 후, 투명한 플라스틱 원판을 콘크리트시험으로 측정한 값을 VB값이라 한다.

(2) 슬럼프 시험으로 측정하기 어려운 비교적 된비빔 콘크리트에 적용하기가 좋다.

### 4 리몰딩 시험(remolding test)

슬럼프 몰드 속에 콘크리트를 채우고 원판을 콘크리트면에 얹어 놓고 흐름 시험판에 약 6mm의 상하 운동을 주어 콘크리트 표면의 내외가 동일한 높이가 될 때까지의 낙하 횟수로 반죽 질기를 나타낸다.

### 5 다짐 계수 시험(compacting factor test)

(1) 용기 A, B, C에 차례로 콘크리트를 낙하시켜 용기 C에 채워진 콘크리트의 중량($w$)을 측정하고, 한편 동일한 용기에 콘크리트를 충분히 채워 다진 후 중량($W$)을 측정하여 $w/W$ 비를 구하여 워커빌리티의 척도로 하고자 하는 방법이다.

(2) 슬럼프가 매우 작고 진동 다짐을 실시하는 콘크리트에 유효한 시험 방법이다.

## 02 모르타르 및 콘크리트의 길이 변화 시험

### 1 적용 범위

모르타르 공시체 또는 콘크리트 공시체의 길이 변화를 콤퍼레이터 방법, 콘택트 게이지 방법, 또는 다이얼 게이지 방법 중 어느 방법에 따라 측정하는 시험 방법에 대하여 규정한다.

### 2 측정 방법

(1) 콤퍼레이터 방법

일정 구간의 길이를 측정하는 기계적 변형계의 일종으로, 모르타르 및 콘크리트의 경화 시에 건조되는 길이의 변화를 콤퍼레이터를 사용하여 시험하는 방법이다.

(2) 콘택트 게이지 방법

(3) 다이얼 게이지 방법

### 3 길이 변화율의 산출

$$길이\ 변화율(\%) = \frac{(x_{01} - x_{02}) - (x_{i1} - x_{i2})}{L_0} \times 100$$

여기서, $L_0$ : 기준 길이

$x_{01}$, $x_{02}$ : 각각 기준으로 한 시점에서의 측정치

$x_{i1}$, $x_{i2}$ : 각각 시점 $i$에서의 측정치

## 03 콘크리트의 블리딩 시험 방법

### 1 유의사항

(1) 굵은 골재의 최대 치수가 50mm 이하인 경우에 적용한다.
(2) 시험하는 동안 온도를 (20±3)℃로 유지해야 한다.
(3) 시료의 양은 필요한 양보다 5L 이상으로 한다.

### 2 블리딩 시험

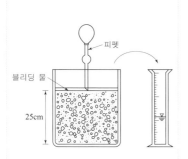

(1) 콘크리트를 용기에 3층으로 나누어 넣고, 각 층을 다짐대로 25번씩 고르게 다진다.
(2) 용기의 옆면을 고무망치로 10~15번 정도 두드린다.
(3) 콘크리트를 용기의 (25±0.3)cm의 높이까지 채운 후, 윗부분을 흙손으로 편평하게 고르고, 시간을 기록한다.
(4) 용기와 콘크리트의 질량을 단다.
(5) 시료와 용기를 수평한 시험대 위에 놓고 뚜껑을 덮는다.
(5) 처음 60분 동안은 10분 간격으로, 그 후는 블리딩이 멈출 때까지 30분 간격으로 표면에 생긴 블리딩 물을 피펫으로 빨아낸다.
(6) 각각 빨아낸 물을 메스실린더에 옮긴 후 물의 양을 기록한다.

### 3 블리딩 결과의 계산

(1) 블리딩량 계산

$$B_q = \frac{V}{A}$$

여기서, $B_q$ : 블리딩량
$V$ : 마지막까지 누계한 블리딩에 따른 물의 용적($cm^3$)
$A$ : 콘크리트 윗면의 면적($cm^2$)

(2) 블리딩률 계산

$$B_r = \frac{B}{W_s} \times 100$$

$$W_s = \frac{W}{C} \times S$$

여기서, $B_r$ : 블리딩률

$B$ : 최종까지 누계한 블리딩에 따른 물의 질량

$W_s$ : 시료 중의 물의 질량(kg)

$C$ : 콘크리트의 단위 용적 질량(kg/m$^3$)

$W$ : 콘크리트의 단위 수량(kg/m$^3$)

$S$ : 시료의 질량(kg)

## 04 콘크리트의 공기량 시험

### 1 압력법에 의한 굳지 않은 콘크리트의 공기량 시험 방법

굵은 골재의 최대 치수는 40mm 이하의 보통 골재를 사용한 콘크리트에 대해서는 적당하지만 골재 수정 계수가 정확히 구해지지 않는 인공 경량 골재와 같은 다공질 골재를 사용한 콘크리트에 대해서는 적당하지 않다.

### 2 골재 수정계수의 측정

$$m_f = \frac{V_C}{V_B} \times m_f{}'$$

$$m_c = \frac{V_C}{V_B} \times m_c{}'$$

여기서, $m_f$ : 용적 $V_c$의 콘크리트 시료 중의 잔골재의 질량(kg)

$m_c$ : 용적 $V_c$의 콘크리트 시료 중의 굵은 골재의 질량(kg)

$V_B$ : 1배치의 콘크리트의 완성 용적(L)

$V_C$ : 콘크리트 시료의 용적(L)(용기 용적과 같다.)

$m_f{}'$ : 1배치에 사용하는 잔골재의 질량(kg)

$m_c{}'$ : 1배치에 사용하는 굵은 골재의 질량(kg)

### 3 콘크리트의 공기량의 측정

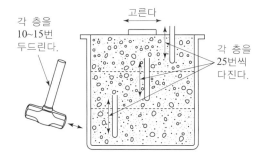

(1) 시료를 용기의 약 1/3까지 넣고 고르게 한 후 용기 바닥에 닿지 않도록 각 층을 다짐봉으로 25회 균등하게 다진다.
(2) 다짐 구멍이 없어지고 콘크리트의 표면에 큰 거품이 보이지 않게 되도록 하기 위하여 용기의 옆면을 10~15회 나무망치로 두드린다.
(3) 다음으로 용기의 2/3까지 넣고 전 회와 같은 조작을 반복한다.

⑷ 마지막으로 용기에서 조금 흘러넘칠 정도로 시료를 넣고 같은 조작을 반복한 후 자로 여분의 시료를 깎아서 평탄하게 한다.

⑸ 다짐봉의 다짐 깊이는 거의 각 층의 두께로 한다.

### 4 시료의 공기량

$$A = A_1 - G$$

여기서, $A$ : 콘크리트의 공기량(%)

$A_1$ : 콘크리트의 겉보기 공기량(%)

$G$ : 골재 수정 계수

제8장 굳지 않은 콘크리트 시험

# 과년도 예상문제

## 01 워커빌리티 시험

□□□ 기05③,12①, 산06③,07③, 4점

**01** 콘크리트의 워커빌리티를 판정하는 기준이 되는 반죽 질기를 측정하는 방법을 4가지만 쓰시오.

① _____

② _____

③ _____

④ _____

해답 ① 슬럼프 시험
② 구관입 시험(켈리볼 시험)
③ 비비 시험(진동대에 의한 반죽 질기 시험)
④ 리몰딩 시험
⑤ 다짐 계수 시험

## 02 모르타르 및 콘크리트의 길이 변화 시험

□□□ 기08③,12③, 6점

**02** 모르타르 및 콘크리트의 길이 변화 시험 방법(KS F 2424)에 규정되어 있는 길이변화 측정 방법 3가지를 쓰시오.

① _____     ② _____

③ _____

해답 ① 콤퍼레이터 방법
② 콘택트 게이지 방법
③ 다이얼 게이지 방법

## 03 콘크리트의 블리딩 시험방법

□□□ 산09①, 4점

03 아래 내용은 콘크리트의 블리딩 시험 방법(KS F 2414)에 관한 사항 중 일부이다. ( ) 안에 들어갈 알맞은 내용을 쓰시오.

> • 시험하는 동안 실온을 ( ① )±3℃를 유지해야 한다.
> • 콘크리트를 용기에 ( ② )층으로 나누어 넣고 각 층의 윗면을 고른 후 ( ③ )회씩 다지고, 다진 구멍이 없어지고 콘크리트 표면에 큰 기포가 보이지 않을 때까지 용기 바깥을 10~15회 나무망치로 두들긴다.
> • 시료의 표면이 용기의 가장자리에서 (25±0.3)cm 낮아지도록 흙손으로 고른다.
> • 시료가 담긴 용기를 진동이 없는 수평한 바닥 위에 놓고 뚜껑을 덮는다.
> • 처음 60분 동안 ( ④ )분 간격으로, 그 후는 블리딩이 정지될 때까지 30분 간격으로 표면에 생긴 물을 빨아낸다.

① _____   ② _____

③ _____   ④ _____

해답 ① 20   ② 3   ③ 25   ④ 10

KEY

> ① 시험하는 동안 실온을 (20±3)℃를 유지해야 한다.
> ② 콘크리트를 용기에 3층으로 나누어 넣고 각 층의 윗면을 고른 후 25회씩 다진다.
> ③ 콘크리트의 용기에 (25±0.3)cm의 높이까지 채운 후, 윗부분을 흙손으로 편평하게 고르고 시간을 기록한다.
> ④ 처음 60분 동안 10분 간격으로, 그 후는 블리딩이 정지될 때까지 30분 간격으로 표면에 생긴 물을 빨아낸다.

□□□ 기05③,09③,15③, 4점

04 콘크리트의 블리딩 시험 방법(KS F 2414)에 대해 빈칸을 채우세요.

시험하는 동안 시험실의 온도는 ( ① )±3℃이고, 콘크리트를 용기에 ( ② )±0.3cm의 높이가 되도록 시료를 채우며, 처음 60분은 ( ③ )분 간격으로, 그 후에는 블리딩이 정지할 때까지 ( ④ )분 간격으로 측정한다.

① _____   ② _____

③ _____   ④ _____

해답 ① 20   ② 25   ③ 10   ④ 30

**04**  **콘크리트의 공기량 시험**

□□□ 산06③,12①, 4점

**05** 압력법에 의한 굳지 않은 콘크리트의 공기량 시험 결과를 보고, 수정 계수를 결정하기 위한 잔골재와 굵은 골재의 질량을 구하시오.(단, 단위 골재량은 $1m^3$당 소요량이며, 시험기는 6L 용량을 사용한다.)

| 단위 잔골재량 | 단위 굵은 골재량 |
|---|---|
| $912kg/m^3$ | $1120kg/m^3$ |

계산 과정 )

[답] ① 잔골재 질량 : ＿＿＿＿＿

② 굵은 골재의 질량 : ＿＿＿＿＿

 잔골재의 질량 : $m_f = \dfrac{V_C}{V_B} \times m_f' = \dfrac{6}{1000} \times 912 = 5.47\,kg$

굵은 골재의 질량 : $m_c = \dfrac{V_C}{V_B} \times m_c' = \dfrac{6}{1000} \times 1120 = 6.72\,kg$

> **KEY**
> $m_f$ : 용적 $V_c$의 콘크리트 시료 중의 잔골재의 질량(kg)
> $m_c$ : 용적 $V_c$의 콘크리트 시료 중의 굵은 골재의 질량
> $V_c$ : 콘크리트 시료의 용적(L)(용기 용적과 같다.)
> $V_B$ : 1배치의 콘크리트의 완성 용적(L)
> $m_f'$ : 1배치에 사용하는 잔골재의 질량(kg)
> $m_c'$ : 1배치에 사용하는 굵은 골재량의 질량(kg)

□□□ 기15①, 산06③,12①, 4점

**06** 압력법에 의한 굳지 않은 콘크리트의 공기량 시험 결과를 보고, 수정 계수를 결정하기 위한 잔골재의 질량과 굵은 골재의 질량을 구하시오. (단, 단위 골재량은 $1m^3$당 소요량이며, 시험기는 10L 용량을 사용한다.)

| 단위 잔골재량 | 단위 굵은 골재량 |
|---|---|
| $900kg/m^3$ | $1100kg/m^3$ |

계산 과정 )

[답] ① 잔골재 질량 : ＿＿＿＿＿

② 굵은 골재의 질량 : ＿＿＿＿＿

해답 잔골재량의 질량 : $m_f = \dfrac{V_C}{V_B} \times m_f{}' = \dfrac{10}{1000} \times 900 = 9\,\mathrm{kg}$

굵은 골재량의 질량 : $m_c = \dfrac{V_C}{V_B} \times m_c{}' = \dfrac{10}{1000} \times 1100 = 11\,\mathrm{kg}$

## 01 탄성 계수 시험

### 1 탄성 계수

(1) 콘크리트의 할선 탄성 계수

$$E_c = 0.077 m_c^{1.5} \sqrt[3]{f_{cu}} \, (\mathrm{MPa})$$

(2) 보통중량골재를 사용한 콘크리트 $m_c = 2300 \mathrm{kg/m^3}$ 이면

$$E_c = 8500 \sqrt[3]{f_{cu}} \, (\mathrm{MPa})$$

여기서, $f_{cu} = f_{ck} + \varDelta f$

- $f_{ck} \leq 40\,\mathrm{MPa}$ 이면 $\varDelta f = 4\mathrm{MPa}$
- $40\mathrm{MPa} < f_{ck} < 60\mathrm{MPa}$ 이면 직선 보간
- $f_{ck} \geq 60\,\mathrm{MPa}$ 이면 $\varDelta f = 6\mathrm{MPa}$

### 2 전단 탄성 계수

$$G = \frac{E_c}{2(1+\nu)}$$

여기서, $G$ : 전단 탄성 계수

$E_c$ : 탄성 계수

$\nu$ : 포아송비

MEMO

## 02 콘크리트의 시험용 공시체 제작

• 콘크리트의 강도 시험용 공시체 제작 방법

| 구분 | 압축 강도 | 쪼갬 인장 강도 | 휨 강도 |
|---|---|---|---|
| 공시체의 치수 | • 공시체는 지름의 2배의 높이를 가진 원기둥<br>• 그 지름은 굵은 골재 최대 치수의 3배 이상, 100mm 이상 | • 공시체는 원기둥 모양<br>• 그 지름은 굵은 골재 최대 치수의 4배 이상, 150mm 이상<br>• 공시체의 길이는 공시체의 지름 이상, 2배 이하 | • 공시체는 단면이 정사각형인 각주<br>• 그 한변 길이는 굵은 골재의 최대 치수의 4배 이상, 100mm 이상으로 함.<br>• 공시체의 길이는 3배보다 80mm 이상 긴 것 |
| 콘크리트를 채우는 방법 | • 콘크리트는 2층 이상으로 거의 동일한 두께로 나눠서 채움.<br>• 각 층의 두께는 160mm를 초과해서는 안 됨 | • 콘크리트는 2층 이상으로 거의 동일한 두께로 나눠서 채움<br>• 각 층의 두께는 160mm를 초과해서는 안 됨. | • 다짐봉을 이용하는 경우 2층 이상의 거의 같은 층으로 나누어 채움.<br>• 진동기를 이용하는 경우는 1층 또는 2층 이상의 거의 같은 층으로 나누어 채움. |
| 공시체의 모양 치수의 허용차 | • 지름은 0.5% 이내, 높이는 5% 이내<br>• 공시체의 재하면의 평면도는 지름이 0.05% 이내<br>• 재하면과 모선 사이의 각도는 $90° \pm 0.5°$ | • 공시체의 정밀도는 지름의 0.5% 이내<br>• 모선의 직선도는 지름의 0.1% 이내 | • 지름은 0.5% 이내, 높이는 5% 이내<br>• 공시체의 재하면의 평면도는 지름이 0.05% 이내<br>• 재하면과 모선 사이의 각도는 $90° \pm 0.5°$ |
| 다짐봉을 사용하는 경우 | • 각 층은 적어도 1000mm²에 1회의 비율로 다짐. | | |
| 몰드의 제거 및 양생 | • 몰드를 떼는 시기는 콘크리트 채우기가 끝나고 나서 16시간 이상 3일 이내<br>• 공시체의 양생 온도는 $(20 \pm 2)$℃로 한다.<br>• 공시체는 몰드를 뗀 후 강도 시험을 할 때까지 습윤 상태에서 양생을 하여야 한다. | | |

## 03 콘크리트의 강도 시험

### 1 강도 시험 방법

| 구분 | 압축 강도 | 쪼갬 인장 강도 | 휨 강도 |
|------|-----------|----------------|---------|
| 하중을 가하는 속도 | 압축 응력도의 증가율이 매초 $(0.6\pm0.2)$MPa $(\text{N/mm}^2)$ | 인장 응력도의 증가율이 매초 $(0.06\pm0.04)$MPa $(\text{N/mm}^2)$ | 가장자리 응력도의 증가율이 매초 $(0.06\pm0.04)$MPa $(\text{N/mm}^2)$ |
| 강도 계산 | $f_c = \dfrac{P}{\dfrac{\pi d^2}{4}}$ | $f_{sp} = \dfrac{2P}{\pi dl}$ | $f_b = \dfrac{PL}{bh^2}$ (3분점) $f_b = \dfrac{3PL}{2bh^2}$ (중앙점) |

### 2 콘크리트 압축 강도 시험

$$f_c = \frac{P}{\dfrac{\pi d^2}{4}}$$

여기서, $f_c$ : 압축 강도(MPa)

$d$ : 공시체의 지름(mm)

$P$ : 최대 하중(N)

### 3 콘크리트의 쪼갬 인장 강도 시험

$$f_{sp} = \frac{2P}{\pi dl}$$

여기서, $f_{sp}$ : 인장강도(MPa)

$d$ : 공시체의 지름(mm)

$l$ : 공시체의 길이(mm)

$P$ : 최대 하중(N)

MEMO

### 4 콘크리트의 휨 강도 시험

#### (1) 4점 재하법

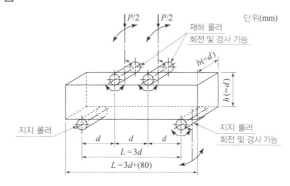

■ 시험결과 무효
공시체가 인장쪽 표면의 지간방향 중심선의 4점의 바깥쪽에서 파괴된 경우는 그 시험 결과를 무효로 한다.

$$f_b = \frac{PL}{bh^2}$$

여기서, $f_b$ : 휨 강도(MPa)

$P$ : 시험기가 나타내는 최대 하중(N)

$L$ : 지간(mm)

$b$ : 파괴 단면의 너비(mm)

$h$ : 파괴 단면의 높이(mm)

#### (2) 중앙점 재하법

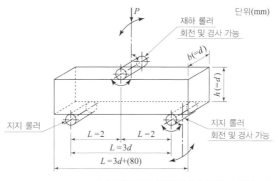

$d$=공시체의 가로 방향 치수(=높이 또는 너비)(mm)

$$f_b = \frac{3PL}{2bh^2}$$

여기서, $f_b$ : 휨 강도(MPa)

$P$ : 시험기가 나타내는 최대 하중(N)

$L$ : 지간(mm)

$b$ : 파괴 단면의 너비(mm)

$h$ : 파괴 단면의 높이(mm)

제9장 굳은 콘크리트 시험

# 과년도 예상문제

## 01 탄성 계수 시험

□□□ 산05①, 6점

**01** 콘크리트의 단위 질량이 2300kg/m³인 보통 골재를 사용한 콘크리트에서 콘크리트의 설계 기준 강도 25MPa, 포와송비 0.175일 때, 다음 물음에 답하시오.

가. 콘크리트의 탄성 계수를 구하시오.

나. 전단 탄성 계수를 구하시오.

해답 가. $f_{cu} = f_{ck} + \Delta f = 25 + 4 = 29\,\mathrm{MPa}$

$E_c = 8500 \sqrt[3]{f_{cu}} = 8500 \sqrt[3]{29} = 26115\,\mathrm{MPa}$

나. $G = \dfrac{E_c}{2(1+\nu)} = \dfrac{26115}{2(1+0.175)} = 11113\,\mathrm{MPa}$

 **KEY** $f_{ck}$가 40MPa 이하이면 $\Delta f = 4\mathrm{MPa}$이다.

$f_{ck}$가 60MPa 이상이면 $\Delta f = 6\mathrm{MPa}$이다.

□□□ 기05③, 4점

**02** 콘크리트의 배합 강도가 $f_{cr}$가 25MPa이고, 포아송비가 0.2일 때 콘크리트의 탄성 계수와 전단 탄성 계수를 구하시오. (단, 보통 중량 골재를 사용한 콘크리트의 단위 질량 $m_c = 2300\mathrm{kg/m^3}$이다.)

가. 콘크리트의 탄성 계수를 구하시오.

나. 콘크리트의 전단 탄성 계수를 구하시오.

해답 가. $f_{cu} = f_{ck} + \Delta f = 25 + 4 = 29\,\mathrm{MPa}$

$\therefore E_c = 8500\sqrt[3]{f_{cu}} = 8500\sqrt[3]{29} = 26115\,\mathrm{MPa}$

나. $G = \dfrac{E}{2(1+\nu)} = \dfrac{26115}{2(1+0.2)} = 10881\,\mathrm{MPa}$

 **KEY** $f_{ck}$가 40MPa 이하이면 $\Delta f = 4\mathrm{MPa}$이다.
$f_{ck}$가 60MPa 이상이면 $\Delta f = 6\mathrm{MPa}$이다.

---

## 02  시험용 공시체 제작

☐☐☐ 산10③, 6점

**03 콘크리트의 강도 시험용 공시체 제작 방법에 관해 다음 물음에 답하시오.**

가. 압축 강도 시험 공시체는 지름의 2배 높이를 가진 원기둥형으로 지름은 굵은 골재 최대 치수의 ( ① )배 이상이며, ( ② )mm 이상이어야 한다.

나. 150mm×150mm×530mm 몰드를 제작 시 각 층의 다짐 횟수는 얼마인가?

다. 공시체 제작 시 콘크리트를 친 후 ( ① )시간 이상, ( ② )일 이내에 몰드에서 떼어 낸다. 그 기간 중 진동, 충격이 있어선 안 된다.

해답 가. ① 3,  ② 100

나. $\dfrac{150 \times 530}{1000} = 80회$

다. ① 16,  ② 3

## 03 콘크리트의 강도 시험

**04** 코어를 채취한 결과 지름 100mm, 높이 75mm였다. 이 시험체를 압축 강도 시험기에 넣고 시험한 결과 $P = 78500$N이었다. 이 시험체의 압축 강도를 구하시오.

| 높이/지름 | 2.0 | 1.5 | 1.25 | 1.0 | 0.75 | 0.5 |
|---|---|---|---|---|---|---|
| 환산 계수값 | 1 | 0.96 | 0.94 | 0.85 | 0.7 | 0.5 |

계산 과정)

답 : _____

해답 $f_c = \dfrac{P}{\dfrac{\pi d^2}{4}} \times 환수값$

$= \dfrac{78500}{\dfrac{\pi \times 100^2}{4}} \times 0.5 = 5.0 \text{N/mm}^2 = 5.0 \text{MPa}$

**05** 채취한 코어의 지름 100mm, 높이 50mm인 공시체를 사용하여 콘크리트 압축 강도 시험을 수행한 결과 최대 파괴 하중이 157kN이었다. 다음 표를 이용하여 표준 공시체의 압축 강도를 구하시오.

| 공시체의 $h/d$비 | 2.0 | 1.5 | 1.25 | 1.0 | 0.75 | 0.5 |
|---|---|---|---|---|---|---|
| 환산계수 | 1 | 0.96 | 0.94 | 0.85 | 0.7 | 0.5 |

계산 과정)

답 : _____

해답 $f_c = \dfrac{P}{\dfrac{\pi d^2}{4}} \times 환수값$

$= \dfrac{157 \times 10^3}{\dfrac{\pi \times 100^2}{4}} \times 0.5 = 9.99 \text{N/mm}^2 = 9.99 \text{MPa}$

$\therefore \dfrac{h}{d} = \dfrac{50}{100} = 0.5$ 일 때, 환산 계수값 0.5이다.

☐☐☐ 산09③, 4점

06 지름 100mm, 높이 200mm인 원주형 공시체를 사용하여 쪼갬 인장 강도 시험을 하여 시험기에 나타난 최대 하중 $P = 41300$N이었다. 이 콘크리트의 인장 강도를 구하시오.

계산 과정 )

답 : _____

해답 $f_{sp} = \dfrac{2P}{\pi dl} = \dfrac{2 \times 41300}{\pi \times 100 \times 200} = 1.31\,\mathrm{N/mm^2} = 1.31\,\mathrm{MPa}$

☐☐☐ 산06③, 4점

07 지름 150mm, 높이 300mm인 원주형 공시체를 사용하여 쪼갬 인장 강도 시험을 하여 시험기에 나타난 최대 하중 $P = 250$kN이었다. 이 콘크리트의 인장 강도를 구하시오.

계산 과정 )

답 : _____

해답 $f_{sp} = \dfrac{2P}{\pi dl} = \dfrac{2 \times 250 \times 10^3}{\pi \times 150 \times 300} = 3.54\,\mathrm{N/mm^2} = 3.54\,\mathrm{MPa}$

☐☐☐ 산08③,13③, 6점

08 경화한 콘크리트의 강도 시험을 실시하였다. 압축 및 쪼갬 인장 시험은 직경 100mm, 높이 200mm인 공시체를 사용하였으며, 최대 압축 하중은 353.25kN, 최대 쪼갬 인장 하중은 50.24kN으로 나타났다. 강도 시험에 사용된 콘크리트의 압축 및 쪼갬 인장 강도를 계산하시오.

가. 압축 강도를 계산하시오.

계산 과정 )

답 : _____

나. 쪼갬 인장 강도를 계산하시오.

계산 과정 )

답 : _____

MEMO

해답 가. $f_c = \dfrac{P}{\dfrac{\pi d^2}{4}} = \dfrac{353.25 \times 10^3}{\dfrac{\pi \times 100^2}{4}} = 44.98\,\text{N/mm}^2 = 44.98\,\text{MPa}$

나. $f_{sp} = \dfrac{2P}{\pi dl} = \dfrac{2 \times 50.24 \times 10^3}{\pi \times 100 \times 200} = 1.60\,\text{N/mm}^2 = 1.60\,\text{MPa}$

□□□ 산10①, 4점

**09** 콘크리트의 강도 시험에 대한 다음 물음에 답하시오.

가. 압축 강도 시험 공시체는 지름의 ( ① )배 높이를 가진 원기둥형으로 지름은 굵은 골재 최대 치수의 ( ② )배 이상이며, ( ③ )mm 이상이어야 한다.

나. 휨 강도 시험은 매초 ( ④ )MPa 속도로 하중을 증가시킨다.

해답 가. ① 2  ② 3  ③ 100
나. ④ 0.06±0.04

MEMO

## 01 콘크리트의 압축 강도 평가 방법

### 1 반발 경도법

■ 반발 경도법의 종류
① 슈미트 해머법
② 스프링 해머법
③ 회전식 해머법
④ 낙하식 해머법

■ 테스트 엔빌(Test Anvill)
슈미트 해머는 테스트 엔빌에 의한 슈미트 해머의 반발 경도 R은 80을 기준으로 한다. 그러나 시간이 경과함에 따라 슈미트 해머 내부의 스프링이 늘어나 그 값이 줄어든다. 그래서 보정은 해주어야 하므로 테스트 엔빌을 한다.

(1) 반발 경도법은 슈미트 해머(schmidt hammer)를 사용하여 콘크리트 표면의 반발 경도로부터 콘크리트 압축 강도를 추정하는 데 목적이 있다.

(2) 경화 콘크리트면에 장비를 이용하여 타격 에너지를 가하여 콘크리트면의 반발 경도를 측정하고, 반발 경도와 콘크리트 압축 강도와의 상관 관계를 이용하여 압축 강도를 추정하는 비파괴 시험법이다.

(3) 슈미트 해머의 종류

| 종류 | 적용 대상 | 용도 및 비고 |
|------|-----------|--------------|
| N형 | 보통 콘크리트 | • 보통 건축물과 교량 구조물<br>• 반발도 직독식 |
| NR형 | 보통 콘크리트 | • N형과 동일, 기록 장치가 부착<br>• 반발도 자기 기록식 |
| NP형 | 보통 콘크리트 | • 반발 R을 직접기록 |
| L형 | 경량 콘크리트 | • N형 축소판, 경량 충격에 민감한 부분 시험<br>• 반발도 자기 기록식 |
| LR형 | 경량 콘크리트 | • L형과 동일<br>• 반발도 자기 기록식 |
| P형 | 저강도 콘크리트 | • 무게가 가벼운 건축 자재, 포장재<br>• 전자식 |
| M형 | 매스 콘크리트 | • 콘크리트 도로 포장, 비행장 활주로<br>• 반발도 직독식 |
| ND형 | 보통 콘크리트 | • 반발 경도 R을 디지털 표시기로 표시 |
| MTC형 | 보통 콘크리트 | • 콘크리트 압축강도 기록 |

## 2 초음파 속도법(음속법)

(1) 콘크리트 비파괴 시험으로서의 초음파 전파 속도법(음속법)은 콘크리트의 균질성, 내구성 등의 판정 및 강도의 추정 등에 이용된다.

(2) 초음파 속도를 이용한 비파괴 검사는 초음파를 정보의 매체로 하여 물체의 내부 정보를 얻는 방법이다.

(3) 음속 측정 방법은 직접법(대칭법), 표면법, 간접법(사각법) 등이 있다.

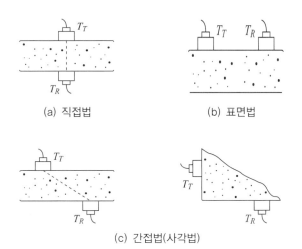

(a) 직접법          (b) 표면법

(c) 간접법(사각법)

## 3 조합법

(1) 조합법은 경화된 콘크리트의 압축 강도에 영향을 미치는 요인들을 2가지 이상 선정하여 측정값과 압축 강도의 상관성을 높이는 방법이다.

(2) 주로 사용되는 방법은 표면을 스프링의 힘으로 타격한 후 반발되는 반발도와 경화 콘크리트면을 따라 전달되는 속도의 두 인자를 콘크리트 압축 강도와의 상관 관계를 도출하여 콘크리트 강도를 추정하는 방법이다.

## 4 코어 강도 시험법

(1) 현장에서 코어를 채취하여 콘크리트의 압축 강도를 추정하는 국부 파괴 시험으로 비파괴 시험과 구별되지만 구조물의 실제 강도를 추정하는 데 신뢰도가 가장 높다.

(2) 코어 채취에 의한 강도 평가는 구조물의 실제 강도를 측정할 수 있으므로 신뢰성 높은 강도 평가 자료로 사용될 수 있다.

**5** 인발법(Pull out test)

(1) 콘크리트 중에 파묻힌 가력 Head를 지닌 Inset와 반발 Ring을 사용하여 원추 대상의 콘크리트 덩어리를 뽑아낼 때의 최대 내력에서 콘크리트의 압축 강도를 추정하는 방법이다.

(2) 삽입물(Insert)을 콘크리트 타설 전에 미리 설치해야 하므로 기존 콘크리트에 적용하는 것은 불가능하다.

(3) 인발법의 종류
  ① Preset법
  ② Post-set법
  ③ Break-off법
  ④ Pull-off법
  ⑤ 관입 저항법(probe penetration test)

## 02 초음파법에 의한 균열 깊이 평가

### 1 초음파법의 원리

(1) 콘크리트에 발생된 균열을 초음파 속도를 이용하여 콘크리트의 균열 깊이를 평가할 수 있다.

(2) 경화된 콘크리트는 건전부와 균열부에서 측정되는 초음파 전파 시간이 다르게 되어 전파 속도가 다르다. 이러한 전파 속도의 차이를 분석함으로써 균열의 깊이를 평가할 수 있다.

### 2 평가 방법

(1) $T_c - T_o$

• 1진동자 종파 탐촉자를 2개 사용하여 송신한 종파에 의해 균열 끝에서 산란하는 종파를 수신했을 때의 전파시간으로부터 균열깊이를 환산하는 방법이다.

$$d = L\sqrt{\left(\frac{T_c}{T_o}\right)^2 - 1}$$

여기서, $d$ : 균열 깊이

$2L$ : 송·수신 양 탐촉자의 거리

$T_c$ : 균열을 사이에 두고 측정한 전파 시간

$T_o$ : 건전부 표면에서의 전파 시간

(2) T법

• 종파용 발신자인 송신 탐촉자를 고정하고 종파용 수신자를 일정간격으로 이동시킬 때의 전파 시간과 거리의 관계로부터 균열 위치에서의 불연속 시간을 도면상에서 측정하여 균열 깊이를 계산하는 방법이다.

$$d = \frac{T\cos a\,(T\cot a + 2L)}{2\,(T\cot a + L_1)}$$

여기서, $d$ : 균열 깊이

$T$ : 균열 위치의 불연속 시간

$L$ : 발·수신자의 중심 거리

$L_1$ : 발신자로부터 균열까지의 거리

⑶ BS법

• 균열 개구부를 중심으로 종파용 발신자와 수신자를 150mm와 300mm 간격으로 배치하여 각 전파시간에 의해 균열깊이를 측정하는 방법이다.

$$d = 150\sqrt{\frac{4t_1^2 - t_2^2}{t_2^2 - t_1^2}}$$

여기서, $d$ : 균열 깊이

$t_1$ : 150mm일 때의 전달 시간

$t_2$ : 300mm일 때의 전달 시간

⑷ R−S법

• 1진동자 표면파 탐촉자로부터 송신한 표면파 R에 의해 균열 선단에서 산란되는 횡파 S를 1진동자 횡파 탐촉자로 수신하였을 때의 전파 시간으로부터 균열 깊이를 환산하는 방법이다.

$$t = \frac{L_1 + d}{V_r} + \frac{\sqrt{L_1^2 + d^2}}{V_s}$$

여기서, $t$ : 전파 시간

$d$ : 균열 깊이

$L_1$ : 수신 탐촉자로부터 균열까지의 거리

$V_r$ : 표면차의 음속

$V_s$ : 횡파의 음속

⑸ 레슬리(Leslie)법

• 종파 탐촉자를 사용해서 시각법과 표면법을 병용하여 각 측정점 간의 전파 시간으로부터 표면 개구의 균열 깊이를 측정하는 방법이다.

## 03 철근 배근 조사 방법

### 1 철근 배근 조사 목적

(1) 철근 위치와 피복 두께 측정은 비파괴 검사를 이용한 콘크리트 구조물의 건전도 조사에서 빼놓을 수 없는 중요한 시험이다.

(2) 철근 위치를 추정함으로써 다른 비파괴 검사를 위한 예비 정보를 얻을 수 있다.

(3) 철근 위치를 추정함으로써 피복 부족에 따른 조기 열화의 가능성을 판단하기 위하여 실시한다.

(4) 철근 배근 조사에 전자 유도법, 전자파 레이더법을 이용하고 있다.

### 2 철근 배근 조사 방법

(1) 전자 유도법

• 전자 유도법에 의한 철근 탐사 장치는 자장을 형성하여 그 영향도를 구하기 위한 탐침과 자장의 변화에 의해 발생한 전압을 측정하기 위한 측정 기계로 구성된다.

(2) 전자파 레이더법

① 콘크리트 구조물 내의 매설물 및 콘크리트 부재 두께, 공동 등 조사 방법의 하나로서 취급이 간단하면서 단시간에 광범위한 조사가 가능하다.

② 콘크리트 내의 전자파 속도

$$V = \frac{C}{\sqrt{\epsilon_r}}$$

여기서, $C$ : 진공 중에서의 전자파 속도

$\epsilon_r$ : 콘크리트의 비유전율

③ 반사 물체까지의 거리

$$D = \frac{V \cdot T}{2}$$

여기서, $V$ : 콘크리트 내의 전자파 속도

$T$ : 입사파와 반사파의 왕복 전파 시간

## 04 철근 부식 조사

### 1 철근 부식 평가 목적

■ 콘크리트 내부 철근탐사
① 자기법 : 탐침 사이의 자기장의 변화로서 철근의 위치, 배근방향, 피복두께, 철근량을 추정한다.
② 레이저법 : 표면에서 발사된 파의 간섭 및 반사특성을 이용하여 철근의 위치, 방향, 피복두께를 추정한다.

(1) 콘크리트는 알칼리성이 매우 높아서 철근을 부식으로부터 보호하는 작용을 하지만, 염소 이온의 침투나 탄산화가 발생하는 경우에는 철근의 부동태가 파괴되면서 부식이 발생한다.

(2) 철근 부식은 철근의 단면 손실과 콘크리트의 팽창 균열 등을 유발하여 부착 강도 감소 및 구조 내력 감소를 일으킨다.

(3) 구조물의 상태를 평가하는데 있어서 철근 부식을 조사하는 것은 매우 중요하다.

### 2 철근 부식 조사 방법

#### (1) 자연 전위법

① 대기 중에 있는 콘크리트 구조물의 철근 등 강재가 부식 환경에 있는지의 여부, 즉 조사 시점에서의 부식 가능성에 대하여 진단하는 것이고, 구조물 내에서 부식 가능성이 높은 위치를 찾아내는 것을 목적으로 사용되고 있다.

② 자연 전위법은 마이너스 전하를 검출하는 것으로 부식 상황에 따라 변동하는 전위를 측정하는 것에 의해 철근의 부식을 추정하는 것이다.

【ASTM에 따른 부식 평가 기준】

| 자연 전위(E) | 철근 부식 가능성(부식 판정) |
|---|---|
| $-200mV < E$ | 90% 이상의 확률로 부식 없음. |
| $-350mV < E \leq -200mV$ | 불확실함. |
| $E \leq -350mV$ | 90% 이상의 확률로 부식 존재. |

■ $E \leq -350mV$ 이상인 부위
해당부위의 콘크리트 표면을 절취한 후 철근의 부식 상황을 직접 확인한 후, 철근에 방청제를 도포하고 모르타르를 이용하여 원상복구한다.

#### (2) 분극 저항법

① 강재의 전위를 자연 전위로부터 미세하게 분극 전위의 강제 변화시킨 경우에 발생하는 저항을 구한다.

② 시료극, 대극, 조합극으로 되는 측정계로 시료극(철근)과 대극과의 사이에 미약한 전류를 흘려 그때의 전위 변화량을 측정함으로써 분극 저항을 구한다.

③ 내부 철근이 부식하고, 부식에 의해 피복 콘크리트에 균열이 발생하는 시기까지의 초기 단계 진단에 유효하다.

(3) 전기 저항법

① 피복 콘크리트의 전기 저항을 측정함으로써 그 부식성 및 철근의 부식이 진행하기 쉬운가에 관해서 평가하는 전기적 방법이다.

② 콘크리트를 대상으로 한 대표적인 전기 저항법으로는 4점 전극법(Wenner법)이 있다.

## 3 콘크리트내의 철근 부식을 방지하기 위한 대책

(1) 방청재를 사용한다.

(2) 방식 성능이 높은 강재를 사용한다.

(3) 외부로부터 전류를 흐르게 하여 전위를 변화시켜 부식을 방지한다.

(4) 콘크리트 피복을 증가시켜 부식성 물질이 통하여 침입·확산하는 것을 방지한다.

(5) 밀실한 콘크리트를 제조하여 수분, 산소, 염화물 등의 부식성 물질을 콘크리트로부터 차단하거나 제거한다.

## 4 철근 부식에 의한 콘크리트의 균열 방지 방법

(1) 철근을 방청 처리한다.

(2) 콘크리트 표면을 코팅 처리한다.

(3) 흡수성이 낮은 콘크리트를 사용한다.

(4) 콘크리트에 탄산화가 일어나지 않도록 조치한다.

(5) 외부로부터 전류를 흐르게 하여 전위를 변화시켜 부식을 방지한다.

(6) 콘크리트 피복을 증가시켜 부식성 물질을 통하여 부식을 방지한다.

(7) 밀실한 콘크리트를 제조하여 부식성 물질을 콘크리트로부터 차단하거나 제거한다.

# 과년도 예상문제

## 01 콘크리트의 압축 강도 평가 방법

MEMO

□□□ 산09①,12①,14①, 4점

**01** 콘크리트의 압축 강도를 추정하기 위한 비파괴 검사 방법의 종류를 4가지만 쓰시오.

① _____　② _____

③ _____　④ _____

해답 ① 반발 경도법　② 초음파 속도법　③ 조합법　④ 코어 채취법　⑤ 인발법

□□□ 기13③, 4점

**02** 콘크리트의 압축 강도를 추정하기 위한 비파괴 검사 방법의 종류를 3가지만 쓰시오.

① _____　② _____

③ _____

해답 ① 반발 경도법　② 초음파 속도법　③ 조합법

□□□ 예상

**03** 아래의 표에서 설명하는 비파괴 시험 방법의 명칭은 쓰시오.

> 콘크리트 중에 파묻힌 가력 Head를 지닌 Insert와 반력 Ring을 사용하여 원주 대상의
> 콘크리트 덩어리를 뽑아낼 때의 최대 내력에서 콘크리트의 압축 강도를 추정하는 방법

_____

_____

해답 인발법(Pull-out Test)

## 02 초음파법에 의한 균열 깊이 평가

☐☐☐ 기05①,11①,14②,15①, 4점

**04** 초음파 전달 속도법을 이용한 비파괴 검사 방법 중 콘크리트 균열 깊이를 평가할 수 있는 초음파 속도법의 평가 방법 4가지를 쓰시오.

① _____  ② _____

③ _____  ④ _____

해답 ① T법   ② $T_c - T_o$법   ③ BS법   ④ 레슬리법   ⑤ R-S법

☐☐☐ 기09③, 4점

**05** 초음파 전달 비파괴 검사법 중 콘크리트 균열 깊이 측정에 이용되는 4가지 평가 방법을 쓰시오.

① _____  ② _____

③ _____  ④ _____

해답 ① T법   ② $T_c - T_o$법   ③ BS법   ④ 레슬리법   ⑤ R-S법

☐☐☐ 예상

**06** 아래 그림과 같은 조건에서 탄성파법에 의해 측정한 균열 깊이(d)는 얼마인가? (단, $T_c - T_o$ 법을 사용하며, 측정한 $T_c = 250\,\mu s$, $T_o = 120\,\mu s$ 이고, $T_c = 120\,\mu s$ 사이에 두고 측정한 전파 시간 $T_c$는 건전부 표면에서의 전파 시간을 나타낸다.)

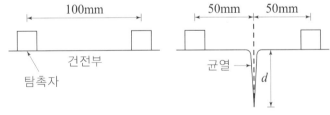

계산 과정)

답 : _____

해답 $d = L\sqrt{\left(\dfrac{T_c}{T_o}\right)^2 - 1} = 50\sqrt{\left(\dfrac{250}{120}\right)^2 - 1} = 91.4\,\mathrm{mm}$

□□□ 기05③, 4점

07 콘크리트 비파괴 시험인 초음파법으로 측정할 수 있는 항목 4가지만 쓰시오.

① _____   ② _____

③ _____   ④ _____

해답 ① 표면의 균열 깊이   ② 콘크리트의 강도   ③ 콘크리트의 내부 분리
④ 내부 결함의 유무   ⑤ 공동 현상

> KEY 초음파의 투과 속도가 콘크리트 밀도 및 탄성 계수에 따라 변화하는 것
> 을 이용하며, 콘크리트를 통과하는 시간을 측정하여 이로부터 콘크리트의
> 강도, 결함의 유무, 균열 및 콘크리트의 내부 분리, 공동 현상 등을 추정
> 하는 비파괴 방법이다.

## 03  철근 배근 조사 방법

□□□ 산05①,14① 4점

08 기존 철근 콘크리트 구조물의 구조 내력의 검토를 위해 철근 탐사기를 사용
한다. 이런 철근 탐사기로 측정할 수 있는 항목 2가지만 쓰시오.

① _____

② _____

해답 ① 설계 도면과 실제 배근 상태의 일치 여부
② 구조 부재의 피복 두께

□□□ 예상

09 철근 위치와 피복 두께 측정을 위한 철근 배근 조사 방법인 비파괴 방법을
2가지만 쓰시오.

① _____

② _____

해답 ① 전자 유도법   ② 전자파 레이더법

## 04 철근 부식 조사

□□□ 기10①,11③,15①. 6점

**10** 철근의 부식 여부 조사는 자연 전위 측정법을 이용한다. 철근의 부식 등급 3가지 평가 기준을 쓰시오. (단, 부식 여부 조사는 ASTM 규정을 적용한다.)

① _____

② _____

③ _____

해답 ① −200mV 〈 E : 90% 이상 부식 없음.
② −350mV 〈 E ≤ −200mV : 부식 불확실
③ E ≤ −350mV : 90% 이상 부식 있음.

□□□ 산08③,10③,14② 6점

**11** RC구조물의 내구성이 저하되면 철근이 부식되는 등 철근의 단면적이 감소하여 구조적인 문제가 발생할 수 있다. 따라서 구조물 안전 조사 시 철근 부식 여부를 조사하는 것이 중요하다. 기존 콘크리트 내의 철근 부식의 유무를 평가하기 위해 실시하는 비파괴 검사 방법을 3가지만 쓰시오.

① _____ ② _____

③ _____

해답 ① 자연 전위법
② 분극 저항법
③ 전기 저항법

## 05　철근 부식량

□□□ 산08③, 6점

**12** RC구조물의 내구성이 저하되면 철근이 부식되는 등 철근의 단면적이 감소하여 구조적인 문제가 발생할 수 있다. 따라서 구조물 안전 조사 시 철근 부식 여부를 조사하는 것이 중요하다. 기존 콘크리트 내의 철근 부식의 유무를 평가하기 위해 실시하는 비파괴 검사 방법을 3가지만 쓰시오.

① _____　② _____

③ _____

해답 ① 자연 전위법
　　② 분극 저항법
　　③ 전기 저항법

□□□ 산12③, 4점

**13** RC 구조물에서 철근의 부식 정도를 측정하는 비파괴 시험 종류 3가지만 쓰시오.

① _____　② _____

③ _____

해답 ① 자연 전위법
　　② 분극 저항법
　　③ 전기 저항법

□□□ 산10③,12③, 6점

**14** 철근 콘크리트 구조물에서 철근의 부식 정도를 측정하는 비파괴 시험 종류 3가지만 쓰시오.

① _____　② _____

③ _____

해답 ① 자연 전위법
　　② 분극 저항법
　　③ 전기 저항법

□□□ 예상

**15** 아래 표에서 설명하는 철근 부식 조사 방법인 비파괴 시험 방법을 쓰시오.

> 대기 중에 있는 콘크리트 구조물의 철근 등 강재가 부식 환경에 있는지의 여부, 즉 조사 시점에서의 부식 가능성에 대하여 진단하는 것이고, 구조물 내에서 부식 가능성이 높은 위치를 찾아내는 것을 목적으로 사용되고 있다.

○

해답 자연 전위법

# 11 내구성 관련 시험

## 01 동결 융해 시험

급속 동결 융해에 대한 콘크리트의 저항 시험 방법(KS F 2456)

### 1 동결 융해 사이클

(1) 동결 융해 1사이클의 소요 시간은 2시간 이상, 4시간 이하로 한다.

(2) 동결 융해 1사이클은 공시체 중심부의 온도를 원칙으로 하며, 원칙적으로 4℃에서 −18℃로 떨어지고, 다음에 −18℃에서 4℃로 상승되는 것으로 한다.

(3) 각 사이클에서 공시체 중심부의 최고 및 최저 온도는 각각 (4±2)℃ 및 (−18±2)℃의 범위 내에 있어야 하고, 언제라도 공시체의 온도가 −20℃ 이하 또는 6℃ 이상이 되어서는 안 된다.

(4) 공시체의 중심과 표면의 온도차는 항상 28℃를 초과해서는 안 된다.

(5) 동결 융해에서 상태가 바뀌는 순간의 시간이 10분을 초과해서는 안 된다.

### 2 시험 방법

시험의 종료는 300사이클로 하며, 그때까지 상대 동탄성 계수가 60% 이하가 되는 사이클이 있으면 시험을 종료한다.

(1) 상대 동탄성 계수

$$P_c = \left(\frac{n_c}{n_o}\right)^2 \times 100$$

여기서, $P_c$ : 동결 융해 $c$사이클 후의 상대 동탄성 계수(%)

$n_o$ : 동결 융해 $c$사이클에서의 변형 진동의 1차 공명 진동수(Hz)

$n_c$ : 동결 융해 $c$사이클 후의 변형 진동의 1차 공명 진동수(Hz)

(2) 내수성 지수 : 동결 융해 저항성의 척도로서 이용한다.

$$DF = \frac{P \cdot N}{M}$$

여기서, $P$ : $N$사이클에서의 상대 동탄성 계수(%)

$N$ : 상대 동탄성 계수가 60%가 되는 사이클 수 또는 동결 융해에의 노출이 끝나게 되는 순간의 사이클 수

$M$ : 동결 융해에의 노출이 끝날 때의 사이클(보통 300)

## 3 동해

### (1) 동해의 정의

• 콘크리트에 함유되어 있는 수분이 동결되면서 수분의 팽창으로 인하여 수분이 콘크리트 내부에서 이동하면서 생기는 동결 융해 작용의 반복에 따라 콘크리트의 파괴를 가져오는 것을 동해라 한다.

### (2) 동해에 의해 콘크리트에 미치는 영향

① 팽창에 의한 열화

② 표면층이 박리하는 열화 현상인 표면층의 박리

③ 골재 중의 수분의 동결에 의해 팽창·박리되는 팝아웃

④ 경화 초기 단계에서 콘크리트의 동결에 의해 손상

### (3) 콘크리트의 동해에 영향을 미치는 인자

① 연행공기가 작을수록 동해를 받기 쉽다.

② 기포 간격수가 클수록 동해를 받기 쉽다.

③ 골재가 다공질일수록 동해를 받기 쉽다.

④ 동결 온도가 저하할수록 동해를 받기 쉽다.

⑤ 동결 융해의 반복 횟수가 많을수록 동해를 받기 쉽다.

## 02  염화물 분석 시험

### 1 표준 용액 및 지시약

(1) 염화나트륨 표준 용액

① 염화나트륨(NaCl)을 105~110℃에서 항량이 될 때까지 건조시킨다.
② 건조된 시료 2.92222g을 계량하여 물에 녹인 후 부피 측정용 플라스크에서 정확하게 1L로 희석시켜 잘 혼합한다. 이 용액을 표준 용액으로서더 이상의 표준화 과정이 필요 없다.

(2) 질산은 표준 용액

• 8.4938g의 질산은을 물에 녹인 다음 부피 측정용 플라스크에서 1L로 희석시켜 잘 혼합한다. 0.005N 염화나트륨 표준 용액 5.00mL를 물에 녹인다음 부피 측정용 플라스크에서 1L로 희석시켜 잘 혼합한다.

(3) 메틸오렌지 지시약

• 95%의 에틸알코올 1L당 2g의 메틸오렌지를 함유하는 용액을 준비한다.

### 2 염화물 이온 함유량 측정 방법

(1) 경화한 콘크리트 속에 함유된 염분 분석 방법

① 흡광 광도법 : 크롬산은이나 티오시안산 제2수은 염화물 이온과 반응하여나타난 발색도차를 흡광 광도계를 이용하여 측정하는 방법
② 질산은 적정법 : 지시약으로서 크롬산칼륨을 이용하고, 질산은 용액으로염화물 이온을 측정하는 방법이다.
③ 이온크로마토그래피법(이온전극법)

(2) 경화한 콘크리트 속에 함유된 전 염분의 간이 분석 방법

① 전위차 적정법 : 지시약에 의해 색깔이 변하는 것을 관찰하는 것이 아니라전기화학적인 변화를 미량 분석에 적용한 것이다.
② 전량 적정법
③ 이온 전극법
④ 간이 발색법

(3) 화학 분석에 의한 염화물 이온 함유량 측정 방법

| 측정 방법 | 측정 방법 및 명칭 |
|---|---|
| 중량법 | 염화은 침전법 |
| 용적법 | 모아법, 질산 제2수은법 |
| 흡광 광도법 | 티오시안산 제2수은법, 크롬산은법 |
| 전기화학적 방법 | 전위차 적정법, 이온 전극법, 전도도 적정법, 전량 적정법 |

## 3 콘크리트의 염화물량 계산

$$Cl^- = \frac{3.545(V_1 - V_2)N}{W}$$

여기서,    $Cl^-$ : 콘크리트의 염화물량(%)

        $V_1$ : 시료의 적정에 사용된 0.05N 질산은 용액의 부피
            (mL, 당량점)

        $V_2$ : 바탕 지정에 사용된 0.05N 질산은 용액의 부피
            (mL, 당량점)

        $N$ : 질산은의 정확한 노르말 농도(N)

        $W$ : 시료의 질량(g)

## 4 염해의 열화 과정

| 열화 과정 | 정의 | 열화 상태 |
|---|---|---|
| 잠재기 | 강재의 피복 위치에 있어서 염소 이온 농도가 임계 염분량에 달할 때까지의 기간 | • 외관상의 변형이 관찰되지 않는다.<br>• 부식 발생 한계 염소 이온 농도 이하 |
| 진전기 | 강재의 부식 개시로부터 부식 균열발생까지의 기간 | • 외관상의 변형이 관찰되지 않는다.<br>• 부식 발생 한계 염소 이온농도 이상<br>• 부식개시 |
| 촉진기 | 부식 균열 발생으로부터 부식 속도가 증가하는 기간 | • 부식 균열 발생, 녹물이 관찰된다.<br>• 부분적으로 박리 및 박락이 관찰된다.<br>• 부식량의 증대 |
| 한계기 | 부식량의 증가에 따른 내하력의 저하가 현저한 기간 | • 부식 균열이 다수 발생, 균열폭이 크다.<br>• 녹물이 관찰된다.<br>• 박리 및 박락이 관찰된다.<br>• 변위 및 처짐이 크다. |

MEMO

## 03 탄산화 시험

### 1 탄산화의 정의

굳은 콘크리트는 표면으로부터 공기 중의 탄산가스를 흡수하여 콘크리트 내부에서 수화 반응으로 생성된 수산화칼슘($Ca(OH)_2$)이 탄산칼슘($CaCO_3$)으로 변화하면서 알칼리성을 잃게 되는 현상

### 2 탄산화에 영향을 미치는 요인

(1) 치밀한 콘크리트일수록 탄산화 속도는 느리다.

(2) 타일, 돌 붙임 등의 표면 마감을 하고, 시공이 양호하면 탄산화를 크게 지연시킨다.

(3) 조강 포틀랜드 시멘트를 사용한 경우 가장 탄산화가 느리게 진행한다.

(4) 보통 포틀랜드 시멘트는 조강 포틀랜드 시멘트보다 탄산화 진행이 조금 빠르다.

(5) 혼합 시멘트를 사용하면 수산화칼슘의 양이 적기 때문에 탄산화 속도는 빠르게 진행된다.

### 3 환경 조건에 따른 탄산화의 요인

(1) 온도가 높을수록 탄산화 속도가 빠르게 진행한다.

(2) 습도가 높을수록 탄산화 속도가 빠르게 진행한다.

(3) 공기 중의 탄산가스의 농도가 높을수록 탄산화 속도가 빠르게 진행한다.

### 4 탄산화의 판정 방법

(1) 지시약 : 페놀프탈레인 용액

(2) 페놀프탈레인 용액은 95% 에탄올 90mL에 페놀프탈레인 분말 1g을 녹여 물을 첨가하여 100mL로 한 것이다.

(3) 탄산화 반응이 되면 수산화칼슘 부분의 pH 12~13가 탄산화한 부분인 pH 8.5~10로 된다.

(4) 콘크리트의 시험면에 페놀프탈레인 용액을 분무하면 수산화칼슘의 부분은 적자색으로 변색하지만 탄산칼슘의 부분은 변색하지 않는다. 즉, 탄산화가 되지 않은 부분은 적자색으로 착색되며, 탄산화된 부분은 색의 변화가 없다.

## 5 탄산화 억제 대책

(1) 철근 피복 두께를 확보한다.

(2) 양질의 골재를 사용하고 물 – 시멘트비를 작게 한다.

(3) 탄산화 억제 효과가 큰 투기성이 낮은 마감재를 사용한다.

(4) 콘크리트의 다지기를 충분히하여 결함을 발생시키지 않도록 한 후 습윤 양생을 한다.

## 6 탄산화 속도

탄산화 진행 속도는 콘크리트 표면으로부터 탄산화 부분과 비탄산화 부분의 경계면까지의 길이와 경과한 시간의 함수로 나타낸다.

$$X = A\sqrt{t}$$

여기서, $X$ : 탄산화 깊이(cm)

$t$ : 경과 연수(년)

$A$ : 탄산화 속도 계수($mm\sqrt{년}$)(시멘트, 골재의 종류, 환경 조직, 혼화 재료, 표면 마감재 등의 정도를 나타내는 상수로서 실험에 의해서 구할 수 있음.)

## 7 탄산화 깊이 측정 시험 방법

(1) 쪼아내기에 의한 방법

• 손 쪼아내기, 전동 피크, 에어 피크 등이 있다.

(2) 코어 채취에 의한 방법

• 철근 배치 등 구조물의 실정과 사용 골재의 최대 치수에 대한 작은 구경의 코어로 실시한다.

(3) 드릴에 의한 방법

• 구조체 콘크리트로부터 채취한 콘크리트 코어와 쪼아내기법으로 얻은 시료의 실험 결과는 신뢰성은 높지만 국부 파괴 시험이므로 구조 내력 및 보수 공정이 곤란하여 약간 비효율적이다.

## 04 알칼리 골재 반응 시험

### 1 알칼리 골재 반응의 정의

(1) 정의 : 포틀랜드 시멘트 중의 알칼리 성분($Na_2O$와 $K_2O$)이 시멘트풀의 모세관 공극 중에 수산화칼슘을 함유한 고알칼리칼슘을 함유한 고알칼리 성의 공극 용액과 실리카($SiO_2$) 성분과 화학 반응에 의해서 생성된 물질이 과도하게 팽창하면 콘크리트에 균열, 박리, 휨 파괴가 생기는 현상을 알칼리 골재 반응이라 한다.

(2) 알칼리-실리카반응을 일으키기 쉬운 광물은 오팔(opal), 트리디마이트, 옥수(chalcedony) 등이다.

### 2 총알칼리량

$$R_2O = Na_2O + 0.658K_2O$$

여기서, $R_2O$ : 포틀랜드 시멘트 중의 전 알칼리의 질량(%)
　　　　$Na_2O$ : 포틀랜드 시멘트(저알칼리형) 중의 산화나트륨의 질량(%)
　　　　$K_2O$ : 포틀랜드 시멘트(저알칼리형) 중의 산화칼륨의 질량(%)

### 3 골재의 알칼리 잠재 반응 시험 방법

(1) 화학적 방법 : 화학적 시험은 비교적 신속히 결과를 얻을 수 있으나 실제적으로 해가 없는 골재가 유해한 것으로 판정되는 경우가 있다.

(2) 모르타르 봉 방법 : 실제적인 결과를 얻을 수 있으나 시험에 6개월 정도의 오랜 기간이 소요되는 결점이 있다.

### 4 알칼리 - 골재 반응의 종류

(1) 알칼리-실리카 반응

(2) 알칼리-실리게이트 반응

(3) 알칼리-탄산염 반응

(4) 알칼리 – 탄산염 반응과 알칼리–실리카 반응과 다른 점

① 알칼리 – 탄산염 반응에 의한 피해 구조물에서는 겔이 발견되지 않는다.

② 반응 고리를 가진 골재 입자는 적으며, 그 외관도 알칼리 – 실리카 반응에 의한 것과는 다르다.

③ 알칼리 – 실리카 반응에서는 유효한 포졸란도 이 반응에 대하여는 팽창 억제의 효과가 없다.

### 5 알칼리 골재 반응의 방지 대책

(1) 반응성 골재를 사용하지 않을 것

(2) 콘크리트의 치밀도를 증대할 것

(3) 콘크리트의 시공 시에 초기 결함이 발생하지 않도록 할 것

### 6 알칼리 골재 반응의 방지 대책(재료의 기준)

(1) 알칼리 골재반응에 무해한 골재 사용

(2) 저알칼리형의 시멘트로 0.6% 이하를 사용

(3) 포졸란, 고로슬래그, 플라이 애시 등 혼화재 사용

(4) 단위 시멘트량을 낮추어 배합설계할 것

## 과년도 예상문제

# 01 동결 융해 시험

□□□ 산10③,11③, 8점

**01** 급속 동결 융해에 대한 콘크리트의 저항 시험 방법(KS F 2456)에 대해 다음 물음에 답하시오.

가. 동결 융해 1사이클의 원칙적인 온도 범위를 쓰시오.

나. 동결 융해 1사이클의 소요 시간 범위를 쓰시오.

다. 콘크리트의 동결 융해 300사이클에서 상대 동탄성 계수가 90%라면 시험용 공시체의 내구성 지수를 구하시오.

해답 가. $-18 \sim 4℃$

나. $2 \sim 4$시간

다. $DF = \dfrac{P \cdot N}{M} = \dfrac{90 \times 300}{300} = 90\%$

□□□ 기12③, 산07③, 4점

**02** 콘크리트의 동결 융해 저항성 측정 시 사용되는 1사이클의 온도 범위와 시간을 쓰시오.

가. 동결 융해 1사이클의 원칙적인 온도 범위를 쓰시오.

나. 동결 융해 1사이클의 소요 시간 범위를 쓰시오.

해답 가. $-18 \sim 4℃$

나. $2 \sim 4$시간

□□□ 기09①,10③,14①, 6점

## 03 굳은 콘크리트 시험에 대하여 다음 물음에 답하시오.

가. 콘크리트 압축 강도의 재하 속도 기준을 쓰시오.

　○

나. 콘크리트 휨 강도의 재하 속도 기준을 쓰시오.

　○

다. 동결 융해 저항성 측정 시 사용되는 1사이클의 기준을 쓰시오.

　○

---

해답 가. $(0.6 \pm 0.2)$MPa
　　나. $(0.06 \pm 0.04)$MPa
　　다. 온도 범위 : $-18 \sim 4℃$, 시간 : $2 \sim 4$시간

□□□ 기11①,13③, 3점

## 04 동결 융해에 대한 콘크리트의 저항 시험을 하기 위한 콘크리트 시험체 시험 개시 1차 변형 공명 진동수($n$)가 2400(Hz)이고, 동결 융해 300사이클 후의 1차 변형 공명 진동수($n1$)가 2000(Hz)일 때, 상대 동탄성 계수를 구하시오.

계산 과정)

답 : _____

---

해답 상대 동탄성 계수
$$P_c = \left(\frac{n1}{n}\right)^2 \times 100$$
$$= \left(\frac{2000}{2400}\right)^2 \times 100 = 69.44\%$$

□□□ 기11①, 4점

**05** 콘크리트 중의 수분이 0℃ 이하로 된 때의 동결 팽창에 의해 발생하는 것이며, 장기간에 걸쳐 동결과 융해의 반복에 의해 콘크리트가 서서히 열화하는 현상을 동해라 한다. 이 동해에 의해 콘크리트에 미치는 영향을 4가지만 쓰시오.

① _____

② _____

③ _____

④ _____

해답 ① 팽창에 의한 열화
② 표면층이 박리하는 열화 현상인 표면층의 박리
③ 골재 중의 수분의 동결에 의해 팽창·박리되는 팝아웃
④ 경화 초기 단계에서 콘크리트의 동결에 의해 손상

□□□ 기15③, 4점

**06** 동결융해 작용에 대하여 구조물의 성능을 만족하기 위한 상대동탄성계수의 최소한계값을 구하시오.(단, 기상작용이 심하고 동결융해가 자주 반복될 때 연속해서 또는 반복해서 물에 포화되는 경우)

가. 동결융해작용에 대하여 구조물의 성능을 만족하기 위해 단면의 두께가 200mm 이하인 구조물의 경우 최소한계값(%)을 쓰시오.

  ○

나. 동결융해작용에 대하여 구조물의 성능을 만족하기 위해 단면의 두께가 200mm 초과할 때인 구조물의 경우 최소한계값(%)을 쓰시오.

  ○

해답 가. 85%
나. 70%

## 02 염화물 분석 시험

☐☐☐ 산05①, 4점
### 07 콘크리트의 염화물 함유량 검사 방법을 2가지만 쓰시오.

① _____ ② _____

해답 ① 흡광 광도법
② 질산은 적정법
③ 전위차 적정법
④ 이온 전극법

☐☐☐ 기06③, 산04③,09③, 6점
### 08 콘크리트의 염화물 함유량 측정 방법을 3가지만 쓰시오.

① _____ ② _____

③ _____

해답 ① 전위차 적정법
② 질산은 적정법
③ 이온 전극법
④ 흡광 광도법

☐☐☐ 기11①,15②,15③, 4점
### 09 경화된 콘크리트의 염화물 함유량 측정 방법을 4가지만 쓰시오.

① _____ ② _____

③ _____ ④ _____

해답 ① 전위차 적정법
② 질산은 적정법
③ 이온 전극법
④ 흡광 광도법

☐☐☐ 산07③, 4점

10 레디믹스트 콘크리트의 배출 지점에서 염화물 함유량 측정기에서 얻은 염소이 온농도($Cl^-$)가 0.15%이고, 배합 보고서에 기재한 단위 수량(W)이 175kg/m³일 때 콘크리트의 염화물(kg/m³)을 계산하여 합격 여부를 판정하시오.

계산 과정)

답 : _____

정답 ① 염화물량$= Cl^- \times \dfrac{1}{100} \times W = 0.15 \times \dfrac{1}{100} \times 175 = 0.263 \, kg/m^3$

② 배출 지점에서의 염화물 함유량 : $0.30 \, kg/m^3$ 이하

∴ 염화물 함유량이 $0.30 \, kg/m^3$ 이하이므로 합격

☐☐☐ 산11①, 8점

11 철근 콘크리트 구조물이 해양 환경에 노출되면 해수 중의 화학적 작용에 의한 콘 크리트 침식과 콘크리트 속의 철근이 부식되는 염해의 4단계를 간단히 쓰시오.

① _____

② _____

③ _____

④ _____

정답 ① 잠재기 : 강재의 피복 위치에 있어서 염소 이온 농도가 임계 염분량에 달할 때까지 의 기간

② 진전기 : 강재의 부식 개시로부터 부식 균열 발생까지의 기간

③ 촉진기 : 부식 균열 발생으로부터 부식 속도가 증가하는 기간

④ 한계기 : 부식량의 증가에 따른 내하력의 저하가 현저한 기간

## 03 탄산화 시험

□□□ 기11①, 3점

**12** 콘크리트 탄산화 깊이 판정에 사용되는 1% 페놀프탈레인 시약을 만드는 방법을 간단히 쓰시오.

○

해답 페놀프탈레인 용액은 95% 에탄올 90mL에 페놀프탈레인 분말 1g을 녹여 물을 첨가하여 100mL로 만든 것이다.

□□□ 산05①, 4점

**13** 콘크리트의 탄산화를 촉진시키는 외부 환경 조건을 2가지만 쓰시오.

① ─────────────

② ─────────────

해답 ① 온도가 높을수록 탄산화를 촉진시킨다.
② 습도가 높을수록 탄산화를 촉진시킨다.
③ 탄산가스의 농도가 높을수록 탄산화를 촉진시킨다.

□□□ 산06,09①,12①, 8점

**14** 중성화(탄산화)에 대해서 아래 물음에 답하시오.

가. 탄산화에 대한 정의를 간단히 쓰시오.

○

나. 탄산화를 촉진시키는 외부 환경 조건 2가지를 쓰시오.

① ─────────────

② ─────────────

다. 탄산화 깊이를 판정할 때 이용되는 대표적인 시약을 쓰시오.

○

해답 가. 굳은 콘크리트는 표면으로부터 공기 중의 탄산가스를 흡수하여 콘크리트 내부에서 수화 반응으로 생성된 수산화칼슘($Ca(OH)_2$)이 탄산칼슘($CaCO_3$)으로 변화하면서 알칼리성을 잃게 되는 현상

나. ① 온도가 높을수록 탄산화를 촉진시킨다.
　② 습도가 높을수록 탄산화를 촉진시킨다.
　③ 탄산가스의 농도가 높을수록 탄산화를 촉진시킨다.

다. 페놀프탈레인 용액

---

□□□ 산07③,11①, 4점

**15** 굳은 콘크리트는 표면으로부터 공기 중의 탄산가스를 흡수하여 콘크리트 내부에서 수화 반응으로 생성된 수산화칼슘이 탄산칼슘으로 변화하면서 알칼리성을 잃게 되는 현상을 탄산화라 한다. 콘크리트의 탄산화를 촉진하는 외부 환경 조건을 2가지만 쓰시오.

① _____

② _____

해답 ① 온도가 높을수록 탄산화를 촉진시킨다.
　② 습도가 높을수록 탄산화를 촉진시킨다.
　③ 탄산가스의 농도가 높을수록 탄산화를 촉진시킨다.

---

□□□ 산10③, 6점

**16** 신설한 콘크리트 구조물에 대한 콘크리트의 탄산화 방지 대책을 3가지만 쓰시오.

① _____

② _____

③ _____

해답 ① 철근 피복 두께를 확보한다.
　② 양질의 골재를 사용하고 물-시멘트비를 작게 한다.
　③ 탄산화 억제 효과가 큰 투기성이 낮은 마감재를 사용한다.
　④ 콘크리트의 다지기를 충분히하여 결함을 발생시키지 않도록 한 후 습윤 양생을 한다.

## 04 알칼리 골재 반응 시험

□□□ 산07③,09③, 4점
**17** 알칼리 골재 반응의 종류를 2가지만 쓰시오.

① _____

② _____

해답 ① 알칼리 – 실리카 반응
② 알칼리 – 탄산염 반응
③ 알칼리 – 실리게이트 반응

□□□ 기13③, 6점
**18** 알칼리 골재 반응 중 알칼리–실리카 반응을 일으킨 콘크리트에 발생하는 현상을 3가지만 쓰시오.

① _____

② _____

③ _____

해답 ① 이상 팽창을 일으킨다.
② 표면에 불규칙한 거북등 모양의 균열이 발생한다.
③ 알칼리 실리카 겔(백색)이 표면으로 흘러나오기도 하고 균열 및 공극에 충전되기도 한다.
④ 골재입자가 주변에 흑색의 육안으로 관찰할 수 있는 반응 테두리가 생성된다.

□□□ 기11①, 6점
**19** 콘크리트 알칼리 골재 반응에 대한 물음에 답하시오.

가. 알칼리 골재 반응의 종류를 3가지만 쓰시오.

① _____

② _____

③ _____

나. 알칼리 골재 반응의 방지 대책을 3가지만 쓰시오. (재료의 기준에 대해서)

① _____

② _____

③ _____

가. ① 알칼리 - 실리카 반응
　　② 알칼리 - 탄산염 반응
　　③ 알칼리 - 실리게이트 반응

나. ① 알칼리 골재반응에 무해한 골재 사용
　　② 저알칼리형의 시멘트로 0.6% 이하를 사용
　　③ 포졸란, 고로슬래그, 플라이 애시 등 혼화재 사용
　　④ 단위 시멘트량을 낮추어 배합설계할 것

□□□ 산10①, 4점

**20** **알칼리-실리카 반응에 대해 설명하시오.**

[예시] 겔이 형성되어 콘크리트 위로 올라온다.

○ _____

알칼리와 실리카의 화학 반응에 의해 생성된 알칼리 실리카 겔(gel)은 주위의 물을 흡수하여 콘크리트의 내부에 국부적 팽창압을 일으켜 콘크리트의 강도를 저하시킨다.

□□□ 산08③, 4점

**21** **콘크리트 제조에 사용될 골재가 잠재적으로 알칼리 골재 반응을 일으킬 우려가 있어 사용하고자 하는 시멘트 중에 포함된 알칼리 성분 측정 결과가 아래 표와 같다면 시멘트 중의 전 알칼리량을 구하시오.**

$$Na_2O = 0.45\%, \quad K_2O = 0.4\%$$

계산 과정)

답 : _____

$R_2O = Na_2O + 0.658K_2O = 0.45 + 0.658 \times 0.4 = 0.71\%$

□□□ 산11③, 4점

**22** 콘크리트 제조에 사용될 골재가 잠재적으로 알칼리 골재 반응을 일으킬 우려가 있어 사용하고자 하는 시멘트 중에 포함된 알칼리 성분 측정 결과가 아래 표와 같다면 시멘트 중의 전 알칼리량을 구하시오.

$$Na_2O = 0.35\%, \quad K_2O = 0.82\%$$

계산 과정)

답 : _____

해답 $R_2O = Na_2O + 0.658K_2O$
     $= 0.35 + 0.658 \times 0.82 = 0.890\%$

KEY ・총알칼리량
$$R_2O = Na_2O + 0.658K_2O$$
여기서, $R_2O$ : 포틀랜드 시멘트 중의 전 알칼리의 질량(%)
$Na_2O$ : 포틀랜드 시멘트(저알칼리형) 중의 산화나트륨의 질량(%)
$K_2O$ : 포틀랜드 시멘트(저알칼리형) 중의 산화칼륨의 질량(%)

□□□ 기11③, 6점

**23** 알칼리 시험 측정 결과 시멘트 속에 포함된 $Na_2O$는 0.45%, $K_2O$는 0.4%의 알칼리 함유량을 갖고 있다. 다음 물음에 답하시오.

가. 시멘트 중 전 알칼리량을 구하시오.

계산 과정)

답 : _____

나. 알칼리 골재 반응의 억제 방법을 3가지만 쓰시오.

① _____

② _____

③ _____

해답 가. $R_2O = Na_2O + 0.658K_2O$
           $= 0.45 + 0.658 \times 0.4 = 0.71\%$
     나. ① 반응성 골재를 사용하지 않는다.
         ② 콘크리트의 치밀도를 증대한다.
         ③ 콘크리트 시공 시 초기 결함이 발생하지 않도록 한다.

□□□ 기05①,11③,14②,17② 6점

**24** 알칼리 시험 측정 결과, 시멘트 속에 포함된 $Na_2O$는 0.43%, $K_2O$는 0.4%의 알칼리 함유량을 갖고 있다. 다음 물음에 답하시오.

가. 시멘트 중 전 알칼리량을 구하시오.

　계산 과정)

　　　　　　　　　　　　　　　　　　답 : _____

나. 알칼리 골재 반응의 억제 방법을 3가지만 쓰시오.

　① _____

　② _____

　③ _____

해답 가. $R_2O = Na_2O + 0.658K_2O$
　　　　　　$= 0.43 + 0.658 \times 0.4 = 0.69\%$

　　나. ① 반응성 골재를 사용하지 않는다.
　　　　② 콘크리트의 치밀도를 증대한다.
　　　　③ 콘크리트 시공 시 초기 결함이 발생하지 않도록 한다.

□□□ 기06③,10①,12③, 5점

**25** 알칼리 시험 측정 결과 시멘트 속에 포함된 $Na_2O$는 0.43%, $K_2O$는 0.4%의 알칼리 함유량을 갖고 있다. 다음 물음에 답하시오.

가. 시멘트 중 전 알칼리량을 구하시오.

　계산 과정)

　　　　　　　　　　　　　　　　　　답 : _____

나. 알칼리 골재 반응의 종류 2가지만 쓰시오.

　① _____

　② _____

해답 가. $R_2O = Na_2O + 0.658K_2O$
　　　　　　$= 0.43 + 0.658 \times 0.4 = 0.69\%$

　　나. ① 알칼리－실리카 반응
　　　　② 알칼리－탄산염 반응
　　　　③ 알칼리－실리게이트 반응

## 26 콘크리트의 알칼리 골재 반응을 검사하였다. 다음 물음에 답하시오.

가. $Na_2O$는 0.43%, $K_2O$는 0.4%일 때 전 알칼리량을 구하시오.

계산 과정)

답 : _____

나. 알칼리 골재 반응의 종류 2가지만 쓰시오.

① _____

② _____

_____

해답 가. $R_2O = Na_2O + 0.658K_2O$

$= 0.43 + 0.658 \times 0.4 = 0.69\%$

나. ① 알칼리-실리카 반응
② 알칼리-탄산염 반응
③ 알칼리-실리게이트 반응

## 27 알칼리 골재 반응 중에서 일반적으로 알칼리-실리카 반응과 알칼리-탄산염 반응이 있다. 여기서 알칼리-탄산염 반응과 알칼리-실리카 반응에서 나타나는 현상과의 차이점 3가지만 쓰시오.

① _____

② _____

③ _____

해답 ① 알칼리 탄산염 반응에 의한 피해 구조물에서는 겔(gel)이 발견되지 않는다.
② 반응 고리를 가진 골재 입자가 적으며, 그 외관도 알칼리-실리카 반응에 의한 것과는 다르다.
③ 알칼리-실리카 반응에서는 유효한 포졸란도 이 반응에 대하여는 팽창 억제의 효과가 없다.

# 12 콘크리트의 성질

## 01 재료의 분리

### 1 작업 중에 생기는 재료 분리

(1) 재료 분리의 원인

① 단위 수량이 너무 많을 경우
② 배합이 적절하지 않은 경우
③ 단위 골재량이 너무 많은 경우
④ 입자가 거친 잔골재를 사용한 경우
⑤ 굵은 골재의 최대 치수가 너무 큰 경우

(2) 재료 분리의 대책

① 잔골재율을 크게 한다.
② 물-시멘트비를 작게 한다.
③ 골재 입도가 적당해야 한다.
④ 콘크리트의 성형성을 증가시킨다.
⑤ AE제, 플라이 애시 등의 혼화 재료를 사용한다.
⑥ 잔골재 중의 0.15~0.3mm 정도의 세립분을 많게 한다.

### 2 콘크리트 타설 작업 후의 재료 분리

(1) 블리딩(bleeding)

① 블리딩의 정의 : 굳지 않은 콘크리트, 굳지 않은 모르타르, 굳지 않은 시멘트 페이스트에서 고체 재료의 침강 또는 분리에 의해 혼합수의 일부가 유리되어 상승하는 현상
② 블리딩의 콘크리트에 미치는 영향
 • 콘크리트의 상부가 다공질로 되어 강도, 수밀성 및 내구성이 감소된다.
 • 골재알이나 수평 철근 밑부분에 수막이 생겨 시멘트풀과의 부착이 나빠진다.
 • 레이턴스는 굳어도 강도가 거의 없으므로 제거하지 않고 콘크리트를 치면 시공 이음의 약점이 된다.

③ 블리딩의 시험 목적
- 콘크리트의 재료분리의 경향을 파악하기 위해
- 공기연행 및 감소제의 품질을 시험하기 위해

④ 블리딩 제거 방법
- 분말도가 높은 시멘트를 사용한다.
- AE제나 광물질 혼화 재료를 사용한다.
- 수화 속도의 증진 또는 응결 촉진제를 사용한다.
- 소요의 워커빌리티를 얻을 수 있는 범위 내에서 단위 수량을 줄인다.

### (2) 레이턴스(laitance)
- 블리딩으로 인하여 콘크리트나 모르타르의 표면에 떠올라서 가라앉은 물질

### (3) 굵은 골재의 분리
- 굵은 골재의 분리는 모르타르 부분에서 굵은 골재가 분리되어 불균일하게 존재하는 상태를 말한다.
  ① 굵은 골재의 분리 원인
    - 굵은 골재와 모르타르의 비중차
    - 굵은 골재와 모르타르의 유동 특성차
    - 굵은 골재 치수와 모르타르 중의 잔골재 치수의 차
  ② 굵은 골재의 분리에 영향을 주는 인자
    - 단위 수량 및 물 – 시멘트비 : 단위 수량이 크고 슬럼프가 큰 콘크리트에서는 분리되기 쉽다.
    - 골재의 종류, 입형 및 입도 : 굵은골재의 분리는 밀도차가 크면 분리를 촉진시킨다.
    - 혼화재료 : AE제나 양질의 포졸란은 콘크리트의 응집성을 증가시켜 분리를 적게 한다.
    - 시공 : 사용한 콘크리트가 동일하더라도 굵은 골재의 분리는 시공에서 현저하게 변화한다.

## 02 초기 균열

(1) 콘크리트를 거푸집에 타설한 후부터 응결이 종료할 때까지 발생하는 균열을 일반적으로 초기 균열이라 한다.
(2) 초기 균열은 발생 원인에 따라 침하(수축) 균열, 초기 건조 균열(플라스틱 수축 균열), 거푸집의 변형에 의한 균열 및 진동 재하에 의한 균열 등으로 나눈다.

### 1 침하 수축 균열

(1) 침하 수축 균열의 원인

① 묽은 비빔 콘크리트에서는 블리딩이 크고 이것에 상당하는 침하가 발생한다.
② 보의 상단 철근 상면이나 바닥판 상단 철근 상면 등에 콘크리트 타설 후 1~3시간에 나타난다.

(2) 침하 수축 균열의 대책

① 단위 수량을 되도록 적게 하고, 슬럼프가 작은 콘크리트를 잘 다짐해서 시공한다.
② 침하 종료 이전에 점착력을 잃지 않은 시멘트나 혼화제를 선정한다.
③ 타설 속도를 늦게 하고, 1회의 타설 높이를 낮게 한다.
④ 침하 종료단계에서 다시 표면 마무리를 하여 균열을 제거한다.

(3) 초기 건조 균열

• 수분의 증발이 원인이 되어 타설 후부터 콘크리트의 응결 종결 시까지 발생하는 균열을 초기 건조 균열이라 한다.

(4) 침하 균열이 발생하는 경우

① 콘크리트 노출면의 수분 증발 속도가 블리딩 속도보다 빠른 경우
② 바닥판에서 거푸집으로부터의 누수가 심하고 블리딩이 전혀 없으며 초기의 콘크리트 표면에 수분이 부족한 경우
③ 시멘트의 응결 경화가 급격하고 일어나 콘크리트 내부에 물이 흡수된 경우
④ 바람이 불고, 기온이 높고 건조가 심한 경우

(5) 침하 균열의 방지

① 콘크리트의 침하가 적게 되도록 배합한다.
② 콘크리트의 치기 높이를 적절하게 한다.
③ 피복 두께를 적절히 한다.

## 2 소성 수축 균열

### (1) 소성 수축 균열의 원인

① 콘크리트 표면수의 증발 속도가 블리딩 속도보다 빠른 경우에 발생
② 급속한 수분 증발이 일어나는 경우에 콘크리트 마무리면에 생기는 가늘고 얇은 균열을 소성 수축 균열 또는 플라스틱 수축 균열(plastic shrinkage crack)이라 한다.

### (2) 침하 수축 균열의 억제 방법

① 수분의 증발을 방지한다.
② 마무리를 지나치게 하지 않는다.
③ 타설 종료 후는 콘크리트 표면을 피복한다.
④ 콘크리트 타설 구획의 주위를 시트로 감싼다.
⑤ 여름철에는 일광의 직사나 바람에 노출되지 않도록 한다.
⑥ 콘크리트 표면에 급격한 온도 변화가 일어나지 않도록 한다.

## 3 거푸집 변형에 의한 균열

• 거푸집 변형에 의한 균열의 원인

① 콘크리트가 점차로 유동성을 잃고 굳어져 가는 시점에서 거푸집 긴결 철물의 부족
② 동바리의 부적절한 설치에 의한 부등 침하
③ 콘크리트의 측압에 따른 거푸집의 변형
④ 콘크리트의 소성 변형 저항 능력보다 외력에 의한 변형이 크게 될 때

## 4 진동 및 재하에 따른 균열

(1) 원인 : 콘크리트 타설을 완료할 시기에 근처에서 말뚝을 박거나 기계류 등의 진동이 원인이 되어 발생한다.

(2) 주의 : 초기 재령에서 재하하게 되면 지보공의 변형, 침하 등에 따라서 균열을 일으키는 경우가 있기 때문에 주의해야 한다.

## 03 굳지 않은 콘크리트의 균열

### 1 수축 균열

#### (1) 수축 균열의 원인

• 모든 콘크리트에서 수축이 발생하게 되며, 구조물의 구속을 받으면 콘크리트에 인장 응력이 생긴다. 이 인장 응력이 콘크리트의 인장 강도를 넘게 되면 균열이 생기게 된다.

#### (2) 수축 균열의 방지 대책

① 양생을 충분히 한다.
② 적당한 간격으로 수축 이음을 만든다.
③ 철근량을 많게 하여 균열을 분산시킨다.
④ 단위 수량을 적게 하여 배합을 한다.
⑤ 팽창성 시멘트 또는 무수축성 시멘트를 사용한다.

### 2 온도 균열

#### (1) 온도 균열의 정의

• 시멘트의 수화열이 원인이 되어 콘크리트의 내부 온도가 상승하여 콘크리트에 발생하는 균열

#### (2) 온도 균열의 원인

• 콘크리트의 온도가 상승했다가 떨어지면 콘크리트는 수축되고, 수축이 방해를 받으면 인장 응력이 생겨 균열의 직접적인 원인이 된다.

#### (3) 온도 균열의 방지 대책

① 단위 시멘트량을 적게 할 것
② 수화열이 적은 시멘트를 사용할 것
③ 1회의 타설 높이를 낮게 할 것
④ 수축 이음부를 설치할 것
⑤ 재료를 사용하기 전에 사전 냉각을 할 것

제12장 콘크리트의 성질

# 과년도 예상문제

## 01 재료의 분리

☐☐☐ 기05③, 3점

**01** 굳지 않은 콘크리트의 모르타르 부분에서 굵은 골재가 분리되어 불균일하게 존재하는 상태를 굵은 골재의 분리라 한다. 이 굵은 골재의 분리 원인 3가지를 쓰시오.

① _____

② _____

③ _____

해답 ① 굵은 골재와 모르타르의 밀도차
② 굵은 골재와 모르타르의 유동 특성차
③ 굵은 골재 치수와 모르타르 중의 잔골재 치수와의 차

## 02 초기 균열

기07③,11③, 4점

02 콘크리트의 타설 후 일반적으로 1~3시간 정도의 사이에 발생하며, 타설 후 콘크리트의 표면 가까이에 있는 철근, 매설물 또는 입자가 큰 골재 등이 콘크리트의 침하를 국부적으로 방해함으로써 발생하는 균열을 침하 균열이라고 한다. 이러한 침하 균열을 방지하기 위한 대책을 4가지만 쓰시오.

① _____

② _____

③ _____

④ _____

해설 ① 타설 속도를 늦게 하고, 1회의 타설 높이를 낮게 한다.
② 단위 수량을 될 수 있는 한 적게 하고, 슬럼프가 작은 콘크리트를 잘 다짐해서 시공한다.
③ 침하 종료 이전에 급격하게 굳어져 점착력을 잃지 않은 시멘트나 혼화제를 선정한다.
④ 균열을 조기에 발견하고, 각재 등으로 두드리는 재타법이나 흙손으로 눌러서 균열을 폐색시킨다.

기08③,15③, 4점

03 콘크리트를 거푸집에 타설한 후부터 응결이 종료할 때까지 발생하는 균열을 일반적으로 초기 균열이라고 한다. 발생 원인에 따른 초기 균열의 종류를 4가지만 쓰시오.

① _____

② _____

③ _____

④ _____

해답 ① 침하균열
② 초기 건조균열(플라스틱 수축 균열)
③ 거푸집의 변형에 의한 균열
④ 진동 재하에 의한 균열

□□□ 기10③,14② 6점

**04** 슬래브 또는 보의 콘크리트가 벽 또는 기둥의 콘크리트와 연속하여 타설될 경우에는 단면이 변하는 경계면에서 굳지 않은 콘크리트의 균열이 발생하는 경우가 많다. 이러한 균열을 무슨 균열이라 하며 이에 대한 조치사항을 2가지만 쓰시오.

가. 균열의 명칭을 쓰시오.

ㅇ

나. 조치사항 2가지만 쓰시오.

① _____

② _____

해답 가. 침하 균열
　　 나. ① 벽 또는 기둥의 콘크리트 침하가 거의 끝난 다음 슬래브, 보의 콘크리트를 타설한다.
　　　　 ② 침하 균열이 발생한 경우는 즉시 다짐이나 재진동을 실시하며 균열을 제거하여야한다.

□□□ 산12③, 6점

**05** 굳지 않은 콘크리트의 침하 균열에 대해 다음 물음에 답하시오.

가. 침하 균열의 정의를 쓰시오.

ㅇ

나. 침하 균열의 방지 대책 2가지만 쓰시오.

① _____

② _____

해답 가. 콘크리트 타설 후 콘크리트의 표면 가까이에 있는 철근, 매설물 또는 입자가 큰 골재 등이 콘크리트의 침하를 국부적으로 방해하기 때문에 일어난다.
　　 나. ① 콘크리트의 침하가 적게 되도록 배합한다.
　　　　 ② 콘크리트의 치기 높이를 적절하게 한다.
　　　　 ③ 피복 두께를 적절히 한다.

## 03 굳지 않은 콘크리트의 균열

□□□ 기05③, 5점

**06** 굳지 않은 콘크리트의 온도 균열에 대해 아래의 물음에 답하시오.

가. 온도 균열의 정의를 간단히 쓰시오.

　　○

나. 온도 균열 방지 방법을 3가지만 쓰시오.

① _____

② _____

③ _____

정답 가. 시멘트의 수화열이 원인이 되어 콘크리트의 내부 온도가 상승하여 콘크리트에 발생
하는 균열

나. ① 단위 시멘트량을 적게 할 것
② 수화열이 적은 시멘트를 사용 할 것
③ 1회의 타설 높이를 낮게할 것
④ 수축 이음부를 설치할 것
⑤ 재료를 사용하기 전에 사전 냉각을 할 것

## 04 철근 부식 조사

□□□ 기05①, 3점
**07** 콘크리트 내의 철근의 부식을 억제하기 위한 방법을 3가지만 쓰시오.

① _____

② _____

③ _____

해답 ① 콘크리트 표면을 피막제로 도포한다.
② 콘크리트의 피복 두께를 증대시킨다.
③ 콘크리트 균열 발생을 억제하거나 방지한다.

□□□ 기07③, 8점
**08** 다음 콘크리트용 혼화 재료 및 베이스 콘크리트에 대한 정의를 간단히 쓰시오.

가. 공기 연행제 :

나. 고성능 공기 연행 감수제 :

다. 유동화제 :

라. 베이스 콘크리트 :

해답 가. 공기 연행제 : 혼화제의 일종으로 미소하고 독립된 수없이 많은 기포를 발생시켜 이를 콘크리트 중에 고르게 분포시키기 위하여 쓰이는 혼화제

나. 고성능 공기 연행 감수제 : 공기 연행 성능을 가지며, 감수제보다 더욱 높은 감수 성능 및 양호한 슬럼프 유지 성능을 가지는 혼화제

다. 유동화제 : 배합이나 굳은 후의 콘크리트 품질에 큰 영향을 미치지 않고 미리 혼합된 베이스 콘크리트에 첨가하여 콘크리트의 유동성을 증대시키기 위하여 사용하는 혼화제

라. 베이스 콘크리트 : 유동화 콘크리트를 제조할 때 유동화제를 첨가하기 전의 기본 배합의 콘크리트

# 13 콘크리트의 품질관리

## 01 TQC

### 1 종합적 품질관리의 정의

종합적 품질관리(Total Quality Control : TQC)란 소비자가 충분한 만족을 할 수 있도록 좋은 품질의 제품을 보다 경제적인 수준에서 생산하기 위해 사내의 각 부분에서 품질의 유지와 개선의 노력을 종합적으로 조정하는 효과적인 시스템을 말한다.

### 2 종합적 품질관리(TQC)의 7가지 도구

⑴ **히스토그램** : 데이터가 어떤 분포를 하고 있는지를 알아보기 위해 작성하는 그림

⑵ **파레토도** : 블량 등의 발생 건수를 분류 항목별로 나누어 크기 순서대로 나열해 놓은 그림

⑶ **특성 요인도** : 결과에 원인이 어떻게 관계하고 있는가를 한눈에 알 수 있도록 작성한 그림

⑷ **체크시트** : 계수치의 데이터가 분류 항목의 어디에 집중되어 있는가를 알아보기 쉽게 나타낸 그림이나 표

⑸ **각종 그래프** : 한눈에 파악되도록 한 각종 그래프

⑹ **산점도** : 대응되는 두 개의 짝으로 된 데이터를 그래프 용지 위에 점으로 나타낸 그림

⑺ **층별** : 집단을 구성하고 있는 데이터를 특징에 따라 몇 개의 부분 집단으로 나누는 것

## 02 관리도

### 1 품질관리의 4단계

(1) **품질관리의 기본** : 계획(Plan, P) → 실시(Do, D) → 체크(Check, C) → 조치(Action, A)의 4단계를 반복적으로 수행한다.

(2) **계획 단계** : 품질의 목표, 제조 방법의 결정

(3) **실시 단계** : 시공, 시공체제의 확립

(4) **검사 단계** : 검사, 시험

(5) **조치 단계** : 계획 또는 시공 체제의 수정, 구조물의 보강

### 2 관리도의 종류

| 종류 | 데이터의 종류 | 관리도 | 적용 이론 |
|---|---|---|---|
| 계량값<br>관리도 | 길이, 중량, 강도,<br>화학 성분, 압력,<br>슬럼프, 공기량,<br>생산량 | $\overline{x}-R$ 관리도<br>(평균값과 범위의 관리도) | 정규분포 |
| | | $\overline{x}-\sigma$ 관리도<br>(평균값과 표준편차의 관리도) | |
| | | $x$ 관리도(측정값 자체의 관리도) | |
| 계수값<br>관리도 | 제품의 불량률 | $p$ 관리도<br>(불량 관리도) | 이항분포 |
| | 불량 계수 | $p_n$ 관리도<br>(결점수 관리도) | |
| | 결점수(시료 크기가<br>같을 때) | $c$ 관리도<br>(결점수 관리도) | 포와송분포 |
| | 단위당 결점수<br>(단위가 다를 때) | $u$ 관리도<br>(단위당 결점수 관리도) | |

## 3 품질관리의 데이터 분석

(1) 평균치($\overline{x}$) : 데이터의 평균 산술값

$$\overline{x} = \frac{\Sigma \overline{x_i}}{n}$$

(2) 범위($R$) : 데이터의 최대값과 최소값의 차

$$R = x_{max} - x_{min}$$

(3) 편차의 제곱합($S$) : 각 데이터와 평균치와의 차를 제곱한 합

$$S = \Sigma(x_i - \overline{x})^2$$

(4) 분산($\sigma^2$) : 편차의 제곱합을 데이터의 수로 나눈 값

$$\sigma^2 = \frac{S}{n}$$

(5) 불편분산($V$) : 편차의 제곱합을 $n$ 대신에 $(n-1)$로 나눈 값

$$V = \frac{S}{n-1}$$

(6) 표준편차($\sigma$) : 불편분산의 제곱근

$$\sigma = \sqrt{\frac{S}{n-1}}$$

(7) 변동 계수($C_V$) : 표준편차를 평균치로 나눈 값

$$C_V = \frac{\sigma}{\overline{x}} \times 100$$

## 4 $\overline{x} - R$ 관리도 작성법

(1) $\overline{x}$ 관리도의 관리 한계선

① 중심선 $CL = \overline{x}$

② 상한 관리 한계 $\text{UCL} = \overline{x} + A_2 \cdot R$

③ 하한 관리 한계 $\text{LCL} = \overline{x} - A_2 \cdot R$

(2) $R$ 관리도의 관리 한계선

① 중심선 $CL = \overline{x}$

② 상한 관리 한계 $\text{UCL} = D_4 \cdot \overline{R}$

③ 하한 관리 한계 $\text{LCL} = D_3 \cdot \overline{R}$

(3) 이상을 나타내는 관리도

① 점들이 중심선의 한쪽으로 편중되어 연속적으로 나타난 경우

② 점들이 중심선의 한쪽으로 편중되어 많이 나타난 경우

③ 점들이 상승 또는 하강하는 경향이 보이는 경우

④ 점들이 주기적으로 상승·하강을 만족하는 경우

⑤ 점들이 한계선에 접하여 자주 나타나는 경우

⑥ 점들이 중심선 부근에 집중되어 있는 경우

# 과년도 예상문제

## 01 TQC

□□□ 기11③,15②, 6점

01 종합적 품질관리(TQC) 도구인 산점도, 히스토그램, 층별에 대해 예시와 같이 간단히 설명하시오.

> [예시] 특성 요인도 : 결과에 원인이 어떻게 관계하고 있는가를 한눈에 알 수 있도록 작성한 그림

가. 산점도

  ○

나. 히스토그램

  ○

다. 층별

  ○

해답 가. 산점도 : 대응되는 두 개의 짝으로 된 데이터를 그래프 용지 위에 점으로 나타낸 그림
　　 나. 히스토그램 : 데이터가 어떤 분포를 하고 있는지를 알아보기 위해 작성하는 그림
　　 다. 층별 : 집단을 구성하고 있는 데이터를 특징에 따라 몇 개의 부분 집단으로 나누는 것

## 02 관리도

□□□ 09①, 4점

**02** 품질관리의 기본 4단계인 PDCA를 쓰시오.

① _____  ② _____

③ _____  ④ _____

해답 ① 계획(Plan)  ② 실시(Do)  ③ 검토(Check)  ④ 조치(Action)

> **KEY**
> 계획(Plan, P) → 실시(Do, D) → 검토(Check, C) → 조치(Action, A)

□□□ 산05,07③,13③, 6점

**03** 콘크리트의 품질관리에서 계수치 관리도의 종류를 3가지만 쓰시오.

① _____  ② _____

③ _____

해답 ① $p$ 관리도  ② $p_n$ 관리도  ③ $c$ 관리도  ④ $u$ 관리도

□□□ 산05①, 6점

**04** 콘크리트 압축 강도 측정 결과가 다음과 같았다. 이 콘크리트 압축 강도에 대한 아래 물음에 답하시오.

───── 【 압축강도 측정 결과(MPa) 】 ─────
22.5,  21.7,  22.3  21.2  23.2,  22,  23

가. 압축 강도의 표준편차를 구하시오.

계산 과정)

답 : _____

나. 압축 강도의 변동 계수를 구하시오.

계산 과정)

답 : _____

가. $\bar{x} = \dfrac{\sum x_i}{n} = \dfrac{22.5 + 21.7 + 23.2 + 22 + 23}{5} = 22.48\,\text{MPa}$

$\sum (x_i - \bar{x})^2 = (22.5 - 22.48)^2 + (21.7 - 22.48)^2 + (23.2 - 22.48)^2 + (22 - 22.48)^2$
$\qquad\qquad\qquad + (23 - 22.48)^2$
$\qquad\qquad = 1.628$

∴ 표준편차 $s = \sqrt{\dfrac{\sum (x_i - \bar{x})^2}{n-1}} = \sqrt{\dfrac{1.628}{5-1}} = 0.64\,\text{MPa}$

나. $C_v = \dfrac{s}{\bar{x}} \times 100 = \dfrac{0.64}{22.48} \times 100 = 2.85\%$

**KEY** 표준편차는 불편분산(콘크리트 표준시방서 개념)에 의한다.

□□□ 산09①,11①, 6점

05 콘크리트 압축 강도 측정 결과가 다음과 같았다. 이 콘크리트 압축 강도에 대한 아래 물음에 답하시오.

【 압축 강도 측정 결과(MPa) 】
34.5,　31.4,　31.8,　35.7,　30.5

가. 압축 강도의 표준편차를 구하시오.

계산 과정)

답 : _____

나. 압축 강도의 변동 계수를 구하시오.

계산 과정)

답 : _____

가. $\bar{x} = \dfrac{\sum x_i}{n} = \dfrac{34.5 + 31.4 + 31.8 + 35.7 + 30.5}{5} = 32.8\,\text{MPa}$

$\sum (x_i - \bar{x})^2 = (34.5 - 32.8)^2 + (31.4 - 32.8)^2 + (31.8 - 32.8)^2$
$\qquad\qquad\qquad + (35.7 - 32.8)^2 + (30.5 - 32.8)^2$
$\qquad\qquad = 19.55$

∴ 표준편차 $s = \sqrt{\dfrac{\sum (x_i - \bar{x})^2}{n-1}} = \sqrt{\dfrac{19.55}{5-1}} = 2.21\,\text{MPa}$

나. $C_v = \dfrac{s}{\bar{x}} \times 100 = \dfrac{2.21}{32.8} \times 100 = 6.74\%$

□□□ 기10③, 6점

**06** 콘크리트 압축 강도 측정 결과가 5개의 강도 데이터를 얻었다. 배합설계에 적용할 표준편차와 변동 계수를 구하시오.

【압축 강도 측정 결과】

| 측정 횟수 | 1회 | 2회 | 3회 | 4회 | 5회 |
|---|---|---|---|---|---|
| 압축 강도(MPa) | 33 | 32 | 33 | 29 | 28 |

가. 압축 강도의 표준편차를 구하시오.

계산 과정)

답 : _____

나. 압축 강도의 변동 계수를 구하시오.

계산 과정)

답 : _____

해답 가. 표준편차 $s = \sqrt{\dfrac{\sum (x_i - \overline{x})^2}{n-1}}$

① 압축 강도 합계
$$\sum x_i = 33 + 32 + 33 + 29 + 28 = 155\,\mathrm{MPa}$$

② 압축강도 평균값
$$\overline{x} = \frac{\sum n}{n} = \frac{155}{5} = 31\mathrm{MPa}$$

③ 표준편차 합
$$\sum (x_i - \overline{x})^2 = (33-31)^2 + (32-31)^2 + (33-31)^2 + (29-31)^2 + (28-31)^2$$
$$= 22\,\mathrm{MPa}$$

∴ 표준편차 $s = \sqrt{\dfrac{22}{5-1}} = 2.35\,\mathrm{MPa}$

나. $C_v = \dfrac{s}{x} \times 100 = \dfrac{2.35}{31} \times 100 = 7.58\%$

# 14 콘크리트의 유지관리

## 01 안전 점검

### 1 용어의 정의

(1) **내구성** : 콘크리트가 설계 조건에서 시간 경과에 따른 내구적 성능 저하로 부터 요구되는 성능의 수준을 지속시킬 수 있는 성질

(2) **내하력** : 구조물이나 구조 부재가 견딜 수 있는 하중 또는 힘의 한도

(3) **박리(peeling)** : 콘크리트와 철근의 계면, 도막 및 보수 재료와 콘크리트의 계면 등에서 여러 요인에 의해 공극이 발생하여 표면이 경계면으로부터 이탈하거나 균열이 진전되는 현상

(4) **박락(spalling)** : 박리가 진전하여 콘크리트가 떨어져 나가는 현상

(5) **보강** : 부재나 구조물의 내하력과 강성 등의 역학적인 성능을 회복, 혹은 향상시키는 것을 목적으로 한 대책

(6) **보수** : 내구 성능을 회복 또는 향상시키는 것을 목적으로 한 유지관리 대책

(7) **표면박리** : 동결 융해 작용, 제빙 화학제와 동결 융해의 복합 작용 등에 의하여 콘크리트 또는 모르타르의 표면이 작은 조각상으로 떨어져 나가는 현상

(8) **열화(deterioration)** : 구조물의 재료적 성질 또는 물리, 화학, 기후적 혹은 환경적인 요인에 의하여 주로 시공 이후에 장기적으로 발생하는 내구 성능의 저하 현상으로서 시간의 경과에 따라 진행함.

(9) **열화 기구** : 콘크리트 구조물에 열화가 발생함에 있어서 구조 및 재료상으로 일어나는 물리, 화학적 진행 체계

(10) **유지관리** : 구조물의 사용 기간에 구조물의 성능을 요구되는 수준 이상으로 유지하기 위한 모든 기술 행위

(11) **초기 결함** : 시공 시에 발생한 균열, 콜드 조인트, 초기 균열 등을 이르는 말

(12) **팝아웃(pop out)** : 내동해성이나 내알칼리 골재 반응성이 작은 골재를 콘크리트에 사용하는 경우, 동결 융해 작용이나 알칼리 골재 반응에 의해 골재가 팽창하여 파괴되어 떨어져 나가거나 그 위치의 콘크리트 표면이 떨어져 나가는 현상

## 2 안전 점검의 종류

(1) **초기 점검** : 시설관리대장에 기록되는 최초로 실시되는 정밀 점검을 말한다.

(2) **정기 점검** : 육안 관찰이 가능한 개소에 대하여 성능 저하나 열화 및 하자의 발생 부위 파악을 위해 실시한다.

(3) **정밀 점검** : 안전기관에 의해 정기적으로 시설물의 거동을 심도 있게 파악하기 위해 실시하는 안전 점검이다.

(4) **긴급 점검** : 지진이나 풍수해 등과 같은 천재, 화재 및 차량 및 선박의 충돌 등 긴급 사태에 대해 시설물의 손상 정도에 관한 정보를 신속히 얻기 위하여 실시하는 점검이다.

## 3 정밀 안전진단

(1) **정의** : 정밀 안전진단은 정밀 점검 또는 긴급 점검의 결과에 따라 수행하여야 한다.

(2) **정밀 안전진단의 목적**
  ① 발생된 변형이 명확하게 열화에 의한 경우
    • 그 열화기구를 명확하게 하기 위해
    • 그 진행 정도를 상세하게 파악하기 위해
  ② 변형이 발생하였지만 열화, 손상, 초기 결함 중 어디에 해당하는지 불분명할 경우
    • 변형이 이들 중 어디에 해당하는가를 명확하게 하기 위해
  ③ 변형의 유무에 관계없이
    • 열화 예측에 필요한 실제 데이터를 얻기 위해

MEMO

## 02 보수 공법

### 1 보수 공법의 종류

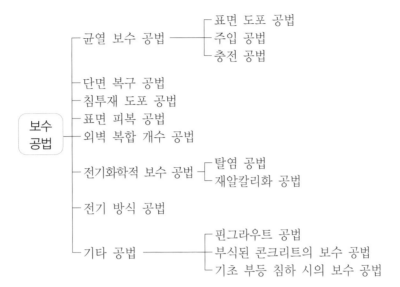

### 2 단면 복구 공법

#### ❶ 공법의 개요

- 콘크리트 구조물의 열화로 당초 단면을 손실한 경우의 복구 및 탄산화, 염화물 이온 등의 열화 요인을 포함한 콘크리트 피복을 철거한 경우의 단면 복구에 적용하는 보수 공법이다.

#### ❷ 단면 복구용 재료의 종류

(1) 프라이머 및 철근 방청재

(2) 유기계 프라이머 : 용제형 에폭시 수지, 수성 아크릴 수지

(3) 폴리머 시멘트계 프라이머 : SBR계, PAE계 등의 폴리머 시멘트 페이스트

(4) 녹 전환 도료 : 인산, 유기산 등을 혼합한 도료

(5) 단면복구제

(6) 폴리머 시멘트계 : SBR계, PAE계 등의 폴리머 시멘트 모르타르 및 콘크리트, 폴리머 시멘트 모르타르를 사용한 프리팩트 콘크리트 등

(7) 수지 모르타르계 : 경량 에폭시 모르타르, 메틸 메타크릴 모르타르, 폴리에스터 모르타르 등

### 3 표면 피복 공법

**❶ 공법의 개요**

• 기존 콘크리트 표면에 도포 재료를 발라 새로운 보호층을 형성시킴으로써 콘크리트 내부로 철근 부식 인자가 침입하는 것을 억제하여 내구성 향상을 도모하는 공법이다.

**❷ 표면 피복의 순서**

⑴ 도장 공법

바탕 처리 – 바탕 조정 – 프라이머 또는 바탕 도포재 도포 – 표면 피복재 도포–양생

⑵ 패널조립공법

바탕 처리 – 동바리 또는 가드레일 설치 – 패널 고정 – 조인트부 실링재 충전 – 양생

⑶ 매립 거푸집 공법

바탕처리 – 앵커핀에 의한 매립 거푸집 설치 – 유동화 콘크리트 또는 무수 축 모르타르 충전 – 양생

### 4 균열 보수 공법

⑴ 표면 처리 공법
⑵ 수동식 주입 공법
⑶ 저압·지속식 주입 공법
⑷ 충전 공법
⑸ 균열의 보수 기법
　① 에폭시 주입법
　② 봉합법
　③ 짜집기법

MEMO

## 5 보수 재료 품질 기준

### (1) 에폭시 수지 모르타르 품질 기준

| 항 목 | | 성능 기준 |
|---|---|---|
| 작업 가능 시간(분) | | 표시값 ±20% 이내 |
| 휨 강도(N/mm$^2$) | | 10.0 이상 |
| 압축 강도 (N/mm$^2$) | 표준 | 40.0 이상 |
| | 알칼리 침지 후 | |
| 부착 강도 (N/mm$^2$) | 60℃ | 1.5 이상 |
| | 20℃ | |
| | 5℃ | |
| | 온·냉 반복 후 | |
| 투수량(g) | | 0.5 이하 |
| 염화물 이온 침투 저항성(coulombs) | | 1000 이하 |
| 길이 변화율(%) | | ±0.15 이내 |

### (2) 폴리머 시멘트 모르타르의 품질 기준

| 시험 항목 | | 품질 기준 |
|---|---|---|
| 시멘트 혼화용 폴리머의 고형분(%) | | 표시값 ±1(%) 이내 |
| 휨 강도(N/mm$^2$) | | 6.0 이상 |
| 압축 강도(N/mm$^2$) | | 20.0 이상 |
| 부착 강도 (N/mm$^2$) | 표준 조건 | 1.0 이상 |
| | 온냉 반복 후 | 1.0 이상 |
| 내알칼리성 | | 압축 강도 20.0N/mm$^2$ 이상 |
| 탄산화 저항성(mm) | | 2.0 이하 |
| 투수량(g) | | 20.0 이하 |
| 물 흡수 계수 | | 0.5 이하 |
| 습기 투과 저항성 | | 2m 이하 |
| 염화물 이온 침투 저항성(Coulombs) | | 1 000 이하 |
| 길이 변화율(%) | | ±0.15 이내 |

## 03 보강 공법

### 1 보강 공법의 종류

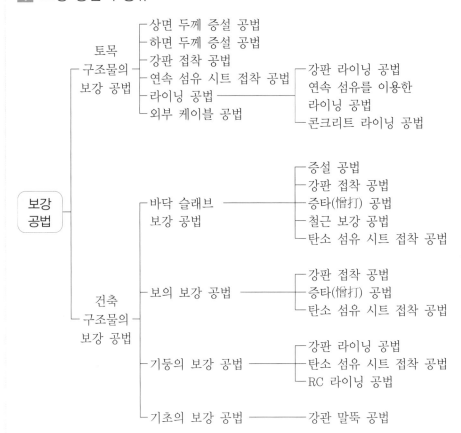

보강 공법

- 토목 구조물의 보강 공법
  - 상면 두께 증설 공법
  - 하면 두께 증설 공법
  - 강판 접착 공법
  - 연속 섬유 시트 접착 공법
  - 라이닝 공법
    - 강판 라이닝 공법
    - 연속 섬유를 이용한 라이닝 공법
    - 콘크리트 라이닝 공법
  - 외부 케이블 공법
- 건축 구조물의 보강 공법
  - 바닥 슬래브 보강 공법
    - 증설 공법
    - 강판 접착 공법
    - 증타(增打) 공법
    - 철근 보강 공법
    - 탄소 섬유 시트 접착 공법
  - 보의 보강 공법
    - 강판 접착 공법
    - 증타(增打) 공법
    - 탄소 섬유 시트 접착 공법
  - 기둥의 보강 공법
    - 강판 라이닝 공법
    - 탄소 섬유 시트 접착 공법
    - RC 라이닝 공법
  - 기초의 보강 공법
    - 강관 말뚝 공법

### 2 각종 보강 공법

(1) 상면 두께 증설 공법

(2) 하면 두께 증설 공법

(3) 강판 접착 공법

(4) 강판 라이닝 공법

(5) 연속 섬유 시트접착 공법

(6) 외부 케이블 공법

MEMO

## 04 철근의 부식 원인과 방지 대책

### 1 개요

(1) 철근의 부식은 산화에 의한 녹과 전식으로 발생되며, 염화물 이온이 철근에 침입하여 철근의 부동태 피막이 파괴되어 부식을 진행시킨다.

(2) 철근이 부식하면 철근의 체적 팽창으로 피복 콘크리트에 균열이 발생하여 철근 콘크리트 구조물의 성능을 저하시키므로 철근 콘크리트 구조물의 완공 후 정기적인 점검과 유지 보수 등의 종합적인 관리 체계가 유지되어야 한다.

### 2 부식의 분류

(1) 건식 부식

• 금속표면에 액체인 물의 적용이 없이 발생되는 부식

(2) 습식 부식

① 액체인 물 또는 전해질 용액에 접하여 발생되는 부식
② 부식의 대부분을 차지

### 3 부식의 구조

(1) 양극 반응 : $Fe \rightarrow Fe^{++} + 2e^-$

(2) 음극 반응 : $H_2o + 1/2O2 + 2e^- \rightarrow 2OH$

$Fe^{++} + H_2O + 1/2O2,\ Fe^{++} + 2OH^- \rightarrow Fe(OH)_2$

$Fe(OH)_2 + 1/2H_2O + 1/4O2 \rightarrow Fe(OH)_3 \rightarrow$ 수산화 제2철(붉은 녹)

(3) 부식 촉진제 : 물, 산소, 전해질

### 4 철근 부식률의 한계

(1) 교량, 도로 구조물, 주차장 구조 : 15%

(2) 일반 건축 구조, 아파트 : 30% 이내

(3) 공장, 창고 : 50% 이내

## 5 철근 부식의 원인

**(1) 동결 융해**

- 콘크리트의 팽창·수축 작용에 의해 균열이 발생하여 철근이 부식

**(2) 탄산화**

- 콘크리트가 공기 중의 탄산가스의 작용을 받아 서서히 알칼리성을 잃어 가는 현상

**(3) 알칼리 골재반응**

- 골재의 반응성 물질이 시멘트의 알칼리 성분과 결합하여 일으키는 화학 반응

**(4) 염해**

- 콘크리트 중에 골재의 염분 함량이 규정 이상 함유되어 철근이 부식

**(5) 기계적 작용**

- 구조물에 진동 및 충격으로 콘크리트에 결함이 발생하여 철근이 부식

**(6) 전류에 의한 작용**

- 철근 콘크리트 구조물에 전류가 작용하여 철근에서 콘크리트로 전류가 흐를 때에 철근이 부식

## 6 철근부식의 방지 대책

(1) 양질의 재료 사용 및 혼화 재료 사용
(2) 밀실한 콘크리트 타설 및 양생 철저
(3) 철근 부식 방지법
 ① 철근 표면에 아연 도금
 ② 에폭시 코팅 처리
 ③ 철근 피복 두께 증가
 ④ 콘크리트 균열 부위 보수 철저
 ⑤ 콘크리트 방청제 혼합 및 콘크리트 표면 피막제 도포
 ⑥ 단위 수량 감소
(4) 해사 사용 시 염분 제거 방법
 ① 야적하여 2~3회 충분한 자연강우에 의해 제거
 ② 0cm 두께로 깔아 놓고 스프링클러로 간헐적 살수에 의해 염분 제거
 ③ 제염 플랜트에서 모래 체적의 1/2 담수를 이용하여 세척
 ④ 준설선 위에서 모래 $1m^3$, 물 $6m^3$의 비율로 6회 세척
 ⑤ 제염제의 혼합하여 염분 제거

MEMO

⑸ 염화물량 허용치 이하로 사용

① 비빔 시 콘크리트 중의 염화물 이온량 : $0.3 \mathrm{kg/m^3}$

② 상수도의 물을 혼합수로 사용할 때 염화물 이온량 : $0.04 \mathrm{kg/m^3}$

③ 잔골재의 염화물 이온량 : $0.02\%$(염화나트륨으로 환산 시 $0.04\%$)

제14장 콘크리트의 유지관리

# 과년도 예상문제

## 01 안전 점검

□□□ 기09①, 8점

**01** 다음의 4가지 안전 점검에 대해서 간단히 설명하시오.

가. 초기 점검

○

나. 정기 점검

○

다. 정밀 점검

○

라. 긴급 점검

○

해답 가. 시설관리대장에 기록되는 최초로 실시되는 정밀 점검을 말한다.
나. 육안 관찰이 가능한 개소에 대하여 성능 저하나 열화 및 하자의 발생 부위 파악을 위해 실시한다.
다. 안전기관에 의해 정기적으로 시설물의 거동을 심도 있게 파악하기 위해 실시하는 안정 점검이다.
라. 지진이나 풍수해 등과 같은 천재, 화재 및 차량 및 선박의 충돌 등 긴급 사태에 대해 시설물의 손상 정도에 관한 정보를 신속히 얻기 위하여 실시하는 점검이다.

## 02  보수 공법

□□□ 예상
**02** 균열폭 0.2mm 이하의 미세한 결함에 대해 탄성 실링제를 이용하여 도막을 형성, 방수성 및 내화성을 확보할 목적으로 사용하는 구조물 보수 공법은?

○

해답 표면 처리 공법

□□□ 예상
**03** 콘크리트 보수 공법 중 균열폭이 0.5mm 이상의 비교적 큰 폭의 보수 균열에 적용하는 공법으로 균열선을 따라 콘크리트를 U형 또는 V형으로 잘라 내고 보수하는 공법으로서 철근의 부식 여부에 따라 보수 방법을 달리해야 하는 보수 공법은?

○

해답 충전 공법

□□□ 기15③, 6점
**04** 동해가 일어났을 때의 동결열화 보수공법 3가지를 쓰시오.

① _____

② _____

③ _____

해답 ① 균열보수공법(표면도포공법, 주입 공법, 충전 공법)
　　② 단면 복구 공법
　　③ 표면 피복공법
　　④ 침투재 도포공법

## 03 보강 공법

**05 아래표에서 설명하는 보강 공법은?**

> 원래 원형 단면의 교각에 대해서 개발된 것이다. 단면에서 12.5~25mm 정도의 큰 반지름으로 강판을 쉘(shell) 모양으로 형성하여 세로로 절반 쪼갠 강판을 교각과의 사이에 틈을 조금 내서 배치하고 세로 방향의 이음매를 용접한다.

○

해답 강판 라이닝 공법

**06 완성된 콘크리트 구조물의 보수·보강 공법을 4가지 쓰시오.**

① _____    ② _____

③ _____    ④ _____

해답 ① 표면 처리 공법
② 균열 주입 공법
③ 충진 공법
④ 강판 접착 공법
⑤ 단면 증설 공법

>  **KEY**  보수 공법 : 표면 처리 공법, 균열 주입 공법, 충진 공법, 치환 공법
> 보강 공법 : 강판 접착 공법, 단면 증설 공법, 보강 섬유 접착 공법

MEMO

## 01 강도 설계법

### 1 설계가정

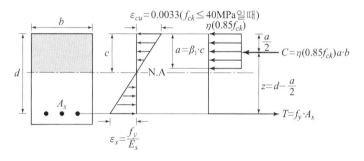

- 깊이 $a$

$\eta(0.85f_{ck}) \cdot a \cdot b = A_s \cdot f_y$ 에서

$a = \dfrac{A_s \cdot f_y}{\eta(0.85f_{ck}) \cdot b}$

$= \beta_1 \cdot c$

(1) 철근 및 콘크리트의 변형률은 중립축으로부터의 거리에 비례한다.

(2) 휨모멘트 또는 휨모멘트와 축력을 동시에 받는 부재의 콘크리트 압축연단의 극한변형률은 콘크리트의 설계기준압축강도가 40MPa 이하인 경우에는 0.0033으로 가정한다. 40MPa를 초과하는 경우는 매 10MPa의 강도 증가에 대하여 0.0001씩 감소시킨다.

(3) 철근의 응력이 설계기준항복강도 $f_y$ 이하일 때 철근의 응력은 $E_s$를 곱한 값으로 하고, 철근의 변형률이 $f_y$에 대응하는 변형률보다 큰 경우 철근의 응력은 변형률에 관계없이 $f_y$로 하여야 한다.

(4) 콘크리트의 인장강도는 KDS 14 20 60(4.21)의 규정에 해당하는 경우를 제외하고는 철근콘크리트 부재 단면의 축강도와 휨(인장)강도 계산에서 무시할 수 있다.

(5) 콘크리트 압축응력의 분포와 콘크리트 변형률 사이의 관계는 직사각형, 사다리꼴, 포물선형 또는 강도의 예측에서 광범위한 실험의 결과와 실질적으로 일치하는 어떠한 형식으로도 가정할 수 있다.

MEMO

■ $f_c = 40\text{MPa}$를 초과하는 경우

• $\epsilon_{co} = 0.002 + \left( \dfrac{f_{ck} - 40}{100000} \right) \geq 0.002$

• $\epsilon_{cu} = 0.0033 - \left( \dfrac{f_{ck} - 40}{100000} \right) \leq 0.0033$

■ 깊이 $a = \beta_1 c$
여기서,
 $c$ : 중립축으로부터 압축측 콘크
  리트 상단까지의 거리
 $\beta_1$ : 콘크리트의 압축강도에 따라서
  변하는 계수

■ [구] $\beta_1$ 계산
$\beta_1 = 0.85 - (f_{ck} - 28) \times 0.007 \geq 0.65$

## 2 깊이 $a = \beta_1 c$

• 포물선 – 직선 형상의 응력변형률 관계 대신에 다음에 정의되는 등가 직사
 각형 압축응력블록으로 나타낼 수 있다.

(1) 단면의 가장자리와 최대 압축변형률이 일어나는 연단부터 $a = \beta_1 c$ 거
 리에 있고 중립축과 평행한 직선에 의해 이루어지는 등가압축영역에
 $\eta(0.85 f_{ck})$인 콘크리트 응력이 등분포하는 것으로 가정한다.

(2) 최대 변형률이 발생하는 압축연단에서 중립축까지 거리 $c$는 중립축에 대
 해 직각방향으로 측정한 것으로 한다.

(3) 등가 직사각형 응력블록을 적용할 때에는 $0.85 f_{ck}$에 응력블록의 크기를
 나타내는 계수 $\eta$를 곱하여 응력의 크기를 구하고, 등가 직사각형 응력의
 깊이는 중립축 깊이에 $\beta_1$을 곱하여 구한다.

(4) 계수 $\eta(0.85 f_{ck})$와 $\beta_1$는 다음 값을 적용한다.

| $f_{ck}$ | $\leq 40$ | 50 | 60 | 70 | 80 | 90 |
|---|---|---|---|---|---|---|
| $\eta$ | 1.00 | 0.97 | 0.95 | 0.91 | 0.87 | 0.84 |
| $\beta_1$ | 0.80 | 0.80 | 0.76 | 0.74 | 0.72 | 0.70 |

MEMO

## 02 강도 감소 계수

### 1 강도 감소 계수의 목적

(1) 부정확한 설계 방정식에 대비하기 위해서

(2) 주어진 하중 조건에 대한 부재의 연성도와 소요 신뢰도를 위해서

(3) 구조물에서 차지하는 부재의 중요도 등을 반영하기 위해서

(4) 재료 강도와 치수가 변동할 수 있으므로 부재의 강도 저하 확률에 대비하기 위해서

■ 부재의 설계강도
공칭강도에 1.0보다 작은 강도감소계수 $\phi$를 곱한 값을 말한다.

### 2 강도 감소 계수의 규정

| 부재 단면 또는 하중(단면력의 종류) | | 강도 감소 계수 $\phi$ |
|---|---|---|
| 인장 지배 단면(휨 부재) | | 0.85 |
| 포스트텐션 정착 구역 | | |
| 압축 지배 단면 | 나선 철근 부재 | 0.70 |
| | 그 이외의 부재 | 0.65 |
| | 공칭 강도에서 최외단 인장 철근의 순인장 변형률 $\varepsilon_t$가 압축 지배와 인장 지배 단면 사이에 있을 경우 | $\varepsilon_t$가 압축 지배 변형률 한계에서 0.005로 증가함에 따라 $\phi$값을 압축 지배 단면에 대한 값에서 0.85까지 증가시킨다. |
| 전단력과 비틀림 모멘트 | | 0.75 |
| 콘크리트의 지압력(포스트텐션 정착부나 스트럿-타이 모델은 제외) | | 0.65 |
| 포스트텐션 정착 구역 | | 0.85 |
| 스트럿-타이 모델 | 스트럿, 타이, 절점부 및 지압부 | 0.75 |
| | 타이 | 0.85 |
| 긴장재 묻힘 길이가 정착 길이보다 작은 프리텐션 부재의 휨 단면 | 부재의 단면부에서 절단 길이 단부까지 | 0.75 |
| | 전달 길이 단부에서 정착 길이 단부 사이 | 0.75에서 0.85까지 선형적으로 증가시킨다. |
| 무근 콘크리트의 휨 모멘트, 압축력, 전단력, 지압력 | | 0.55 |

### 3 강도 감소 계수의 변화

(1) SD 400 철근 및 프리스트레스 강재에 대한 최외단 인장 철근의 순인장 변형률 $\varepsilon_t$와 $\dfrac{c}{d_t}$에 따른 $\phi$값의 변화

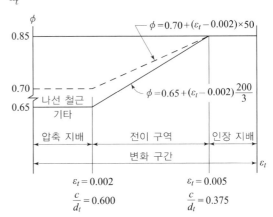

$f_y = 400\text{MPa}$인 철근 및 긴장재에 대한 최외단 인장 철근의 순인장 변형률 $\varepsilon_t$와 $c/d_t$에 따른 $\phi$값의 변화

(2) 나선 $\phi = 0.70 + 0.15\left[\left(\dfrac{1}{c/d_t}\right) - \left(\dfrac{5}{3}\right)\right]$

(3) 기타 $\phi = 0.65 + 0.20\left[\left(\dfrac{1}{c/d_t}\right) - \left(\dfrac{5}{3}\right)\right]$

　　　여기서, $c$ : 공칭 강도에서 중립축의 깊이

　　　　　　　$d_t$ : 최외단 압축 연단에서 최외단 인장 철근까지의 거리

## 03 사용성과 내구성

### 1 처짐

(1) 탄성 처짐(순간 처짐)

하중이 실리자마자 일어나는 처짐으로 부재가 탄성 거동을 한다고 보아서 역학적으로 계산한다.

(2) 장기 처짐

콘크리트의 건조 수축과 크리프로 인하여 시간의 경과와 더불어 진행되는 처짐이다.

$$\lambda_\Delta = \frac{\xi}{1+50\rho'}$$

여기서,     $\lambda_\Delta$ : 장기 처짐 계수

$\rho' = \dfrac{A'_s}{b \cdot d}$ : 압축 철근비

$\rho'$ : 단순 및 연속 경간인 경우 보 중앙에서, 캔틸레버인 경우 받침부에서 구한 값으로 한다.

$\xi$ : 시간 경과 계수

- 5년 이상 : 2.0      · 12개월 : 1.4
- 6개월 : 1.2      · 3개월 : 1.0

(3) 장기 처짐 = 순간 처짐(탄성 침하) × 장기 처짐 계수($\lambda$)

(4) 총처짐량 = 순간 처짐(탄성 침하) + 장기 처짐

### 2 균열 모멘트

(1) 균열 모멘트 $M_{cr}$

$$M_{cr} = \frac{f_r}{y_t} I_g$$

여기서, $f_r$ : 콘크리트 파괴 계수(MPa)

$f_r = 0.63\lambda\sqrt{f_{ck}}$

$y_t$ : 중립축에서 인장측 연단까지의 거리

$I_g$ : 철근을 무시한 콘크리트 전체 단면의 중심축에 대한 단면 2차 모멘트

## 04 보의 휨 파괴

### 1 보의 휨 파괴

보에 작용하는 휨 모멘트가 커지면 인장 철근이 약해서 파괴되는 연성(인장) 파괴와 압축측 콘크리트가 약해서 파괴되는 취성(압축) 파괴가 일어난다.

**(1) 단철근 직사각형보**

① 균형 철근비

$$\rho_b = \frac{n(0.85f_{ck})\beta_1}{f_y} \cdot \frac{660}{660+f_y}$$

② 철근비

$$\rho = \frac{A_s}{b \cdot d}$$

$\rho < \rho_b$ : 연성 파괴
$\rho > \rho_b$ : 취성 파괴

**(2) 연성 파괴**

① 압축측 콘크리트가 파괴되기 전에 인장 철근이 먼저 항복하여 균열과 처짐이 점차 발달하여 중립축이 압축측으로 이동하면서 콘크리트의 압축 변형률이 극한 변형률 0.0033에 이르면 보가 파괴된다.

② 연성 파괴는 철근이 항복한 후에 상당한 소성을 나타내기 때문에 파괴가 갑작스럽게 일어나지 않고 단계적으로 서서히 일어난다.

③ 과소 철근보 : 균형 철근비보다 철근을 적게 넣어 연성 파괴를 일으키도록 한 보

**(3) 취성 파괴**

① 철근량이 많은 경우에는 철근이 항복하기 전에 콘크리트의 변형률이 극한 변형률 0.0033에 도달하여 파괴 시 변형이 크게 생기지 않고 압축측에서 갑자기 콘크리트의 파괴를 일으킨다.

② 취성 파괴는 위험을 예측할 수 없을 뿐 아니라 철근의 재료 특성인 항복 강도와 연성을 활용하지 못해 비경제적이다.

MEMO

③ 과다 철근보 : 균형 철근비보다 철근을 많이 넣어 취성 파괴가 일어나는 보

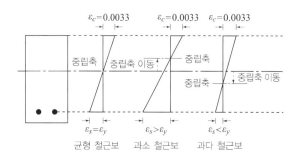

MEMO

## 05 단철근 직사각형보

### 1 균형 단면보

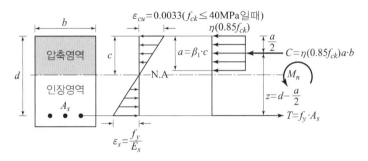

### 2 균형보의 중립축 위치($c_b$)

$$c_b = \frac{0.0033}{0.0033 + \dfrac{f_y}{E_s}} \cdot d = \frac{660}{660 + f_y} \cdot d$$

### 3 균형 철근비($\rho_b$)

(1) 철근비 $\rho = \dfrac{A_s}{b \cdot d}$

(2) 균형 철근비 $\rho_b = \dfrac{\eta(0.85 f_{ck})\beta_1}{f_y} \cdot \dfrac{660}{660 + f_y}$

### 4 휨부재의 최소철근량

(1) $M_d = \phi M_n \geq 1.2 M_{cr}$

(2) $\phi M_n \geq \dfrac{4}{3} M_u$

(3) 휨균열모멘트 $M_{cr} = \dfrac{f_r \cdot I_y}{y_t} = \dfrac{0.63 \lambda \sqrt{f_{ck}} \cdot \dfrac{b \cdot h^3}{12}}{h/2}$

### 5 등가 응력 사각형의 깊이($a$)

$$a = \frac{A_s \cdot f_y}{\eta(0.85 f_{ck})b} = \frac{f_y \cdot \rho \cdot b \cdot d}{\eta(0.85 f_{ck})b} = \frac{f_y \cdot \rho \cdot d}{\eta(0.85 f_{ck})}$$

■ 단면설계
• 압축력 $C = \eta(0.85 f_{ck}) \cdot a \cdot b$
• 철근량 $A_s = \rho_b \cdot b \cdot d$
• 중립축의 위치 $c = \dfrac{a}{\beta_1}$

MEMO

## 6 공칭휨강도($M_n$) 및 설계 휨강도($\phi M_n$) 계산

### (1) 공칭 휨 강도

■ $q$값

$$q = \frac{\rho f_y}{\eta (f_{ck})}$$

$$M_n = \eta (0.85 f_{ck}) a b \left( d - \frac{a}{2} \right) = A_s f_y \left( d - \frac{a}{2} \right)$$

### (2) 설계 휨 강도

$$M_u = \phi M_n = \phi \rho f_y b d^2 \left( 1 - 0.59 \frac{\rho f_y}{\eta (f_{ck})} \right)$$

$$= \phi \rho f_y b d^2 (1 - 0.59 q)$$

$$= \phi \eta (f_{ck}) b d^2 q (1 - 0.59 q)$$

## 06  복철근보

### 1  복철근 직사각형보의 단면 해석

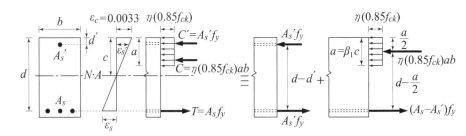

여기서, $A_s{'}$ : 압축 철근의 단면적

$d{'}$ : 압축 연단에서 압축 철근의 도심까지의 거리(mm)

$C_c$ : 압축측 콘크리트가 부담하는 압축력

$C_s$ : 압축 철근이 부담하는 압축력

$T$ : 인장 철근이 부담하는 인장력

### 2  복철근보로 하는 이유

(1) 부재의 처짐을 최소화하기 위한 경우

(2) 정(+), 부(−) 휨 모멘트가 한 단면에서 반복되는 경우

(3) 보의 높이가 제한되어 단철근 단면으로는 설계 모멘트를 견딜 수 없는 경우

### 3  압축 철근을 사용하는 이유

(1) 연성을 증가시킨다.

(2) 철근의 배치가 쉽다.

(3) 지속 하중에 의한 처짐을 감소시킨다.

(4) 파괴 모드를 압축 파괴에서 인장 파괴로 변화시킨다.

(5) 철근의 배치가 쉽다.

### 4  등가 응력 사각형의 깊이

$C = T$ 이므로

$C = C_c + C_s = \eta(0.85 f_{ck}) \cdot a \cdot b + A_s{'} \cdot f_y$

$T = f_y \cdot A_s$

$a = \dfrac{f_y (A_s - A_s{'})}{\eta(0.85 f_{ck})\, b}$

## 5 휨강도

(1) 공칭 휨 강도

$$M_n = \left\{ A_s{}' f_y (d - d') + (A_s - A_s{}') f_y \left( d - \frac{a}{2} \right) \right\}$$

(2) 설계 휨 강도

$$M_d = \phi M_n = \phi \left\{ A_s{}' f_y (d - d') + (A_s - A_s{}') f_y \left( d - \frac{a}{2} \right) \right\}$$

## 07 단철근 T형보

### 1 플랜지의 유효폭

(1) 대칭 T형 단면

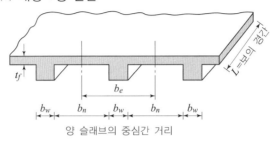

양 슬래브의 중심간 거리

- $16t_f + b_w$
- 양쪽 슬래브의 중심 간 거리  ┐
- 보의 경간(L)의 $\dfrac{1}{4}$  ┘  중 작은 값

(2) 비대칭 T형 단면

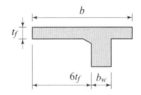

- $6t_f + b_w$
- 보의 경간의 $\dfrac{1}{12} + b_w$  ┐
- 인접보와의 내측거리의 $\dfrac{1}{2} + b_w$  ┘  중 작은 값

### 2 T형보의 판정

(1) $C = T$ : $\eta(0.85f_{ck})ab = f_y A_s$ 에서

$$a = \frac{f_y A_s}{\eta(0.85f_{ck})b} = \frac{f_y \rho d}{\eta(0.85f_{ck})}$$
등가 응력 깊이

(2) 등가 응력 사각형이 복부에 작용할 때
$a \leq t_f$ : 폭이 $b$인 직사각형 단면으로 설계

(3) 등가 응력 사각형이 플랜지 내에 있을 때
$a > t_f$ : T형 단면으로 설계

MEMO

(4) 직사각형 단면으로 해석

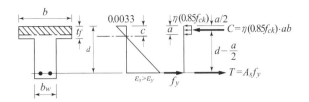

· 등가 응력 깊이 $a = \dfrac{A_s f_y}{\eta(0.85f_{ck}) \cdot b}$

· 설계 강도 $\phi M_n = \phi A_s f_y \left(d - \dfrac{a}{2}\right)$

## ③ T형 단면으로 해석

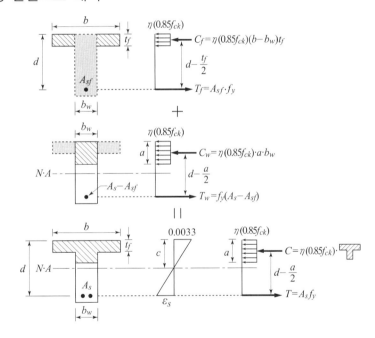

(1) 중립축의 위치 $c$

· $t_f < c$ 이면 T형보로 해석

· $c = \dfrac{1}{\beta_1} \dfrac{f_y \cdot A_s}{\eta(0.85f_{ck}) \cdot b}$

(2) 응력 사각형의 깊이

$$a = \dfrac{f_y(A_s - A_{st})}{\eta(0.85f_{ck}) \cdot b_w}$$

(3) 플랜지 부분에 해당하는 철근량

$$\eta(0.85f_{ck})f_y(b-b_w) = f_y A_{st} \text{에서}$$

$$A_{st} = \frac{\eta(0.85f_{ck})(b-b_w)t_f}{f_y}$$

(4) 공칭 휨 강도 $M_n$

$$M_n = A_{st}f_y\left(d-\frac{t_f}{2}\right) + (A_s - A_{st})f_y\left(d-\frac{a}{2}\right)$$

(5) 설계휨모멘트강도 $M_d$

$$M_d = \phi M_n$$
$$= 0.85\left\{A_{sf}f_y\left(d-\frac{t_f}{2}\right) + f_y(A_s - A_{sf})\left(d-\frac{a}{2}\right)\right\}$$

## 08 보의 전단 해석

### 1 전단 철근

사인장 응력의 크기가 콘크리트의 인장 강도를 초과하면 사인장 응력이 발생한다. 이러한 균열에 대비하여 보강한 철근을 전단 철근, 복부 철근, 사인장 철근이라 한다. 즉, 전단력으로 인해 발생하는 사인장 균열을 막기 위해서 배치하는 철근을 전단 철근이라 한다.

(1) 전단 철근의 종류

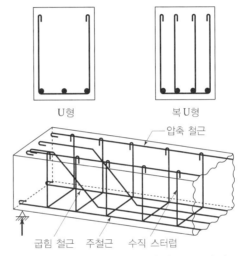

U형    복U형

압축 철근
굽힘 철근  주철근  수직 스터럽

① 수직 스터럽 : 주철근에 직각으로 설치하는 스터럽
② 경사 스터럽 : 주철근에 45° 또는 그 이상의 경사로 설치하는 스터럽
③ 굽힘 철근 : 주철근에 30° 또는 그 이상의 경사로 구부린 굽힘 철근
④ 스터럽과 굽힘 철근의 병용

(2) 전단 설계의 원칙

• $V_u$와 $V_n$는 각각 주어진 단면에서의 계수 전단력(또는 계수 전단 강도)과 공칭 전단 강도를 나타내며 $\phi$는 강도 감소 계수로서 전단에 대해서는 0.75를 사용한다.

$$V_u \leq \phi V_n = \phi(V_c + V_s)$$
$$V_n = V_c + V_s$$

여기서, $V_u$ : 단면의 계수 전단강도
$\phi$ : 강도 감소 계수(전단가 비틀림의 경우 : 0.75)
$V_n$ : 공칭 전단 강도
$V_c$ : 콘크리트가 부담하는 전단 강도
$V_s$ : 전단철근이 부담하는 전단 강도

(3) 계수 전단력의 계산

• 받침부와 같은 반력 부근에서 부재에 압축력이 작용하는 경우 전단 강도는 증가하므로 계수 전단력 $V_u$는 콘크리트 부재의 받침부에서 거리 $d$(유효 깊이)만큼 떨어진 부분(위험 단면)에서의 전단력으로 받침부까지 설계한다.

(4) 전단 응력

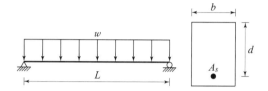

① 최대 전단력 $V$는 받침부 내면에서 $d$만큼 떨어진 단면의 전단력을 사용할 수 있다.

② 철근 콘크리트 부재의 경우 받침부 내면에서 거리 $d$ 이내에 위치한 단면을 거리 $d$에서 구한 계수 전단력 $V_u$의 값으로 설계한다.

③ 위험 단면에서의 계수 전단력

$$V_u = \frac{w_u \cdot l}{2} - w_u \cdot d$$

④ 전단 응력

$$\nu = \frac{V_u}{b \cdot d}$$

## 2 콘크리트에 의한 전단 강도

(1) 근사식

$$V_c = \frac{1}{6}\lambda \sqrt{f_{ck}}\, b_w d$$

여기서, $\lambda$ : 경량 콘크리트 계수(전 경량 : 0.75, 모래 경량 : 0.85)

(2) 정밀식

$$V_c = \left(0.16\lambda \sqrt{f_{ck}} + 17.6\rho_w \frac{V_u d}{M_u}\right)b_w d \le 0.29\lambda \sqrt{f_{ck}}\, b_w d$$

여기서, $V_c < 0.26\lambda \sqrt{f_{ck}}\, b_w d$

$$\frac{V_u \cdot d}{M_u} < 1.0$$

MEMO

## 3 전단 철근에 의한 전단 강도

### (1) 전단 강도 $V_s$

$\frac{2}{3}\lambda\sqrt{f_{ck}}\,b_w d$ 이하이어야 한다.

### (2) 전단 철근의 간격

① 전단 철근의 설계 기준 강도는 500MPa을 초과하여 취할 수 없다.

② 부재축에 직각으로 배치된 전단 철근의 간격

- 철근 콘크리트 부재 : $d/2$ 이하
- 프리스트레스트 콘크리트 부재 : 0.75h
- 어느 경우이든 600mm 이하로 하여야 한다.

③ $V_s > \frac{1}{3}\lambda\sqrt{f_{ck}}\,b_w d$인 경우, 상기 규정된 최대 간격의 절반으로 감소시킨다.

### (3) 부재축에 직각인 전단 철근

$$V_s = \frac{A_v \cdot f_{yt} \cdot d}{s} \leq \frac{2}{3}\sqrt{f_{ck}}\,b_w \cdot d$$

여기서, $A_v$ : 전단 철근의 단면적

$d$ : 보의 유효 깊이

$s$ : 스터럽의 간격

$f_{yt}$ : 전단 철근의 항복 강도

### (4) 경사 스터럽이 전단 철근으로 사용되는 경우

$$V_s = \frac{A_v f_{yt}(\sin\alpha + \cos\alpha)d}{s}$$

여기서, $\alpha$ : 경사 스터럽과 부재축의 사잇각

$s$ : 종방향 철근과 평행한 방향의 철근 간격

## 4 최소 전단 철근량

### (1) $\frac{1}{2}\phi V_c < V_u$ 인 경우

$$A_{u.\min} = 0.0625\sqrt{f_{ck}}\frac{b_w s}{f_{yt}} \geq 0.35\frac{b_w s}{f_{yt}}$$

여기서, $b_w$ : 복부의 폭(mm)

$s$ : 전단 철근의 간격(mm)

$f_{yt}$ : 횡방향 철근의 설계 기준 항복 강도(MPa)

## 09  슬래브

### 1  직접 설계법

보가 있거나 또는 없는 슬래브 내의 휨 모멘트 산정을 위한 이론적인 절차들, 설계 및 시공 과정의 단순화에 대한 요구, 그리고 슬래브 시스템의 거동에 대한 전례들을 고려하여 개발된 것이 직접 설계법이다.

### 2  슬래브의 제한사항

(1) 각 방향으로 3경간 이상 연속되어야 한다.

(2) 슬래브판들은 단변 경간에 대한 장변 경간의 비가 2 이하인 직사각형이어야 한다.

(3) 각 방향으로 연속한 받침부 중심 간 경간 차이는 긴 경간의 1/3 이하이어야 한다.

(4) 연속한 기둥 중심선을 기준으로 기둥의 어긋남은 그 방향 경간의 10% 이하이어야 한다.

(5) 모든 하중은 슬래브판 전체에 걸쳐 등분포된 연직 하중이어야 하며, 활하중은 고정 하중의 2배 이하이어야 한다.

(6) 모든 변에서 보가 슬래브를 지지할 경우 직교하는 두 방향에서 보의 상대 강성은 0.2 이상 5.0 이하이어야 한다.

제15장 철근 콘크리트의 구조설계

# 과년도 예상문제

## 01 강도 설계법

기08③, 산12①, 6점

**01** 휨 모멘트와 축력을 받는 철근 콘크리트 부재에 강도 설계법을 적용하기 위한 기본 가정을 아래 표의 예시와 같이 3가지만 쓰시오.

> [예시] 콘크리트의 인장 강도는 무시한다.

① _____

② _____

③ _____

① 철근 및 콘크리트의 변형률은 중립축으로부터의 거리에 비례한다.
② 휨모멘트 또는 휨모멘트와 축력을 동시에 받는 부재의 콘크리트 압축연단의 극한변형률은 콘크리트의 설계기준압축강도가 40MPa 이하인 경우에는 0.0033으로 가정한다.
③ 철근의 응력이 설계기준항복강도 $f_y$ 이하일 때 철근의 응력은 $E_s$를 곱한 값으로 한다.
④ 철근의 변형률이 $f_y$에 대응하는 변형률보다 큰 경우 철근의 응력은 변형률에 관계없이 $f_y$로 하여야 한다.

기10③, 4점

**02** 철근 콘크리트 구조체는 합성체로서 일체가 되어 외력에 저항할 수 있다. 이러한 철근 콘크리트의 성립 이유를 아래 표의 예시와 같이 2가지만 쓰시오.

> [예시] 철근과 콘크리트 사이에 부착 강도가 크다.

① _____

② _____

① 철근은 인장 강도에 강하고 콘크리트는 압축에 강하다.
② 콘크리트가 알칼리성이므로 콘크리트 속의 철근은 부식하지 않는다.
③ 두 재료의 열팽창 계수가 거의 같다.

□□□ 산13①, 6점

## 03 하중 증가 계수(활하중, 고정 하중)를 사용하는 이유 3가지만 쓰시오.

① _____

② _____

③ _____

해답 ① 예상되는 초과 하중에 대비하기 위해서
② 고정 하중이나 활하중과 같은 주요 하중의 변화에 대비하기 위해서
③ 구조물 설계 시에 사용하는 가정과 실제와의 차이에 대비하기 위해서

## 02 강도 감소 계수

□□□ 기09①,11③,14①② 6점

**04** 철근 콘크리트 부재에서 부재의 설계 강도란 공칭 강도에 1.0보다 작은 강도 감소계수 $\phi$를 곱한 값을 말한다. 이러한 강도 감소 계수를 사용하는 목적을 3가지만 쓰시오.

① _____

② _____

③ _____

[해답] ① 부정확한 설계 방정식에 대비하기 위해서
② 주어진 하중 조건에 대한 부재의 연성도와 소요 신뢰도를 위해서
③ 구조물에서 차지하는 부재의 중요도 등을 반영하기 위해서
④ 재료 강도와 치수가 변동할 수 있으므로 부재의 강도 저하 확률에 대비하기 위해서

□□□ 산11③, 6점

**05** 폭($b_w$) 280mm, 유효 깊이($d$) 500mm, $f_{ck}=30$MPa, $f_y=400$MPa인 단철근 직사각형보에 대한 다음 물음에 답하시오. (단, 철근량 $A_s=3000$mm²이고, 일단 으로 배치되어 있다.)

가. 압축 연단에서 중립축까지의 거리 $c$를 구하시오.

계산 과정)

답 : _____

나. 최외단 인장 철근의 순인장 변형률($\varepsilon_t$)을 구하시오. (단, 소수점 이하 6째 자 리에서 반올림하시오.)

계산 과정)

답 : _____

[해답] 가. 중립축까지의 거리 $c=\dfrac{a}{\beta_1}$

• $f_{ck} \leq 40$MPa일 때 $\eta=1.0$, $\beta_1=0.80$

$\cdot\ a = \dfrac{A_s f_y}{\eta(0.85 f_{ck})b} = \dfrac{3000 \times 400}{1 \times 0.85 \times 30 \times 280} = 168.07\text{mm}$

$\therefore\ c = \dfrac{a}{0.836} = \dfrac{168.07}{0.80} = 210.09\,\text{mm}$

나. 순인장 변형률 : $\dfrac{0.0033}{c} = \dfrac{\epsilon_t}{d_t - c}$ 에서

$\epsilon_t = \dfrac{0.0033(d_t - c)}{c} = \dfrac{0.0033 \times (500 - 210.09)}{210.09} = 0.00455$

## 03 사용성과 내구성

□□□ 기08③, 4점

**06** 압축 철근 단면적 $1600\text{mm}^2$, 폭($b_w$) 200mm, 유효 깊이($d$) 400mm인 복철근 직사각형 단면보에서 탄성(즉시) 처짐이 6mm 발생하였다. 5년 이상의 기간이 경과한 후에 예상되는 탄성 처짐을 포함한 총처짐량(mm)을 구하시오.

계산 과정)

답 : _____

정답 • 장기 처짐 계수 $\lambda = \dfrac{\xi}{1+50\rho'}$

$\qquad\qquad\qquad = \dfrac{2.0}{1+50\times0.02} = 1.0$

• $\rho' = \dfrac{A_s{}'}{bd} = \dfrac{1600}{200\times400} = 0.02$

• 5년 이상 시간 경과 계수 $\xi = 2.0$

• 장기 처짐 = 순간 처짐(탄성 침하)×장기 처짐 계수($\lambda$)

$\qquad\qquad = 6\times1.0 = 6.0\text{mm}$

$\therefore$ 총처짐량 = 탄성 처짐 + 장기 처짐

$\qquad\qquad = 6+6 = 12\text{mm}$

**KEY** $\xi$ : 시간 경과 계수
(5년 이상 : 2.0, 12개월 : 1.4, 6개월 : 1.2, 3개월 : 1.0)

□□□ 산13③, 5점

**07** 압축 철근 단면적 $2000\text{mm}^2$를 갖는 보의 폭($b$)이 200mm, 유효 깊이($d$) 500mm의 철근 콘크리트 복철근 직사각형 단면보에서 탄성 처짐이 8mm 발생하였다. 5년 이상 경과한 후에 예상되는 이 부재의 총처짐량(mm)을 계산하시오.

계산 과정)

답 : _____

정답 • 장기 처짐 계수 $\lambda = \dfrac{\xi}{1+50\rho'}$

$\qquad\qquad\qquad = \dfrac{2.0}{1+50\times0.02} = 1.0$

• $\rho' = \dfrac{A_s{}'}{bd} = \dfrac{2000}{200\times500} = 0.02$

• 5년 이상 시간 경과 계수 $\xi = 2.0$

• 장기 처짐 = 순간 처짐(탄성 침하)×장기 처짐 계수($\lambda$)

$\quad = 8 \times 1.0 = 8.0\text{mm}$

∴ 총처짐량 = 탄성 처짐 + 장기 처짐

$\quad = 8 + 8 = 16\text{mm}$

> **KEY**
>
> $\xi$ : 시간 경과 계수
>
> (5년 이상 : 2.0, 12개월 : 1.4, 6개월 : 1.2, 3개월 : 1.0)

□□□ 기09③,15①, 4점

**08** 직사각형 단순보의 균열 모멘트($M_{cr}$)를 구하시오. (단, $b = 250\text{mm}$, $h = 450\text{mm}$, $d = 400\text{mm}$, $A_s = 2570\text{mm}^2$, $f_{ck} = 30\text{MPa}$, $f_y = 400\text{MPa}$이다.)

계산 과정)

답 : _____

해답 균열 모멘트 $M_{cr} = \dfrac{f_r}{y_t} I_g$

$\quad f_r = 0.63\lambda \sqrt{f_{ck}} = 0.63 \times 1 \times \sqrt{30} = 3.45\,\text{MPa}$

$\quad I_g = \dfrac{bh^3}{12} = \dfrac{250 \times 450^3}{12} = 1898437500\,\text{mm}^3$

$\quad y_t = \dfrac{h}{2} = \dfrac{450}{2} = 225\,\text{mm}$

$\quad \therefore\ M_{cr} = \dfrac{3.45}{225} \times 1898437500$

$\quad\quad = 29109375\,\text{N}\cdot\text{mm} = 29.11\,\text{kN}\cdot\text{m}$

# 04 보의 휨 파괴와 균형보

09 단철근 직사각형보의 $f_{ck} = 34\text{MPa}$, $f_y = 240\text{MPa}$일 때 강도 설계법에 의한 균형 철근비를 구하시오. (단, 소수 넷째 자리에서 반올림하시오.)

계산 과정)

답 : _____

해답 $\rho_b = \dfrac{\eta(0.85f_{ck})\,\beta_1}{f_y}\dfrac{660}{660+f_y}$

$f_{ck} \leq 40\text{MPa}$일 때 $\eta = 1.0$, $\beta_1 = 0.80$

$\therefore \rho_b = \dfrac{1 \times 0.85 \times 34 \times 0.80}{240} \times \dfrac{660}{660+240} = 0.071$

10 강도 설계법에서 $f_{ck} = 50\text{MPa}$, $f_y = 300\text{MPa}$일 때 단철근 직사각형보의 균형 철근비를 구하시오. (단, 소수 넷째 자리에서 반올림하시오.)

계산 과정)

답 : _____

해답 $\rho_b = \dfrac{\eta(0.85f_{ck})\,\beta_1}{f_y}\dfrac{660}{660+f_y}$

$f_{ck} = 50\text{MPa}$일 때 $\eta = 0.97$, $\beta_1 = 0.80$

$\therefore \rho_b = \dfrac{0.97 \times 0.85 \times 50 \times 0.80}{300} \times \dfrac{660}{660+300} = 0.076$

11 강도 설계법에서 $f_{ck} = 34\text{MPa}$, $f_y = 400\text{MPa}$일 때 단철근 직사각형보의 균형 철근비를 구하시오. (단, 소수 넷째 자리에서 반올림하시오.)

계산 과정)

답 : _____

해답 $\rho_b = \dfrac{\eta(0.85f_{ck})\,\beta_1}{f_y}\dfrac{660}{660+f_y}$

$f_{ck} \leq 40\text{MPa}$일 때 $\eta = 1.0$, $\beta_1 = 0.80$

$\therefore \rho_b = \dfrac{1 \times 0.85 \times 34 \times 0.80}{400} \times \dfrac{660}{660+400} = 0.036$

## 05  단철근 직사각형보

□□□ 기11①, 6점

**12** 아래 그림과 같은 단철근 직사각형보에서 이 단면의 공칭 휨 강도($\phi M_u$)를 구하시오. (단, $A_s = 1560\text{mm}^2$, $f_{ck} = 21\text{MPa}$, $f_y = 400\text{MPa}$이다.)

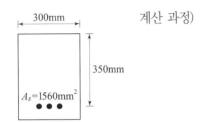

계산 과정)

답 : _____

해답 $\phi M_n = \phi A_s f_y \left( d - \dfrac{a}{2} \right)$

- $f_{ck} \leq 40\text{MPa}$일 때 $\eta = 1.0$, $\beta_1 = 0.80$

- $a = \dfrac{A_s f_y}{\eta(0.85 f_{ck})\,b} = \dfrac{1560 \times 400}{1 \times 0.85 \times 21 \times 300} = 116.53\,\text{mm}$

- $c = \dfrac{a}{\beta_1} = \dfrac{116.53}{0.80} = 145.66\,\text{mm}$

- $\epsilon_t = 0.0033 \times \dfrac{d-c}{c} = 0.0033 \times \dfrac{350 - 145.66}{145.66} = 0.0046 < 0.005$ (변화구간)

$\therefore \ \phi = 0.65 + (\epsilon_t - 0.002)\dfrac{200}{3} = 0.65 + (0.0046 - 0.002) \times \dfrac{200}{3} = 0.82$

$\therefore \ \phi M_n = 0.82 \times 1560 \times 400 \left( 350 - \dfrac{116.53}{2} \right) = 149274965\,\text{N} \cdot \text{mm} = 149.27\text{kN} \cdot \text{m}$

□□□ 기10①, 8점

**13** 그림과 같이 단철근 직사각형보에 대한 다음 물음에 답하시오.
   (단, $A_s = 2742\text{mm}^2$, $f_{ck} = 24\text{MPa}$, $f_y = 400\text{MPa}$)

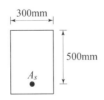

가. 보의 파괴 형태를 판정하시오.

계산 과정)

답 : _____

나. 보의 압축 응력 직사각형의 깊이 $a$를 구하시오.

계산 과정)

답 : _____

다. 강도 감소 계수를 구하시오.

계산 과정)

답 : _____

라. 단철근 직사각형보의 설계 휨 강도($\phi M_n$)를 구하시오.

계산 과정)

답 : _____

가. • 균형 철근비 $\rho_b = \dfrac{\eta(0.85f_{ck})\beta_1}{f_y}\dfrac{660}{660+f_y}$

• $f_{ck} = 24\text{MPa} \leq 40\text{MPa}$일 때 $\eta = 1.0$, $\beta_1 = 0.80$

$\rho_b = \dfrac{1 \times 0.85 \times 24 \times 0.80}{400} \times \dfrac{660}{660+400} = 0.0254$

• 철근비 $\rho = \dfrac{A_s}{bd} = \dfrac{2742}{300 \times 500} = 0.01828$

∴ $\rho < \rho_b$ : 연성 파괴(과소 철근보)

나. $a = \dfrac{A_s f_y}{\eta(0.85f_{ck})b} = \dfrac{2742 \times 400}{1 \times 0.85 \times 24 \times 300} = 179.22\,\text{mm}$

다. • $c = \dfrac{a}{\beta_1} = \dfrac{179.22}{0.80} = 224.03\,\text{mm}$

• $\epsilon_t = \dfrac{0.0033(d-c)}{c}$

$= \dfrac{0.0033(500-224.03)}{224.03} = 0.0041 < 0.005$ (변화구역)

∴ $\phi = 0.65 + (\epsilon_t - 0.002)\dfrac{200}{3}$

$= 0.65 + (0.0041 - 0.002) \times \dfrac{200}{3} = 0.79$

라. $\phi M_n = \phi A_s f_y \left(d - \dfrac{a}{2}\right)$

$= 0.79 \times 2742 \times 400 \left(500 - \dfrac{179.22}{2}\right)$

$= 355591444\,\text{N} \cdot \text{mm} = 355.59\,\text{kN} \cdot \text{m}$

□□□ 기12①,14①, 6점

**14** 그림과 같은 지간이 6m인 단철근 직사각형보에 활하중이 47kN/m이 작용하고 있다. 다음 물음에 답하시오.

(단, 콘크리트의 단위 질량 $25N/m^3$, 인장철근 $A_s = 2027mm^2$, $f_{ck} = 24MPa$, $f_y = 400MPa$이다.)

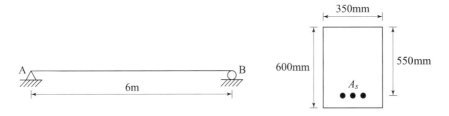

가. 단철근 직사각형보의 설계 휨 강도($\phi M_n$)를 구하시오.

계산 과정)

답 : _____

나. 단철근 직사각형보에 작용하는 계수 하중을 구하시오.

계산 과정)

답 : _____

다. 단철근 직사각형보의 위험 단면에서 전단 철근이 부담해야 할 전단력($V_s$)을 강도 설계법으로 구하시오.

계산 과정)

답 : _____

해답 가. • $f_{ck} \le 40MPa$일 때 $\eta = 1.0$, $\beta_1 = 0.80$

• $a = \dfrac{A_s f_y}{\eta(0.85 f_{ck})b} = \dfrac{2027 \times 400}{1 \times 0.85 \times 24 \times 350} = 113.56mm$

• $c = \dfrac{a}{\beta_1} = \dfrac{113.56}{0.80} = 141.95mm$

• $\epsilon_t = \dfrac{0.0033 \times (d-c)}{c} = \dfrac{0.0033 \times (550 - 141.95)}{141.95} = 0.0095 > 0.005$ (인장지배)

∴ $\phi = 0.85$

∴ $\phi M_n = \phi A_s f_y \left(d - \dfrac{a}{2}\right) = 0.85 \times 2027 \times 400 \left(550 - \dfrac{113.56}{2}\right)$

$= 339917360N \cdot mm = 339.92kN \cdot m$

나. $w_u = 1.2 w_D + 1.6 w_L = 1.2 \times (25 \times 0.35 \times 0.6) + 1.6 \times 47 = 81.5kN/m$

다. $V_u = \phi(V_c + V_s)$에서

- 위험단면에서 계수전단력

$$V_u = R_A - w \cdot d = \frac{w \cdot l}{2} - w \cdot d = \frac{81.5 \times 6}{2} - 81.5 \times 0.55 = 199.68\,\text{kN}$$

- 콘크리트가 부담하는 전단력

$$V_c = \frac{1}{6}\lambda\sqrt{f_{ck}}\,b_w d = \frac{1}{6} \times 1 \times \sqrt{24} \times 350 \times 550 = 157176\,\text{N} = 157.18\,\text{kN}$$

- $199.68 = 0.75(157.18 + V_s)$

$\therefore$ 전단철근이 부담할 전단력 $V_s = 109.06\,\text{kN}$

---

## 06 복철근보

□□□ 기11③,15①, 6점

15 아래 그림과 같은 복철근 직사각형보에서 강도 설계법에 의한 이 단면의 설계 휨 모멘트($\phi M_n$)를 구하시오. (단, $b = 300\,\text{mm}$, $d' = 50\,\text{mm}$, $d = 500\,\text{mm}$, 3-D22($A_s{}' = 1284\,\text{mm}^2$), 6-D32($A_s = 4765\,\text{mm}^2$), $f_{ck} = 35\,\text{MPa}$, $f_y = 400\,\text{MPa}$, $\phi = 0.85$이다.)

계산 과정)

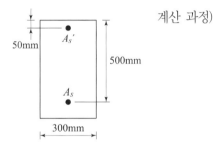

답 :

해답

- 설계 휨 모멘트 $\phi M_n = \phi\left\{\left(f_y(A_s - A_s{}')\right)\left(d - \dfrac{a}{2}\right) + f_y \cdot A_s{}'(d - d')\right\}$

- $f_{ck} \le 40\,\text{MPa}$일 때 $\eta = 1.0$, $\beta_1 = 0.80$

$$a = \frac{f_y(A_s - A_s{}')}{\eta(0.85f_{ck}) \cdot b} = \frac{400(4765 - 1284)}{1 \times 0.85 \times 35 \times 300} = 156.01\,\text{mm}$$

- 공칭 휨 모멘트

$$M_n = 400(4765 - 1284)\left(500 - \frac{156.01}{2}\right) + 400 \times 1284(500 - 50)$$

$$= 587585838 + 23112000 = 818705838\,\text{N} \cdot \text{mm}$$

$$= 818.71\,\text{kN} \cdot \text{m}$$

$\therefore$ 설계 휨 모멘트 $\phi M_n = 0.85 \times 818.71 = 695.90\,\text{kN} \cdot \text{m}$

□□□ 기11①, 3점

## 16 철근 콘크리트 직사각형 단면보에서 복철근을 배치하는 이유 3가지만 쓰시오.

① _____

② _____

③ _____

해답 ① 연성을 증가시킨다.
② 지속 하중에 의한 처짐을 감소시킨다.
③ 파괴 모드를 압축 파괴에서 인장 파괴로 변화시킨다.
④ 스터럽 철근 고정과 같은 철근의 조립을 쉽게 한다.

## 07  단철근 T형보

17 경간 10m의 대칭 T형보를 설계하려고 한다. 아래 조건을 보고 플랜지의 유효 폭을 구하시오.

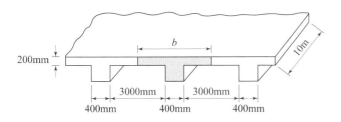

계산 과정 )

답 : _____

T형보의 유효폭은 다음 값 중 가장 작은 값으로 한다.

• (양쪽으로 각각 내민 플랜지 두께의 8배씩 : $16t_f) + b_w$

$16t_f + b_w = 16 \times 200 + 400 = 3600\,\mathrm{mm}$

• 양쪽의 슬래브의 중심 간 거리 : $1500 + 400 + 1500 = 3400\,\mathrm{mm}$

• 보의 경간(L)의 1/4 : $\dfrac{1}{4} \times 10000 = 2500\,\mathrm{mm}$

∴ 유효폭 $b = 2500\,\mathrm{mm}$

18 강도 설계법에서 단철근 T형보의 공칭 휨 강도를 구하시오.

(단, $b = 1000\mathrm{mm}$, $t = 70\mathrm{mm}$, $b_w = 300\mathrm{mm}$, $d = 600\mathrm{mm}$, $A_s = 4000\mathrm{mm}^2$, $f_{ck} = 21\mathrm{MPa}$, $f_y = 300\mathrm{MPa}$이다.)

계산 과정 )

답 : _____

■ T형보 판별

• $a = \dfrac{A_s f_y}{\eta(0.85 f_{ck})\,b} = \dfrac{4000 \times 300}{1 \times 0.85 \times 21 \times 1000} = 67.23\,\mathrm{mm}$

∴ $a = 67.23\,\mathrm{mm} < t_f = 70\,\mathrm{mm}$ : 폭 $b = 1000\mathrm{mm}$ 직사각형보

■ 공칭 휨 강도 $M_n = A_s f_y \left( d - \dfrac{a}{2} \right) = 4000 \times 300 \times \left( 600 - \dfrac{67.23}{2} \right)$

$= 679662000\,\mathrm{N \cdot mm} = 679.66\,\mathrm{kN \cdot m}$

□□□ 기07③, 4점

**19** 그림과 같은 단면을 가지는 철근 콘크리트 T형보의 등가 직사각형 응력 블록의 깊이 $a$를 구하시오. (단, $f_{ck} = 21$MPa, $f_y = 400$MPa, $A_s = 1,926$mm²)

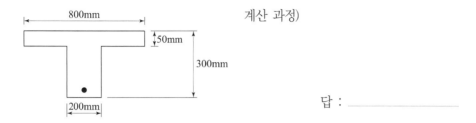

계산 과정)

답 : _____

해답 T형보 판별

$f_{ck} \leq 40$MPa일 때 $\eta = 1.0$, $\beta_1 = 0.80$

$$a = \frac{A_s f_y}{\eta(0.85 f_{ck})b} = \frac{1926 \times 400}{1 \times 0.85 \times 21 \times 800} = 53.95\,\text{mm}$$

$a = 53.95\,\text{mm} > t_f = 50\text{m}$ ∴ T형보

$$A_{sf} = \frac{\eta(0.85 f_{ck}) \cdot t(b-b_w)}{f_y} = \frac{1 \times 0.85 \times 21 \times 50(800-200)}{400} = 1338.75\,\text{mm}^2$$

$$\therefore a = \frac{f_y(A_s - A_{sf})}{\eta(0.85 f_{ck})b_w} = \frac{400(1926 - 1338.75)}{1 \times 0.85 \times 21 \times 200} = 65.80\,\text{mm}$$

□□□ 기13③,15②③, 4점

**20** 아래 그림과 같은 T형보에서 이 단면의 공칭 휨 모멘트($M_n$)를 구하시오.
(단, $A_s = 8$-D35 $= 7653$mm², $f_{ck} = 21$MPa, $f_y = 400$MPa이다.)

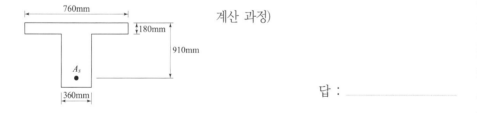

계산 과정)

답 : _____

해답 ■ T형보 판별

• $f_{ck} \leq 40$MPa일 때 $\eta = 1.0$, $\beta_1 = 0.80$

• $a = \dfrac{A_s f_y}{\eta(0.85 f_{ck})b} = \dfrac{7653 \times 400}{1 \times 0.85 \times 21 \times 760} = 225.65\,\text{mm}$

∴ $a = 225.65 > t_f = 180$mm ∴ T형보

• $A_{sf} = \dfrac{\eta(0.85 f_{ck})(b-b_w)t_f}{f_y} = \dfrac{1 \times 0.85 \times 21(760-360) \times 180}{400} = 3213\,\text{mm}^2$

• $a = \dfrac{(A_s - A_{sf})f_y}{\eta(0.85 f_{ck})b_w} = \dfrac{(7653 - 3213) \times 400}{1 \times 0.85 \times 21 \times 360} = 276.38\,\text{mm}$

■ $M_n = \left\{ A_{sf}f_y\left(d - \dfrac{t}{2}\right) + (A_s - A_{sf})f_y\left(d - \dfrac{a}{2}\right) \right\}$

∴ $M_n = \left\{ 3213 \times 400 \times \left(910 - \dfrac{180}{2}\right) + (7653 - 3213) \times 400\left(910 - \dfrac{276.38}{2}\right) \right\}$

$= 2424598560\,\text{N} \cdot \text{mm} = 2424.60\,\text{kN} \cdot \text{m}$

## 08 보의 전단 해석

□□□ 산13③, 5점

21 폭 400mm, 유효 깊이 600mm인 보통 중량 콘크리트보($f_{ck}=27$MPa)가 부담할 수 있는 공칭 전단 강도($V_c$)를 구하시오.

계산 과정)

답 : _____

해답 보통 중량 콘크리트보가 부담할 수 있는 공칭 전단 강도

$$V_c = \frac{1}{6}\lambda\sqrt{f_{ck}}\,b_w d$$

$$= \frac{1}{6}\times 1\times\sqrt{27}\times 400\times 600$$

$$= 207846\,\text{N} = 208\,\text{kN}$$

□□□ 산10③, 4점

22 폭 300mm, 유효 깊이 600mm인 직사각형보에서 전단 철근의 보강 없이 보통 중량 콘크리트가 부담할 수 있는 설계 전단 강도($\phi V_c$)를 구하시오. (단, 보통 중량 콘크리트 $f_{ck}=35$MPa)

계산 과정)

답 : _____

해답 보통 중량 콘크리트보가 부담할 수 있는 설계 전단 강도

$$\phi V_c = \phi\frac{1}{6}\lambda\sqrt{f_{ck}}\,b_w d$$

$$= 0.75\times\frac{1}{6}\times 1\times\sqrt{35}\times 300\times 600$$

$$= 133112\,\text{N} = 133.11\,\text{kN}$$

 **KEY** 전단과 비틀림의 경우, 강도감소계수 $\phi = 0.75$

□□□ 기09①, 4점

**23** 계수 전단력 $V_u = 60$kN을 최소 전단 철근 없이 견딜 수 있는 철근 콘크리트 직사각형보를 설계하고자 할 때 유효 깊이 $d$의 최소값을 구하시오.
(단, $f_{ck} = 28$MPa, 단면의 폭 $b_w = 350$mm, $f_y = 400$MPa이다.)

계산 과정)

답 : _____

해답 콘크리트가 부담하는 전단 강도

$$V_u \leq \frac{1}{2}\phi V_c$$

$$V_u \leq \frac{1}{2}\phi \frac{1}{6}\lambda\sqrt{f_{ck}}\,b_w\,d$$

$$60 \times 10^3 \leq \frac{1}{2} \times 0.75 \times \frac{1}{6} \times 1 \times \sqrt{28} \times 350 \times d$$

$\therefore$ 유효 깊이 $d = 518.36$mm

□□□ 산09③, 4점

**24** 계수 전단력 $V_u = 65$kN을 받고 있는 보에서 전단 철근의 보강 없이 지지하고자 할 경우 필요한 최소 유효 깊이를 구하시오. (단, 보의 폭은 400mm이고 $f_{ck} = 21$MPa, $f_y = 350$MPa이다.)

계산 과정)

답 : _____

해답 콘크리트가 부담하는 전단 강도

$$V_u \leq \frac{1}{2}\phi V_c$$

$$V_u \leq \frac{1}{2}\phi \frac{1}{6}\lambda\sqrt{f_{ck}}\,b_w\,d$$

$$65 \times 10^3 \leq \frac{1}{2} \times 0.75 \times \frac{1}{6} \times 1 \times \sqrt{21} \times 400 \times d$$

$\therefore$ 유효 깊이 $d = 567.37$mm

산11③,14②, 4점

**25** 계수 전단력 $V_u = 70kN$을 받고 있는 보에서 전단 철근의 보강 없이 지지하고자 할 경우 필요한 최소 유효 깊이를 구하시오.
(단, 보의 폭은 400mm이고 $f_{ck} = 21MPa$, $f_y = 400MPa$이다.)

계산 과정)

답 : _____

콘크리트가 부담하는 전단 강도

$$V_u \leq \frac{1}{2}\phi V_c$$

$$V_u \leq \frac{1}{2}\phi \frac{1}{6}\lambda \sqrt{f_{ck}} b_w d$$

$$70 \times 10^3 \leq \frac{1}{2} \times 0.75 \times \frac{1}{6} \times 1 \times \sqrt{21} \times 400 \times d$$

∴ 유효 깊이 $d = 611.01mm$

산12①,15②, 6점

**26** 폭 $b_w = 300mm$, 유효 깊이 $d = 450mm$이고, $A_s = 2570mm^2$인 철근 콘크리트 단철근 직사각형보에서 $f_{ck} = 30MPa$, $f_y = 400MPa$일 때 다음 물음에 답하시오.

가. 콘크리트가 부담할 수 있는 전단 강도($V_c$)를 구하시오.

계산 과정)

답 : _____

나. 강도 설계법에 의한 보의 설계 휨 강도($\phi M_n$)를 구하시오.

계산 과정)

답 : _____

가. $V_c = \frac{1}{6}\lambda \sqrt{f_{ck}} b_w d$

$$= \frac{1}{6} \times 1 \times \sqrt{30} \times 300 \times 450 = 123238N = 123kN$$

나. $f_{ck} = 30MPa \leq 40MPa$일 때 $\eta = 1.0$, $\beta_1 = 0.80$

$$a = \frac{A_s f_y}{0.85 f_{ck} b} = \frac{2570 \times 400}{0.85 \times 30 \times 300} = 134.38mm$$

$$\phi M_n = \phi A_s f_y \left(d - \frac{a}{2}\right) = 0.85 \times 2570 \times 400 \left(450 - \frac{134.38}{2}\right)$$

$$= 334499378N \cdot mm = 334.50kN \cdot m$$

□□□ 산10①, 6점

## 27 다음 물음에 답하시오.

가. 계수 전단력 $V_u = 36$kN을 받을 수 있는 직사각형 단면이 최소 전단 철근 없이 견딜 수 있는 콘크리트의 최소 단면적 $b_w d$를 구하시오.
(단, $f_{ck} = 24$MPa)

계산 과정)

답 : _____

나. 계수 전단력 $V_u = 75$kN을 받을 수 있는 직사각형 단면을 설계하려고 한다. 전단 철근의 최소량을 사용할 경우, 필요한 콘크리트의 최소 단면적 $b_w d$를 구하시오. (단, $f_{ck} = 28$MPa)

계산 과정)

답 : _____

해답 가. 전단 철근 없이 계수 전단력을 지지할 조건

$$V_u \leq \frac{1}{2}\phi V_c = \frac{1}{2}\phi \frac{1}{6}\lambda \sqrt{f_{ck}}\, b_w d \text{에서}$$

$$36 \times 10^3 = \frac{1}{2} \times 0.75 \times \frac{1}{6} \times 1 \times \sqrt{24}\, b_w d$$

$$\therefore b_w d = 117575.51\,\text{mm}^2$$

나. 전단 철근의 최소량을 사용할 경우의 범위

$$\frac{1}{2}\phi V_c < V_u \leq \phi V_c = \phi \frac{1}{6}\lambda \sqrt{f_{ck}}\, b_w d$$

$$75 \times 10^3 = 0.75 \times \frac{1}{6} \times 1 \times \sqrt{28}\, b_w d$$

$$\therefore b_w d = 113389.34\,\text{mm}^2$$

□□□ 산12③, 6점

## 28 강도 설계법에 의한 계수 전단력 $V_u = 70$kN을 받을 수 있는 직사각형 단면을 설계하려고 한다. 다음 물음에 답하시오. (단, $f_{ck} = 24$MPa)

가. 최소 전단 철근 없이 견딜 수 있는 콘크리트의 최소 단면적 $b_w d$를 구하시오.

계산 과정)

답 : _____

MEMO

나. 전단 철근의 최소량을 사용할 경우, 필요한 콘크리트의 최소 단면적 $b_w d$를 구하시오.

계산 과정)

답 : _____

**[해설]** 가. 전단 철근 없이 계수 전단력을 지지할 조건

$V_u \leq \dfrac{1}{2}\phi V_c = \dfrac{1}{2}\phi\dfrac{1}{6}\lambda\sqrt{f_{ck}}\,b_w d$ 에서

$70\times 10^3 = \dfrac{1}{2}\times 0.75\times\dfrac{1}{6}\times 1\times\sqrt{24}\,b_w d$

$\therefore\ b_w d = 228619.04\,\text{mm}^2$

나. 전단 철근의 최소량을 사용할 경우의 범위

$\dfrac{1}{2}\phi V_c < V_u \leq \phi V_c = \phi\dfrac{1}{6}\lambda\sqrt{f_{ck}}\,b_w d$

$70\times 10^3 = 0.75\times\dfrac{1}{6}\times 1\times\sqrt{24}\,b_w d$

$\therefore\ b_w d = 114309.52\,\text{mm}^2$

□□□ 산13①, 6점

**29** 폭 $b_w = 300\text{mm}$, 유효 깊이 $d = 450\text{mm}$이고, $A_s = 2027\text{mm}^2$인 철근 콘크리트 단철근 직사각형보에서 $f_{ck} = 28\text{MPa}$, $f_y = 400\text{MPa}$일 때 다음 물음에 답하시오.

가. 강도 설계법으로 설계 휨 강도($\phi M_n$)를 구하시오.

계산 과정)

답 : _____

나. 계수 전단력 $V_u = 45\text{kN}$을 받고 있는 보일 때 전단 철근의 유무를 판단하시오.

계산 과정)

답 : _____

**[해설]** 가. $f_{ck} \leq 40\text{MPa}$일 때 $\eta = 1.0$, $\beta_1 = 0.80$

$a = \dfrac{A_s f_y}{\eta(0.85 f_{ck})b} = \dfrac{2027\times 400}{1\times 0.85\times 28\times 300} = 113.56\,\text{mm}$

$c = \dfrac{a}{\beta_1} = \dfrac{113.56}{0.80} = 141.95\,\text{mm}$

$\epsilon_t = \dfrac{0.0033(d-c)}{c} = \dfrac{0.0033(450-141.95)}{141.95} = 0.0072 > 0.005\,(\text{인장지배})$

$\therefore\ \phi = 0.85$

$$\therefore \ \phi M_n = \phi A_s f_y\left(d - \frac{a}{2}\right) = 0.85 \times 2027 \times 400\left(450 - \frac{113.56}{2}\right)$$
$$= 270999360\text{N} \cdot \text{mm} = 271.00\text{kN} \cdot \text{m}$$

나. 전단철근의 최소량을 사용할 범위

$$\frac{1}{2}\phi V_c < V_u \leq \phi V_c = \phi\frac{1}{6}\lambda\sqrt{f_{ck}}\,b_w d$$

- $\dfrac{1}{2}\phi V_c = \dfrac{1}{2} \times \phi\dfrac{1}{6}\lambda\sqrt{f_{ck}}\,b_w d = \dfrac{1}{2} \times 0.75 \times \dfrac{1}{6} \times 1 \times \sqrt{28} \times 300 \times 450$
  $$= 44647\text{N} = 44.65\text{kN}$$

- $\phi V_c = \phi\dfrac{1}{6}\lambda\sqrt{f_{ck}}\,b_w d = 0.75 \times \dfrac{1}{6} \times \sqrt{28} \times 300 \times 450 = 89294\text{N} = 89.29\text{kN}$

- $44.65\text{kN} < 45\text{kN} \leq 89.29\text{kN}$
  $\therefore$ 전단 철근의 최소량 배치

□□□ 기11①, 6점

**30** 보통 중량콘크리트의 U형 스터럽이 배치된 직사각형 단철근보의 설계전단강도 ($\phi V_n$)를 아래의 경우에 대해 각각 구하시오. (단, 스터럽 단면적 $A_v = 142.66\text{mm}^2$, 스터럽 간격=200mm, 단면폭=300mm, 유효깊이=450mm, $f_{ck}$=24MPa, $f_y$=350MPa)

가. 수직스터럽을 전단철근으로 사용하는 경우 설계전단강도($\phi V_n$)를 구하시오.

계산 과정)

답 : _____

나. 경사 스터럽를 전단 철근으로 사용하는 경우 설계 전단 강도($\phi V_n$)를 구하시오. (단, 경사 스터럽과 부재축의 사잇각은 $60°$ 이다.)

계산 과정)

답 : _____

해답 가. • $V_c = \dfrac{1}{6}\lambda\sqrt{f_{ck}}\,b_w d$

$$= \dfrac{1}{6} \times 1 \times \sqrt{24} \times 300 \times 450 = 110227\text{N} = 110.23\text{kN}$$

• 전단 강도

$$V_s = \frac{A_v f_{yt} d}{s} \leq V_c = \frac{2\lambda\sqrt{f_{ck}}}{3}b_w d$$

$$V_s = \frac{2\lambda\sqrt{f_{ck}}}{3}b_w d$$

$$= \frac{2 \times 1 \times \sqrt{24}}{3} \times 300 \times 450 = 440908\text{N} = 440.91\text{kN}$$

$$V_s = \frac{A_v f_{yt} d}{s}$$

$$= \frac{(142.66 \times 2) \times 350 \times 450}{200} = 224690\,\text{N} = 224.69\text{kN} < 440.91\text{kN}$$

$$\therefore \phi V_n = \phi(V_c + V_s) = 0.75(110.23 + 224.69) = 251.19\text{kN}$$

나. 경사 스터럽을 전단 철근으로 사용하는 경우 전단 강도

• $V_c = \dfrac{1}{6}\lambda\sqrt{f_{ck}}\,b_w d = \dfrac{1}{6} \times 1 \times \sqrt{24} \times 300 \times 450 = 110227\,\text{N} = 110.23\text{kN}$

• $V_s = \dfrac{A_v f_{yt}(\sin\alpha + \cos\alpha)d}{s}$

$$= \frac{(142.66 \times 2) \times 350 \times (\sin 60° + \cos 60°) \times 450}{200} = 306932\,\text{N} = 306.93\text{kN}$$

$$\therefore \phi V_n = \phi(V_c + V_s) = 0.75 \times (110.23 + 306.93) = 312.87\text{kN}$$

---

□□□ 기13③, 6점

**31** 보통 중량콘크리트의 U형 스터럽이 배치된 직사각형 단철근보의 설계 전단 강도 ($\phi V_n$)를 아래의 경우에 대해 각각 구하시오. (단, 스터럽 철근 1개의 단면적 $A_v$ = 126.7mm$^2$, 스터럽 간격($s$) = 120mm, 단면폭 = 300mm, 유효깊이 = 500mm, $f_{ck}$=30MPa, $f_y$=400MPa)

가. 수직 스터럽을 전단 철근으로 사용하는 경우 설계 전단 강도($\phi V_n$)를 구하시오.

계산 과정)

답 : _____

나. 경사 스터럽을 전단 철근으로 사용하는 경우 설계 전단 강도($\phi V_n$)를 구하시오. (단, 경사 스터럽과 부재축의 사잇각은 60° 이다.)

계산 과정)

답 : _____

---

해답 가. • $V_c = \dfrac{1}{6}\lambda\sqrt{f_{ck}}\,b_w d = \dfrac{1}{6} \times 1 \times \sqrt{30} \times 300 \times 500 = 136931\,\text{N} = 136.93\text{kN}$

• 전단 강도

$$V_s = \frac{A_v f_{yt} d}{s} \le V_s = \frac{2\lambda\sqrt{f_{ck}}}{3}\,b_w d \text{ 이하}$$

$$V_s = \frac{2\lambda\sqrt{f_{ck}}}{3}\,b_w d = \frac{2 \times 1 \times \sqrt{30}}{3} \times 300 \times 500 = 547723\,\text{N} = 548\text{kN}$$

$$V_s = \frac{A_v f_{yt} d}{s} = \frac{(126.7 \times 2) \times 400 \times 500}{120} = 422333\,\text{N} = 422.33\text{kN} \le 548\text{kN}$$

$\therefore$ 설계 전단 강도 $\phi V_n = \phi(V_c + V_s) = 0.75(136.93 + 422.33) = 419.45\text{kN}$

나. 경사 스터럽을 전단 철근으로 사용하는 경우 전단 강도

$$V_c = \frac{1}{6}\lambda\sqrt{f_{ck}}\,b_w d = \frac{1}{6}\times 1\times\sqrt{30}\times 300\times 500 = 136931\text{N} = 136.93\text{kN}$$

$$V_s = \frac{A_v f_{yt}(\sin\alpha+\cos\alpha)d}{s}$$

$$= \frac{(126.7\times 2)\times 400\times(\sin 60°+\cos 60°)\times 500}{120}$$

$$= 576918\text{N} = 576.92\text{kN}$$

$$\phi V_n = \phi(V_c + V_d)$$

$$= 0.75(136.93 + 576.92) = 535.39\,\text{kN}$$

□□□ 기09③,12③,15②, 6점

**32** 고정 하중(자중 포함) 15.7kN/m, 활하중 47.6kN/m를 받는 그림과 같은 직사각형 단철근보가 있다. 아래 물음에 답하시오.
(단, 인장 철근량 $A_s = 6360\text{mm}^2$, $f_{ck} = 21\text{MPa}$)

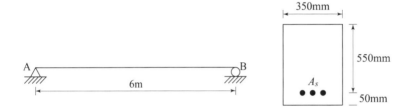

가. 위험 단면에서의 계수 전단력($V_u$)을 구하시오.
(단, 작용하는 하중은 하중 계수 및 하중 조합을 사용하여 계수 하중을 적용한다.)

계산 과정)

답 : _____

나. 지점 A점을 기준으로 전단 철근을 배치해야 할 구간의 길이를 구하시오.

계산 과정)

답 : _____

해답 가. 계수 하중

$$w = 1.6w_l + 1.2w_d$$

$$= 1.6\times 47.6 + 1.2\times 15.7 = 95\,\text{kN/m}$$

∴ 계수 전단력  $V_u = R_A - w\cdot d = \dfrac{w\cdot l}{2} - w\cdot d$

$$= \frac{95\times 6}{2} - 95\times 0.55 = 232.75\text{kN}$$

나. 콘크리트가 부담하는 콘크리트의 설계 전단 강도

$$V_n = \phi \frac{1}{6} \lambda \sqrt{f_{ck}}\, b_w\, d$$

$$= 0.75 \times \frac{1}{6} \times 1 \times \sqrt{21} \times 350 \times 550 = 110268\text{N} = 110.27\text{kN}$$

전단 철근 배치 구간($x$)

$$3 : x = 285 : (285 - 110.27)$$

$$x = \frac{(285 - 110.27) \times 3}{285} = 1.84\text{m}$$

$$\therefore \; S_A = R_A = \frac{95 \times 6}{2} = 285\text{kN}$$

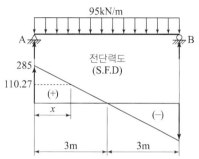

기12①,14①, 6점

**33** 그림과 같은 지간이 6m인 단철근 직사각형보에 활하중이 47kN/m이 작용하고 있다. 다음 물음에 답하시오. (단, 콘크리트의 단위 질량 25kN/m³, $A_s = 2027\text{mm}^2$, $f_{ck} = 24\text{MPa}$, $f_y = 400\text{MPa}$이다.)

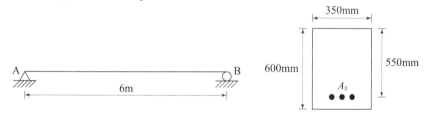

가. 단철근 직사각형보의 설계 휨 강도($\phi M_n$)를 구하시오.

　계산 과정)

　　　　　　　　　　　　　　답 : _____

나. 단철근 직삭각형보에 작용하는 계수하중을 구하시오.

　계산 과정)

　　　　　　　　　　　　　　답 : _____

다. 단철근 직사각형보의 위험 단면에서 전단 철근이 부담해야 할 전단력($V_s$)을 강도 설계법으로 구하시오.

　계산 과정)

　　　　　　　　　　　　　　답 : _____

해답 가. • $f_{ck} \leq 40\text{MPa}$일 때 $\eta = 1.0$, $\beta_1 = 0.80$

• $a = \dfrac{A_s f_y}{\eta (0.85 f_{ck}) b} = \dfrac{2027 \times 400}{1 \times 0.85 \times 24 \times 350} = 113.56\,\text{mm}$

• $c = \dfrac{a}{\beta_1} = \dfrac{113.56}{0.80} = 141.95\text{mm}$

• $\epsilon_t = \dfrac{0.0033 \times (d-c)}{c} = \dfrac{0.0033 \times (550 - 141.95)}{141.95} = 0.0095 > 0.005$ (인장지배)

∴ $\phi = 0.85$

∴ $\phi M_n = \phi A_s f_y \left( d - \dfrac{a}{2} \right) = 0.85 \times 2027 \times 400 \left( 550 - \dfrac{113.56}{2} \right)$

$= 339917360\text{N} \cdot \text{mm} = 339.92\,\text{kN} \cdot \text{m}$

나. $w_u = 1.2 w_D + 1.6 w_L = 1.2 \times (25 \times 0.35 \times 0.600) + 1.6 \times 47 = 81.5\,\text{kN/m}$

다. $V_u = \phi (V_c + V_s)$에서

• 위험단면에서 계수전단력

$V_u = R_A - w \cdot d = \dfrac{w \cdot l}{2} - w \cdot d = \dfrac{81.5 \times 6}{2} - 81.5 \times 0.55 = 199.68\,\text{kN}$

• 콘크리트가 부담하는 전단력

$V_c = \dfrac{1}{6} \lambda \sqrt{f_{ck}} b_w d = \dfrac{1}{6} \times 1 \times \sqrt{24} \times 350 \times 550 = 157176\text{N} = 157.18\text{kN}$

• $199.68 = 0.75 (157.18 + V_s)$

∴ 전단철근이 부담할 전단력 $V_s = 109.06\text{kN}$

# 09 슬래브

□□□ 기11③, 6점

**34** 보가 있거나 또는 없는 슬래브 내의 휨 모멘트 산정을 위한 이론적인 절차들, 설계 및 시공 과정의 단순화에 대한 요구, 그리고 슬래브 시스템의 거동에 대한 전례들을 고려하여 개발된 것이 직접 설계법이다. 이러한 직접 설계법을 적용할 수 있는 제한사항을 예시와 같이 3가지만 쓰시오.(단, 예시의 내용은 정답에서 제외한다.)

> [예시] 각 방향으로 3경간 이상 연속되어야 한다.

① _____

② _____

③ _____

해답 ① 슬래브판들은 단변 경간에 대한 장변 경간의 비가 2 이하인 직사각형이어야 한다.
② 각 방향으로 연속한 받침부 중심 간 경간 차이는 긴 경간의 1/3 이하이어야 한다.
③ 연속한 기둥 중심선을 기준으로 기둥의 어긋남은 그 방향 경간의 10% 이하이어야 한다.
④ 모든 하중은 슬래브판 전체에 걸쳐 등분포된 연직하중이어야 하며, 활하중은 고정하중의 2배 이하이어야 한다.
⑤ 모든 변에서 보가 슬래브를 지지할 경우 직교하는 두 방향에서 보의 상대 강성은 0.2 이상 5.0 이하이어야 한다.

| memo |

# 2 PART

# 필답형 콘크리트기사 과년도 문제

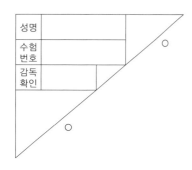

| 성명 | |
| --- | --- |
| 수험번호 | |
| 감독확인 | |

# 과년도 문제를 풀기 전 숙지 사항

연습도 실전처럼!!!

---

## * 수험자 유의사항

1. 시험장 입실시 반드시 신분증(주민등록증, 운전면허증, 모바일 신분증, 여권, 한국산업인력공단 발행 자격증 등)을 지참하여야 한다.
2. 계산기는 『공학용 계산기 기종 허용군』 내에서 준비하여 사용한다.
3. 시험 중에는 핸드폰 및 스마트워치 등을 지참하거나 사용할 수 없다.
4. 시험문제 내용과 관련된 메모지 사용 등은 부정행위자로 처리된다.
   - 당해시험을 중지하거나 무효처리된다.
   - 3년간 국가 기술자격 검정에 응시자격이 정지된다.

## ** 채점사항

1. 수험자 인적사항 및 계산식을 포함한 답안 작성은 검은색 필기구만 사용해야 하며, 그 외 연필류, 빨간색, 청색 등 필기구로 작성한 답항은 0점 처리 됩니다.
2. 답안과 관련 없는 특수한 표시를 하거나 특정임을 암시하는 경우 답안지 전체를 0점 처리된다.
3. 계산문제는 반드시 『계산과정과 답란』에 기재하여야 한다.
   - 계산과정이 틀리거나 없는 경우 0점 처리된다.
   - 정답도 반드시 답란에 기재하여야 한다.
4. 답에 단위가 없으면 오답으로 처리된다.
   - 문제에서 단위가 주어진 경우는 제외
5. 계산문제의 소수점처리는 최종결과값에서 요구사항을 따르면 된다.
   - 소수점 처리에 따라 최종답에서 오차범위 내에서 상이할 수 있다.
6. 문제에서 요구하는 가지 수(항수)는 요구하는 대로, 3가지를 요구하면 3가지만, 4가지를 요구하면 4가지만 기재하면 된다.
7. 단답형은 여러 가지를 기재해도 한 가지로 보며, 오답과 정답이 함께 기재되어 있으면 오답으로 처리된다.
8. 답안 정정 시에는 두 줄(═)로 그어 표시하거나, 수정테이프(수정액은 제외)로 답안을 정정하여야 합니다.
9. 수험자 유의사항 미준수로 인해 발생되는 채점상의 불이익은 본인에게 책임이 있다.
10. 답안지 및 채점기준표는 절대로 공개하지 않는다.

# 국가기술자격 실기시험문제

2012년도 기사 제1회 필답형 실기시험(기사)

| 종 목 | 시험시간 | 배 점 | 성 명 | 수험번호 |
|---|---|---|---|---|
| 콘크리트기사 | 2시간 | 60 | | |

※ 수험자 인적사항 및 계산식을 포함한 답안 작성은 검은색 필기구만 사용해야 하며, 그 외 연필류, 빨간색, 청색 등 필기구로 작성한 답항은 0점 처리 됩니다.

---

□□□ 기07③,12①, 산11③

**01** 철근이 배치된 일반적인 구조물에서 아래 각 조건의 경우 표준적인 온도 균열 지수 값의 범위를 쓰시오.

| 득점 | 배점 |
|---|---|
| | 6 |

가. 균열 발생을 방지하여야 할 경우 : _____

나. 균열 발생을 제한 할 경우 : _____

다. 유해한 균열 발생을 제한 할 경우 : _____

해답 가. 1.5 이상
　　　나. 1.2~1.5
　　　다. 0.7~1.2

---

□□□ 기05③,12①,16②, 산06③,07③,22②

**02** 콘크리트의 컨시스턴시를 구하는 측정 방법을 4가지만 쓰시오.

| 득점 | 배점 |
|---|---|
| | 4 |

① _____

② _____

③ _____

④ _____

해답 ① 슬럼프 시험
　　② 구관입 시험(케리볼 시험)
　　③ 비비 시험(진동대에 의한 반죽 질기 시험)
　　④ 리몰딩 시험
　　⑤ 다짐 계수 시험

☐☐☐ 기12①

**03** 콘크리트 퓸(KS F 2567)의 표준에서 사용되는 다음 용어에 대해 정의를 간단히 쓰시오.

| 득점 | 배점 |
|---|---|
| | 6 |

가. 기준 모르타르

  ○

나. 시험 모르타르

  ○

다. 활성도 지수

  ○

---

해답 가. 실리카퓸의 품질 시험에서 기준이 되는 모르타르로서 보통 포틀랜드 시멘트로 제작된 모르타르를 사용한다.
　　　나. 실리카퓸의 품질 시험에서 사용되는 모르타르로서 보통 포틀랜드 시멘트의 실리카퓸을 질량비 9 : 1로 하여 제작한 모르타르
　　　다. 기준 모르타르의 압축 강도에 대한 시험 모르타르의 압축 강도비를 백분율로 표시한 것

☐☐☐ 기12③,23②, 산10③,11③,20④,21①

**04** 급속 동결 융해에 대한 콘크리트의 저항 시험 방법(KS F 2456)에 대해 다음 물음에 답하시오.

| 득점 | 배점 |
|---|---|
| | 8 |

가. 동결 융해의 정의를 간단히 쓰시오.

  ○

나. 동결 융해 1사이클의 소요 시간 범위를 쓰시오.

  ○

다. 동결 융해에 대한 콘크리트의 저항 시험을 하기 위한 콘크리트 시험체 시험 개시 1차 변형 공명 진동수($n$)가 2400(Hz)이고, 동결 융해 300사이클 후의 1차 변형 공명 진동수($n1$)가 2000(Hz)일 때 상대 동탄성 계수를 구하시오.

  ○

---

해답 가. 미경화 콘크리트의 온도가 0℃ 이하일 때 콘크리트 중의 물이 얼어 있다가 외기온도가 따뜻해지면 얼었던 물이 녹는 현상
　　　나. 2 ~ 4시간
　　　다. $P_c = \left(\dfrac{n1}{n}\right)^2 \times 100$

　　　　$= \left(\dfrac{2000}{2400}\right)^2 \times 100 = 69.44\%$

□□□ 기12①

05 콘크리트의 시방 배합 결과 단위 시멘트량 320kg, 단위 수량 181kg, 단위 잔 골재량 705kg, 단위 굵은 골재량 1107kg이었다. 현장 배합을 위한 검사 결과 잔 골재 속의 5mm 체에 남은 양 2%, 굵은 골재 속의 5mm 체를 통과하는 양 4%, 잔골재의 표면수 2.5%, 굵은 골재의 표면수 1%일 때 현장 배합량의 단위 잔골 재량, 단위 굵은 골재량, 단위 수량을 구하시오.

득점 배점
6

계산 과정)

[답] ① 단위 수량 : _____

② 단위 잔골재량 : _____

③ 단위 굵은 골재량 : _____

해답 ■ 입도에 의한 조정

• $S = 705\text{kg}$, $G = 1107\text{kg}$, $a = 2\%$, $b = 4\%$

• $X = \dfrac{100S - b(S+G)}{100 - (a+b)} = \dfrac{100 \times 705 - 4(705 + 1107)}{100 - (2+4)} = 672.89\text{kg/m}^3$

• $Y = \dfrac{100G - a(S+G)}{100 - (a+b)} = \dfrac{100 \times 1107 - 2(705 + 1107)}{100 - (2+4)} = 1139.11\text{kg/m}^3$

■ 표면수에 의한 조정

• 잔골재의 표면수 $= 672.89 \times \dfrac{2.5}{100} = 16.82\text{kg}$

• 굵은 골재의 표면수 $= 1139.11 \times \dfrac{1}{100} = 11.39\text{kg}$

■ 현장 배합량

• 단위 수량 : $181 - (16.82 + 11.39) = 152.79\text{kg/m}^3$

• 단위 잔골재량 : $672.89 + 16.82 = 689.71\text{kg/m}^3$

• 단위 굵은 골재량 : $1139.11 + 11.39 = 1150.50\text{kg/m}^3$

□□□ 기05①,09①,12①

06 굵은 골재의 유해물 함유량 한도 규격을 아래 표의 빈칸을 채우시오.

득점 배점
6

| 종류 | 최대값(%) |
|---|---|
| 점토 덩어리 | ① |
| 연한 석편 | ② |
| 0.08mm 체 통과량 | ③ |

해답 ① 0.25

② 5.0

③ 1.0

□□□ 기12①,14①,17②

07 그림과 같은 지간이 6m인 단철근 직사각형보에 활하중이 47kN/m이 작용하고 있다. 다음 물음에 답하시오. (단, 콘크리트의 단위 질량 25kN/m³, $A_s$ = 2027mm², $f_{ck}$ = 24MPa, $f_y$ = 400MPa이다.)

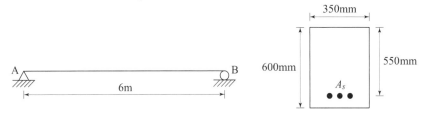

가. 단철근 직사각형보의 설계 휨 강도($\phi M_n$)를 구하시오.

계산 과정)

답 : _____

나. 단철근 직사각형보에 작용하는 계수하중을 구하시오.

계산 과정)

답 : _____

다. 단철근 직사각형보의 위험 단면에서에서 전단 철근이 부담해야 할 전단력($V_s$)을 강도 설계법으로 구하시오.

계산 과정)

답 : _____

해답 가. $a = \dfrac{A_s f_y}{\eta(0.85 f_{ck})b} = \dfrac{2027 \times 400}{1 \times 0.85 \times 24 \times 350} = 113.56\,\text{mm}$

• $f_{ck} = 24\text{MPa} \leq 40\text{MPa}$일 때 $\eta = 1.0$, $\beta_1 = 0.80$

• $c = \dfrac{a}{\beta_1} = \dfrac{113.56}{0.80} = 141.95\,\text{mm}$

• $\epsilon_t = \dfrac{0.0033(d-c)}{c} = \dfrac{0.0033(550-141.95)}{141.95} = 0.0095 > 0.005$ (인장지배)

∴ $\phi = 0.85$

∴ $\phi M_n = \phi A_s f_y \left(d - \dfrac{a}{2}\right) = 0.85 \times 2027 \times 400 \left(550 - \dfrac{113.56}{2}\right)$

$= 339917360\text{N} \cdot \text{mm} = 339.92\,\text{kN} \cdot \text{m}$

나. $w_u = 1.2 w_D + 1.6 w_L = 1.2 \times (25 \times 0.35 \times 0.600) + 1.6 \times 47 = 81.5\,\text{kN/m}$

다. $V_u = \phi(V_c + V_s)$에서

• 위험단면에서 계수전단력

$V_u = R_A - w \cdot d = \dfrac{w \cdot l}{2} - w \cdot d = \dfrac{81.5 \times 6}{2} - 81.5 \times 0.55 = 199.68\,\text{kN}$

• 콘크리트가 부담하는 전단력

$V_c = \dfrac{1}{6} \lambda \sqrt{f_{ck}}\, b_w d = \dfrac{1}{6} \times 1 \times \sqrt{24} \times 350 \times 550 = 157176\text{N} = 157.18\,\text{kN}$

• $199.68 = 0.75(157.18 + V_s)$

∴ 전단철근이 부담할 전단력 $V_s = 109.06\,\text{kN}$

□□□ 기09①,12①

08 표면 건조 포화 상태의 굵은 골재의 질량이 3020g, 절대 건조 상태의 질량이 2873g이며, 이 골재가 물속에 24시간 흡수된 수중 질량은 1865g이다. 굵은 골재의 표면 건조 포화 상태의 밀도를 구하시오. (단, 물의 온도는 20℃이고, 이때의 물의 밀도는 0.9982g/cm³이다.)

득점 | 배점
--- | ---
 | 4

계산 과정)

답 : _____

$$D_s = \frac{B}{B-C} \times \rho_w = \frac{3020}{3020-1865} \times 0.9982 = 2.61\,\mathrm{g/cm^3}$$

 KEY

- 절대 건조 상태의 밀도

$$D_d = \frac{A}{B-C} \times \rho_w = \frac{2873}{3020-1865} \times 0.9982 = 2.48\,\mathrm{g/cm^3}$$

- 겉보기 밀도(진밀도)

$$D_A = \frac{A}{A-C} \times \rho_w = \frac{2873}{2873-1865} \times 0.9982 = 2.85\,\mathrm{g/cm^3}$$

□□□ 기12①,17①,20③

09 어떤 고로 슬래그의 화학 성분을 조사한 결과가 아래의 표와 같을 때 다음 물음에 답하시오.

득점 | 배점
--- | ---
 | 6

| FeO | CaO | $SiO_2$ | $Al_2O_3$ | MgO | S | $TiO_2$ | $Na_2O$ | $K_2O$ |
| --- | --- | --- | --- | --- | --- | --- | --- | --- |
| 0.07 | 37.9 | 41.2 | 12.4 | 4.2 | 0.82 | 1.42 | 0.41 | 0.56 |

가. 고로 슬래그의 염기도를 구하시오.

계산 과정)

답 :

나. 고로 슬래그 시멘트에 사용가능 여부를 판정하시오.

계산 과정)

답 : _____

가. $b = \dfrac{CaO + MgO + Al_2O_3}{SiO_2}$

$$= \frac{37.9 + 4.2 + 12.4}{41.2} = 1.32$$

나. 고로 슬래그 시멘트에 사용하는 염기도는 1.60 이상이어야 한다.

$b = 1.32 < 1.60$

∴ 사용할 수 없음

□□□ 기09③,12①

10 골재의 안정성 시험을 위한 시험 용액 제조 방법에 대해서 간단히 쓰시오.

득점 | 배점
4

○

해답 ① 25~30℃의 깨끗한 물 1L에 무수 황산나트륨을 약 250g, 또는 황산 나트륨(결정)을 750g의 비율로 가하여 저어 섞으면서 녹이고 약 20℃가 될 때까지 식힌다.
② 용액을 48시간 이상 20±1℃의 온도로 유지한 후 시험에 사용한다.

□□□ 기12①,16②

11 콘크리트용 화학 혼화제(KS F 2560)의 성능 시험 항목 6가지만 쓰시오.

득점 | 배점
6

①　　　　　　　　　②

③　　　　　　　　　④

⑤　　　　　　　　　⑥

해답 ① 감수율　　　② 블리딩량의 비　　　③ 응결 시간의 차
④ 압축강도 비　　⑤ 길이 변화비　　　⑥ 동결 융해에 대한 저항성
⑦ 경시 변화량

 KEY 콘크리용 화학 혼화제의 품질 항목

| 품질 항목 | | AE제 |
|---|---|---|
| 감수율(%) | | 6 이상 |
| 블리딩양의 비(%) | | 75 이하 |
| 응결 시간의 차(분)(초결) | 초결 | − 60 ~ + 60 |
| | 종결 | − 60 ~ + 60 |
| 압축 강도의 비(%)(28일) | | 90 이상 |
| 길이 변화비(%) | | 120 이하 |
| 동결 융해에 대한 저항성(상대 동탄성 계수)(%) | | 80 이상 |

# 국가기술자격 실기시험문제

2012년도 기사 제3회 필답형 실기시험(기사)

| 종 목 | 시험시간 | 배 점 | 성 명 | 수험번호 |
|---|---|---|---|---|
| 콘크리트기사 | 2시간 | 60 | | |

※ 수험자 인적사항 및 계산식을 포함한 답안 작성은 검은색 필기구만 사용해야 하며, 그 외 연필류, 빨간색, 청색 등 필기구로 작성한 답항은 0점 처리 됩니다.

---

□□□ 기10③,12③

**01** 굵은 골재의 최대 치수 25mm, 슬럼프 120mm, 물-결합재비 50%의 콘크리트 $1m^3$를 만들기 위하여 제시된 표를 보고 배합표를 완성하시오. (단, 시멘트 밀도 $0.00315g/mm^3$ 잔골재 밀도 $0.0026g/mm^3$, 잔골재 조립률 2.85, 굵은 골재 밀도 $0.0027g/mm^3$, 양질의 공기 연행제를 사용하며 사용량은 시멘트 질량의 0.03%, 공기량은 4.5%로 설계한다.)

【콘크리트의 단위 굵은 골재 용적, 잔골재율 및 단위 수량의 대략값】

| 굵은 골재 최대 치수 (mm) | 단위 굵은 골재 용적 (%) | 공기 연행제를 사용하지 않은 콘크리트 | | | 공기연행 콘크리트 | | | | |
|---|---|---|---|---|---|---|---|---|---|
| | | 갇힌 공기 (%) | 잔골재율 $S/a(\%)$ | 단위 수량 (kg) | 공기량 (%) | 양질의 공기연행제를 사용한 경우 | | 양질의 공기연행 감수제를 사용한 경우 | |
| | | | | | | 잔골재율 $S/a(\%)$ | 단위 수량 $W(kg/m^3)$ | 잔골재율 $S/a(\%)$ | 단위 수량 $W(kg/m^3)$ |
| 15 | 58 | 2.5 | 53 | 202 | 7.0 | 47 | 180 | 48 | 170 |
| 20 | 62 | 2.0 | 49 | 197 | 6.0 | 44 | 175 | 45 | 165 |
| 25 | 67 | 1.5 | 45 | 187 | 5.0 | 42 | 170 | 43 | 160 |
| 40 | 72 | 1.2 | 40 | 177 | 4.5 | 39 | 165 | 40 | 155 |

① 이 표의 값은 보통의 입도를 가진 잔골재(조립률 2.8 정도)와 부순 돌을 사용한 물-결합재비 55% 정도, 슬럼프 80mm 정도의 콘크리트에 대한 것이다.

② 사용 재료 또는 콘크리트의 품질이 ①의 조건과 다를 경우에는 위 표의 값을 다음 표에 따라 보정한다.

득점 | 배점 | 10

【배합수 및 잔골재율의 보정 방법】

| 구 분 | $S/a$의 보정(%) | $W$의 보정(kg) |
|---|---|---|
| 잔골재의 조립률이 0.1만큼 클(작을) 때마다 | 0.5만큼 크게(작게) 한다. | 보정하지 않는다. |
| 슬럼프 값이 10mm보다 클(작을) 때마다 | 보정하지 않는다. | 1.2% 크게(작게) 한다. |
| 공기량이 1%만큼 클(작을) 때마다 | 0.5~1.0만큼 작게(크게) 한다. | 3%만큼 작게(크게) 한다. |
| 물-결합재비가 0.05만큼 클(작을) 때마다 | 1만큼 크게(작게) 한다. | 보정하지 않는다. |
| $S/a$가 1% 클(작을) 때마다 | 보정하지 않는다. | 1.5kg만큼 크게(작게) 한다. |
| 자갈을 사용할 경우 | 3~5만큼 작게 한다. | 9~15kg만큼 작게 한다. |
| 부순 모래를 사용할 경우 | 2~3만큼 크게 한다. | 6~9kg만큼 크게 한다. |

주) 단위 굵은 골재 용적에 의하는 경우에는 잔골재의 조립률이 0.1만큼 커질(작아질) 때
마다 단위 굵은 골재용 적을 1%만큼 작게(크게) 한다.

【배합표】

| 굵은 골재 최대 치수 (mm) | 슬럼프 (mm) | 공기량 (%) | $W/C$ (%) | 잔골재율 $(S/a)$ (%) | 단위량(kg/m³) 물 $(W)$ | 단위량(kg/m³) 시멘트 $(C)$ | 단위량(kg/m³) 잔골재 $(S)$ | 단위량(kg/m³) 굵은 골재 $(G)$ | 혼화제 (g/m³) |
|---|---|---|---|---|---|---|---|---|---|
| 25 | 120 | 4.5 | 50 | | | | | | |

계산 과정)

답 : _____

해답 잔골율($S/a$)과 단위수량($W$)

| 보정항목 | 배합 참고표 | 설계조건 | 잔골재율($S/a$) 보정 | 단위수량($W$)의 보정 |
|---|---|---|---|---|
| 굵은골재의 치수 25mm일 때 | | | $S/a = 42\%$ | $W = 170\text{kg}$ |
| 잔골재의 조립률 | 2.80 | 2.85($\uparrow$) | $\dfrac{2.85-2.80}{0.10}\times(+0.5)$ $=+0.25(\uparrow)$ | 보정하지 않는다. |
| 슬럼프값 | 80mm | 120mm($\uparrow$) | 보정하지 않는다. | $\dfrac{120-80}{10}\times 1.2 = 4.8\%(\uparrow)$ |
| 공기량 | 5.0 | 4.5($\downarrow$) | $\dfrac{5.0-4.5}{1}\times 0.75$ $=+0.375\%(\uparrow)$ | $\dfrac{5.0-4.5}{1}\times 3 = +1.5\%(\uparrow)$ |
| $W/C$ | 55% | 50%($\downarrow$) | $\dfrac{0.55-0.50}{0.05}\times(-1)$ $=-1\%(\downarrow)$ | 보정하지 않는다. |
| $S/a$ | 42% | 41.63%($\downarrow$) | 보정하지 않는다. | $\dfrac{42-41.63}{1}\times(-1.5)$ $=-0.555\text{kg}(\downarrow)$ |
| 보정값 | | | $S/a = 42+0.25+0.375-1$ $=41.63\%$ | $170\left(1+\dfrac{4.8}{100}+\dfrac{1.5}{100}\right)$ $-0.555 = 180.16\text{kg}$ |

∴ 잔골재율 $S/a = 41.63\%$, 단위수량 $W = 180.16\text{kg}$

- 단위시멘트량 $C$ : $\dfrac{W}{C} = 0.50 = \dfrac{180.16}{C}$ $\quad \therefore \quad C = 360.32 \, \text{kg/m}^3$

- 공기연행(AE)제 : $360.32 \times \dfrac{0.03}{100} = 0.10810 \, \text{kg/m}^3 = 108.10 \, \text{g/m}^3$

- 단위골재량의 절대체적

$$V_a = 1 - \left( \frac{\text{단위수량}}{1000} + \frac{\text{단위 시멘트}}{\text{시멘트비중} \times 1000} + \frac{\text{공기량}}{100} \right)$$

$$= 1 - \left( \frac{180.16}{1000} + \frac{360.32}{3.15 \times 1000} + \frac{4.5}{100} \right) = 0.661 \, \text{m}^3$$

- 단위 잔골재량

$S = V_a \times S/a \times \text{잔골재밀도} \times 1000$

$\quad = 0.661 \times 0.4163 \times 2.60 \times 1000 = 715.45 \, \text{kg/m}^3$

- 단위 굵은골재량

$G = V_g \times (1 - S/a) \times \text{굵은골재 밀도} \times 1000$

$\quad = 0.661 \times (1 - 0.4163) \times 2.70 \times 1000 = 1041.73 \, \text{kg/m}^3$

$\therefore$ 배합표

| 굵은 골재의 최대 치수(mm) | 슬럼프 (mm) | $W/C$ (%) | 잔골재율 $S/a$(%) | 단위량(kg/m³) | | | | 단위 혼화제 g/m³ |
|---|---|---|---|---|---|---|---|---|
| | | | | 물 | 시멘트 | 잔골재 | 굵은 골재 | |
| 25 | 120 | 50 | 41.63% | 180.16 | 360.32 | 715.45 | 1041.73 | 108.10 |

 배합설계 참고표에서 찾는 법
- 「설계조건 및 재료」에서 확인할 사항
- 양질의 공기연행제 사용여부
- 굵은골재의 최대치수 확인

| 굵은골재 최대치수 (mm) | 공기량(%) | 공기연행제를 사용하지 않는 콘크리트 | |
|---|---|---|---|
| | | 잔골재율 $S/a$(%) | 단위수량 $W$(kg/m³) |
| 25 | 5.0 | 42 | 170 |

 기12③, 산07③

**02 콘크리트의 동결 융해 저항성 측정 시 사용되는 1사이클의 온도 범위와 시간을 쓰시오.**

| 득점 | 배점 |
|---|---|
| | 4 |

가. 동결 융해 1사이클의 원칙적인 온도 범위를 쓰시오.

답 : _____

나. 동결 융해 1사이클의 소요시간범위를 쓰시오.

답 : _____

 가. $-18\,°\!C \sim 4\,°\!C$　　　나. $2 \sim 4$시간

 동결 융해 1사이클
- 동결 융해 1사이클은 공시체 중심부의 온도를 원칙으로 하며 원칙적으로 $4\,°\!C$에서 $-18\,°\!C$로 떨어지고, 다음에 $-18\,°\!C$에서 $4\,°\!C$로 상승하는 것으로 한다.
- 동결 융해 1사이클의 소요 시간은 2시간 이상, 4시간 이하로 한다.

□□□ 기08③,12③,16③, 산17②,20④,21②

03 모르타르 및 콘크리트의 길이 변화 시험 방법(KS F 2424)에 규정되어 있는
길이변화 측정 방법 3가지를 쓰시오.

득점 | 배점
| 6

① _____  ② _____

③ _____

해답 ① 콤퍼레이터 방법
② 콘택트 게이지 방법
③ 다이얼 게이지 방법

□□□ 기12③,17②④

04 경량 골재 콘크리트는 보통 콘크리트에 비해 진동기를 찔러 넣는 간격을 작게
하거나 진동 시간을 약간 길게 해 충분히 다져야 한다. 이 진동기로 다지는 표준
적인 찔러 넣기 간격 및 진동 시간에 대해 빈칸을 채우시오.

득점 | 배점
| 4

| 콘크리트의 종류 | 찔러 넣기 간격(m) | 진동 시간(초) |
|---|---|---|
| 유동화되지 않은 것 | ① | ③ |
| 유동화된 것 | ② | ④ |

해답 찔러 넣기 간격 및 시간의 표준

| 콘크리트의 종류 | 찔러 넣기 간격(m) | 진동 시간(초) |
|---|---|---|
| 유동화되지 않은 것 | 0.3 | 30 |
| 유동화된 것 | 0.4 | 10 |

□□□ 기12③

05 공장 제품에 사용하는 증기 양생의 양생 온도에 대한 시험 및 검사 방법을
3가지만 쓰시오.

득점 | 배점
| 3

① _____  ② _____

③ _____

해답 ① 온도 상승률
② 온도 강하율
③ 최고 온도와 지속 시간

공장 제품의 양생 온도, 탈형할 때 강도, 프리스트레스 도입할 때의 강도에 대한 품질 검사

| 항목 | 시험 검사 방법 | 시기·횟수 |
|---|---|---|
| 양생 온도 | • 온도 상승률<br>• 온도 강하<br>• 최고 온도와 지속 시간 | 재료·배합 등을 변경한 경우 또는 수시 |
| 탈형할 때의 강도 | • 일반적인 공장 제품은 재령 14일에서의 압축 강도 시험값 | 재료·배합·양생 방법 등을 변경한 경우 또는 수시 |
| 프리스트레스 도입할 때의 강도 | • 특수한 촉진 양생은 재령 14일 이전의 압축 강도 시험값<br>• 촉진 양생의 경우는 재령 28일에서 압축 강도 시험값 | |

□□□ 기09③,12③,15②,22③

**06** 고정 하중(자중 포함) 15.7kN/m, 활하중 47.6kN/m를 받는 그림과 같은 직사각형 단철근보가 있다. 아래 물음에 답하시오.

(단, 인장 철근량 $A_s = 6360\text{mm}^2$, $f_{ck} = 21\text{MPa}$)

| 득점 | 배점 |
|---|---|
| | 6 |

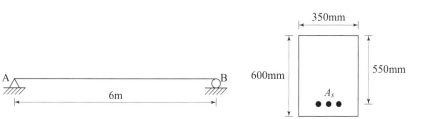

가. 위험 단면에서의 계수 전단력($V_u$)을 구하시오. (단, 작용하는 하중은 하중 계수 및 하중 조합을 사용하여 계수 하중을 적용한다.)

계산 과정)

답 : _____

나. 지점 A점을 기준으로 전단 철근을 배치해야 할 구간의 길이를 구하시오.

계산 과정)

답 : _____

**가.** • 계수 하중

$$w = 1.6 w_l + 1.2 w_d$$
$$= 1.6 \times 47.6 + 1.2 \times 15.7 = 95\,\text{kN/m}$$

• 계수 전단력

$$V_u = R_A - w \cdot d$$
$$= \frac{w \cdot l}{2} - w \cdot d = \frac{95 \times 6}{2} - 95 \times 0.55 = 232.75\,\text{kN}$$

나. • 콘크리트가 부담하는 콘크리트의 설계 전단 강도

$$V_n = \phi \frac{1}{6} \lambda \sqrt{f_{ck}} \, b_w d$$

$$= 0.75 \times \frac{1}{6} \times 1 \times \sqrt{21} \times 350 \times 550$$

$$= 110268\text{N} = 110.27\text{kN}$$

• 전단 철근 배치 구간($x$)

$$3 : x = 285 : (285 - 110.27)$$

$$x = \frac{(285 - 110.27) \times 3}{285} = 1.84\text{m}$$

$$(\because S_A = R_A = \frac{95 \times 6}{2} = 285\text{kN})$$

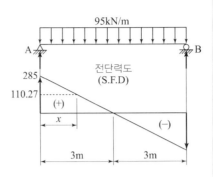

**07** 알칼리 시험 측정 결과 시멘트 속에 포함된 $Na_2O$는 0.43%, $K_2O$는 0.4%의 알칼리 함유량을 갖고 있다. 다음 물음에 답하시오.

| 득점 | 배점 |
|---|---|
|  | 6 |

가. 시멘트 중 전 알칼리량을 구하시오.

계산 과정 )

답 :

나. 알칼리 골재 반응의 종류 2가지만 쓰시오.

① _____ ② _____

---

해답 가. $R_2O = Na_2O + 0.658K_2O$

$$= 0.43 + 0.658 \times 0.4 = 0.69\%$$

나. ① 알칼리-실리카 반응
② 알칼리-탄산염 반응
③ 알칼리-실리게이트 반응

**08** 그림과 같이 단철근 직사각형보에 대한 다음 물음에 답하시오.
(단, $A_s = 2570\text{mm}^2$, $f_{ck} = 30\text{MPa}$, $f_y = 400\text{MPa}$이다.)

| 득점 | 배점 |
|---|---|
|  | 8 |

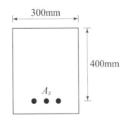

가. 보의 파괴 형태(인장 파괴, 압축 파괴, 균형 파괴 중 하나)를 판정하시오.

　계산 과정)

답 : _____

나. 보의 압축 응력 직사각형의 깊이 $a$를 구하시오.

　계산 과정)

답 : _____

다. 강도 감소 계수를 구하시오.

　계산 과정)

답 : _____

라. 단철근 직사각형보의 설계 휨 강도($\phi M_n$)를 구하시오.

　계산 과정)

답 : _____

해설 가. • 균형 철근비 $\rho_b = \dfrac{\beta_1(0.85f_{ck})}{f_y}\dfrac{660}{660+f_y}$

　• $f_{ck} = 30\text{MPa} \leq 40\text{MPa}$일 때 $\eta = 1.0$, $\beta_1 = 0.80$

　• $\rho_b = \dfrac{0.80 \times 0.85 \times 30}{400} \times \dfrac{660}{660+400} = 0.0318$

　• 철근비 $\rho = \dfrac{A_s}{bd} = \dfrac{2570}{300 \times 400} = 0.0214$

　∴ $\rho < \rho_b$ : 연성 파괴(과소 철근보)

나. $a = \dfrac{A_s f_y}{\eta(0.85f_{ck})b} = \dfrac{2570 \times 400}{1 \times 0.85 \times 30 \times 300} = 134.38\,\text{mm}$

다. $\phi = 0.65 + (\epsilon_t - 0.002)\dfrac{200}{3}$

　• $c = \dfrac{a}{\beta_1} = \dfrac{134.38}{0.80} = 167.98\text{mm}$

　• $\epsilon_t = \dfrac{0.0033(d-c)}{c} = \dfrac{0.0033(400 - 167.98)}{167.98} = 0.00456 < 0.005$

　∴ $\phi = 0.65 + (0.00456 - 0.002) \times \dfrac{200}{3} = 0.821$

라. $\phi M_n = \phi f_y \cdot A_s\left(d - \dfrac{a}{2}\right)$

$= 0.821 \times 400 \times 2570 \times \left(400 - \dfrac{134.38}{2}\right)$

$= 280887646\,\text{N·mm} = 280.89\,\text{kN·m}$

□□□ 기05①,06③,07③,09③,11③,12③,13③,21①, 산08③,12①③

09 다음 성과표는 굵은 골재의 밀도 및 흡수율 시험을 15℃에서 실시한 결과이다. 이 결과를 보고 아래 물음에 답하시오.

| 득점 | 배점 |
|---|---|
| | 6 |

| | |
|---|---|
| 공기 중 절대 건조 상태의 시료 질량($A$) | 3940g |
| 표면 건조 포화 상태의 시료 질량($B$) | 4000g |
| 물 속에서의 시료 질량($C$) | 2491g |
| 15℃에서의 물의 밀도 | 0.9991g/cm$^3$ |

가. 표면 건조 상태의 밀도를 구하시오.

계산 과정)

답 : _____

나. 절대 건조 상태의 밀도를 구하시오.

계산 과정)

답 : _____

다. 겉보기 밀도(진밀도)를 구하시오.

계산 과정)

답 : _____

해답 가. $D_s = \dfrac{B}{B-C} \times \rho_w = \dfrac{4000}{4000-2491} \times 0.9991 = 2.65\,\text{g/cm}^3$

　　나. $D_d = \dfrac{A}{B-C} \times \rho_w = \dfrac{3940}{4000-2491} \times 0.9991 = 2.61\,\text{g/cm}^3$

　　다. $D_A = \dfrac{A}{A-C} \times \rho_w = \dfrac{3940}{3940-2491} \times 0.9991 = 2.72\,\text{g/cm}^3$

□□□ 기05①,06③,09①,12③,13③

10 매스 콘크리트의 온도 균열 발생 여부에 대한 검토는 온도 균열 지수에 의해 평가하는 것을 원칙으로 한다. 아래 물음에 답하시오.

| 득점 | 배점 |
|---|---|
| | 6 |

가. 정밀한 해석 방법에 의한 온도 균열 지수를 구하는 식을 쓰시오.

○

나. 철근이 배치된 일반적인 구조물에서 아래 각 조건의 경우 표준적인 온도 균열
　　지수값의 범위를 쓰시오.

① 균열 발생을 방지하여야 할 경우 : _____

② 균열 발생을 제한할 경우 : _____

③ 유해한 균열 발생을 제한 할 경우 : _____


해답 가. $I_{cr}(t) = \dfrac{f_{sp}(t)}{f_t(t)}$

　　　　여기서, $f_t(t)$ : 재령 $t$일에서의 수화열에 의하여 생긴 부재 내부의 온도 응력
　　　　　　　　　　　　최대값(MPa)

　　　　　　　　$f_{sp}(t)$ : 재령 $t$일에서의 콘크리트의 쪼갬 인장 강도로서, 재령 및 양생 온도를
　　　　　　　　　　　　고려하여 구함(MPa).

　　나. ① 1.5 이상
　　　　② 1.2~1.5
　　　　③ 0.7~1.2

2013년도 기사 제3회 필답형 실기시험(기사)

| 종 목 | 시험시간 | 배 점 | 성 명 | 수험번호 |
|---|---|---|---|---|
| 콘크리트기사 | 2시간 | 60 | | |

※ 수험자 인적사항 및 계산식을 포함한 답안 작성은 검은색 필기구만 사용해야 하며, 그 외 연필류, 빨간색, 청색 등 필기구로 작성한 답항은 0점 처리 됩니다.

☐☐☐ 기05①,06③,07③,09③,11③,12③,13③, 산08③,12①③,20①

01 굵은 골재의 밀도 시험 결과 다음과 같은 측정 결과를 얻었다. 표면 건조 포화 상태의 밀도, 절대 건조 상태의 밀도, 겉보기 밀도(진밀도)를 구하시오.

| 득점 | 배점 |
|---|---|
| | 6 |

- 절대 건조 상태 질량($A$) : 989.5g
- 표면 건조 포화 상태 질량($B$) : 1000g
- 시료의 수중 질량($C$) : 615.4g
- 20℃에서 물의 밀도 : 0.9970g/cm$^3$

가. 표면 건조 상태의 밀도를 구하시오.

계산 과정 )

답 :

나. 절대 건조 상태의 밀도를 구하시오.

계산 과정 )

답 :

다. 겉보기 밀도(진밀도)를 구하시오.

계산 과정 )

답 :

 가. $D_s = \dfrac{B}{B-C} \times \rho_w = \dfrac{1000}{1000-615.4} \times 0.9970 = 2.59\,\text{g/cm}^3$

나. $D_d = \dfrac{A}{B-C} \times \rho_w = \dfrac{989.5}{1000-615.4} \times 0.9970 = 2.57\,\text{g/cm}^3$

다. $D_A = \dfrac{A}{A-C} \times \rho_w = \dfrac{989.5}{989.5-615.4} \times 0.9970 = 2.64\,\text{g/cm}^3$

□□□ 기10①,13③, 산11③,20①

02 레디믹스트 콘크리트(KS F 4009)의 혼합에 사용되는 물 중 회수수의 품질에 관한 사항은 부속서에 규정되어 있다. 회수수의 품질 기준에 대한 아래 표의 빈 칸을 채우시오.

득점 배점
　　 6

| 항 목 | 품 질 |
|---|---|
|  |  |
|  |  |
|  |  |

회수수의 품질 기준

| 항 목 | 품 질 |
|---|---|
| 염소 이온($Cl^-$)량 | 250mg/L |
| 시멘트 응결 시간의 차 | 초결은 30분 이내, 종결은 60분 이내 |
| 모르타르의 압축 강도비 | 재령 7일 및 재령 28일에서 90% 이상 |

□□□ 기05③,09③,13③,19②

03 동결 융해에 대한 콘크리트의 저항 시험을 하기 위한 콘크리트 시험체 시험 개시 1차 변형 공명 진동수($n$)가 2400(Hz)이고, 동결융해 300사이클 후의 1차 변형 공명 진동수($n1$)가 2000(Hz)일 때 상대동탄성계수를 구하시오.

득점 배점
　　 3

계산 과정 )

답 : _____

상대동탄성계수

$$P_c = \left(\frac{n1}{n}\right)^2 \times 100$$
$$= \left(\frac{2000}{2400}\right)^2 \times 100 = 69.44\%$$

□□□ 기08③,13③,17③,20①

04 콘크리트의 알칼리 골재 반응 중 알칼리-실리카 반응을 일으킨 콘크리트에 발생하는 현상을 3가지만 쓰시오.

득점 배점
　　 6

① _____

② _____

③ _____

해설 ① 이상 팽창을 일으킨다.

② 표면에 불규칙한 거북등 모양의 균열이 발생한다.

③ 알칼리 실리카 겔(백색)이 표면으로 흘러나오기도 하고 균열 및 공극에 충전되기도 한다.

④ 골재 입자 주변에 흑색의 육안으로 관찰할 수 있는 반응 테두리가 생성된다.

□□□ 기13③,20①

**05** 콘크리트 압축 강도 측정 결과가 다음과 같았다. 다음 물음에 답하시오.

| 득점 | 배점 |
|---|---|
| | 6 |

─────── 【압축 강도 측정 결과(MPa)】 ───────

35, 45.5, 40, 43, 45, 42.5, 40, 38.5, 36, 41, 37.5, 45.5, 44, 36, 45.5

가. 배합 설계에 적용할 압축 강도의 표준편차를 구하시오

계산 과정 )

답 : _____

나. 콘크리트의 호칭강도가 40MPa일 때 콘크리트의 배합 강도를 구하시오.

계산 과정 )

답 : _____

해설 가. 표준편차 $s = \sqrt{\dfrac{\sum (x_i - \overline{x})^2}{n-1}}$

① 압축강도 합계

$\sum x_i = 35 + 45.5 + 40 + 43 + 45 + 42.5 + 40 + 38.5 + 36 + 41 + 37.5$
$\quad\quad + 45.5 + 44 + 36 + 45.5$
$\quad\quad = 615\,\mathrm{MPa}$

② 압축강도 평균값

$\overline{x} = \dfrac{\sum x_i}{n} = \dfrac{615}{15} = 41\,\mathrm{MPa}$

③ 표준편차 합

$\sum (x_i - \overline{x})^2 = (35-41)^2 + (45.5-41)^2 + (40-41)^2 + (43-41)^2 + (45-41)^2$
$\quad\quad + (42.5-41)^2 + (40-41)^2 + (38.5-41)^2 + (36-41)^2$
$\quad\quad + (41-41)^2 + (37.5-41)^2 + (45.5-41)^2 + (44-41)^2$
$\quad\quad + (36-41)^2 + (45.5-41)^2$
$\quad\quad = 198.5\,\mathrm{MPa}$

④ 표준편차 $s = \sqrt{\dfrac{198.5}{15-1}} = 3.77\,\mathrm{MPa}$

⑤ 직선 보간의 표준편차

【시험 횟수가 29회 이하일 때 표준편차의 보정 계수】

| 시험 횟수 | 표준편차의 보정 계수 |
|---|---|
| 15 | 1.16 |
| 20 | 1.08 |
| 25 | 1.03 |
| 30 또는 그 이상 | 1.00 |

∴ 직선 보간 표준 편차 = $3.77 \times 1.16 = 4.37\,\text{MPa}$

나. $f_{cn} = 40\,\text{MPa} > 35\,\text{MPa}$인 경우 ①과 ②값 중 큰 값

① $f_{cr} = f_{cn} + 1.34s = 40 + 1.34 \times 4.37 = 45.86\,\text{MPa}$

② $f_{cr} = 0.9 f_{cn} + 2.33\,s = 0.9 \times 40 + 2.33 \times 4.37 = 46.18\,\text{MPa}$

∴ 배합 강도 $f_{cr} = 46.18\,\text{MPa}$

> **KEY** 시험 기록을 갖고 있지 않지만 15회 이상, 29회 이하의 연속 시험의 기록을 갖고 있는 경우, 표준편차는 계산된 표준편차와 보정 계수의 곱으로 계산할 수 있다.

□□□ 기05①,06③,09①,12③,13③

**06** 매스 콘크리트의 온도 균열 발생 여부에 대한 검토는 온도 균열 지수에 의해 평가하는 것을 원칙으로 한다. 다음 물음에 답하시오.

득점 | 배점
--- | ---
 | 5

가. 정밀한 해석 방법에 의한 온도 균열 지수를 구하는 식을 쓰시오.

계산 과정 )

답 : _____

나. 철근이 배치된 일반적인 구조물에서 아래 각 조건의 경우 표준적인 온도 균열 지수값의 범위를 쓰시오.

① 균열 발생을 방지하여야 할 경우 : _____

② 균열 발생을 제한할 경우 : _____

③ 유해한 균열 발생을 제한할 경우 : _____

 가. $I_{cr}(t) = \dfrac{f_{sp}(t)}{f_{t}(t)}$

여기서,
$f_{t}(t)$ : 재령 $t$일에서의 수화열에 의하여 생긴 부재 내부의 온도 응력 최대값(MPa)
$f_{sp}(t)$ : 재령 $t$일에서의 콘크리트의 쪼갬 인장 강도로서, 재령 및 양생 온도를 고려하여 구함(MPa).

나. ① 1.5 이상
② 1.2~1.5
③ 0.7~1.2

□□□ 기13③, 산09①,12①

**07** 콘크리트의 압축 강도를 추정하기 위한 비파괴 검사 방법의 종류를 3가지만 쓰시오.

| 득점 | 배점 |
|---|---|
| | 4 |

① _____  ② _____

③ _____

해답 ① 반발 경도법
② 초음파 속도법
③ 조합법

□□□ 기13③

**08** 서중 콘크리트를 시공할 때 나타날 수 있는 문제점을 3가지만 쓰시오.

| 득점 | 배점 |
|---|---|
| | 6 |

① _____  ② _____

③ _____

해답 ① 슬럼프의 감소
② 공기량의 감소
③ 응결 시간의 단축
④ 슬럼프 손실의 증가
⑤ 강도의 저하
⑥ 균열의 증가

□□□ 기08③,10①,13③,20③

**09** 잔골재 A의 조립률이 3.4이고 잔골재 B의 조립률이 2.3이다. 이 두 잔골재의 조립률이 적당하지 않아 조립률 2.9인 혼합 골재 1000g을 만들고자 할 때 잔골재 A, B는 각각 몇 g씩 혼합하여야 하는지 계산하시오.

| 득점 | 배점 |
|---|---|
| | 4 |

계산 과정)

답 : _____

해답 A+B=1000 ·························· (1)
3.4A+2.3B=2.9(A+B) ·········· (2)
(2)에서
0.5A − 0.6B = 0 ·················· (3)
(3)+(1) × 0.6
0.5A − 0.6B = 0 ·················· (3)
0.6A+0.6B = 600 ················ (4)
1.1A = 600
∴ A = 545.45g, B = 454.55g

□□□ 기13③,15②③,23②
10 다음 그림과 같은 T형보에서 공칭 휨 모멘트($M_n$)를 구하시오.
(단, $A_s = 8 - D35 = 7653\text{mm}^2$, $f_{ck}=21\text{MPa}$, $f_y=400\text{MPa}$이다.)

득점 | 배점
--- | ---
 | 4

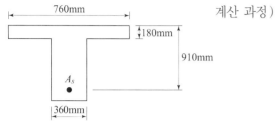

계산 과정 )

답 : _____

해설 ■ T형보 판별

• $a = \dfrac{A_s f_y}{\eta(0.85 f_{ck})\,b} = \dfrac{7653 \times 400}{1 \times 0.85 \times 21 \times 760} = 225.65\,\text{mm}$

∴ $a = 225.65 > t_f = 180\,\text{mm}$ : T형보

• $A_{st} = \dfrac{\eta(0.85 f_{ck})(b - b_w)t_f}{f_y} = \dfrac{1 \times 0.85 \times 21 \times (760 - 360) \times 180}{400} = 3213\,\text{mm}^2$

• $a_w = \dfrac{(A_s - A_{st})f_y}{\eta(0.85 f_{ck})\,b_w} = \dfrac{(7653 - 3213) \times 400}{1 \times 0.85 \times 21 \times 360} = 276.38\,\text{mm}$

■ $M_n = \left\{ A_{st} f_y \left( d - \dfrac{t}{2} \right) + (A_s - A_{st})f_y \left( d - \dfrac{a_w}{2} \right) \right\}$

∴ $M_n = \left\{ 3213 \times 400 \times \left( 910 - \dfrac{180}{2} \right) + (7653 - 3213) \times 400 \left( 910 - \dfrac{276.38}{2} \right) \right\}$

$= 1053864000 + 1370734560$

$= 2424598560\,\text{N} \cdot \text{mm} = 2424.60\,\text{kN} \cdot \text{m}$

□□□ 기09③,13③,15①,20②,22③
11 다음과 같은 조건에서 배합설계표에 의해 콘크리트를 배합하는 데 필요한 단위
수량, 단위 잔골재량, 단위 굵은 골재량을 구하시오.

득점 | 배점
--- | ---
 | 6

• 잔골재율($S/a$) : 41%           • 단위 시멘트량 : $500\text{kg/m}^3$
• 시멘트 밀도 : $3.15\text{g/cm}^3$        • 물-시멘트비($W/C$) : 50%
• 잔골재의 표건 밀도 : $2.59\text{g/cm}^3$    • 굵은 골재의 표건 밀도 : $2.63\text{g/cm}^3$
• 공기량 : 4.5%

계산 과정 )

[답] ① 단위 수량 : _____

② 단위 잔골재량 : _____

③ 단위 굵은 골재량 : _____

해답 ① 물-시멘트비 $\dfrac{W}{C} = 50\%$에서

∴ 단위 수량 $W = 0.50 \times 500 = 250\,\text{kg}$

② 단위 골재의 절대 체적

$$V_a = 1 - \left( \frac{\text{단위 수량}}{1000} + \frac{\text{단위 시멘트량}}{\text{시멘트 밀도} \times 1000} + \frac{\text{공기량}}{100} \right)$$

$$= 1 - \left( \frac{250}{1000} + \frac{500}{3.15 \times 1000} + \frac{4.5}{100} \right) = 0.5463\,\text{m}^3$$

③ 단위 잔골 재량 = 단위 잔골재의 절대 체적 × 잔골재 밀도 × 1000

$$= (0.5463 \times 0.41) \times 2.59 \times 1000 = 580.16\,\text{kg/m}^3$$

④ 단위 굵은 골재량 = 단위 굵은 골재의 절대체적 × 굵은 골재 밀도 × 1000

$$= 0.5463 \times (1 - 0.41) \times 2.63 \times 1000 = 847.69\,\text{kg/m}^3$$

□□□ 기11①,13③,17①,20①

**12** 보통 중량콘크리트의 U형 스터럽이 배치된 직사각형 단철근보의 설계 전단 강도($\phi V_n$)를 아래의 경우에 대해 각각 구하시오. (단, 스터럽 철근 1개의 단면 적 $A_v = 126.7\,\text{mm}^2$, 스터럽 간격($s$) = 120mm, 단면폭 = 300mm, 유효깊이 = 500mm, $f_{ck}$ =30MPa, $f_y$ =400MPa)

가. 수직 스터럽을 전단 철근으로 사용하는 경우 설계 전단 강도($\phi V_n$)를 구하시오.

계산 과정)

답 : _____

나. 경사 스터럽을 전단 철근으로 사용하는 경우 설계 전단 강도($\phi V_n$)를 구하시 오. (단, 경사 스터럽과 부재축의 사잇각은 60° 이다.)

계산 과정)

답 : _____

해답 가. • $V_c = \dfrac{1}{6} \lambda \sqrt{f_{ck}}\, b_w d = \dfrac{1}{6} \times 1 \times \sqrt{30} \times 300 \times 500 = 136931\text{N} = 136.93\text{kN}$

• 전단 강도

$$V_s = \frac{A_v f_{yt} d}{s} \leq V_s = \frac{2\lambda \sqrt{f_{ck}}}{3} b_w d \text{ 이하}$$

$$V_s = \frac{2\lambda \sqrt{f_{ck}}}{3} b_w d = \frac{2 \times 1 \times \sqrt{30}}{3} \times 300 \times 500 = 547723\text{N} = 548\text{kN}$$

$$V_s = \frac{A_v f_{yt} d}{s} = \frac{(126.7 \times 2) \times 400 \times 500}{120} = 422333\text{N} = 422.33\text{kN} \leq 548\text{kN}$$

∴ 설계 전단 강도 $\phi V_n = \phi(V_c + V_s) = 0.75(136.93 + 422.33) = 419.45\text{kN}$

나. 경사 스터럽을 전단 철근으로 사용하는 경우 전단 강도

$$V_c = \frac{1}{6}\lambda\sqrt{f_{ck}}\,b_w\,d = \frac{1}{6}\times 1\times\sqrt{30}\times 300\times 500 = 136931\text{N} = 136.93\text{kN}$$

$$V_s = \frac{A_v f_{yt}(\sin\alpha + \cos\alpha)d}{s} = \frac{(126.7\times 2)\times 400\times(\sin 60° + \cos 60°)\times 500}{120}$$

$$= 576918\text{N} = 576.92\text{kN}$$

$$\phi V_n = \phi(V_c + V_d) = 0.75(136.93 + 576.92) = 535.39\,\text{kN}$$

# 국가기술자격 실기시험문제

2014년도 기사 제1회 필답형 실기시험(기사)

| 종 목 | 시험시간 | 배 점 | 성 명 | 수험번호 |
|---|---|---|---|---|
| 콘크리트기사 | 2시간 | 60 | | |

※ 수험자 인적사항 및 계산식을 포함한 답안 작성은 검은색 필기구만 사용해야 하며, 그 외 연필류, 빨간색, 청색 등 필기구로 작성한 답항은 0점 처리 됩니다.

□□□ 기10①,14①

**01** 매스(mass) 콘크리트의 타설 온도를 낮추는 방법으로는 물, 골재 등의 재료를 선 냉각시키는 프리쿨링(pre cooling) 방법을 표의 보기와 같이 4가지만 쓰시오. (단, 보기의 내용은 정답에서 제외)

| 득점 | 배점 |
|---|---|
| | 4 |

> 액체질소를 사용하여 골재를 냉각

① _____

② _____

③ _____

④ _____

해답 ① 혼합수에 냉수를 사용하는 방법
② 굵은 골재에 냉수를 살수하는 방법
③ 냉각수의 일부를 얼음으로 치환하는 방법
④ 냉수를 사용하여 모래를 냉각하는 방법

□□□ 기14①,21①

**02** 골재를 채석장에서 채석한 석재에 관한 아래 표의 (   ) 안을 채우시오.

| 득점 | 배점 |
|---|---|
| | 4 |

> 색깔 및 조직상태가 서로 다른 암층마다 각각 ( ① ) 이상의 시료를 채취해야 한다. 암석의 인성 및 압축강도시험을 할 필요가 있을 때는 너비 150mm 이상, 두께 ( ② ) 이상의 크기로 채취하고 암석의 결을 표시해 두어야 한다.

① _____     ② _____

해답 ① 25kg
② 100mm

□□□ 기13③,14①
03 아래 용어에 대해 각각 설명하시오.

가. 유동화제 : _____

나. 고성능 감수제 : _____

다. AE제 : _____

라. 베이스 콘크리트(base concrete) : _____

해답 가. 유동화제 : 콘크리트 배합 완료 후 유동성을 목적으로 사용
　　나. 고성능 감수제 : 콘크리트 배합 초기부터 감수 및 유동성을 목적으로 사용
　　다. AE제 : 콘크리트 등의 속에 많은 미소한 기포를 일정하게 분포시키기 위해 사용하는 혼화제
　　라. 베이스 콘크리트(base concrete) : 유동화 콘크리트를 제조할 때 유동화제를 첨가하기
　　　　전의 기본 배합의 콘크리트

□□□ 기09③,12①③,14①,16③,17②
04 그림과 같은 지간이 6m인 단철근 직사각형보에 대하여 다음 물음에 답하시오. (단, 철근콘크리트의 단위 질량 = 25kN/m³, $A_s = 3176mm^2$, $f_{ck} = 30MPa$, $f_y = 400MPa$이다.)

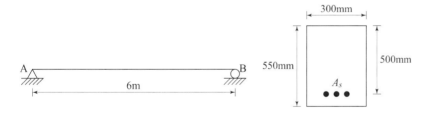

가. 단철근 직사각형 단면의 설계 휨강도($\phi M_n$)를 구하시오.

계산 과정 )

답 : _____

나. 위 보에 활하중($w_L$)은 등분포하중으로 50kN/m이 작용하고 고정하중($w_D$)으로는 보의 자중만 작용할 때 계수하중을 구하시오.

계산 과정 )

답 : _____

다. 위험단면에서 전단철근이 부담하여야 하는 전단강도($V_s$)를 구하시오.

계산 과정 )

답 : _____

해답 가. • $a = \dfrac{A_s f_y}{\eta(0.85 f_{ck})\,b} = \dfrac{3176 \times 400}{1 \times 0.85 \times 30 \times 300} = 166.07\,\mathrm{mm}$

• $f_{ck} = 30\mathrm{MPa} \leq 40\mathrm{MPa}$일 때 $\eta = 1.0,\ \beta_1 = 0.80$

• $c = \dfrac{a}{\beta_1} = \dfrac{166.07}{0.80} = 207.59\,\mathrm{mm}$

• $\epsilon_t = \dfrac{0.0033(d-c)}{c} = \dfrac{0.0033(500 - 207.59)}{207.59} = 0.00465 < 0.005\,(\text{변화구간})$

• $\phi = 0.65 + (\epsilon_t - 0.002)\dfrac{200}{3} = 0.65 + (0.00465 - 0.002)\dfrac{200}{3} = 0.83$

$\therefore\ \phi M_n = \phi A_s f_y \left(d - \dfrac{a}{2}\right)$

$\qquad = 0.83 \times 3176 \times 400 \left(500 - \dfrac{166.07}{2}\right)$

$\qquad = 439661239\,\mathrm{N \cdot mm} = 439.66\,\mathrm{kN \cdot m}$

나. $w_u = 1.2 w_D + 1.6 w_L$

$\qquad = 1.2 \times (25 \times 0.3 \times 0.55) + 1.6 \times 50 = 84.95\,\mathrm{kN/m}$

다. $V_u = \phi(V_c + V_s)$에서

• 위험단면에서 계수전단력

$V_u = R_A - w \cdot d$

$\qquad = \dfrac{w \cdot l}{2} - w \cdot d = \dfrac{84.95 \times 6}{2} - 84.95 \times 0.5 = 212.38\,\mathrm{kN}$

• 콘크리트가 부담하는 전단력

$V_c = \dfrac{1}{6} \lambda \sqrt{f_{ck}}\, b_w d$

$\qquad = \dfrac{1}{6} \times 1 \times \sqrt{30} \times 300 \times 500$

$\qquad = 136930.64\,\mathrm{N} = 136.93\,\mathrm{kN}$

• $V_u = \phi(V_c + V_s)$ : $212.38 = 0.75(136.93 + V_s)$

$\therefore$ 전단철근이 부담할 전단력 $V_s = 146.24\,\mathrm{kN}$

---

□□□ 기14①

**05** 다음 시험 결과에 대한 정밀도의 규정을 예시와 같이 완성하시오.

| 잔골재의 밀도 시험 | $0.01\mathrm{g/cm}^3$ 이하 |
|---|---|
| 잔골재의 흡수율 시험 | ① |
| 굵은골재의 밀도 시험 | ② |
| 굵은골재의 흡수율 시험 | ③ |

해답 ① 0.05% 이하　② $0.01\mathrm{g/cm}^3$ 이하　③ 0.03% 이하

| 구분 | 잔골재 | 굵은 골재 |
|---|---|---|
| 밀도 | $0.01\mathrm{g/cm}^3$ 이하 | $0.01\mathrm{g/cm}^3$ 이하 |
| 흡수율 | 0.05% 이하 | 0.03% 이하 |

□□□ 기09①,10③,14①,17①,20①,23②
06 **굳은 콘크리트 시험에 대하여 다음 물음에 답하시오.**

득점 | 배점
6

가. 콘크리트의 압축 강도시험에서 하중을 가하는 재하 속도를 쓰시오.

○

답 : _____

나. 콘크리트의 휨 강도시험에서 하중을 가하는 재하 속도를 쓰시오.

○

답 : _____

다. 급속 동결 융해에 대한 콘크리트의 저항 시험에서 동결 융해 1사이클의
기준을 쓰시오.

○

답 : _____

해답 가. 매초 (0.6±0.2)MPa
나. 매초(0.06±0.04)MPa
다. 온도 범위 : −18℃ ~ 4℃, 시간 : 2 ~ 4시간

□□□ 기09①,11③,14①②,19①,22②,23②
07 **철근콘크리트 부재의 해석과 설계 원칙에 대해 물음에 답하시오.**

득점 | 배점
8

가. 강도감소계수를 사용하는 목적을 3가지만 쓰시오.

① _____

② _____

③ _____

나. 하중계수와 하중조합을 고려하여 구조물에 작용하는 최대 소요강도(U)를 구하
는 이유를 간단히 쓰시오.

○

해답 가. ① 부정확한 설계 방정식에 대비한 이유
② 주어진 하중 조건에 대한 부재의 연성도와 소요 신뢰도
③ 구조물에서 차지하는 부재의 중요도 등을 반영하기 위해서
④ 재료 강도와 치수가 변동할 수 있으므로 부재의 강도 저하 확률에 대비한 이유
나. 하중의 변경, 구조 해석할 때의 가정 및 계산의 단순화로 인해 야기될지 모르는 초과하
중의 영향에 대비한 것이며, 하중조합에 따른 영향도 대비한 것이다.

☐☐☐ 기14①, 산11③,20④

**08** 콘크리트의 배합설계에서 시방 배합 결과가 아래표와 같을 때 현장 골재의 상태에 따라 각 재료량을 구하시오.

| 득점 | 배점 |
|---|---|
| | 6 |

[표 1] 【시방 배합표】

| 굵은 골재의 최대 치수(mm) | 슬럼프 (mm) | 공기량 (%) | W/B (%) | S/a (%) | 단위량(kg/m³) | | | |
|---|---|---|---|---|---|---|---|---|
| | | | | | 물 | 시멘트 | 잔골재 | 굵은 골재 |
| 25 | 120±15 | 4.5±0.5 | 50 | 41.7 | 181 | 362 | 715 | 1018 |

[표 2] 【현장 골재 상태】

| 잔골재가 5mm 체에 남는 양 | 4% |
|---|---|
| 굵은 골재가 5mm 체를 통과하는 양 | 2% |
| 잔골재의 표면수 | 2.5% |
| 굵은골재의 표면수 : 0.5% | 0.5% |

계산 과정)

[답] ① 단위 수량 : _____

② 단위 잔골재량 : _____

③ 단위 굵은 골재량 : _____

해답 ■ 입도에 의한 조정
- $S = 715$kg, $G = 1018$kg, $a = 4\%$, $b = 2\%$
- $X = \dfrac{100S - b(S+G)}{100 - (a+b)} = \dfrac{100 \times 715 - 2(715 + 1018)}{100 - (4+2)} = 723.77$kg/m³
- $Y = \dfrac{100G - a(S+G)}{100 - (a+b)} = \dfrac{100 \times 1018 - 4(715 + 1018)}{100 - (4+2)} = 1009.23$kg/m³

■ 표면수에 의한 조정
- 잔골재의 표면수 $= 723.77 \times \dfrac{2.5}{100} = 18.09$kg

- 굵은 골재의 표면수 $= 1009.23 \times \dfrac{0.5}{100} = 5.05$kg

■ 현장 배합량
- 단위 수량 : $181 - (18.09 + 5.05) = 157.86$kg/m³
- 단위 잔골재량 : $723.77 + 18.09 = 741.86$kg/m³
- 단위 굵은 골재량 : $1009.23 + 5.05 = 1014.28$kg/m³

□□□ 기07③,14①,17①,20②

09 아래 조건과 같은 한중 콘크리트에 있어서 적산 온도 방식에 의한 물-시멘트비를 보정하시오. (단, 1개월은 30일임)

| 득점 | 배점 |
|---|---|
|  | 4 |

- 보통 포틀랜드 콘크리트를 사용하고 설계 기준 강도는 24MPa로 물-시멘트비($x_{20}$)는 49%이다.
- 보온 양생 조건은 타설 후 최초 5일간은 20℃, 그 후 4일 간 15℃, 또 그 후 4일간은 10℃이고, 그 후 타설된 일평균 기온은 -8℃이다.
- 보통 포틀랜드 시멘트의 적산 온도 M에 대응하는 물-시멘트비의 보정계수 $\alpha$의 산정식 $\alpha = \dfrac{\log(M-100)+0.13}{3}$을 적용한다.

답 : _____

해답 • 적산온도

$$M = \sum_{0}^{t}(\theta+10)\Delta t$$
$$= (20+10)\times 5 + (15+10)\times 4 + (10+10)\times 4 + (-8+10)\times 17$$
$$= 364°D \cdot D$$

• 보정계수
$$\alpha = \frac{\log(M-100)+0.13}{3} = \frac{\log(364-100)+0.13}{3} = 0.851$$

• 물 - 시멘트비 보정
$$x = \alpha \cdot x_{20}$$
$$= 0.851 \times 49 = 41.70\%$$

□□□ 기14①,17②,22①,23②

10 경화된 콘크리트 면에 장비를 이용하여 타격에너지를 가하여 콘크리트 면의 반발경도를 측정하고 반발경도와 콘크리트 압축강도와의 관계를 이용하여 압축강도를 추정하는 비파괴시험 반발경도법 4가지는 무엇인가 쓰시오.

| 득점 | 배점 |
|---|---|
|  | 4 |

① _____ ② _____

③ _____ ④ _____

해답 ① 슈미트 해머법
② 낙하식 해머법
③ 스프링 해머법
④ 회전식 해머법

# 국가기술자격 실기시험문제

## 2014년도 기사 제2회 필답형 실기시험(기사)

| 종 목 | 시험시간 | 배 점 | 성 명 | 수험번호 |
|---|---|---|---|---|
| 콘크리트기사 | 2시간 | 60 | | |

※ 수험자 인적사항 및 계산식을 포함한 답안 작성은 검은색 필기구만 사용해야 하며, 그 외 연필류, 빨간색, 청색 등 필기구로 작성한 답항은 0점 처리 됩니다.

---

□□□ 기09①,11③,14①②,22②

**01** 철근콘크리트 부재에서 부재의 설계강도란 공칭강도에 1.0보다 작은 강도감소 계수 $\phi$를 곱한 값을 말한다. 이러한 강도감소계수를 사용하는 목적을 3가지만 쓰시오.

① _____

② _____

③ _____

해답 ① 부정확한 설계 방정식에 대비하기 위해서
② 주어진 하중조건에 대한 부재의 연성도와 소요 신뢰도를 위해서
③ 구조물에서 차지하는 부재의 중요도 등을 반영하기 위해서
④ 재료강도와 치수가 변동할 수 있으므로 부재의 강도 저하 확률에 대비하기 위해서

득점 배점
6

---

□□□ 기10①,14②,22③

**02** 시멘트 비중시험과 관련된 물음에 답하시오.

가. 광유의 품질기준을 쓰시오.

  ○

나. 르샤틀리에 플라스크에 광유를 넣었을 때의 눈금이 0.5mL, 시멘트 64g를 넣은 경우의 눈금이 20.8mL이였다. 이 시멘트의 비중을 구하시오.

계산 과정 )

답 : _____

해답 가. 온도 23±2℃에서 비중이 약 0.73 이상인 완전히 탈수된 등유나 나프타를 사용한다.

나. 시멘트 비중 $= \dfrac{\text{시멘트의 무게(g)}}{\text{비중병의 눈금차(mL)}} = \dfrac{64}{20.8-0.5} = 3.15$

득점 배점
4

□□□ 12①,14①,17②

03 그림과 같은 지간이 6m인 단철근 직사각형보에 활하중이 57kN/m이 작용하고 있다. 다음 물음에 답하시오. (단, 콘크리트의 단위질량 25kN/m³, $A_s = 2742mm^2$, $f_{ck} = 21MPa$ $f_y = 400MPa$이다.)

| 득점 | 배점 |
|---|---|
|  | 10 |

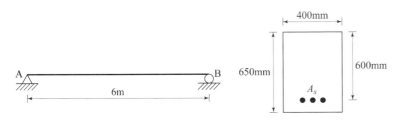

가. 단철근 직사각형보의 설계휨강도($\phi M_n$)를 구하시오.

계산 과정 )

답 : _____

나. 단철근 직사각형보에 작용하는 계수하중을 구하시오.

계산 과정 )

답 : _____

다. 단철근 직사각형보의 위험단면에서에서 전단철근이 부담해야 할 전단강도($V_s$)을 강도설계법으로 구하시오.

계산 과정 )

답 : _____

[해답] 가. • $a = \dfrac{A_s f_y}{\eta(0.85 f_{ck})b} = \dfrac{2742 \times 400}{1 \times 0.85 \times 21 \times 400} = 153.61\,mm$

• $f_{ck} = 21MPa \leq 40MPa$일 때 $\eta = 1.0$, $\beta_1 = 0.80$

• $c = \dfrac{a}{\beta_1} = \dfrac{153.61}{0.80} = 192.01\,mm$

• $\epsilon_t = \dfrac{0.0033(d-c)}{c} = \dfrac{0.0033(600-192.01)}{192.01} = 0.0070 > 0.005$ (인장지배)

∴ $\phi = 0.85$

∴ $\phi M_n = \phi A_s f_y \left(d - \dfrac{a}{2}\right) = 0.85 \times 2742 \times 400 \left(600 - \dfrac{153.61}{2}\right)$

$= 487764235 N \cdot mm = 487.76\,kN \cdot m$

나. $w_u = 1.2 w_D + 1.6 w_L = 1.2 \times (25 \times 0.4 \times 0.65) + 1.6 \times 57 = 99\,kN/m$

다. $V_u = \phi(V_c + V_s)$에서

• 위험단면에서 계수전단력

$V_u = R_A - w \cdot d = \dfrac{w \cdot l}{2} - w \cdot d = \dfrac{99 \times 6}{2} - 99 \times 0.6 = 237.60kN$

• 콘크리트가 부담하는 전단력

$V_c = \dfrac{1}{6} \lambda \sqrt{f_{ck}} b_w d = \dfrac{1}{6} \times 1 \times \sqrt{21} \times 400 \times 600 = 183303N = 183.30kN$

• $237.60 = 0.75(183.30 + V_s)$

∴ 전단근이 부담할 전단력 $V_s = 133.50kN$

□□□ 기 05①,11③,14②,17②

04 알칼리 골재반응 시험 측정결과 아래와 같다. 다음 물음에 답하시오.

득점 | 배점
6

$$Na_2O = 0.43\%, \quad K_2O = 0.4\%$$

가. 시멘트 중 전 알칼리량을 구하시오.

계산 과정)

답 : _____

나. 알칼리 골재 반응의 억제 방법을 3가지만 쓰시오.

① _____

② _____

③ _____

해설 가. $R_2O = Na_2O + 0.658K_2O = 0.43 + 0.658 \times 0.4 = 0.69\%$

나. ① 반응성 골재를 사용하지 않는다.
② 콘크리트의 치밀도를 증대한다.
③ 콘크리트 시공 시 초기결함이 발생하지 않도록 한다.

□□□ 기10③,14②

05 슬래브 또는 보의 콘크리트가 벽 또는 기둥의 콘크리트와 연속하여 타설 될 경우에는 단면이 변하는 경계면에서 굳지 않은 콘크리트의 균열이 발생하는 경우가 많다. 이러한 균열을 무슨 균열이라고 하며, 이에 대한 조치를 2가지만 쓰시오.

득점 | 배점
6

가. 균열의 명칭을 쓰시오.

　○

나. 조치사항 2가지만 쓰시오.

① _____ ② _____

해설 가. 침하균열
나. ① 벽 또는 기둥의 콘크리트 침하가 거의 끝난 다음 슬래브, 보의 콘크리트를 타설한다.
② 침하균열이 발생한 경우는 즉시 다짐이나 재진동을 실시하며 균열을 제거하여야 한다.

□□□ 기10①,14②,22③
**06** 다음과 같은 배합설계표에 의해 콘크리트를 배합하는데 필요한 단위시멘트량, 단위잔골재량, 단위 굵은골재량을 구하시오.

| 득점 | 배점 |
|---|---|
| | 6 |

---

• 잔골재율(S/a) : 42%          • 단위수량 : $168\text{kg/m}^3$

• 시멘트 밀도 : $3.15\text{g/cm}^3$          • 물-시멘트비(W/C) : 60%

• 잔골재의 표건밀도 : $2.57\text{g/cm}^3$          • 굵은 골재의 표건밀도 : $2.62\text{g/cm}^3$

• 갇힌 공기량 : 1%

---

계산 과정)

[답] ① 단위 시멘트량 : _____

② 단위 잔골재량 : _____

③ 단위 굵은 골재량 : _____

해답 ① 물시멘트 비에서 $\dfrac{W}{C}=50\%$에서

∴ 단위 시멘트량 $C=\dfrac{168}{0.60}=280\,\text{kg/m}^3$

② 단위 골재의 절대 체적

$$V_a = 1 - \left( \frac{\text{단위 수량}}{1000} + \frac{\text{단위 시멘트량}}{\text{시멘트 밀도}\times 1000} + \frac{\text{공기량}}{100} \right)$$

$$= 1 - \left( \frac{168}{1000} + \frac{280}{3.15\times 1000} + \frac{1}{100} \right) = 0.733\text{m}^3$$

③ 단위 잔골 재량 = 단위 잔골재의 절대 체적×잔골재 밀도×1000

$$= (0.733\times 0.42)\times 2.57\times 1000 = 791.20\text{kg/m}^3$$

④ 단위 굵은 골재량 = 단위 굵은골재의 절대체적×굵은 골재 밀도×1000

$$= 0.733(1-0.42)\times 2.62\times 1000 = 1113.87\text{kg/m}^3$$

□□□ 기14②
**07** 콘크리트용 화학혼화제의 표준형 품질기준에 대해서 다음 표의 빈칸을 채우시오.

| 득점 | 배점 |
|---|---|
| | 4 |

| 종류 | AE제 | 감수제 | AE 감수제 | 고성능 AE 감수제 |
|---|---|---|---|---|
| 감수율(%) | ① | ② | ③ | ④ |

해답 ① 6%

② 4%

③ 10%

④ 18%

□□□ 기05①,09③,11①,14②,15①,16③ 산08③,10③,12③

08 콘크리트 구조물의 비파괴시험에 대한 다음 물음에 답하시오.

득점 | 배점
6

가. 초음파 전달 비파괴 검사법 중 콘크리트 균열 깊이 측정에 이용되는 4가지 평가 방법을 쓰시오.

① _____ ② _____

③ _____ ④ _____

나. 철근 위치와 피복 두께 측정을 위한 철근 배근 조사 방법인 비파괴 방법을 2가지만 쓰시오.

① _____ ② _____

다. 철근 콘크리트 구조물에서 철근의 부식 정도를 측정하는 비파괴 시험 종류 3가지만 쓰시오.

① _____ ② _____

③ _____

해답 가. ① $T_c - T_o$    ② T법    ③ BS법
　　④ R-S법    ⑤ 레슬리(Leslie)법
나. ① 전자 유도법    ② 전자파 레이더법
다. ① 자연 전위법    ② 분극 저항법    ③ 전기 저항법

□□□ 기06③,07③,09①,10①,14②, 산09③,12①

09 콘크리트용 모래에 포함되어 있는 유기불순물 시험방법(KS F2510)에 사용되는 식별용 표준색 용액을 제조하는 방법을 쓰시오.

득점 | 배점
4

○

해답 식별용 용액은 10%의 알코올 용액으로 2% 탄닌산 용액을 만들고, 그 2.5mL를 3%의 수산화나트륨 용액 97.5mL에 가하여 유리병에 넣어 마개를 닫고 잘 흔든다.

 KEY 표준색 용액 만들기 순서
① 알코올 10g에 물 90g을 타서 10%의 알코올 용액을 만든다.
② 10%의 알코올 용액 9.8g에 탄닌산가루 0.2g을 넣어서 2%탄닌산 용액을 만든다.
③ 물 291g에 수산화나트륨 9g을 섞어서 3%의 수산화나트륨 용액을 만든다.
④ 2% 탄닌산 용액 2.5mL를 3%의 수산화나트륨 용액 97.5mL에 타서 식별용 표준색 용액을 만든다.
⑤ 식별용 표준색 용액 400mL의 시험용 무색 유리병에 넣어 마개를 막고 잘 흔든 다음 24시간 동안 가만히 놓아둔다.

□□□ 기14②

10 배합설계에서 아래 표와 같은 조건일 경우 콘크리트의 물-시멘트비를 구하시오.

득점 배점
6

- 설계기준압축강도는 재령 28일에서 압축강도로서 24MPa
- 30회 이상의 압축강도 시험으로부터 구한 표준편차는 3.5MPa
- 지금까지의 실험에서 시멘트-물비 $C/W$와 재령 28일 압축강도 $f_{28}$과의 관계식
  $f_{28} = -14.7 + 20.7\,C/W$

계산 과정 )

답 : _____

■ $f_{ck} \leq 35$MPa인 경우

- $f_{cr} = f_{ck} + 1.34s = 24 + 1.34 \times 3.5 = 28.69$MPa
- $f_{cr} = (f_{ck} - 3.5) + 2.33s = (24 - 3.5) + 2.33 \times 3.5 = 28.66$MPa
  ∴ 배합강도 $f_{cr} = 28.69$MPa(두 값 중 큰 값)

■ $f_{28} = -14.7 + 20.7\,C/W$ 에서

$28.69 = -14.7 + 20.7\dfrac{C}{W} \rightarrow \dfrac{C}{W} = \dfrac{28.69 + 14.7}{20.7} = \dfrac{43.39}{20.7}$

∴ $\dfrac{W}{C} = \dfrac{20.7}{43.39} = 0.4771 = 47.71\%$

# 국가기술자격 실기시험문제

2014년도 기사 제3회 필답형 실기시험(기사)

| 종 목 | 시험시간 | 배 점 | 성 명 | 수험번호 |
|---|---|---|---|---|
| 콘크리트기사 | 2시간 | 60 | | |

※ 수험자 인적사항 및 계산식을 포함한 답안 작성은 검은색 필기구만 사용해야 하며, 그 외 연필류, 빨간색, 청색 등 필기구로 작성한 답항은 0점 처리 됩니다.

---

□□□ 기14③,23③

**01** 종합적 품질관리(TQC)도구를 7가지를 쓰고, 간단히 설명하시오.

득점 배점
7

① _____   ② _____

③ _____   ④ _____

⑤ _____   ⑥ _____

⑦ _____

해답
① 히스토그램 : 데이터가 어떤 분포를 하고 있는지를 알아보기 위해 작성하는 그림
② 파레토도 : 불량 등의 발생건수를 분류항목별로 나누어 크기 순서대로 나열해 놓은 그림
③ 특성요인도 : 결과에 원인이 어떻게 관계하고 있는가를 한눈에 알 수 있도록 작성한 그림
④ 체크씨이트 : 계수치의 데이터가 분류항목의 어디에 집중되어 있는가를 알아보기 쉽게 나타낸 그림이나 표
⑤ 각종 그래프 : 한눈에 파악되도록 한 각종 그래프
⑥ 산점도 : 대응되는 두 개의 짝으로 된 데이터를 그래프 용지 위에 점으로 나타낸 그림
⑦ 층별 : 집단을 구성하고 있는 데이터를 특징에 따라 몇 개의 부분집단으로 나누는 것

---

□□□ 기07③,11③,14③

**02** 콘크리트의 타설 후 일반적으로 1~3시간 정도의 사이에 발생하며, 타설 후 콘크리트의 표면 가까이에 있는 철근, 매설물 또는 입자가 큰 골재 등이 콘크리트의 침하를 국부적으로 방해함으로써 발생하는 균열을 침하균열이라고 한다. 이러한 침하균열을 방지하기 위한 대책을 4가지만 쓰시오.

득점 배점
4

① _____   ② _____

③ _____   ④ _____

해답
① 타설속도를 늦게 하고, 1회의 타설높이를 작게 한다.
② 단위 수량을 될 수 있는 한 적게 하고, 슬럼프가 작은 콘크리트를 잘 다짐해서 시공한다.
③ 침하 종료 이전에 급격하게 굳어져 점착력을 잃지 않은 시멘트나 혼화제를 선정한다.
④ 균열을 조기에 발견하고, 각재 등으로 두드리는 재타법이나 흙손으로 눌러서 균열을 폐색시킨다.

□□□ 기08③,14③,22① 산12①

03 휨모멘트와 축력을 받는 철근 콘크리트 부재에 강도설계법을 적용하기 위한 기본 가정을 아래 표의 예시와 같이 3가지만 쓰시오.

<table>
<tr><td>득점</td><td>배점</td></tr>
<tr><td></td><td>6</td></tr>
</table>

[예시] 콘크리트의 인장강도는 KDS 14 20 60(4.21)의 규정에 해당하는 경우를 제외하고는 철근콘크리트 부재 단면의 축강도와 휨(인장)강도 계산에서 무시할 수 있다.

① _____    ② _____

③ _____

해답 ① 철근 및 콘크리트의 변형률은 중립축으로부터의 거리에 비례한다.
② 휨모멘트 또는 휨모멘트와 축력을 동시에 받는 부재의 콘크리트 압축연단의 극한변형률은 콘크리트의 설계기준압축강도가 40MPa 이하인 경우에는 0.0033으로 가정한다.
③ 철근의 응력이 설계기준항복강도 $f_y$ 이하일 때 철근의 응력은 $E_s$를 곱한 값으로 한다.
④ 철근의 변형률이 $f_y$에 대응하는 변형률보다 큰 경우 철근의 응력은 변형률에 관계없이 $f_y$로 하여야 한다.

□□□ 기14③

04 포장용 콘크리트의 배합기준에 대한 아래 표의 빈칸을 채우시오.

<table>
<tr><td>득점</td><td>배점</td></tr>
<tr><td></td><td>4</td></tr>
</table>

| 항목 | 기준 |
|---|---|
| 슬럼프 | 40mm 이하 |
| 설계 휨 호칭강도($f_{28}$) | ① |
| 단위 수량 | ② |
| 굵은 골재의 최대치수 | ③ |
| 공기연행 콘크리트의 공기량 범위 | ④ |

해답

| 항 목 | 기 준 |
|---|---|
| 슬럼프 | 40mm 이하 |
| 설계 휨 호칭강도($f_{28}$) | 4.5MPa 이상 |
| 단위 수량 | $150\text{kg/m}^3$ 이하 |
| 굵은 골재의 최대치수 | 40mm 이하 |
| 공기연행 콘크리트의 공기량 범위 | 4~6% |

□□□ 기14③,19①,20②

**05** 다음 그림과 같은 T형보의 경간이 5m인 대칭 T형보에서 슬래브 중심간격이 1m일 때 유효폭과 공칭 휨강도($M_n$)를 구하시오. (단, $A_s = 4000\text{mm}^2$, $f_{ck} = 21\text{MPa}$, $f_y = 400\text{MPa}$)

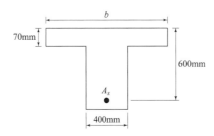

가. 대칭 T형보의 유효폭을 구하시오.

계산 과정 )

답 : _____

나. 강도설계법에서 단철근 T형보의 공칭 휨강도($M_n$)를 구하시오.

계산 과정 )

답 : _____

[해답] 가. · (양쪽으로 각각 내민 플랜지 두께의 8배씩 : $16t_f) + b_w$

$$16t_f + b_w = 16 \times 70 + 400 = 1520\text{mm}$$

· 양쪽의 슬래브의 중심 간 거리 : $1000\text{mm}$

· 보의 경간(L)의 1/4 : $\dfrac{1}{4} \times 5000 = 1250\text{mm}$

∴ 유효폭 $b = 1000\text{mm}$ (가장 작은 값)

나. ■ T형보 판별

· $a_w = \dfrac{A_s f_y}{\eta(0.85f_{ck})b} = \dfrac{4000 \times 400}{1 \times 0.85 \times 21 \times 1000} = 89.64\text{mm}$

· $f_{ck} = 30\text{MPa} \leq 40\text{MPa}$일 때 $\eta = 1.0$, $\beta_1 = 0.80$

∴ $a = 89.64\text{mm} > t_f = 70\text{mm}$ : T형보

· $A_{st} = \dfrac{\eta(0.85f_{ck})(b-b_w)t_f}{f_y}$

$\quad = \dfrac{1 \times 0.85 \times 21(1000-400) \times 70}{400} = 1874.25\text{mm}^2$

· $a_w = \dfrac{(A_s - A_{st})f_y}{\eta(0.85f_{ck})b_w} = \dfrac{(4000 - 1874.25) \times 400}{1 \times 0.85 \times 21 \times 400} = 119.09\text{mm}$

■ $M_n = \left\{ A_{st}f_y\left(d - \dfrac{t}{2}\right) + (A_s - A_{st})f_y\left(d - \dfrac{a}{2}\right) \right\}$

∴ $M_n = \left\{ 1874.25 \times 400 \times \left(600 - \dfrac{70}{2}\right) + (4000 - 1874.25) \times 400\left(600 - \dfrac{119.09}{2}\right) \right\}$

$\quad = 423580500 + 459548887$

$\quad = 883129387\text{N} \cdot \text{mm} = 883.13\text{kN} \cdot \text{m}$

□□□ 기14③
## 06 콘크리트의 수축의 종류 3가지를 쓰고, 간단히 설명하시오.

| 득점 | 배점 |
|---|---|
|  | 6 |

① _____  ② _____

③ _____

해답 ① 자기수축(autogenous shrinkage) : 시멘트의 수화에 의해 응결시점 이후에 거시적으로 생기는 체적 감소
② 탄화수축(carbonation shrinkage) : 공기 중 또는 우수 등에 의해 탄산화 과정을 거치면서 발생되는 수축
③ 소성수축(plastic shrinkage) : 콘크리트가 경화되기 전 수분이 증발하게 되면 모세관 내의 모세응력이 증가하여 인접한 인자들을 끌어당기게 되어 발생하는 수축

□□□ 기07③,09③,14③
## 07 콘크리트의 압축강도를 구하기 위해 전체 시험 횟수 29회의 콘크리트 압축강도 측정결과 다음 표와 같고 호칭강도가 24MPa일 때 다음 물음에 답하시오.

| 득점 | 배점 |
|---|---|
|  | 6 |

【압축강도 측정결과(MPa)】

| 27.2 | 24.1 | 23.4 | 24.2 | 28.6 | 25.7 | 23.5 |
|---|---|---|---|---|---|---|
| 30.7 | 29.7 | 27.7 | 29.7 | 24.4 | 26.9 | 29.5 |
| 28.5 | 29.7 | 25.9 | 26.6 |  |  |  |

【시험횟수가 29회 이하일 때 표준편차의 보정계수】

| 시험횟수 | 표준편차의 보정계수 |
|---|---|
| 15 | 1.16 |
| 20 | 1.08 |
| 25 | 1.03 |
| 30 이상 | 1.00 |

가. 표준편차를 구하시오. (단, 표준편차의 보정계수가 사용표에 없을 경우 직선보간하여 사용한다.)

계산 과정)

답 : _____

나. 배합강도를 구하시오.

계산 과정)

답 : _____

해답 가. 표준편차 $s = \sqrt{\dfrac{\sum (x_i - \overline{\mathrm{x}})^2}{(n-1)}}$

① 압축강도 합계

$\sum x_i = 27.2 + 24.1 + 23.4 + 24.2 + 28.6 + 25.7 + 23.5 + 30.7 + 29.7 + 27.7$
$\qquad + 29.7 + 24.4 + 26.9 + 29.5 + 28.5 + 29.7 + 25.9 + 26.6 = 486\,\mathrm{MPa}$

② 압축강도 평균값

$\overline{\mathrm{x}} = \dfrac{\sum n}{n} = \dfrac{486}{18} = 27\,\mathrm{MPa}$

③ 표준편차 합

$\sum (x_i - \overline{\mathrm{x}})^2 = (27.2 - 27)^2 + (24.1 - 27)^2 \cdots + (26.6 - 27)^2$
$\qquad\qquad = 98.44\,\mathrm{MPa}$

④ 표준표차 $s = \sqrt{\dfrac{98.44}{18-1}} = 2.41\,\mathrm{MPa}$

직선보간 표준편차 $= 2.41 \times \left( 1.16 - \dfrac{1.16 - 1.08}{20 - 15} \times (18 - 15) \right) = 2.68\,\mathrm{MPa}$

나. 배합강도를 구하시오.

$f_{cn} = 24\,\mathrm{MPa} \leq 35\,\mathrm{MPa}$일 때 ①과 ②값 중 큰 값

① $f_{cr} = f_{cn} + 1.34 s = 24 + 1.34 \times 2.68 = 27.59\,\mathrm{MPa}$

② $f_{cr} = (f_{cn} - 3.5) + 2.33 s = (24 - 3.5) + 2.33 \times 2.68 = 26.74\,\mathrm{MPa}$

∴ 배합강도 $f_{cr} = 27.59\,\mathrm{MPa}$

□□□ 기14③,17②

08 하루의 평균기온이 4℃ 이하가 예상되는 조건일 때는 콘크리트가 동결할 염려가 있으므로 한중 콘크리트로 시공하여야 한다. 이 한중 콘크리트의 배합 시 고려사항을 3가지를 쓰시오.

| 득점 | 배점 |
|---|---|
|  | 6 |

①

②

③

해답 ① 공기 연행 콘크리트를 사용하는 것을 원칙

② 물-결합재비는 60% 이하

③ 배합강도 및 물-결합재비는 적산온도 방식에 의해 결정

④ 단위 수량은 가능한 적게 사용

□□□ 기14③,17②

09 관입저항침에 의한 콘크리트 응결시험(KS F 2436) 결과가 아래 표와 같을 때 다음 물음에 답하시오.

득점 배점
　　 10

【관입저항과 경과 시간】

| 관입저항(PR)<br>MPa | 경과시간(t)<br>min | log(PR) | log(t) |
|---|---|---|---|
| 0.3 | 200 | −0.518 | 2.301 |
| 0.8 | 230 | −0.120 | 2.362 |
| 1.5 | 260 | 0.173 | 2.415 |
| 3.7 | 290 | 0.571 | 2.462 |
| 6.9 | 320 | 0.839 | 2.505 |
| 6.9 | 335 | 0.839 | 2.525 |
| 13.8 | 350 | 1.140 | 2.544 |
| 17.7 | 365 | 1.247 | 2.562 |
| 24.3 | 380 | 1.385 | 2.580 |
| 30.6 | 295 | 1.486 | 2.597 |

가. 그래프를 그리시오.

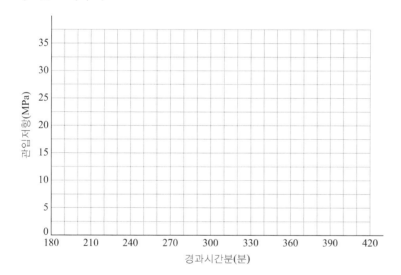

나. 초결 시간과 응결 시간을 구하시오.

① 초결 시간

답 : ＿＿＿＿＿＿

② 종결 시간

답 : ＿＿＿＿＿＿

다. 그래프의 도시 중 명백히 벗어나는 점을 배제하는 영향 인자 3가지를 쓰시오.

① _____

② _____

③ _____

해답 가.

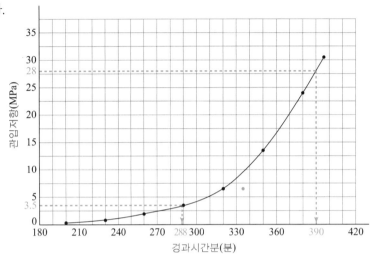

나. ① 관입저항 $PR = 3.5\,\mathrm{MPa}$일 때 수평선과 곡선이 만나는 점 경과시간 288분이 초결시간이 된다.
　② 관입저항 $PR = 28\,\mathrm{MPa}$일 때 수평선과 곡선이 만나는 점 경과시간 390분이 종결시간이 된다.

다. ① 하중시 오차
　② 하중 재하속도의 변동
　③ 관입 영역에 있는 큰 간극
　④ 너무 인접해서 관입하면서 발생한 방해 요소
　⑤ 모르타르에 다소 큰 입자가 포함되어 있어서 나타나는 방해 요소

> **KEY** 응결시간 계산식
>
> (1) 핸드 피트(hand fit)
>   ① 표에서 관입저항(PR)과 경과시간(t)로 그래프를 그린다.
>   ② 관입저항-경과 시간 곡선과 응결 시간 결정을 위한 핸드 피팅 곡선에서 관입저항 3.5MPa과 28.0MPa에 해당하는 수평선을 그린다.
>   ③ 그래프의 수평선과 곡선이 만나는 점을 초결점 및 종결점으로 정의한다.
>     • 관입저항 3.5MPa에 해당하는 초결시간은 288분이 된다.
>     • 관입저항 28.0MPa에 해당하는 응결시간은 390분이 된다.
>
> (2) 희구 분석
>   ① 관입저항과 경과 시간의 로그축 그래프이다.
>   ② 관입저항과 경과 시간의 로그값은 대략 선형의 관계를 나타냄을 알 수 있다.

③ 표에서 log(PR)과 log(t)인 로그값을 사용하여 선형회구 분석하면 직선의 방정식을 다음과 같이 얻을 수 있다.

$$\log(PR) = -16.356 + 6.871\log(t)$$

여기서, $PR$ : 관입저항   $t$ : 경과 시간

• 응결시간 계산 식

$$\log(t) = \frac{\log(PR) + 16.356}{6.871}$$

• 초결시간 : $PR = 3.5\,\text{MPa}$을 대입하여 초결 시간을 계산한다.

$$\log(t) = \frac{\log(PR) + 16.356}{6.871}$$

$$= \frac{\log(3.5) + 16.356}{6.871} = 2.460$$

∴ 초결시간 $t = (10)^{2.460} = 288$분

• 종결시간 : $PR = 28\,\text{MPa}$ 을 대입하여 종결 시간을 계산

$$\log(t) = \frac{\log(PR) + 16.356}{6.871}$$

$$= \frac{\log(28) + 16.356}{6.871} = 2.591$$

∴ 종결시간 $t = (10)^{2.591} = 390$분

# 국가기술자격 실기시험문제

## 2015년도 기사 제1회 필답형 실기시험(기사)

| 종 목 | 시험시간 | 배 점 | 성 명 | 수험번호 |
|---|---|---|---|---|
| 콘크리트기사 | 2시간 | 60 | | |

※ 수험자 인적사항 및 계산식을 포함한 답안 작성은 검은색 필기구만 사용해야 하며, 그 외 연필류, 빨간색, 청색 등 필기구로 작성한 답항은 0점 처리 됩니다.

---

□□□ 기06①,15①

**01** 콘크리트용 골재의 조립률을 계산하기 위해 사용하는 표준체의 호칭치수(KS F 2523) 10개를 큰 순서대로 쓰시오.

| 득점 | 배점 |
|---|---|
| | 4 |

① _____  ② _____  ③ _____  ④ _____  ⑤ _____

⑥ _____  ⑦ _____  ⑧ _____  ⑨ _____  ⑩ _____

해답 75mm, 40mm, 20mm, 10mm, 5mm, 2.5mm, 1.2mm, 0.6mm, 0.3mm, 0.15mm

---

□□□ 산06①,12①, 기15①,17③

**02** 압력법에 의한 굳지 않은 콘크리트의 공기량시험 결과를 보고, 수정계수를 결정하기 위한 잔골재의 질량과 굵은골재의 질량을 구하시오.(단, 단위 골재량은 1m³당 소요량이며, 시험기는 5*l*용량을 사용한다.)

| 득점 | 배점 |
|---|---|
| | 4 |

| 단위 잔골재량 | 단위 굵은골재량 |
|---|---|
| 900kg/m³ | 1100kg/m³ |

가. 잔골재의 질량

　계산 과정 )

　　　　　　　　　　　　　　답 : _____

나. 굵은골재의 질량

　계산 과정 )

　　　　　　　　　　　　　　답 : _____

해답 가. $m_f = \dfrac{V_C}{V_B} \times m_f{}' = \dfrac{5}{1000} \times 900 = 4.5\,\text{kg}$

　　 나. $m_c = \dfrac{V_C}{V_B} \times m_c{}' = \dfrac{5}{1000} \times 1100 = 5.5\,\text{kg}$

기09③,15①,21③,22③,23③

03 직사각형 단순보의 균열모멘트($M_{cr}$)를 구하시오. (단, $b=250$mm, $h=450$mm, $d=400$mm, $A_s=2570$mm², $f_{ck}=30$MPa, $f_y=400$MPa이다.)

득점 | 배점
--- | ---
 | 4

계산 과정 )

답 : _____

■ 균열모멘트 $M_{cr} = \dfrac{f_r}{y_t} I_g$

$f_r = 0.63\lambda\sqrt{f_{ck}} = 0.63 \times 1 \times \sqrt{30} = 3.45\,\text{MPa}$

$I_g = \dfrac{bh^3}{12} = \dfrac{250 \times 450^3}{12} = 1898437500\,\text{mm}^4$

$y_t = \dfrac{h}{2} = \dfrac{450}{2} = 225\,\text{mm}$

$\therefore M_{cr} = \dfrac{3.45}{225} \times 1898437500 = 29109375\,\text{N}\cdot\text{mm} = 29.11\,\text{kN}\cdot\text{m}$

기11③,15①,16①

04 아래 그림과 같은 복철근 직사각형 보에서 강도설계법에 의한 이 단면의 설계휨모멘트($\phi M_n$)를 구하시오. (단, $b=300$mm, $d'=50$mm, $d=500$mm, 3-D22($A_s'=1284$mm²), 6-D32($A_s=4765$mm²), $f_{ck}=35$MPa, $f_y=400$MPa 이다.)

득점 | 배점
--- | ---
 | 6

계산 과정 )

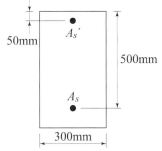

답 : _____

■ 설계휨모멘트 $\phi M_n = \phi\left(f_y(A_s - A_s')\left(d - \dfrac{a}{2}\right) + f_y \cdot A_s'(d - d')\right)$

• $a = \dfrac{f_y(A_s - A_s')}{\eta(0.85 f_{ck})b} = \dfrac{400(4765 - 1284)}{1 \times 0.85 \times 35 \times 300} = 156.01\,\text{mm}$

• $f_{ck} = 30\text{MPa} \le 40\text{MPa}$일 때 $\eta = 1.0,\ \beta_1 = 0.80$

• $c = \dfrac{a}{\beta_1} = \dfrac{156.01}{0.80} = 195.01\,\text{mm}$

$\epsilon_t = \dfrac{0.0033 \times (d-c)}{c} = \dfrac{0.0033 \times (500 - 195.01)}{195.01} = 0.0052 > 0.005$ (인장지배)

$\therefore \phi = 0.85$

• 공칭휨모멘트

$M_n = 400(4765 - 1284)\left(500 - \dfrac{156.01}{2}\right) + 400 \times 1284(500 - 50)$

$= 587585838 + 231120000 = 818705838\,\text{N}\cdot\text{mm} = 818.71\,\text{kN}\cdot\text{m}$

$\therefore$ 설계휨모멘트 $\phi M_n = 0.85 \times 818.71 = 695.90\,\text{kN}\cdot\text{m}$

□□□ 기05①,09③,11①,14②,15①,16③,17③, 산08③,10③,12③

**05** 초음파전달속도법을 이용한 비파괴 검사 방법 중 콘크리트 균열 깊이를 평가할 수 있는 초음파속도법의 평가 방법 4가지를 쓰시오.

| 득점 | 배점 |
|---|---|
| | 4 |

① _____  ② _____

③ _____  ④ _____

해답 ① T법  ② $T_c - T_o$법  ③ BS법  ④ 레슬리법  ⑤ R-S법

□□□ 기06①,13③,15①,20②,22③

**06** 다음과 같은 배합설계표에 의해 콘크리트를 배합하는 데 필요한 단위수량, 단위잔골재량, 단위굵은골재량을 구하시오.

| 득점 | 배점 |
|---|---|
| | 6 |

• 잔골재율($S/a$) : 32%   • 단위시멘트량 : 450kg/m$^3$
• 시멘트 밀도 : 3.15g/cm$^3$   • 물-시멘트비($W/C$) : 55%
• 잔골재의 표건밀도 : 2.60kg/m$^3$   • 굵은 골재의 표건밀도 : 2.65kg/m$^3$
• 공기량 : 4%

계산 과정 )

[답] ① 단위 수량 : _____

② 단위 잔골재량 : _____

③ 단위 굵은 골재량 : _____

해답 ① 물시멘트 비에서 $\dfrac{W}{C} = 50\%$에서

∴ 단위 수량 $W = 0.55 \times 450 = 247.5\,\text{kg/m}^3$

② 단위 골재의 절대 체적

$$V_a = 1 - \left( \frac{\text{단위수량}}{1000} + \frac{\text{단위 시멘트량}}{\text{시멘트 밀도} \times 1000} + \frac{\text{공기량}}{100} \right)$$

$$= 1 - \left( \frac{247.5}{1000} + \frac{450}{3.15 \times 1000} + \frac{4}{100} \right) = 0.570\,\text{m}^3$$

③ 단위 잔골 재량 = 단위 잔골재의 절대 체적 × 잔골재 밀도 × 1000

$$= (0.570 \times 0.32) \times 2.60 \times 1000 = 474.24\,\text{kg/m}^3$$

④ 단위 굵은 골재량 = 단위 굵은골재의 절대체적 × 굵은 골재 밀도 × 1000

$$= 0.570(1 - 0.32) \times 2.65 \times 1000 = 1027.14\,\text{kg/m}^3$$

■ 단위 수량 : 247.5kg/m$^3$

■ 단위 잔골재량 : 474.24kg/m$^3$

■ 단위 굵은 골재량 : 1027.14kg/m$^3$

□□□ 기10①,11③,15①,20①
**07** 철근의 부식 여부 조사는 자연전위측정법을 이용한다. 이 자연전위측정법의 철근 부식 등급 3가지 평가기준을 쓰시오. (단, 부식여부 조사는 ASTM 규정을 적용한다.)

| 득점 | 배점 |
|---|---|
| | 6 |

① _____

② _____

③ _____

해답 ① $-200mV < E$ : 90% 이상 부식 없음.
② $-350mV < E \leq -200mV$ : 부식 불확실
③ $E \leq -350mV$ : 90% 이상 부식 있음.

 **KEY** 자연전위 측정법의 원리
정상적인 콘크리트는 알칼리성을 나타내어 철근은 부동태화하고 있으며, 그 전위는 $-110\sim200mV$를 나타내지만 염화물의 침투와 탄산화로 철근이 활성상태로 되어 부식이 진행되면 그 전위는 $-$(부) 방향으로 변화한다. 이러한 철근의 전위는 철근부식 장소의 검출과 부식상태 진단에 효과적이다.

□□□ 기12①,15①, 산10③,11③,19①,20④,21①
**08** 급속 동결융해에 대한 콘크리트의 저항 시험방법(KS F 2456)에 대해 다음 물음에 답하시오.

| 득점 | 배점 |
|---|---|
| | 8 |

가. 동결융해 1사이클의 정의를 간단히 쓰시오.

○

나. 동결융해 1사이클의 소요시간 범위를 쓰시오.

○

다. 동결융해에 대한 콘크리트의 저항시험을 하기 위한 콘크리트 시험체 시험개시 1차변형 공명진동수($n$)가 2400(Hz)이고, 동결융해 300 싸이클 후의 1차 변형 공명진동수($n1$)가 2000(Hz)일 때 상대동탄성계수를 구하시오.

○

해답 가. 4℃에서 $-18$℃로 떨어지고, 다음에 $-18$℃에서 4℃로 상승할 때를 정의함
나. 2-4시간
다. $P_c = \left(\dfrac{n1}{n}\right)^2 \times 100$

$\quad = \left(\dfrac{2000}{2400}\right)^2 \times 100 = 69.44\%$

□□□ 기15①,16②,17③
09 고유동성 콘크리트의 자기충전성 등급은 거푸집에 타설하기 직전의 콘크리트에 대하여 타설 대상 구조물의 형상, 치수, 배근상태를 고려하여 적절히 설정한다. 이 고유동성 콘크리트의 자기충전성 3가지 등급을 간단히 설명하시오.

| 득점 | 배점 |
|---|---|
| | 6 |

가. 1등급 : _____

나. 2등급 : _____

다. 3등급 : _____

해답 가. 최소 철근 순간격 35~60mm정도의 복잡한 단면형상, 단면치수가 적은 부재 또는 부위에서 자기충전성을 가지는 성능
나. 최소 철근 순간격 60~200mm정도의 철근 콘크리트 구조물 또는 부재에서 자기충전성을 가지는 성능
다. 3등급 : 최소 철근 순간격 200mm 정도 이상으로 단면치수가 크고 철근량이 적은 부재 또는 부위, 무근 콘크리트 구조물에서 자기충전성을 가지는 성능

□□□ 기15①,20④
10 콘크리트 구조물의 내구성 평가 시 내구성을 저해시키는 열화요인을 4가지만 쓰시오.

| 득점 | 배점 |
|---|---|
| | 3 |

① _____ ② _____ ③ _____ ④ _____

해답 ① 알칼리골재반응 ② 탄산화 ③ 염해 ④ 동해

> **KEY**
> 콘크리트의 내구성을 저하시키는 요인
> ① 알칼리골재반응 : 포틀랜드 시멘트 중의 알칼리 성분과 골재 중의 어떤 종류의 광물(실리카, 황산염)이 유해한 반응 작용을 일으켜 구조물에 손상을 끼치는 현상
> ② 탄산화 : 콘크리트에 포함된 수산화칼슘이 공기 중의 이산화탄소와 반응하여 알칼리성을 잃어 구조물에 손상을 끼치는 현상
> ③ 염해 : 콘크리트 중에 염화물이 존재하여 철근이나 강재를 부식시킴으로써 콘크리트 구조물에 손상을 끼치는 현상
> ④ 동해 : 콘크리트 중의 수분이 동결하여 그 빙압에 의해 콘크리트 조직에 균열을 발생하여 구조물에 손상을 끼치는 현상

□□□ 기15①,21①
11 인장이형철근 D29를 정착시키는데 필요한 기본정착길이를 구하시오.
(단, D29철근의 공칭지름은 28.6mm이고, 공칭단면적은 642.4mm²이며, 보통 중량콘크리트의 $\lambda=1.0$, $f_y=350$MPa $f_{ck}=24$MPa 이다.)

| 득점 | 배점 |
|---|---|
| | 4 |

계산 과정 )

답 : _____

해답 ■인장 이형철근의 정착(D35 이하의 철근의 경우)

• $l_{db} = \dfrac{0.6\,d_b f_y}{\lambda\sqrt{f_{ck}}} = \dfrac{0.6 \times 28.6 \times 350}{1 \times \sqrt{24}} = 1226\text{mm}$

□□□ 15①
12 **다음은 매스 콘크리트의 열특성에 대해 물음에 답하시오. (단, 플라이 애시 20%가 첨가된 콘크리트이며, 재령일 28일의 콘크리트 타설온도는 10℃임.)**

득점 | 배점
5

1. 플라이 애시 20%가 첨가된 콘크리트 배합표

| 굵은골재 최대치수 (mm) | 슬럼프 (mm) | 공기량 (%) | 물결합재비 (%) | 잔골재율 (%) | 단위질량(kg/m³) | | | | |
|---|---|---|---|---|---|---|---|---|---|
| | | | | | 물 | 시멘트 | 잔골재 | 굵은골재 | 혼화제 (g/m³) |
| 25 | 120 | 4.5 | 51.0 | 43.9 | 185 | 363 | 749 | 973 | 90.8 |

2. 플라이 애시 시멘트의 $Q_\infty$ 및 $r$의 표준값

| 시멘트의 종류 | 타설온도 (℃) | $Q(t) = Q_\infty(1 - e^{-rt})$ | | | |
|---|---|---|---|---|---|
| | | $Q_\infty(C) = aC + b$ | | $r(C) = gC + h$ | |
| | | $a$ | $b$ | $g$ | $h$ |
| 플라이 애시 시멘트 | 10 | 0.15 | -3.0 | 0.0007 | 0.141 |
| | 20 | 0.12 | 8.0 | 0.0028 | -0.143 |
| | 30 | 0.11 | 11.0 | 0.0030 | 0.059 |

가. 최종 단열온도 상승량으로서 시험에 의해 정해지는 계수($Q_\infty$)를 구하시오.

계산 과정)

답 : _____

나. 온도상승 속도로서 시험에 의해 정해지는 계수($r$)를 구하시오.

계산 과정)

답 : _____

다. 재령 28일에서 단열온도 상승량(℃)을 구하시오.

계산 과정)

답 : _____

해답 가. $Q_\infty(C) = aC + b = 0.15 \times 363 + (-3.0) = 51.45$
나. $r(C) = gC + h = 0.0007 \times 363 + 0.141 = 0.3951$
다. $Q(t) = Q_\infty(1 - e^{-rt}) = 51.45 \times (1 - e^{-0.3951 \times 28}) = 51.45$℃

2015년도 기사 제2회 필답형 실기시험 (기사)

| 종 목 | 시험시간 | 배 점 | 성 명 | 수험번호 |
|---|---|---|---|---|
| 콘크리트기사 | 2시간 | 60 | | |

※ 수험자 인적사항 및 계산식을 포함한 답안 작성은 검은색 필기구만 사용해야 하며, 그 외 연필류, 빨간색, 청색 등 필기구로 작성한 답항은 0점 처리 됩니다.

□□□ 기08③,15②

01 콘크리트용 굵은골재의 동결융해 저항성을 간접적으로 평가하기 위하여 황산나트륨($Na_2SO_4$) 포화용액에 의한 안정성을 측정한 결과 다음과 같다. 시트를 완성하고 콘크리트용 골재로서 적합성을 평가하시오.

득점 / 배점 8

| 체눈의 크기 | | 각무더기 질량(g) | 각무더기 백분율(%) | 시험 전 각 무더기 질량(g) | 시험 후 각 무더기 질량(g) | 각 무더기 손실질량 백분률(%) | 골재의 손실질량 백분율(%) |
|---|---|---|---|---|---|---|---|
| 통과체 (mm) | 남는체 (mm) | | | | | | |
| 75 | 65 | 0 | | 0 | 0 | | |
| 65 | 40 | 0 | | 0 | 0 | | |
| 40 | 25 | 3063 | | 1504 | 1430 | | |
| 25 | 20 | 10207 | | 1025 | 943 | | |
| 20 | 15 | 1916 | | 752 | 672 | | |
| 15 | 10 | 3252 | | 510 | 465 | | |
| 10 | 5 | 3646 | | 305 | 266 | | |
| 합계 | | 22,084 | | | | | |

[해답]

| 체눈의 크기 | | 각무더기 질량(g) | 각무더기 백분율(%) | 시험 전 각 무더기 질량(g) | 시험 후 각 무더기 질량(g) | 각 무더기 손실질량 백분률(%) | 골재의 손실질량 백분율(%) |
|---|---|---|---|---|---|---|---|
| 통과체 (mm) | 남는체 (mm) | | | | | | |
| 75 | 65 | 0 | 0 | 0 | 0 | 0 | 0 |
| 65 | 40 | 0 | 0 | 0 | 0 | 0 | 0 |
| 40 | 25 | 3063 | 13.87 | 1504 | 1430 | 4.92 | 0.68 |
| 25 | 20 | 10207 | 46.22 | 1025 | 943 | 8.00 | 3.70 |
| 20 | 15 | 1916 | 8.68 | 752 | 672 | 10.64 | 0.92 |
| 15 | 10 | 3252 | 14.73 | 510 | 465 | 8.82 | 1.30 |
| 10 | 5 | 3646 | 16.50 | 305 | 266 | 12.79 | 2.11 |
| 합계 | | 22,084 | 100 | | | | 8.71 |

8.71% < 12% ∴ 합격

■ 골재의 손실질량백분율

$$P_1 = \frac{m_1 - m_2}{m_1} \times 100 = \frac{1504 - 1430}{1504} \times 100 = 4.92\%$$

$m_1$ : 시험전의 시료의 질량(g)

$m_2$ : 시험후의 시료의 질량(g)

■ 골재의 손실질량 백분율(%)

$$\frac{\text{각군의 질량백분율} \times \text{각 군의 손실 질량 백분율}}{100}$$

$$= \frac{13.87 \times 4.92}{100} = 0.68\%$$

■ 굵은 골재로서 사용한 굵은 골재의 안정성은 황산나트륨으로 5회 시험을 하여 평가하는데, 그 손실량은 12% 이하를 표준으로 한다.

□□□ 기09③,12③,15②,22③

02 고정하중(자중 포함) 15.7KN/m, 활하중 47.6KN/m를 받는 그림과 같은 직사각형 단철근보가 있다. 아래 물음에 답하시오. (단, 인장 철근량 $A_s = 6360\text{mm}^2$, $f_{ck} = 21\text{MPa}$)

| 득점 | 배점 |
|---|---|
|  | 6 |

가. 위험 단면에서의 계수 전단력($V_u$)을 구하시오. (단, 작용하는 하중은 하중계수 및 하중조합을 사용하여 계수하중을 적용한다.)

계산 과정 )

답 : _____

나. 지점 A점을 기준으로 전단 철근을 배치해야 할 구간의 길이를 구하시오.

계산 과정 )

답 : _____

해답 가. 계수하중

$$w = 1.6 w_l + 1.2 w_d$$

$$= 1.6 \times 47.6 + 1.2 \times 15.7 = 95 \text{kN/m}$$

∴ 계수전단력 $V_u = R_A - w \cdot d$

$$= \frac{w \cdot l}{2} - w \cdot d = \frac{95 \times 6}{2} - 95 \times 0.55 = 232.75 \text{kN}$$

나. 콘크리트가 부담하는 콘크리트의 설계전단강도

$$V_n = \phi \frac{1}{6} \lambda \sqrt{f_{ck}}\, b_w\, d$$

$$= 0.75 \times \frac{1}{6} \times 1 \times \sqrt{21} \times 350 \times 550$$

$$= 110268\text{N} = 110.27\text{kN}$$

전단철근 배치구간($x$)

$$3 : 285 = x : (285 - 110.27)$$

$$x = \frac{(285 - 110.27) \times 3}{285} = 1.84\text{m}$$

$$\left( \because\ S_A = R_A = \frac{95 \times 6}{2} = 285\text{kN} \right)$$

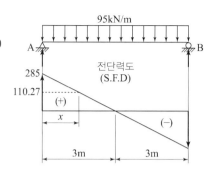

전단력도
(S.F.D)

285

110.27

(+)

$x$

(−)

3m   3m

95kN/m

A   B

---

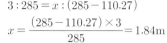 기06③,07③,09①,10①,15②,20④ 산09③,12①

03 **콘크리트용 모래에 포함되어 있는 유기불순물 시험방법(KS F 2510)에 대해 물음에 답하시오.**

| 득점 | 배점 |
|---|---|
|  | 9 |

가. 식별용 표준색 용액의 제조방법을 설명하시오.

○

나. 모래시료를 채취하는 방법에 대해 설명하시오.

○

다. 시험 후 색도의 측정방법 및 판별법을 설명하시오.

○

[해답] 가. 식별용 용액은 10%의 알코올 용액으로 2% 탄닌산 용액을 만들고, 그 2.5mL를 3% 의 수산화나트륨 용액 97.5mL에 가하여 유리병에 넣어 마개를 닫고 잘 흔든다. 이것을 표준 용액으로 한다.
나. 시료는 대표적인 것을 취하고 공기 중 건조상태로 건조시켜서 4분법 또는 시료분취기 를 사용하여 채취한다.
다. 시료에 수산화나트륨 용액을 가한 유리 용기와 표준용액을 넣은 유리 용기를 24시간 정치한 후 잔골재 상부의 용액색이 표준색 용액보다 연한지, 진한지 또는 같은 지를 육안으로 비교한다.

>  **KEY**
>
> 표준색 용액 만들기 순서
> ① 알코올 10g에 물 90g을 타서 10%의 알코올 용액을 만든다.
> ② 10%의 알코올 용액 9.8g에 타닌산가루 0.2g을 넣어서 2%타닌산 용 액을 만든다.
> ③ 물 291g에 수산화나트륨 9g을 섞어서 3%의 수산화나트륨 용액을 만든다.
> ④ 2% 타닌산 용액 2.5mL를 3%의 수산화나트륨 용액 97.5mL에 타서 식별용 표준색 용액을 만든다.
> ⑤ 식별용 표준색 용액 400mL의 시험용 무색 유리병에 넣어 마개를 막고 잘 흔든 다음 24시간 동안 가만히 놓아둔다.

□□□ 기10①,15②, 산04③,09③

04 굳은 콘크리트에 함유된 염화물 함유량 측정 방법을 3가지만 쓰시오.

| 득점 | 배점 |
|---|---|
|  | 3 |

① _____

② _____

③ _____

해답 ① 질산은 적정법, ② 흡광 광도법, ③ 전위차 적정법, ④ 이온 전극법

□□□ 기11①,15②,16②

05 알칼리 골재 반응의 방지 대책을 재료의 기준에 대해 3가지만 쓰시오.

| 득점 | 배점 |
|---|---|
|  | 6 |

① _____

② _____

③ _____

해답 ① 알칼리 골재 반응에 무해한 골재 사용
② 저알칼리형의 시멘트로 0.6% 이하를 사용
③ 포졸란, 고로 슬래그, 플라이 애시 등 혼화재 사용
④ 단위 시멘트량을 낮추어 배합설계 할 것

□□□ 기11③,15②,22①

06 섬유보강 콘크리트에서 사용되는 보강용 섬유의 종류 4가지만 쓰시오.

| 득점 | 배점 |
|---|---|
|  | 4 |

① _____    ② _____

③ _____    ④ _____

해답 ① 강섬유          ② 유리 섬유          ③ 탄소 섬유
④ 아라미드 섬유     ⑤ 폴리프로필렌 섬유     ⑥ 비닐론 섬유
⑦ 나일론

> KEY ■ 시멘트계 복합재료용 섬유
> • 무기계 섬유 : 강섬유, 유리 섬유, 탄소 섬유
> • 유기계 섬유 : 아라미드 섬유, 폴리프로필렌 섬유, 비닐론 섬유, 나일론

□□□ 기11③,15②

07 종합적 품질관리(TQC) 도구인 산점도, 히스토그램, 층별에 대해 예시와 같이 간단히 설명하시오.

| 득점 | 배점 |
|---|---|
| | 6 |

[예시]
특성 요인도 : 결과에 원인이 어떻게 관계하고 있는가를 한눈에 알 수 있도록 작성한 그림

가. 산점도

○

나. 히스토그램

○

다. 층별

○

해답 가. 대응되는 두 개의 짝으로 된 데이터를 그래프 용지 위에 점으로 나타낸 그림
나. 데이터가 어떤 분포를 하고 있는지를 알아보기 위해 작성하는 그림
다. 집단을 구성하고 있는 데이터를 특징에 따라 몇 개의 부분 집단으로 나누는 것

□□□ 기12①,15②

08 콘크리트용 화학 혼화제(KS F 2560)의 성능 시험 항목 4가지만 쓰시오.

| 득점 | 배점 |
|---|---|
| | 4 |

① _____  ② _____
③ _____  ④ _____

해답 ① 감수율  ② 블리딩양의 비  ③ 응결 시간의 차
④ 압축강도 비  ⑤ 길이 변화비  ⑥ 동결융해에 대한 저항성
⑦ 경시 변화량

 ■ 콘크리용 화학 혼화제의 품질 항목

| 품질항목 | | AE제 |
|---|---|---|
| 감수율(%) | | 6 이상 |
| 블리딩양의 비(%) | | 75 이하 |
| 응결 시간의 차(분)(초결) | 초결 | -60 ~ +60 |
| | 종결 | -60 ~ +60 |
| 압축강도의 비(%)(28일) | | 90 이상 |
| 길이 변화비(%) | | 120 이하 |
| 동결 융해에 대한 저항성(상대 동탄성계수)(%) | | 80 이상 |

□□□ 기13③,15②③,20①

09 다음 그림과 같은 T형보 단면에서 물음에 답하시오.

| 득점 | 배점 |
|---|---|
| | 8 |

(단, 8-D38($A_s$=9121mm²), $f_{ck}$=35MPa, $f_y$=400MPa이다.)

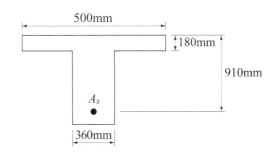

가. 이 보의 공칭모멘트강도($M_n$)를 구하시오.

계산 과정 )

답 : _____

나. 이보의 설계모멘트강도($\phi M_n$)를 구하시오.

계산 과정 )

답 : _____

해답 가. ■ T형보 판별

• $a = \dfrac{A_s f_y}{\eta(0.85 f_{ck})\,b} = \dfrac{9121 \times 400}{1 \times 0.85 \times 35 \times 500} = 245.27\,\mathrm{mm}$

• $f_{ck} = 35\mathrm{MPa} \leq 40\mathrm{MPa}$일 때 $\eta = 1.0$, $\beta_1 = 0.80$

∴ $a = 245.27 > t_f = 180\,\mathrm{mm}$ : T형보

• $A_{st} = \dfrac{\eta(0.85 f_{ck})(b - b_w)t_f}{f_y} = \dfrac{1 \times 0.85 \times 35(500 - 360) \times 180}{400} = 1874.25\,\mathrm{mm}^2$

• $a_w = \dfrac{(A_s - A_{st})f_y}{\eta(0.85 f_{ck})\,b_w} = \dfrac{(9121 - 1874.25) \times 400}{1 \times 0.85 \times 35 \times 360} = 270.65\,\mathrm{mm}$

■ $M_n = \left\{ A_{st} f_y \left(d - \dfrac{t}{2}\right) + (A_s - A_{st})f_y\left(d - \dfrac{a_w}{2}\right)\right\}$

∴ $M_n = \left\{1874.25 \times 400 \times \left(910 - \dfrac{180}{2}\right) + (9121 - 1874.25) \times 400\left(910 - \dfrac{270.65}{2}\right)\right\}$

$= 614754000 + 2245550423 = 2860304423\,\mathrm{N \cdot mm} = 2860.30\,\mathrm{kN \cdot m}$

나. • $c = \dfrac{a_w}{\beta_1}$

• $c = \dfrac{a_w}{\beta_1} = \dfrac{270.65}{0.80} = 338.31\,\mathrm{mm}$

• $\epsilon_t = \dfrac{0.0033 \times (d - c)}{c} = \dfrac{0.0033 \times (910 - 338.31)}{338.31}$

$= 0.00558 > 0.005$(인장지배구간)

∴ $\phi = 0.85$

∴ $\phi M_n = \phi\left\{A_{st} f_y\left(d - \dfrac{t}{2}\right) + (A_s - A_{st})f_y\left(d - \dfrac{a_w}{2}\right)\right\}$

$= 0.85 \times 2860.30 = 2431.26\,\mathrm{kN \cdot m}$

■ 이형철근이 제원

| 호칭명 | 공칭지름 | 공칭단면적 | 철근개수 | 총단면적 |
|---|---|---|---|---|
| D32 | 31.8mm | 794.2mm$^2$ | 8 | 6354mm$^2$ |
| D35 | 34.9mm | 956.6mm$^2$ | 8 | 7653mm$^2$ |
| D38 | 38.1mm | 1140mm$^2$ | 8 | 9121mm$^2$ |

□□□ 기05②,07③,15②,16③,17③

**10** 배합강도 결정을 위한 콘크리트의 압축강도 측정결과가 다음과 같을 때 배합 설계에 적용할 표준편차를 구하고 호칭강도가 45MPa일 때 콘크리트의 배합강도를 구하시오. (단, 소수점 이하 넷째 자리에서 반올림 하시오.)

득점 / 배점 6

【압축강도 측정결과(MPa)】

| 48.5 | 40 | 45 | 50 | 48 | 42.5 | 54 | 51.5 |
|---|---|---|---|---|---|---|---|
| 52 | 40 | 42.5 | 47.5 | 46.5 | 50.5 | 46.5 | 47 |

가. 배합강도 결정에 적용할 표준편차를 구하시오. (단, 시험 횟수가 15회일 때 표준편차의 보정계수는 1.16이고, 20회일 때는 1.08이다.)

계산 과정 )

답 : _____

나. 배합강도를 구하시오.

계산 과정 )

답 : _____

해답 가. ・평균값$(\bar{x}) = \dfrac{\sum x_i}{n} = \dfrac{752}{16} = 47.0$MPa

・편차의 제곱합 $s = \sum (x_i - \bar{x})^2$

$s = (48.5-47)^2 + (40-47)^2 + (45-47)^2 + (50-47)^2 + (48-47)^2$
$\quad + (42.5-47)^2 + (54-47)^2 + (51.5-47)^2 + (52-47)^2 + (40-47)^2$
$\quad + (42.5-47)^2 + (47.5-47)^2 + (46.5-47)^2 + (50.5-47)^2$
$\quad + (46.5-47)^2 + (47-47)^2 = 262$

・표준편차 $s = \sqrt{\dfrac{s}{n-1}} = \sqrt{\dfrac{262}{16-1}} = 4.18$MPa

・16회의 보정계수 $= 1.16 - \dfrac{1.16-1.08}{20-15} \times (16-15) = 1.144$

∴ 수정 표준편차 $s = 4.18 \times 1.144 = 4.78$MPa

나. $f_{cn} = 45$MPa $> 35$MPa일 때

$f_{cr} = f_{cn} + 1.34s = 45 + 1.34 \times 4.78 = 51.41$MPa

$f_{cr} = 0.9 f_{cn} + 2.33s = 0.9 \times 45 + 2.33 \times 4.78 = 51.64$MPa

∴ $f_{cr} = 51.64$MPa(두 값 중 큰 값)

2015년도 기사 제3회 필답형 실기시험 (기사)

| 종 목 | 시험시간 | 배 점 | 성 명 | 수험번호 |
|---|---|---|---|---|
| 콘크리트기사 | 2시간 | 60 | | |

※ 수험자 인적사항 및 계산식을 포함한 답안 작성은 검은색 필기구만 사용해야 하며, 그 외 연필류, 빨간색, 청색 등 필기구로 작성한 답항은 0점 처리 됩니다.

기06③,07③,09①,10①,14②,15③, 산09③,12① ,19③

**01** 콘크리트용 모래에 포함되어 있는 유기불순물 시험방법(KS F2510)에서 식별용 용액을 만드는 방법을 설명하시오

| 득점 | 배점 |
|---|---|
| | 4 |

○

식별용 용액은 10%의 알코올 용액으로 2% 탄닌산 용액을 만들고, 그 2.5mL를 3%의 수산화나트륨 용액 97.5mL에 가하여 유리병에 넣어 마개를 닫고 잘 흔든다.

①  식별용 표준색 용액의 제조방법

① 알코올 10g에 물 90g을 타서 10%의 알코올 용액을 만든다.

② 10%의 알코올 용액 9.8g에 타닌산 가루 0.2g을 넣어서 2%타닌산 용액을 만든다.

③ 물 291g에 수산화나트륨 9g을 섞어서 3%의 수산화나트륨 용액을 만든다.

④ 2% 타닌산 용액 2.5mL를 3%의 수산화나트륨 용액 97.5mL에 타서 식별용 표준색 용액을 만든다.

⑤ 식별용 표준색 용액 400mL의 시험용 무색 유리병에 넣어 마개를 막고 잘 흔든 다음 24시간 동안 가만히 놓아둔다.

② 모래시료를 채취하는 방법

시료는 대표적인 것을 취하고 공기 중 건조상태로 건조시켜서 4분법 또는 시료분취기를 사용하여 채취한다.

③ 시험 후 색도의 측정방법 및 판별법

시료에 수산화나트륨 용액을 가한 유리 용기와 표준용액을 넣은 유리 용기를 24시간 정치한 후 잔골재 상부의 용액색이 표준색 용액보다 연한지, 진한지 또는 같은 지를 육안으로 비교한다.

☐☐☐ 기05①,06③,09①,12③,13③,15③,20②

02 매스 콘크리트의 온도 균열 발생여부에 대한 검토는 온도 균열 지수에 의해 평가하는 것을 원칙으로 한다. 다음 물음에 답하시오.

| 득점 | 배점 |
|---|---|
| | 6 |

가. 정밀한 해석 방법에 의한 온도 균열 지수를 구하는 식을 쓰시오.

　○

나. 철근이 배치된 일반적인 구조물에서 아래 각 조건의 경우 표준적인 온도 균열 지수 값의 범위를 쓰시오.

① 균열 발생을 방지하여야 할 경우 : ＿＿＿＿＿＿＿＿＿＿＿＿＿

② 균열 발생을 제한 할 경우 : ＿＿＿＿＿＿＿＿＿＿＿＿＿

③ 유해한 균열 발생을 제한할 경우 : ＿＿＿＿＿＿＿＿＿＿＿＿＿

━━━━━━━━━━━━━━━━━━━━━━━━━━━━━━━━━━━━━

해답 가. $I_{cr}(t) = \dfrac{f_{sp}(t)}{f_t(t)}$

여기서,
$f_t(t)$ : 재령 $t$일에서의 수화열에 의하여 생긴 부재 내부의 온도응력 최댓값(MPa)
$f_{sp}(t)$ : 재령 $t$일에서의 콘크리트의 쪼갬인장강도로써, 재령 및 양생온도를 고려하여 구함(MPa)

나. ① 1.5 이상
② 1.2~1.5
③ 0.7~1.2

**KEY**
▪ 온도균열지수 정의
매스콘크리트에서 수화열 발생으로 인해 발생하는 균열을 측정하는 방법으로서 콘크리트의 인장강도를 부재 내부에 생긴 온도응력 최댓값으로 나눈 값

━━━━━━━━━━━━━━━━━━━━━━━━━━━━━━━━━━━━━

☐☐☐ 기08③,15③,17③

03 콘크리트를 거푸집에 타설한 후부터 응결이 종료할 때까지 발생하는 균열을 일반적으로 초기 균열이라고 한다. 발생원인에 따른 콘크리트의 경화전 초기 균열의 종류를 4가지만 쓰시오.

| 득점 | 배점 |
|---|---|
| | 4 |

① ＿＿＿＿＿＿＿＿＿＿＿＿＿　② ＿＿＿＿＿＿＿＿＿＿＿＿＿

③ ＿＿＿＿＿＿＿＿＿＿＿＿＿　④ ＿＿＿＿＿＿＿＿＿＿＿＿＿

해답 ① 침하균열
② 초기 건조 균열(플라스틱 수축 균열)
③ 거푸집의 변형에 의한 균열
④ 진동 재하에 의한 균열

**04** 콘크리트용 화학 혼화제(KS F 2560)의 성능 시험 항목 6가지만 쓰시오.

| 득점 | 배점 |
|---|---|
| | 6 |

① _____  ② _____

③ _____  ④ _____

⑤ _____  ⑥ _____

해답 ① 감수율
② 블리딩양의 비
③ 응결시간의 차
④ 압축강도 비
⑤ 길이 변화비
⑥ 동결 융해에 대한 저항성
⑦ 경시 변화량

**KEY**  ■ 콘크리용 화학 혼화제의 품질 항목

| 품질 항목 | | AE제 |
|---|---|---|
| 감수율(%) | | 6 이상 |
| 블리딩양의 비(%) | | 75 이하 |
| 응결시간의 차(분)(초결) | 초결 | −60~ +60 |
| | 종결 | −60~ +60 |
| 압축강도의 비(%)(28일) | | 90 이상 |
| 길이 변화비(%) | | 120 이하 |
| 동결 융해에 대한 저항성(상대 동탄성 계수)(%) | | 80 이상 |

**05** 콘크리트의 염화물 함유량 측정 방법을 4가지만 쓰시오.

| 득점 | 배점 |
|---|---|
| | 9 |

① _____  ② _____

③ _____  ④ _____

해답 ① 질산은 적정법
② 흡광 광도법
③ 전위차 적정법
④ 이온 전극법

06 콘크리트의 블리딩 시험 방법(KS F 2414)에 대해 빈칸을 채우세요.

| 득점 | 배점 |
|---|---|
| | 4 |

> 시험하는 동안 시험실의 온도는 ( ① )±3℃이고, 콘크리트를 용기에 ( ② )±0.3cm의
> 높이가 되도록 시료를 채우며, 처음 60분은 ( ③ )분 간격으로, 그 후에는 블리딩이
> 정지할 때 까지 ( ④ )분 간격으로 측정한다.

① _____  ② _____  ③ _____  ④ _____

해답 ① 20   ② 25   ③ 10   ④ 30

KEY 콘크리트의 블리딩 시험 방법
① 시험하는 동안 실온을 20±3℃를 유지해야 한다.
② 콘크리트를 용기에 3층으로 나누어 넣고 각 층의 윗면을 고른 후 25회씩 다진다.
③ 콘크리트의 용기에 25±0.3cm의 높이까지 채운 후, 윗부분을 흙손으로 편평하게 고르고 시간을 기록한다.
④ 처음 60분 동안 10분 간격으로, 그 후는 블리딩이 정지될 때까지 30분 간격으로 표면에 생긴 물을 빨아낸다.

07 다음 그림과 같은 T형보 단면에서 물음에 답하시오.
(단, 8-D38($A_s=9121mm^2$), $f_{ck}=35MPa$, $f_y=400MPa$이다.)

| 득점 | 배점 |
|---|---|
| | 8 |

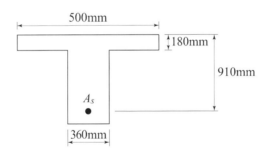

가. 이 보의 공칭모멘트강도($M_n$)를 구하시오.

계산 과정 )

답 : _____

나. 이 보의 설계모멘트강도($\phi M_n$)를 구하시오.

계산 과정 )

답 : _____

해설 가. ■ T형보 판별

- $f_{ck} = 30\text{MPa} \leq 40\text{MPa}$일 때 $\eta = 1.0$, $\beta_1 = 0.80$

- $a = \dfrac{A_s f_y}{\eta(0.85 f_{ck})b} = \dfrac{9121 \times 400}{1 \times 0.85 \times 35 \times 500} = 245.27\,\text{mm}$

  $\therefore a = 245.27 > t_f = 180\,\text{mm}$ : T형보

- $A_{st} = \dfrac{\eta(0.85 f_{ck})(b - b_w)t_f}{f_y} = \dfrac{1 \times 0.85 \times 35(500 - 360) \times 180}{400} = 1874.25\,\text{mm}^2$

- $a_w = \dfrac{(A_s - A_{st})f_y}{\eta(0.85 f_{ck})b_w} = \dfrac{(9121 - 1874.25) \times 400}{1 \times 0.85 \times 35 \times 360} = 270.65\,\text{mm}$

■ $M_n = \left\{ A_{st}f_y\left(d - \dfrac{t}{2}\right) + (A_s - A_{st})f_y\left(d - \dfrac{a_w}{2}\right)\right\}$

$\therefore M_n = \left\{1874.25 \times 400 \times \left(910 - \dfrac{180}{2}\right) + (9121 - 1874.25) \times 400\left(910 - \dfrac{270.65}{2}\right)\right\}$

$= 614754000 + 2245550423 = 2860304423\,\text{N}\cdot\text{mm} = 2860.30\,\text{kN}\cdot\text{m}$

나. • $c = \dfrac{a_w}{\beta_1}$

- $c = \dfrac{a_w}{\beta_1} = \dfrac{270.65}{0.80} = 338.31\,\text{mm}$

- $\epsilon_t = \dfrac{0.0033 \times (d - c)}{c} = \dfrac{0.0033 \times (910 - 338.31)}{338.31} = 0.00558 > 0.005$

  $= 0.00558 > 0.005$(인장지배구간)

  $\therefore \phi = 0.85$

  $\therefore \phi M_n = \phi\left\{A_{st}f_y\left(d - \dfrac{t}{2}\right) + (A_s - A_{st})f_y\left(d - \dfrac{a_w}{2}\right)\right\}$

  $= 0.85 \times 2860.30 = 2431.26\,\text{kN}\cdot\text{m}$

KEY ■ 이형철근이 제원

| 호칭명 | 공칭지름 | 공칭단면적 | 철근개수 | 총 단면적 |
|---|---|---|---|---|
| D32 | 31.8mm | 794.2mm$^2$ | 8 | 6354mm$^2$ |
| D35 | 34.9mm | 956.6mm$^2$ | 8 | 7653mm$^2$ |
| D38 | 38.1mm | 1140mm$^2$ | 8 | 9121mm$^2$ |

□□□ 기15③,21②,23③

**08** 동해가 일어났을 때의 동결 열화 보수 공법 3가지를 쓰시오.

득점 / 배점 6

① _____

② _____

③ _____

해답 ① 균열 보수 공법(표면도포 공법, 주입 공법, 충전 공법)
② 단면 복구 공법
③ 표면 피복 공법
④ 침투재 도포 공법

□□□ 기15③
**09** 철근의 정착에 대해 다음 물음에 답하시오.

득점 배점
6

가. 정착길이의 정의를 간단하게 쓰시오.

  ㅇ

나. 다음 정착길이의 공식을 쓰시오. (단, $d_b$ : 철근의 정착길이, $f_y$ : 철근의 설계 기준항복강도, $\lambda$ : 경량콘크리트계수, $\beta$ : 철근 도막계수, $f_{ck}$ : 콘크리트의 설계기준항복강도 )

  ① 인장 이형철근의 정착 :

  ② 압축 이형철근의 정착 :

  ③ 확대머리 이형철근의 정착 :

  ④ 표준갈고리를 갖는 인장 이형철근의 정착 :

해답 가. 위험단면에서 철근의 설계기준항복강도를 발휘하는데 필요한 최소 묻힘 길이

  나. ① $l_{db} = \dfrac{0.6\, d_b f_y}{\lambda \sqrt{f_{ck}}}$

    ② $l_{db} = \dfrac{0.25\, d_b f_y}{\lambda \sqrt{f_{ck}}}$

    ③ $l_{dt} = \dfrac{0.19 \beta\, d_b f_y}{\lambda \sqrt{f_{ck}}}$

    ④ $l_{hb} = \dfrac{0.24 \beta\, d_b f_y}{\lambda \sqrt{f_{ck}}}$

□□□ 기15③
**10** 동결융해 작용에 대하여 구조물의 성능을 만족하기 위한 상대 동탄성 계수의 최소한계값을 구하시오.(단, 기상작용이 심하고 동결융해가 자주 반복될 때 연속해서 또는 반복해서 물에 포화되는 경우)

득점 배점
4

가. 동결융해작용에 대하여 구조물의 성능을 만족하기 위해 단면의 두께가 200mm 이하인 구조물의 경우 최소한계값(%)을 쓰시오.

  ㅇ

나. 동결융해작용에 대하여 구조물의 성능을 만족하기 위해 단면의 두께가 200mm 초과할 때인 구조물의 경우 최소한계값(%)을 쓰시오.

  ㅇ

해답 가. 85%
  나. 70%

KEY

**동결융해작용에 대하여 구조물의 성능을 만족하기 위한 상대동탄성계수의 최소한계값**

| 기상조건 | | 기상작용이 심하고 동결융해가 자주 반복될 때 | | 기상작용이 심하지 않고 온도가 동결점 이하로 떨어지는 경우가 드물 때 | |
|---|---|---|---|---|---|
| 단면 | | 얇은 경우[2] | 보통의 경우 | 얇은 경우 | 보통의 경우 |
| 구조물의 노출상태 | (1) 연속해서 또는 반복해서 물에 포화되는 경우[1] | 85 | 70 | 85 | 60 |
| | (2) 일반적인 노출상태로 (1)에 속하지 않는 경우 | 70 | 60 | 70 | 60 |

1) 수로, 물탱크, 교각의 받침대, 교각, 옹벽, 터널 복공등과 같이 수면 가까이에서 포화된 부분 및 이 구조물들 외에 보, 슬래브 등에 수면에서 떨어져 있지만 융설, 유수, 물방울 때문에 물에 포화된 부분 등
2) 단면의 두께가 0.2m 이하인 구조물

□□□ 15③

**11** 잔골재에 대한 밀도 시험 결과가 아래 표와 같을 때 다음 물음에 답하시오.

| 득점 | 배점 |
|---|---|
| | 6 |

- (플라스크 + 물)의 질량 : 689.6g
- (플라스크 + 물 + 시료)의 질량 : 998g
- 건조시료의 질량 : 495g
- 표면건조시료의 질량 : 500g
- 물의 단위질량 : $0.997 \text{g/cm}^3$

가. 겉보기 밀도(진밀도)를 구하시오.

계산 과정 )

답 : _____

나. 표면 건조 포화 상태의 밀도를 구하시오.

계산 과정 )

답 : _____

다. 절대 건조 상태의 밀도를 구하시오.

계산 과정 )

답 : _____

가. $d_A = \dfrac{A}{B+A-C} \times \rho_w = \dfrac{495}{689.6+495-998} \times 0.997 = 2.64\,\mathrm{g/cm^3}$

나. $d_s = \dfrac{m}{B+m-C} \times \rho_w = \dfrac{500}{689.6+500-998} \times 0.997 = 2.60\,\mathrm{g/cm^3}$

다. $d_d = \dfrac{A}{B+m-C} \times \rho_w = \dfrac{495}{689.6+500-998} \times 0.997 = 2.58\,\mathrm{g/cm^3}$

# 국가기술자격 실기시험문제

## 2016년도 기사 제1회 필답형 실기시험(기사)

| 종 목 | 시험시간 | 배 점 | 성 명 | 수험번호 |
|--------|----------|-------|-------|----------|
| 콘크리트기사 | 2시간 | 60 | | |

※ 수험자 인적사항 및 계산식을 포함한 답안 작성은 검은색 필기구만 사용해야 하며, 그 외 연필류, 빨간색, 청색 등 필기구로 작성한 답항은 0점 처리 됩니다.

---

□□□ 기09①,16①,19②,22③

**01** 계수 전단력 $V_u = 60kN$을 최소 전단철근없이 견딜 수 있는 철근 콘크리트 직사각형보를 설계하고자 할 때 유효깊이 $d$의 최소값을 구하시오.
(단, $f_{ck} = 28MPa$, 단면의 폭 $b_w = 350mm$, $f_y = 400MPa$이다.)

계산과정)

답 : _____

해답 콘크리트가 부담하는 전단 강도

$$V_u \leq \frac{1}{2} \phi V_c$$

$$V_u \leq \frac{1}{2} \phi \frac{1}{6} \lambda \sqrt{f_{ck}} b_w d$$

$$60 \times 10^3 \leq \frac{1}{2} \times 0.75 \times \frac{1}{6} \times 1 \times \sqrt{28} \times 350 \times d \quad \therefore \text{유효 깊이 } d = 518.36mm$$

---

□□□ 기05③,09①,16①

**02** 시멘트 성분 중 클링커의 조성 광물을 4가지만 쓰시오.

① _____ ② _____

③ _____ ④ _____

해답 ① 알라이트(Alite) ② 베라이트(Belite) ③ 알루미네이트(Celite) ④ 페라이트(Felite)

KEY

| 조성 광물 | 중요 화합물 |
|-----------|-------------|
| 알라이트(Alite) | $C_3S$ |
| 벨라이트(Belite) | $C_2S$ |
| 알루미네이트(Celite) | $C_3A$ |
| 페라이트(Felrrte) | $C_4AF$ |

□□□ 기11③,15①,16①,20④

03 아래 그림과 같은 복철근 직사각형 단면보에 대한 다음 물음에 답하시오.

(단, $b=300$mm, $d'=50$mm, $d=500$mm, 3-D22($A_s{}'=1284$mm$^2$), 6-D32 ($A_s=4765$mm$^2$), $f_{ck}=35$MPa, $f_y=400$MPa 이다.)

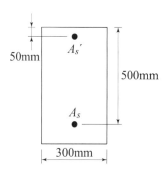

가. 철근콘크리트 직사각형 단면보에서 복철근을 배치하는 이유를 2가지만 쓰시오.

① 

② 

나. 중립축까지의 거리 $c$를 구하시오.

계산과정)

답 : _____

다. 그림과 같은 복철근 직사각형 보에서 강도설계법에 의한 이 단면의 설계휨모멘트($\phi M_n$)를 구하시오.

계산과정)

답 : _____

해설 가. ① 연성을 증가시킨다.
　　② 지속하중에 의한 처짐을 감소시킨다.
　　③ 파괴모드를 압축파괴에서 인장파괴로 변화시킨다.
　　④ 스터럽 철근 고정과 같은 철근의 조립을 쉽게 한다.

나. $c=\dfrac{a}{\beta_1}$

　　$f_{ck}=35$MPa $\leq 40$MPa일 때 $\eta=1.0$, $\beta_1=0.80$

　　$a=\dfrac{(A_s-A_s{}')f_y}{\eta(0.85f_{ck})\,b\,\beta_1}$

　　$=\dfrac{(4765-1284)\times400}{1\times0.85\times35\times300}=156.01$mm

　　$\therefore\ c=\dfrac{156.01}{0.80}=195.01$mm

다. ■ $\phi M_n = \phi \left( f_y (A_s - A_s{}') \left( d - \dfrac{a}{2} \right) + f_y \cdot A_s{}' (d - d') \right)$

■ $\epsilon_t = \dfrac{0.0033 \times (d - c)}{c} = \dfrac{0.0033 \times (500 - 195.01)}{195.01} = 0.0052 > 0.005 \,(\text{인장지배})$

∴ $\phi = 0.85$

■ $a = \dfrac{f_y (A_s - A_s{}')}{\eta (0.85 f_{ck}) b} = \dfrac{400 (4765 - 1284)}{1 \times 0.85 \times 35 \times 300} = 156.01 \,\text{mm}$

■ $M_n = 400 (4765 - 1284) \left( 500 - \dfrac{156.01}{2} \right) + 400 \times 1284 (500 - 50)$

$= 587585838 + 231120000 = 818705838 \,\text{N} \cdot \text{mm}$

$= 818.71 \,\text{kN} \cdot \text{m}$

∴ $\phi M_n = 0.85 \times 818.71 = 695.90 \,\text{kN} \cdot \text{m}$

□□□ 기05①,06③,16①, 산08③,11③,13①

**04 콘크리트의 알칼리 골재 반응을 검사하였다. 다음 물음에 답하시오.**

| 득점 | 배점 |
|---|---|
| | 4 |

가. Na₂O는 0.43%, K₂O는 0.4%일 때 전 알칼리량을 구하시오.

계산 과정)

답 : _____

나. 알칼리 골재 반응의 종류 2가지만 쓰시오.

① _____

② _____

해답 가. $R_2O = Na_2O + 0.658 K_2O = 0.43 + 0.658 \times 0.4 = 0.69\%$

나. ① 알칼리-실리카 반응
② 알칼리-탄산염 반응
③ 알칼리-실리게이트 반응

□□□ 기16①

**05 동해에 영향을 미치는 요인 3가지를 쓰시오.**

| 득점 | 배점 |
|---|---|
| | 3 |

① _____

② _____

③ _____

해답 ① 환경요인
② 물의 공급요인
③ 콘크리트의 품질요인

☐☐☐ 기09①,11①,16①,20④

**06** 콘크리트의 시방 배합 결과 단위 시멘트량 320kg, 단위 수량 165kg, 단위 잔골재량 705.4kg, 단위 굵은 골재량 1134.6kg이었다. 현장 배합을 위한 검사 결과 잔골재 속의 5mm체에 남은 양 1%, 굵은 골재 속의 5mm체를 통과하는 양 4%, 잔골재의 표면수 1%, 굵은 골재의 표면수 3%일 때 현장 배합량의 단위 잔골재량, 단위 굵은 골재량, 단위 수량을 구하시오.

| 득점 | 배점 |
|---|---|
|  | 6 |

계산 과정)

[답] ① 단위 수량 : _____

② 단위 잔골재량 : _____

③ 단위 굵은 골재량 : _____

해답 ■ 입도에 의한 조정

- $S = 705.4\text{kg}$, $G = 1134.6\text{kg}$, $a = 1\%$, $b = 4\%$

- $X = \dfrac{100S - b(S+G)}{100 - (a+b)} = \dfrac{100 \times 705.4 - 4(705.4 + 1134.6)}{100 - (1+4)} = 665.05\text{kg/m}^3$

- $Y = \dfrac{100G - a(S+G)}{100 - (a+b)} = \dfrac{100 \times 1134.6 - 1(705.4 + 1134.6)}{100 - (1+4)} = 1174.95\,\text{kg/m}^3$

■ 표면수에 의한 조정

- 잔골재의 표면수 $= 665.05 \times \dfrac{1}{100} = 6.65\text{kg}$

- 굵은 골재의 표면수 $= 1174.95 \times \dfrac{3}{100} = 35.25\text{kg}$

■ 현장 배합량

- 단위 수량 : $165 - (6.65 + 35.25) = 123.10\,\text{kg/m}^3$
- 단위 잔골재량 : $665.05 + 6.65 = 671.70\,\text{kg/m}^3$
- 단위 굵은 골재량 : $1174.95 + 35.25 = 1210.20\,\text{kg/m}^3$

☐☐☐ 06④,11①,16①,23③

**07** 콘크리트를 2층 이상으로 나누어 타설할 경우 상층의 콘크리트 타설은 원칙적으로 하층의 콘크리트가 굳기 시작하기 전에 해야 하며, 상층과 하층이 일체가 되도록 시공하여야 한다. 이러한 시공을 위하여 콘크리트 이어치기 허용시간 간격의 기준을 정하고 있는데, 아래의 각 경우에 대한 답을 쓰시오.

| 득점 | 배점 |
|---|---|
|  | 4 |

| 외기 온도 | 허용 이어치기 시간 간격 |
|---|---|
| 25℃ 초과 | ① |
| 25℃ 이하 | ② |

해답 ① 2시간

② 2.5시간

□□□ 기11①,16①

08 굳지 않은 상태에서 재료 분리 없이 높은 유동성을 가지면서 다짐작업 없이 자기 충진성이 가능한 콘크리트를 고유동 콘크리트라 한다. 고유동 콘크리트 (high fluidity concrete)에 대해 다음 물음에 답하시오.

득점 / 배점
8

가. 고유동 콘크리트의 사용 시 일반적인 기대되는 효과 2가지를 쓰시오.

① _____

② _____

나. 굳지 않은 콘크리트의 재료분리 저항성 규정 2가지를 쓰시오.

① _____

② _____

해답 가. ① 보통 콘크리트는 충전이 곤란한 구조체인 경우
　　　 ② 균질하고 정밀도가 높은 구조체를 요구하는 경우
　　 나. ① 슬럼프 플로 시험 후 콘크리트의 중앙부에는 굵은 골재가 모여 있지 않고, 주변부에
　　　　 는 페이스트가 분리되지 않아야 한다.
　　　 ② 슬럼프 플로 500mm 도달시간 3~20초 범위를 만족하여야 한다.

□□□ 기06③,16①

09 레디믹스트 콘크리트(KS F 4009)를 제조하기 위한 재료의 계량에 대해 다음 빈칸을 채우시오.

득점 / 배점
5

| 재료의 종류 | 측정 단위 | 1회 계량 분량의 한계 오차 |
|---|---|---|
| 시멘트 | | |
| 물 | | |
| 골재 | | |
| 혼화재 | | |
| 혼화제 | | |

해답

| 재료의 종류 | 측정 단위 | 1회 계량 분량의 한계 오차 |
|---|---|---|
| 시멘트 | 질량 | − 1%, +2% |
| 물 | 질량 또는 부피 | − 2%, +1% |
| 골재 | 질량 | ±3% |
| 혼화재 | 질량 | ±2% |
| 혼화제 | 질량 또는 부피 | ±3% |

□□□ 기05③,09③,16①, 산09①,11①,23③

10 콘크리트용 잔골재의 체가름 시험 결과 각 체의 잔류율이 다음과 같다. 조립률을 구하시오.

| 득점 | 배점 |
|---|---|
| | 4 |

| 체크기(mm) | 잔유량(g) |
|---|---|
| 10 | 0 |
| 2.5 | 67.9 |
| 1.2 | 99.2 |
| 0.6 | 148.8 |
| 0.3 | 242.8 |
| 0.15 | 94.1 |
| 합계 | 652.8 |

계산과정)

답 : _____

해답

| 체크기(mm) | 잔유량(g) | 잔유율(%) | 가적잔유율(%) |
|---|---|---|---|
| 10 | 0 | 0.0 | 0.0 |
| 2.5 | 67.9 | 10.4 | 10.4 |
| 1.2 | 99.2 | 15.2 | 25.6 |
| 0.6 | 148.8 | 22.8 | 48.4 |
| 0.3 | 242.8 | 37.2 | 85.6 |
| 0.15 | 94.1 | 14.4 | 100 |
| 합계 | 652.8 | 100 | 270 |

$$F.M = \frac{\sum 각체에\ 남는\ 가적\ 잔유율}{100}$$

$$= \frac{0 \times 5 + 10.4 + 25.6 + 48.4 + 85.6 + 100}{100} = \frac{270}{100} = 2.70$$

KEY  골재의 조립률 : 75mm, 40mm, 20mm, 10mm, 5mm, 2.5mm, 1.2mm, 0.6mm, 0.3mm, 0.15mm 등 10개의 체를 사용한다.

□□□ 기06③,07③,09①,10①,16①,20④, 산09③,12①,15②,16①

11 콘크리트용 모래에 포함되어 있는 유기불순물 시험방법(KS F 2510)에 대해 물음에 답하시오.

| 득점 | 배점 |
|------|------|
|      | 6    |

가. 식별용 표준색 용액의 제조방법을 설명하시오.

  ○

나. 모래시료를 채취하는 방법에 대해 설명하시오.

  ○

다. 시험 후 색도의 측정방법 및 판별법을 설명하시오.

  ○

해답 가. 식별용 용액은 10%의 알코올 용액으로 2% 탄닌산 용액을 만들고, 그 2.5mL를 3%의 수산화나트륨 용액 97.5mL에 가하여 유리병에 넣어 마개를 닫고 잘 흔든다. 이것을 표준 용액으로 한다.
   나. 시료는 대표적인 것을 취하고 공기 중 건조상태로 건조시켜서 4분법 또는 시료분취기를 사용하여 채취한다.
   다. 시료에 수산화 나트륨 용액을 가한 유리 용기와 표준용액을 넣은 유리 용기를 24시간 정치한 후 잔골재 상부의 용액색이 표준색 용액보다 연한지, 진한지 또는 같은 지를 육안으로 비교한다.

 **KEY** 표준색 용액 만들기 순서
1) 알코올 10g에 물 90g을 타서 10%의 알코올 용액을 만든다.
2) 10%의 알코올 용액 9.8g에 타닌산가루 0.2g을 넣어서 2%타닌산 용액을 만든다.
3) 물 291g에 수산화나트륨 9g을 섞어서 3%의 수산화나트륨 용액을 만든다.
4) 2% 타닌산 용액 2.5mL를 3%의 수산화나트륨 용액 97.5mL에 타서 식별용 표준색 용액을 만든다.
5) 식별용 표준색 용액 400mL의 시험용 무색 유리병에 넣어 마개를 막고 잘 흔든 다음 24시간 동안 가만히 놓아둔다.

# 국가기술자격 실기시험문제

2016년도 기사 제2회 필답형 실기시험(기사)

| 종 목 | 시험시간 | 배 점 | 성 명 | 수험번호 |
|--------|----------|-------|-------|----------|
| 콘크리트기사 | 2시간 | 60 | | |

※ 수험자 인적사항 및 계산식을 포함한 답안 작성은 검은색 필기구만 사용해야 하며, 그 외 연필류, 빨간색, 청색 등 필기구로 작성한 답항은 0점 처리 됩니다.

---

□□□ 16②,20②

**01 콘크리트의 탄산화(중성화)에 대해 다음 물음에 답하시오.**

득점 | 배점
--- | ---
| 6

가. 탄산화 페놀프탈레인 지시약 제조방법을 쓰시오.

○

나. 탄산화깊이 측정방법 2가지를 쓰시오.

> 예 : 쪼아내기에 의한 방법

① _____

② _____

해답  가. 페놀프탈레인 용액은 95% 에탄올 90mL에 페놀프탈레인 분말 1g을 녹여 물을 첨가하여 100mL로 한 것이다.
     나. ① 현장에서 제작된 콘크리트 공시체를 이용하는 방법
       ② 코어 공시체를 이용하는 방법

---

□□□ 기11①,15②,16②

**02 알칼리 골재 반응의 방지 대책을 재료의 기준에 대해 3가지만 쓰시오.**
**(재료의 기준에 대해서)**

득점 | 배점
--- | ---
| 6

① _____

② _____

③ _____

해답 ① 알칼리 골재 반응에 무해한 골재 사용
    ② 저알칼리형의 시멘트로 0.6% 이하를 사용
    ③ 포졸란, 고로 슬래그, 플라이 애시 등 혼화재 사용
    ④ 단위 시멘트량을 낮추어 배합설계 할 것

□□□ 기10①,13③,16②

**03** 콘크리트 압축강도 측정결과가 다음과 같다. 배합설계에 적용할 표준편차를 구하고 호칭강도가 40MPa일 때 콘크리트의 배합강도를 구하시오.

| 득점 | 배점 |
|------|------|
|      | 6    |

【압축강도 측정결과(MPa)】

| 23.5 | 33 | 35 | 28 | 26 | 27 | 28.5 | 29 |
|------|----|----|----|----|----|------|----|
| 26.5 | 23 | 33 | 29 | 26.5 | 35 | 32 | |

【시험횟수가 29회 이하일 때 표준편차의 보정계수】

| 시험횟수 | 표준편차의 보정계수 |
|---------|-------------------|
| 15 | 1.16 |
| 20 | 1.08 |
| 25 | 1.03 |
| 30 이상 | 1.00 |

가. 배합설계에 적용할 압축강도의 표준편차를 구하시오.

계산 과정 )

답 : _____

나. 배합강도를 구하시오.

계산 과정 )

답 : _____

해답 가. 표준편차 $s = \sqrt{\dfrac{\sum(x_i - \overline{x})^2}{(n-1)}}$

① 압축강도 합계

$\sum x_i = 23.5 + 33 + 35 + 28 + 26 + 27 + 28.5 + 29 + 26.5 + 23$
$\qquad + 33 + 29 + 26.5 + 35 + 32$
$\qquad = 435\,\text{MPa}$

② 압축강도 평균값

$\overline{x} = \dfrac{\sum x_i}{n} = \dfrac{435}{15} = 29\text{MPa}$

③ 표준편차 합

$\sum(x_i - \overline{x})^2 = (23.5-29)^2 + (33-29)^2 + (35-29)^2 + (28-29)^2 + (26-29)^2$
$\qquad + (27-29)^2 + (28.5-29)^2 + (29-29)^2 + (26.5-29)^2 + (23-29)^2$
$\qquad + (33-29)^2 + (29-29)^2 + (26.5-29)^2 + (35-29)^2 + (32-29)^2$
$\qquad = 206\,\text{MPa}$

④ 표준표차 $s = \sqrt{\dfrac{206}{15-1}} = 3.84\,\text{MPa}$

직선보간 표준편차 $= 3.84 \times 1.16 = 4.45\,\text{MPa}$

나. 배합강도를 구하시오.

$f_{cn} = 40\,\text{MPa} > 35\,\text{MPa}$일 때 ①과 ②값 중 큰 값

① $f_{cr} = f_{cn} + 1.34s = 40 + 1.34 \times 4.45 = 45.96\,\text{MPa}$

② $f_{cr} = 0.9 f_{cn} + 2.33\,s = 0.9 \times 40 + 2.33 \times 4.45 = 46.37\,\text{MPa}$

∴ 배합강도 $f_{cr} = 46.37\,\text{MPa}$

---

□□□ 기12①,15①,16②, 산10③,11③,20③

**04** 급속 동결 융해에 대한 콘크리트의 저항 시험방법(KS F 2456)에 대해 다음 물음에 답하시오.

| 득점 | 배점 |
|---|---|
|  | 4 |

가. 동결 융해 1사이클의 정의를 간단히 쓰시오.

○

나. 동결 융해 1사이클의 소요시간 범위를 쓰시오.

○

---

해답 가. 4℃에서 −18℃로 떨어지고, 다음에 −18℃에서 4℃로 상승할 때

나. 2~4시간

---

□□□ 기06③,16②, 산05③,20③,23③

**05** 채취한 코어의 지름 100mm, 높이 50mm인 공시체를 사용하여 콘크리트 압축 강도 시험을 수행한 결과 최대 파괴 하중이 157kN이었다. 다음 표를 이용하여 표준 공시체의 압축 강도를 구하시오.

| 득점 | 배점 |
|---|---|
|  | 4 |

| 공시체의 $h/d$비 | 2.0 | 1.5 | 1.25 | 1.0 | 0.75 | 0.5 |
|---|---|---|---|---|---|---|
| 환산 계수 | 1 | 0.96 | 0.94 | 0.85 | 0.7 | 0.5 |

계산 과정 )

답 : _____

---

해답 $f_c = \dfrac{P}{\dfrac{\pi d^2}{4}} \times 환수값 = \dfrac{157 \times 10^3}{\dfrac{\pi \times 100^2}{4}} \times 0.5 = 9.99\,\text{N/mm}^2 = 9.99\,\text{MPa}$

∴ $\dfrac{h}{d} = \dfrac{50}{100} = 0.5$일 때 환산 계수값 0.5이다.

□□□ 기16②

## 06 골재 단위 용적 질량 및 실적률 시험(KS F 2505)에 대해 다음 물음에 답하시오.

득점 | 배점
12

가. 굵은 골재의 최대치수가 100mm일 때 용기의 용적 및 다짐회수를 쓰시오.

① 용기의 용적 : _____ , ② 다짐회수 : _____

나. 시료를 채우는 방법으로 충격에 의해 다짐하는 경우를 2가지 쓰시오.

① _____

② _____

다. 충격으로 시료를 채워 넣는 방법을 설명하시오.

○

라. 실적률을 계산하시오. (단, 시료의 질량 15kg, 용기의 용적 10L, 골재의 흡수율 1.8%, 골재의 표면건조 포화상태의 밀도 $2.62 g/cm^3$, 흡수율 1.8%)

계산 과정)

답 : _____

해설 가. ① 용기의 용적 : 2~3L, ② 다짐회수 : 20회
나. ① 굵은 골재의 치수가 커서 봉 다지기가 곤란한 경우
② 시료를 손상할 염려가 있는 경우
다. 용기를 콘크리트 바닥과 같은 튼튼하고 수평인 바닥위에 놓고 시료를 거의 같은 3층으로 나누어 채운다. 각 층마다 용기의 한쪽을 약 5cm 들어 올려서 바닥을 두드리듯이 낙하시킨다. 다음으로 반대쪽을 약 5cm 들어 올려 낙하시키고 교대로 25회, 전체적으로 50회 낙하시켜서 다진다.
라. 골재의 실적률을 구하시오.

- 골재의 실적률 $G = \dfrac{T}{d_d}(100 + Q)$

- $T = \dfrac{m}{V} = \dfrac{15}{10} = 1.5\,kg/L$

$\therefore\ G = \dfrac{1.5}{2.65} \times (100 + 1.8) = 57.62\%$

□□□ 16②,22③

## 07 콘크리트 시공 시 염해방지대책 4가지를 쓰시오.

득점 | 배점
4

① _____   ② _____

③ _____   ④ _____

해설 ① 콘크리트 표면을 코팅   ② 피복두께 유지
③ 밀실 다짐   ④ 양생철저

□□□ 기15①,16②,17③

**08** 고유동성 콘크리트의 자기충전성 등급은 거푸집에 타설하기 직전의 콘크리트에 대하여 타설 대상 구조물의 형상, 치수, 배근상태를 고려하여 적절히 설정한다. 이 고유동성 콘크리트의 자기충전성 3가지 등급을 간단히 설명하시오.

<table>
<tr><td>득점</td><td>배점</td></tr>
<tr><td></td><td>6</td></tr>
</table>

가. 1등급 : _____

나. 2등급 : _____

다. 3등급 : _____

**해답** 가. 최소 철근 순간격 35~60mm정도의 복잡한 단면형상, 단면치수가 적은 부재 또는 부위에서 자기충전성을 가지는 성능

나. 최소 철근 순간격 60~200mm정도의 철근 콘크리트 구조물 또는 부재에서 자기충전성을 가지는 성능

다. 3등급 : 최소 철근 순간격 200mm 정도 이상으로 단면치수가 크고 철근량이 적은 부재 또는 부위, 무근 콘크리트 구조물에서 자기충전성을 가지는 성능

□□□ 기16②

**09** $b=300$mm, $d=500$mm, $A_s=2742$mm$^2$인 단철근 직사각형 보에서 다음 물음에 답하시오. (단, 강도설계법에 의하며 $f_{ck}=21$MPa, $f_y=400$MPa)

<table>
<tr><td>득점</td><td>배점</td></tr>
<tr><td></td><td>8</td></tr>
</table>

가. 보의 파괴형태를 쓰시오.

계산 과정 )

답 : _____

나. 등가직사각형 응력깊이를 구하시오.

계산 과정 )

답 : _____

다. 강도감수계수를 구하시오.

계산 과정 )

답 : _____

라. 설계휨강도를 구하시오.

계산 과정 )

답 : _____

**해답** 가. $\rho < \rho_b$ : 연성파괴, $\rho > \rho_b$ : 취성파괴

철근비 $\rho = \dfrac{A_s}{b \cdot d} = \dfrac{2742}{300 \times 500} = 0.0183$

- $f_{ck} = 21\text{MPa} \le 40\text{MPa}$일 때 $\eta = 1.0$, $\beta_1 = 0.80$

균형철근비 $\rho_b = \dfrac{\eta(0.85 f_{ck}) \beta_1}{f_y} \dfrac{660}{660 + f_y}$

$\qquad\qquad = \dfrac{1 \times 0.85 \times 21 \times 0.80}{400} \dfrac{660}{660 + 400} = 0.0222$

$\therefore \rho = 0.0183 < \rho_b = 0.0222$ : 연성파괴

나. $a = \dfrac{f_y A_s}{\eta(0.85 f_{ck}) b} = \dfrac{400 \times 2742}{1 \times 0.85 \times 21 \times 300} = 204.82\,\text{mm}$

다. • $c = \dfrac{a}{\beta_1} = \dfrac{204.82}{0.80} = 256.03\,\text{mm}$

• $\epsilon_t = \dfrac{0.0033 \times (d - c)}{c} = \dfrac{0.0033 \times (500 - 256.03)}{256.03}$

$\qquad = 0.0031 < 0.005\,(\text{변화구간})$

• $\phi = 0.65 + (\epsilon_t - 0.002) \dfrac{200}{3}$

$\qquad = 0.65 + (0.0031 - 0.002) \dfrac{200}{3} = 0.72$

라. $M_d = \phi M_n = \phi f_y \cdot A_s \left( d - \dfrac{a}{2} \right)$

$\qquad = 0.72 \times 400 \times 2742 \left( 500 - \dfrac{204.82}{2} \right)$

$\qquad = 313975233\,\text{N} \cdot \text{mm}$

$\qquad = 313.98\,\text{kN} \cdot \text{m}$

---

□□□ 기05③,12①,16②,22② 산06③,07③

## 10 콘크리트의 컨시스턴시를 구하는 측정 방법을 4가지만 쓰시오.

| 득점 | 배점 |
|---|---|
|  | 4 |

① _____

② _____

③ _____

④ _____

해답 ① 슬럼프 시험
② 구관입 시험(케리볼 시험)
③ 리몰딩 시험
④ 다짐 계수 시험
⑤ 비비 시험(진동대에 의한 반죽 질기 시험)

# 국가기술자격 실기시험문제

2016년도 기사 제3회 필답형 실기시험(기사)

| 종 목 | 시험시간 | 배 점 | 성 명 | 수험번호 |
|---|---|---|---|---|
| 콘크리트기사 | 2시간 | 60 | | |

※ 수험자 인적사항 및 계산식을 포함한 답안 작성은 검은색 필기구만 사용해야 하며, 그 외 연필류, 빨간색, 청색 등 필기구로 작성한 답항은 0점 처리 됩니다.

---

□□□ 기10③,16③

**01** 시멘트의 안정성(soundness)에 대해 아래의 물음에 답하시오.

가. 시멘트의 안정성을 간단히 설명하시오.

   ○

나. 시멘트의 안정성을 알아보기 위한 시험의 명칭을 쓰시오.

   ○

해답 가. 시멘트가 경화 중에 체적이 팽창하여 팽창 균열이나 휨 등이 생기는 정도를 말한다.
나. 시멘트의 오토클레이브 팽창도 시험 방법(KS L 5107)

> **KEY** 클링커의 소성이 불충분하여 생긴 유리석회의 과다, MgO의 과다 및 석고 첨가량이 지나치게 많은 경우 불안정하게 된다.

---

□□□ 16③

**02** 흙의 함수량을 KS규격으로 실시하는 것은 장시간 소요되므로 간편 및 신속하게 측정하는 방법을 3가지만 쓰시오.

① _____  ② _____

③ _____

해답 ① 모래용기법
② 알코올 연소법
③ 전자레인지법
④ RI법

□□□ 기08③,12③,16③,20④

**03** 모르타르 및 콘크리트의 길이 변화 시험 방법(KS F 2424)에 규정되어 있는 길이변화 측정 방법 3가지를 쓰시오.

| 득점 | 배점 |
|---|---|
| | 6 |

① _____ ② _____

③ _____

해답 ① 콤퍼레이터 방법 ② 콘택트 게이지 방법 ③ 다이얼 게이지 방법

□□□ 기05①,09③,11①,14②,15①,16③,17③, 산08③,10③,12③

**04** 콘크리트 구조물의 비파괴시험에 대한 다음 물음에 답하시오.

| 득점 | 배점 |
|---|---|
| | 6 |

가. 초음파 전달 비파괴 검사법 중 콘크리트 균열 깊이 측정에 이용되는 4가지 평가 방법을 쓰시오.

① _____ ② _____

③ _____ ④ _____

나. 철근 위치와 피복 두께 측정을 위한 철근 배근 조사 방법인 비파괴 방법을 2가지 만 쓰시오.

① _____ ② _____

다. 철근 콘크리트 구조물에서 철근의 부식 정도를 측정하는 비파괴 시험 종류 3가지 만 쓰시오.

① _____ ② _____

③ _____

해답 가. ① $T_c - T_o$ ② T법 ③ BS법
④ R-S법 ⑤ 레슬리Leslie)법
나. ① 전자 유도법 ② 전자파 레이더법
다. ① 자연 전위법 ② 분극 저항법 ③ 전기 저항법

□□□ 16③

**05** 압축강도시험에 영향을 미치는 요인을 2가지 쓰시오.

| 득점 | 배점 |
|---|---|
| | 4 |

① _____ ② _____

해답 ① 재료품질의 영향 ② 배합의 영향
③ 공기량의 영향 ④ 시공방법의 영향
⑤ 양생방법 및 재령의 영향

☐☐☐ 기16③

06 다음 시험결과에 대한 정밀도의 규정을 예시와 같이 완성하시오.

> 예시 : 잔골재의 밀도 시험은 평균 값이 $0.01g/cm^3$ 이하이어야 한다.

가. 잔골재의 흡수율 시험 : _____

나. 굵은 골재의 흡수율 시험 : _____

다. 시멘트의 밀도 시험 : _____

해답 가. 0.05% 이하
　　 나. 0.03% 이하
　　 다. $0.01g/cm^3$ 이하


☐☐☐ 기09①,16③

07 슬래브의 직접 설계법을 적용할 수 있는 제한사항을 3가지를 쓰시오.

① _____　　② _____

③ _____

해답 ① 각 방향으로 3경간 이상 연속되어야 한다.
　　 ② 슬래브 판들은 단변 경간에 대한 장변 경간의 비가 2 이하인 직사각형이어야 한다.
　　 ③ 각 방향으로 연속한 받침부 중심간 경간 차이는 긴 경간의 1/3 이하이어야 한다.
　　 ④ 연속한 기둥 중심선을 기준으로 기둥의 어긋남은 그 방향 경간의 10% 이하이어야 한다.


☐☐☐ 기09③,12①③,14①,16③

08 그림과 같은 지간이 6m인 단철근 직사각형보에 대하여 다음 물음에 답하시오.
(단, 철근콘크리트의 단위 질량 $= 25kN/m^3$, $A_s = 3176mm^2$, $f_{ck} = 30MPa$, $f_y = 400MPa$이다.)

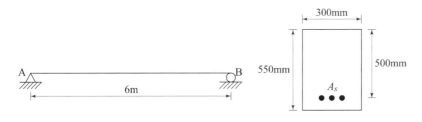

가. 단철근 직사각형 단면의 설계 휨강도$(\phi M_n)$를 구하시오.

계산 과정 )

답 : _____

나. 위 보에 활하중($w_L$)은 등분포하중으로 50kN/m이 작용하고 고정하중($w_D$)으로
   는 보의 자중만 작용할 때 계수하중을 구하시오.

   계산 과정)

   답 : ─────────

다. 위험단면에서 전단철근이 부담하여야 하는 전단강도($V_s$)를 구하시오.

   계산 과정)

   답 : ─────────

예답 가. • $f_{ck} = 30\text{MPa} \leq 40\text{MPa}$일 때 $\eta = 1.0$, $\beta_1 = 0.80$

　　• $a = \dfrac{A_s f_y}{\eta(0.85 f_{ck})b} = \dfrac{3176 \times 400}{1 \times 0.85 \times 30 \times 300} = 166.07\text{mm}$

　　• $c = \dfrac{a}{\beta_1} = \dfrac{166.07}{0.80} = 207.59\text{mm}$

　　• $\epsilon_t = \dfrac{0.0033 \times (d-c)}{c} = \dfrac{0.0033 \times (500 - 207.59)}{207.59}$

　　　$= 0.00465 < 0.005\,(\text{변화구간})$

　　• $\phi = 0.65 + (\epsilon_t - 0.002)\dfrac{200}{3}$

　　　$= 0.65 + (0.00465 - 0.002)\dfrac{200}{3} = 0.83$

　　$\therefore \ \phi M_n = \phi A_s f_y \left(d - \dfrac{a}{2}\right)$

　　　　$= 0.83 \times 3176 \times 400 \left(500 - \dfrac{166.07}{2}\right)$

　　　　$= 439661239\text{N} \cdot \text{mm} = 439.66\text{kN} \cdot \text{m}$

나. $w_u = 1.2 w_D + 1.6 w_L$

　　$= 1.2 \times (25 \times 0.3 \times 0.55) + 1.6 \times 50 = 84.95\,\text{kN/m}$

다. $V_u = \phi(V_c + V_s)$에서

　　• 위험단면에서 계수전단력

　　　$V_u = R_A - w \cdot d$

　　　　$= \dfrac{w \cdot l}{2} - w \cdot d = \dfrac{84.95 \times 6}{2} - 84.95 \times 0.5 = 212.38\text{kN}$

　　• 콘크리트가 부담하는 전단력

　　　$V_c = \dfrac{1}{6}\lambda\sqrt{f_{ck}}\,b_w d$

　　　　$= \dfrac{1}{6} \times 1 \times \sqrt{30} \times 300 \times 500$

　　　　$= 136930.64\text{N} = 136.93\text{kN}$

　　• $V_u = \phi(V_c + V_s)$ : $212.38 = 0.75(136.93 + V_s)$

　　$\therefore$ 전단철근이 부담할 전단력 $V_s = 146.24\text{kN}$

□□□ 기09①,16③

09 잔골재 체가름 시험을 한 결과 각 체의 잔류량은 다음과 같다. 잔골재의 조립률을 구하시오. (단, 10mm 이상 체의 잔량은 0이다.)

| 체의 크기(mm) | 5 | 2.5 | 1.2 | 0.6 | 0.3 | 0.15 | PAN |
|---|---|---|---|---|---|---|---|
| 각 체의 잔류량(g) | 5 | 36 | 104 | 110 | 142 | 95 | 8 |

계산 과정)

답 : _____

해답

| 체의 크기(mm) | 5 | 2.5 | 1.2 | 0.6 | 0.3 | 0.15 | PAN |
|---|---|---|---|---|---|---|---|
| 각 체의 잔류량(g) | 5 | 36 | 104 | 110 | 142 | 95 | 8 |
| 각 체의 잔류율(%) | 1 | 7.2 | 20.8 | 22.0 | 28.4 | 19.0 | 1.6% |
| 각 체의 잔류율의 누계(%) | 1 | 8.2 | 29.0 | 51.0 | 79.4 | 98.4 | |

$$\therefore \ 조립률 = \frac{\sum 각\ 체에\ 남는\ 잔류분의\ 누계}{100}$$

$$= \frac{0 \times 4 + 1 + 8.2 + 29.0 + 51.0 + 79.4 + 98.4}{100}$$

$$= \frac{267}{100} = 2.67$$

 KEY

① 골재의 조립률 : 75mm, 40mm, 20mm, 10mm, 5mm, 2.5mm, 1.2mm, 0.6mm, 0.3mm, 0.15mm 등 10개의 체를 사용한다.

② 각 체의 잔류율

$$\frac{각체의\ 잔류량}{\sum 각체의\ 잔류량} \times 100$$

즉, $\frac{5}{500} \times 100 = 1\%$, $\frac{36}{500} \times 100 = 7.2\%$

③ 각 체의 잔류율 누계 = 앞 체의 잔류율의 누계 + 그 체의 잔류율

□□□ 기05②,07③,15②,16③

10 배합강도 결정을 위한 콘크리트의 압축강도 측정결과가 다음과 같을 때 배합설계에 적용할 표준편차를 구하고 품질기준강도가 45MPa일 때 콘크리트의 배합강도를 구하시오.(단, 소수점 이하 넷째 자리에서 반올림하시오.)

【압축강도 측정결과(MPa)】

| 48.5 | 40 | 45 | 50 | 48 | 42.5 | 54 | 51.5 |
|---|---|---|---|---|---|---|---|
| 52 | 40 | 42.5 | 47.5 | 46.5 | 50.5 | 46.5 | 47 |

가. 배합강도 결정에 적용할 표준편차를 구하시오. (단, 시험 횟수가 15회일 때 표준편차의 보정계수는 1.16이고, 20회일 때는 1.08이다.)

계산 과정)

답 : _____

나. 배합강도를 구하시오.

계산 과정)

답 : _____

해답 가. • 평균값$(\overline{x}) = \dfrac{\sum x_i}{n} = \dfrac{752}{16} = 47.0 \, \text{MPa}$

• 편차의 제곱합 $s = \sum (x_i - \overline{x})^2$

$$s = (48.5-47)^2 + (40-47)^2 + (45-47)^2 + (50-47)^2 + (48-47)^2$$
$$+ (42.5-47)^2 + (54-47)^2 + (51.5-47)^2 + (52-47)^2 + (40-47)^2$$
$$+ (42.5-47)^2 + (47.5-47)^2 + (46.5-47)^2 + (50.5-47)^2$$
$$+ (46.5-47)^2 + (47-47)^2 = 262$$

• 표준편차 $s = \sqrt{\dfrac{s}{n-1}} = \sqrt{\dfrac{262}{16-1}} = 4.18 \, \text{MPa}$

• 16회의 보정계수 $= 1.16 - \dfrac{1.16-1.08}{20-15} \times (16-15) = 1.144$

∴ 수정 표준편차 $s = 4.18 \times 1.144 = 4.78 \, \text{MPa}$

나. $f_{cq} = 45 \, \text{MPa} > 35 \, \text{MPa}$일 때

$f_{cr} = f_{cq} + 1.34 s = 45 + 1.34 \times 4.78 = 51.41 \, \text{MPa}$

$f_{cr} = 0.9 f_{cq} + 2.33 s = 0.9 \times 45 + 2.33 \times 4.78 = 51.64 \, \text{MPa}$

∴ $f_{cr} = 51.64 \, \text{MPa}$(두 값 중 큰 값)

# 국가기술자격 실기시험문제

2017년도 기사 제1회 필답형 실기시험(기사)

| 종 목 | 시험시간 | 배 점 | 성 명 | 수험번호 |
|---|---|---|---|---|
| 콘크리트기사 | 2시간 | 60 | | |

※ 수험자 인적사항 및 계산식을 포함한 답안 작성은 검은색 필기구만 사용해야 하며, 그 외 연필류, 빨간색, 청색 등 필기구로 작성한 답항은 0점 처리 됩니다.

□□□ 기05①,11①,17①,21③

## 01 콘크리트 알칼리 골재 반응에 대한 물음에 답하시오.

득점 배점
6

가. 알칼리 골재 반응의 종류를 3가지만 쓰시오.

① _____   ② _____

③ _____

나. 알칼리 골재 반응의 방지 대책을 3가지만 쓰시오. (재료의 기준에 대해서)

① _____

② _____

③ _____

해답 가. ① 알칼리-실리카 반응  ② 알칼리-탄산염 반응  ③ 알칼리-실리게이트 반응
　　 나. ① 알칼리 골재반응에 무해한 골재 사용
　　　　② 저알칼리형의 시멘트로 0.6% 이하를 사용
　　　　③ 포졸란, 고로슬래그, 플라이 애시 등 혼화재 사용
　　　　④ 단위 시멘트량을 낮추어 배합설계할 것

□□□ 기11①,17①

## 02 콘크리트 탄산화 깊이 판정에 사용되는 1% 페놀프탈레인 시약을 만드는 방법을 간단히 쓰시오.

득점 배점
4

○

해답 페놀프탈레인 용액은 95% 에탄올 90mL 페놀프탈레인 분말 1g을 녹여 물을 첨가하여 100mL로 한 것이다.

> **KEY** 지시약으로 사용되는 페놀프탈레인 용액은 95% 에탄올 90mL에 페놀프탈레인 분말 1g을 녹여 물을 첨가하여 100mL로 한 것이다. 다만 공시체가 매우 건조한 경우는 95% 에탄올의 양을 70mL로 하여 첨가하는 물의 양을 많게 할 수 있다.

□□□ 기09①,10③,14①,17①,20①,23②
03 굳은 콘크리트 시험에 대하여 다음 물음에 답하시오.

| 득점 | 배점 |
|---|---|
| | 6 |

가. 콘크리트의 압축 강도시험에서 하중을 가하는 재하 속도를 쓰시오.

○

답 : _____

나. 콘크리트의 휨 강도시험에서 하중을 가하는 재하 속도를 쓰시오.

○

답 : _____

다. 급속 동결 융해에 대한 콘크리트의 저항 시험에서 동결 융해 1사이클의
기준을 쓰시오.

○

답 : _____

해답 가. 매초 (0.6±0.2)MPa
나. 매초 (0.06±0.04)MPa
다. 온도 범위 : −18℃ ~ 4℃, 시간 : 2 ~ 4시간

□□□ 기11③,17①②
04 품질 기준 강도($f_{cq}$)가 30MPa이고, 23회 이상의 충분한 압축강도 시험을
거쳐 2.0MPa의 표준편차를 얻었다. 이 콘크리트의 배합강도($f_{cr}$)를 구하시오.

| 득점 | 배점 |
|---|---|
| | 4 |

계산 과정)

답 : _____

해답 • 시험 횟수 23회일 때 표준편차
• 시험 횟수가 29회 이하일 때 표준편차의 보정 계수

| 시험 횟수 | 표준편차의 보정 계수 |
|---|---|
| 15 | 1.16 |
| 20 | 1.08 |
| 25 | 1.03 |
| 30 또는 그 이상 | 1.00 |

직선 보간 표준편차 $= 2.0 \times \left(1.08 - \dfrac{1.08 - 1.03}{25 - 20} \times (23 - 20)\right) = 2.1\,\mathrm{MPa}$

• $f_{cq} \leq 35\mathrm{MPa}$일 때
• $f_{cr} = f_{cq} + 1.34\,s\,[\mathrm{MPa}] = 30 + 1.34 \times 2.1 = 32.81\,\mathrm{MPa}$
• $f_{cr} = (f_{cq} - 3.5) + 2.33\,s\,[\mathrm{MPa}] = (30 - 3.5) + 2.33 \times 2.1 = 31.39\,\mathrm{MPa}$
∴ 배합 강도 $f_{cr} = 32.81\,\mathrm{MPa}$(두 값 중 큰 값)

□□□ 기17①
05 콘크리트 구조물에 발생한 균열보수공법을 4가지만 쓰시오.

① _____ ② _____

③ _____ ④ _____

해답 ① 표면처리공법  ② 주입공법
③ 충전공법  ④ 침투성방수제도포공법

□□□ 기11①,17①,22①,23③
06 아래 그림과 같은 단철근 직사각형보에서 이 단면의 공칭 휨 강도($\phi M_n$)를 구하시오. (단, $A_s = 1560\text{mm}^2$, $f_{ck} = 21\text{MPa}$, $f_y = 400\text{MPa}$이다.)

계산 과정)

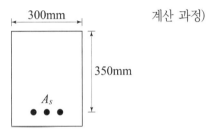

답 : _____

해답 $\phi M_n = \phi A_s f_y \left( d - \dfrac{a}{2} \right)$

- $f_{ck} = 21\text{MPa} \leq 40\text{MPa}$일 때 $\eta = 1.0$, $\beta_1 = 0.80$

- $a = \dfrac{A_s f_y}{(0.85 f_{ck}) b} = \dfrac{1560 \times 400}{1 \times 0.85 \times 21 \times 300} = 116.53\,\text{mm}$

- $c = \dfrac{a}{\beta_1} = \dfrac{116.53}{0.80} = 145.66\,\text{mm}$

- $\epsilon_t = \dfrac{0.0033(d-c)}{c} = \dfrac{0.0033(350 - 145.66)}{145.66} = 0.0046 < 0.005$  (변화구간)

  $\therefore \phi = 0.65 + (\epsilon_t - 0.002)\dfrac{200}{3} = 0.65 + (0.0046 - 0.002) \times \dfrac{200}{3} = 0.82$

  $\therefore \phi M_n = 0.82 \times 1560 \times 400 \left( 350 - \dfrac{116.53}{2} \right)$

  $= 149274965\,\text{N} \cdot \text{mm} = 149.27\,\text{kN} \cdot \text{m}$

□□□ 기17①
07 콘크리트의 품질관리에서 콘크리트의 받아들이기 품질검사 항목 4가지를 쓰시오.

① _____ ② _____

③ _____ ④ _____

해답 ① 슬럼프  ② 공기량
③ 온도  ④ 단위질량
⑤ 굳지 않은 콘크리트 상태  ⑥ 염소이온량  ⑦ 배합

□□□ 기07③,14①,17①,20①

08 아래 조건과 같은 한중 콘크리트에 있어서 적산 온도 방식에 의한 물-시멘트비를 보정하시오. (단, 1개월은 30일임)

| 득점 | 배점 |
|---|---|
| | 4 |

- 보통 포틀랜드 콘크리트를 사용하고 설계 기준 강도는 24MPa로 물-시멘트비($x_{20}$)는 49%이다.
- 보온 양생 조건은 타설 후 최초 5일간은 20℃, 그 후 4일 간 15℃, 또 그 후 4일간은 10℃이고, 그 후 타설된 일평균 기온은 -8℃이다.
- 보통 포틀랜드 시멘트의 적산 온도 M에 대응하는 물-시멘트비의 보정계수 $\alpha$ 의 산정식 $\alpha = \dfrac{\log(M-100)+0.13}{3}$ 을 적용한다.

답 : _____

해답 ・ 적산온도

$$M = \sum_0^t (\theta+10)\Delta t$$
$$= (20+10)\times 5 + (15+10)\times 4 + (10+10)\times 4 + (-8+10)\times 17$$
$$= 364°D \cdot D$$

・ 보정계수
$$\alpha = \frac{\log(M-100)+0.13}{3} = \frac{\log(364-100)+0.13}{3} = 0.851$$

・ 물 - 시멘트비 보정
$$x = \alpha \cdot x_{20}$$
$$= 0.851 \times 49 = 41.70\%$$

□□□ 기12①,17①,20③

09 고로 슬래그의 화학 성분을 조사한 결과 다음과 같을 때 물음에 답하시오.

| 득점 | 배점 |
|---|---|
| | 6 |

| FeO | CaO | MgO | $Al_2O_3$ | $SiO_2$ |
|---|---|---|---|---|
| 0.09 | 37.9 | 4.2 | 12.4 | 41.2 |

가. 고로 슬래그의 염기도를 구하시오.

계산 과정)

답 : _____

나. 고로 슬래그 시멘트의 사용여부를 판정하시오.

계산 과정)

답 : _____

해답 가. $b = \dfrac{CaO + MgO + Al_2O_3}{SiO_2}$

$= \dfrac{37.9 + 4.2 + 12.4}{41.2} = 1.32$

나. 고로 슬래그 시멘트에 사용하는 염기도는 1.60 이상이어야 한다.

$b = 1.32 < 1.60$

∴ 사용할 수 없음

□□□ 기11①,13③,17①,20①

**10** 보통 중량콘크리트의 U형 스터럽이 배치된 직사각형 단철근보의 설계 전단 강도($\phi V_n$)를 아래의 경우에 대해 각각 구하시오. (단, 스터럽 철근 1개의 단면적 $A_v = 126.7mm^2$, 스터럽 간격($s$) = 120mm, 단면폭 = 300mm, 유효깊이 = 500mm, $f_{ck}$ = 30MPa, $f_y$ = 400MPa)

가. 수직 스터럽을 전단 철근으로 사용하는 경우 설계 전단 강도($\phi V_n$)를 구하시오.

계산 과정)

답 : _____

나. 경사 스터럽을 전단 철근으로 사용하는 경우 설계 전단 강도($\phi V_n$)를 구하시오. (단, 경사 스터럽과 부재축의 시잇각은 60° 이다.)

계산 과정)

답 : _____

해답 가. • $V_c = \dfrac{1}{6} \lambda \sqrt{f_{ck}} b_w d = \dfrac{1}{6} \times 1 \times \sqrt{30} \times 300 \times 500 = 136931N = 136.93kN$

• 전단 강도

$V_s = \dfrac{A_v f_{yt} d}{s} \leq V_s = \dfrac{2\lambda \sqrt{f_{ck}}}{3} b_w d$ 이하

$V_s = \dfrac{2\lambda \sqrt{f_{ck}}}{3} b_w d = \dfrac{2 \times 1 \times \sqrt{30}}{3} \times 300 \times 500 = 547723N = 548kN$

$V_s = \dfrac{A_v f_{yt} d}{s} = \dfrac{(126.7 \times 2) \times 400 \times 500}{120} = 422333N = 422.33kN \leq 548kN$

∴ 설계 전단 강도 $\phi V_n = \phi(V_c + V_s) = 0.75(136.93 + 422.33) = 419.45kN$

나. 경사 스터럽을 전단 철근으로 사용하는 경우 전단 강도

$V_c = \dfrac{1}{6} \lambda \sqrt{f_{ck}} b_w d = \dfrac{1}{6} \times 1 \times \sqrt{30} \times 300 \times 500 = 136931N = 136.93kN$

$V_s = \dfrac{A_v f_{yt}(\sin\alpha + \cos\alpha)d}{s} = \dfrac{(126.7 \times 2) \times 400 \times (\sin 60° + \cos 60°) \times 500}{120}$

$= 576918N = 576.92kN$

$\phi V_n = \phi(V_c + V_d) = 0.75(136.93 + 576.92) = 535.39kN$

□□□ 기17①

11 **콘크리트 내구성의 평가에 대한 용어의 정의를 간단히 쓰시오.**

| 득점 | 배점 |
|---|---|
| | 12 |

가. 상대동탄성계수(relative dynamic modulus of elasticity)

  ○

나. 팝아웃(pop-out)

  ○

다. 화학적 침식(chemical corrosion)

  ○

라. 탄산화 속도계수(carbonation rate coeffecient)

  ○

---

해답 가. $P_c = \left(\dfrac{n_c^2}{n_o^2}\right) \times 100$

   여기서, $P_c$ : 동결 융해 C사이클 후의 상대 동 탄성 계수(%)

   $n_o$ : 동결 융해 0사이클에서의 변형 진동의 1차 공명 진동수(Hz)

   $n_c$ : 동결 융해 C사이클 후의 변형 진동의 1차 공명 진동수(Hz)

   $P_c = \dfrac{(동결융해C사이클에서\ 가로1차\ 진동주파수)^2}{(동결융해C사이클\ 후의\ 1차\ 진동주파수)^2} \times 100$

나. 내동해성이나 내알칼리 골재반응이 작은 골재를 콘크리트에 사용하는 경우 동결융해
   작용이나 알칼리 골재반응에 의해 골재가 팽창하여 파괴되어 떨어져 나가거나 그 위치
   의 콘크리트 표면이 떨어져 나가는 현상

다. 콘크리트의 시멘트 수화물이 어떤 종류의 화학물질과 반응하여 용출됨에 따라 조직이
   다공질화되거나 반응에 의하여 팽창을 일으켜 구조물의 성능이 저하하는 현상

라. 시멘트, 골재의 종류, 환경조건, 혼화재료, 표면 마감재 등의 정도를 나타내는 상수

# 국가기술자격 실기시험문제

2017년도 기사 제2회 필답형 실기시험 (기사)

| 종 목 | 시험시간 | 배 점 | 성 명 | 수험번호 |
|---|---|---|---|---|
| 콘크리트기사 | 2시간 | 60 | | |

※ 수험자 인적사항 및 계산식을 포함한 답안 작성은 검은색 필기구만 사용해야 하며, 그 외 연필류, 빨간색, 청색 등 필기구로 작성한 답항은 0점 처리 됩니다.

□□□ 기05①,14②,17②,19②

**01** 알칼리 시험 측정 결과 시멘트 속에 포함된 $Na_2O$는 0.45%, $K_2O$는 0.4%의 알칼리 함유량을 갖고 있다. 다음 물음에 답하시오.

가. 시멘트 중 전 알칼리량을 구하시오.

계산 과정 )

답 : _____

나. 알칼리 골재 반응의 억제 방법을 3가지만 쓰시오.

① _____

② _____

③ _____

해답 가. $R_2O = Na_2O + 0.658K_2O = 0.45 + 0.658 \times 0.4 = 0.71\%$

나. ① 반응성 골재를 사용하지 않는다.
② 콘크리트의 치밀도를 증대시킨다.
③ 콘크리트 시공 시 초기 결함이 발생하지 않도록 한다.

득점 / 배점 6

□□□ 기14①,17②,19③,23②

**02** 경화된 콘크리트 면에 장비를 이용하여 타격에너지를 가하여 콘크리트 면의 반발경도를 측정하고 반발경도와 콘크리트 압축강도와의 관계를 이용하여 압축강도를 추정하는 비파괴시험 반발경도법 4가지는 무엇인가 쓰시오.

① _____ ② _____

③ _____ ④ _____

해답 ① 슈미트 해머법 ② 낙하식 해머법
③ 스프링 해머법 ④ 회전식 해머법

득점 / 배점 4

□□□ 기11③,17②,19③

**03** 보가 있거나 또는 없는 슬래브 내의 휨 모멘트 산정을 위한 이론적인 절차들, 설계 및 시공 과정의 단순화에 대한 요구, 그리고 슬래브 시스템의 거동에 대한 전례들을 고려하여 개발된 것이 직접 설계법이다. 이러한 직접 설계법을 적용할 수 있는 제한사항을 예시와 같이 3가지만 쓰시오.
**(단, 예시의 내용은 정답에서 제외한다.)**

| 득점 | 배점 |
|---|---|
| | 6 |

> [예시] 각 방향으로 3경간 이상 연속되어야 한다.

① _____

② _____

③ _____

해답 ① 슬래브 판들은 단변 경간에 대한 장변 경간의 비가 2 이하인 직사각형이어야 한다.
② 각 방향으로 연속한 받침부 중심간 경간 차이는 긴 경간의 1/3 이하이어야 한다.
③ 연속한 기둥 중심선을 기준으로 기둥의 어긋남은 그 방향 경간의 10% 이하이어야 한다.
④ 모든 하중은 슬래브 판 전체에 걸쳐 등분포된 연직 하중이어야 하며, 활하중은 고정 하중의 2배 이하이어야 한다.
⑤ 모든 변에서 보가 슬래브를 지지할 경우 직교하는 두 방향에서 보의 상대강성은 0.2 이상 5.0 이하이어야 한다.

□□□ 기17②

**04** 콘크리트의 배합설계에 사용되는 다음 용어에 대하여 정의를 쓰시오.

| 득점 | 배점 |
|---|---|
| | 8 |

가. 갇힌공기(entrapped air)

　○

나. 자기수축(autogenous shrinkage)

　○

다. 순환골재(recycled aggregate)

　○

라. 콜드 조인트(cold joint)

　○

해답 가. 공기연행제 등을 사용하지 않는 경우에도 콘크리트 속에 자연적으로 포함되는 공기
나. 시멘트의 수화반응에 의해 콘크리트, 모르타르 및 시멘트 페이스트의 체적이 감소하여 수축하는 현상
다. 콘크리트를 크러셔로 분쇄하여 인공적으로 만든 골재로서 입도에 따라 순환잔골재와 순환굵은골재로 나누어짐
라. 시공하기 전에 계획하지 않은 곳에서 생겨난 이음으로서, 먼저 타설된 콘크리트와 나중에 타설되는 콘크리트 사이에 완전히 일체화가 되지 않은 이음부위

**05** 콘크리트의 호칭강도가 40MPa이고, 20회의 콘크리트 압축 강도 시험으로 표준 편차 4.5MPa을 얻었다. 이 콘크리트 배합 강도를 구하시오.

| 득점 | 배점 |
|------|------|
|      | 4    |

계산 과정)

답 : _____

해답 ■ 표준편차 $s = 4.5\,\text{MPa}$
- 직선보간 표준편차 $= 4.5 \times 1.08 = 4.86\,\text{MPa}$

■ $f_{cn} = 40\,\text{MPa} > 35\,\text{MPa}$일 때 두 값 중 큰 값
- $f_{cr} = f_{cn} + 1.34s = 40 + 1.34 \times 4.86 = 46.51\,\text{MPa}$
- $f_{cr} = 0.9f_{cn} + 2.33s = 0.9 \times 40 + 2.33 \times 4.86 = 47.32\,\text{MPa}$

∴ 배합 강도 $f_{cr} = 47.32\,\text{MPa}$(두 값 중 큰 값)

| KEY | 시험 횟수가 29회 이하일 때 표준편차의 보정 계수 | |
|-----|-----|-----|
| | 시험 횟수 | 표준편차의 보정 계수 |
| | 15 | 1.16 |
| | 20 | 1.08 |
| | 25 | 1.03 |
| | 30 또는 그 이상 | 1.00 |

**06** 다음 경량 골재 콘크리트에 대하여 물음에 답하고 쓰시오.

| 득점 | 배점 |
|------|------|
|      | 8    |

가. 경량골재 콘크리트의 표준 비비기 시간에 대하여 물음에 답하시오.

　① 강제식 믹서를 사용 할 경우 표준 비비기 시간은 얼마인가?

　○

　② 가경식 믹서를 사용 할 경우 표준 비비기 시간은 얼마인가?

　○

나. 경량골재 콘크리트는 보통 콘크리트에 비해 진동기를 찔러 넣은 간격을 작게 하거나 진동시간을 약간 길게 해 충분히 다져야 한다. 이 진동기로 다지는 표준적인 찔러 넓기 간격 및 진동 시간에 대해 빈칸을 채우시오.

| 콘크리트 종류 | 찔러넣기 간격(m) | 진동시간(초) |
|------|------|------|
| 유동화 되지 않은 것 | 0.3 | ( ② ) |
| 유동화 된 것 | ( ① ) | 10 |

해답 가. ① 1분 이상　② 1분 30초 이상
나. ① 0.4m　② 30초

기12①,14①,16③,17②

07 그림과 같은 지간이 6m인 단철근 직사각형보에 활하중이 47kN/m이 작용하고 있다. 다음 물음에 답하시오. (단, 콘크리트의 단위 질량 25kN/m³, $A_s$ = 2027mm², $f_{ck}$ = 24MPa, $f_y$ = 400MPa이다.)

득점 배점
6

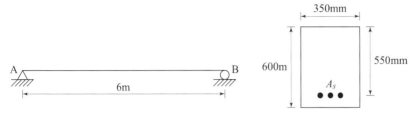

가. 단철근 직사각형보의 설계 휨 강도($\phi M_n$)를 구하시오.

계산 과정)

답 : _____

나. 단철근 직사각형보에 작용하는 계수하중을 구하시오.

계산 과정)

답 : _____

다. 단철근 직사각형보의 위험 단면에서에서 전단 철근이 부담해야 할 전단력($V_s$)을 강도 설계법으로 구하시오.

계산 과정)

답 : _____

해답 가. • $f_{ck}$ = 24MPa ≤ 40MPa일 때 $\eta$ = 1.0, $\beta_1$ = 0.80

• $a = \dfrac{A_s f_y}{\eta(0.85 f_{ck})b} = \dfrac{2027 \times 400}{1 \times 0.85 \times 24 \times 350} = 113.56\,mm$

• $c = \dfrac{a}{\beta_1} = \dfrac{113.56}{0.80} = 141.95\,mm$

• $\epsilon_t = \dfrac{0.0033 \times (d-c)}{c} = \dfrac{0.0033 \times (550-141.95)}{141.95} = 0.0095 > 0.005$ (인장지배구간)

∴ $\phi = 0.85$

∴ $\phi M_n = \phi A_s f_y \left(d - \dfrac{a}{2}\right) = 0.85 \times 2,027 \times 400 \left(550 - \dfrac{113.56}{2}\right)$

　　　 = 339917360N · mm = 339.92kN · m

나. $w_u = 1.2 w_D + 1.6 w_L = 1.2 \times (25 \times 0.35 \times 0.6) + 1.6 \times 47 = 81.5\,kN/m$

다. $V_u = \phi(V_c + V_s)$에서

• 위험단면에서 계수전단력

$V_u = R_A - w \cdot d = \dfrac{w \cdot l}{2} - w \cdot d = \dfrac{81.5 \times 6}{2} - 81.5 \times 0.55 = 199.68\,kN$

• 콘크리트가 부담하는 전단력

$V_c = \dfrac{1}{6}\lambda \sqrt{f_{ck}}\, b_w d = \dfrac{1}{6} \times 1 \times \sqrt{24} \times 350 \times 550 = 157176N = 157.18\,kN$

• $199.68 = 0.75(157.18 + V_s)$

∴ 전단철근이 부담할 전단력 $V_s = 109.06\,kN$

08 관입저항침에 의한 콘크리트 응결시험(KS F 2436)결과가 아래 표와 같을 때 다음 물음에 답하시오.

| 득점 | 배점 |
|---|---|
|  | 10 |

가. 시험의 결과를 그래프로 도시할 때 나머지 측정점들에서 정의한 경향에서 명백히 벗어나는 점은 버려야 한다. 이런 전체의 경향에서 벗어나는 측정점이 발생하는 원인에 대하여 아래 예시와 같이 3가지만 쓰시오.

| 하중 재하속도의 변동 |
|---|

① _____

② _____

③ _____

나. 아래의 표와 같은 시험결과로 핸드 피팅(hand fitting)에 의한 방법을 이용하여 그래프를 도시하고 초결 및 종결시간을 구하시오.

| 관입 저항(PR) MPa | 경과시간(t) min |
|---|---|
| 0.3 | 200 |
| 0.8 | 230 |
| 1.5 | 260 |
| 3.7 | 290 |
| 6.9 | 320 |
| 6.9 | 335 |
| 13.8 | 350 |
| 17.7 | 365 |
| 24.3 | 380 |
| 30.6 | 295 |

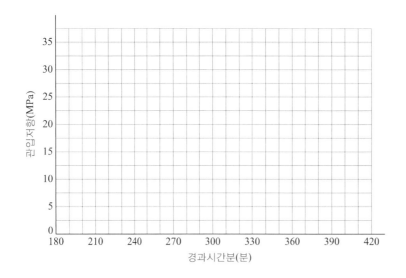

① 초결 시간

답 : _____

② 종결 시간

답 : _____

해답 가. ① 하중시 오차
　② 관입영역에 있는 큰 간극
　③ 너무 인접해서 관입하면서 발생한 방해 요소
　④ 관입시험에서 시험기구를 모르타르의 면과 연직하지 못함
　⑤ 모르타르에 다소 큰 입자가 포함되어 나타나는 방해 요소

나.

| 관입 저항(PR) MPa | 경과시간(t) min |
|---|---|
| 0.3 | 200 |
| 0.8 | 230 |
| 1.5 | 260 |
| 3.7 | 290 |
| 6.9 | 320 |
| 6.9 | 335 |
| 13.8 | 350 |
| 17.7 | 365 |
| 24.3 | 380 |
| 30.6 | 295 |

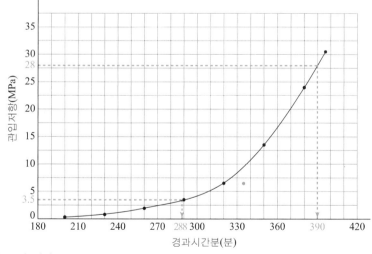

① 초결 시간
　∴ 관입저항 3.5 MPa일 때 초결시간 288분
② 종결 시간
　∴ 관입저항 28 MPa일 때 종결시간 390분

 KEY　응결시간 계산식
　・초결시간 : 관입저항치 3.5 MPa일 때 초결 시간을 계산
　・종결시간 : 관입저항치 28 MPa일 때 종결 시간을 계산

□□□ 기17②,19①

09 **굵은 골재의 밀도와 흡수율 시험(KS F 2503)에 대한 물음에 쓰시오.**

가. 아래의 경우 1회 시험에 사용하는 시료에 대하여

① 굵은 골재의 최대 치수가 20mm인 보통 중량의 골재를 사용한 경우 시료의 최소 질량을 구하시오.

계산 과정 )

답 : _____

② 굵은 골재의 최대 치수가 20mm인 경량 골재를 사용하는 경우 시료의 최소 질량을 구하시오.(단 굵은 골재의 추정 밀도는 $1.4g/cm^3$)

계산 과정 )

답 : _____

나. 각 무더기로 나누어서 시험한 굵은 골재의 밀도 및 흡수율의 결과가 다음의 표와 같을 때 평균 밀도와 평균 흡수율을 구하시오.

| 입도범위(mm) | 원시료에 대한 질량 백분율(%) | 시료질량(g) | 밀도($g/cm^3$) | 흡수율(%) |
|---|---|---|---|---|
| 5−20 | 45 | 2010 | 2.67 | 0.9 |
| 20−40 | 40 | 1507 | 2.60 | 1.2 |
| 40−60 | 15 | 982 | 2.56 | 1.7 |

① 평균 밀도를 구하시오.

계산 과정 )

답 : _____

② 평균 흡수율

계산 과정 )

답 : _____

해답 가. ① 최소질량은 굵은 골재의 최대치수(mm)의 0.1배를 kg으로 나타낸다.

$m_{min} = 0.1 \times 20 = 2kg$

② $m_{min} = \dfrac{d_{max} \cdot D_e}{25} = \dfrac{20 \times 1.4}{25} = 1.12kg$

나. ① 평균밀도 $D = \dfrac{1}{\dfrac{0.45}{2.67} + \dfrac{0.40}{2.60} + \dfrac{0.15}{2.56}} = 2.62g/cm^3$

② 평균 흡수율 $Q = 0.45 \times 0.9 + 0.40 \times 1.2 + 0.15 \times 1.7 = 1.14\%$

# 국가기술자격 실기시험문제

2017년도 기사 제3회 필답형 실기시험(기사)

| 종 목 | 시험시간 | 배 점 | 성 명 | 수험번호 |
|---|---|---|---|---|
| 콘크리트기사 | 2시간 | 60 | | |

※ 수험자 인적사항 및 계산식을 포함한 답안 작성은 검은색 필기구만 사용해야 하며, 그 외 연필류, 빨간색, 청색 등 필기구로 작성한 답항은 0점 처리 됩니다.

---

□□□ 기12③,17②③

**01** 경량 골재 콘크리트는 보통 콘크리트에 비해 진동기를 찔러 넣는 간격을 작게 하거나 진동 시간을 약간 길게 해 충분히 다져야 한다. 이 진동기로 다지는 표준적인 찔러 넣기 간격 및 진동 시간에 대해 빈칸을 채우시오.

| 득점 | 배점 |
|---|---|
| | 4 |

| 콘크리트의 종류 | 찔러 넣기 간격(m) | 진동 시간(초) |
|---|---|---|
| 유동화되지 않은 것 | ① | ③ |
| 유동화된 것 | ② | ④ |

해답 찔러 넣기 간격 및 시간의 표준

| 콘크리트의 종류 | 찔러 넣기 간격(m) | 진동 시간(초) |
|---|---|---|
| 유동화되지 않은 것 | 0.3 | 30 |
| 유동화된 것 | 0.4 | 10 |

---

□□□ 기11①,17①③

**02** 콘크리트 탄산화 깊이 판정에 사용되는 1% 페놀프탈레인 시약을 만드는 방법을 간단히 쓰시오.

○

해답 페놀프탈레인 용액은 95% 에탄올 90mL 페놀프탈레인 분말 1g을 녹여 물을 첨가하여 100mL로 한 것이다.

 **KEY** 지시약으로 사용되는 페놀프탈레인 용액은 95% 에탄올 90mL에 페놀프탈레인 분말 1g을 녹여 물을 첨가하여 100mL로 한 것이다. 다만 공시체가 매우 건조한 경우는 95% 에탄올의 양을 70mL로 하여 첨가하는 물의 양을 많게 할 수 있다.

□□□ 기17③

03 폭$(b)=280$mm, 유효깊이$(d)=500$mm, 높이$(h)=550$mm, $f_{ck}=30$MPa, $f_y=400$MPa인 단철근 직사각형 보에 대한 다음 물음에 답하시오.
(단, 철근량 $A_s=3000$mm², 콘크리트의 쪼갬인장강도 $f_{sp}=3.0$MPa, 일단으로 배치되어 있다.)

| 득점 | 배점 |
|---|---|
|  | 12 |

가. 콘크리트의 균열 모멘트를 구하시오.

① 보통 콘크리트를 사용하는 경우

계산과정)

답 : _____

② 경량 콘크리트를 사용하는 경우

계산과정)

답 : _____

나. 압축연단에서 중립축까지의 거리 $c$를 구하시오.

계산과정)

답 : _____

다. 직사각형 단철근보의 설계휨모멘트$(\phi M_n)$를 구하시오.

계산과정)

답 : _____

---

해답 가. 균열모멘트 $M_{cr}=\dfrac{f_r}{y_t}I_g$

① $f_r=0.63\lambda\sqrt{f_{ck}}=0.63\times1\times\sqrt{30}=3.45\,\text{MPa}$

$I_g=\dfrac{bh^3}{12}=\dfrac{280\times550^3}{12}=3882083333\,\text{mm}^4$

$y_t=\dfrac{h}{2}=\dfrac{550}{2}=275\,\text{mm}$

$\therefore M_{cr}=\dfrac{3.45}{275}\times3882083333=48702500\,\text{N}\cdot\text{mm}=48.70\,\text{kN}\cdot\text{m}$

② $\lambda=\dfrac{f_{sp}}{0.56\sqrt{f_{ck}}}=\dfrac{3}{0.56\sqrt{30}}=0.98$

$f_r=0.63\lambda\sqrt{f_{ck}}=0.63\times0.98\times\sqrt{30}=3.38\,\text{MPa}$

$I_g=\dfrac{bh^3}{12}=\dfrac{280\times550^3}{12}=3882083333\,\text{mm}^4$

$y_t=\dfrac{h}{2}=\dfrac{550}{2}=275\,\text{mm}$

$\therefore M_{cr}=\dfrac{3.38}{275}\times3882083333=47714333\,\text{N}\cdot\text{mm}=47.71\,\text{kN}\cdot\text{m}$

나. 중립축까지의 거리 $c = \dfrac{a}{\beta_1}$

* $f_{ck} = 30\text{MPa} \leq 40\text{MPa}$일 때 $\eta = 1.0$, $\beta_1 = 0.80$

* $a = \dfrac{A_s f_y}{\eta(0.85 f_{ck})b} = \dfrac{3000 \times 400}{1 \times 0.85 \times 30 \times 280} = 168.07\text{mm}$

$\therefore\ c = \dfrac{168.07}{0.80} = 210.09\text{mm}$

다. $\phi M_n = \phi(A_s f_y)\left(d - \dfrac{a}{2}\right)$

$\epsilon_t = \dfrac{0.0033 \times (d-c)}{c} = \dfrac{0.0033 \times (500 - 210.09)}{210.09} = 0.0046 < 0.005\,(변화구간)$

$\phi = 0.65 + (\epsilon_t - 0.002)\dfrac{200}{3}$

$\quad = 0.65 + (0.0046 - 0.002)\dfrac{200}{3} = 0.823$

$\therefore\ \phi M_n = 0.823 \times 3000 \times 400\left(500 - \dfrac{168.07}{2}\right)$

$\qquad = 410807034\,\text{N} \cdot \text{mm} = 410.81\,\text{kN} \cdot \text{m}$

$\qquad (\because\ 1\text{kN} \cdot \text{m} = 10^6\text{N} \cdot \text{mm})$

□□□ 기17③,20③

## 04 콘크리트 구조기준에서 사용되는 용어의 정의를 간단히 설명하시오.

| 득점 | 배점 |
|------|------|
|      | 8    |

가. 계수하중(factored load)

○

나. 균형철근비(balanced reinforcement ratio)

○

다. 2방향 슬래브(two-way slab)

○

라. 정착길이(anchorage device)

○

해답 가. 강도설계법으로 부재를 설계할 때 사용하는 하중계수를 곱하는 하중
나. 인장철근이 설계기준항복강도에 도달함과 동시에 압축연단 콘크리트의 변형률이 극한
변형률에 도달하는 단면의 인장철근비
다. 직교하는 두 방향 휨모멘트를 전달하기 위하여 주철근이 배치된 슬래브
라. 위험단면에서 철근의 설계기준항복강도를 발휘하는데 필요한 최소 묻힘 길이

☐☐☐ 기15①,16②,17③

**05** 고유동성 콘크리트의 자기충전성 등급은 거푸집에 타설하기 직전의 콘크리트에 대하여 타설 대상 구조물의 형상, 치수, 배근상태를 고려하여 적절히 설정한다. 이 고유동성 콘크리트의 자기충전성 3가지 등급을 간단히 설명하시오.

| 득점 | 배점 |
|---|---|
| | 6 |

가. 1등급 : _____

나. 2등급 : _____

다. 3등급 : _____

_____

해답 가. 최소 철근 순간격 35~60mm정도의 복잡한 단면형상, 단면치수가 적은 부재 또는 부위에서 자기충전성을 가지는 성능
　　나. 최소 철근 순간격 60~200mm정도의 철근 콘크리트 구조물 또는 부재에서 자기충전성을 가지는 성능
　　다. 최소 철근 순간격 200mm 정도 이상으로 단면치수가 크고 철근량이 적은 부재 또는 부위, 무근 콘크리트 구조물에서 자기충전성을 가지는 성능

☐☐☐ 기12③,15①,17③, 산06③,12①

**06** 압력법에 의한 굳지 않은 콘크리트의 공기량시험 결과를 보고, 수정계수를 결정하기 위한 잔골재의 질량을 구하시오.(단, 단위 골재량은 $1m^3$당 소요량이며, 시험기는 $5l$용량을 사용한다.)

| 득점 | 배점 |
|---|---|
| | 4 |

| 단위 잔골재량 | 단위 굵은골재량 |
|---|---|
| $900kg/m^3$ | $1100kg/m^3$ |

계산과정)　　　　　　　　　　　　　　　　답 : _____

해답 $m_f = \dfrac{V_C}{V_B} \times m_f{'} = \dfrac{5}{1000} \times 900 = 4.5\,kg$

☐☐☐ 기08③,15③,17③

**07** 콘크리트를 거푸집에 타설한 후부터 응결이 종료할 때까지 발생하는 균열을 일반적으로 초기 균열이라고 한다. 발생원인에 따른 콘크리트의 경화전 초기 균열의 종류를 4가지만 쓰시오.

| 득점 | 배점 |
|---|---|
| | 4 |

① _____　　　② _____

③ _____　　　④ _____

해답 ① 침하균열　　　② 초기 건조 균열(플라스틱 수축 균열)
　　③ 거푸집의 변형에 의한 균열　　④ 진동 재하에 의한 균열

□□□ 기|05②,07③,15②,16③,17③,21①

08 배합강도 결정을 위한 콘크리트의 압축강도 측정결과가 다음과 같을 때 배합 설계에 적용할 표준편차를 구하고 호칭강도가 45MPa일 때 콘크리트의 배합강도 를 구하시오. (단, 소수점 이하 넷째 자리에서 반올림 하시오.)

| 득점 | 배점 |
|---|---|
| | 6 |

【압축강도 측정결과(MPa)】

| 48.5 | 40 | 45 | 50 | 48 | 42.5 | 54 | 51.5 |
|---|---|---|---|---|---|---|---|
| 52 | 40 | 42.5 | 47.5 | 46.5 | 50.5 | 46.5 | 47 |

가. 배합강도 결정에 적용할 표준편차를 구하시오. (단, 시험 횟수가 15회일 때 표준편차의 보정계수는 1.16이고, 20회일 때는 1.08이다.)

계산 과정 )

답 : _____

나. 배합강도를 구하시오.

계산 과정 )

답 : _____

정답 가. • 평균값($\overline{x}$) $= \dfrac{\sum x_i}{n} = \dfrac{752}{16} = 47.0\,\text{MPa}$

• 편차의 제곱합 $s = \sum(x_i - \overline{x})^2$

$s = (48.5-47)^2 + (40-47)^2 + (45-47)^2 + (50-47)^2 + (48-47)^2$
$\quad + (42.5-47)^2 + (54-47)^2 + (51.5-47)^2 + (52-47)^2 + (40-47)^2$
$\quad + (42.5-47)^2 + (47.5-47)^2 + (46.5-47)^2 + (50.5-47)^2$
$\quad + (46.5-47)^2 + (47-47)^2 = 262$

• 표준편차 $s = \sqrt{\dfrac{s}{n-1}} = \sqrt{\dfrac{262}{16-1}} = 4.18\,\text{MPa}$

• 16회의 보정계수 $= 1.16 - \dfrac{1.16-1.08}{20-15} \times (16-15) = 1.144$

∴ 수정 표준편차 $s = 4.18 \times 1.144 = 4.78\,\text{MPa}$

나. $f_{cn} = 45\,\text{MPa} > 35\,\text{MPa}$일 때

$f_{cr} = f_{cn} + 1.34s = 45 + 1.34 \times 4.78 = 51.41\,\text{MPa}$

$f_{cr} = 0.9f_{cn} + 2.33s = 0.9 \times 45 + 2.33 \times 4.78 = 51.64\,\text{MPa}$

∴ $f_{cr} = 51.64\,\text{MPa}$(두 값 중 큰 값)

□□□ 기08③,13③,17③
09 콘크리트의 알칼리 골재 반응 중 알칼리–실리카 반응을 일으킨 콘크리트에 발생하는 현상을 3가지만 쓰시오.

| 득점 | 배점 |
|------|------|
|      | 6    |

① _____

② _____

③ _____

해답 ① 이상 팽창을 일으킨다.
② 표면에 불규칙한 거북등 모양의 균열이 발생한다.
③ 알칼리 실리카 겔(백색)이 표면으로 흘러나오기도 하고 균열 및 공극에 충전되기도 한다.
④ 골재 입자 주변에 흑색의 육안으로 관찰할 수 있는 반응 테두리가 생성된다.

□□□ 기05①,09③,11①,14②,15①,16③,17③ 산08③,10③,12③,22②
10 초음파전달속도법을 이용한 비파괴 검사 방법에 대해 물음에 답하시오.

| 득점 | 배점 |
|------|------|
|      | 6    |

가. 초음파 속도법의 원리에 대해 간단히 설명하시오.

  ○

나. 콘크리트 균열 깊이를 평가할 수 있는 초음파속도법의 평가 방법 4가지를 쓰시오.

① _____   ② _____

③ _____   ④ _____

해답 가. 송신탐촉자로부터 발생된 초음파가 발생된 균열을 따라 수신 탐촉자까지 도달된 시간을 측정하여 콘크리트의 깊이를 측정하는 원리
나. ① T법          ② $T_c - T_o$ 법
    ③ BS법          ④ 레슬리법
    ⑤ R–S법

# 국가기술자격 실기시험문제

## 2018년도 기사 제1회 필답형 실기시험 (기사)

| 종 목 | 시험시간 | 배 점 | 성 명 | 수험번호 |
|---|---|---|---|---|
| 콘크리트기사 | 2시간 | 60 | | |

※ 수험자 인적사항 및 계산식을 포함한 답안 작성은 검은색 필기구만 사용해야 하며, 그 외 연필류, 빨간색, 청색 등 필기구로 작성한 답항은 0점 처리 됩니다.

□□□ 기18①

**01** 콘크리트에서 사용되는 용어의 정의를 간단히 설명하시오.

| 득점 | 배점 |
|---|---|
| | 8 |

가. 결합재(binder)

○

나. 순환골재(recycled aggregate)

○

다. 매스콘크리트(mass concrete)

○

라. 되비비기(retempering)

○

---

가. 물과 반응하여 콘크리트 강도발현에 기여하는 물질을 생성하는 것의 총칭으로 시멘트, 슬래그 미분말, 플라이 애시, 실리카퓸, 팽창재 등을 함유하는 것
나. 콘크리트를 크러셔로 분쇄하여 인공적으로 만든 골재로서 입도에 따라 순환잔골재와 순환굵은골재로 나누어짐
다. 부재 혹은 구조물의 치수가 커서 시멘트의 수화열에 의한 온도 상승 및 강하를 고려하여 설계·시공해야 하는 콘크리트
라. 콘크리트 또는 모르타르가 엉기기 시작하였을 경우에 다시 비비는 작업

□□□ 기11①,18①

**02** 경화한 콘크리트 속에 함유된 염화물 함유량 측정하기 위한 방법을 4가지만 쓰시오.

| 득점 | 배점 |
|---|---|
| | 4 |

① _____ ② _____

③ _____ ④ _____

---

① 전위차 적정법 ② 질산은 적정법 ③ 이온 전극법 ④ 흡광 광도법

□□□ 기10③,18①,21①,23②

03 콘크리트 압축강도 측정결과 5개의 강도 데이터를 얻었다. 배합설계에 적용할
표준편차와 변동계수를 구하시오.

【압축강도 측정결과】

| 측정회수 | 1회 | 2회 | 3회 | 4회 | 5회 |
|---|---|---|---|---|---|
| 압축강도(MPa) | 33 | 32 | 33 | 29 | 28 |

가. 압축강도의 표준편차를 구하시오.

계산 과정)

답 : _____

나. 압축강도의 변동계수를 구하시오.

계산 과정)

답 : _____

해답 가. 표준편차 $s = \sqrt{\dfrac{\sum(x_i - \overline{x})^2}{(n-1)}}$

• 압축강도 합계
$\sum x_i = 33 + 32 + 33 + 29 + 28$
　　　$= 155\,\text{MPa}$

• 압축강도 평균값
$\overline{x} = \dfrac{\sum x_i}{n} = \dfrac{155}{5} = 31\,\text{MPa}$

• 표준편차 합
$\sum(x_i - \overline{x})^2 = (33-31)^2 + (32-31)^2 + (33-31)^2 + (29-31)^2 + (28-31)^2$
　　　　　　$= 22\,\text{MPa}$

∴ 표준표차 $s = \sqrt{\dfrac{22}{(5-1)}} = 2.35\,\text{MPa}$

나. $C_v = \dfrac{s}{\overline{x}} \times 100 = \dfrac{2.35}{31} \times 100 = 7.58\%$

□□□ 기09①,11③,14①,18①

04 철근 콘크리트 부재에서 부재의 설계강도란 공칭강도에 1.0보다 작은 강도감
소계수 $\phi$를 곱한 값을 말한다. 이러한 강도감소계수를 사용하는 목적을 3가지만
쓰시오.

① _____　　② _____　　③ _____

해답 ① 부정확한 설계 방정식에 대비한 이유
② 주어진 하중조건에 대한 부재의 연성도와 소요 신뢰도
③ 구조물에서 차지하는 부재의 중요도 등을 반영하기 위해서
④ 재료강도와 치수가 변동할 수 있으므로 부재의 강도 저하 확률에 대비한 이유

□□□ 기06③,10③,18①

**05** 일반 콘크리트에서 타설한 콘크리트에 균일한 진동을 주기 위하여 진동기를 찔러 넣는 간격 및 한 개소당 진동시간 등을 규정하고 있다. 이러한 내부 진동기의 사용 시 주의 사항을 4가지만 쓰시오.

득점 배점
4

① _____  ② _____

③ _____  ④ _____

해답 ① 하층의 콘크리트 속으로 0.1m 정도 찔러 넣는다.
② 삽입 간격은 일반적으로 0.5m 이하로 하는 것이 좋다.
③ 1개소당 진동시간은 5~15초로 한다.
④ 콘크리트로부터 천천히 빼내어 구멍이 남지 않도록 한다.
⑤ 콘크리트를 횡방향으로 이동시킬 목적으로 사용하지 않아야 한다.

□□□ 기11③,15①,18①,20③

**06** 아래 그림과 같은 복철근 직사각형 보에서 강도설계법에 의한 이 단면에 대해 물음에 답하시오. (단, $b=300$mm, $d'=50$mm, $d=500$mm, 3-D22($A_s'=$  1284mm²), 6-D32($A_s=4765$mm²), $f_{ck}=35$MPa, $f_y=400$MPa 이다.)

득점 배점
6

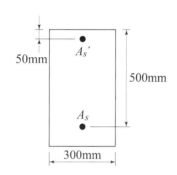

가. 하중재하 1년 후 탄성침하가 1.6mm일 때 총 처짐량을 구하시오.

계산 과정)

답 : _____

나. 강도설계법에 의해 설계휨모멘트($\phi M_n$)를 구하시오.

계산 과정)

답 : _____

해답 가. $\lambda = \dfrac{\xi}{1+50\rho'}$

$\rho' = \dfrac{A_s'}{bd} = \dfrac{1284}{300 \times 500} = 0.00856$

$\therefore \lambda = \dfrac{1.4}{1+50 \times 0.00856} = 0.980 \, (\because 1년 \; : \; \lambda = 1.4)$

- 장기처짐＝순간처짐(탄성침하)×장기처짐계수($\lambda$)

$= 1.6 \times 0.980 = 1.568\text{mm}$

$\therefore$ 총 처짐량＝순간 처짐＋장기 처짐

$= 1.6 + 1.568 = 3.168\text{mm}$

나. ■ 설계휨모멘트 $\phi M_n = \phi \left( f_y (A_s - A_s') \left( d - \dfrac{a}{2} \right) + f_y' \cdot A_s' (d - d') \right)$

- $f_{ck} = 35\text{MPa} \le 40\text{MPa}$일 때 $\eta = 1.0$, $\beta_1 = 0.80$

- $a = \dfrac{f_y(A_s - A_s')}{\eta(0.85f_{ck})b} = \dfrac{400(4765 - 1284)}{1 \times 0.85 \times 35 \times 300} = 156.01\text{mm}$

- $c = \dfrac{a}{\beta_1} = \dfrac{156.01}{0.80} = 195.01\text{mm}$

$\epsilon_t = \dfrac{0.0033 \times (d-c)}{c} = \dfrac{0.0033 \times (500 - 195.01)}{195.01}$

$= 0.0052 > 0.005$(인장지배)

- $\phi = 0.85$

- 공칭휨모멘트

$M_n = 400(4765 - 1284)\left( 500 - \dfrac{156.01}{2} \right) + 400 \times 1284(500 - 50)$

$= 587585838 + 231120000 = 818705838\text{N} \cdot \text{mm}$

$= 818.71\text{kN}$

$\therefore$ 설계휨모멘트 $\phi M_n = 0.85 \times 818.71 = 695.90\text{N} \cdot \text{m}$

---

□□□ 기07③,11③,14③,18①

**07** 콘크리트의 타설 후 일반적으로 1~3시간 정도의 사이에 발생하며, 타설 후 콘크리트의 표면 가까이에 있는 철근, 매설물 또는 입자가 큰 골재 등이 콘크리트의 침하를 국부적으로 방해함으로써 발생하는 균열을 침하균열이라고 한다. 이러한 침하균열을 방지하기 위한 대책을 4가지만 쓰시오.

| 득점 | 배점 |
|---|---|
|  | 4 |

① _____  ② _____

③ _____  ④ _____

해답 ① 타설속도를 늦게 하고, 1회의 타설높이를 작게 한다.

② 단위 수량을 될 수 있는 한 적게 하고, 슬럼프가 작은 콘크리트를 잘 다짐해서 시공한다.

③ 침하 종료 이전에 급격하게 굳어져 점착력을 잃지 않은 시멘트나 혼화제를 선정한다.

④ 균열을 조기에 발견하고, 각재 등으로 두드리는 재타법이나 흙손으로 눌러서 균열을 폐색시킨다.

□□□ 기18①, 산12①
**08** 레디믹스트 콘크리트(KS F 4009)에 사용하는 상수돗물 이외의 물에 대한 품질 규정 항목 3가지를 쓰시오.

| 항 목 | 품 질 |
|---|---|
|  |  |
|  |  |
|  |  |

득점 / 배점 6

해답 수돗물 이외의 물의 품질

| 항목 | 품질 |
|---|---|
| 현탁 물질의 양 | 2g/L 이하 |
| 용해성 증발잔유물의 양 | 1g/L 이하 |
| 염소 이온($Cl^-$)량 | 250mg/L 이하 |
| 시멘트 응결시간의 차 | 초결은 30분 이내, 종결은 60분 이내 |
| 모르타르의 압축강도비 | 재령 7일 및 재령 28일에서 90% 이상 |

□□□ 기11①,18①,21①
**09** 콘크리트의 탄산화 시험에 대해 다음 물음에 대해 답하시오.

득점 / 배점 6

가. 콘크리트의 탄산화시험에서 온도는 ( ① )℃, 습도는 ( ② )%, 이산화탄소량 농도( ③ )%이다.

① _____ ② _____ ③ _____

나. 콘크리트 탄산 깊이 판정에 사용되는 페놀프탈레인 시약을 만드는 방법을 간단히 설명하시오.

○

해답 가. ① 20℃ ② 60% ③ 5%
　　나. 페놀프탈레인 용액은 95% 에탄올 90mL에 페놀프탈레인 분말 1g을 녹여 물을 첨가하여 100mL로 한 것이다.

□□□ 기11①,18①
**10** 품질관리에서 합격으로 하고 싶은 좋은 품질의 로트(lot)가 불합격이 되는 확률을 무엇이라 하는가?

득점 / 배점 4

○

해답 생산자 위험률(producer's risk tactor)

□□□ 기11①,18①

11 시멘트 시험에 대해 다음 물음에 답하시오.

| 득점 | 배점 |
|------|------|
|      | 6    |

가. 시멘트의 느슨한 정도인 분말도 시험 방법을 2가지 쓰시오.

① _____  ② _____

나. 시멘트 비중 시험에 사용되는 광유의 품질기준을 간단히 설명하시오.

  ○

다. 시멘트의 응결시험방법 2가지를 쓰시오.

① _____  ② _____

해답 가. ① 표준체 45 $\mu$m 에 의한 방법
      ② 블레인 공기투과장치에 의한 방법
   나. 온도(23±2)℃에서 비중이 약 0.73 이상인 완전히 탈수된 등유나 나프타를 사용한다.
   다. ① 비카침에 의한 방법
      ② 길모아 침에 의한 방법

2018년도 기사 제2회 필답형 실기시험(기사)

| 종 목 | 시험시간 | 배 점 | 성 명 | 수험번호 |
|---|---|---|---|---|
| 콘크리트기사 | 2시간 | 60 | | |

※ 수험자 인적사항 및 계산식을 포함한 답안 작성은 검은색 필기구만 사용해야 하며, 그 외 연필류, 빨간색, 청색 등 필기구로 작성한 답항은 0점 처리 됩니다.

---

□□□ 기05①,06③,16①,18②, 산08③,11③

**01 콘크리트의 알칼리 골재반응을 검사하였다. 다음 물음에 답하시오.**

| 득점 | 배점 |
|---|---|
| | 4 |

가. $Na_2O$는 0.43%, $K_2O$는 0.4%일 때 전 알칼리량을 구하시오.

계산 과정 )

답 :

나. 알칼리 골재 반응의 종류 2가지만 쓰시오.

① _____

② _____

해답 가. $R_2O = Na_2O + 0.658K_2O$

$= 0.43 + 0.658 \times 0.4 = 0.69\%$

나. ① 알칼리－실리카 반응

② 알칼리－탄산염 반응

③ 알칼리－실리게이트 반응

---

□□□ 기14③,18②,23③

**02 종합적 품질관리(TQC)도구를 7가지를 쓰시오.**

| 득점 | 배점 |
|---|---|
| | 7 |

① _____    ② _____

③ _____    ④ _____

⑤ _____    ⑥ _____

⑦ _____

해설 ① 히스토 그램    ② 파레토도    ③ 특성요인도

④ 체크씨이트    ⑤ 각종 그래프    ⑥ 산점도

⑦ 층별

□□□ 기09③,12①,18②
**03** 골재의 안정성 시험을 위한 시험용액 제조방법에 대해서 간단히 쓰시오.

득점 | 배점
4

○

해답 ① 25~30℃의 깨끗한 물 1L에 무수 황산나트륨을 약 250g, 또는 황산나트륨(결정)을 750g의 비율로 가하여 저어 섞으면서 녹이고 약 20℃가 될 때까지 식힌다.
② 용액을 48시간 이상 20±1℃의 온도로 유지한 후 시험에 사용한다.

□□□ 기08③,18②,22① 산12①,14③
**04** 휨모멘트와 축력을 받는 철근 콘크리트 부재에 강도설계법을 적용하기 위한 기본 가정을 아래 표의 예시와 같이 3가지만 쓰시오.

득점 | 배점
6

【예시】 철근과 콘크리트의 변형률은 중립축으로 부터의 거리에 비례한다.

① _____ ② _____

③ _____

해답 ① 휨모멘트 또는 휨모멘트와 축력을 동시에 받는 부재의 콘크리트 압축연단의 극한변형률은 콘크리트의 설계기준압축강도가 40MPa 이하인 경우에는 0.0033으로 가정한다.
② 철근의 응력이 설계기준항복강도 $f_y$ 이하일 때 철근의 응력은 $E_s$를 곱한 값으로 한다.
③ 철근의 변형률이 $f_y$에 대응하는 변형률보다 큰 경우 철근의 응력은 변형률에 관계없이 $f_y$로 하여야 한다.

□□□ 기10③,18②
**05** 슬래브 또는 보의 콘크리트가 벽 또는 기둥의 콘크리트와 연속하여 타설될 경우에는 단면이 변하는 경계면에서 굳지 않은 콘크리트의 균열이 발생하는 경우가 많다. 이러한 균열을 무슨 균열이라 하며 이에 대한 조치 사항을 2가지만 쓰시오.

득점 | 배점
6

가. 균열의 명칭을 쓰시오.

○

나. 조치 사항 2가지만 쓰시오.

① _____ ② _____

해답 가. 침하균열
나. ① 벽 또는 기둥의 콘크리트 침하가 거의 끝난 다음 슬래브, 보의 콘크리트를 타설한다.
② 침하균열이 발생한 경우는 즉시 다짐이나 재진동을 실시하며 균열을 제거하여야 한다.

□□□ 기07③,11①,18②

06 콘크리트의 압축강도를 구하기 위해 전체 시험 횟수 29회의 콘크리트 압축강도 측정결과 다음 표와 같고 호칭강도가 24MPa일 때 다음 물음에 답하시오. (콘크리트 압축강도 측정치와 시험횟수 29회 이하일 때 표준편차의 보정계수를 보고 다음 물음에 답하시오.)

득점 | 배점
--- | ---
 | 6

【압축강도 측정결과(MPa)】

| 27.2 | 24.1 | 23.4 | 24.2 | 28.6 | 25.7 | 23.5 |
|---|---|---|---|---|---|---|
| 30.7 | 29.7 | 27.7 | 29.7 | 24.4 | 26.9 | 29.5 |
| 28.5 | 29.7 | 25.9 | 26.6 | | | |

【시험횟수가 29회 이하일 때 표준편차의 보정계수】

| 시험횟수 | 표준편차의 보정계수 |
|---|---|
| 15 | 1.16 |
| 20 | 1.08 |
| 25 | 1.03 |
| 30 이상 | 1.00 |

가. 표준편차를 구하시오. (단, 표준편차의 보정계수가 사용표에 없을 경우 직선보간하여 사용한다.)

계산 과정 )

답 : _____

나. 배합강도를 구하시오.

계산 과정 )

답 : _____

해답 가. 표준편차 $s = \sqrt{\dfrac{\sum (x_i - \overline{\mathrm{x}})^2}{(n-1)}}$

① 압축강도 합계

$\sum \mathrm{x}_i = 27.2 + 24.1 + 23.4 + 24.2 + 28.6 + 25.7 + 23.5 + 30.7 + 29.7 + 27.7$
$\qquad + 29.7 + 24.4 + 26.9 + 29.5 + 28.5 + 29.7 + 25.9 + 26.6$
$\quad = 486 \mathrm{Pa}$

② 압축강도 평균값

$\overline{\mathrm{x}} = \dfrac{\sum n_i}{n} = \dfrac{486}{18} = 27 \mathrm{MPa}$

③ 표준편차 합

$\sum (x_i - \overline{\mathrm{x}})^2 = (27.2 - 27)^2 + (24.1 - 27)^2 + (23.4 - 27)^2 + (24.2 - 27)^2 + (28.6 - 27)^2$
$\qquad + (25.7 - 27)^2 + (23.5 - 27)^2 + (30.7 - 27)^2 + (29.7 - 27)^2 + (27.7 - 27)^2$
$\qquad + (29.7 - 27)^2 + (24.4 - 27)^2 + (26.9 - 27)^2 + (29.5 - 27)^2 + (28.5 - 27)^2$
$\qquad + (29.7 - 27)^2 + (25.9 - 27)^2 + (26.6 - 27)^2$
$\quad = 98.44 \mathrm{MPa}$

④ 표준표차 $s = \sqrt{\dfrac{98.44}{18-1}} = 2.41\,\text{MPa}$

직선보간 표준편차 $= 2.41 \times \left(1.16 - \dfrac{1.16-1.08}{20-15} \times (18-15)\right) = 2.68\,\text{MPa}$

나. 배합강도를 구하시오.

$f_{cn} = 24\,\text{MPa} \leq 35\,\text{MPa}$인 경우 ①과 ②값 중 큰 값

① $f_{cr} = f_{cn} + 1.34s = 24 + 1.34 \times 2.68 = 27.59\,\text{MPa}$

② $f_{cr} = (f_{cn} - 3.5) + 2.33s = (24 - 3.5) + 2.33 \times 3.77 = 26.74\,\text{MPa}$

∴ 배합강도 $f_{cr} = 27.59\,\text{MPa}$

□□□ 기15③, 18②

07 잔골재의 시험결과 다음과 같은 결과일 때 물음에 답하시오.

- (플라스크+물)의 질량 : 690.6g
- (플라스크+물+시료)의 질량 : 997.0g
- 건조시료의 질량 : 495g
- 표면건조시료의 질량 : 500g
- 물의 단위질량 : 0.9991g/cm³

가. 절대건조 상태의 밀도를 구하시오.

계산 과정)

답 : _____

나. 겉보기 밀도(진밀도)를 구하시오.

계산 과정)

답 : _____

다. 표면수율을 구하시오.
(단, 표건밀도 : 2.58g/cm³, 시료의 질량 : 525.0g)

계산 과정)

답 : _____

해답 가. $d_d = \dfrac{A}{B+m-C} \times \rho_w = \dfrac{495}{690.6+500-997} \times 0.9991 = 2.55\,\text{g/cm}^3$

나. $d_A = \dfrac{A}{B+A-C} \times \rho_w = \dfrac{495}{690.6+495-997} \times 0.9991 = 2.62\,\text{g/cm}^3$

다. $H = \dfrac{m - m_s}{m_1 - m} \times 100$

• $m = m_1 + m_2 - m_3 = 525.0 + 690.6 - 997.0 = 218.6\,\text{g}$

• $m_s = \dfrac{m_1}{d_s} = \dfrac{525.0}{2.58} = 203.49\,\text{g}$

∴ $H = \dfrac{218.6 - 203.49}{525.0 - 218.6} \times 100 = 4.93\%$

□□□ 기|13③,15②,18②

08 다음 그림과 같은 T형보 단면에서 설계모멘트강도($\phi M_n$)를 구하시오.
(단, $A_s = 8\text{-}D38 = 9121\text{mm}^2$, $f_{ck} = 35\text{MPa}$, $f_y = 400\text{MPa}$이다.)

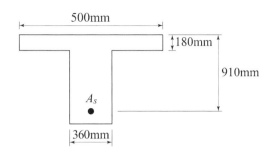

계산 과정 )

답 : _____

해답 ■ T형보 판별

- $f_{ck} = 35\text{MPa} \le 40\text{MPa}$일 때 $\eta = 1.0$, $\beta_1 = 0.80$

- $a = \dfrac{A_s f_y}{\eta(0.85 f_{ck}) b} = \dfrac{9121 \times 400}{1 \times 0.85 \times 35 \times 500} = 245.27\text{mm}$

∴ $a = 245.27 > t_f = 180\text{mm}$ : T형보

- $A_{st} = \dfrac{\eta(0.85 f_{ck})(b - b_w) t_f}{f_y} = \dfrac{1 \times 0.85 \times 35(500 - 360) \times 180}{400} = 1874.25\text{mm}^2$

- $a_w = \dfrac{(A_s - A_{st}) f_y}{\eta(0.85 f_{ck}) b_w} = \dfrac{(9121 - 1874.25) \times 400}{1 \times 0.85 \times 35 \times 360} = 270.65\text{mm}$

■ $M_n = \left\{ A_{st} f_y \left(d - \dfrac{t}{2}\right) + (A_s - A_{st}) f_y \left(d - \dfrac{a_w}{2}\right) \right\}$

∴ $M_n = \left\{ 1874.25 \times 400 \times \left(910 - \dfrac{180}{2}\right) + (9121 - 1874.25) \times 400 \left(910 - \dfrac{270.65}{2}\right) \right\}$

$= 614754000 + 2245550423$

$= 2860304423\text{N} \cdot \text{mm} = 2860.30\text{kN} \cdot \text{m}$

- $c = \dfrac{a_w}{\beta_1} = \dfrac{270.65}{0.80} = 338.31\text{mm}$

- $\epsilon_t = \dfrac{0.0033 \times (d - c)}{c} = \dfrac{0.0033 \times (910 - 338.71)}{338.71} = 0.00557 > 0.005$(인장지배)

- $\phi = 0.85$

∴ $\phi M_n = \phi \left\{ A_{st} f_y \left(d - \dfrac{t}{2}\right) + (A_s - A_{st}) f_y \left(d - \dfrac{a_w}{2}\right) \right\}$

$= 0.85 \times 2860.30 = 2431.26\text{kN} \cdot \text{m}$

 KEY

■ 이형철근이 제원

| 호칭명 | 공칭지름 | 공칭단면적 | 철근갯수 | 총 단면적 |
|---|---|---|---|---|
| D32 | 31.8mm | 794.2mm$^2$ | 8 | 6354mm$^2$ |
| D35 | 34.9mm | 956.6mm$^2$ | 8 | 7653mm$^2$ |
| D38 | 38.1mm | 1140mm$^2$ | 8 | 9121mm$^2$ |

□□□ 기09③,18②,23③

09 직사각형 단순보에 대해 다음 물음에 답하시오.

(단, $b=250$mm, $h=450$mm, $d=400$mm, $A_s=2570$mm², $f_{ck}=30$MPa, $f_y=$ 400MPa이다.)

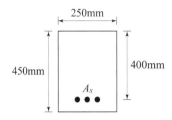

가. 균열모멘트($M_{cr}$)를 구하시오.

계산 과정 )

답 : _____

나. 설계전단강도($\phi V_c$)를 구하시오.

계산 과정 )

답 : _____

해답 가. 균열모멘트 $M_{cr} = \dfrac{f_r}{y_t} I_g$

$f_r = 0.63\lambda\sqrt{f_{ck}} = 0.63 \times 1 \times \sqrt{30} = 3.45\,\text{MPa}$

$I_g = \dfrac{bh^3}{12} = \dfrac{250 \times 450^3}{12} = 1898437500\,\text{mm}^4$

$y_t = \dfrac{h}{2} = \dfrac{450}{2} = 225\,\text{mm}$

$\therefore\ M_{cr} = \dfrac{3.45}{225} \times 1898437500$

$= 29109375\,\text{N}\cdot\text{mm} = 29.11\,\text{kN}\cdot\text{m}$

나. $\phi V_c = \phi\dfrac{1}{6}\lambda\sqrt{f_{ck}}\,b_w d$

$= 0.75 \times \dfrac{1}{6} \times 1 \times \sqrt{30} \times 250 \times 400$

$= 68465\,\text{N} = 68.47\,\text{kN}$

【조언】 전단과 비틀림의 경우 강도감소계수 $\phi = 0.75$

□□□ 기12①,15①,18②, 산10③,11③,20④

10 급속 동결융해에 대한 콘크리트의 저항 시험방법(KS F 2456)에 대해 다음 물음에 답하시오.

| 득점 | 배점 |
|---|---|
|  | 8 |

가. 동결융해 1사이클의 정의를 간단히 쓰시오.

　○

나. 동결융해 1사이클의 소요시간 범위를 쓰시오.

　○

다. 동결융해시험의 종료시점에 대해 간단히 쓰시오.

　○

라. 동결융해에 대한 콘크리트의 저항시험을 하기 위한 콘크리트 시험체 시험개시 1차변형 공명진동수($n$)가 2400(Hz)이고, 동결융해 300 싸이클 후의 1차 변형 공명진동수($n1$)가 2000(Hz)일 때 상대동탄성계수를 구하시오.

계산 과정 )

답 : _____

해답 가. 4℃에서 −18℃로 떨어지고, 다음에 −18℃에서 4℃로 상승하는 것으로 한다.
　　나. 2 ~ 4시간
　　다. 시험의 종료는 300사이클로 하며, 그때까지 상대동탄성계수가 60% 이하가 되는 사이클이 있으면 그 사이클에서 시험을 종료한다.
　　라. $P_c = \left(\dfrac{n1}{n}\right)^2 \times 100 = \left(\dfrac{2000}{2400}\right)^2 \times 100 = 69.44\%$

# 국가기술자격 실기시험문제

## 2018년도 기사 제3회 필답형 실기시험(기사)

| 종 목 | 시험시간 | 배 점 | 성 명 | 수험번호 |
|---|---|---|---|---|
| 콘크리트기사 | 2시간 | 60 | | |

※ 수험자 인적사항 및 계산식을 포함한 답안 작성은 검은색 필기구만 사용해야 하며, 그 외 연필류, 빨간색, 청색 등 필기구로 작성한 답항은 0점 처리 됩니다.

---

□□□ 기18③

**01** 콘크리트 시방배합 설계에서 단위골재의 절대용적이 $0.65m^3$이고, 잔골재율이 45.2%, 굵은 골재의 표건밀도가 $2.65g/cm^3$인 경우 단위굵은 골재량을 산출하시오.

| 득점 | 배점 |
|---|---|
| | 6 |

계산 과정)

답 : _____

해답 $G =$ 골재의 절대용적$\times(1-S/a)\times$굵은골재 밀도$\times1000$
$= 0.65\times(1-0.452)\times2.65\times1000 = 943.93kg/m^3$

---

□□□ 기15①,18③,20④

**02** 콘크리트 구조물의 내구성 평가 시 내구성의 성능을 저하시키는 열화요인을 4가지만 쓰시오.

| 득점 | 배점 |
|---|---|
| | 4 |

① _____  ② _____

③ _____  ④ _____

해답 ① 알칼리골재반응
② 탄산화
③ 염해
④ 동해

> **KEY** 콘크리트의 내구성을 저하시키는 요인
> ① 알칼리골재반응 : 포틀랜드 시멘트 중의 알칼리 성분과 골재중의 어떤 종류의 광물(실리카, 황산염)이 유해한 반응 작용을 일으켜 구조물에 손상을 끼치는 현상
> ② 탄산화 : 콘크리트에 포함된 수산화칼슘이 공기 중의 이산화탄소와 반응하여 알칼리성을 잃어 구조물에 손상을 끼치는 현상
> ③ 염해 : 콘크리트 중에 염화물이 존재하여 철근이나 강재를 부식시킴으로써 콘크리트 구조물에 손상을 끼치는 현상
> ④ 동해 : 콘크리트 중의 수분이 동결하여 그 빙압에 의해 콘크리트 조직에 균열을 발생하여 구조물에 손상을 끼치는 현상

□□□ 기08③,18③, 산12①
03 휨모멘트와 축력을 받는 철근 콘크리트 부재에 강도설계법을 적용하기 위한 기본 가정을 아래 표의 예시와 같이 3가지만 쓰시오.
(단, 표의 내용은 정답에서 제외하며, 콘크리트구조설계 규정된 사항에 대하여 쓰시오.)

| 득점 | 배점 |
|---|---|
|  | 6 |

> 【예시】 휨응력 계산에서 콘크리트의 인장강도는 무시한다.

① _____

② _____

③ _____

예답 ① 휨모멘트 또는 휨모멘트와 축력을 동시에 받는 부재의 콘크리트 압축연단의 극한변형률은 콘크리트의 설계기준압축강도가 40MPa 이하인 경우에는 0.0033으로 가정한다.
② 철근의 응력이 설계기준항복강도 $f_y$ 이하일 때 철근의 응력은 $E_s$를 곱한 값으로 한다.
③ 철근의 변형률이 $f_y$에 대응하는 변형률보다 큰 경우 철근의 응력은 변형률에 관계없이 $f_y$로 하여야 한다.

□□□ 기18③
04 비카트 침에 의한 수경성 시멘트의 응결시간 시험방법에 대한 설명이다. 다음 ( ) 안을 채우시오.

| 득점 | 배점 |
|---|---|
|  | 6 |

> 초결과 종결을 위하여 비카트 장치를 사용한다. 플런지를 제거하고 그 대신 침을 사용한다. 이 침은 강철제이고 실제 사용길이가 ( ① )mm, 지름은 ( ② )mm 이어야 한다. 이 동체의 전체 질량은 ( ③ )이어야 하고 이 바늘이 정확히 수직으로 움직여야 하며, 어떠한 마찰도 없어야 하고, 그 운동의 축과 침의 축이 일치하여야 한다.

예답 ① 50±1mm   ② 1.13±0.05mm   ③ 300±1g

□□□ 기18③,22① 산09③,20③
05 지름 100mm, 높이 200mm인 원주형 공시체를 사용하여 쪼갬인장강도시험을 하여 시험기에 나타난 최대 하중 $P$=165kN이었다. 이 콘크리트의 쪼갬 인장강도를 구하시오.

| 득점 | 배점 |
|---|---|
|  | 4 |

예답  $f_{sp} = \dfrac{2P}{\pi dl} = \dfrac{2 \times 165 \times 10^3}{\pi \times 100 \times 200} = 5.25\,\text{N/mm}^2 = 5.25\,\text{MPa}$

□□□ 기18③

**06** 콘크리트의 강도가 현저히 부족하다고 판단될 때, 강도 시험값이 설계기준값($f_{ck}$) 35MPa 이하인 경우와 설계기준값($f_{ck}$) 35MPa 초과인 경우 부족여부를 판단하기 위하여 문제된 부분에서 코어를 채취하고 채취된 코어의 시험은 KS F 2422에 따라 수행하여야 한다. 이때 몇 개의 코어를 채취하며 부족여부를 판단하는지 다음 물음에 답하시오.

| 득점 | 배점 |
|---|---|
| | 6 |

가. 코어채취는 몇 개의 코어를 채취하여야 하는가?

  ○

나. 부족여부 판단

  ① 강도 시험값인 설계기준값($f_{ck}$)이 35MPa 이하인 경우

  ○

  ② 강도 시험값인 설계기준값($f_{ck}$)이 35MPa 초과인 경우

  ○

해답 가. 3개

  나. ① $f_{ck}$보다 3.5MPa 이상 부족할 때
  ② $f_{ck}$보다 $0.1f_{ck}$ 이상 부족할 때

> **KEY** 시험 결과 콘크리트의 강도가 작게 나온 경우
> 콘크리트의 강도가 현저히 부족하다고 판단될 때, 그리고 강도에 의해 하중 저항 능력이 크게 감소되었다고 판단될 때, 문제된 부분에서 코어를 채취하고 채취된 코어의 시험은 KS F 2422에 따라 수행하여야 한다. 이 때 강도 시험값이 $f_{ck}$가 35MPa 이하인 경우 $f_{ck}$보다 3.5MPa 이상 부족하거나, 또는 $f_{ck}$가 35MPa 초과인 경우 $0.1f_{ck}$ 이상 부족한지 여부를 알아보기 위하여 3개의 코어를 채취하여야한다.

□□□ 기07③,12①,18③, 산08③,11③

**07** 매스 콘크리트에 대한 아래의 물음에 답하시오.

| 득점 | 배점 |
|---|---|
| | 9 |

가. 정밀한 해석방법에 의한 온도균열지수를 간단히 설명하시오.

  ○

나. 온도균열지수는 구조물의 중요도, 기능, 환경조건 등에 대응할 수 있도록 선정하여야 하며, 철근이 배치된 일반적인 구조물에서 각 조건의 경우 표준적인 온도균열지수 값의 범위를 쓰시오.

  ① _____

  ② _____

  ③ _____

정답 가. 온도균열지수 $I_{cr}(t) = \dfrac{콘크리트의\ 쪼갬인장강도[f_{sp}(t)]}{부재내부의\ 양생온도\ 최대값[f_t(t)]}$

여기서, $f_t(t)$ : 재령 $t$일에서의 수화열에 의하여 생긴 부재 내부의 온도응력 최대값(MPa)

$f_{sp}(t)$ : 재령 $t$일에서의 콘크리트의 쪼갬인장강도로서, 재령 및 양생온도를 고려하여 구함(MPa)

나. ① 균열발생을 방지하여야 할 경우 : 1.5 이상

② 균열발생을 제한할 경우 : 1.2~1.5

③ 유해한 균열발생을 제한할 경우 : 0.7~1.2

□□□ 기18③

## 08 콘크리트용 잔골재 및 굵은골재의 체가름 시험을 실시하여 다음과 같은 값을 구하였다. 아래 물음에 답하시오.

득점 | 배점
--- | ---
 | 8

가. 표의 빈칸을 완성하시오. (단, 소수점 첫째자리에서 반올림하시오.)

| 체의 호칭 (mm) | 잔골재 | | | 굵은골재 | | |
|---|---|---|---|---|---|---|
| | 체에 남은 양의 무게 (kg) | 체에 남은 양 (%) | 체에 남은 양의 누계 (%) | 체에 남은 양의 무게 (kg) | 체에 남은 양 (%) | 체에 남은 양의 누계 (%) |
| 75 | 0 | | | 0 | | |
| 40 | 0 | | | 0.30 | | |
| 20 | 0 | | | 2.04 | | |
| 10 | 0 | | | 2.16 | | |
| 5 | 0.12 | | | 1.20 | | |
| 2.5 | 0.36 | | | 0.18 | | |
| 1.2 | 0.60 | | | – | | |
| 0.6 | 1.16 | | | – | | |
| 0.3 | 1.40 | | | – | | |
| 0.15 | 0.32 | | | – | | |
| 합계 | 3.96 | – | | 5.88 | – | |

나. 잔골재의 조립률(F.M)을 구하시오.

계산 과정 )

답 : _____

다. 굵은 골재의 조립률(F.M)을 구하시오.

계산 과정 )

답 : _____

라. 굵은 골재의 최대치수를 구하시오.

○

**해답**

| 체의 호칭 (mm) | 잔골재 | | | 굵은골재 | | |
|---|---|---|---|---|---|---|
| | 체에 남은 양의 무게 (kg) | 체에 남은 양 (%) | 체에 남은 양의 누계 (%) | 체에 남은 양의 무게 (kg) | 체에 남은 양 (%) | 체에 남은 양의 누계 (%) |
| 75 | 0 | 0 | 0 | 0 | 0 | 0 |
| 40 | 0 | 0 | 0 | 0.30 | 5 | 5 |
| 20 | 0 | 0 | 0 | 2.04 | 35 | 40 |
| 10 | 0 | 0 | 0 | 2.16 | 37 | 77 |
| 5 | 0.12 | 3 | 3 | 1.20 | 20 | 97 |
| 2.5 | 0.36 | 9 | 12 | 0.18 | 3 | 100 |
| 1.2 | 0.60 | 15 | 27 | 0 | 0 | 100 |
| 0.6 | 1.16 | 29 | 56 | 0 | 0 | 100 |
| 0.3 | 1.40 | 36 | 92 | 0 | 0 | 100 |
| 0.15 | 0.32 | 8 | 100 | 0 | 0 | 100 |
| 합계 | 3.96 | – | 290 | 5.88 | – | 719 |

* 잔유율 $= \dfrac{\text{어떤 체에 잔유량}}{\text{전체 질량(합계)}} \times 100$

* 가적 잔류율 $=$ 잔류율의 누계

나. $\text{F.M} = \dfrac{3+12+27+56+92+100}{100} = 2.9$

다. $\text{F.M} = \dfrac{5+40+77+97+100 \times 5}{100} = 7.2$

라. 40mm($\because$ 가적통과량 $= 100-5 = 95\%$)

□□□ 기|09③,15①,18③,21②,22③

**09** 그림과 같은 직사각형 단면의 균열모멘트($M_{cr}$)을 구하시오.
(단, $f_{ck}=24\text{MPa}$, $A_s=2200\text{mm}^2$)

| 득점 | 배점 |
|---|---|
| | 5 |

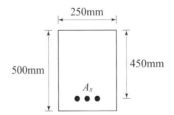

계산 과정)

답 : _____

해답 균열 모멘트 $M_{cr} = \dfrac{f_r}{y_t} I_g$

- $f_r = 0.63\lambda\sqrt{f_{ck}} = 0.63 \times 1 \times \sqrt{24} = 3.09\,\text{MPa}$

- $I_g = \dfrac{bh^3}{12} = \dfrac{250 \times 500^3}{12} = 2.60417 \times 10^9\,\text{mm}^4$

$\therefore M_{cr} = \dfrac{3.09}{\dfrac{500}{2}} \times 2.60417 \times 10^9$

$= 32187500\,\text{N}\cdot\text{mm} = 32.19\,\text{N}\cdot\text{mm}$

$(\because\ \text{kN}\cdot\text{m} = 10^6\,\text{kN}\cdot\text{m})$

□□□ 기15③,18③

**10** 동결융해작용에 대하여 구조물의 성능을 만족하기 위해 단면의 두께가 200mm 초과할 때인 구조물의 경우 상대동탄성계수의 최소한계값(%)을 쓰시오.
(단, 기상작용이 심하고 동결융해가 자주 반복될 때 연속해서 또는 반복해서 물에 포화되는 경우)

| 득점 | 배점 |
|---|---|
|  | 4 |

○

해답 70%

KEY

- 상대동탄성계수의 평가
【동결융해작용에 대하여 구조물의 성능을 만족하기 위한 상대동탄성계수의 최소한계값(%)】

| 기상조건 | | 기상작용이 심하고 동결융해가 자주 반복될 때 | | 기상작용이 심하지 않고 온도가 동결점 이하로 떨어지는 경우가 드물 때 | |
|---|---|---|---|---|---|
| 단면 | | 얇은 경우[2] | 보통의 경우 | 얇은 경우 | 보통의 경우 |
| 구조물의 노출상태 | (1) 연속해서 또는 반복해서 물에 포화되는 경우[1] | 85 | 70 | 85 | 60 |
| | (2) 일반적인 노출 상태로 (1)에 속하지 않는 경우 | 70 | 60 | 70 | 60 |

1) 수로, 물탱크, 교각의 받침대, 교각, 옹벽, 터널 복공 등과 같이 수면 가까이에서 포화된 부분 및 이 구조물들 외에 보, 슬래브 등에 수면에서 떨어져 있지만 융설, 유수, 물방울 때문에 물에 포화된 부분 등
2) 단면의 두께가 0.2m 이하인 구조물

2019년도 기사 제1회 필답형 실기시험(기사)

| 종 목 | 시험시간 | 배 점 | 성 명 | 수험번호 |
|---|---|---|---|---|
| 콘크리트기사 | 2시간 | 60 | | |

※ 수험자 인적사항 및 계산식을 포함한 답안 작성은 검은색 필기구만 사용해야 하며, 그 외 연필류, 빨간색, 청색 등 필기구로 작성한 답항은 0점 처리 됩니다.

□□□ 기19①,20③

## 01 다음 용어의 정의를 간단히 설명하시오.

| | 득점 | 배점 |
|---|---|---|
| | | 8 |

가. 롤러다짐콘크리트(roller compacted concrete)

　○

나. 결합재(binder)

　○

다. 순환골재(recycled aggregate)

　○

라. 자기수축(autogenous shrinkage)

　○

해답 　가. 된 반죽의 빈배합 콘크리트를 불도저로 깔고, 롤러로 다져서 시공하는 콘크리트
　　나. 물과 반응하여 콘크리트 강도발현에 기여하는 물질을 생성하는 것의 총칭으로 시멘트, 고로 슬래그 미분말, 플라이 애시, 실리카 퓸, 팽창재 등을 함유하는 것
　　다. 콘크리트를 크러셔로 분쇄하여 인공적으로 만든 골재로서 입도에 따라 순환잔골재와 순환굵은골재로 나눈다.
　　라. 시멘트의 수화작용에 의해 콘크리트, 모르타르 및 시멘트 페이스트의 체적이 감소하여 수축하는 현상

□□□ 기11①,15③,19①,22②

## 02 콘크리트의 염화물 함유량 측정 방법을 4가지만 쓰시오.

| | 득점 | 배점 |
|---|---|---|
| | | 4 |

①　_____　②　_____

③　_____　④　_____

해답 ① 질산은 적정법　② 흡광 광도법　③ 전위차 적정법　④ 이온 전극법

□□□ 산10③,11③,기12①,15①,19①,21①
**03** 급속 동결융해에 대한 콘크리트의 저항 시험방법(KS F 2456)에 대해 다음 물음에 답하시오.

| 득점 | 배점 |
|---|---|
| | 6 |

가. 동결융해 1사이클의 정의를 간단히 쓰시오.

　○

나. 동결융해 1사이클의 소요시간 범위를 쓰시오.

　○

다. 동결융해에 대한 콘크리트의 저항시험을 하기위한 콘크리트 시험체 시험개시 1차변형 공명진동수($n$)가 2400(Hz)이고, 동결융해 300 싸이클 후의 1차 변형 공명진동수($n1$)가 2000(Hz)일 때 상대동탄성계수를 구하시오.

　○

해답 가. 4℃에서 −18℃로 떨어지고, 다음에 −18℃에서 4℃로 상승할 때를 정의함
나. 2~4시간
다. $P_c = \left(\dfrac{n1}{n}\right)^2 \times 100 = \left(\dfrac{2000}{2400}\right)^2 \times 100 = 69.44\%$

□□□ 기09①,11③,14①,19①,23②
**04** 철근콘크리트 부재의 해석과 설계 원칙에 대해 물음에 답하시오.

| 득점 | 배점 |
|---|---|
| | 8 |

가. 강도감소계수를 사용하는 목적을 3가지만 쓰시오.

① _____

② _____

③ _____

나. 하중계수와 하중조합을 고려하여 구조물에 작용하는 최대 소요강도(U)를 구하는 이유를 간단히 쓰시오.

　○

해답 가. ① 부정확한 설계 방정식에 대비한 이유
② 주어진 하중 조건에 대한 부재의 연성도와 소요 신뢰도
③ 구조물에서 차지하는 부재의 중요도 등을 반영하기 위해서
④ 재료 강도와 치수가 변동할 수 있으므로 부재의 강도 저하 확률에 대비한 이유
나. 하중의 변경, 구조 해석할 때의 가정 및 계산의 단순화로 인해 야기될지 모르는 초과하중의 영향에 대비한 것이며, 하중조합에 따른 영향도 대비한 것이다.

☐☐☐ 기19①

**05** 콘크리트 압축강도의 표준편차를 알지 못할 때, 콘크리트의 호칭강도가 24MPa 인 경우 배합강도를 구하시오.

| 득점 | 배점 |
|---|---|
|  | 4 |

계산 과정 )

답 : _____

해답 $f_{cr} = f_{cn} + 8.5 = 24 + 8.5 = 32.5\,\text{MPa}$

■ 콘크리트 압축강도의 표준편차를 알지 못할 때, 또는 압축강도의 시험횟수가 14회 이하 인 경우 콘크리트의 배합강도

| 호칭강도 $f_{cn}$(MPa) | 배합강도 $f_{cr}$(MPa) |
|---|---|
| 21 미만 | $f_{cn} + 7$ |
| 21 이상 35 이하 | $f_{cn} + 8.5$ |
| 35 초과 | $1.1f_{cn} + 5.0$ |

☐☐☐ 기17②,19①

**06** 굵은 골재의 밀도와 흡수율 시험(KS F 2503)에 대한 물음에 쓰시오.

| 득점 | 배점 |
|---|---|
|  | 12 |

가. 아래의 경우 1회 시험에 사용하는 시료에 대하여

① 굵은 골재의 최대 치수가 20mm인 보통 중량의 골재를 사용한 경우 시료의 최 소 질량을 구하시오.

계산 과정 )

답 : _____

② 굵은 골재의 최대 치수가 20mm인 경량 골재를 사용하는 경우 시료의 최소 질 량을 구하시오. (단 굵은 골재의 추정 밀도는 $1.4\text{g/cm}^3$)

계산 과정 )

답 : _____

나. 굵은 골재의 밀도시험결과 다음과 같은 측정결과를 얻었다. 표면건조포화상태 의 밀도, 진밀도를 구하시오.

| | |
|---|---|
| 표면건조포화상태의 시료질량 | 1000g |
| 대기중 시료의 노건조 시료질량 | 979g |
| 물속에서의 시료질량 | 625g |
| 시험온도에서 물의 밀도 | $0.9970\text{g/cm}^3$ |

① 표면건조포화밀도를 구하시오.

계산 과정 )

답 : _____

② 겉보기 밀도(진밀도)를 구하시오.

계산 과정 )

답 : _____

다. 각 무더기로 나누어서 시험한 굵은 골재의 밀도 및 흡수율의 결과가 다음의 표
와 같을 때 평균 밀도와 평균 흡수율을 구하시오.

| 입도범위(mm) | 원시료에 대한<br>질량 백분율(%) | 시료질량(g) | 밀도(g/cm³) | 흡수율(%) |
|---|---|---|---|---|
| 5-20 | 45 | 2010 | 2.67 | 0.9 |
| 20-40 | 40 | 1507 | 2.60 | 1.2 |
| 40-60 | 15 | 982 | 2.56 | 1.7 |

① 평균 밀도를 구하시오.

계산 과정 )

답 : _____

② 평균 흡수율

계산 과정 )

답 : _____

해답 가. ① 최소질량은 굵은 골재의 최대치수(mm)의 0.1배를 kg으로 나타낸다.

$m_{min} = 0.1 \times 20 = 2kg$

② $m_{min} = \dfrac{d_{max} \cdot D_e}{25} = \dfrac{20 \times 1.4}{25} = 1.12kg$

나. ① $D_s = \dfrac{B}{B-C} \times \rho_w = \dfrac{1000}{1000-625} \times 0.9970 = 2.66\,g/cm^3$

② $D_A = \dfrac{A}{A-C} \times \rho_w = \dfrac{979}{979-625} \times 0.9970 = 2.76\,g/cm^3$

다. ① 평균밀도 $D = \dfrac{1}{\dfrac{0.45}{2.67} + \dfrac{0.40}{2.60} + \dfrac{0.15}{2.56}} = 2.62g/cm^3$

② 평균 흡수율 $Q = 0.45 \times 0.9 + 0.40 \times 1.2 + 0.15 \times 1.7 = 1.14\%$

□□□ 기19①,23③
07 **다음 특수콘크리트의 온도제어방법을 1가지씩 쓰시오.**

가. 매스콘크리트 : _____

나. 한중콘크리트 : _____

다. 서중콘크리트 : _____

해답 가. 관로식 냉각    나. 보온양생    다. 막양생

□□□ 기14③,19①,20②

08 다음 그림과 같은 T형보의 경간이 5m인 대칭 T형보에서 슬래브 중심간격이 1m 일 때 유효폭과 공칭 휨강도($M_n$)를 구하시오. (단, $A_s = 4000\text{mm}^2$, $f_{ck} = 21\text{MPa}$, $f_y = 400\text{MPa}$)

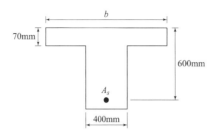

가. 대칭 T형보의 유효폭을 구하시오.

계산 과정 )

답 : _____

나. 강도설계법에서 단철근 T형보의 공칭 휨강도($M_n$)를 구하시오.

계산 과정 )

답 : _____

해답 가. • (양쪽으로 각각 내민 플랜지 두께의 8배씩 : $16t_f$)$+ b_w$

$16t_f + b_w = 16 \times 70 + 400 = 1520\,\text{mm}$

• 양쪽의 슬래브의 중심 간 거리 : $1000\,\text{mm}$

• 보의 경간(L)의 1/4 : $\dfrac{1}{4} \times 5000 = 1250\,\text{mm}$

∴ 유효폭 $b = 1000\,\text{mm}$ (가장 작은 값)

나. ■ T형보 판별

• $f_{ck} = 21\text{MPa} \leq 40\text{MPa}$일 때 $\eta = 1.0$, $\beta_1 = 0.80$

• $a = \dfrac{A_s f_y}{\eta(0.85 f_{ck})\,b} = \dfrac{4000 \times 400}{1 \times 0.85 \times 21 \times 1000} = 89.64\,\text{mm}$

∴ $a = 89.64\text{mm} > t_f = 70\text{mm}$ : T형보

• $A_{st} = \dfrac{\eta(0.85 f_{ck})(b - b_w)t_f}{f_y}$

$= \dfrac{1 \times 0.85 \times 21(1000 - 400) \times 70}{400} = 1874.25\,\text{mm}^2$

• $a = \dfrac{(A_s - A_{st})f_y}{\eta(0.85 f_{ck})\,b_w} = \dfrac{(4000 - 1874.25) \times 400}{1 \times 0.85 \times 21 \times 400} = 119.09\,\text{mm}$

■ $M_n = \left\{ A_{st} f_y \left(d - \dfrac{t}{2}\right) + (A_s - A_{st})f_y\left(d - \dfrac{a}{2}\right) \right\}$

∴ $M_n = \left\{ 1874.25 \times 400 \times \left(600 - \dfrac{70}{2}\right) + (4000 - 1874.25) \times 400\left(600 - \dfrac{119.09}{2}\right) \right\}$

$= 423580500 + 459548887$

$= 883129387\,\text{N}\cdot\text{mm} = 883.13\,\text{kN}\cdot\text{m}$

□□□ 기10①,13③,19①, 산11③

09 레디믹스트 콘크리트(KS F 4009)의 혼합에 사용되는 물 중 회수수의 품질에 관한 사항은 부속서에 규정되어 있다. 회수수의 품질 기준에 대한 아래 표의 빈 칸을 채우시오.

득점 배점
6

| 항 목 | 품 질 |
|---|---|
| | |
| | |
| | |

해답 회수수의 품질 기준

| 항 목 | 품 질 |
|---|---|
| 염소 이온($Cl^-$)량 | 250mg/L |
| 시멘트 응결 시간의 차 | 초결은 30분 이내, 종결은 60분 이내 |
| 모르타르의 압축강도비 | 재령 7일 및 28일에서 90% 이상 |

2019년도 기사 제2회 필답형 실기시험(기사)

| 종 목 | 시험시간 | 배 점 | 성 명 | 수험번호 |
|---|---|---|---|---|
| 콘크리트기사 | 2시간 | 60 | | |

※ 수험자 인적사항 및 계산식을 포함한 답안 작성은 검은색 필기구만 사용해야 하며, 그 외 연필류, 빨간색, 청색 등 필기구로 작성한 답항은 0점 처리 됩니다.

□□□ 기19②,20①

01 시방 배합 결과 단위 수량 $165\text{kg/m}^3$, 단위 시멘트량 $350\text{kg/m}^3$, 단위 잔골재량 $650\text{kg/m}^3$, 단위 굵은골재량 $1200\text{kg/m}^3$을 얻었다. 이 골재의 현장 야적 상태가 아래 표와 같다면 현장 배합상의 단위 수량, 단위 잔골재량, 단위 굵은골재량을 구하시오.

【현장 골재 상태】

- 잔골재 중 5mm체에 잔류하는 양 4%
- 굵은 골재 중 5mm체를 통과한 양 1%
- 잔골재의 표면수 3%
- 굵은골재의 표면수 1%

계산 과정 )

[답] ① 단위 수량 : _____

② 단위 잔골재량 : _____

③ 단위 굵은 골재량 : _____

해답 ■ 입도에 의한 조정

- $S = 650\text{kg}$, $G = 1200\text{kg}$, $a = 4\%$, $b = 1\%$

- $X = \dfrac{100S - b(S+G)}{100 - (a+b)} = \dfrac{100 \times 650 - 1(650+1200)}{100 - (4+1)} = 664.74\text{kg/m}^3$

- $Y = \dfrac{100G - a(S+G)}{100 - (a+b)} = \dfrac{100 \times 1200 - 4(650+1200)}{100 - (4+1)} = 1185.26\text{kg/m}^3$

■ 표면수에 의한 조정

- 잔골재의 표면수 $= 664.74 \times \dfrac{3}{100} = 19.94\text{kg}$

- 굵은골재의 표면수 $= 1185.26 \times \dfrac{1}{100} = 11.85\text{kg}$

■ 현장 배합량

- 단위수량 : $165 - (19.94 + 11.85) = 133.21\text{kg/m}^3$

- 단위잔골재량 : $664.71 + 19.94 = 684.68\text{kg/m}^3$

- 단위굵은재량 : $1185.26 + 11.85 = 1197.11\text{kg/m}^3$

    ∴ 단위수량 : $133.21\text{kg/m}^3$, 단위잔골재량 : $684.68\text{kg/m}^3$,
    단위굵은골재량 : $1197.11\text{kg/m}^3$

득점 배점
9

□□□ 기19②

## 02 다음 용어의 정의를 간단히 설명하시오.

득점 | 배점
8

가. AE제

○

나. 고성능 AE감수제

○

다. 유동화제

○

라. 베이스 콘크리트(Base Concrete)

○

해답 가. 미소하고 독립된 수없이 많은 기포를 발생시켜 이를 콘크리트 중에 고르게 분포시키기 위하여 사용되는 혼화제
나. 공기연행 성능을 가지며, 감수제보다 더욱 높은 감수성능 및 양호한 슬럼프 유지 성능을 가지는 혼화제
다. 배합이나 굳은 후의 콘크리트 품질에 큰 영향을 미치지 않고 미리 혼합된 베이스 콘크리트에 첨가하여 콘크리트의 유동성을 증대시키기 위하여 사용하는 혼화제
라. 유동화 콘크리트를 제조할 때 유동화제를 첨가하기 전의 기본 배합의 콘크리트

□□□ 기19②,23②③

## 03 레디믹스트 콘크리트의 품질 중 공기량의 허용오차 규정을 적으시오.

(단위 : %)

득점 | 배점
4

| 콘크리트의 종류 | 공기량 | 공기량의 허용오차 |
|---|---|---|
| 보통 콘크리트 | | |
| 경량 콘크리트 | | |
| 고강도 콘크리트 | | |

해답

| 콘크리트의 종류 | 공기량 | 공기량의 허용오차 |
|---|---|---|
| 보통 콘크리트 | 4.5 | |
| 경량 콘크리트 | 5.5 | ±1.5 |
| 고강도 콘크리트 | 3.5 | |

☐☐☐ 기13③,19②,22②

04 동결 융해에 대한 콘크리트의 저항 시험을 하기 위한 콘크리트 시험체 시험 개시 1차 변형 공명 진동수($n$)가 2400(Hz)이고, 동결융해 300사이클 후의 1차 변형 공명 진동수($n1$)가 2000(Hz)일 때 상대동탄성계수를 구하시오.

| 득점 | 배점 |
|---|---|
| | 3 |

계산 과정 )

답 : _____

해답 상대동탄성계수

$$P_c = \left(\frac{n1}{n}\right)^2 \times 100 = \left(\frac{2000}{2400}\right)^2 \times 100 = 69.44\%$$

☐☐☐ 기19②,22②

05 철근 콘크리트 벽체의 최소 두께 설계기준에 대하여 (   ) 안을 채우시오.

| 득점 | 배점 |
|---|---|
| | 5 |

- 수직 및 수평철근의 간격은 벽두께의 ( ① )배 이하, 또는 ( ② )mm 이하로 하여야 한다.
- 벽체의 두께는 수평 또는 수직 받침점 간 거리 중에서 작은 값의 ( ③ ) 이상이어야 하고, 또한 ( ④ )mm 이상이어야 한다.
- 지하실 외벽 및 기초벽체의 두께는 ( ⑤ )mm 이상으로 하여야 한다.

① _____    ② _____    ③ _____

④ _____    ⑤ _____

해답 ① 3        ② 450      ③ 1/25
④ 100      ⑤ 200

☐☐☐ 기19②

06 동절기공사인 한중 콘크리트의 시공 시 특히 주의할 사항을 3가지 쓰시오.

| 득점 | 배점 |
|---|---|
| | 6 |

① _____

② _____

③ _____

해답 ① 응결경화 초기에 동결시키지 않도록 할 것
② 양생종료 후 따뜻해질 때까지 동결융해작용에 대하여 충분한 저항성을 가지게 할 것
③ 공사 중의 각 단계에서 예상되는 하중에 대하여 충분한 강도를 가지게 할 것

□□□ 기11③,15①,16①,19②

07 그림과 같이 설계된 복철근 직사각형 보의 경우 공칭 휨모멘트 강도($M_n$)를 구하시오. (단, $f_{ck}=28$MPa, $f_y=350$MPa, $A_s=4500$mm², $A_s{'}=1800$mm²이며 압축, 인장 철근 모두 항복한다고 가정)

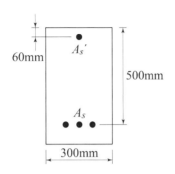

$A_s{'}$

60mm

500mm

$A_s$

300mm

[해답] $M_n = \left(A_s - A_s{'}\right)f_y\left(d - \dfrac{a}{2}\right) + A_s{'}f_y(d - d')$

• $f_{ck} = 28$MPa $\leq 40$MPa일 때 $\eta = 1.0$, $\beta_1 = 0.80$

• $a = \dfrac{\left(A_s - A_s{'}\right)f_y}{\eta\left(0.85f_{ck}\right)b} = \dfrac{(4500 - 1800)\times 350}{1\times 0.85\times 28\times 300} = 132.35$mm

• 공칭휨모멘트

$M_n = (4500 - 1800)\times 350\times\left(500 - \dfrac{132.35}{2}\right) + 1800\times 350\times(500 - 60)$

$= 409964625 + 277200000 = 687164625\,\text{N}\cdot\text{mm} = 687.16\,\text{kN}\cdot\text{m}$

$(\because 1\text{kN}\cdot\text{m} = 10^6\,\text{N}\cdot\text{m})$

□□□ 기19②

08 콘크리트 압축강도 25회의 측정결과 분산이 1.8일 때 배합설계에 적용할 표준편차를 구하고, 호칭강도가 35MPa일 때 콘크리트의 배합강도를 구하시오.

계산 과정 )

[답] ① 표준편차 : _____

② 배합강도 : _____

[해답] ■ 분산

• $s^2 = \dfrac{s}{n} = \dfrac{s}{25} = 1.8$

∴ 편차의 제곱합 $s = 1.8\times 25 = 45$

∴ 표준편차 $s = \sqrt{\dfrac{s}{n-1}} = \sqrt{\dfrac{45}{25-1}} = 1.37$MPa

■ $f_{cn} \leq 35$MPa일 때

• $f_{cr} = f_{cn} + 1.34\,s = 35 + 1.34\times 1.37 = 36.84$MPa

• $f_{cr} = (f_{cn} - 3.5) + 2.33\,s = (35 - 3.5) + 2.33\times 1.37 = 34.69$MPa

∴ 배합강도 $f_{cr} = 36.84$MPa(두 값 중 큰 값)

□□□ 기05①,19②

09 알칼리 시험 측정결과 시멘트 속에 포함된 $Na_2O$는 0.43%, $K_2O$는 0.4%의 알칼리 함유량을 갖고 있다. 다음 물음에 답하시오.

득점 | 배점
--- | ---
 | 5

가. 시멘트 중 전 알칼리량을 구하시오.

계산 과정 )

답 : _____

나. 알칼리 골재 반응의 억제 방법을 3가지만 쓰시오.

① _____

② _____

③ _____

해답 가. $R_2O = Na_2O + 0.658K_2O = 0.43 + 0.658 \times 0.4 = 0.69\%$

나. ① 반응성 골재를 사용하지 않는다.
② 콘크리트의 치밀도를 증대한다.
③ 콘크리트 시공 시 초기결함이 발생하지 않도록 한다.

□□□ 기19②

10 프로턱 관입 저항시험으로 콘크리트의 응결 시간을 측정할 때 초결시간 및 종결시간의 관입 저항값을 쓰시오.

득점 | 배점
--- | ---
 | 4

| 응결시간 | 관입 저항값 |
| --- | --- |
| 초결 시간 | |
| 종결 시간 | |

해답

| 응결시간 | 관입 저항값 |
| --- | --- |
| 초결 시간 | 3.5MPa |
| 종결 시간 | 28.0MPa |

11 계수 전단력 $V_u = 70\text{kN}$을 받을 수 있는 직사각형 단면이 최소 전단철근 없이 견딜 수 있는 콘크리트의 최소 단면적 $b_w d$를 구하시오. (단, $f_{ck} = 24\text{MPa}$)

| 득점 | 배점 |
|------|------|
|      | 4    |

계산 과정 )

답 : _____

■ 전단철근 없이 계수전단력을 지지할 조건

$$V_u \le \frac{1}{2}\phi V_c = \frac{1}{2}\phi\frac{1}{6}\lambda\sqrt{f_{ck}}\,b_w d \text{ 에서}$$

$$70\times10^3 = \frac{1}{2}\times0.75\times\frac{1}{6}\times1\times\sqrt{24}\,b_w d$$

$$\therefore\ b_w d = 228619\,\text{mm}^2$$

참고 SOLVE 사용

# 국가기술자격 실기시험문제

2019년도 기사 제3회 필답형 실기시험(기사)

| 종 목 | 시험시간 | 배 점 | 성 명 | 수험번호 |
|---|---|---|---|---|
| 콘크리트기사 | 2시간 | 60 | | |

※ 수험자 인적사항 및 계산식을 포함한 답안 작성은 검은색 필기구만 사용해야 하며, 그 외 연필류, 빨간색, 청색 등 필기구로 작성한 답항은 0점 처리 됩니다.

---

□□□ 기11③,17②,19③

**01** 보가 있거나 또는 없는 슬래브내의 휨모멘트 산정을 위한 이론적인 절차들, 설계 및 시공 과정의 단순화에 대한 요구, 그리고 슬래브 시스템의 거동에 대한 전례들을 고려하여 개발된 것이 직접설계법이다. 이러한 직접설계법을 적용할 수 있는 제한 사항을 예시와 같이 3가지만 쓰시오.
(단, 예시의 내용은 정답에서 제외한다.)

| 득점 | 배점 |
|---|---|
| | 6 |

> [예시] 각 방향으로 3경간 이상 연속되어야 한다.

① _____

② _____

③ _____

해답 ① 슬래브 판들은 단변 경간에 대한 장변 경간의 비가 2 이하인 직사각형이어야 한다.
② 각 방향으로 연속한 받침부 중심간 경간 차이는 긴 경간의 1/3 이하이어야 한다.
③ 연속한 기둥 중심선을 기준으로 기둥의 어긋남은 그 방향 경간의 10% 이하이어야 한다.
④ 모든 하중은 슬래브 판 전체에 걸쳐 등분포된 연직하중이어야 하며, 활하중은 고정하중의 2배 이하이어야 한다.
⑤ 모든 변에서 보가 슬래브를 지지할 경우 직교하는 두 방향에서 보의 상대강성은 0.2 이상 5.0 이하이어야 한다.

---

□□□ 기19③

**02** 균열의 제어를 목적으로 균열이음유발을 설치할 경우 구조물의 강도 및 기능을 해치지 않도록 구조 및 위치를 정하는 이음은?

| 득점 | 배점 |
|---|---|
| | 3 |

○

해답 균열유발이음

---

□□□ 기19③
03 다음과 같은 조건일 때 배합강도를 구하시오.

득점 | 배점
6

가. 콘크리트 압축강도의 표준편차를 알지 못할 때(기록이 없는 경우) 또는 압축강도의 시험횟수가 14회 이하인 경우 콘크리트 배합강도를 구하시오. (단, 호칭강도 $f_{cn}$ =27MPa)

계산 과정 )

답 : _____

나. 30회 이상의 콘크리트 압축강도 시험으로부터 구한 표준편차는 4.5MPa이고, 호칭강도가 40MPa인 고강도 콘크리트의 배합강도를 구하시오.

계산 과정 )

답 : _____

해답 가. $f_{cr} = f_{cn} + 8.5 = 27 + 8.5 = 35.5\,\text{MPa}$
　　 나. $f_{cn} = 40\,\text{MPa} > 35\,\text{MPa}$일 때, 두 값 중 큰 값
　　　　 • $f_{cr} = f_{cn} + 1.34s = 40 + 1.34 \times 4.5 = 46.03\,\text{MPa}$
　　　　 • $f_{cr} = 0.9f_{cn} + 2.33s = 0.9 \times 40 + 2.33 \times 4.5 = 46.49\,\text{MPa}$
　　　　 ∴ 배합강도 $f_{cr} = 46.49\,\text{MPa}$

□□□ 기05③,09③,15③,19③
04 압력법에 의한 굳지 않은 콘크리트의 공기량시험 방법(KS F 2421)에 대해 (　) 안을 채우시오.

득점 | 배점
4

콘크리트 공기량 측정시 시료를 용기의 약 (①)까지 넣고 고르게 한 후 용기바닥에 닿지 않도록 각 측을 다짐봉으로 (②)회 균등하게 다진다.

① _____　　　② _____

해답 ① 1/3　　② 25

KEY　콘크리트의 블리딩 시험 방법
① 시험하는 동안 실온을 20±3℃를 유지해야 한다.
② 콘크리트를 용기에 3층으로 나누어 넣고 각 층의 윗면을 고른 후 25회씩 다진다.
③ 콘크리트의 용기에 25±0.3cm의 높이까지 채운 후, 윗부분을 흙손으로 편평하게 고르고 시간을 기록하도록 한다.
④ 처음 60분 동안 10분 간격으로, 그 후는 블리딩이 정지될 때까지 30분 간격으로 표면에 생긴 물을 빨아낸다.

□□□ 기10①,19③

05 그림과 같이 단철근 직사각형 보에 대한 다음 물음에 답하시오.
(단, $f_{ck} = 24\text{MPa}$, $f_y = 300\text{MPa}$)

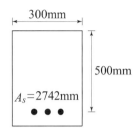

가. 보의 파괴 형태를 판정하시오.

계산 과정)

답 : _____

나. 보의 압축 응력 직사각형의 깊이 $a$를 구하시오.

계산 과정)

답 : _____

다. 강도 감소 계수를 구하시오.

계산 과정)

답 : _____

라. 단철근 직사각형보의 설계 휨강도($\phi M_n$)를 구하시오.

계산 과정)

답 : _____

해답 가. 균형 철근비 $\rho_b = \dfrac{\eta(0.85f_{ck})\beta_1}{f_y} \dfrac{660}{660+f_y}$

• $f_{ck} = 24\text{MPa} \leq 40\text{MPa}$일 때 $\eta = 1.0$, $\beta_1 = 0.80$

$\rho_b = \dfrac{1 \times (0.85 \times 24) \times 0.80}{300} \times \dfrac{660}{660 + 300} = 0.0374$

• 철근비 $\rho = \dfrac{A_s}{bd} = \dfrac{2742}{300 \times 500} = 0.01828$

∴ $\rho < \rho_b$ : 연성 파괴(과소 철근보)

나. $a = \dfrac{A_s f_y}{\eta(0.85f_{ck})b} = \dfrac{2742 \times 300}{1 \times 0.85 \times 24 \times 300} = 134.41\,\text{mm}$

다. • $\epsilon_t = \dfrac{0.0033 \times (d-c)}{c}$

• $c = \dfrac{a}{\beta_1} = \dfrac{134.41}{0.80} = 168.01\,\text{mm}$

$$\cdot \ \epsilon_t = \frac{0.0033 \times (500 - 168.01)}{168.01} = 0.00652 > 0.005 \,(인장지배구간)$$

$$\therefore \ \phi = 0.85$$

라. $\phi M_n = \phi A_s f_y \left( d - \dfrac{a}{2} \right)$

$$= 0.85 \times 2742 \times 300 \times \left( 500 - \frac{134.41}{2} \right)$$

$$= 302614592 \, \text{N} \cdot \text{mm} = 302.61 \, \text{kN} \cdot \text{m}$$

□□□ 기14①,17②,19③,22①,23②

**06** 경화된 콘크리트 면에 장비를 이용하여 타격에너지를 가하여 콘크리트 면의 반발경도를 측정하고 반발경도와 콘크리트 압축강도와의 관계를 이용하여 압축 강도를 추정하는 비파괴시험 반발경도법 4가지는 무엇인가 쓰시오.

| 득점 | 배점 |
|---|---|
|  | 4 |

① _____    ② _____

③ _____    ④ _____

해답 ① 슈미트 해머법  ② 낙하식 해머법
③ 스프링 해머법  ④ 회전식 해머법

□□□ 기06③,07③,09①,10①, 산09③,12①,기14②,15③,19③

**07** 콘크리트용 모래에 포함되어 있는 유기불순물 시험방법(KS F 2510)에서 식별 용 용액을 만드는 방법을 설명하시오

| 득점 | 배점 |
|---|---|
|  | 2 |

○

해답 식별용 용액은 10%의 알코올 용액으로 2% 탄닌산 용액을 만들고, 그 2.5mL를 3%의 수산화나트륨 용액 97.5mL에 가하여 유리병에 넣어 마개를 닫고 잘 흔든다.

>  **KEY** 표준색 용액 만들기 순서
> ① 알코올 10g에 물 90g을 타서 10%의 알코올 용액을 만든다.
> ② 10%의 알코올 용액 9.8g에 탄닌산 가루 0.2g을 넣어서 2% 탄닌산 용액을 만든다.
> ③ 물 291g에 수산화나트륨 9g을 섞어서 3%의 수산화나트륨 용액을 만든다.
> ④ 2% 탄닌산 용액 2.5mL를 3%의 수산화나트륨 용액 97.5mL에 타서 식별 용 표준색 용액을 만든다.
> ⑤ 식별용 표준색 용액 400mL의 시험용 무색 유리병에 넣어 마개를 막고 잘 흔든 다음 24시간 동안 가만히 놓아둔다.

□□□ 기19③,20③

08 다음과 같은 조건일 때 콘크리트의 강도를 구하시오.

가. $\phi$150mm×300mm의 원기둥형 시험체를 압축강도 시험한 결과 371kN의 하중에서 파괴가 발생하였다. 이 시험체의 압축강도는?

계산 과정 )

답 : _____

나. $\phi$150×300mm의 공시체로 콘크리트의 인장강도시험을 하였다. 파괴 시 최대하중이 210kN이었다면 인장강도는?

계산 과정 )

답 : _____

다. 150mm×150mm×530mm 크기의 콘크리트 시험체를 450mm지간이 되도록 고정한 후 4점 재하 장치법으로 휨강도를 측정하였다. 35kN의 최대하중에서 중앙부분이 파괴되었다면 휨강도는?

계산 과정 )

답 : _____

해답 가. $f_c = \dfrac{P}{A} = \dfrac{371 \times 10^3}{\dfrac{\pi \times 150^2}{4}} = 21\,\text{N/mm}^2 = 21\,\text{MPa}$

나. $f_t = \dfrac{2P}{\pi dl} = \dfrac{2 \times 210 \times 10^3}{\pi \times 150 \times 300} = 2.97\,\text{N/mm}^2 = 2.97\,\text{MPa}$

다. $f_b = \dfrac{Pl}{bh^2} = \dfrac{35 \times 10^3 \times 450}{150 \times 150^2} = 4.67\,\text{N/mm}^2 = 4.67\,\text{MPa}$

□□□ 기19③

09 굳지 않은 콘크리트의 펌퍼빌리티는 펌프압송작업에 적합한 것이어야 한다. 이 때 펌퍼빌리티가 좋은 굳지 않은 콘크리트의 성질 3가지를 쓰시오.

① _____

② _____

③ _____

해답 ① 직선관송을 활동하는 유동성
② 곡관이나 테이퍼관을 통과할 때의 변형성
③ 관내 압력의 시간적, 위치의 변동에 대한 분리저항성

□□□ 기07③,19③,22③,23③

**10** 다음과 같은 배합설계표에 의해 콘크리트를 배합하는 데 필요한 단위 잔골재량, 단위 굵은골재량을 구하시오.

| 득점 | 배점 |
|---|---|
| | 8 |

> • 잔골재율($S/a$) : 42%     • 단위 수량 : 175kg/cm$^3$
> • 시멘트 밀도 : 3.15g/cm$^3$     • 물-시멘트비($W/C$) : 50%
> • 잔골재의 표건 밀도 : 2.60g/cm$^3$     • 굵은 골재의 표건 밀도 : 2.65g/cm$^3$
> • 공기량 : 4.5%

계산 과정 )

[답] ① 단위 잔골재량 : _____

② 단위 굵은 골재량 : _____

해답 • 물시멘트 비 $\dfrac{W}{C} = 50\%$에서

∴ 단위 시멘트량 $C = \dfrac{W}{0.50} = \dfrac{175}{0.50} = 350\,\text{kg/m}^3$

• 단위 골재의 절대 체적

$V = 1 - \left( \dfrac{\text{단위 수량}}{1000} + \dfrac{\text{단위 시멘트량}}{\text{시멘트 밀도} \times 1000} + \dfrac{\text{공기량}}{100} \right)$

$= 1 - \left( \dfrac{175}{1000} + \dfrac{350}{3.15 \times 1000} + \dfrac{4.5}{100} \right) = 0.669\,\text{m}^3$

① 단위 잔골재량 = 단위 잔골재의 절대 체적 × 잔골재 밀도 ×1000

$= (0.669 \times 0.42) \times 2.60 \times 1000 = 730.55\,\text{kg/m}^3$

② 단위 굵은 골재량 = 단위 굵은 골재의 절대 체적 × 굵은 골재 밀도 × 1000

$= 0.669(1 - 0.42) \times 2.65 \times 1000 = 1028.25\,\text{kg/m}^3$

∴ 단위 잔골재량 : $730.55\,\text{kg/m}^3$

단위 굵은 골재량 : $1028.25\,\text{kg/m}^3$

□□□ 기11①,15②,③,19③,21③,22②

**11** 콘크리트의 염화물 함유량 측정 방법을 4가지만 쓰시오.

| 득점 | 배점 |
|---|---|
| | 4 |

① _____     ② _____

③ _____     ④ _____

해답 ① 질산은 적정법     ② 흡광 광도법
③ 전위차 적정법     ④ 이온 전극법

2020년도 기사 제1회 필답형 실기시험(기사)

| 종  목 | 시험시간 | 배  점 | 성  명 | 수험번호 |
|---|---|---|---|---|
| 콘크리트기사 | 2시간 | 60 | | |

※ 수험자 인적사항 및 계산식을 포함한 답안 작성은 검은색 필기구만 사용해야 하며, 그 외 연필류, 빨간색, 청색 등 필기구로 작성한 답항은 0점 처리 됩니다.

☐☐☐ 기19②,20①

**01** 시방 배합 결과 단위 수량 $165 \mathrm{kg/m^3}$, 단위 시멘트량 $350 \mathrm{kg/m^3}$, 단위 잔골재량 $650 \mathrm{kg/m^3}$, 단위 굵은골재량 $1200 \mathrm{kg/m^3}$을 얻었다. 이 골재의 현장 야적 상태가 아래 표와 같다면 현장 배합상의 단위 수량, 단위 잔골재량, 단위 굵은골재량을 구하시오.

───────── 【현장 골재 상태】 ─────────
- 잔골재 중 5mm체에 잔류하는 양 4%
- 굵은 골재 중 5mm체를 통과한 양 1%
- 잔골재의 표면수 3%
- 굵은골재의 표면수 1%

계산 과정)

[답] ① 단위 수량 : _____

② 단위 잔골재량 : _____

③ 단위 굵은 골재량 : _____

---

해답 ■ 입도에 의한 조정

$S = 650 \mathrm{kg}, \ G = 1200 \mathrm{kg}, \ a = 4\%, \ b = 1\%$

$X = \dfrac{100S - b(S+G)}{100 - (a+b)} = \dfrac{100 \times 650 - 1(650 + 1200)}{100 - (4+1)} = 664.74 \mathrm{kg/m^3}$

$Y = \dfrac{100G - a(S+G)}{100 - (a+b)} = \dfrac{100 \times 1200 - 4(650 + 1200)}{100 - (4+1)} = 1185.26 \mathrm{kg/m^3}$

■ 표면수에 의한 조정

잔골재의 표면수 $= 664.74 \times \dfrac{3}{100} = 19.94 \mathrm{kg}$

굵은골재의 표면수 $= 1185.26 \times \dfrac{1}{100} = 11.85 \mathrm{kg}$

■ 현장 배합량
- 단위수량 : $165 - (19.94 + 11.85) = 133.21 \mathrm{kg/m^3}$
- 단위잔골재량 : $664.74 + 19.94 = 684.68 \mathrm{kg/m^3}$
- 단위굵은재량 : $1185.26 + 11.85 = 1197.11 \mathrm{kg/m^3}$

【답】 단위수량 : $133.21 \mathrm{kg/m^3}$, 단위잔골재량 : $684.68 \mathrm{kg/m^3}$

단위굵은골재량 : $1197.11 \mathrm{kg/m^3}$

□□□ 기11①,13③,17①,20①

02 보통 중량 콘크리트의 U형 스터럽이 배치된 직사각형 단철근보의 설계전단강도 ($\phi V_n$)를 다음의 경우에 대해 각각 구하시오. (단, 스터럽 단면적 $A_v = 126.7\text{mm}^2$, 단면폭 = 300mm, 유효깊이 = 500mm, 스터럽 간격($s$) = 120mm, $f_{ck}$ = 30MPa, $f_y$ = 400MPa)

가. 수직스터럽을 전단철근으로 사용하는 경우 설계전단강도($\phi V_n$)를 구하시오.

계산 과정)

답 : _____

나. 경사스터럽을 전단철근으로 사용하는 경우 설계전단강도($\phi V_n$)를 구하시오.
(단, 경사스터럽과 부재축의 사이각은 60° 이다.)

계산 과정)

답 : _____

해답 가. • $V_c = \dfrac{1}{6}\lambda\sqrt{f_{ck}}\,b_w\,d$

$= \dfrac{1}{6} \times 1 \times \sqrt{30} \times 300 \times 500 = 136931\text{N} = 136.93\text{kN}$

• 전단강도 $V_s = \dfrac{A_v f_{yt} d}{s} \leq V_s = \dfrac{2\lambda\sqrt{f_{ck}}}{3}b_w\,d$ 이하

$V_s = \dfrac{2\lambda\sqrt{f_{ck}}}{3}b_w\,d$

$= \dfrac{2 \times 1 \times \sqrt{30}}{3} \times 300 \times 500 = 547723\text{N} = 548\text{kN}$

$V_s = \dfrac{A_v f_{yt} d}{s}$

$= \dfrac{(126.7 \times 2) \times 400 \times 500}{120} = 422333\text{N} = 422.33\text{kN} \leq 548\text{kN}$

∴ $\phi V_n = \phi(V_c + V_s)$

$= 0.75(136.93 + 422.33) = 419.45\text{kN}$

나. 경사스터럽을 전단철근으로 사용하는 경우 전단강도

$V_c = \dfrac{1}{6}\lambda\sqrt{f_{ck}}\,b_w\,d$

$= \dfrac{1}{6} \times 1 \times \sqrt{30} \times 300 \times 500 = 136931\text{N} = 136.93\text{kN}$

$V_s = \dfrac{A_v f_{yt}(\sin\alpha + \cos\alpha)d}{s}$

$= \dfrac{(126.7 \times 2) \times 400 \times (\sin 60° + \cos 60°) \times 500}{120} = 576918\text{N} = 576.92\text{kN}$

∴ $\phi V_n = \phi(V_c + V_d)$

$= 0.75(136.93 + 576.92) = 535.39\text{kN}$

□□□ 기10①,11③,15①,20①

03 철근의 부식 여부 조사는 자연전위측정법을 이용한다. 이 자연전위측정법의 철근 부식 등급 3가지 평가기준을 쓰시오. (단, 부식여부 조사는 ASTM규정을 적용한다.)

| 득점 | 배점 |
|---|---|
|  | 6 |

① _____

② _____

③ _____

해답 ① −200mV < E : 90% 이상 부식없음

② −350mV < E ≤ −200mV : 부식 불확실

③ E ≤ −350mV : 90% 이상 부식있음

KEY
• 자연전위 측정법의 원리
정상적인 콘크리트는 알칼리성을 나타내어 철근은 부동태화하고 있으며, 그 전위는 −110~200mV를 나타내지만 염화물의 침투와 탄산화로 철근이 활성상태로 되어 부식이 진행되면 그 전위는 −(부) 방향으로 변화한다. 이러한 철근의 전위는 철근부식 장소의 검출과 부식상태 진단에 효과적이다.

□□□ 기09①,10③,14①,17①,20①

04 굳은 콘크리트 시험에 대하여 다음 물음에 답하시오.

| 득점 | 배점 |
|---|---|
|  | 6 |

가. 콘크리트 압축강도의 재하 속도 기준을 쓰시오.

○

나. 콘크리트 휨강도의 재하 속도 기준을 쓰시오.

○

다. 동결융해 저항성 측정 시 사용되는 1사이클의 기준을 쓰시오.

○

해답 가. (0.6±0.2)MPa

나. (0.06±0.04)MPa

다. 온도 범위 : −18℃~4℃, 시간 : 2~4시간

□□□ 기05①,06③,07③,09③,11③,12③,13③,20①

**05** 굵은골재의 밀도시험결과 다음과 같은 측정결과를 얻었다. 표면건조포화상태의 밀도, 절대건조상태의 밀도, 겉보기 밀도(진밀도)를 구하시오.

득점 배점
6

- 절대건조상태 질량(A) : 989.5g
- 표면건조포화상태 질량(B) : 1000g
- 시료의 수중질량(C) : 615.4g
- 20℃에서 물의 밀도 : $0.9970g/cm^3$

가. 표면건조상태의 밀도를 구하시오.

계산 과정)

답 : _____

나. 절대건조상태의 밀도를 구하시오.

계산 과정)

답 : _____

다. 겉보기 밀도(진밀도)를 구하시오.

계산 과정)

답 : _____

해답 가. $D_s = \dfrac{B}{B-C} \times \rho_w = \dfrac{1000}{1000-615.4} \times 0.9970 = 2.59 g/cm^3$

나. $D_d = \dfrac{A}{B-C} \times \rho_w = \dfrac{989.5}{1000-615.4} \times 0.9970 = 2.57 g/cm^3$

다. $D_A = \dfrac{A}{A-C} \times \rho_w = \dfrac{989.5}{989.5-615.4} \times 0.9970 = 2.64 g/cm^3$

□□□ 기20①

**06** 주로 염해에 의해 성능이 저하된 구조물을 대상으로 하며, 기본적으로 열화단계에 관계없이 적용이 가능하다. 앞으로 열화가 예상되는 구조물에 대해서는 보호적인 차원에서 적용이 가능하다. 보수목적은 콘크리트 속에 있는 철근의 부식반응을 정지시키고 내구성을 회복시키는 공법은?

득점 배점
2

○

해답 전기방식공법

□□□ 기13③,15②,20①

07 다음 그림과 같은 T형보 단면에서 물음에 답하시오.

(단, $A_s = 8 - \text{D}38 = 9121\text{mm}^2$, $f_{ck} = 35\text{MPa}$, $f_y = 400\text{MPa}$이다.)

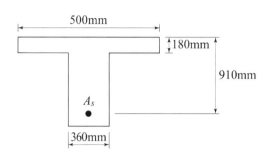

득점 | 배점
--- | ---
 | 8

가. 이 보의 공칭모멘트강도($M_n$)를 구하시오.

계산 과정)

답 : _____

나. 이 보의 설계모멘트강도($\phi M_n$)를 구하시오.

계산 과정)

답 : _____

해답 가. ■ T형보 판별

- $a = \dfrac{A_s f_y}{\eta(0.85 f_{ck})\, b} = \dfrac{9121 \times 400}{1 \times 0.85 \times 35 \times 500} = 245.27\,\text{mm}$

- $f_{ck} = 35\text{MPa} \le 40\text{MPa}$일 때 $\eta = 1.0$, $\beta_1 = 0.80$

  $\therefore\ a = 245.27 > t_f = 180\text{mm}$ : T형보

- $A_{st} = \dfrac{\eta(0.85 f_{ck})(b - b_w) t_f}{f_y} = \dfrac{1 \times 0.85 \times 35(500 - 360) \times 180}{400} = 1874.25\,\text{mm}^2$

- $a_w = \dfrac{(A_s - A_{st}) f_y}{\eta(0.85 f_{ck})\, b_w} = \dfrac{(9121 - 1874.25) \times 400}{1 \times 0.85 \times 35 \times 360} = 270.65\,\text{mm}$

■ $M_n = \left\{ A_{st} f_y \left(d - \dfrac{t}{2}\right) + (A_s - A_{st}) f_y \left(d - \dfrac{a_w}{2}\right) \right\}$

$\therefore\ M_n = \left\{ 1874.25 \times 400 \times \left(910 - \dfrac{180}{2}\right) + (9121 - 1874.25) \times 400 \left(910 - \dfrac{270.65}{2}\right) \right\}$

$\qquad = 614754000 + 2245550423$

$\qquad = 2860304423\,\text{N} \cdot \text{mm} = 2860.30\,\text{kN} \cdot \text{m}$

나. ■ $c = \dfrac{a_w}{\beta_1}$

- $c = \dfrac{a_w}{\beta_1} = \dfrac{270.65}{0.80} = 338.31\,\text{mm}$

- $\epsilon_t = \dfrac{0.0033 \times (d - c)}{c} = \dfrac{0.0033 \times (910 - 338.31)}{338.31}$

  $\qquad = 0.00558 > 0.005$ (인장지배구간)

  $\therefore\ \phi = 0.85$

$$\therefore \phi M_n = \phi \left\{ A_{st} f_y \left( d - \frac{t}{2} \right) + (A_s - A_{st}) f_y \left( d - \frac{a_w}{2} \right) \right\}$$
$$= 0.85 \times 2860.30 = 2431.26 \text{kN} \cdot \text{m}$$

 ■ 이형철근이 제원

| 호칭명 | 공칭지름 | 공칭단면적 | 철근갯수 | 총 단면적 |
|---|---|---|---|---|
| D32 | 31.8mm | 794.2mm$^2$ | 8 | 6354mm$^2$ |
| D35 | 34.9mm | 956.6mm$^2$ | 8 | 7653mm$^2$ |
| D38 | 38.1mm | 1140mm$^2$ | 8 | 9121mm$^2$ |

□□□ 기10①,13③,20①

08 콘크리트의 받아들이기 품질관리는 콘크리트를 타설하기 전에 실시하여야 한다.
이 때 콘크리트 받아들이기 품질관리 항목 4가지를 쓰시오.

| 득점 | 배점 |
|---|---|
| | 6 |

① _____  ② _____

③ _____  ④ _____

 ① 슬럼프    ② 공기량
③ 염소이온량    ④ 온도

 ■ 콘크리트의 받아들이기 품질 검사

| 항목 | 시험·검사 방법 | 시기 및 횟수 | 판정기준 |
|---|---|---|---|
| 굳지 않은 콘크리트의 상태 | 외관 관찰 | 콘크리트 타설 개시 및 타설 중 수시로 함. | 워커빌리티가 좋고, 품질이 균질하며 안정할 것 |
| 슬럼프 | KS F 2402의 방법 | 압축강도 시험용 공시체 채취시 및 타설 중에 품질변화가 인정될 때 | 30mm 이상 80mm 미만 : 허용오차 ±15mm 80mm 이상 180mm 미만 : 허용오차 ±25mm |
| 공기량 | KS F 2409의 방법 KS F 2421의 방법 KS F 2449의 방법 | | 허용오차 : ±1.5% |
| 온도 | 온도측정 | | 정해진 조건에 적합할 것 |
| 단위질량 | KS F 2409의 방법 | | 정해진 조건에 적합할 것 |
| 염소이온량 | KS F 4009 부속서 1의 방법 | 바다 잔골재를 사용할 경우 2회/일, 그 밖의 경우 1회/주 | 원칙적으로 0.3kg/m$^3$ 이하 |

| | 항목 | 시험·검사 방법 | 시기 및 횟수 | 판정기준 |
|---|---|---|---|---|
| 배합 | 단위<br>수량[1] | 굳지 않은<br>콘크리트의<br>단위수량<br>시험으로부터<br>구하는 방법 | 내릴 때<br>오전 2회 이상<br>오후 2회 이상 | 허용값 내에 있을 것 |
| | | 골재의<br>표면수율과<br>단위수량의<br>계량치로부터<br>구하는 방법 | 내릴 때<br>전 배치 | 허용값 내에 있을 것 |
| | 단위<br>시멘트량 | 시멘트의 계량치 | 내릴 때 /<br>전 배치 | 허용값 내에 있을 것 |
| | 물−결합<br>재비 | 굳지 않은<br>콘크리트의<br>단위수량과<br>시멘트의<br>계량치로부터<br>구하는 방법 | 내릴 때<br>오전 2회 이상<br>오후 2회 이상 | 허용값 내에 있을 것 |
| | | 골재의<br>표면수율과<br>콘크리트 재료의<br>계량치로부터<br>구하는 방법 | 내릴 때<br>전 배치 | 허용값 내에 있을 것 |
| | 기타,<br>콘크리트<br>재료의<br>단위량 | 콘크리트 재료의<br>계량치 | 내릴 때<br>전 배치 | 허용값 내에 있을 것 |
| 펌퍼빌리티 | | 펌프에 걸리는<br>최대 압송 부하의<br>확인 | 펌프 압송시 | 콘크리트 펌프의<br>최대 이론<br>토출압력에 대한<br>최대 압송 부하의<br>비율이 80% 이하 |

주1) 단위수량 시험(KCI-RM101)은 도입된지 얼마 되지 않았고 시험방법
　　의 적합성이나 시험 결과의 신뢰성 등이 평가되지 않아 현재는 참고
　　자료로만 활용하는 것이 좋다.

□□□ 기20①

**09** 콘크리트구조물의 열화로 당초 단면을 손실한 경우의 복구 및 탄산화, 염화이
온 등의 열화요인을 포함한 콘크리트 피복을 철거한 경우의 단면복구에 적용하
는 보수공법을 무엇이라 하는가?

| 득점 | 배점 |
|---|---|
| | 2 |

○

단면복구공법

□□□ 기13③,20①

10 콘크리트 압축강도 측정결과가 다음과 같았다. 다음 물음에 답하시오.

득점 배점
6

────── 【압축강도 측정결과(MPa)】 ──────
35, 45.5, 40, 43, 45, 42.5, 40, 38.5, 36, 41, 37.5, 45.5, 44, 36, 45.5

가. 배합설계에 적용할 압축강도의 표준편차를 구하시오.

계산 과정)

답 : _____

나. 호칭강도가 40MPa일 때 콘크리트의 배합강도를 구하시오.

계산 과정)

답 : _____

해답 가. 표준편차 $s = \sqrt{\dfrac{\sum (x_i - \overline{x})^2}{(n-1)}}$

① 압축강도 합계
$\sum x_i = 35 + 45.5 + 40 + 43 + 45 + 42.5 + 40 + 38.5 + 36 + 41 + 37.5$
$\qquad + 45.5 + 44 + 36 + 45.5$
$\quad = 615\,\mathrm{MPa}$

② 압축강도 평균값
$\overline{x} = \dfrac{\sum n}{n} = \dfrac{615}{15} = 41\mathrm{MPa}$

③ 표준편차 합
$\sum (x_i - \overline{x})^2 = (35-41)^2 + (45.5-41)^2 + (40-41)^2 + (43-41)^2 + (45-41)^2$
$\qquad + (42.5-41)^2 + (40-41)^2 + (38.5-41)^2 + (36-41)^2 + (41-41)^2$
$\qquad + (37.5-41)^2 + (45.5-41)^2 + (44-41)^2 + (36-41)^2 + (45.5-41)^2$
$\qquad = 77.25 + 34.5 + 86.75 = 198.5\,\mathrm{MPa}$

④ 표준표차 $s = \sqrt{\dfrac{198.5}{(15-1)}} = 3.77\mathrm{MPa}$

⑤ 직선보간의 표준편차

【시험횟수가 29회 이하일 때 표준편차의 보정계수】

| 시험횟수 | 표준편차의 보정계수 |
|---|---|
| 15 | 1.16 |
| 20 | 1.08 |
| 25 | 1.03 |
| 30 이상 | 1.00 |

∴ 직선보간 표준편차 $= 3.77 \times 1.16 = 4.37\,\mathrm{MPa}$

나. 배합강도를 구하시오.

$f_{cn} = 40\,\mathrm{MPa} > 35\,\mathrm{MPa}$인 경우 ①과 ②값 중 큰 값

① $f_{cr} = f_{cn} + 1.34s = 40 + 1.34 \times 4.37 = 45.86\,\mathrm{MPa}$

② $f_{cr} = 0.9f_{cn} + 2.33s = 0.9 \times 40 + 2.33 \times 4.37 = 46.18\,\mathrm{MPa}$

∴ 배합강도 $f_{cr} = 46.18\,\mathrm{MPa}$

 시험기록을 갖고 있지 않지만 15회 이상, 29회 이하의 연속시험의 기록을 갖고 있는 경우, 표준편차는 계산된 표준편차와 보정계수의 곱으로 계산할 수 있다.

기08③,13③,20①,22③

**11** 콘크리트의 알칼리 골재반응 중 알칼리–실리카반응을 일으킨 콘크리트에 발생하는 현상을 3가지만 쓰시오.

① ────────────────    ② ────────────────

③ ────────────────

① 이상팽창을 일으킨다.

② 표면에 불규칙한 거북등 모양의 균열이 발생한다.

③ 알칼리실리카겔(백색)이 표면으로 흘러나오기도 하고 균열 및 공극에 충전되기도 한다.

④ 골재입자가 주변에 흑색의 육안으로 관찰할 수 있는 반응 테두리가 생성된다.

# 국가기술자격 실기시험문제

2020년도 기사 제2회 필답형 실기시험 (기사)

| 종 목 | 시험시간 | 배 점 | 성 명 | 수험번호 |
|---|---|---|---|---|
| 콘크리트기사 | 2시간 | 60 | | |

※ 수험자 인적사항 및 계산식을 포함한 답안 작성은 검은색 필기구만 사용해야 하며, 그 외 연필류, 빨간색, 청색 등 필기구로 작성한 답항은 0점 처리 됩니다.

---

기20②

**01** 슬럼프가 0보다 큰 콘크리트에서 체로 쳐서 얻은 모르타르에 대해 관입저항을 측정함으로써 콘크리트의 응결시간을 측정하는 방법을 관입저항침에 의한 콘크리트의 응결시간 시험방법이라 한다. 다음 물음에 답하시오.

| 득점 | 배점 |
|---|---|
| | 6 |

가. 관입 저항이 얼마일 때를 종결시간으로 결정하는가?

　　○

나. 이 시험결과로 도시하는 방법을 2가지 쓰시오.(단, 예시의 내용은 정답에서 제외한다.)

[예시] 컴퓨터를 이용하는 방법

①　　　　　　　　　　　　　② 

**정답** 가. 28.0MPa
나. ① 핸드 피팅(hand-fitting)에 의한 방법
　　② 선형 회귀분석에 의한 방법

> **KEY** 각 그래프에서 관입저항이 3.5MPa, 28.0MPa이 될 때의 시간을 초결시간과 종결시간으로 결한다.

---

기20②

**02** 구조물의 부재, 부재간의 연결부 및 각 부재 단면의 휨모멘트, 축력, 전단력, 비틀림모멘트에 대한 설계강도는 공칭강도에 강도감소계수를 곱한 값으로 하여야 한다. 이러한 강도감소계수의 규정을 쓰시오.

| 득점 | 배점 |
|---|---|
| | 4 |

| 부재 | 강도감소계수 |
|---|---|
| 전단력과 비틀림모멘트 | |
| 포스트텐션 정착구역 | |
| 스트럿-타이 모델에서 스트럿, 절점부 및 지압부 | |
| 무근콘크리트의 휨모멘트, 압축력, 전단력, 지압력 | |

애답

| 부재 | 강도감소계수 |
|---|---|
| 전단력과 비틀림모멘트 | 0.75 |
| 포스트텐션 정착구역 | 0.85 |
| 스트럿-타이 모델에서 스트럿, 절점부 및 지압부 | 0.75 |
| 무근콘크리트의 휨모멘트, 압축력, 전단력, 지압력 | 0.55 |

KEY 강도감소계수 $\phi$

| 부재 | | 강도감소계수 |
|---|---|---|
| 인장지배단면 | | 0.85 |
| 압축지배단면 | 나선철근으로 보강된 철근 콘크리트 부재 | 0.70 |
| | 그 외의 철근콘크리트 부재 | 0.65 |
| | 변화구간단면(전이구역) | 0.65(0.70)~0.85 |
| 전단력과 비틀림 모멘트 | | 0.75 |
| 콘크리트의 지압력 (포스트텐션 정착부나 스트럿-타이 모델은 제외) | | 0.65 |
| 포스트텐션 정착구역 | | 0.85 |
| 스트럿-타이 모델 | 스트럿, 절점부 및 지압부 | 0.75 |
| | 타이 | 0.85 |
| 무근콘크리트의 휨모멘트, 압축력, 전단력, 지압력 | | 0.55 |

□□□ 기20②

**03** 사인장 균열 중에 중립축에 가깝고 전단력이 가장 큰 부분에서 발생하는 균열을 무엇이라 하는가?

| 득점 | 배점 |
|---|---|
| | 3 |

○

애답 복부전단균열(web-shear crack)

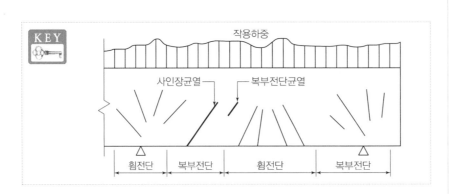

□□□ 기16②,20②
## 04 콘크리트의 탄산화(중성화)에 대해 다음 물음에 답하시오.

득점 배점
6

가. 탄산화 페놀프탈레인 지시약 제조방법을 쓰시오.

○

나. 탄산화깊이 측정방법 2가지를 쓰시오.

> 예 : 쪼아내기에 의한 방법

① _____   ② _____

해답 가. 페놀프탈레인 용액은 95% 에탄올 90mL에 페놀프탈레인 분말 1g을 녹여 물을 첨
가하여 100mL로 한 것이다.
나. ① 현장에서 제작된 콘크리트 공시체를 이용하는 방법
② 코어 공시체를 이용하는 방법

□□□ 기07③,09③,14①,17①,20②
## 05 아래 조건과 같은 한중콘크리트에 있어서 적산온도 방식에 의한 물−시멘트비를 보정하시오. (단, 1개월은 30일임)

득점 배점
4

- 보통 포틀랜드 시멘트를 사용하고 설계기준강도는 24MPa로 물−시멘트비($x_{20}$)는 49%이다.
- 보온양생 조건은 타설 후 최초 5일간은 20℃, 그 후 4일간 15℃, 또 그 후 4일 간은 10℃이고 그 후 타설된 일평균기온은 −8℃이다.
- 보통 포틀랜드 시멘트의 적산온도 M에 대응하는 물−시멘트비의 보정계수 $\alpha$의 산정식 $\alpha = \dfrac{\log(M-100)+0.13}{3}$ 을 적용한다.

해답 • 적산온도
$$M = \sum_0^t (\theta+10)\Delta t$$
$$= (20+10)\times 5 + (15+10)\times 4 + (10+10)\times 4 + (-8+10)\times 17$$
$$= 364℃\cdot D$$
• 보정계수
$$\alpha = \frac{\log(M-100)+0.13}{3} = \frac{\log(364-100)+0.13}{3} = 0.851$$
• 물−시멘트비 보정
$$x = \alpha \cdot x_{20}$$
$$= 0.851 \times 49 = 41.70\%$$

□□□ 기14③,20②

06 다음 그림과 같은 T형보의 경간이 5m인 대칭 T형보에서 슬래브 중심간격이
1m일 때 유효폭과 설계휨강도를 구하시오.
(단, $A_s = 4000\text{mm}^2$, $f_{ck} = 21\text{MPa}$, $f_y = 400\text{MPa}$)

| 득점 | 배점 |
|---|---|
| | 8 |

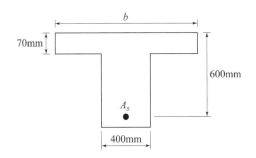

가. 대칭 T형보의 유효폭을 구하시오.

계산 과정)

답 : _____

나. 강도설계법에서 단철근 T형보의 공칭 휨강도를 구하시오.

계산 과정)

답 : _____

■ $M_n$
  설계 휨 강도

■ $\phi M_n$
• 공칭 휨 강도
• 설계 휨 모멘트

해답 가. • (양쪽으로 각각 내민 플랜지 두께의 8배씩 : $16t_f$) $+ b_w$

  $16t_f + b_w = 16 \times 70 + 400 = 1520\,\text{mm}$

  • 양쪽의 슬래브의 중심 간 거리 : $1000\,\text{mm}$

  • 보의 경간($L$)의 1/4 : $\dfrac{1}{4} \times 5000 = 1250\,\text{mm}$

  ∴ 유효폭 $b = 1000\,\text{mm}$ (가장 작은 값)

나. ■ T형보 판별

  • $f_{ck} = 21\text{MPa} \le 40\text{MPa}$일 때 $\eta = 1.0$, $\beta_1 = 0.80$

  • $a_w = \dfrac{A_s f_y}{\eta(0.85 f_{ck})\,b} = \dfrac{4000 \times 400}{1 \times 0.85 \times 21 \times 1000} = 89.64\,\text{mm}$

  ∴ $a = 89.64\text{mm} > t_f = 70\text{mm}$  ∴ T형보

  • $A_{st} = \dfrac{\eta(0.85 f_{ck})(b - b_w)t_f}{f_y} = \dfrac{1 \times 0.85 \times 21(1000 - 400) \times 70}{400} = 1874.25\,\text{mm}^2$

  • $a_w = \dfrac{(A_s - A_{st})f_y}{\eta(0.85 f_{ck})\,b_w} = \dfrac{(4000 - 1874.25) \times 400}{1 \times 0.85 \times 21 \times 400} = 119.09\,\text{mm}$

  ■ $M_n = \left\{ A_{st} f_y\left(d - \dfrac{t}{2}\right) + (A_s - A_{st})f_y\left(d - \dfrac{a}{2}\right) \right\}$

  ∴ $M_n = \left\{ 1874.25 \times 400 \times \left(600 - \dfrac{70}{2}\right) + (4000 - 1874.25) \times 400\left(600 - \dfrac{119.09}{2}\right) \right\}$

  $= 423580500 + 459548887$

  $= 883129387\,\text{N} \cdot \text{mm} = 883.13\,\text{kN} \cdot \text{m}$

□□□ 기05①,06③,09①,12③,13③,15③,20②
07 매스콘크리트의 온도균열 발생여부에 대한 검토는 온도균열지수에 의해 평가하는 것을 원칙으로 한다. 다음 물음에 답하시오.

| 득점 | 배점 |
|---|---|
|  | 6 |

가. 정밀한 해석방법에 의한 온도균열지수를 구하는 식을 쓰시오.

○

나. 철근이 배치된 일반적인 구조물에서 아래 각 조건의 경우 표준적인 온도균열지수 값의 범위를 쓰시오.

① 균열발생을 방지하여야 할 경우 : _____

② 균열발생을 제한할 경우 : _____

③ 유해한 균열발생을 제한할 경우 : _____

해답 가. $I_{cr}(t) = \dfrac{f_{sp}(t)}{f_t(t)}$

여기서, $f_t(t)$ : 재령 $t$일에서의 수화열에 의하여 생긴 부재 내부의 온도응력 최대값(MPa)
$f_{sp}(t)$ : 재령 $t$일에서의 콘크리트의 쪼갬인장강도로서, 재령 및 양생온도를 고려하여 구함(MPa)

나. ① 1.5 이상
② 1.2~1.5
③ 0.7~1.2

> **KEY** · 온도균열지수 정의
> 매스콘크리트에서 수화열 발생으로 인해 발생하는 균열을 측정하는 방법으로서 콘크리트의 인장강도를 부재 내부에 생긴 온도응력 최대값으로 나눈 값

□□□ 기05③,20②
08 콘크리트 비파괴 시험인 초음파법으로 측정할 수 있는 항목 4가지만 쓰시오.

| 득점 | 배점 |
|---|---|
|  | 4 |

① _____   ② _____

③ _____   ④ _____

해답 ① 표면의 균열 깊이   ② 콘크리트의 압축강도
③ 콘크리트의 내부분리   ④ 내부 결함의 유무
⑤ 공동현상

> **KEY**
> 초음파의 투과속도가 콘크리트 밀도 및 탄성계수에 따라 변화하는 것을 이용하며, 콘크리트를 통과하는 시간을 측정하여 이로부터 콘크리트의 강도, 결함의 유무, 균열 및 콘크리트의 내부분리, 공동현상 등을 추정하는 비파괴 방법이다.

□□□ 기06③,13③,15①,20②,23②

09 다음과 같은 배합설계표에 의해 콘크리트를 배합하는데 필요한 단위수량, 단위잔골재량, 단위 굵은골재량을 구하시오.

득점 | 배점
6

- 잔골재율(S/a) : 32%, 단위시멘트량 : 450kg/m³, 시멘트 밀도 : 3.15g/cm³
- 물－시멘트비(W/C) : 55%, 잔골재의 표건밀도 : 2.60kg/m³
- 굵은 골재의 표건밀도 : 2.65kg/m³
- 공기량 : 4%

계산 과정)

[답] ① 단위 수량 : _____

② 단위 잔골재량 : _____

③ 단위 굵은 골재량 : _____

해답 ① 물시멘트 비에서 $\dfrac{W}{C}$=50%에서

∴ 단위 수량 $W = 0.55 \times 450 = 247.5\,\text{kg/m}^3$

② 단위 골재의 절대 체적

$$V = 1 - \left( \frac{단위수량}{1000} + \frac{단위 시멘트량}{시멘트밀도 \times 1000} + \frac{공기량}{100} \right)$$

$$= 1 - \left( \frac{247.5}{1000} + \frac{450}{3.15 \times 1000} + \frac{4}{100} \right) = 0.570\,\text{m}^3$$

③ 단위 잔골 재량=단위 잔골재의 절대 체적 ×잔골재 밀도 ×1000

$$= (0.570 \times 0.32) \times 2.60 \times 1000 = 474.24\,\text{kg/m}^3$$

④ 단위 굵은 골재량=단위 굵은골재의 절대체적×굵은 골재 밀도×1000

$$= 0.570(1 - 0.32) \times 2.65 \times 1000 = 1027.14\,\text{kg/m}^3$$

【답】 단위 수량 : $247.5\,\text{kg/m}^3$, 단위 잔골재량 : $474.24\,\text{kg/m}^3$

단위 굵은 골재량 : $1027.14\,\text{kg/m}^3$

□□□ 기19③,20②

10 다음과 같은 조건일 때 콘크리트의 강도를 구하시오.

득점 | 배점
6

가. $\phi$150mm×300mm의 원기둥형 시험체를 압축강도 시험한 결과 371kN의 하중에서 파괴가 발생하였다. 이 시험체의 압축강도는?

계산 과정)

답 : _____

나. $\phi150\times300$mm의 공시체로 콘크리트의 인장강도시험을 하였다. 파괴시 최대하중이 210kN이였다면 인장강도는?

계산 과정)

답 : _____

해답 가. $f_c = \dfrac{P}{A} = \dfrac{371\times1000}{\dfrac{\pi\times150^2}{4}} = 21\,\mathrm{N/mm^2} = 21\,\mathrm{MPa}$

나. $f_t = \dfrac{2P}{\pi dl} = \dfrac{2\times210\times10^3}{\pi\times150\times300} = 2.97\,\mathrm{N/mm^2} = 2.97\,\mathrm{MPa}$

□□□ 기12①,20②,23③

11 콘크리트용 골재의 체가름 시험을 실시하여 다음과 같은 값을 구하였다. 아래 물음에 답하시오.

| 득점 | 배점 |
|---|---|
| | 7 |

가. 표의 빈칸을 완성하시오.(단, 소수점 첫째자리에서 반올림하시오.)

| 체의 크기(mm) | 잔류량(g) | 잔류율(%) | 누적 잔류율(%) | 가적통과율(%) |
|---|---|---|---|---|
| 75 | 0 | | | |
| 65 | 0 | | | |
| 50 | 0 | | | |
| 40 | 500 | | | |
| 30 | 3000 | | | |
| 25 | 2000 | | | |
| 20 | 3000 | | | |
| 15 | 1500 | | | |
| 10 | 2600 | | | |
| 5 | 2300 | | | |
| 2.5 | 100 | | | |
| 1.2 | 0 | | | |
| 0.6 | 0 | | | |
| 0.3 | 0 | | | |
| 0.15 | 0 | | | |
| 계 | | | | |

나. 조립률(F.M)을 구하시오.

계산 과정)

답 : _____

| 체의 크기(mm) | 잔류량(g) | 잔류율(%) | 누적 잔류율(%) | 가적통과량(%) |
|---|---|---|---|---|
| 75 | 0 | 0 | 0 | 100 |
| 65 | 0 | 0 | 0 | 100 |
| 50 | 0 | 0 | 0 | 100 |
| 40 | 500 | 3 | 3 | 97 |
| 30 | 3000 | 20 | 23 | 77 |
| 25 | 2000 | 13 | 36 | 64 |
| 20 | 3000 | 20 | 56 | 44 |
| 15 | 1500 | 10 | 66 | 34 |
| 10 | 2600 | 17 | 83 | 17 |
| 5 | 2300 | 15 | 98 | 2 |
| 2.5 | 100 | 2 | 100 | 0 |
| 1.2 | 0 | 0 | 100 | 0 |
| 0.6 | 0 | 0 | 100 | 0 |
| 0.3 | 0 | 0 | 100 | 0 |
| 0.15 | 0 | 0 | 100 | 0 |
| 계 | 15000 | 100 | | |

나. $F.M = \dfrac{0+3+56+83+98+100 \times 5}{100} = 7.4$

**KEY**
- ▪ 골재의 조립률(F.M)과 굵은골재의 최대치수
- • 조립률(finess modulus)은 골재의 크기를 개략적으로 나타내는 방법이다. 75mm, 40mm, 20mm, 10mm, 5mm, 2.5mm, 1.2mm, 0.6mm, 0.3mm, 0.15mm의 10개 체를 사용한다.

# 국가기술자격 실기시험문제

2020년도 기사 제3회 필답형 실기시험(기사)

| 종 목 | 시험시간 | 배 점 | 성 명 | 수험번호 |
|---|---|---|---|---|
| 콘크리트기사 | 2시간 | 60 | | |

※ 수험자 인적사항 및 계산식을 포함한 답안 작성은 검은색 필기구만 사용해야 하며, 그 외 연필류, 빨간색, 청색 등 필기구로 작성한 답항은 0점 처리 됩니다.

☐☐☐ 기20③

## 01 순환골재(recycled aggregate)에 대해 다음 물음에 답하시오.

| 득점 | 배점 |
|---|---|
| | 7 |

가. 순환골재의 정의를 간단히 설명하시오.

○

나. 순환골재의 품질기준 5가지를 쓰시오.

① _____ ② _____

③ _____ ④ _____

⑤ _____

해설 가. 콘크리트를 크리셔로 분쇄하여 인공적으로 만든 골재로서 입도에 따라 순환잔골재와 순환굵은골재로 나눈다.

나. ① 절대건조밀도  ② 흡수율  ③ 입자 모양 판정 실적률
　　④ 점토덩어리 양  ⑤ 안정성

 ■ 순환 골재의 물리적 성질

| 항목 | | 종별 | |
|---|---|---|---|
| | | 순환 굵은 골재 | 순환 잔골재 |
| 절대 건조 밀도 | g/cm³ | 2.5 이상 | 2.2 이상 |
| 흡수율 | % | 3.0 이하 | 5.0 이하 |
| 마모 감량 | % | 40 이하 | – |
| 입자 모양 판정 실적률 | % | 55 이상 | 53 이상 |
| 0.08mm 체 통과량 시험에서 손실된 양 | % | 1.0 이하 | 7.0 이하 |
| 알칼리 골재 반응 | | 무해할 것 | |
| 점토 덩어리량 | % | 0.2 이하 | 1.0 이하 |
| 안정성 | % | 12 이하 | 10 이하 |
| 이물질[a] 함유량 | 유기 이물질 | % | 1.0 이하(용적) |
| | 무기 이물질 | % | 1.0 이하(질량) |

[a] 이물질이란 콘크리트에 포함될 경우 품질에 유해한 영향을 주는 물질로서 유기 이물질과 무기 이물질로 구분하며, 목재, 비닐, 천조각, 플라스틱, 종이류 등의 유기 이물질과 페이스콘, 유리, 슬레이트, 적벽돌, 자기류, 타일류 등의 무기 이물질이 해당된다.

□□□ 기12①,17①,20③
**02** 어떤 고로 슬래그의 화학 성분을 조사한 결과가 아래의 표와 같을 때 다음 물음에 답하시오.

득점 | 배점
6

| FeO | MgO | MnO | S | $SiO_2$ | $TiO_2$ | $Al_2O_3$ | $Na_2O$ | CaO | $K_2O$ |
|-----|-----|-----|---|---------|---------|-----------|---------|-----|--------|
| 0.07 | 4.2 | 1.02 | 0.82 | 41.2 | 1.42 | 12.4 | 0.41 | 37.9 | 0.56 |

가. 고로 슬래그의 염기도를 구하시오.

계산 과정)

답 : _____

나. 고로 슬래그 시멘트에 사용가능 여부를 판정하시오.

【판정】

해답 가. $b = \dfrac{CaO + MgO + Al_2O_3}{SiO_2}$

$= \dfrac{37.9 + 4.2 + 12.4}{41.2} = 1.32$

나. 고로 슬래그 시멘트에 사용하는 염기도는 1.6% 이상이어야 한다.
$b = 1.32\% < 1.6\%$ ∴ 사용할 수 없음

□□□ 기17③,20③
**03** 콘크리트 구조기준에서 사용되는 용어의 정의를 간단히 설명하시오.

득점 | 배점
8

가. 계수하중(factored load)

○

나. 균형철근비(balanced reinforcement ratio)

○

다. 2방향 슬래브(two-way slab)

○

라. 정착길이(anchorage device)

○

해답 가. 강도설계법으로 부재를 설계할 때 사용하는 하중계수를 곱하는 하중
나. 인장철근이 설계기준항복강도에 도달함과 동시에 압축연단 콘크리트의 변형률이 극한 변형률에 도달하는 단면의 인장철근비
다. 직교하는 두 방향 휨모멘트를 전달하기 위하여 주철근이 배치된 슬래브
라. 위험단면에서 철근의 설계기준항복강도를 발휘하는데 필요한 최소 묻힘 길이

□□□ 기20

04 경화한 콘크리트의 강도시험을 실시하였다. 다음 물음에 답하시오.

득점 배점
9

가. 지름 100mm, 높이 200mm인 콘크리트 공시체로 압축강도 시험을 실시한 결과 공시체 파괴 시 최대하중이 231kN이었다. 이 공시체의 압축강도는?

   ○

나. 지름 100mm, 높이 200mm인 원주형 공시체를 사용하여 쪼갬인장강도시험을 하여 시험기에 나타난 최대 하중 $P = 41300$N이었다. 이 콘크리트의 쪼갬 인장 강도를 구하시오.

   ○

다. 규격 150mm×150mm×530mm인 콘크리트 공시체에 지간길이 450mm인 3등분 하중장치로 휨강도 시험을 실시한 결과, 공시체가 지간의 중앙에서 파괴되면서 시험기에 나타난 최대하중은 36kN이었다 이 공시체의 휨강도는?

   ○

해답 가. $f_c = \dfrac{P}{A} = \dfrac{231 \times 1000}{\dfrac{\pi \times 100^2}{4}} = 29.4 \text{N/mm}^2 = 29.4 \text{MPa}$

나. $f_{sp} = \dfrac{2P}{\pi\, dl} = \dfrac{2 \times 41300}{\pi \times 100 \times 200} = 1.31 \text{N/mm}^2 = 1.31 \text{MPa}$

다. $f_b = \dfrac{Pl}{bh^2}$

$= \dfrac{36 \times 10^3 \times 450}{150 \times 150^2} = 4.8 \text{N/mm}^2 = 4.8 \text{MPa}$

□□□ 기09①,20③

05 품질관리의 기본 4단계인 PDCA을 쓰시오.

득점 배점
4

① _____   ② _____

③ _____   ④ _____

해답 ① 계획(Plan)   ② 실시(Do)
③ 검토(Check)   ④ 조치(Action)

KEY  계획(Plan, P) → 실시(Do, D) → 검토(Check, C) → 조치(Action, A)

☐☐☐ 기11③,15①,18①,20③

**06** 아래 그림과 같은 복철근 직사각형 보에서 강도설계법에 의해 다음 물음에 답하시오. (단, $b=300$mm, $d'=50$mm, $d=500$mm, $3-$D22($A_s'=1284$mm²), $6-$D32($A_s=4765$mm²), $f_{ck}=35$MPa, $f_y=400$MPa이다.)

<table><tr><td>득점</td><td>배점</td></tr><tr><td></td><td>6</td></tr></table>

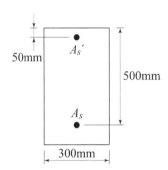

가. 하중재하 1년 후 탄성침하가 1.6mm일 때 총 처짐량을 구하시오.

계산 과정)

답 :

나. 강도설계법에 의해 설계휨모멘트($\phi M_n$)를 구하시오.

계산 과정)

답 :

---

해답 가. $\lambda = \dfrac{\xi}{1+50\rho'}$

$\rho' = \dfrac{A_s'}{bd} = \dfrac{1284}{300\times500} = 0.00856$

$\therefore \lambda = \dfrac{1.4}{1+50\times0.00856} = 0.980$ ($\because$ 1년 : $\lambda=1.4$)

• 장기처짐=순간처짐(탄성침하)×장기처짐계수($\lambda$)

$\qquad\qquad =1.6\times0.980=1568$mm

$\therefore$ 총 처짐량=순간 처짐+장기 처짐

$\qquad\qquad\quad =1.6+1.568=3.168$mm

나. ■ 설계휨모멘트 $\phi M_n = \phi\left(f_y(A_s - A_s')\left(d-\dfrac{a}{2}\right)+f_y\cdot A_s'(d-d')\right)$

• $f_{ck}=35$MPa $\leq 40$MPa일 때 $\eta=1.0$, $\beta_1=0.80$

• $a = \dfrac{f_y(A_s-A_s')}{\eta(0.85f_{ck})b} = \dfrac{400(4765-1284)}{1\times0.85\times35\times300} = 156.01$mm

• $c = \dfrac{a}{\beta_1} = \dfrac{156.01}{0.80} = 195.01$mm

$\epsilon_t = \dfrac{0.0033\times(d-c)}{c} = \dfrac{0.0033\times(500-195.01)}{195.01}$

$\quad = 0.0052 > 0.005$ (인장지배)

$\therefore \phi=0.85$

• 공칭휨모멘트

$$M_n = 400(4765 - 1284)\left(500 - \frac{156.01}{2}\right) + 400 \times 1284(500 - 50)$$

$$= 587585838 + 23112000 = 818705838 \text{N} \cdot \text{mm}$$

$$= 818.71 \text{kN}$$

∴ 설계휨모멘트 $\phi M_n = 0.85 \times 818.71 = 695.90 \text{kN} \cdot \text{m}$

□□□ 기08③,10①,13③,20③

07 잔골재 A의 조립률이 3.4이고 잔골재 B의 조립률이 2.2이다. 이 두 잔골재의 조립률이 적당하지 않아 조립률 2.9인 혼합골재 1000g을 만들고자 할 때 잔골재 A, B는 각각 몇 g씩 혼합하여야 하는지 계산하시오.

| 득점 | 배점 |
|---|---|
| | 4 |

계산 과정)

답 : _____

해답 $A + B = 1000$ ·················· (1)

$3.4A + 2.2B = 2.9(A+B)$ ·············· (2)

(2)에서

$0.5A - 0.7B = 0$ ·············· (3)

(3) + (1) × 0.7

$0.5A - 0.7B = 0$ ·············· (3)

$0.7A + 0.7B = 700$ ·············· (4)

$1.2A = 700$

(1)과 (2)에서

【답】 $A = 583.33g$, $B = 416.67g$

□□□ 기20③

08 레디믹스트콘크리트(레미콘)의 품질관리 검사항목 4가지를 쓰시오.

| 득점 | 배점 |
|---|---|
| | 4 |

① _____  ② _____

③ _____  ④ _____

해답 ① 강도　　② 슬럼프(슬럼프 플로)
③ 공기량　　④ 염화물 함유량

☐☐☐ 기19③,20③

## 09 콘크리트 및 콘크리트 재료의 염화물 분석 시험방법(KS F 2713)에 대해 다음 물음에 답하시오.

득점 | 배점
--- | ---
 | 8

가. 이 시험에 사용되는 시약의 종류 3가지를 쓰이오.

① _____

② _____

③ _____

나. 메틸 오렌지 지시약의 제조 방법을 간단히 설명하시오.

○

[해답] 가. ① 염화 나트륨　　　　② 과산화수소
　　　 ③ 질산 희석 용액　　　④ 메틸오렌지
　　 나. 95%의 메틸알코올 1L당 2g의 메틸 오렌지를 함유하는 용액

☐☐☐ 기09③,20③

## 10 골재의 안정성 시험을 위한 시험용액 제조방법에 대해서 간단히 쓰시오.

득점 | 배점
--- | ---
 | 4

○

[해답] ① 25 ~ 30℃의 깨끗한 물 1L에 무수 황산나트륨을 약 250g, 또는 황산나트륨(결정)을 750g의 비율로 가하여 저어 섞으면서 녹이고 약 20℃가 될 때까지 식힌다.
② 용액을 48시간 이상 20±1℃의 온도로 유지한 후 시험에 사용한다.

# 국가기술자격 실기시험문제

2020년도 기사 제4회 필답형 실기시험 (기사)

| 종 목 | 시험시간 | 배 점 | 성 명 | 수험번호 |
|---|---|---|---|---|
| 콘크리트기사 | 2시간 | 60 | | |

※ 수험자 인적사항 및 계산식을 포함한 답안 작성은 검은색 필기구만 사용해야 하며, 그 외 연필류, 빨간색, 청색 등 필기구로 작성한 답항은 0점 처리 됩니다.

---

□□□ 기15①,18③,20④

**01** 콘크리트 구조물의 내구성 평가 시 내구성의 성능을 저하시키는 열화요인을 4가지만 쓰시오.

| 득점 | 배점 |
|---|---|
| | 4 |

① _____  ② _____

③ _____  ④ _____

해답 ① 알칼리골재반응
② 탄산화
③ 염해
④ 동해

> **KEY**
> • 콘크리트의 내구성을 저하시키는 요인
> ① 알칼리골재반응 : 포틀랜드 시멘트 중의 알칼리 성분과 골재 중의 어떤 종류의 광물(실리카, 황산염)이 유해한 반응 작용을 일으켜 구조물에 손상을 끼치는 현상
> ② 탄산화 : 콘크리트에 포함된 수산화칼슘이 공기 중의 이산화탄소와 반응하여 알칼리성을 잃어 구조물에 손상을 끼치는 현상
> ③ 염해 : 콘크리트 중에 염화물이 존재하여 철근이나 강재를 부식시 킴으로써 콘크리트 구조물에 손상을 끼치는 현상
> ④ 동해 : 콘크리트 중의 수분이 동결하여 그 빙압에 의해 콘크리트 조직에 균열을 발생하여 구조물에 손상을 끼치는 현상

---

□□□ 기08③,09③,12③,16③,20④

**02** 모르타르 및 콘크리트의 길이변화 시험방법(KS F 2424)에 규정되어 있는 길이변화 측정방법 3가지를 쓰시오.

| 득점 | 배점 |
|---|---|
| | 6 |

① _____  ② _____

③ _____

해답 ① 콤퍼레이터 방법  ② 콘택트 게이지 방법  ③ 다이얼 게이지 방법

☐☐☐ 기06③,16②,20④,23③
03 채취한 코어의 지름 100mm, 높이 50mm인 공시체를 사용하여 콘크리트 압축강도시험을 수행한 결과 최대 파괴하중이 157kN이었다. 다음 표를 이용하여 표준공시체의 압축강도를 구하시오.

| 득점 | 배점 |
|---|---|
|  | 4 |

| 공시체의 h/d비 | 2.0 | 1.5 | 1.25 | 1.0 | 0.75 | 0.5 |
|---|---|---|---|---|---|---|
| 환산계수 | 1 | 0.96 | 0.94 | 0.85 | 0.7 | 0.5 |

계산 과정)

답 : _____

해답 $f = \dfrac{P}{\dfrac{\pi d^2}{4}} \times$ 환수값

$$= \dfrac{157 \times 10^3}{\dfrac{\pi \times 100^2}{4}} \times 0.5 = 9.99\,\text{N/mm}^2 = 9.99\,\text{MPa}$$

$\therefore \dfrac{h}{d} = \dfrac{50}{100} = 0.5$일 때 환산계수값 0.5이다.

☐☐☐ 기20④
04 서중 콘크리트에 대해 다음 물음에 답하시오.

| 득점 | 배점 |
|---|---|
|  | 6 |

가. 하루 평균 기온이 (　)℃를 초과하는 것이 예상되는 경우 서중 콘크리트로 시공하여야 한다.

나. 일반적으로 기온 (　)℃의 상승에 대하여 단위수량은 2~5% 증가하므로 소요의 압축강도를 확보하여야 한다.

다. 콘크리트를 타설할 때의 콘크리트 온도는 (　)℃ 이하이어야 한다.

해답 가. 25℃,　나. 10℃,　다. 35℃

☐☐☐ 기06③,07③,09①,10①,20④
05 콘크리트용 모래에 포함되어 있는 유기불순물 시험(KS F 2510)에 사용되는 식별용 표준색 용액을 제조하는 방법을 쓰시오.

| 득점 | 배점 |
|---|---|
|  | 3 |

○

해답 식별용 용액은 10%의 알코올 용액으로 2% 탄닌산 용액을 만들고, 그 2.5mL를 3%의 수산화나트륨 용액 97.5mL에 가하여 유리병에 넣어 마개를 닫고 잘 흔든다.

□□□ 기11③,15①,16①,20④
06 아래 그림과 같은 복철근 직사각형 단면보에 대한 다음 물음에 답하시오.

득점 | 배점
--- | ---
 | 8

(단, $b=300\text{mm}$, $d'=50\text{mm}$, $d=500\text{mm}$, $3-\text{D22}(A_s'=1284\text{mm}^2)$, $6-\text{D32}(A_s=4765\text{mm}^2)$, $f_{ck}=35\text{MPa}$, $f_y=400\text{MPa}$이다.)

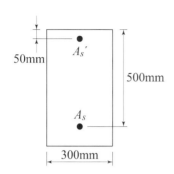

가. 철근콘크리트 직사각형 단면보에서 복철근을 배치하는 이유를 2가지만 쓰시오.

① _____ ② _____

나. 중립축까지의 거리 $c$를 구하시오.

계산 과정)

답 : _____

다. 그림과 같은 복철근 직사각형 보에서 강도설계법에 의한 이 단면의 설계휨모멘트($\phi M_n$)를 구하시오.

계산 과정)

답 : _____

해답 가. ① 연성을 증가시킨다.
② 지속하중에 의한 처짐을 감소시킨다.
③ 파괴모드를 압축파괴에서 인장파괴로 변화시킨다.
④ 스터럽 철근 고정과 같은 철근의 조립을 쉽게 한다.

나. $c=\dfrac{a}{\beta_1}=\dfrac{(A_s-A_s')f_y}{\eta(0.85f_{ck})\,b\,\beta_1}$

• $f_{ck}=35\text{MPa} \le 40\text{MPa}$일 때 $\eta=1.0$, $\beta_1=0.80$

$\therefore\ c=\dfrac{(A_s-A_s')f_y}{\eta(0.85f_{ck})\,b\,\beta_1}=\dfrac{(4765-1284)\times400}{1\times0.85\times35\times300\times0.80}=195.01\,\text{mm}$

다. ▪ $\phi M_n=\phi\left(f_y(A_s-A_s')\left(d-\dfrac{a}{2}\right)+f_y\cdot A_s'(d-d')\right)$

• $\epsilon_t=\dfrac{0.0033\times(d-c)}{c}=\dfrac{0.0033\times(500-195.01)}{195.01}=0.0052>0.005\,(\text{인장지배구간})$

$\therefore\ \phi=0.85$

• $a=\dfrac{f_y(A_s-A_s')}{\eta(0.85f_{ck})\,b}=\dfrac{400(4765-1284)}{1\times0.85\times35\times300}=156.01\,\text{mm}$

$$\bullet \ M_n = 400(4765-1284)\left(500-\frac{156.01}{2}\right)+400\times1284(500-50)$$

$$= 587585838+231120000 = 818705838\text{N}\cdot\text{mm}$$

$$= 818.71\text{kN}\cdot\text{m}$$

$$\therefore \ \phi M_n = 0.85\times818.71 = 695.90\text{kN}\cdot\text{m}$$

□□□ 기14①,20④

**07** 콘크리트의 배합설계에서 시방 배합 결과가 아래 표와 같을 때 현장 골재의 상태에 따라 각 재료량을 구하시오.

득점 | 배점
9

【시방 배합표】

| 굵은골재의 최대치수 (mm) | 슬럼프 (mm) | 공기량 (%) | W/B (%) | S/a (%) | 단위량(kg/m³) | | | |
|---|---|---|---|---|---|---|---|---|
| | | | | | 물 | 시멘트 | 잔골재 | 굵은골재 |
| 25 | 120±15 | 4.5±0.5 | 50 | 41.7 | 181 | 362 | 715 | 1018 |

【현장 골재 상태】

| 잔골재가 5mm체에 남는 양 | 4% |
|---|---|
| 굵은골재가 5mm체를 통과하는 양 | 2% |
| 잔골재의 표면수 | 2.5% |
| 굵은골새의 표면수 | 0.5% |

계산 과정)

[답] ① 단위 수량 : ＿＿＿＿＿

② 단위 잔골재량 : ＿＿＿＿＿

③ 단위 굵은 골재량 : ＿＿＿＿＿

해답 ■ 입도에 의한 조정

$S = 715\text{kg}, \ G = 1018\text{kg}, \ a = 4\%, \ b = 2\%$

$$X = \frac{100S-b(S+G)}{100-(a+b)} = \frac{100\times715-2(715+1018)}{100-(4+2)} = 723.77\text{kg/m}^3$$

$$Y = \frac{100G-a(S+G)}{100-(a+b)} = \frac{100\times1018-4(715+1018)}{100-(4+2)} = 1009.23\,\text{kg/m}^3$$

■ 표면수에 의한 조정

잔골재의 표면수 $= 723.77\times\dfrac{2.5}{100} = 18.09\text{kg}$

굵은골재의 표면수 $= 1009.23\times\dfrac{0.5}{100} = 5.05\text{kg}$

■ 현장 배합량

단위수량 : $181-(18.09+5.05) = 157.86\,\text{kg/m}^3$

단위 잔골재량 : $723.77+18.09 = 741.86\,\text{kg/m}^3$

단위 굵은 골재량 : $1009.23+5.05 = 1014.28\,\text{kg/m}^3$

【답】 단위 수량 : $157.86\text{kg/m}^3$, 단위 잔골재량 : $741.86\text{kg/m}^3$

단위 굵은골재량 : $1014.28\text{kg/m}^3$

□□□ 기20④

08 콘크리트의 블리딩 시험은 용기 속에 넣은 콘크리트 표면의 물을 빨아내어, 그 물의 양을 구하는 것이다. 이때 블리딩량의 단위를 쓰시오.

| 득점 | 배점 |
|---|---|
| | 2 |

○

해답 $cm^3/cm^2$

KEY

■ 블리딩량 $B_q = \dfrac{V}{A}$
• $V$ : 마지막까지 누계한 블리딩에 따른 물의 용적($cm^3$)
• $A$ : 콘크리트의 윗면의 면적($cm^2$)

□□□ 기12①,15①,16②,20④

09 급속 동결융해에 대한 콘크리트의 저항 시험방법(KS F 2456)에 대해 다음 물음에 답하시오.

| 득점 | 배점 |
|---|---|
| | 6 |

가. 동결융해 1사이클의 정의를 간단히 쓰시오.

○

나. 동결융해 1사이클의 소요시간 범위를 쓰시오.

○

해답 가. 4℃에서 −18℃로 떨어지고, 다음에 −18℃에서 4℃로 상승할 때
나. 2~4시간

□□□ 기20④

10 콘크리트 부재에 FRP(Fiber Reinforced Plastics) 보강 시 콘크리트 교량의 휨모멘트 작용방향에 작용함으로써 얻어지는 기대효과 3가지를 쓰시오.

| 득점 | 배점 |
|---|---|
| | 6 |

① _____  ② _____

③ _____

해답 ① 철근의 응력을 저하효과
② 철근의 응력을 분사효과
③ 부재의 전단보강효과

□□□ 기20④

**11** 콘크리트의 재료 분리 중 굵은골재의 재료분리 원인 3가지를 쓰시오.

| 득점 | 배점 |
|---|---|
|  | 6 |

① _____  ② _____

③ _____

해답 ① 굵은골재와 모르타르의 비중차
② 굵은골재와 모르타르의 유동 특성차
③ 굵은골재 치수와 모르타르 중의 잔골재 치수와의 차

# 국가기술자격 실기시험문제

## 2021년도 기사 제1회 필답형 실기시험(기사)

| 종 목 | 시험시간 | 배 점 | 성 명 | 수험번호 |
|---|---|---|---|---|
| 콘크리트기사 | 2시간 | 60 | | |

※ 수험자 인적사항 및 계산식을 포함한 답안 작성은 검은색 필기구만 사용해야 하며, 그 외 연필류, 빨간색, 청색 등 필기구로 작성한 답항은 0점 처리 됩니다.

---

☐☐☐ 기05①,06③,07③,09③,11③,12③,13③,21① 산08③,12①③

**01** 다음 성과표는 굵은골재의 밀도 및 흡수율 시험을 15℃에서 실시한 결과이다. 이 결과를 보고 아래 물음에 답하시오.

| 득점 | 배점 |
|---|---|
| | 6 |

| 공기중 절대건조상태의 시료질량(A) | 3940g |
|---|---|
| 표면건조포화상태의 시료질량(B) | 4000g |
| 물 속에서의 시료질량(C) | 2491g |
| 15℃에서의 물의 밀도 | 0.9991g/cm³ |

가. 표면건조상태의 밀도를 구하시오.

계산 과정)

답 : _____

나. 절대건조상태의 밀도를 구하시오.

계산 과정)

답 : _____

다. 겉보기 밀도(진밀도)를 구하시오.

계산 과정)

답 : _____

---

가. $D_s = \dfrac{B}{B-C} \times \rho_w = \dfrac{4000}{4000-2491} \times 0.9991 = 2.65\,g/cm^3$

나. $D_d = \dfrac{A}{B-C} \times \rho_w = \dfrac{3940}{4000-2491} \times 0.9991 = 2.61\,g/cm^3$

다. $D_A = \dfrac{A}{A-C} \times \rho_w = \dfrac{3940}{3940-2491} \times 0.9991 = 2.72\,g/cm^3$

☐☐☐ 기09③,15①,21①

**02** 그림과 같은 직사각형 단면의 균열모멘트($M_{cr}$)을 구하시오.
(단, $f_{ck} = 24\text{MPa}$, $A_s = 2200\text{mm}^2$)

득점 | 배점
4

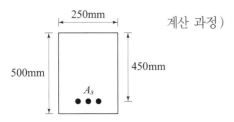

계산 과정 )

답 : _____

---

해답 균열 모멘트 $M_{cr} = \dfrac{f_r}{y_t} I_g$

• $f_r = 0.63\lambda\sqrt{f_{ck}} = 0.63 \times 1 \times \sqrt{24} = 3.09\,\text{MPa}$

• $I_g = \dfrac{bh^3}{12} = \dfrac{250 \times 500^3}{12} = 2.60417 \times 10^9\,\text{mm}^4$

∴ $M_{cr} = \dfrac{3.09}{\dfrac{500}{2}} \times 2.60417 \times 10^9$

$= 32187500\,\text{N}\cdot\text{mm} = 32.19\,\text{kN}\cdot\text{m}$

($\because\ \text{kN}\cdot\text{m} = 10^6\,\text{N}\cdot\text{mm}$)

---

☐☐☐ 기12①,15①,10③,11③,21①

**03** 급속 동결융해에 대한 콘크리트의 저항 시험방법(KS F 2456)에 대해 다음 물음에 답하시오.

득점 | 배점
6

가. 동결융해 1사이클의 정의를 간단히 쓰시오.

나. 동결융해 1사이클의 소요시간 범위를 쓰시오.

다. 동결융해에 대한 콘크리트의 저항시험을 하기위한 콘크리트 시험체 시험개시 1차 변형 공명진동수($n$)가 2400(Hz)이고, 동결융해 300 싸이클 후의 1차 변형 공명진동수($n1$)가 2000(Hz)일 때 상대동탄성계수를 구하시오.

---

해답 가. 4℃에서 −18℃로 떨어지고, 다음에 −18℃에서 4℃로 상승할 때

나. 2~4시간

다. $P_c = \left(\dfrac{n1}{n}\right)^2 \times 100 = \left(\dfrac{2000}{2400}\right)^2 \times 100 = 69.44\%$

□□□ 기10③18①,21①

**04** 콘크리트 압축강도 측정결과가 5개의 강도 데이터를 얻었다. 배합설계에 적용
할 표준편차와 변동계수를 구하시오.

득점 | 배점
6

【압축강도 측정결과】

| 측정회수 | 1회 | 2회 | 3회 | 4회 | 5회 |
|---|---|---|---|---|---|
| 압축강도(MPa) | 33 | 32 | 33 | 29 | 28 |

가. 압축강도의 표준편차를 구하시오.

계산 과정)

답 : _____

나. 압축강도의 변동계수를 구하시오.

계산 과정)

답 : _____

해답 가 표준편차 $s = \sqrt{\dfrac{\sum(x_i - \bar{x})^2}{(n-1)}}$

• 압축강도 합계

$\sum x_i = 33 + 32 + 33 + 29 + 28 = 155 \, \text{MPa}$

• 압축강도 평균값

$\bar{x} = \dfrac{\sum x_i}{n} = \dfrac{155}{5} = 31 \text{MPa}$

• 표준편차 합

$\sum(x_i - \bar{x})^2 = (33-31)^2 + (32-31)^2 + (33-31)^2 + (29-31)^2 + (28-31)^2$

$= 22 \, \text{MPa}$

∴ 표준표차 $s = \sqrt{\dfrac{22}{(5-1)}} = 2.35 \, \text{MPa}$

나. $C_v = \dfrac{s}{\bar{x}} \times 100 = \dfrac{2.35}{31} \times 100 = 7.58\%$

□□□ 기15①,21①

**05** 인장이형철근 D29를 정착시키는데 필요한 기본정착길이를 구하시오.
(단, D29철근의 공칭지름은 28.6mm이고, 공칭단면적은 642.4mm²이며, 보통 중
량콘크리트의 $\lambda = 1.0$, $f_y = 350$MPa $f_{ck} = 24$MPa이다.)

득점 | 배점
4

계산 과정)

답 : _____

해답 ■ 인장 이형철근의 정착(D35 이하의 철근의 경우)

• $l_{db} = \dfrac{0.6 d_b f_y}{\lambda \sqrt{f_{ck}}} = \dfrac{0.6 \times 28.6 \times 350}{1 \times \sqrt{24}} = 1225.97 \, \text{mm}$

□□□ 기06,09①,15①,21①

06 **콘크리트용 골재의 체가름 시험에 대해 물음에 답하시오.**

득점 | 배점
6

가. 콘크리트용 골재의 조립률을 계산하기 위해 사용하는 표준체의 호칭치수(KS F 2523) 10개를 큰 순서대로 쓰시오.

① ——————— ② ——————— ③ ——————— ④ ———————

⑤ ——————— ⑥ ——————— ⑦ ——————— ⑧ ———————

⑨ ——————— ⑩ ———————

나. 잔골재 체가름 시험을 한 결과 각 체의 잔류량은 다음과 같다. 잔골재의 조립률을 구하시오.(단, 10mm 이상체의 잔량은 0이다.)

| 체의 크기(mm) | 5 | 2.5 | 1.2 | 0.6 | 0.3 | 0.15 | PAN |
|---|---|---|---|---|---|---|---|
| 각 체의 잔유량(g) | 5 | 36 | 104 | 110 | 142 | 95 | 8 |

계산 과정)

답 : ———————

해답 가. 75mm, 40mm, 20mm, 10mm, 5mm, 2.5mm, 1.2mm, 0.6mm, 0.3mm, 0.15mm

나.

| 체의 크기(mm) | 5 | 2.5 | 1.2 | 0.6 | 0.3 | 0.15 | PAN |
|---|---|---|---|---|---|---|---|
| 각 체의 잔유량(g) | 5 | 36 | 104 | 110 | 142 | 95 | 8 |
| 각 체의 잔유율(%) | 1 | 7.2 | 20.8 | 22.0 | 28.4 | 19.0 | 1.6 |
| 각체의 잔유율의 누계(%) | 1 | 8.2 | 29.0 | 51.0 | 79.4 | 98.4 | 100 |

$$\therefore \ F.M = \frac{\sum 각체에 \ 남는 \ 잔류분의 \ 누계}{100}$$

$$= \frac{0 \times 4 + 1 + 8.2 + 29.0 + 51.0 + 79.4 + 98.4}{100} = \frac{267}{100} = 2.67$$

□□□ 기14①,21①

07 **골재의 시료채취 방법(KS F 2501)에 관한 사항 중 일부이다. 채석장에서 채석한 석재에 관한 (   )안에 적당한 수치를 쓰시오.**

득점 | 배점
4

골재를 채석장에서 조직이 다른 암층마다 (  ①  )kg 이상 채취한 석재는 암석의 인성 및 압축강도 시험을 할 필요가 있을 때 너비 (  ②  )mm 이상, 두께 (  ③  )mm 이상의 크기로 채취한다.

해답 ① 25    ② 150    ③ 100

□□□ 기11③,17②,19③,21①
## 08 콘크리트 구조물의 설계에서 보가 있거나 또는 없는 슬래브내의 휨모멘트 산정을 위한 이론적인 절차를 설계 및 시공과정의 단순화에 대한 요구, 그리고 슬래브시스템의 거동에 대한 전례들을 고려하여 직접설계법이 개발되었다. 직접설계법을 적용하기 위해 만족해야 할 사항을 예시와 같이 3가지를 쓰시오.

| 득점 | 배점 |
|---|---|
|  | 6 |

> 각 방향으로 3경간 이상이 연속되어야 한다.

① _____

② _____

③ _____

예답 ① 슬래브 판들은 단변 경간에 대한 장변 경간의 비가 2 이하인 직사각형이어야 한다.
② 각 방향으로 연속한 받침부 중심간 경간 차이는 긴 경간의 1/3 이하이어야 한다.
③ 연속한 기둥 중심선을 기준으로 기둥의 어긋남은 그 방향 경간의 10% 이하이어야 한다.
④ 모든 하중은 슬래브 판 전체에 걸쳐 등분포된 연직하중이어야 하며, 활하중은 고정하중의 2배 이하이어야 한다.

□□□ 기11①,18①,21①
## 09 콘크리트의 탄산화 시험에 대해 다음 물음에 대해 답하시오.

| 득점 | 배점 |
|---|---|
|  | 6 |

가. 콘크리트의 탄산화시험에서 온도는 ( ① )℃, 습도는 ( ② )%, 이산화 탄소량 농도( ③ )% 이다.

① _____ ② _____ ③ _____

나. 콘크리트 탄산화 깊이 판정에 사용되는 페놀프탈레인 시약을 만드는 방법을 간단히 설명하시오.

○

예답 가. ① 20℃
② 60%
③ 5%
나. 페놀프탈레인 용액은 95% 에탄올 90mL에 페놀프탈레인 분말 1g을 녹여 물을 첨가하여 100mL로 한 것이다.

10 배합강도 결정을 위한 콘크리트의 압축강도 측정결과가 다음과 같을 때 배합설계에 적용할 표준편차를 구하고 품질기준강도가 45MPa일 때 콘크리트의 배합강도를 구하시오.

득점 | 배점
--- | ---
 | 6

【압축강도 측정결과(MPa)】

| 48.5 | 40 | 45 | 50 | 48 | 42.5 | 54 | 51.5 |
|---|---|---|---|---|---|---|---|
| 52 | 40 | 42.5 | 47.5 | 46.5 | 50.5 | 46.5 | 47 |

가. 배합강도 결정에 적용할 표준편차를 구하시오.

(단, 시험 횟수가 15회일 때 표준편차의 보정계수는 1.16이고, 20회일 때는 1.08이다.)

계산 과정)

답 : _____

나. 배합강도를 구하시오

계산 과정)

답 : _____

---

해답 가. • 평균값$(\overline{X}) = \dfrac{\sum X}{n} = \dfrac{752}{16} = 47.0 \text{MPa}$

• 편차의 제곱합 $S = \sum (X_i - \overline{X})^2$

$S = (48.5 - 47)^2 + (40 - 47)^2 + (45 - 47)^2 + (50 - 47)^2 + (48 - 47)^2$
$\quad + (42.5 - 47)^2 + (54 - 47)^2 + (51.5 - 47)^2 + (52 - 47)^2 + (40 - 47)^2$
$\quad + (42.5 - 47)^2 + (47.5 - 47)^2 + (46.5 - 47)^2 + (50.5 - 47)^2$
$\quad + (46.5 - 47)^2 + (47 - 47)^2 = 262$

• 표준편차 $S = \sqrt{\dfrac{\sum (X_i - \overline{X})^2}{n-1}} = \sqrt{\dfrac{262}{16-1}} = 4.18 \text{MPa}$

• 16회의 보정계수 $= 1.16 - \dfrac{1.16 - 1.08}{20 - 15} \times (16 - 15) = 1.144$

∴ 수정 표준편차 $s = 4.18 \times 1.144 = 4.78 \text{MPa}$

나. $f_{cq} = 45\text{MPa} > 35\text{MPa}$일 때

$f_{cr} = f_{cq} + 1.34\,s = 45 + 1.34 \times 4.78 = 51.41 \text{MPa}$

$f_{cr} = 0.9 f_{cq} + 2.33\,s = 0.9 \times 45 + 2.33 \times 4.78 = 51.64 \text{MPa}$

∴ $f_{cr} = 51.64 \text{MPa}$(두 값 중 큰 값)

□□□ 기07③,12①,21①, 산11③

**11** 철근이 배치된 일반적인 구조물에서 아래 각 조건의 경우 표준적인 온도균열 지수 값의 범위를 쓰시오.

| 득점 | 배점 |
|---|---|
|  | 6 |

가. 균열발생을 방지하여야 할 경우 : _____

나. 균열발생을 제한할 경우 : _____

다. 유해한 균열발생을 제한할 경우 : _____

해답 가. 1.5 이상 　　나. 1.2∼1.5 　　다. 0.7∼1.2

# 국가기술자격 실기시험문제

## 2021년도 기사 제2회 필답형 실기시험(기사)

| 종 목 | 시험시간 | 배 점 | 성 명 | 수험번호 |
|---|---|---|---|---|
| 콘크리트기사 | 2시간 | 60 | | |

※ 수험자 인적사항 및 계산식을 포함한 답안 작성은 검은색 필기구만 사용해야 하며, 그 외 연필류, 빨간색, 청색 등 필기구로 작성한 답항은 0점 처리 됩니다.

---

□□□ 기09③,15①,21②

**01 직사각형 단순보의 균열모멘트($M_{cr}$)를 구하시오.**

(단, $b=250$mm, $h=450$mm, $d=400$mm, $A_s=2570$mm², $f_{ck}=30$MPa, $f_y=400$MPa이다.)

계산 과정)

답 : _____

득점 | 배점
| 5

해답 • 균열모멘트 $M_{cr} = \dfrac{f_r}{y_t} I_g$

$f_r = 0.63\lambda\sqrt{f_{ck}} = 0.63 \times 1 \times \sqrt{30} = 3.45\,\text{MPa}$

$I_g = \dfrac{bh^3}{12} = \dfrac{250 \times 450^3}{12} = 1898437500\,\text{mm}^4$

$y_t = \dfrac{h}{2} = \dfrac{450}{2} = 225\,\text{mm}$

$\therefore M_{cr} = \dfrac{3.45}{225} \times 1898437500$

$\qquad = 29109375\,\text{N·mm} = 29.11\,\text{kN·m}$

---

□□□ 기15③,21②,23③

**02 동해가 일어났을 때의 동결열화 보수공법 3가지를 쓰시오.**

① _____

② _____

③ _____

득점 | 배점
| 6

해답 ① 균열보수공법(표면도포공법, 주입 공법, 충전 공법)
② 단면 복구 공법
③ 표면 피복공법
④ 침투재 도포공법

□□□ 기18③,21②

03 콘크리트의 강도가 현저히 부족하다고 판단될 때, 강도 시험값이 호칭강도($f_{cn}$)가 35MPa 이하인 경우와 호칭강도($f_{cn}$)가 35MPa 초과인 경우 부족여부를 판단하기 위하여 문제된 부분에서 코어를 채취하고 채취된 코어의 시험은 KS F 2422에 따라 수행하여야 한다. 이때 몇 개의 코어를 채취하며 부족여부를 판단하는지 다음 물음에 답하시오.

| 득점 | 배점 |
| --- | --- |
|  | 6 |

가. 코어채취는 몇 개의 코어를 채취하여야 하는가?

   ○

나. ① 강도 시험값인 호칭강도($f_{cn}$)가 35MPa 이하인 경우

   ○

   ② 강도 시험값인 호칭강도($f_{cn}$)가 35MPa 초과인 경우

   ○

해설 가. 3개

나. ① $f_{cn}$보다 3.5MPa 이상 부족할 때

② $f_{cn}$보다 $0.1f_{cn}$ 이상 부족할 때

 **KEY** 시험 결과 콘크리트의 강도가 작게 나온 경우
콘크리트의 강도가 현저히 부족하다고 판단될 때, 그리고 강도에 의해 하중 저항 능력이 크게 감소되었다고 판단될 때, 문제된 부분에서 코어를 채취하고 채취된 코어의 시험은 KS F 2422에 따라 수행하여야 한다. 이 때 강도 시험값이 $f_{cn}$가 35MPa 이하인 경우 $f_{cn}$ 보다 3.5MPa 이상 부족하거나, 또는 $f_{cn}$가 35MPa 초과인 경우 $0.1f_{cn}$ 이상 부족한지 여부를 알아보기 위하여 3개의 코어를 채취하여야한다.

□□□ 21②

04 강도설계법에서 전단과 휨만을 받는 부재에 전 경량 콘크리트가 부담하는 공칭 전단강도를 구하시오. (단, $f_{ck} = 21$MPa, $b_w = 300$mm, $d = 500$mm)

| 득점 | 배점 |
| --- | --- |
|  | 5 |

계산 과정 )

답 : _____

해설 공칭전단강도

$$V_c = \frac{1}{6} \lambda \sqrt{f_{ck}} \, b_w \, d$$

• 전 경량 콘크리트의 $\lambda = 0.75$

$$\therefore V_c = \frac{1}{6} \times 0.75 \sqrt{21} \times 300 \times 500$$

$$= 85923.29 \, \text{N} = 85.92 \, \text{kN}$$

□□□ 21②
**05** D25 철근을 사용한 90°표준갈고리는 90°구부린 끝에서 최소 얼마 이상 더 연장하여야 하는가? (단, $d_b$는 철근의 공칭지름)

| 득점 | 배점 |
|---|---|
|  | 5 |

○

해답 $12d_b$

표준 갈고리

| 구분 | 철근 직경 | 구부림각 | 연장길이 |
|---|---|---|---|
| 주철근 | 직경과 무관 | 90° 갈고리 | $12d_b$ 이상 |
|  |  | 180° 갈고리 | $4d_b$ 이상<br>60mm 이상 |
| 스터럽 및<br>띠철근 | D16 이하 | 90° 갈고리 | $6d_b$ 이상 |
|  | D19, D22, D25 | 90° 갈고리 | $12d_b$ 이상 |
|  | D25 이하 | 135° 갈고리 | $6d_b$ 이상 |

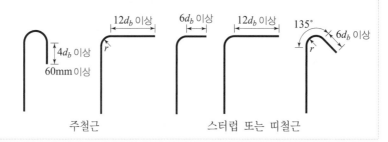

주철근                     스터럽 또는 띠철근

□□□ 21②
**06** 특수 콘크리트공법에 대해 다음 물음에 답하시오.

| 득점 | 배점 |
|---|---|
|  | 6 |

① 하루 평균기온이 25℃를 초과하는 것이 예상되는 경우 적용해야 하는 콘크리트는?

② 구조물의 부재치수는 일반적인 표준으로서 넓이가 넓은 평판구조의 경우 두께 0.8m 이상, 하단이 구속된 벽조의 경우 두께 0.5m 이상으로 다루어야 하는 콘크리트는?

③ 콘크리트의 설계기준강도는 일반적으로 40MPa 이상으로 하는 콘크리트는?

해답 ① 서중콘크리트    ② 매스콘크리트    ③ 고강도 콘크리트

□□□ 기|08③,12③,21②

**07** 모르타르 및 콘크리트의 길이변화 시험방법(KS F 2424)에 규정되어 있는 길이 변화 측정방법 3가지를 쓰시오.

| 득점 | 배점 |
|---|---|
| | 6 |

① _____ ② _____

③ _____

① 콤퍼레이터 방법 ② 콘택트 게이지 방법 ③ 다이얼 게이지 방법

□□□ 기|12①②,09②,21②

**08** 콘크리트용 잔골재 및 굵은골재의 체가름 시험을 실시하여 다음과 같은 값을 구하였다. 아래 물음에 답하시오.

| 득점 | 배점 |
|---|---|
| | 6 |

| 체 (mm) | 굵은골재 | | | 잔골재 | | |
|---|---|---|---|---|---|---|
| | 남는량(g) | 잔류율(%) | 가적 통과율(%) | 남는량(g) | 잔류율(%) | 가적 통과율(%) |
| 75 | 0 | 0 | 100 | 0 | 0 | 100 |
| 50 | 0 | 0 | 100 | 0 | 0 | 100 |
| 40 | 270 | 1.8 | 98.2 | 0 | 0 | 100 |
| 30 | 1755 | 11.7 | 86.5 | 0 | 0 | 100 |
| 25 | 2455 | 16.4 | 70.1 | 0 | 0 | 100 |
| 20 | 2270 | 15.1 | 55 | 0 | 0 | 100 |
| 15 | 4230 | 28.2 | 26.8 | 0 | 0 | 100 |
| 10 | 2370 | 15.8 | 11 | 0 | 0 | 100 |
| 5 | 1650 | 11.0 | 0 | 25 | 5 | 95 |
| 2.5 | 0 | 0 | 0 | 50 | 10 | 85 |
| 1.2 | 0 | 0 | 0 | 70 | 14 | 71 |
| 0.6 | 0 | 0 | 0 | 100 | 20 | 51 |
| 0.3 | 0 | 0 | 0 | 200 | 40 | 11 |
| 0.15 | 0 | 0 | 0 | 55 | 11 | 0 |
| 합계 | 15000 | 100 | | 500 | | |

가. 굵은 골재의 조립률(F.M)을 구하시오

계산 과정)

답 : _____

나. 잔골재의 조립률(F.M)을 구하시오

계산 과정)

답 : _____

| 체 (mm) | 굵은골재 | | | | 잔골재 | | | |
|---|---|---|---|---|---|---|---|---|
| | 남는량 (g) | 잔류율 (%) | 가적 잔류율 (%) | 가적 통과율 (%) | 남는량 (g) | 잔류율 (%) | 가적 잔류율 (%) | 가적 통과율 (%) |
| 75 | 0 | 0 | 0 | 100 | 0 | 0 | 0 | 100 |
| 50 | 0 | 0 | 0 | 100 | 0 | 0 | 0 | 100 |
| 40 | 270 | 1.8 | 1.8 | 98.2 | 0 | 0 | 0 | 100 |
| 30 | 1755 | 11.7 | 13.5 | 86.5 | 0 | 0 | 0 | 100 |
| 25 | 2455 | 16.4 | 29.9 | 70.1 | 0 | 0 | 0 | 100 |
| 20 | 2270 | 15.1 | 45.0 | 55 | 0 | 0 | 0 | 100 |
| 15 | 4230 | 28.2 | 73.2 | 26.8 | 0 | 0 | 0 | 100 |
| 10 | 2370 | 15.8 | 89.0 | 11 | 0 | 0 | 0 | 100 |
| 5 | 1650 | 11.0 | 100 | 0 | 25 | 5 | 5 | 95 |
| 2.5 | 0 | 0 | 100 | 0 | 50 | 10 | 15 | 85 |
| 1.2 | 0 | 0 | 100 | 0 | 70 | 14 | 29 | 71 |
| 0.6 | 0 | 0 | 100 | 0 | 100 | 20 | 49 | 51 |
| 0.3 | 0 | 0 | 100 | 0 | 200 | 40 | 89 | 11 |
| 0.15 | 0 | 0 | 100 | 0 | 55 | 11 | 100 | 0 |
| 합계 | 15000 | 100 | 752.4 | | 500 | | | |

가. $F.M = \dfrac{0+1.8+45+89+100 \times 6}{100} = 7.36$

나. $F.M = \dfrac{0 \times 4+5+15+29+49+89+100}{100} = 2.87$

기05③,09③,15③,21②

## 09 콘크리트의 블리딩 시험 방법(KS F 2414)에 대해 빈칸을 채우세요.

득점 배점
5

시험하는 동안 시험실의 온도는 ( ① )±3℃이고, 콘크리트를 용기에 ( ② ) ±0.3cm의 높이가 되도록 시료를 채우며, 처음 60분은 ( ③ )분 간격으로, 그 후에는 블리딩이 정지할 때 까지 ( ④ )분 간격으로 측정한다.

① 20    ② 25    ③ 10    ④ 30

KEY 콘크리트의 블리딩 시험 방법
① 시험하는 동안 실온을 20±3℃를 유지해야 한다.
② 콘크리트를 용기에 3층으로 나누어 넣고 각 층의 윗면을 고른 후 25회 씩 다진다.
③ 콘크리트의 용기에 25±0.3cm의 높이까지 채운 후, 윗부분을 흙손으로 편평하게 고르고 시간을 기록한다.
④ 처음 60분 동안 10분 간격으로, 그 후는 블리딩이 정지될 때까지 30분 간격으로 표면에 생긴 물을 빨아낸다.

□□□ 21②

득점 / 배점
10

**10** 배합설계에서 아래 표와 같은 조건일 경우 다음 물음에 답하시오.

- 내가 필요로 하는 설계기준압축강도는 재령 28일에서의 압축강도는 26MPa
- 30회 이상의 압축강도 시험으로부터 구한 표준편차는 3.5MPa
- 지금까지의 실험에서 결합재−물비(B/W)와 재령 28일 압축강도 $f_{28}$과의 관계식
  $f_{28} = -13.8 + 21.6 B/W \, (\text{MPa})$
- 단위 수량 $W = 191 \text{kg/cm}^3$
- 잔골재율(S/a) : 43%
- 시멘트 비중 : 3.15
- 잔골재 밀도 : 2.62g/cm$^3$
- 굵은 골재 밀도 : 2.65g/cm$^3$
- 갇힌 공기량 : 2%

가. 배합강도를 구하시오.

계산 과정)

답 : _____

나. 물−결합재비($W/B$)를 구하시오.

계산 과정)

답 : _____

다. 단위 시멘트량을 구하시오.

계산 과정)

답 : _____

라. 단위 잔골재량을 구하시오.

계산 과정)

답 : _____

마. 단위 굵은골재량을 구하시오.

계산 과정)

답 : _____

해답 가. $f_{ck} \leq 35$MPa일 때

$f_{cr} = f_{ck} + 1.34\,s = 26 + 1.34 \times 3.5 = 30.69\,\text{MPa}$

$f_{cr} = (f_{ck} - 3.5) + 2.33\,s = (26 - 3.5) + 2.33 \times 3.5 = 30.66\,\text{MPa}$

$\therefore f_{cr} = 30.69\,\text{MPa}$(두 값 중 큰 값)

나. $f_{28} = -13.8 + 21.6 B/W)$

$$30.69 = -13.8 + 21.6 \frac{B}{W}$$

$$\frac{B}{W} = \frac{30.69 + 13.8}{21.6} = \frac{44.49}{21.6}$$

$$\therefore \frac{W}{B} = \frac{21.6}{44.49} = 0.4855 = 48.55\%$$

다. 단위 시멘트량 $= \dfrac{191}{0.4855} = 393.41 \, \text{kg/m}^3$

라. 단위 골재의 절대 체적

$$V = 1 - \left( \frac{\text{단위수량}}{1000} + \frac{\text{단위 시멘트량}}{\text{시멘트 비중} \times 100} + \frac{\text{공기량}}{100} \right)$$

$$= 1 - \left( \frac{191}{1000} + \frac{393.41}{3.15 \times 1000} + \frac{2}{100} \right) = 0.664 \, \text{m}^3$$

$\therefore$ 단위 잔골재량 $=$ 단위골재의 절대 체적 $\times$ 잔골재율 $\times$ 잔골재의 밀도 $\times 1000$

$$= 0.664 \times 0.43 \times 2.62 \times 1000 = 748.06 \, \text{kg/m}^3$$

마. 단위 굵은 골재량 $=$ 단위 굵은골재의 절대체적 $\times$ 굵은 골재 밀도 $\times 1000$

$$= 0.664 \times (1 - 0.43) \times 2.65 \times 1000 = 1002.97 \, \text{kg/m}^3$$

# 국가기술자격 실기시험문제

2021년도 기사 제3회 필답형 실기시험(기사)

| 종 목 | 시험시간 | 배 점 | 성 명 | 수험번호 |
|---|---|---|---|---|
| 콘크리트기사 | 2시간 | 60 | | |

※ 수험자 인적사항 및 계산식을 포함한 답안 작성은 검은색 필기구만 사용해야 하며, 그 외 연필류, 빨간색, 청색 등 필기구로 작성한 답항은 0점 처리 됩니다.

---

□□□ 기09③,15①,21③

**01** 직사각형 단순보의 균열모멘트($M_{cr}$)를 구하시오. (단, $b = 300\text{mm}$, $h = 500\text{mm}$, $d = 450\text{mm}$, $A_s = 2570\text{mm}^2$, $f_{ck} = 30\text{MPa}$, $f_y = 400\text{MPa}$이다.)

계산 과정)

답 : _____

해답 · 균열모멘트 $M_{cr} = \dfrac{f_r}{y_t} I_g$

$f_r = 0.63\lambda\sqrt{f_{ck}} = 0.63 \times 1 \times \sqrt{30} = 3.45\,\text{MPa}$

$I_g = \dfrac{bh^3}{12} = \dfrac{300 \times 500^3}{12} = 3125000000\,\text{mm}^4$

$y_t = \dfrac{h}{2} = \dfrac{500}{2} = 250\,\text{mm}$

$\therefore M_{cr} = \dfrac{3.45}{250} \times 3125000000$

$\qquad = 43125000\,\text{N·mm} = 43.13\,\text{kN·m}$

$(\because \text{kN·m} = 10^6\,\text{N·mm})$

---

□□□ 기21③

**02** 콘크리트 호칭강도가 40MPa이고, 30회 이상일 때 콘크리트 압축강도 시험으로 표준편차 3.0MPa를 얻었다. 이 콘크리트의 배합강도를 구하시오.

계산 과정)

답 : _____

해답 $f_{cn} = 40\,\text{MPa} > 35\,\text{MPa}$인 경우 두 값 중 큰 값

· $f_{cr} = f_{cn} + 1.34s = 40 + 1.34 \times 3.0 = 44.02\,\text{MPa}$

· $f_{cr} = 0.9f_{cn} + 2.33s = 0.9 \times 40 + 2.33 \times 3.0 = 42.99\,\text{MPa}$

$\therefore$ 배합강도 $f_{cr} = 44.02\,\text{MPa}$

□□□ 기05①,11①,17①,21③

**03** 포틀랜드 시멘트와 골재 내의 반응성 실리카 물질이 반응하여 콘크리트 내에 팽창을 유발하는 현상을 알칼리 골재 반응이라 한다. 알칼리 골재반응에 대해 물음에 답하시오.

| 득점 | 배점 |
|---|---|
|  | 5 |

가. 알칼리 골재반응의 종류를 3가지만 쓰시오.

① _____

② _____

③ _____

나. 알칼리 골재반응의 방지대책을 재료의 기준에 대해 2가지만 쓰시오.

① _____

② _____

해답 가. ① 알칼리-실리카 반응
　　 ② 알칼리-탄산염 반응
　　 ③ 알칼리-실리게이트 반응
　 나. ① 알칼리 골재 반응에 무해한 골재 사용
　　 ② 저알칼리형의 시멘트로 0.6% 이하를 사용
　　 ③ 단위 시멘트량을 낮추어 배합설계를 할 것

□□□ 기21③

**04** 보의 폭이 200mm, 보의 높이가 450mm, 보의 유효깊이가 400mm, 압축철근량이 1600mm²인 직사각형단면의 보에서 하중에 의한 탄성처짐량이 6mm이다. 하중재하 5년 후 총 처짐량은 얼마인가?

| 득점 | 배점 |
|---|---|
|  | 5 |

계산 과정)

답 :  _____

해답 • $\lambda = \dfrac{\xi}{1+50\rho'}$

$\rho' = \dfrac{A_s'}{bd} = \dfrac{1600}{200 \times 400} = 0.02$

• 시간경과 계수 $\xi$

$\xi$ : 시간 경과 계수(5년 이상 : 2.0, 12개월 : 1.4, 6개월 : 1.2, 3개월 : 1.0)

$\therefore \lambda = \dfrac{2.0}{1+50 \times 0.02} = 1.0$ ($\because$ 5년 : $\lambda = 2.0$)

• 장기처짐=순간처짐(탄성침하)×장기처짐계수($\lambda$)
　　　　　＝6×1.0=6mm

$\therefore$ 총처짐량=순간 처짐+장기 처짐
　　　　　＝6+6=12mm

□□□ 기21③,22①

**05** 강도설계법에 대한 기본 가정 3가지를 쓰시오. (단, KDS 14 20 20(강도설계법)에 따르며 보기는 제외한다.)

득점 | 배점
--- | ---
 | 5

> 보기 : 콘크리트의 인장강도는 철근 콘크리트 휨계산에서 무시한다.

① _____

② _____

③ _____

해답 ① 콘크리트의 응력은 중립축으로부터 떨어진 거리에 비례한다.
② 철근의 응력이 설계기준항복강도 $f_y$ 이하일 때 철근의 응력은 $E_s$를 곱한 값으로 한다.
③ 콘크리트 압축연단의 극한변형률은 콘크리트의 설계기준압축강도가 40MPa 이하인 경우에는 0.0033으로 가정한다.
④ 철근의 변형률이 $f_y$에 대응하는 변형률보다 큰 경우 철근의 응력은 변형률에 관계없이 $f_y$로 하여야 한다.

□□□ 기21③

**06** 단위 골재의 절대 용적이 0.650m³인 콘크리트에서 잔골재율이 42.5%이고, 굵은골재의 표건밀도가 2.65g/cm³일 때 단위 굵은 골재량을 구하시오.

득점 | 배점
--- | ---
 | 5

계산 과정 )

답 : _____

해답 단위 굵은골재량=단위 굵은골재량의 절대 부피×굵은골재의 밀도×1000
    =0.650×(1-0.425)×2.65×1000=990.44kg/m³

□□□ 기21③,23②

**07** 포틀랜드 시멘트의 주원료 중 주성분이 많은 순서대로 쓰시오.

득점 | 배점
--- | ---
 | 5

> 주성분 : CaO, $SiO_2$, $Al_2O_3$, $Fe_2O_3$

답 : (     ) > (     ) > (     ) > (     )

| 주성분 | 무게비(%) |
|--------|-----------|
| CaO | 63 |
| $SiO_2$ | 22 |
| $Al_2O_3$ | 6 |
| $Fe_2O_3$ | 2.5 |

해답 ( CaO ) > ( $SiO_2$ ) > ( $Al_2O_3$ ) > ( $Fe_2O_3$ )

□□□ 기21③

**08** 콘크리트 중의 염화물 함유량은 콘크리트 중에 함유된 염소이온($Cl^-$)의 총량으로 표시한다. 다음과 같은 조건일 때 염화물 함유량의 한도에 대해 물음에 답하시오.

| 득점 | 배점 |
|---|---|
| | 5 |

가. 굳지 않은 콘크리트 중의 염화물 함유량은 염소이온량으로서 원칙적으로 (    ) 이하로 하여야 한다.

나. 상수도 물을 혼합수로 사용할 때 여기에 함유되어 있는 염소이온량이 불분명한 경우에는 혼합수로부터 콘크리트 중에 공급되는 염소이온량을 (    )로 가정할 수 있다.

다. 염화물 함유량이 적은 재료의 입수가 매우 곤란한 경우에는 방청에 유효한 조치를 취한 후 책임기술자의 승인을 얻어 콘크리트 중의 전 염화물 함유량의 허용 상한값을 (    )로 할 수 있다.

해답 가. $0.30 kg/m^3$　　　나. $250 mg/L$　　　다. $0.60 kg/m^3$

□□□ 기09①,21③

**09** 품질관리의 기본 4단계인 PDCA을 쓰시오.

| 득점 | 배점 |
|---|---|
| | 5 |

① _____

② _____

③ _____

④ _____

해답 ① 계획(Plan)　　② 실시(Do)　　③ 검토(Check)　　④ 조치(Action)

**KEY**　계획(Plan, P) → 실시(Do, D) → 검토(Check, C) → 조치(Action, A)

□□□ 기11①,15②③,19③,21③

**10** 콘크리트의 염화물 함유량 측정 방법을 4가지만 쓰시오.

| 득점 | 배점 |
|---|---|
| | 5 |

① _____　② _____

③ _____　④ _____

해답 ① 질산은 적정법　　② 흡광 광도법　　③ 전위차 적정법　　④ 이온 전극법

□□□ 기|08,21③

**11 중량이 790g인 습윤상태의 골재가 있다. 이 골재의 절대 건조상태의 중량은 720g이고, 흡수율이 2.5%일 때, 이 골재의 표면수율을 구하시오.**

득점 | 배점
--- | ---
 | 5

계산 과정 )

답 : _____

해답 · 흡수량 = $\dfrac{표면건조\ 포화상태 - 노건조상태}{노건조\ 상태} \times 100$

$= \dfrac{x - 720}{720} \times 100 = 2.5\,\%$

참고 SOLVE 사용  ∴ 표면건조 포화상태 중량 = 738g

· 표면 수율 = $\dfrac{습윤\ 상태 - 표면\ 건조\ 포화\ 상태}{표면\ 건조\ 포화\ 상태} \times 100$

$= \dfrac{790 - 738}{738} \times 100 = 7.05\,\%$

□□□ 기|21③

**12 콘크리트의 슬럼프 시험(KS F 2402)에 대한 다음 물음에 답하시오.**

득점 | 배점
--- | ---
 | 5

가. 슬럼프 시험용 기구인 슬럼프 콘의 윗면의 안지름은 ( ① ), 밑면의 안지름은 ( ② ), 높이는 ( ③ )이다.

나. 슬럼프 콘에는 시험 시 시료를 거의 같은 양의 ( ④ )층으로 나누어 채우고, 각 층은 다짐봉으로 고르게 한 후 ( ⑤ )회 똑 같이 다진다.

해답 ① 100mm    ② 200mm    ③ 300mm    ④ 3층    ⑤ 25회

2022년도 기사 제1회 필답형 실기시험(기사)

| 종 목 | 시험시간 | 배 점 | 성 명 | 수험번호 |
|---|---|---|---|---|
| 콘크리트기사 | 2시간 | 60 | | |

※ 수험자 인적사항 및 계산식을 포함한 답안 작성은 검은색 필기구만 사용해야 하며, 그 외 연필류, 빨간색, 청색 등 필기구로 작성한 답항은 0점 처리 됩니다.

□□□ 기08③,14③,22① 산12①

**01** 휨모멘트와 축력을 받는 철근 콘크리트 부재에 강도설계법을 적용하기 위한 기본 가정을 아래 표의 예시와 같이 3가지만 쓰시오.

득점 / 배점
5

> [예시] 콘크리트의 인장강도는 KDS 14 20 60(4.21)의 규정에 해당하는 경우를 제외하고는 철근콘크리트 부재 단면의 축강도와 휨(인장)강도 계산에서 무시할 수 있다.

① _____  ② _____

③ _____

해답 ① 철근 및 콘크리트의 변형률은 중립축으로부터의 거리에 비례한다.
② 휨모멘트 또는 휨모멘트와 축력을 동시에 받는 부재의 콘크리트 압축연단의 극한변형률은 콘크리트의 설계기준압축강도가 40MPa 이하인 경우에는 0.0033으로 가정한다.
③ 철근의 응력이 설계기준항복강도 $f_y$ 이하일 때 철근의 응력은 $E_s$를 곱한 값으로 한다.
④ 철근의 변형률이 $f_y$에 대응하는 변형률보다 큰 경우 철근의 응력은 변형률에 관계없이 $f_y$로 하여야 한다.

□□□ 기14①,17②,19③,22①,23②

**02** 경화된 콘크리트 면에 장비를 이용하여 타격에너지를 가하여 콘크리트 면의 반발경도를 측정하고 반발경도와 콘크리트 압축강도와의 관계를 이용하여 압축강도를 추정하는 비파괴시험 반발경도법 4가지는 무엇인가 쓰시오.

득점 / 배점
5

① _____  ② _____

③ _____  ④ _____

해답 ① 슈미트 해머법    ② 낙하식 해머법
③ 스프링 해머법    ④ 회전식 해머법

□□□ 기11①,17①,22①

**03** 아래 그림과 같은 단철근 직사각형보에서 설계 휨 강도($\phi M_n$)를 구하시오. (단, $f_{ck}$=21MPa, $f_y$=400MPa이다.)

| 득점 | 배점 |
|---|---|
| | 5 |

계산 과정)

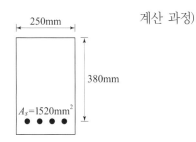

답 : _____

해답 $M_d = \phi M_n = \phi(A_s f_y)\left(d - \dfrac{a}{2}\right)$

• $f_{ck} = 21\text{MPa} \leq 40\text{MPa}$이면 $\beta_1 = 0.80$, $\eta = 1.0$

• $a = \dfrac{A_s f_y}{\eta(0.85 f_{ck})b} = \dfrac{1520 \times 400}{1 \times 0.85 \times 21 \times 250} = 136.25\text{mm}$

∴ $c = \dfrac{a}{\beta_1} = \dfrac{136.25}{0.80} = 170.31\,\text{mm}$

• $\epsilon_t = \dfrac{0.0033(d-c)}{c} = \dfrac{0.0033(380-170.31)}{170.31} = 0.004 < 0.005$

■ $\phi = 0.65 + (\epsilon_t - 0.002)\dfrac{200}{3}$

$= 0.65 + (0.004 - 0.002)\dfrac{200}{3} = 0.783$

∴ $\phi M_n = 0.783 \times 1520 \times 400\left(380 - \dfrac{136.25}{2}\right)$

$= 148472460\,\text{N} \cdot \text{mm} = 148.47\,\text{kN} \cdot \text{m}$

($\because 1\text{kN} \cdot \text{m} = 10^6 \text{N} \cdot \text{mm}$)

□□□ 기11③,15②,22①

**04** 섬유보강 콘크리트에서 사용되는 보강용 섬유의 종류 4가지만 쓰시오.

| 득점 | 배점 |
|---|---|
| | 5 |

① _____     ② _____

③ _____     ④ _____

해답 ① 강섬유          ② 유리 섬유          ③ 탄소 섬유
④ 아라미드 섬유     ⑤ 폴리프로필렌 섬유     ⑥ 비닐론 섬유
⑦ 나일론

 KEY ■ 시멘트계 복합재료용 섬유
• 무기계 섬유 : 강섬유, 유리 섬유, 탄소 섬유
• 유기계 섬유 : 아라미드 섬유, 폴리프로필렌 섬유, 비닐론 섬유, 나일론

□□□ 기22①

**05** 한국산업규격(KS)에 규정되어 있는 시멘트의 종류에 대해 다음 물음에 답하시오.

득점 배점
5

가. 포틀랜드 시멘트의 종류를 3가지만 쓰시오.

① _____  ② _____  ③ _____

나. 혼합시멘트의 종류 2가지만 쓰시오.

① _____  ② _____

해답 가. ① 중용열포틀랜드 시멘트
② 조강포틀랜드 시멘트
③ 저열포틀랜드 시멘트
④ 내황산염포틀랜드 시멘트
나. ① 고로슬래그 시멘트
② 포틀랜드포졸란 시멘트
③ 플라이애시 시멘트

□□□ 기10③,11③,17①②,22①

**06** 콘크리트의 호칭강도($f_{cn}$)가 30MPa이고, 23회의 콘크리트 압축강도 시험으로 표준편차 2.5MPa을 얻었다. 이 콘크리트의 배합강도를 구하시오.

득점 배점
5

【시험 횟수가 29회 이하일 때 표준편차의 보정 계수】

| 시험 횟수 | 표준편차의 보정 계수 |
|---|---|
| 15 | 1.16 |
| 20 | 1.08 |
| 25 | 1.03 |
| 30 또는 그 이상 | 1.00 |

계산 과정)

답 : _____

해답 • 시험횟수 23회일 때 표준편차

직선보간 표준편차 $2.5 \times \left(1.08 - \dfrac{1.08-1.03}{25-20} \times (23-20)\right) = 2.63\,\mathrm{MPa}$

• $f_{cn} \leq 35\,\mathrm{MPa}$일 때
• $f_{cr} = f_{cn} + 1.34\,s\,(\mathrm{MPa}) = 30 + 1.34 \times 2.63 = 33.52\,\mathrm{MPa}$
• $f_{cr} = (f_{cn} - 3.5) + 2.33\,s\,(\mathrm{MPa}) = (30-3.5) + 2.33 \times 2.63 = 32.63\,\mathrm{MPa}$
∴ 배합강도 $f_{cr} = 33.52\,\mathrm{MPa}$(두 값 중 큰 값)

□□□ 기22①

07 콘크리트의 탄성계수는 압축강도와 일정한 상관관계가 있는 것으로 알려져 있다. 따라서 콘크리트의 압축강도가 다음과 같을 때 탄성계수를 구하시오. (단, 보통중량골재를 사용한 콘크리트로서 단위질량은 $m_c = 2300 \mathrm{kg/m^3}$이다.)

가. 콘크리트의 압축강도가 $f_{ck} = 35 \mathrm{MPa}$일 때 탄성계수를 구하시오.

계산 과정 )

답 : _____

나. 콘크리트의 압축강도가 $f_{ck} = 55 \mathrm{MPa}$일 때 탄성계수를 구하시오.

계산 과정 )

답 : _____

해설 가. 콘크리트의 탄성계수 $E_c = 8500 \sqrt[3]{f_{cu}}$
- $f_{cu} = f_{ck} + \Delta f = 35 + 4 = 39 \mathrm{MPa}$
 ($\because \Delta f$는 $f_{ck}$가 40MPa 이하면 4MPa이다.)
  $\therefore E_c = 8500 \sqrt[3]{39} = 28825.30 \mathrm{MPa}$

나. • $f_{cu} = f_{ck} + \Delta f = 35 + 4 = 39 \mathrm{MPa}$
- $\Delta f$는 $f_{ck}$가 55MPa 이하면 직선보간으로 구한다.)
- $(60 - 40) : (6 - 4) = (55 - 40) : (\Delta f - 4)$
  $\Delta f = \dfrac{55 - 40}{60 - 40} \times (6 - 4) + 4 = 5.5 \mathrm{MPa}$
- $f_{cu} = f_{ck} + \Delta f = 55 + 5.5 = 60.5 \mathrm{MPa}$
  $\therefore E_c = 8500 \sqrt[3]{60.5} = 33368.55 \mathrm{MPa}$

□□□ 기22①

08 압축강도에 의한 콘크리트의 품질검사를 하는 경우 판단기준을 2가지씩 쓰시오.

가. 판단기준 $f_{cn} \leq 35 \mathrm{MPa}$일 때

① _____  ② _____

나. 판단기준 $f_{cn} > 35 \mathrm{MPa}$일 때

① _____  ② _____

해설 가. ① 연속 3회 시험값의 평균이 호칭강도 이상
    ② 1회 시험값이 $(f_{cn} - 3.5 \mathrm{MPa})$ 이상
나. ① 연속 3회 시험값의 평균이 호칭강도 이상
    ② 1회 시험값이 호칭강도의 90% 이상

□□□ 기22①

09 양단이 고정되어 있는 철근 콘크리트 단주에 온도변화가 15℃에서 35℃로 변화할 때 철근과 콘크리트에 발생되는 온도응력을 구하시오.
(단, 철근의 탄성계수는 $E_s = 2.0 \times 10^5 \text{MPa}$, 콘크리트의 탄성계수 $E_c = 2.4 \times 10^4 \text{MPa}$, 철근콘크리트의 선팽창계수는 $1.2 \times 10^{-5}/\text{℃}$)

<table>
<tr><td>득점</td><td>배점</td></tr>
<tr><td></td><td>5</td></tr>
</table>

가. 철근에 발생하는 온도응력을 구하시오.

계산 과정 )

답 : _____

나. 콘크리트에 발생하는 온도응력을 구하시오.

계산 과정 )

답 : _____

해답 가. $\sigma_s = E_s \cdot \alpha \cdot t$
$= 2.0 \times 10^5 \times 1.2 \times 10^{-5} \times (35 - 15)$
$= 48.00\,\text{MPa}$
나. $\sigma_c = E_c \cdot \alpha \cdot t$
$= 2.4 \times 10^4 \times 1.2 \times 10^{-5} \times (35 - 15)$
$= 5.76\,\text{MPa}$

□□□ 기22①

10 KS F 2421에 규정되어 있는 압력법에 의한 굳지 않은 콘크리트의 공기량 시험에 대한 다음 물음에 답하시오.

<table>
<tr><td>득점</td><td>배점</td></tr>
<tr><td></td><td>5</td></tr>
</table>

가. 압력법에 의한 공기량 시험법을 간단히 설명하시오.

○

나. 콘크리트 부피에 대한 겉보기 공기량이 5.6%이고 골재의 수정계수가 2.0일 때 콘크리트의 공기량을 구하시오.

계산 과정 )

답 : _____

해답 가. 워싱턴형 공기량 측정기를 사용하며, 보일(Boyle)의 법칙에 의하여 공기실에 일정한 압력을 콘크리트에 주었을 때 공기량으로 인하여 압력이 저하하는 것으로부터 공기량을 구하는 것이다.
나. $A = A_1 - G = 5.6 - 2.0 = 3.6\%$

□□□ 기22①

11 시멘트의 밀도가 $3.15g/cm^3$, 잔골재의 밀도가 $2.62g/cm^3$, 굵은 골재의 밀도가 $2.67g/cm^3$인 재료를 사용하여 물-시멘트비 55%, 단위수량 165kg, 단위 잔골재량 780kg인 배합을 실시하였다. 이 콘크리트 $1m^3$의 질량을 측정한 결과가 2290kg일 경우 이 콘크리트의 잔골재율을 구하시오.

득점 | 배점
--- | ---
 | 5

계산 과정 )

답 : _____

해답 잔골재율 $S/a = \dfrac{V_s}{V_s + V_g} \times 100$

· $\dfrac{W}{C} = 55\%$에서 $C = \dfrac{165}{0.55} = 300\,\mathrm{kg/m^3}$

· 단위 굵은 골재량 $G$ = 콘크리트의 단위중량-(단위 수량+단위시멘트량+단위 잔골재량)
$$= 2290 - (165 + 300 + 780) = 1045\,\mathrm{kg/m^3}$$

· 단위 굵은 골재량의 절대부피
$$V_g = \frac{단위\ 굵은\ 골재량}{굵은\ 골재의\ 밀도 \times 1000} = \frac{1045}{2.67 \times 1000} = 0.391\,\mathrm{m^3}$$

· 단위 잔골재량의 절대부피
$$V_s = \frac{단위\ 잔골재량}{잔골재의\ 밀도 \times 1000} = \frac{780}{2.62 \times 1000} = 0.298\,\mathrm{m^3}$$

∴ $S/a = \dfrac{0.298}{0.298 + 0.391} \times 100 = 43.25\%$

□□□ 기18③,22① 산09③,20③

12 지름 100mm, 높이 200mm인 원주형 공시체를 사용하여 쪼갬인장강도시험을 하여 시험기에 나타난 최대 하중 $P = 165kN$이었다. 이 콘크리트의 쪼갬인장강도를 구하시오.

득점 | 배점
--- | ---
 | 5

해답 $f_{sp} = \dfrac{2P}{\pi\,dl} = \dfrac{2 \times 165 \times 10^3}{\pi \times 100 \times 200} = 5.25\,\mathrm{N/mm^2} = 5.25\,\mathrm{MPa}$

# 국가기술자격 실기시험문제

## 2022년도 기사 제2회 필답형 실기시험(기사)

| 종 목 | 시험시간 | 배 점 | 성 명 | 수험번호 |
|---|---|---|---|---|
| 콘크리트기사 | 2시간 | 60 | | |

※ 수험자 인적사항 및 계산식을 포함한 답안 작성은 검은색 필기구만 사용해야 하며, 그 외 연필류, 빨간색, 청색 등 필기구로 작성한 답항은 0점 처리 됩니다.

□□□ 기19②,22②

**01** 다음은 콘크리트 벽체 설계기준에 대한 벽체의 최소 두께와 철근의 간격에 대한 내용이다. ( ) 안에 알맞은 기준을 쓰시오.

| 득점 | 배점 |
|---|---|
| | 5 |

가. 벽체의 두께는 수직 또는 수평 받침점 간 거리 중에서 작은 값의 ( ① ) 이상이어야 하고 또한 ( ② )mm 이상이어야 한다.

나. 지하실 외벽 및 기초 벽체의 두께는 ( ③ )mm 이상으로 하여야 한다.

다. 수직 및 수평철근의 간격은 벽 두께의 ( ④ )배 이하, 또한 ( ⑤ )mm 이하로 하여야 한다.

① _____    ② _____

③ _____    ④ _____

⑤ _____

정답 ① 1/25    ② 100    ③ 200    ④ 3    ⑤ 450

□□□ 기22②

**02** 시멘트의 저장 방법 3가지만 쓰시오.

| 득점 | 배점 |
|---|---|
| | 5 |

① _____

② _____

③ _____

정답 ① 지상에서 0.30m 이상 높은 마루에 저장한다.
② 습기가 차단되도록 방습이 되는 창고에 저장한다.
③ 시멘트를 쌓아 올리는 높이는 13포대 이하로 하는 것이 바람직하다.
④ 시멘트를 저장하는 사일로는 시멘트가 바닥에 쌓여서 나오지 않는 부분이 생기지 않도록 한다.

□□□ 기13①,22②

03 콘크리트 압축강도 시험을 실시한 결과 다음 5개의 강도 데이터를 얻었다. 표준편차를 구하시오. (불편분사의 경우이며, 소수 셋째자리에서 반올림하시오.)

| 득점 | 배점 |
|---|---|
| | 5 |

【압축 강도 측정 결과】

| 측정 횟수 | 1회 | 2회 | 3회 | 4회 | 5회 |
|---|---|---|---|---|---|
| 압축 강도(MPa) | 32 | 32 | 33 | 30 | 27 |

계산 과정)

답 : _____

해답
- 평균값 $\bar{x} = \dfrac{32+32+33+30+27}{5} = 30.8\,\mathrm{MPa}$

- 편차의 제곱합

$S = (32-30.8)^2 + (32-30.8)^2 + (33-30.8)^2 + (30-30.8) + (27-30.8)^2$

$\quad = 22.80\,\mathrm{MPa}$

$\therefore$ 표준편차 $s = \sqrt{\dfrac{S}{n-1}} = \sqrt{\dfrac{22.80}{5-1}} = 2.39\,\mathrm{MPa}$

□□□ 기07③,13③,22②

04 다음 성과표는 굵은골재의 밀도 및 흡수율 시험을 15℃에서 실시한 결과이다. 이 결과를 보고 아래 물음에 답하시오.

| 득점 | 배점 |
|---|---|
| | 5 |

| 공기중 절대건조상태의 시료질량(A) | 1000g |
|---|---|
| 표면건조포화상태의 시료질량(B) | 1040g |
| 물 속에서의 시료질량(C) | 657g |
| 15℃에서의 물의 밀도 | 0.9991g/cm$^3$ |

가. 절대건조상태의 밀도를 구하시오.

계산 과정)

답 : _____

나. 흡수율을 구하시오.

계산 과정)

답 : _____

해답 가. $D_s = \dfrac{A}{B-C} \times \rho_w = \dfrac{1000}{1040-657} \times 0.9991 = 2.61\,\mathrm{g/cm}^3$

나. $Q = \dfrac{B-A}{A} \times 100 = \dfrac{1040-1000}{1000} \times 100 = 4\%$

□□□ 기09①,11③,14①,22②

**05 철근콘크리트 부재의 해석과 설계 원칙에 대한 아래의 물음에 답하시오.**

득점 | 배점
--- | ---
 | 5

가. 철근콘크리트 부재에서 부재의 설계강도란 공칭강도에 1.0보다 작은 강도감소 계수 $\phi$를 곱한 값을 말한다. 이러한 강도감소계수를 사용하는 이유를 2가지만 쓰시오.

① _____  ② _____

나. 철근콘크리트 구조물을 설계할 때 하중계수와 하중조합을 모두 고려하여 구조물에 작용하는 최대 소요강도($U$)를 구하여야 하는데 그 이유를 간단히 쓰시오.

○

해답 가. ① 부정확한 설계 방정식에 대비한 이유
　　② 주어진 하중조건에 대한 부재의 연성도와 소요 신뢰도
　　③ 구조물에서 차지하는 부재의 중요도 등을 반영하기 위해서
　　④ 재료강도와 치수가 변동할 수 있으므로 부재의 강도 저하 확률에 대비한 이유
　나. 하중의 변경, 구조 해석할 때의 가정 및 계산의 단순화로 인해 야기될지 모르는 초과하중의 영향에 대비한 것이며, 하중조합에 따른 영향도 대비한 것이다.

□□□ 기 10①,15②, 산04③,09③

**06 굳은 콘크리트에 함유된 염화물 함유량 측정 방법을 3가지만 쓰시오.**

득점 | 배점
--- | ---
 | 5

① _____  ② _____

③ _____

해답 ① 질산은 적정법　② 흡광 광도법　③ 전위차 적정법　④ 이온 전극법

□□□ 13③,19②,22②

**07 동결융해에 대한 콘크리트의 상대동탄성계수를 구하시오.**

득점 | 배점
--- | ---
 | 5

- 1차변형 공명진동수 : 2900Hz
- 동결융해 300싸이클 후의 1차 변형 공명진동수 : 2500Hz

계산 과정)

답 : _____

해답 $P_c = \left(\dfrac{n1}{n}\right)^2 \times 100 = \left(\dfrac{2500}{2900}\right)^2 \times 100 = 74.32\%$

□□□ 기05①,09③,11①,14②,15①,16③,17③ 산08③,10③,12③,22②

**08** 초음파전달속도법을 이용한 비파괴 검사 방법에 대해 물음에 답하시오.

득점 배점
5

가. 초음파 속도법의 원리에 대해 간단히 설명하시오.

○

나. 콘크리트 균열 깊이를 평가할 수 있는 초음파속도법의 평가 방법 4가지를 쓰시오.

① _____  ② _____

③ _____  ④ _____

해답 가. 송신 탐촉자로부터 발생된 초음파가 발생된 균열을 따라 수신 탐촉자까지 도달된
시간을 측정하여 콘크리트의 깊이를 측정하는 원리

나. ① T법　　　　　　② $T_c - T_o$ 법
③ BS법　　　　　　④ 레슬리법
⑤ R–S법

□□□ 기10③,11③,17①②,22②

**09** 콘크리트의 호칭강도가 42MPa이고, 20회의 콘크리트 압축강도 시험으로 표
준편차 4.5MPa을 얻었다. 이 콘크리트의 배합강도에 대해 물음에 답하시오.

득점 배점
5

가. 이 콘크리트의 배합강도 공식을 쓰시오.

○

나. 이 콘크리트의 배합강도를 구하시오.

계산 과정)

답 : _____

해답 가. $f_{cn} = 42\,\text{MPa} > 35\,\text{MPa}$ 인 경우 두 값 중 큰 값
　• $f_{cr} = f_{cn} + 1.34s$
　• $f_{cr} = 0.9f_{cn} + 2.33s$

나. ■ 표준표차 $s = 4.5\text{MPa}$

【시험횟수가 29회 이하일 때 표준편차의 보정계수】

| 시험횟수 | 표준편차의 보정계수 |
|---|---|
| 15 | 1.16 |
| 20 | 1.08 |
| 25 | 1.03 |
| 30 이상 | 1.00 |

• 직선보간 표준편차 $= 4.5 \times 1.08 = 4.86\,\text{MPa}$

■ $f_{cn} = 42\,\text{MPa} > 35\,\text{MPa}$인 경우

• $f_{cr} = f_{cn} + 1.34s = 42 + 1.34 \times 4.86 = 48.51\,\text{MPa}$

• $f_{cr} = 0.9f_{cn} + 2.33s = 0.9 \times 42 + 2.33 \times 4.86 = 49.12\,\text{MPa}$

∴ 배합강도 $f_{cr} = 49.12\,\text{MPa}$(두 값 중 큰 값)

□□□ 기05③,12①,16②, 산06③,07③,22②

**10** 콘크리트의 컨시스턴시를 구하는 측정 방법을 4가지만 쓰시오.

① _____

② _____

③ _____

④ _____

해답 ① 슬럼프 시험

② 구관입 시험(케리볼 시험)

③ 비비 시험(진동대에 의한 반죽 질기 시험)

④ 리몰딩 시험

⑤ 다짐 계수 시험

□□□ 기22②

**11** 단면이 600mm×600mm인 사각형이고, 종방향철근의 전체단면적($A_{st}$)이 4500mm²인 중심축하중을 받는 띠철근 단주의 설계축하중강도($\phi P_n$)는? (단, $f_{ck} = 24\text{MPa}$, $f_y = 400\text{MPa}$이고, 압축지배단면이다.)

계산 과정)

답 : _____

해답 ■ $\phi P_n = \alpha\phi[0.85f_{ck}(A_g - A_{st}) + f_y \cdot A_{st}]$

• $A_g = 600 \times 600 = 360000\,\text{mm}^2$

∴ $\phi P_n = 0.80 \times 0.65[0.85 \times 24(360000 - 4500) + 400 \times 4500]$

$= 4707144\,\text{N} = 4707\,\text{kN}$

| 분류 | 보정계수 $\alpha$ | 강도감소계수 $\phi$ |
|---|---|---|
| 나선철근 | 0.85 | 0.70 |
| 띠철근 | 0.80 | 0.65 |

□□□ 기22②

12 콘크리트의 시방 배합 결과 단위 시멘트량 320kg, 단위수량 165kg, 단위잔골재량 689.9kg, 단위굵은 골재량 1105.9kg이었다. 현장배합을 위한 검사 결과 잔골재 속의 5mm체에 남은 양 1%, 굵은골재 속의 5mm체를 통과하는 양 4%일 때 현장 배합량의 단위 잔골재량을 구하시오. (단, 표면수의 보정은 생략한다.)

| 득점 | 배점 |
|---|---|
|  | 5 |

계산 과정)

답 : _____

[해답] 입도에 의한 조정

$S = 705.4\text{kg}, \quad G = 1105.9\,\text{kg/m}^3, \quad a = 1\%, \quad b = 4\%$

$X = \dfrac{100S - b(S+G)}{100 - (a+b)} = \dfrac{100 \times 689.9 - 4(689.9 + 1105.9)}{100 - (1+4)}$

$\qquad = 650.60\,\text{kg/m}^3$

# 국가기술자격 실기시험문제

2022년도 기사 제3회 필답형 실기시험(기사)

| 종 목 | 시험시간 | 배 점 | 성 명 | 수험번호 |
|---|---|---|---|---|
| 콘크리트기사 | 2시간 | 60 | | |

※ 수험자 인적사항 및 계산식을 포함한 답안 작성은 검은색 필기구만 사용해야 하며, 그 외 연필류, 빨간색, 청색 등 필기구로 작성한 답항은 0점 처리 됩니다.

---

□□□ 기09③,15①,21③,22③

**01** 직사각형 단순보의 균열모멘트($M_{cr}$)를 구하시오. (단, $b = 250$mm, $h = 450$mm, $d = 400$mm, $A_s = 2570$mm², $f_{ck} = 30$MPa, $f_y = 400$MPa이다.)

| 득점 | 배점 |
|---|---|
| | 5 |

계산 과정 )

답 : _____

 ■ 균열모멘트 $M_{cr} = \dfrac{f_r}{y_t} I_g$

$f_r = 0.63\lambda\sqrt{f_{ck}} = 0.63 \times 1 \times \sqrt{30} = 3.45\,\text{MPa}$

$I_g = \dfrac{bh^3}{12} = \dfrac{250 \times 450^3}{12} = 1898437500\,\text{mm}^4$

$y_t = \dfrac{h}{2} = \dfrac{450}{2} = 225\,\text{mm}$

$\therefore\ M_{cr} = \dfrac{3.45}{225} \times 1898437500 = 29109375\,\text{N}\cdot\text{mm} = 29.11\,\text{kN}\cdot\text{m}$

---

□□□ 기09①,16①,19②,22③

**02** 계수 전단력 $V_u = 60$kN을 최소 전단철근없이 견딜 수 있는 철근 콘크리트 직사각형보를 설계하고자 할 때 유효깊이 $d$의 최소값을 구하시오.
(단, $f_{ck} = 28$MPa, 단면의 폭 $b_w = 350$mm, $f_y = 400$MPa이다.)

| 득점 | 배점 |
|---|---|
| | 5 |

계산과정)

답 : _____

 콘크리트가 부담하는 전단 강도

$V_u \le \dfrac{1}{2}\phi V_c$

$V_u \le \dfrac{1}{2}\phi\dfrac{1}{6}\lambda\sqrt{f_{ck}}\,b_w\,d$

$60 \times 10^3 \le \dfrac{1}{2} \times 0.75 \times \dfrac{1}{6} \times 1 \times \sqrt{28} \times 350 \times d$   $\therefore$ 유효 깊이 $d = 518.36$mm

기09③,12③,15②,22③

03 고정하중(자중 포함) 15.7kN/m, 활하중 47.6kN/m를 받는 그림과 같은 직사각형 단철근보가 있다. 아래 물음에 답하시오. (단, 인장 철근량 $A_s=6360mm^2$, $f_{ck}=21MPa$)

| 득점 | 배점 |
|---|---|
|  | 5 |

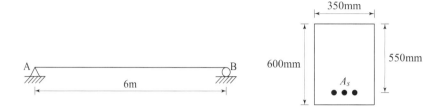

가. 위험 단면에서의 계수 전단력($V_u$)을 구하시오. (단, 작용하는 하중은 하중계수 및 하중조합을 사용하여 계수하중을 적용한다.)

계산 과정 )

답 : _____

나. 지점 A점을 기준으로 전단 철근을 배치해야 할 구간의 길이를 구하시오.

계산 과정 )

답 : _____

---

해답 가. 계수하중

$$w = 1.6w_l + 1.2w_d$$
$$= 1.6 \times 47.6 + 1.2 \times 15.7 = 95\,kN/m$$

∴ 계수전단력 $V_u = R_A - w \cdot d$

$$= \frac{w \cdot l}{2} - w \cdot d = \frac{95 \times 6}{2} - 95 \times 0.55 = 232.75kN$$

나. 콘크리트가 부담하는 콘크리트의 설계전단강도

$$V_n = \phi \frac{1}{6} \lambda \sqrt{f_{ck}}\, b_w\, d$$
$$= 0.75 \times \frac{1}{6} \times 1 \times \sqrt{21} \times 350 \times 550$$
$$= 110268N = 110.27kN$$

전단철근 배치구간($x$)

$$3 : x = 285 : (285 - 110.27)$$
$$x = \frac{(285 - 110.27) \times 3}{285} = 1.84m$$

$$(\because S_A = R_A = \frac{95 \times 6}{2} = 285kN)$$

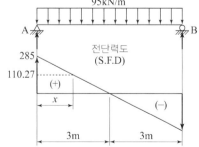

□□□ 기08③,13③,20①,22③

**04** 콘크리트의 알칼리 골재반응 중 알칼리-실리카반응을 일으킨 콘크리트에 발생하는 현상을 3가지만 쓰시오.

| 득점 | 배점 |
|---|---|
| | 5 |

① _____  ② _____

③ _____

해답 ① 이상팽창을 일으킨다.
② 표면에 불규칙한 거북등 모양의 균열이 발생한다.
③ 알칼리실리카겔(백색)이 표면으로 흘러나오기도 하고 균열 및 공극에 충전되기도 한다.
④ 골재입자가 주변에 흑색의 육안으로 관찰할 수 있는 반응 테두리가 생성된다.

□□□ 기16②,22③

**05** 콘크리트 시공 시 염해방지대책 4가지를 쓰시오.

| 득점 | 배점 |
|---|---|
| | 5 |

① _____  ② _____

③ _____  ④ _____

해답 ① 콘크리트 표면을 코팅   ② 피복두께 유지
③ 밀실 다짐   ④ 양생철저

□□□ 기10①,14②,22③

**06** 시멘트 비중시험과 관련된 물음에 답하시오.

| 득점 | 배점 |
|---|---|
| | 5 |

가. 시험용으로 사용하는 광유의 품질기준을 쓰시오.

○

나. 르샤틀리에 플라스크에 광유를 넣었을 때의 눈금이 0.4mL, 시멘트 64g를 넣은 경우의 눈금이 20.9mL이였다. 이 시멘트의 비중을 구하시오.

계산 과정)

답 : _____

해답 가. 온도 $23\pm2$℃에서 비중이 약 0.73 이상인 완전히 탈수된 등유나 나프타를 사용한다.
나. 시멘트 비중 $= \dfrac{시멘트의\ 무게(g)}{비중병의\ 눈금차(mL)} = \dfrac{64}{20.9-0.4} = 3.12$

□□□ 기22③

**07** 잔골재 체가름 시험을 한 결과 각 체의 잔류량은 다음과 같다. 잔골재의 조립률을 구하시오.(단, 10mm 이상체의 잔량은 0이다.)

| 득점 | 배점 |
|---|---|
| | 5 |

| 체의 크기(mm) | 10 | 5 | 2.5 | 1.2 | 0.6 | 0.3 | 0.15 | PAN |
|---|---|---|---|---|---|---|---|---|
| 각 체의 잔유량(g) | 0 | 12 | 110 | 236 | 295 | 262 | 85 | 0 |
| 각 체의 잔유율(%) | | | | | | | | |
| 가적 잔유율(%) | | | | | | | | |

가. 빈칸을 채우시오.

나. 조립률을 구하시오.

계산 과정 )

답 : _____

| 체의 크기(mm) | 10 | 5 | 2.5 | 1.2 | 0.6 | 0.3 | 0.15 | PAN |
|---|---|---|---|---|---|---|---|---|
| 잔유량(g) | 0 | 12 | 110 | 236 | 295 | 262 | 85 | 0 |
| 잔유율(%) | 0 | 1.2 | 11.0 | 23.6 | 29.5 | 26.2 | 8.5 | 0 |
| 가적 잔유율(%) | 0 | 1.2 | 12.2 | 35.8 | 65.3 | 91.5 | 100 | 100 |

$$\therefore \ 조립률 = \frac{\sum 각체에 \ 남는 \ 잔류율의 \ 누계}{100}$$

$$= \frac{0 \times 4 + 1.2 + 12.2 + 35.8 + 65.3 + 91.5 + 100}{100} = \frac{306}{100} = 3.06$$

□□□ 22③

**08** 콘크리트의 품질관리 중 계수형 관리도에 대해 답하시오.

| 득점 | 배점 |
|---|---|
| | 5 |

가. 계수형 관리도의 종류 3가지를 쓰시오.

①  ②  ③ _____

나. 범위를 벗어나는 경우 나타나는 것을 1가지만 쓰시오.

○

가. ① $P_n$관리도 ② $P$관리도
③ $C$관리도 ④ $u$관리도
나. 점이 관리한계를 벗어난다.

□□□ 기09③,13③,15①,20②,22③

득점 | 배점
5

09 다음과 같은 조건에서 배합설계표에 의해 콘크리트를 배합하는 데 필요한 단위 수량, 단위 잔골재량, 단위 굵은 골재량을 구하시오.

---

- 잔골재율($S/a$) : 41%
- 시멘트 밀도 : $3.15\text{g/cm}^3$
- 잔골재의 표건 밀도 : $2.59\text{g/cm}^3$
- 공기량 : 4.5%
- 단위 시멘트량 : $500\text{kg/m}^3$
- 물-시멘트비($W/C$) : 50%
- 굵은 골재의 표건 밀도 : $2.63\text{g/cm}^3$

---

계산 과정 )

[답] ① 단위 수량 : _____

② 단위 잔골재량 : _____

③ 단위 굵은 골재량 : _____

---

해답 ① 물-시멘트비 $\dfrac{W}{C} = 50\%$에서

∴ 단위 수량 $W = 0.50 \times 500 = 250\,\text{kg}$

② 단위 골재의 절대 체적

$$V_a = 1 - \left( \frac{\text{단위 수량}}{1000} + \frac{\text{단위 시멘트량}}{\text{시멘트 밀도} \times 1000} + \frac{\text{공기량}}{100} \right)$$

$$= 1 - \left( \frac{250}{1000} + \frac{500}{3.15 \times 1000} + \frac{4.5}{100} \right) = 0.5463\,\text{m}^3$$

③ 단위 잔골 재량 = 단위 잔골재의 절대 체적 × 잔골재 밀도 × 1000

$$= (0.5463 \times 0.41) \times 2.59 \times 1000 = 580.12\text{kg/m}^3$$

④ 단위 굵은 골재량 = 단위 굵은 골재의 절대체적 × 굵은 골재 밀도 × 1000

$$= 0.5463 \times (1 - 0.41) \times 2.63 \times 1000 = 847.69\text{kg/m}^3$$

---

□□□ 22③

득점 | 배점
5

10 콘크리트 시공 시 콘크리트의 현장 내 운반에 대해 물음에 답하시오.

가. 콘크리트의 현장 내 운반 장비 3가지를 쓰시오.

① _____ ② _____ ③ _____

나. 콘크리트 운반 시 특히 주의할 사항 1가지를 쓰시오.

○

---

해답 가. ① 콘크리트 버킷  ② 콘크리트 펌프
③ 벨트 컨베이어  ④ 콘크리트 타워
나. ① 재료분리가 일어나지 않게 해야 한다.
② 슬럼프 값이 저하해서는 안된다.

☐☐☐ 22③
11 **굳지 않은 콘크리트의 블리딩 시험에 대해 물음에 답하시오.**

가. 블리딩 시험의 목적 2가지를 쓰시오.

① _____   ② _____

나. 콘크리트 블리딩 시험에서 안지름 25cm, 높이 28cm의 용기를 사용하여 블리딩 시험을 한 결과 피벳으로 빨아낸 물의 양이 5365cm³였다. 블리딩량(cm³/cm²)을 계산하시오.

계산 과정 )

답 : _____

 가. ① 콘크리트의 재료 분리의 경향을 파악하기 위해
② 공기연행제 및 감소제의 품질을 시험하기 위해

나. 블리딩량 $B_q = \dfrac{V}{A} = \dfrac{5365}{\dfrac{\pi \times 25^2}{4}} = 10.93 \text{cm}^3/\text{cm}^2$

☐☐☐ 22③
12 **쪼갬 인장 강도시험에 대해 다음 물음에 답하시오.**

가. 쪼갬 인장 강도시험을 위한 공시체 치수의 허용차에 대해 답하시오.

① 공시체의 정밀도는 지름의 (        )% 이내로 한다.

② 모선의 직선도는 지름의 (        )% 이내로 한다.

나. 지름 150mm, 높이 300mm인 원주형 공시체를 사용하여 쪼갬 인장 강도시험을 하여 시험기에 나타난 최대 하중 $P = 113.81$kN이었다. 이 콘크리트의 쪼갬 인장강도를 구하시오.

계산 과정 )

답 : _____

가. ① 0.5%   ② 0.1%

나. $f_{sp} = \dfrac{2P}{\pi dl} = \dfrac{2 \times 113.81 \times 10^3}{\pi \times 150 \times 300} = 1.61 \, \text{N/mm}^2 = 1.61 \, \text{MPa}$

# 국가기술자격 실기시험문제

## 2023년도 기사 제1회 필답형 실기시험(기사)

| 종 목 | 시험시간 | 배 점 | 성 명 | 수험번호 |
|---|---|---|---|---|
| 콘크리트기사 | 2시간 | 60 | | |

※ 수험자 인적사항 및 계산식을 포함한 답안 작성은 검은색 필기구만 사용해야 하며, 그 외 연필류, 빨간색, 청색 등 필기구로 작성한 답항은 0점 처리 됩니다.

□□□ 기16②,20②,23①

득점 배점<br>5

### 01 콘크리트의 탄산화에 대해서 아래 물음에 답하시오.

가. 탄산화 깊이를 판정 할 때 이용되는 대표적인 시약을 쓰시오.

  ○

나. 탄산화 깊이를 측정하는 데 사용되는 시약을 만드는 방법을 간단히 설명하시오.

  ○

> 해답 가. 페놀프탈레인 용액
> 나. 페놀프탈레인 용액은 95% 에탄올 90mL에 페놀프탈레인 분말 1g을 녹여 물을 첨가하여 100mL로 한 것이다.

□□□ 기23①

득점 배점<br>5

### 02 콘크리트의 쪼갬인장강도시험에 대하여 물음에 답하시오.

가. 콘크리트 쪼갬인장강도시험용 공시체 제작에서 나무망치로 몰드의 측면을 다짐하는 이유를 쓰시오.

  ○

나. 지름 150mm, 높이 300mm인 원주형 공시체를 사용하여 쪼갬인장강도시험을 하여 시험기에 나타난 최대 하중 $P = 310kN$이었다. 이 콘크리트의 인장강도를 구하시오.

계산 과정 )

답 : _____

> 해답 가. 다짐봉에 의한 공극이 남아 있을 공극을 없애기 위하여
> 나.  $f_{sp} = \dfrac{2P}{\pi dl} = \dfrac{2 \times 310 \times 10^3}{\pi \times 150 \times 300} = 4.39\,\text{N/mm}^2 = 4.39\,\text{MPa}$

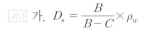 기08③,13③,23①

**03** 굵은 골재의 밀도시험결과에 대한 밀도(표면건조포화 상태, 절대건조상태, 겉보기) 및 흡수율의 공식을 쓰시오.

| 득점 | 배점 |
|---|---|
| | 5 |

- 절대건조상태 질량(A)
- 시료의 수중질량(C)
- 표면건조포화상태 질량(B)
- 시험온도에서 물의 밀도 $\rho_w$

① 표면건조포화싱태의 밀도 : _____

② 절대건조상태의 밀도 : _____

③ 겉보기 밀도 : _____

④ 흡수율 : _____

해답 가. $D_s = \dfrac{B}{B-C} \times \rho_w$

나. $D_d = \dfrac{A}{B-C} \times \rho_w$

다. $D_A = \dfrac{A}{A-C} \times \rho_w$

라. $Q = \dfrac{B-A}{A} \times 100$

기19②,20②,23①

**04** 슬럼프가 0보다 큰 콘크리트에서 체로 쳐서 얻은 모르타르에 대해 관입저항을 측정함으로써 콘크리트의 응결시간을 측정하는 방법을 관입저항침에 의한 콘크리트의 응결시간 시험방법이라 한다. 다음 물음에 답하시오.

| 득점 | 배점 |
|---|---|
| | 5 |

가. 관입 저항시험으로 콘크리트 응결 시간을 측정할 때 초결시간과 종결시간의 관입저항값을 쓰시오.

① 초결시간 :

② 종결시간 :

나. 이 시험결과로 도시하는 방법을 2가지 쓰시오.(단, 예시의 내용은 정답에서 제외한다.)

| 예시 : 컴퓨터를 이용하는 방법 |
|---|

① _____  ② _____

해답 가. ① 3.5MPa    ② 28.0MPa
    나. ① 핸드 피팅(hand-fitting)에 의한 방법
       ② 선형 회귀분석에 의한 방법

□□□ 기07③,23①

05 다음과 같은 배합설계표에 의해 콘크리트를 배합하는데 필요한 단위잔골재량, 단위 굵은골재량을 구하시오.

- 잔골재율(S/a) : 42%, 단위수량 : 175kg/m³, 시멘트 밀도 : 3.15kg/m³
- 물−결합재비(W/B) : 50%, 잔골재의 표건밀도 : 2.60kg/m³
- 굵은 골재의 표건밀도 : 2.65kg/m³
- 공기량 : 4.5%

해답 · 물시멘트 비에서 $\dfrac{W}{C}$=50%에서

$\therefore$ 단위 시멘트량 $C = \dfrac{W}{0.50} = \dfrac{175}{0.50} = 350 \text{kg/m}^3$

· 단위 골재의 절대 체적

$$V = 1 - \left( \frac{\text{단위수량}}{1000} + \frac{\text{단위 시멘트량}}{\text{시멘트밀도} \times 1000} + \frac{\text{공기량}}{100} \right)$$

$$= 1 - \left( \frac{175}{1000} + \frac{350}{3.15 \times 1000} + \frac{4.5}{100} \right) = 0.669 \text{m}^3$$

· 단위 잔골재량=단위 잔골재의 절대 체적×잔골재 밀도×1000

$$= (0.669 \times 0.42) \times 2.60 \times 1000 = 730.55 \text{kg/m}^3$$

· 단위 굵은 골재량=단위 굵은골재의 절대체적×굵은 골재 밀도×1000

$$= 0.669(1 - 0.42) \times 2.65 \times 1000 = 1028.25 \text{kg/m}^3$$

【답】 단위 잔골재량 : 730.55kg/m³, 단위 굵은 골재량 : 1028.25kg/m³

□□□ 기20②,23①

06 구조물의 부재, 부재간의 연결부 및 각 부재 단면의 휨모멘트, 축력, 전단력, 비틀림모멘트에 대한 설계강도는 공칭강도에 강도감소계수를 곱한 값으로 하여야 한다. 이러한 강도감소계수의 규정을 쓰시오.

| 부재 | 강도감소계수 |
|---|---|
| 인장지배단면 | |
| 전단력과 비틀림모멘트 | |
| 콘크리트의 지압력 | |
| 포스트텐션 정착구역 | |

해답

| 부재 | 강도감소계수 |
|---|---|
| 인장지배단면 | 0.85 |
| 전단력과 비틀림모멘트 | 0.75 |
| 콘크리트의 지압력 | 0.65 |
| 포스트텐션 정착구역 | 0.85 |

□□□ 기11③,23①
07 설계기준강도($f_{ck}$)가 30MPa이고, 23회 이상의 충분한 압축강도 시험을 거쳐 2.0MPa의 표준편차를 얻었다. 이 콘크리트의 배합강도($f_{cr}$)를 구하시오.

득점 | 배점
--- | ---
 | 5

계산 과정)

답 :

해답
- 시험횟수 23회일 때 표준편차
- 시험횟수가 29회 이하일 때 표준편차의 보정계수

| 시험횟수 | 표준편차의 보정계수 |
| --- | --- |
| 15 | 1.16 |
| 20 | 1.08 |
| 25 | 1.03 |
| 30 이상 | 1.00 |

직선보간 표준편차 $= 2.0 \times \left(1.08 - \dfrac{1.08 - 1.03}{25 - 20} \times 3\right) = 2.1\,\text{MPa}$

- $f_{ck} \leq 35\text{MPa}$일 때
- $f_{cr} = f_{ck} + 1.34\,s\,(\text{MPa}) = 30 + 1.34 \times 2.1 = 32.81\,\text{MPa}$
- $f_{cr} = (f_{ck} - 3.5) + 2.33\,s\,(\text{MPa}) = (30 - 3.5) + 2.33 \times 2.1 = 31.39\,\text{MPa}$
  ∴ 큰 값인 배합강도 $f_{cr} = 32.81\,\text{MPa}$

□□□ 기23①
08 압축강도에 의한 콘크리트의 품질검사에 대한 물음에 답하시오.

득점 | 배점
--- | ---
 | 5

가. 구조물의 중요도와 공사의 규모에 따라 압축강도 시험의 품질검사에 대한 시기 및 횟수를 쓰시오.

　① 압축강도 시험의 시기

　○

　② 압축강도 시험 횟수

　○

나. 압축강도에 의한 콘크리트의 품질검사에서 설계기준압축강도로부터 배합을 정하는 경우로서 $f_{cn} \leq 35\text{MPa}$인 경우일 때 합격 판정기준 2가지를 쓰시오.

① _____　　　② _____

해답 가. 시험 시기 : 1일 1회
　　　시험 횟수 : 120m$^3$ 마다, 배합이 변경될 때 마다 실시
　　나. ① 연속 3회 시험값의 평균이 호칭강도 이상
　　　　② 1회 시험값이($f_{cn} - 3.5\,\text{MPa}$) 이상

□□□ 기13③,15③,18②,23①

09 다음 그림과 같은 T형보 단면에서 공칭모멘트강도($M_n$)를 구하시오.
(단, $A_s = 8\text{-}D38 = 9121\text{mm}^2$, $f_{ck} = 30\text{MPa}$, $f_y = 400\text{MPa}$이다.)

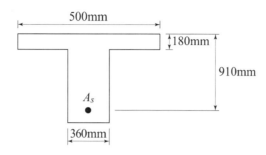

계산 과정 )

답 : _____

해답 ■ T형보 판별

• $a = \dfrac{A_s f_y}{\eta(0.85 f_{ck}) b} = \dfrac{9121 \times 400}{1 \times 0.85 \times 30 \times 500} = 286.15\,\text{mm}$

  ∴ $a = 286.15 > t_f = 180\,\text{mm}$ : T형보

• $A_{st} = \dfrac{0.85 f_{ck}(b - b_w) t_f}{f_y} = \dfrac{1 \times 0.85 \times 30(500 - 360) \times 180}{400} = 1606.50\,\text{mm}^2$

• $a = \dfrac{(A_s - A_{st}) f_y}{\eta(0.85 f_{ck}) b_w} = \dfrac{(9121 - 1606.50) \times 400}{1 \times 0.85 \times 30 \times 360} = 327.43\,\text{mm}$

■ $M_n = \left\{ A_{st} f_y\left(d - \dfrac{t}{2}\right) + (A_s - A_{st}) f_y\left(d - \dfrac{a}{2}\right) \right\}$

  ∴ $M_n = \left\{ 1606.50 \times 400 \times \left(910 - \dfrac{180}{2}\right) + (9121 - 1606.50) \times 400\left(910 - \dfrac{327.43}{2}\right) \right\}$

  $= 2770115453\,\text{N} \cdot \text{mm} = 2770.12\,\text{kN} \cdot \text{m}$

□□□ 기05①,23①

10 매스 콘크리트 타설시 온도 균열 방지 및 제어방법을 3가지만 쓰시오.

① _____ ② _____ ③ _____

해답 ① 온도 철근의 배치에 의한 방법
② 팽창 콘크리트의 사용에 의한 균열방지 방법
③ 파이프 쿨링에 의한 온도 제어
④ 포스트 쿨링의 양생방법에 의한 온도 제어
⑤ 콘크리트의 선행 냉각, 관로식 냉각 등에 의한 온도 저하 및 제어방법

□□□ 기23①

11 1방향 슬래브에 관련된 규정에 대해 다음 빈칸(    )을 채우시오.

득점 | 배점
5

① 1방향 슬래브의 두께는 (    )mm 이상이어야 한다.

② 슬래브 정부철근의 중심간격은 슬래브 두께의 2배 이하이어야 하며 또한 (    )mm 이하로 한다.

③ 단, 기타 단면에서는 슬래브 두께의 3배 이하 또는 (    )mm 이하이어야 한다.

정답 ① 100
② 300
③ 450

□□□ 기16②,23①

12 콘크리트 시공시 염해방지대책 4가지를 쓰시오.

득점 | 배점
5

① _____ ② _____

③ _____ ④ _____

정답 ① 콘크리트 표면을 코팅
② 피복두께 유지
③ 밀실 다짐
④ 양생철저

2023년도 기사 제2회 필답형 실기시험(기사)

| 종 목 | 시험시간 | 배 점 | 성 명 | 수험번호 |
|---|---|---|---|---|
| 콘크리트기사 | 2시간 | 60 | | |

※ 수험자 인적사항 및 계산식을 포함한 답안 작성은 검은색 필기구만 사용해야 하며, 그 외 연필류, 빨간색, 청색 등 필기구로 작성한 답항은 0점 처리 됩니다.

□□□ 기10③,18①,23②

01 콘크리트 압축강도 측정결과가 5개의 강도 데이터를 얻었다. 배합설계에 적용할 표준편차와 변동계수를 구하시오.

| 득점 | 배점 |
|---|---|
| | 5 |

【압축강도 측정결과】

| 측정회수 | 1회 | 2회 | 3회 | 4회 | 5회 |
|---|---|---|---|---|---|
| 압축강도(MPa) | 33 | 32 | 33 | 29 | 28 |

가. 압축강도의 표준편차를 구하시오.

계산 과정 )

답 : _____

나. 압축강도의 변동계수를 구하시오.

계산 과정 )

답 : _____

해설 가 표준편차 $s = \sqrt{\dfrac{\sum(x_i - \overline{x})^2}{(n-1)}}$

- 압축강도 합계

  $\sum x_i = 33 + 32 + 33 + 29 + 28$

  $= 155\,\text{MPa}$

- 압축강도 평균값

  $\overline{x} = \dfrac{\sum x_i}{n} = \dfrac{155}{5} = 31\text{MPa}$

- 표준편차 합

  $\sum(x_i - \overline{x})^2 = (33-31)^2 + (32-31)^2 + (33-31)^2 + (29-31)^2 + (28-31)^2$

  $= 22\,\text{MPa}$

  ∴ 표준표차 $s = \sqrt{\dfrac{22}{(5-1)}} = 2.35\text{MPa}$

나. $C_v = \dfrac{s}{\overline{x}} \times 100 = \dfrac{2.35}{31} \times 100 = 7.58\%$

□□□ 기06②,13③,15①,20②,23②
02 다음과 같은 배합설계표에 의해 콘크리트를 배합하는데 필요한 단위수량, 단위 잔골재량, 단위 굵은골재량을 구하시오.

득점 배점
5

- 잔골재율(S/a) : 32%, 단위시멘트량 : 450kg/m³, 시멘트 밀도 : 3.15kg/m³
- 물－시멘트비(W/C) : 55%, 잔골재의 표건밀도 : 2.60kg/m³
- 굵은 골재의 표건밀도 : 2.65kg/m³
- 공기량 : 4%

계산 과정)

[답] 단위수량       : _____
단위잔골재량    : _____
단위굵은 골재량 : _____

① 물시멘트 비에서 $\dfrac{W}{C}=55\%$에서

∴ 단위 수량 W = $0.55 \times 450 = 247.5\,\mathrm{kg/m^3}$

② 단위 골재의 절대 체적

$$V = 1 - \left( \frac{단위수량}{1000} + \frac{단위\ 시멘트량}{시멘트밀도 \times 1000} + \frac{공기량}{100} \right)$$

$$= 1 - \left( \frac{247.5}{1000} + \frac{450}{3.15 \times 1000} + \frac{4}{100} \right) = 0.570\,\mathrm{m^3}$$

③ 단위 잔골 재량＝단위 잔골재의 절대 체적×잔골재 밀도×1000

$$= (0.570 \times 0.32) \times 2.60 \times 1000 = 474.24\,\mathrm{kg/m^3}$$

④ 단위 굵은 골재량＝단위 굵은골재의 절대체적×굵은 골재 밀도×1000

$$= 0.570(1 - 0.32) \times 2.65 \times 1000 = 1027.14\,\mathrm{kg/m^3}$$

【답】 단위 수량 : $247.5\,\mathrm{kg/m^3}$, 단위 잔골재량 : $474.24\,\mathrm{kg/m^3}$

단위 굵은 골재량 : $1027.14\,\mathrm{kg/m^3}$

□□□ 기19②,22③,23②
03 계수 전단력 $V_u = 100\mathrm{kN}$을 받을 수 있는 직사각형 단면이 최소 전단철근 없이 견딜수 있는 콘크리트의 최소 단면적 $b_w d$를 구하시오. (단, $f_{ck} = 30\mathrm{MPa}$)

득점 배점
5

계산 과정 )

답 : _____

■ 전단철근 없이 계수전단력을 지지할 조건

$$V_u \leq \frac{1}{2}\phi V_c = \frac{1}{2}\phi \frac{1}{6} \lambda \sqrt{f_{ck}}\, b_w d\text{에서}$$

$$100 \times 10^3 = \frac{1}{2} \times 0.75 \times \frac{1}{6} \times 1 \times \sqrt{30}\, b_w d$$

$$\therefore b_w d = 292118.70\,\mathrm{mm^2}$$

□□□ 기09①,11③,14①,23②
04 철근콘크리트 부재의 해석과 설계 원칙에 대해 물음에 답하시오.

득점 배점
5

가. 강도감소계수를 사용하는 목적을 3가지만 쓰시오.

① _____

② _____

③ _____

나. 하중계수와 하중조합을 고려하여 구조물에 작용하는 최대 소요강도(U)를 구하는 이유를 간단히 쓰시오.

○

해답  가. ① 부정확한 설계 방정식에 대비하기 위해
② 주어진 하중조건에 대한 부재의 연성도와 소요 신뢰도를 위해서
③ 구조물에서 차지하는 부재의 중요도 등을 반영하기 위해서
④ 재료강도와 치수가 변동할 수 있으므로 부재의 강도 저하 확률에 대비하기 위해서
나. 하중의 변경, 구조 해석할 때의 가정 및 계산의 단순화로 인해 야기될지 모르는 초과하중의 영향에 대비한 것이며, 하중조합에 따른 영향도 대비한 것이다.

□□□ 기21③,23②
05 포틀랜드 시멘트의 주원료 중 주성분이 많은 순서대로 쓰시오.

득점 배점
5

주성분 : CaO, $SiO_2$, $Al_2O_3$, $Fe_2O_3$

○

해답  ( CaO ) > ( $SiO_2$ ) > ( $Al_2O_3$ ) > ( $Fe_2O_3$ )

□□□ 기23②
06 수중 콘크리트 타설 시 주의 사항 4가지를 쓰시오.

득점 배점
5

① _____  ② _____

③ _____

해답  ① 정수 중에 타설하여야 한다.
② 콘크리트는 수중에 낙하시키지 않아야 한다.
③ 콘크리트가 경화될 때까지 물의 유동을 방지하여야 한다.
④ 수면상에 이를 때까지 연속해서 타설하여야 한다.
⑤ 한 구획의 콘크리트 타설을 완료한 후 레이턴스를 모두 제거하고 다시 타설하여야 한다.

□□□ 기23②

## 07 콘크리트의 슬럼프 시험(KS F 2402)에 대한 다음 물음에 답하시오.

득점 | 배점
5

가. 슬럼프 콘에는 시험시 시료를 거의 같은 양의 (  ①  )층으로 나누어 채우고, 각 층은 다짐봉으로 고르게 한 후 (  ②  )회 똑같이 다진다.

  ○

나. 슬럼프콘에 콘크리트를 채우기 시작하고 나서 슬럼프콘의 들어올리기를 종료할 때까지의 시간은 (  ③  )분 이내로 한다.

  ○

다. 슬럼프콘을 벗기는 작업은 (  ④  ) ~ (  ⑤  )초 이내로 끝내야 한다.

  ○

해답 ① 3층  ② 25회  ③ 3분  ④ 2초  ⑤ 5초

□□□ 기19②,22②,23②

## 08 동결융해에 대한 콘크리트의 상대동탄성계수를 구하시오.

득점 | 배점
5

가. 동결융해의 정의를 간단히 쓰시오.

  ○

나. 상대 동탄성계수를 구하시오.

> • 1차변형 공명진동수 : 1900Hz
> • 동결융해 300 싸이클 후의 1차 변형 공명진동수 : 1400Hz

계산 과정)

           답 : _____

해답 가. 미경화 콘크리트의 온도가 0℃ 이하일 때 콘크리트 중의 물이 얼어 있다가 외기온도가 따뜻해지면 얼었던 물이 녹는 현상

나. $P_c = \left( \dfrac{n1}{n} \right)^2 \times 100 = \left( \dfrac{1400}{1900} \right)^2 \times 100 = 54.29\%$

□□□ 기13③,23②

09 다음 그림과 같은 T형보에서 공칭휨모멘트($M_n$)를 구하시오.

(단, $A_s = 8 - D35 = 7653\,mm^2$, $f_{ck} = 21MPa$, $f_y = 400MPa$이다.)

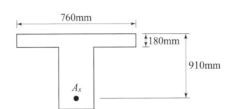

계산 과정)

답 : _____

해답　■ T형보 판별

• $a = \dfrac{A_s f_y}{0.85 f_{ck} b} = \dfrac{7653 \times 400}{0.85 \times 21 \times 760} = 225.65\,mm$

∴ $a = 225.65 > t_f = 180mm$ ∴ T형보

• $A_{st} = \dfrac{0.85 f_{ck}(b - b_w) t_f}{f_y} = \dfrac{0.85 \times 21(760 - 360) \times 180}{400} = 3213\,mm^2$

• $a_w = \dfrac{(A_s - A_{st})f_y}{0.85 f_{ck} b_w} = \dfrac{(7653 - 3213) \times 400}{0.85 \times 21 \times 360} = 276.38\,mm$

■ $M_n = \left\{ A_{st} f_y \left( d - \dfrac{t}{2} \right) + (A_s - A_{st}) f_y \left( d - \dfrac{a_w}{2} \right) \right\}$

∴ $M_n = \left\{ 3213 \times 400 \times \left( 910 - \dfrac{180}{2} \right) + (7653 - 3213) \times 400 \left( 910 - \dfrac{276.38}{2} \right) \right\}$

$= 2424598560\,N \cdot m = 2424.60\,kN \cdot m$

□□□ 기23②

10 레디믹스트 콘크리트는 품질 중 공기량의 허용오차 규정을 적으시오. (단위 : %)

| 콘크리트의 종류 | 공기량 | 공기량의 허용오차 |
|---|---|---|
| 보통 콘크리트 | | |
| 경량 콘크리트 | | |
| 포장 콘크리트 | | |
| 고강도 콘크리트 | | |

해답

| 콘크리트의 종류 | 공기량 | 공기량의 허용오차 |
|---|---|---|
| 보통 콘크리트 | 4.5 | |
| 경량 콘크리트 | 5.5 | ±1.5 |
| 포장 콘크리트 | 4.5 | |
| 고강도 콘크리트 | 3.5 | |

□□□ 기14①,17②,19③,22①,23②

11 경화된 콘크리트 면에 장비를 이용하여 타격에너지를 가하여 콘크리트 면의 반발경도를 측정하고 반발경도와 콘크리트 압축강도와의 관계를 이용 압축강도를 추정하는 비파괴시험 반발경도법 4가지는 무엇인가 쓰시오.

| 득점 | 배점 |
|---|---|
|  | 5 |

① _____  ② _____

③ _____  ④ _____

해답 ① 슈미트 해머법    ② 낙하식 해머법
③ 스프링 해머법    ④ 회전식 해머법

□□□ 기09①,10③,14①,17①,20①,23②

12 굳은 콘크리트 시험에 대하여 다음 물음에 답하시오.

| 득점 | 배점 |
|---|---|
|  | 5 |

가. 콘크리트 압축강도의 재하 속도 기준을 쓰시오.

○

나. 콘크리트 휨강도의 재하 속도 기준을 쓰시오.

○

다. 동결융해 저항성 측정시 사용되는 1사이클의 기준을 쓰시오.

○

해답 가. $(0.6 \pm 0.2)$MPa
나. $(0.06 \pm 0.04)$MPa
다. 온도 범위 : $-18℃ \sim 4℃$, 시간 : $2 \sim 4$시간

# 국가기술자격 실기시험문제

2023년도 기사 제3회 필답형 실기시험(기사)

| 종 목 | 시험시간 | 배 점 | 성 명 | 수험번호 |
|---|---|---|---|---|
| 콘크리트기사 | 2시간 | 60 | | |

※ 수험자 인적사항 및 계산식을 포함한 답안 작성은 검은색 필기구만 사용해야 하며, 그 외 연필류, 빨간색, 청색 등 필기구로 작성한 답항은 0점 처리 됩니다.

---

□□□ 기15③,21②,23③

01 동해가 일어났을 때의 동결열화 보수공법 3가지를 쓰시오.

① _____

② _____

③ _____

| 득점 | 배점 |
|---|---|
| | 5 |

해답 ① 균열보수공법(표면도포공법, 주입 공법, 충전 공법)
② 단면 복구 공법
③ 표면 피복 공법
④ 침투재 도포공법

---

□□□ 기06④,11①,16①,23③

02 콘크리트를 2층 이상으로 나누어 타설할 경우 상층의 콘크리트 타설은 원칙적으로 하층의 콘크리트가 굳기 시작하기 전에 해야 하며, 상층과 하층이 일체가 되도록 시공하여야 한다. 이러한 시공을 위하여 콘크리트 이어치기 허용시간 간격의 기준을 정하고 있는데, 아래의 각 경우에 대한 답을 쓰시오.

| 득점 | 배점 |
|---|---|
| | 5 |

가. 허용 이어치기 시간간격의 표준을 완성하시오.

| 외기 온도 | 허용 이어치기 시간 간격 |
|---|---|
| 25℃ 초과 | ① |
| 25℃ 이하 | ② |

나. 이어치기 허용 시간 간격을 정하는 이유

○ _____

해답 가. ① 2시간  ② 2.5시간
나. 콜드조인트의 발생 예방

---

☐☐☐ 기19②,23③
## 03 레디믹스트 콘크리트의 품질 중 공기량의 허용오차 규정을 적으시오.
(단위 : %)

| 득점 | 배점 |
|------|------|
|      | 5    |

| 콘크리트의 종류 | 공기량 | 공기량의 허용오차 |
|----------------|--------|-------------------|
| 보통 콘크리트  |        |                   |
| 경량 콘크리트  |        |                   |
| 포장 콘크리트  |        |                   |
| 고강도 콘크리트 |       |                   |

| 해답 | 콘크리트의 종류 | 공기량 | 공기량의 허용오차 |
|------|----------------|--------|-------------------|
|      | 보통 콘크리트  | 4.5    |                   |
|      | 경량 콘크리트  | 5.5    | ±1.5              |
|      | 포장 콘크리트  | 4.5    |                   |
|      | 고강도 콘크리트 | 3.5   |                   |

☐☐☐ 기06③,16②,20④,23③
## 04 채취한 코어의 지름 100mm, 높이 50mm인 공시체를 사용하여 콘크리트 압축 강도시험을 수행한 결과 최대 파괴하중이 157kN이었다. 다음 표를 이용하여 표준 공시체의 압축강도를 구하시오.

| 득점 | 배점 |
|------|------|
|      | 5    |

| 공시체의 $h/d$비 | 2.0 | 1.5 | 1.25 | 1.0 | 0.75 | 0.5 |
|------------------|-----|-----|------|-----|------|-----|
| 환산계수         | 1   | 0.96 | 0.94 | 0.85 | 0.7 | 0.5 |

계산 과정)

답 : _____

 $f = \dfrac{P}{\dfrac{\pi d^2}{4}} \times$ 환수값

$$= \frac{157 \times 10^3}{\dfrac{\pi \times 100^2}{4}} \times 0.5 = 9.99 \, \text{N/mm}^2 = 9.99 \, \text{MPa}$$

$\therefore \dfrac{h}{d} = \dfrac{50}{100} = 0.5$일 때 환산계수값 0.5이다.

□□□ 기07③,19③,22③,23③

**05** 다음과 같은 배합설계표에 의해 콘크리트를 배합하는 데 필요한 단위 잔골재량, 단위 굵은골재량을 구하시오.

| 득점 | 배점 |
|---|---|
| | 5 |

- 잔골재율($S/a$) : 42%
- 시멘트 밀도 : $3.15g/cm^3$
- 잔골재의 표건 밀도 : $2.60g/cm^3$
- 공기량 : 4.5%
- 단위 수량 : $175kg/cm^3$
- 물-시멘트비($W/C$) : 50%
- 굵은 골재의 표건 밀도 : $2.65g/cm^3$

계산 과정 )

[답] ① 단위 잔골재량 : _____

② 단위 굵은 골재량 : _____

해답 • 물시멘트 비 $\dfrac{W}{C}=50\%$에서

∴ 단위 시멘트량 $C=\dfrac{W}{0.50}=\dfrac{175}{0.50}=350\,kg/m^3$

• 단위 골재의 절대 체적

$$V = 1 - \left( \dfrac{\text{단위 수량}}{1000} + \dfrac{\text{단위 시멘트량}}{\text{시멘트 밀도}\times1000} + \dfrac{\text{공기량}}{100} \right)$$

$$= 1 - \left( \dfrac{175}{1000} + \dfrac{350}{3.15\times1000} + \dfrac{4.5}{100} \right) = 0.669\,m^3$$

① 단위 잔골재량 = 단위 잔골재의 절대 체적 × 잔골재 밀도 ×1000

$$= (0.669\times0.42)\times2.60\times1000 = 730.55\,kg/m^3$$

② 단위 굵은 골재량 = 단위 굵은 골재의 절대 체적 × 굵은 골재 밀도 × 1000

$$= 0.669(1-0.42)\times2.65\times1000 = 1028.25 kg/m^3$$

∴ 단위 잔골재량 : $730.55\,kg/m^3$

단위 굵은 골재량 : $1028.25\,kg/m^3$

□□□ 기14③,18②,23③

**06** 종합적 품질관리(TQC)도구를 7가지를 쓰시오.

| 득점 | 배점 |
|---|---|
| | 5 |

① _____  ② _____

③ _____  ④ _____

⑤ _____  ⑥ _____

⑦ _____

해답 ① 히스토 그램  ② 파레토도  ③ 특성요인도
④ 체크씨이트  ⑤ 각종 그래프  ⑥ 산점도
⑦ 층별

□□□ 기11①,17①,22①,23③

07 아래 그림과 같은 단철근 직사각형보에서 이 단면의 공칭 휨 강도($\phi M_n$)를 구하시오.(단, $A_s = 1560mm^2$, $f_{ck} = 21MPa$, $f_y = 400MPa$이다.)

득점 | 배점
--- | ---
 | 5

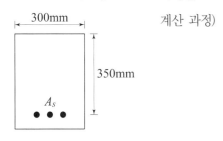

계산 과정)

답 : _____

해답 $\phi M_n = \phi A_s f_y \left( d - \dfrac{a}{2} \right)$

• $f_{ck} = 21MPa \le 40MPa$일 때 $\eta = 1.0$, $\beta_1 = 0.80$

• $a = \dfrac{A_s f_y}{(0.85 f_{ck}) b} = \dfrac{1560 \times 400}{1 \times 0.85 \times 21 \times 300} = 116.53\,mm$

• $c = \dfrac{a}{\beta_1} = \dfrac{116.53}{0.80} = 145.66\,mm$

• $\epsilon_t = \dfrac{0.0033(d-c)}{c} = \dfrac{0.0033(350-145.66)}{145.66} = 0.0046 < 0.005$ (변화구간)

∴ $\phi = 0.65 + (\epsilon_t - 0.002)\dfrac{200}{3} = 0.65 + (0.0046 - 0.002) \times \dfrac{200}{3} = 0.82$

∴ $\phi M_n = 0.82 \times 1560 \times 400 \left( 350 - \dfrac{116.53}{2} \right)$

$\qquad = 149274965\,N \cdot mm = 149.27kN \cdot m$

□□□ 기23③

08 시방배합과 현장배합에 대해 다음 물음에 답하시오.

득점 | 배점
--- | ---
 | 5

가. 시방배합과 현장배합의 차이점을 쓰시오.

① 시방배합 :

② 현장배합 :

나. 콘크리트의 시방배합을 현장배합으로 수정할 경우에 고려할 사항 3가지를 쓰시오.

① _____  ② _____

③ _____

해답 가. ① 시방배합 : 시방서 또는 책임기술자에 의하여 지시된 배합
② 현장배합 : 시방배합의 콘크리트가 얻어지도록 현장에서 재료의 상태 및 계량방법에 따라 정한 배합

나. ① 골재의 함수상태
② 잔골재 중에서 5mm체에 남는 굵은 골재량
③ 굵은골재 중에서 5mm체를 통과하는 잔 골재량
④ 혼화제를 희석시킨 희석수량

기05③,09③,23③

09 어떤 잔골재에 대해 체가름 시험을 한 결과가 다음과 같다. 체가름 시험 결과표를 이용하여 다음 물음에 답하시오.

| 득점 | 배점 |
|---|---|
|  | 5 |

가. 각 체에 남는 양의 누계표를 완성하시오.

| 체(mm) | 각 체에 남는 양 | | 각 체에 남는 양의 누계 | |
|---|---|---|---|---|
|  | (g) | (%) | (g) | (%) |
| 5 | 25 | 5 |  |  |
| 2.5 | 50 | 10 |  |  |
| 1.2 | 70 | 14 |  |  |
| 0.6 | 100 | 20 |  |  |
| 0.3 | 200 | 40 |  |  |
| 0.15 | 55 | 11 |  |  |
| PAN | 0 | 0 |  |  |

나. 조립률을 구하시오.

계산 과정)

답 : _____

해답 가.

| 체(mm) | 각 체에 남는 양 | | 각 체에 남는 양의 누계 | |
|---|---|---|---|---|
|  | (g) | (%) | (g) | (%) |
| 5 | 25 | 5 | 25 | 5 |
| 2.5 | 50 | 10 | 75 | 15 |
| 1.2 | 70 | 14 | 145 | 29 |
| 0.6 | 100 | 20 | 245 | 49 |
| 0.3 | 200 | 40 | 445 | 89 |
| 0.15 | 55 | 11 | 500 | 100 |
| PAN | 0 | 0 |  |  |

나. $F.M = \dfrac{\sum 각체에\ 남는\ 잔류률의\ 누계}{100}$

$= \dfrac{0 \times 4 + 5 + 15 + 29 + 49 + 89 + 100}{100}$

$= \dfrac{287}{100} = 2.87$

□□□ 기09③,18②,23③

10 직사각형 단순보에 대해 다음 물음에 답하시오.

(단, $b = 250\text{mm}$, $h = 450\text{mm}$, $d = 400\text{mm}$, $A_s = 2570\text{mm}^2$, $f_{ck} = 30\text{MPa}$, $f_y = 400\text{MPa}$이다.)

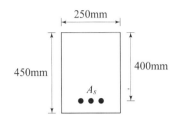

가. 균열모멘트($M_{cr}$)를 구하시오.

계산 과정)

답 : _____

나. 설계전단강도($\phi V_c$)를 구하시오.

계산 과정)

답 : _____

애답 가. 균열모멘트 $M_{cr} = \dfrac{f_r}{y_t} I_g$

$f_r = 0.63 \lambda \sqrt{f_{ck}} = 0.63 \times 1 \times \sqrt{30} = 3.45\,\text{MPa}$

$I_g = \dfrac{bh^3}{12} = \dfrac{250 \times 450^3}{12} = 1898437500\,\text{mm}^4$

$y_t = \dfrac{h}{2} = \dfrac{450}{2} = 225\,\text{mm}$

$\therefore M_{cr} = \dfrac{3.45}{225} \times 1898437500$

$\qquad = 29109375\,\text{N} \cdot \text{mm} = 29.11\,\text{kN} \cdot \text{m}$

나. $\phi V_c = \phi \dfrac{1}{6} \lambda \sqrt{f_{ck}}\, b_w d = 0.75 \times \dfrac{1}{6} \times 1 \times \sqrt{30} \times 250 \times 400$

$\qquad = 68465\,\text{N} = 68.47\,\text{kN}$

【조언】 전단과 비틀림의 경우 강도감소계수 $\phi = 0.75$

□□□ 기19①,23③

11 다음 특수콘크리트의 온도제어방법을 1가지씩 쓰시오.

가. 매스콘크리트 : _____

나. 한중콘크리트 : _____

다. 서중콘크리트 : _____

애답 가. 관로식 냉각    나. 보온양생    다. 막양생

□□□ 기23③

12 철근 콘크리트가 한 구조체로서 성립하는 이유를 2가지를 쓰시오.

① _____ ② _____

해설 ① 철근과 콘크리트의 부착강도가 크다.
② 철근은 인장에 강하고 콘크리트는 압축에 강하다.
③ 두 재료의 열팽창계수가 거의 같다.
④ 콘크리트 속에 묻힌 철근은 녹슬지 않는다.

# 3 PART

# 필답형 콘크리트산업기사
# 과년도 문제

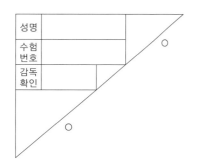

| 성명 | |
|---|---|
| 수험번호 | |
| 감독확인 | |

# 과년도 문제를 풀기 전 숙지 사항

*연습도 실전처럼!!!*

---

## * 수험자 유의사항

1. 시험장 입실시 반드시 신분증(주민등록증, 운전면허증, 모바일 신분증, 여권, 한국산업인력공단 발행 자격증 등)을 지참하여야 한다.
2. 계산기는 『공학용 계산기 기종 허용군』 내에서 준비하여 사용한다.
3. 시험 중에는 핸드폰 및 스마트워치 등을 지참하거나 사용할 수 없다.
4. 시험문제 내용과 관련된 메모지 사용 등은 부정행위자로 처리된다.
   - 당해시험을 중지하거나 무효처리된다.
   - 3년간 국가 기술자격 검정에 응시자격이 정지된다.

## ** 채점사항

1. 수험자 인적사항 및 계산식을 포함한 답안 작성은 검은색 필기구만 사용해야 하며, 그 외 연필류, 빨간색, 청색 등 필기구로 작성한 답항은 0점 처리 됩니다.
2. 답안과 관련 없는 특수한 표시를 하거나 특정임을 암시하는 경우 답안지 전체를 0점 처리된다.
3. 계산문제는 반드시 『계산과정과 답란』에 기재하여야 한다.
   - 계산과정이 틀리거나 없는 경우 0점 처리된다.
   - 정답도 반드시 답란에 기재하여야 한다.
4. 답에 단위가 없으면 오답으로 처리된다.
   - 문제에서 단위가 주어진 경우는 제외
5. 계산문제의 소수점처리는 최종결과값에서 요구사항을 따르면 된다.
   - 소수점 처리에 따라 최종답에서 오차범위 내에서 상이할 수 있다.
6. 문제에서 요구하는 가지 수(항수)는 요구하는 대로, 3가지를 요구하면 3가지만, 4가지를 요구하면 4가지만 기재하면 된다.
7. 단답형은 여러 가지를 기재해도 한 가지로 보며, 오답과 정답이 함께 기재되어 있으면 오답으로 처리된다.
8. 답안 정정 시에는 두 줄(═)로 그어 표시하거나, 수정테이프(수정액은 제외)로 답안을 정정하여야 합니다.
9. 수험자 유의사항 미준수로 인해 발생되는 채점상의 불이익은 본인에게 책임이 있다.
10. 답안지 및 채점기준표는 절대로 공개하지 않는다.

# 국가기술자격 실기시험문제

2012년도 산업기사 제1회 필답형 실기시험(산업기사)

| 종 목 | 시험시간 | 배 점 | 성 명 | 수험번호 |
|---|---|---|---|---|
| 콘크리트산업기사 | 1시간 30분 | 60 | | |

※ 수험자 인적사항 및 계산식을 포함한 답안 작성은 검은색 필기구만 사용해야 하며, 그 외 연필류, 빨간색, 청색 등 필기구로 작성한 답항은 0점 처리 됩니다.

---

□□□ 산09①,10③,12①,16③,21②
### 01 매스 콘크리트의 온도 균열 발생 여부에 대한 검토는 온도 균열 지수에 의해 평가하는 것을 원칙으로 한다. 이때 정밀한 해석 방법에 의한 온도 균열 지수를 구하고자 할 경우 반드시 필요한 인자 2가지를 쓰시오.

| 득점 | 배점 |
|---|---|
| | 4 |

① _____

② _____

해답 ① $f_t(t)$ : 재령 $t$일에서의 수화열에 의하여 생긴 부재 내부의 온도 응력 최대값(MPa)
　　② $f_{sp}(t)$ : 재령 $t$일에서의 콘크리트의 쪼갬 인장 강도(MPa)

 **KEY**　온도균열지수 $I_{cr}(t) = \dfrac{f_{sp}(t)}{f_t(t)}$

　　　　여기서, $f_t(t)$ : 재령 $t$일에서의 수화열에 의하여 생긴 부재 내부의 온도
　　　　　　　　　　　 응력 최대값(MPa)
　　　　　　 $f_{sp}(t)$ : 재령 $t$일에서의 콘크리트의 쪼갬 인장 강도로서, 재령
　　　　　　　　　　　 및 양생 온도를 고려하여 구함(MPa)

---

□□□ 기13③, 산09①,12①,14①,17③,19②
### 02 콘크리트의 압축 강도를 추정하기 위한 비파괴 검사 방법의 종류를 4가지만 쓰시오.

| 득점 | 배점 |
|---|---|
| | 4 |

① _____　　② _____

③ _____　　④ _____

해답 ① 반발 경도법
　　② 초음파 속도법
　　③ 조합법
　　④ 코어 채취법
　　⑤ 인발법

03 시방 배합 결과 단위 수량 $150kg/m^3$, 단위 시멘트량 $300kg/m^3$, 단위 잔골재량 $700kg/m^3$, 단위 굵은 골재량 $1200kg/m^3$을 얻었다. 이 골재의 현장야적 상태가 아래 표와 같다면 현장 배합상의 단위 수량, 단위 잔골재량, 단위 굵은 골재량을 구하시오.

| 득점 | 배점 |
|---|---|
|  | 6 |

───── 【현장 골재 상태】 ─────
• 잔골재 중 5mm 체에 잔류하는 양 3.5%
• 굵은 골재 중 5mm 체를 통과한 양 6.5%
• 잔골재의 표면수 2%
• 굵은 골재의 표면수 1%

계산 과정)

[답] ① 단위 수량 : _____
② 단위 잔골재량 : _____
③ 단위 굵은 골재량 : _____

**해설** ■ 입도에 의한 조정
• $S = 700kg$, $G = 1200kg$, $a = 3.5\%$, $b = 6.5\%$
• $X = \dfrac{100S - b(S+G)}{100 - (a+b)}$

$= \dfrac{100 \times 700 - 6.5(700+1200)}{100 - (3.5+6.5)} = 640.56 kg/m^3$

• $Y = \dfrac{100G - a(S+G)}{100 - (a+b)}$

$= \dfrac{100 \times 1,200 - 3.5(700+1200)}{100 - (3.5+6.5)} = 1259.44 \, kg/m^3$

■ 표면수에 의한 조정
• 잔골재의 표면수 $= 640.56 \times \dfrac{2}{100} = 12.81kg$

• 굵은 골재의 표면수 $= 1259.44 \times \dfrac{1}{100} = 12.59kg$

■ 현장 배합량
• 단위 수량 : $150 - (12.81 + 12.59) = 124.60 \, kg/m^3$
• 단위 잔골재량 : $640.56 + 12.81 = 653.37 \, kg/m^3$
• 단위 굵은 골재량 : $1259.44 + 12.59 = 1272.03 \, kg/m^3$

□□□ 산05①,06③,07③,10①③,12①

**04** 잔골재 체가름 시험 결과 각 체의 잔류율이 다음과 같다. 조립률을 구하시오.
(단, 10mm 체 이상의 잔류량은 0이다.)

| 체 크기(mm) | 5 | 2.5 | 1.2 | 0.6 | 0.3 | 0.15 | pan |
|---|---|---|---|---|---|---|---|
| 잔류율(%) | 0 | 10.46 | 26.63 | 29.36 | 17.17 | 12.88 | 3.5 |

답 : _____

해답 F.M 체 : 75mm, 40mm, 20mm, 10mm, 5mm, 2.5mm, 1.2mm, 0.6mm, 0.3mm, 0.15mm 체

| 체 크기(mm) | 5 | 2.5 | 1.2 | 0.6 | 0.3 | 0.15 | pan |
|---|---|---|---|---|---|---|---|
| 잔류율(%) | 0 | 10.46 | 26.63 | 29.36 | 17.17 | 12.88 | 3.5 |
| 누적 잔류율(%) | 0 | 10.46 | 37.09 | 66.45 | 83.62 | 96.50 | 100 |

$$F.M = \frac{\sum 각 체의 누적잔류율}{100}$$

$$= \frac{0 \times 5 + 10.46 + 37.09 + 66.45 + 83.62 + 96.50}{100} = 2.94$$

□□□ 기06③,07③,09①,10①, 산09③,12①

**05** 콘크리트용 모래에 포함되어 있는 유기 불순물 시험(KS F 2510)에 사용되는 식별용 표준색 용액을 제조하는 방법을 쓰시오.

○

해답 식별용 용액은 10%의 알코올 용액으로 2% 탄닌산 용액을 만들고, 그 2.5mL를 3%의 수산화나트륨 용액 97.5mL에 가하여 유리병에 넣어 마개를 닫고 잘 흔든다.

**KEY** 표준색 용액 만들기 순서
① 알코올 10g에 물 90g을 타서 10%의 알코올 용액을 만든다.
② 10%의 알코올 용액 9.8g에 탄닌산 가루 0.2g을 넣어서 2% 탄닌산 용액을 만든다.
③ 물 291g에 수산화나트륨 9g을 섞어서 3%의 수산화나트륨 용액을 만든다.
④ 2% 탄닌산 용액 2.5mL를 3%의 수산화나트륨 용액 97.5mL에 타서 식별용 표준색 용액을 만든다.
⑤ 식별용 표준색 용액 400mL의 시험용 무색 유리병에 넣어 마개를 막고 잘 흔든 다음 24시간 동안 가만히 놓아 둔다.

□□□ 기05①,06③,07③,11③,12③,13③, 산08③,10①,12①③

06 다음 성과표는 굵은 골재의 밀도 및 흡수율 시험을 15℃에서 실시한 결과이다. 이 결과를 보고 아래 물음에 답하시오.

득점 | 배점
--- | ---
 | 6

| 공기 중 절대 건조 상태의 시료 질량(A) | 3940g |
| --- | --- |
| 표면 건조 포화 상태의 시료 질량(B) | 4000g |
| 물속에서의 시료 질량(C) | 2491g |
| 15℃에서의 물의 밀도 | $0.9991 \text{g/cm}^3$ |

가. 표면 건조 상태의 밀도를 구하시오.

　계산 과정)

답 : ＿＿＿＿＿＿＿

나. 절대 건조 상태의 밀도를 구하시오.

　계산 과정)

답 : ＿＿＿＿＿＿＿

다. 겉보기 밀도(진밀도)를 구하시오.

　계산 과정)

답 : ＿＿＿＿＿＿＿

해답 가. $D_s = \dfrac{B}{B-C} \times \rho_w = \dfrac{4000}{4000-2491} \times 0.9991 = 2.65 \text{g/cm}^3$

　나. $D_d = \dfrac{A}{B-C} \times \rho_w = \dfrac{3940}{4000-2491} \times 0.9991 = 2.61 \text{g/cm}^3$

　다. $D_A = \dfrac{A}{A-C} \times \rho_w = \dfrac{3940}{3940-2491} \times 0.9991 = 2.72 \text{g/cm}^3$

□□□ 산06③,09①,12①

07 탄산화에 대해서 아래 물음에 답하시오.

득점 | 배점
--- | ---
 | 8

가. 탄산화에 대한 정의를 간단히 쓰시오.

○

나. 탄산화를 촉진시키는 외부 환경 조건 2가지를 쓰시오.

① ＿＿＿＿＿＿＿＿＿＿＿＿＿＿＿＿＿＿＿＿＿

② ＿＿＿＿＿＿＿＿＿＿＿＿＿＿＿＿＿＿＿＿＿

다. 탄산화 깊이를 판정할 때 이용되는 대표적인 시약을 쓰시오.

○

해답 가. 굳은 콘크리트는 표면으로부터 공기 중의 탄산가스를 흡수하여 콘크리트 내부에서 수화 반응으로 생성된 수산화칼슘($Ca(OH)_2$)이 탄산칼슘($CaCO_3$)으로 변화하면서 알칼리성을 잃게 되는 현상

나. ① 온도가 높을수록 탄산화를 촉진시킨다.
② 습도가 높을수록 탄산화를 촉진시킨다.
③ 탄산가스의 농도가 높을수록 탄산화를 촉진시킨다.

다. 페놀프탈레인 용액

KEY
• 탄산화 반응은 콘크리트의 수축과 알칼리성을 손실한다.
• 탄산화 반응이 되면 수산화칼슘 부분의 pH 12~13가 탄산화한 부분인 pH 8.5~10으로 된다.
• 탄산화가 되지 않은 부분은 붉은색으로 착색되며, 탄산화된 부분은 색의 변화가 없다.

□□□ 산06③,12①,16①②
08 압력법에 의한 굳지 않은 콘크리트의 공기량 시험 결과를 보고, 수정 계수를 결정하기 위한 잔골재의 질량과 굵은 골재의 질량을 구하시오.
(단, 단위 골재량은 1$m^3$당 소요량이며, 시험기는 10L 용량을 사용한다.)

| 단위 잔골재량 | 단위 굵은 골재량 |
|---|---|
| 900kg/$m^3$ | 1100kg/$m^3$ |

가. 잔골재의 질량

계산 과정)

답 : _____

나. 굵은 골재의 질량

계산 과정)

답 : _____

해답 가. $m_f = \dfrac{V_C}{V_B} \times m_f' = \dfrac{10}{1000} \times 900 = 9\,kg$

나. $m_c = \dfrac{V_C}{V_B} \times m_c' = \dfrac{10}{1000} \times 1100 = 11\,kg$

□□□ 산12①

09 레디믹스트 콘크리트(KS F 4009) 제조에 사용할 수 있는 물의 품질 기준 3가지를 쓰시오. (단, 상수돗물 이외의 물의 품질 기준)

득점 | 배점
 | 4

| 항 목 | 품 질 |
|---|---|
| 현탁 물질의 양 | ① |
| 용해성 증발 잔류물의 양 | ② |
| 염소 이온(Cl⁻)량 | ③ |
| 시멘트 응결 시간의 차 | 초결 30분 이내, 종결 60분 이내 |
| 모르타르의 압축 강도비 | 재령 7일 및 재령 28일에서 90% 이상 |

해답 ① 2g/L 이하  ② 1g/L 이하  ③ 250mg/L 이하

□□□ 산12①,19③

10 콘크리트의 호칭강도가 24MPa이고, 15회의 콘크리트 압축 강도 시험으로 표준 편차 2.4MPa을 얻었다. 이 콘크리트 배합 강도를 구하시오.

득점 | 배점
 | 4

계산 과정)

답 : _____

해답 ■ 표준편차 $s = 2.4\,\text{MPa}$
  • 직선 보간 표준편차 $= 2.4 \times 1.16 = 2.784\,\text{MPa}$
 ■ $f_{cn} = 24\,\text{MPa} \le 35\,\text{MPa}$일 때 두 값 중 큰 값
  • $f_{cr} = f_{cn} + 1.34s = 24 + 1.34 \times 2.784 = 27.73\,\text{MPa}$
  • $f_{cr} = (f_{cn} - 3.5) + 2.33s = (24 - 3.5) + 2.33 \times 2.784 = 26.99\,\text{MPa}$
    ∴ 배합 강도 $f_{cr} = 27.73\,\text{MPa}$

□□□ 기08③, 산12①,14②

11 휨 모멘트와 축력을 받는 철근 콘크리트 부재에 강도 설계법을 적용하기 위한 기본 가정을 아래 표의 예시와 같이 3가지만 쓰시오.

득점 | 배점
 | 4

[예시] 콘크리트의 인장강도는 KDS 14 20 60(4.2.1)의 규정에 해당하는 경우를 제외하고는 철근콘크리트 부재 단면의 축강도와 휨(인장)강도 계산에서 무시할 수 있다.

① _____

② _____

③ _____

[해답] ① 철근 및 콘크리트의 변형률은 중립축으로부터의 거리에 비례한다.

② 휨모멘트 또는 휨모멘트와 축력을 동시에 받는 부재의 콘크리트 압축연단의 극한변형률
은 콘크리트의 설계기준압축강도가 40MPa 이하인 경우에는 0.0033으로 가정한다.

③ 철근의 응력이 설계기준항복강도 $f_y$ 이하일 때 철근의 응력은 $E_s$를 곱한 값으로 한다.

④ 철근의 변형률이 $f_y$에 대응하는 변형률보다 큰 경우 철근의 응력은 변형률에 관계없이
$f_y$로 하여야 한다.

□□□ 산12①,17③

12 폭 $b_w = 300$mm, 유효 깊이 $d = 450$mm이고, $A_s = 2570$mm$^2$인 철근 콘크리트
단철근 직사각형보에서 $f_{ck} = 30$MPa, $f_y = 400$MPa일 때 다음 물음에 답하시오.

| 득점 | 배점 |
|---|---|
|  | 6 |

가. 콘크리트가 부담할 수 있는 전단 강도($V_c$)를 구하시오.

계산 과정)

답 : _____

나. 강도 설계법에 의한 보의 설계 휨 강도($\phi M_n$)를 구하시오.

계산 과정)

답 : _____

[해답] 가. $V_c = \dfrac{1}{6}\lambda\sqrt{f_{ck}}\,b_w d$

$\qquad = \dfrac{1}{6} \times 1 \times \sqrt{30} \times 300 \times 450 = 123238$N $= 123$kN

나. $a = \dfrac{A_s f_y}{\eta(0.85 f_{ck})\,b}$

$\quad f_{ck} = 30$MPa $\leq 40$MPa일 때 $\eta = 1.0$, $\beta_1 = 0.80$

$\quad a = \dfrac{2570 \times 400}{1 \times 0.85 \times 30 \times 300} = 134.38$ mm

$\quad c = \dfrac{a}{\beta_1} = \dfrac{134.38}{0.80} = 167.98$mm

$\quad \epsilon_t = \dfrac{0.0033 \times (d-c)}{c}$

$\qquad = \dfrac{0.0033 \times (450 - 167.98)}{167.98} = 0.0055 > 0.005$ (인장지배구간)

$\quad \therefore \ \phi = 0.85$

$\quad \phi M_n = \phi A_s f_y \left( d - \dfrac{a}{2} \right) = 0.85 \times 2570 \times 400 \left( 450 - \dfrac{134.38}{2} \right)$

$\qquad = 334499378$N·mm $= 334.50$kN·m

2012년도 산업기사 제3회 필답형 실기시험(산업기사)

| 종 목 | 시험시간 | 배 점 | 성 명 | 수험번호 |
|---|---|---|---|---|
| 콘크리트산업기사 | 1시간 30분 | 60 | | |

※ 수험자 인적사항 및 계산식을 포함한 답안 작성은 검은색 필기구만 사용해야 하며, 그 외 연필류, 빨간색, 청색 등 필기구로 작성한 답항은 0점 처리 됩니다.

□□□ 기05①,06③,07③,11③,12③,13③, 산08③,10①,12①③,17③

**01** 20℃에서 실시된 굵은 골재의 밀도 시험 결과 다음과 같은 측정 결과를 얻었다. 표면 건조 포화 상태의 밀도, 절대 건조 상태의 밀도, 겉보기 밀도를 구하시오.

| 득점 | 배점 |
|---|---|
| | 6 |

- 절대 건조 상태 질량(A) : 989.5g
- 표면 건조 포화 상태 질량(B) : 1000g
- 시료의 수중 질량(C) : 615.4g
- 20℃에서 물의 밀도 : 0.9970g/cm$^3$

가. 표면 건조 상태의 밀도를 구하시오.

계산 과정)

답 : _____

나. 절대 건조 상태의 밀도를 구하시오.

계산 과정)

답 : _____

다. 겉보기 밀도(진밀도)를 구하시오.

계산 과정)

답 : _____

라. 흡수율을 구하시오.

계산 과정)

답 : _____

 가. $D_s = \dfrac{B}{B-C} \times \rho_w = \dfrac{1000}{1000-615.4} \times 0.9970 = 2.59\,\mathrm{g/cm^3}$

나. $D_d = \dfrac{A}{B-C} \times \rho_w = \dfrac{989.5}{1000-615.4} \times 0.9970 = 2.57\,\mathrm{g/cm^3}$

다. $D_A = \dfrac{A}{A-C} \times \rho_w = \dfrac{989.5}{989.5-615.4} \times 0.9970 = 2.64\,\mathrm{g/cm^3}$

라. $Q = \dfrac{B-A}{A} \times 100 = \dfrac{1000-989.5}{989.5} \times 100 = 1.06\%$

□□□ 산12③
**02** 콘크리트의 호칭강도가 24MPa이고, 30회의 콘크리트 압축 강도 시험으로부터 표준편차 2.4MPa을 얻었다. 이 콘크리트 배합 강도를 구하시오.

| 득점 | 배점 |
|---|---|
|  | 4 |

계산 과정)

답 : _____

해답 $f_{cn} = 24\,\mathrm{MPa} \leq 35\,\mathrm{MPa}$일 때 두 값 중 큰 값
- $f_{cr} = f_{cn} + 1.34s = 24 + 1.34 \times 2.4 = 27.22\,\mathrm{MPa}$
- $f_{cr} = (f_{cn} - 3.5) + 2.33s = (24 - 3.5) + 2.33 \times 2.4 = 26.09\,\mathrm{MPa}$
∴ 배합 강도 $f_{cr} = 27.22\,\mathrm{MPa}$

**KEY** 시험 횟수가 29회 이하일 때 표준편차의 보정 계수를 해 준다.

□□□ 산12③,22③
**03** 콘크리트용 모래에 포함되어 있는 유기 불순물 시험(KS F 2510)에 사용되는 식별용 표준색 용액을 제조하는 방법과 색도의 측정 방법을 쓰시오.

| 득점 | 배점 |
|---|---|
|  | 4 |

가. 식별용 표준색 용액을 제조하는 방법을 쓰시오.

○

나. 색도의 측정 방법을 쓰시오.

○

해답 가. 식별용 용액은 10%의 알코올 용액으로 2% 탄닌산 용액을 만들고, 그 2.5mL를 3%의 수산화나트륨 용액 97.5mL에 가하여 유리병에 넣어 마개를 닫고 잘 흔든다.
　　나. 시료에 수산화나트륨 용액을 가한 유리 용기와 표준색 용액을 넣은 유리 용기를 24시간 정치한 후 잔골재 상부의 용액색이 표준색 용액보다 연한지, 진한지 또는 같은지를 육안으로 비교한다.

**KEY** 표준색 용액 만들기 순서
① 알코올 10g에 물 90g을 타서 10%의 알코올 용액을 만든다.
② 10%의 알코올 용액 9.8g에 탄닌산가루 0.2g을 넣어서 2% 탄닌산 용액을 만든다.
③ 물 291g에 수산화나트륨 9g을 섞어서 3%의 수산화나트륨 용액을 만든다.
④ 2% 탄닌산 용액 2.5mL를 3%의 수산화나트륨 용액 97.5mL에 타서 식별용 표준색 용액을 만든다.
⑤ 식별용 표준색 용액 400mL의 시험용 무색 유리병에 넣어 마개를 막고 잘 흔든 다음 24시간 동안 가만히 놓아 둔다.

□□□ 산08③,10③,12③,16①,17①

04 RC 구조물에서 철근의 부식 정도를 측정하는 비파괴 시험 종류 3가지만 쓰시오.

① _____ ② _____

③ _____

해답 ① 자연 전위법　② 분극 저항법　③ 전기 저항법

□□□ 기08③, 산07③,10①,12③

05 아래와 같은 배합 설계에 의해 콘크리트 1m³를 배합하는 데 필요한, 단위 수량, 단위 잔골재량, 단위 굵은 골재량을 구하시오.
(단, 소수 넷째 자리에서 반올림하시오.)

- 잔골재율 : 40%
- 시멘트 밀도 : 3.15g/cm³
- 잔골재 표건 밀도 : 2.59g/cm³
- 공기량 : 4%
- 물–시멘트비 : 50%
- 단위 시멘트량 : 350kg/m³
- 굵은 골재 표건 밀도 : 2.62g/cm³

계산 과정)

[답] ① 단위 수량 : _____

② 단위 잔골재량 : _____

③ 단위 굵은 골재량 : _____

해답 ① 물–시멘트비 $\dfrac{W}{C}=50\%$에서

∴ 단위 수량 $W=0.5\times350=175\text{kg/m}^3$

② 단위 골재의 절대 체적

$$V_a=1-\left(\frac{\text{단위 수량}}{1000}+\frac{\text{단위 시멘트량}}{\text{시멘트 밀도}\times1000}+\frac{\text{공기량}}{100}\right)$$

$$=1-\left(\frac{175}{1000}+\frac{350}{3.15\times1000}+\frac{4}{100}\right)=0.674\text{m}^3$$

∴ 단위 잔골재량 = 단위 골재의 절대 체적 × 잔골재율 × 잔골재의 밀도 × 1000

$$=0.674\times0.40\times2.59\times1000=698.264\text{kg/m}^3$$

③ 단위 굵은 골재량 = 단위 굵은 골재의 절대 체적 × 굵은 골재 밀도 × 1000

$$=0.674\times(1-0.40)\times2.62\times1000=1059.528\text{kg/m}^3$$

□□□ 산10①,12③
**06** 강도 설계법에 의한 계수 전단력 $V_u = 70$kN을 받을 수 있는 직사각형 단면을 설계하려고 한다. 다음 물음에 답하시오. (단, $f_{ck} = 24$MPa)

|득점|배점|
|---|---|
| | 6 |

가. 최소 전단 철근 없이 견딜 수 있는 콘크리트의 최소 단면적 $b_w d$를 구하시오.

계산 과정)

답 : _____

나. 전단 철근의 최소량을 사용할 경우, 필요한 콘크리트의 최소 단면적 $b_w d$를 구하시오.

계산 과정)

답 : _____

해당 가. 전단 철근 없이 계수 전단력을 지지할 조건

$V_u \leq \dfrac{1}{2}\phi V_c = \dfrac{1}{2}\phi\dfrac{1}{6}\lambda\sqrt{f_{ck}}\,b_w d$ 에서

$70 \times 10^3 = \dfrac{1}{2} \times 0.75 \times \dfrac{1}{6} \times 1 \times \sqrt{24}\,b_w d$

$\therefore\ b_w d = 228619.04 \text{mm}^2$

나. 전단 철근의 최소량을 사용할 범위

$\dfrac{1}{2}\phi V_c < V_u \leq \phi V_c = \phi\dfrac{1}{6}\lambda\sqrt{f_{ck}}\,b_w d$

$70 \times 10^3 = 0.75 \times \dfrac{1}{6} \times 1 \times \sqrt{24}\,b_w d$

$\therefore\ b_w d = 114309.52 \text{mm}^2$

□□□ 산12③,21②
**07** 레디믹스트 콘크리트(KS F 4009)의 제조시 각 재료의 1회 계량 분량의 한계 오차를 쓰시오.

|득점|배점|
|---|---|
| | 6 |

| 재료의 종류 | 측정 단위 | 1회 계량 오차 |
|---|---|---|
| 시멘트 | 질량 | ① |
| 배합수 | 질량 또는 부피 | − 2%, +1% |
| 혼화재 | 질량 | ② |
| 화학 혼화제 | 질량 또는 부피 | ±3% |
| 골재 | 질량 | ③ |

| 재료의 종류 | 측정 단위 | 1회 계량 오차 |
|---|---|---|
| 시멘트 | 질량 | − 1%, +2% |
| 배합수 | 질량 또는 부피 | − 2%, +1% |
| 혼화재 | 질량 | ±2% |
| 화학 혼화제 | 질량 또는 부피 | ±3% |
| 골재 | 질량 | ±3% |

□□□ 산06③,12①③

**08** 압력법에 의한 굳지 않은 콘크리트의 공기량 시험 결과를 보고, 수정 계수를 결정하기 위한 잔골재와 굵은 골재의 질량을 구하시오. (단, 단위 골재량은 $1\text{m}^3$ 당 소요량이며, 시험기는 6L 용량을 사용한다.)

| 득점 | 배점 |
|---|---|
|  | 4 |

| 단위 잔골재량 | 단위 굵은 골재량 |
|---|---|
| $912\text{kg}/\text{m}^3$ | $1120\text{kg}/\text{m}^3$ |

가. 잔골재의 질량

계산 과정)

답 : _____

나. 굵은 골재의 질량

계산 과정)

답 : _____

해답 가. $m_f = \dfrac{V_C}{V_B} \times m_f{}' = \dfrac{6}{1000} \times 912 = 5.47\,\text{kg}$

　　나. $m_c = \dfrac{V_C}{V_B} \times m_c{}' = \dfrac{6}{1000} \times 1120 = 6.72\,\text{kg}$

KEY　　$m_f$ : 용적 $V_c$의 콘크리트 시료 중의 잔골재의 질량(kg)
　　　　$V_c$ : 콘크리트 시료의 용적($L$)(용기 용적과 같다.)
　　　　$V_B$ : 1배치의 콘크리트의 완성 용적($L$)
　　　　$m_f{}'$ : 1배치에 사용하는 잔골재의 질량(kg)

☐☐☐ 산12③,16①,22③

**09** 경간 10m의 대칭 T형보를 설계하려고 한다. 아래 조건을 보고 플랜지의 유효폭을 구하시오.

| 득점 | 배점 |
|---|---|
| | 4 |

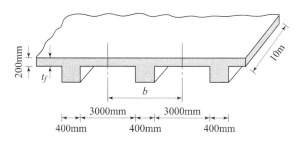

계산 과정)

답 : _____

예답 T형보의 유효폭은 다음 값 중 가장 작은 값으로 한다.
- 양쪽으로 각각 내민 플랜지 두께의 8배씩 : $16t_f) + b_w$
  $16t_f + b_w = 16 \times 200 + 400 = 3600\,mm$
- 양쪽의 슬래브의 중심 간 거리 : $1500 + 400 + 1500 = 3400\,mm$
- 보의 경간(L)의 1/4 : $\frac{1}{4} \times 10000 = 2500\,mm$   ∴ 유효폭 $b = 2500\,mm$

☐☐☐ 산12③,16③,21②

**10** 굳지 않은 콘크리트의 침하 균열에 대해 다음 물음에 답하시오.

| 득점 | 배점 |
|---|---|
| | 6 |

가. 침하 균열의 정의를 쓰시오.

  ○

나. 침하 균열의 방지 대책 2가지만 쓰시오.

  ① _____

  ② _____

예답 가. 콘크리트 타설 후 콘크리트의 표면 가까이에 있는 철근, 매설물 또는 입자가 큰 골재 등이 콘크리트의 침하를 국부적으로 방해하기 때문에 일어난다.
나. ① 콘크리트의 침하가 적게 되도록 배합한다.
② 콘크리트의 치기 높이를 적절하게 한다.
③ 피복 두께를 적절히 한다.

□□□ 산12③

11 콘크리트 표면의 철근 노출이나 요철, 기포 등의 콘크리트의 표면 상태의 검사 항목 및 검사 방법에 대해 아래표의 빈칸을 채우시오.

득점 배점
6

| 항 목 | 검사 방법 |
|---|---|
|  |  |
|  |  |
|  |  |

예산 콘크리트의 표면 상태의 검사

| 항 목 | 검사 방법 |
|---|---|
| 노출면의 상태 | 외관 관찰 |
| 균열 | 스케일에 의한 관찰 |
| 시공 이음 | 외관 및 스케일에 의한 관찰 |

KEY 콘크리트의 표면 상태의 검사

| 항 목 | 검사 방법 | 판단 기준 |
|---|---|---|
| 노출면의 상태 | 외관 관찰 | 평탄하고 허니컴, 자국, 기포 등에 의한 결함, 철근 피복 부족의 징후 등이 없으며, 외관이 정상일 것 |
| 균열 | 스케일에 의한 관찰 | 균열폭은 콘크리트 구조 설계 기준의 규정에 따르되, 구조물의 성능, 내구성, 미관 등 그의 사용 목적을 손상시키지 않는 허용값의 범위 내에 있을 것 |
| 시공이음 | 외관 및 스케일에 의한 관찰 | 신구 콘크리트의 일체성이 확보되어 있다고 판단되는 것 |

# 국가기술자격 실기시험문제

2013년도 산업기사 제1회 필답형 실기시험 (산업기사)

| 종 목 | 시험시간 | 배 점 | 성 명 | 수험번호 |
|---|---|---|---|---|
| 콘크리트산업기사 | 1시간 30분 | 60 | | |

※ 수험자 인적사항 및 계산식을 포함한 답안 작성은 검은색 필기구만 사용해야 하며, 그 외 연필류, 빨간색, 청색 등 필기구로 작성한 답항은 0점 처리 됩니다.

□□□ 기09①,11③, 산13①,17③

**01** 철근 콘크리트 부재에서 부재의 설계 강도란 공칭 강도에 1.0보다 작은 강도 감소 계수 $\phi$를 곱한 값을 말한다. 이러한 강도 감소 계수를 사용하는 목적을 3가지만 쓰시오.

| 득점 | 배점 |
|---|---|
| | 6 |

① _____

② _____

③ _____

해답 ① 부정확한 설계 방정식에 대비하기 위해서
② 주어진 하중 조건에 대한 부재의 연성도와 소요 신뢰도를 위해서
③ 구조물에서 차지하는 부재의 중요도 등을 반영하기 위해서
④ 재료 강도와 치수가 변동할 수 있으므로 부재의 강도 저하 확률에 대비하기 위해서

□□□ 산13①,20②,21②

**02** 부재 또는 하중의 강도 감소 계수를 쓰시오.

| 득점 | 배점 |
|---|---|
| | 4 |

가. 띠철근 : _____

나. 전단 철근 : _____

다. 인장 지배 단면 : _____

라. 무근 콘크리트의 휨 모멘트 : _____

해답 가. 0.65
나. 0.75
다. 0.85
라. 0.55

강도 감소 계수 $\phi$

| 부재 | | 강도 감소 계수 |
|---|---|---|
| 인장 지배 단면 | | 0.85 |
| 압축 지배 단면 | 나선 철근으로 보강된 철근 콘크리트 부재 | 0.70 |
| | 그 외의 철근 콘크리트 부재 | 0.65 |
| | 변화 구간 단면(전이 구역) | 0.65(0.70)~0.85 |
| 전단력과 비틀림 모멘트 | | 0.75 |
| 콘크리트의 지압력 (포스트텐션 정착부나 스트럿-타이 모델은 제외) | | 0.65 |
| 포스트텐션 정착 구역 | | 0.85 |
| 스트럿-타이 모델 | 스트럿, 절점부 및 지압부 | 0.75 |
| | 타이 | 0.85 |
| 무근 콘크리트의 휨 모멘트, 압축력, 전단력, 지압력 | | 0.55 |

□□□ 산13①

**03 하중 증가 계수(활하중, 고정 하중)를 사용하는 이유를 3가지만 쓰시오.**

| 득점 | 배점 |
|---|---|
| | 6 |

① _____

② _____

③ _____

해답 ① 예상되는 초과 하중에 대비하기 위하여
② 작용 하중의 정확한 크기를 알 수 없기 때문에
③ 하중의 불확실성의 정도에 따라 하중의 증가를 정하기 위하여

□□□ 산10①,13①

**04 알칼리-실리카 반응에 대해 설명하시오.**

| 득점 | 배점 |
|---|---|
| | 4 |

[예시] 겔이 형성되어 콘크리트 위로 올라온다.

○

해답 알칼리와 실리카의 화학 반응에 의해 생상된 알칼리-실리카 겔(gel)은 주위의 물을 흡수하여 콘크리트의 내부에 국부적 팽창압을 일으켜 콘크리트의 강도를 저하시킨다.

□□□ 산11③,13①,16②

05 콘크리트의 배합설계에서 시방 배합 결과가 아래 표와 같을 때 현장 골재의 상태에 따라 각 재료량을 구하시오. (단, 소수 셋째 자리에서 반올림하시오.)

[표 1] 【시방 배합표】

| 굵은 골재의 최대 치수 (mm) | 슬럼프 (mm) | 공기량 (%) | $W/B$ (%) | $S/a$ (%) | 단위량(kg/m³) | | | | 혼화제 (g/m³) |
|---|---|---|---|---|---|---|---|---|---|
| | | | | | 물 | 시멘트 | 잔골재 | 굵은 골재 | |
| 25 | 120±15 | 4.5±0.5 | 50 | | 180 | 360 | 715 | 985 | 1,086 |

[표 2] 【현장 골재 상태】

| 잔골재가 5mm 체에 남는 양 | 4% |
|---|---|
| 굵은 골재가 5mm 체에 통과하는 양 | 2% |
| 잔골재의 표면수 | 2.5% |
| 굵은 골재의 표면수 | 0.5% |

가. 단위 수량을 구하시오.

계산 과정 )

답 : _____

나. 단위 잔골재량을 구하시오.

계산 과정 )

답 : _____

다. 단위 굵은 골재량을 구하시오.

계산 과정 )

답 : _____

해답 ■ 입도에 의한 조정

· $S = 715\,kg$, $G = 985\,kg$, $a = 4\%$, $b = 2\%$

· $X = \dfrac{100S - b(S+G)}{100 - (a+b)} = \dfrac{100 \times 715 - 2(715 + 985)}{100 - (4+2)} = 724.47\,kg/m^3$

· $Y = \dfrac{100G - a(S+G)}{100 - (a+b)} = \dfrac{100 \times 985 - 4(715 + 985)}{100 - (4+2)} = 975.53\,kg/m^3$

■ 표면수에 의한 조정

· 잔골재의 표면수 $= 724.47 \times \dfrac{2.5}{100} = 18.11\,kg$

· 굵은 골재의 표면수 $= 975.53 \times \dfrac{0.5}{100} = 4.88\,kg$

■ 현장 배합량

가. 단위 수량 : $180 - (18.11 + 4.88) = 157.01\,kg/m^3$

나. 단위 잔골재량 : $724.47 + 18.11 = 742.58\,kg/m^3$

다. 단위 굵은 골재량 : $975.53 + 4.88 = 980.41\,kg/m^3$

산08③,10③,13①

06 콘크리트의 강도 시험용 공시체 제작 방법(KS F 2403)에 대한 아래의 물음에 답하시오.

득점 | 배점
--- | ---
 | 6

가. 압축 강도 시험용 공시체는 지름의 2배의 높이를 가진 원기둥형으로 한다.
그 지름은 굵은 골재 최대 치수의 ( ① )배 이상이며, ( ② )mm 이상이어야 한다.

나. 규격 150mm×150mm×530mm인 콘크리트 휨 강도 시험용 공시체를 만들 때
시료를 2층으로 나누어 넣고 각 층은 몇 회씩 다져야 하는가?

계산 과정)

답 : _____

다. 콘크리트를 다 채운 후, 그 경화를 기다리며 몰드를 뗀다. 이때 몰드를 떼는
시기는 콘크리트 채우기가 끝나고 나서 ( ③ )시간 이상, ( ④ )일 이내로 한다.
그동안 충격, 진동 및 수분의 증발을 막아야 한다.

가. ① 3배, ② 100mm

나. $\dfrac{150 \times 530}{1000} = 80$회

다. ③ 16, ④ 3

산13①

07 포장용 콘크리트의 배합 기준에 대해 빈칸을 채우시오.

득점 | 배점
--- | ---
 | 6

| 항 목 | 설계 기준 |
| --- | --- |
| 설계 기준 휨 호칭강도($f_{28}$) |  |
| 단위 수량 |  |
| 굵은 골재의 최대 치수 |  |
| 슬럼프 |  |
| 공기 연행 콘크리트의 공기량 범위 |  |

포장용 콘크리트의 배합 기준

| 항 목 | 기 준 |
| --- | --- |
| 설계 기준 휨 호칭강도($f_{28}$) | 4.5MPa 이상 |
| 단위 수량 | 150kg/m³ 이하 |
| 굵은 골재의 최대 치수 | 40mm 이하 |
| 슬럼프 | 40mm 이하 |
| 공기 연행 콘크리트의 공기량 범위 | 4~6% |

□□□ 기05①,06③,16①, 산08③,11③,13①

**08** 콘크리트 제조에 사용될 골재가 잠재적으로 알칼리 골재 반응을 일으킬 우려가 있어 사용하고자 하는 시멘트 중에 포함된 알칼리 성분 측정 결과가 아래 표와 같다면 시멘트 중의 전 알칼리량을 구하시오.

득점 배점
4

$$Na_2O = 0.45\%, \quad K_2O = 0.4\%$$

계산 과정)

답 : _____

□□□
$$R_2O = Na_2O + 0.658K_2O$$
$$= 0.45 + 0.658 \times 0.4 = 0.71\%$$

> **KEY** 총알칼리량
> $$R_2O = Na_2O + 0.658K_2O$$
> 여기서, $R_2O$ : 포틀랜드 시멘트 중의 전 알칼리의 질량(%)
> $Na_2O$ : 포틀랜드 시멘트(저알칼리형) 중의 산화나트륨의 질량(%)
> $K_2O$ : 포틀랜드 시멘트(저알칼리형) 중의 산화칼륨의 질량(%)

□□□ 산09①,13①

**09** 아래 내용은 콘크리트의 블리딩 시험 방법(KS F 2414)에 관한 사항 중 일부이다. ( ) 안에 들어갈 알맞은 내용을 쓰시오.

득점 배점
4

- 시험하는 동안 실온을 ( ① )±3℃를 유지해야 한다.
- 콘크리트를 용기에 ( ② )층으로 나누어 넣고 각 층의 윗면을 고른 후, ( ③ )회씩 다지고, 다진 구멍이 없어지고 콘크리트 표면에 큰 기포가 보이지 않을 때까지 용기 바깥을 10~15회 나무망치로 두들긴다.
- 시료의 표면이 용기의 가장자리에서 (25±0.3)cm 낮아지도록 흙손으로 고른다.
- 시료가 담긴 용기를 진동이 없는 수평한 바닥 위에 놓고 뚜껑을 덮는다.
- 처음 60분 동안 ( ④ )분 간격으로, 그 후는 블리딩이 정지될 때까지 30분 간격으로 표면에 생긴 물을 빨아낸다.

□□□ ① 20  ② 3  ③ 25  ④ 10

>  **KEY** ① 시험하는 동안 실온을 (20±3)℃를 유지해야 한다.
> ② 콘크리트를 용기에 3층으로 나누어 넣고 각 층의 윗면을 고른 후, 25회씩 다진다.
> ③ 콘크리트의 용기에 (25±0.3)cm의 높이까지 채운 후, 윗부분을 흙손으로 편평하게 고르고 시간을 기록한다.
> ④ 처음 60분 동안 10분 간격으로, 그 후는 블리딩이 정지될 때까지 30분 간격으로 표면에 생긴 물을 빨아낸다.

☐☐☐ 산09①,11①,13①

10 보다 빠른 콘크리트 경화나 강도 발현을 촉진시키기 위하여 실시하는 촉진 양생 방법을 4가지만 쓰시오.

| 득점 | 배점 |
|---|---|
| | 4 |

① _____

② _____

③ _____

④ _____

해답 ① 증기 양생     ② 오토클레이브 양생
③ 온수 양생     ④ 전기 양생
⑤ 적외선 양생     ⑥ 고주파 양생

☐☐☐ 산05①,13①

11 콘크리트 압축 강도 측정 결과가 다음과 같았다. 이 콘크리트 압축 강도에 대한 아래 물음에 답하시오.

| 득점 | 배점 |
|---|---|
| | 6 |

**【 압축 강도 측정 결과(MPa) 】**

| 22.5 | 21.7 | 23.2 | 22 | 23 |
|---|---|---|---|---|

가. 압축 강도의 표준편차를 구하시오.

계산 과정)

답 : _____

나. 압축 강도의 변동 계수를 구하시오.

계산 과정)

답 : _____

해답 가. $\overline{x} = \dfrac{\sum x_i}{n} = \dfrac{22.5 + 21.7 + 23.2 + 22 + 23}{5} = 22.48\,\text{MPa}$

$\sum (x_i - \overline{x})^2 = (22.5 - 22.48)^2 + (21.7 - 22.48)^2 + (23.2 - 22.48)^2$
$\qquad\qquad\quad + (22 - 22.48)^2 + (23 - 22.48)^2$
$\qquad\quad = 1.628$

∴ 표준편차 $s = \sqrt{\dfrac{\sum (x_i - \overline{x})^2}{n-1}} = \sqrt{\dfrac{1.628}{5-1}} = 0.64\,\text{MPa}$

나. $C_v = \dfrac{s}{\overline{x}} \times 100 = \dfrac{0.64}{22.48} \times 100 = 2.85\%$

**KEY** 표준편차는 불편분산(콘크리트 표준시방서 개념)에 의한다.

□□□ 산13①,20②

12 폭 $b_w = 300\text{mm}$, 유효 깊이 $d = 450\text{mm}$이고, $A_s = 2027\text{m}^2$인 철근 콘크리트 단철근 직사각형보에서 $f_{ck} = 28\text{MPa}$, $f_y = 400\text{MPa}$일 때, 다음 물음에 답하시오.

득점 | 배점
--- | ---
 | 6

가. 강도 설계법으로 설계 휨 강도($\phi M_n$)를 구하시오.

계산 과정)

답 : _____

나. 계수 전단력 $V_u = 45\text{kN}$을 받고 있는 보일 때, 전단 철근의 유무를 판단하시오.

예답 가. $f_{ck} = 28\text{MPa} \le 40\text{MPa}$일 때 $\eta = 1.0$, $\beta_1 = 0.80$

$$a = \frac{A_s f_y}{\eta(0.85 f_{ck})b} = \frac{2027 \times 400}{1 \times 0.85 \times 28 \times 300} = 113.56\,\text{mm}$$

$$c = \frac{a}{\beta_1} = \frac{113.56}{0.80} = 141.95\text{mm}$$

- $\epsilon_t = \dfrac{0.0033 \times (d-c)}{c}$

  $= \dfrac{0.0033 \times (450 - 141.95)}{141.95} = 0.0072 > 0.005\,(\text{인장지배})$

  $\therefore \phi = 0.85$

  $\therefore \phi M_n = \phi A_s f_y \left( d - \dfrac{a}{2} \right)$

  $= 0.85 \times 2027 \times 400 \left( 450 - \dfrac{113.56}{2} \right)$

  $= 270999360\text{N} \cdot \text{mm} = 271.00\text{kN} \cdot \text{m}$

나. 전단 철근의 최소량을 사용할 범위

$$\frac{1}{2}\phi V_c < V_u \le \phi V_c = \phi \frac{1}{6}\lambda\sqrt{f_{ck}}\,b_w d$$

- $\dfrac{1}{2}\phi V_c = \dfrac{1}{2} \times \phi \dfrac{1}{6}\lambda\sqrt{f_{ck}}\,b_w d$

  $= \dfrac{1}{2} \times 0.75 \times \dfrac{1}{6} \times 1 \times \sqrt{28} \times 300 \times 450$

  $= 44647\text{N} = 44.65\text{kN}$

- $\phi V_c = \phi \dfrac{1}{6}\lambda\sqrt{f_{ck}}\,b_w d$

  $= 0.75 \times \dfrac{1}{6} \times \sqrt{28} \times 300 \times 450 = 89294\text{N} = 89.29\text{kN}$

- $44.65\text{kN} < 45\text{kN} \le 89.29\text{kN}$

  $\therefore$ 전단 철근의 최소량 배치

2013년도 산업기사 제3회 필답형 실기시험(산업기사)

| 종 목 | 시험시간 | 배 점 | 성 명 | 수험번호 |
|---|---|---|---|---|
| 콘크리트산업기사 | 1시간 30분 | 60 | | |

※ 수험자 인적사항 및 계산식을 포함한 답안 작성은 검은색 필기구만 사용해야 하며, 그 외 연필류, 빨간색, 청색 등 필기구로 작성한 답항은 0점 처리 됩니다.

---

□□□ 산08③,13③

**01** 경화한 콘크리트의 압축 및 쪼갬 인장 시험에서 직경 100mm, 높이 200mm인 공시체를 사용하여 최대 압축 하중 353.25kN, 최대 쪼갬 인장 하중 50.24kN으로 나타났다. 경화한 콘크리트의 압축 및 쪼갬 인장 강도를 구하시오.

득점 | 배점
4

가. 압축 강도를 계산하시오.

계산 과정)

답 : _____

나. 쪼갬 인장 강도를 계산하시오.

계산 과정)

답 : _____

 가. $f_c = \dfrac{P}{\dfrac{\pi d^2}{4}} = \dfrac{353.25 \times 10^3}{\dfrac{\pi \times 100^2}{4}} = 44.98\,\mathrm{N/mm^2} = 44.98\,\mathrm{MPa}$

나. $f_{sp} = \dfrac{2P}{\pi dl} = \dfrac{2 \times 50.24 \times 10^3}{\pi \times 100 \times 200} = 1.60\,\mathrm{N/mm^2} = 1.60\,\mathrm{MPa}$

---

□□□ 산13③

**02** 압축 철근 단면적 2000mm²을 갖는 보의 폭이 200mm, 유효 깊이 500mm의 철근 콘크리트 복철근 직사각형 단면보에서 탄성 처짐이 8mm 발생하였다. 5년 이상 경과한 후에 예상되는 이 부재의 총처짐량(mm)을 계산하시오.

득점 | 배점
5

계산 과정)

답 : _____

해설
- 장기 처짐 계수 $\lambda = \dfrac{\xi}{1+50\rho'} = \dfrac{2.0}{1+50\times0.02} = 1.0$
- $\rho' = \dfrac{A_s'}{bd} = \dfrac{2000}{200\times500} = 0.02$
- 5년 이상 시간 경과 계수 $\xi = 2.0$
- 장기 처짐 = 순간 처짐(탄성 침하)×장기 처짐 계수($\lambda$)
  $= 8 \times 1.0 = 8.0$mm
- ∴ 총처짐량 = 탄성 처짐+장기 처짐 = 8+8 = 16mm

□□□ 산13③,21③

**03 콘크리트의 품질관리에서 계수치 관리도의 종류를 3가지만 쓰시오.**

| 득점 | 배점 |
|---|---|
|  | 4 |

① _____  ② _____

③ _____

해답 ① $p$ 관리도  ② $p_n$ 관리도  ③ $c$ 관리도  ④ $u$ 관리도

**KEY** 관리도의 종류

| 종류 | 데이터의 종류 | 관리도 | 적용 이론 |
|---|---|---|---|
| 계량값 관리도 | 길이, 중량, 강도, 화학 성분, 압력, 슬럼프, 공기량, 생산량 | $\bar{x}-R$ 관리도 (평균값과 범위의 관리도) | 정규 분포 |
|  |  | $\bar{x}-\sigma$ 관리도 (평균값과 표준편차의 관리도) |  |
|  |  | $x$ 관리도(측정값 자체의 관리도) |  |
| 계수값 관리도 | 제품의 불량률 | $p$ 관리도(불량 관리도) | 이항 분포 |
|  | 불량 계수 | $p_n$ 관리도(결점수 관리도) |  |
|  | 결점수(시료 크기가 같을 때) | $c$ 관리도(결점수 관리도) | 포와송 분포 |
|  | 단위당 결점수(단위가 다를 때) | $u$ 관리도(단위당 결점수 관리도) |  |

□□□ 산05③,13③

**04 콘크리트 압축 강도를 35회 측정하였을 때 표준편차가 3.0MPa이었다. 품질 기준 강도 $f_{cq}$=30MPa일 때, 콘크리트의 배합 강도 $f_{cr}$를 구하시오.**

| 득점 | 배점 |
|---|---|
|  | 6 |

계산 과정)

답 : _____

예답 • $f_{cq} \leq 35\text{MPa}$인 경우

• $f_{cr} = f_{cq} + 1.34\,s\,(\text{MPa}) = 30 + 1.34 \times 3.0 = 34.02\,\text{MPa}$

• $f_{cr} = (f_{cq} - 3.5) + 2.33\,s\,(\text{MPa}) = (30 - 3.5) + 2.33 \times 3 = 33.49\,\text{MPa}$

∴ 배합 강도 $f_{cr} = 34.02\,\text{MPa}$(두 값 중 큰 값)

□□□ 산07③,13③

**05** 아래와 같은 배합 설계에 의해 콘크리트 $1\text{m}^3$를 배합하는 데 필요한 단위 수량, 단위 잔골재량, 단위 굵은 골재량을 구하시오.

---

• 잔골재율 : 40%  •단위 시멘트량 : $350\text{kg/m}^3$

• 시멘트 밀도 : $3.15\text{g/cm}^3$  •물–시멘트비 : 50%

• 잔골재 표건 밀도 : $2.59\text{g/cm}^3$  •굵은 골재 표건 밀도 : $2.62\text{g/cm}^3$

• 공기량 : 4%

---

계산 과정)

[답] ① 단위 수량 : _____

② 단위 잔골재량 : _____

③ 단위 굵은 골재량 : _____

예답 ① 물–시멘트비 $\dfrac{W}{C} = 50\%$에서

단위 수량 $W = 0.5 \times 350 = 175\text{kg/m}^3$

② 단위 골재의 절대 체적

$$V_a = 1 - \left( \frac{\text{단위 수량}}{1000} + \frac{\text{단위 시멘트량}}{\text{시멘트 밀도} \times 1000} + \frac{\text{공기량}}{100} \right)$$

$$= 1 - \left( \frac{175}{1000} + \frac{350}{3.15 \times 1000} + \frac{4}{100} \right) = 0.674\text{m}^3$$

∴ 단위 잔골재량 = 단위 골재의 절대 체적 × 잔골재율 × 잔골재의 밀도 × 1000

$$= 0.674 \times 0.40 \times 2.59 \times 1000 = 698.264\,\text{kg/m}^3$$

③ 단위 굵은 골재량 = 단위 굵은 골재의 절대 체적 × 굵은 골재 밀도 × 1000

$$= 0.674 \times (1 - 0.40) \times 2.62 \times 1000 = 1059.528\,\text{kg/m}^3$$

 **KEY** $0.00315\text{g/mm}^3 = 3.15\text{g/cm}^3$, $0.00259\text{g/mm}^3 = 2.59\text{g/cm}^3$, $0.00262\text{g/mm}^3 = 2.62\text{g/cm}^3$

□□□ 산13③

**06** 콘크리트용 화학 혼화제 중 유동화제와 고성능 감수제에 대해서 각각 설명하시오.

가. 유동화제 :  _____

나. 고성능 감수제 : _____

가. 유동화제 : 콘크리트 배합 완료 후 유동성을 목적으로 사용
나. 고성능 감수제 : 콘크리트 배합초기부터 감수 및 유동성을 목적으로 사용

> **KEY**
> · 유동화제 : 고성능 감수제로 감수시키지 않고 동일한 물–시멘트비로서 작업 성능이 뛰어난 콘크리트 제조를 목적으로 사용하는 혼화제
> · 고성능 감수제 : 뛰어난 감수작용을 이용하여 보통 콘크리트와 같은 작업 성능을 가지면서 물–시멘트비 저감을 주목적으로 사용하는 혼화제

□□□ 산06③,13③,17③

| 득점 | 배점 |
|------|------|
|      | 6    |

**07 특수 콘크리트에 대한 아래의 물음에 답하시오.**

가. 하루의 평균 기온이 몇 ℃ 이하가 되는 기상 조건에서 한중 콘크리트로서 시공하여야 하는가?

답 : _____

나. 한중 콘크리트의 물 – 결합재는 원칙적으로 몇 % 이하로 하여야 하는가?

답 : _____

다. 하루의 평균 기온이 몇 ℃를 초과하는 것이 예상될 경우 서중 콘크리트로서 시공하여야 하는가?

답 : _____

가. 4℃    나. 60%    다. 25℃

> **KEY**
> 가. 하루의 평균 기온이 4℃ 이하가 되는 기상 조건일 때는 콘크리트가 동결할 염려가 있으므로 한중 콘크리트로 시공하여야 한다.
> 나. 한중 환경에 있어 동결 융해 저항성을 갖는 콘크리트의 모세관 조직의 치밀화를 위하여는 물–결합재비를 60% 이하로 하여 소정의 강도 수준을 갖는 콘크리트가 요구된다.
> 다. 하루 평균 기온이 25℃를 초과하는 것이 예상되는 경우 서중 콘크리트로 시공하여야 한다.

□□□ 산13③

| 득점 | 배점 |
|------|------|
|      | 4    |

**08 폭 400mm, 유효 깊이 600mm인 보통 중량 콘크리트보($f_{ck}$=27MPa)가 부담할 수 있는 공칭 전단 강도($V_c$)를 구하시오.**

계산 과정)

답 : _____

애답 보통 중량 콘크리트보가 부담할 공칭 전단 강도

$$V_c = \frac{1}{6}\lambda\sqrt{f_{ck}}\,b_w d$$

$$= \frac{1}{6}\times 1\times\sqrt{27}\times 400\times 600 = 207846\,\mathrm{N} = 208\,\mathrm{kN}$$

□□□ 산13③,23③

**09** 어떤 골재에 대해 10개의 체를 1조로 체가름 시험한 결과, 각 체에 잔류한 골재의 중량 백분율이 다음 표와 같았다. 이 골재의 조립률을 구하시오.

| 득점 | 배점 |
| --- | --- |
|  | 8 |

【골재의 체가름 시험 결과】

| 체의 크기(mm) | 각 체에 남은 골재의 누가 중량 백분율(%) |
| --- | --- |
| 75 | 0 |
| 40 | 0 |
| 20 | 0 |
| 10 | 0 |
| 5.0 | 4 |
| 2.5 | 15 |
| 1.2 | 37 |
| 0.6 | 62 |
| 0.3 | 84 |
| 0.15 | 98 |

애답 $\mathrm{F.M} = \dfrac{\sum \text{각 체에 남는 잔류율의 누계}}{100}$

$$= \frac{0\times 4 + 4 + 15 + 37 + 62 + 84 + 98}{100} = \frac{300}{100} = 3.0$$

 **KEY** 골재의 조립률 : 75mm, 40mm, 20mm, 10mm, 5mm, 2.5mm, 1.2mm, 0.6mm, 0.3mm, 0.15mm 등 10개의 체를 사용한다.

□□□ 산13③,20②

10 **콘크리트 강도 시험에 대한 아래의 물음에 답하시오.**

득점 배점
6

가. 압축 강도 시험을 위한 공시체의 형상 및 치수에 대해 설명하시오

ㅇ

나. 휨 강도 시험에서 하중을 가하는 속도에 대해 설명하시오.

ㅇ

정답 가. ① 형상 : 공시체는 지름의 2배의 높이를 가진 원기둥
② 치수 : 공시체의 지름은 굵은 골재 최대 치수의 3배 이상, 100mm 이상

나. 매초 $(0.06 \pm 0.04)MPa(N/mm^2)$

□□□ 산11③,13③

11 **콘크리트용 굵은 골재의 최대 치수에 대한 아래 물음에 답하시오.**

득점 배점
4

가. 굵은 골재의 최대 치수에 대한 정의를 간단히 쓰시오.

ㅇ

나. 콘크리트 배합에 사용되는 굵은 골재 최대 치수의 표준에 대한 아래 표의 빈칸
을 채우시오.

| 구조물의 종류 | 굵은 골재의 최대 치수(mm) |
|---|---|
| 일반적인 경우 | ① |
| 단면이 큰 경우 | ② |
| 무근 콘크리트 | 40<br>부재 최소치수의 1/4를 초과해서는 안 됨. |

다. 콘크리트 배합에 사용되는 굵은 골재의 공칭 최대치수는 어떤 값을 초과하면
안 되는지 아래 표의 예시와 같이 2가지만 쓰시오.

[예시] 개별 철근, 다발 철근, 긴장재 또는 덕트 사이의 최소 순간격의 3/4

① _____

② _____

정답 가. 질량비로 90% 이상을 통과시키는 체 중에서 최소 치수인 체의 호칭치수로 나타낸
굵은 골재의 치수
나. ① 20 또는 25, ② 40
다. ① 거푸집 양측면 사이의 최소 거리의 1/5, ② 슬래브 두께의 1/3

# 국가기술자격 실기시험문제

2014년도 산업기사 제1회 필답형 실기시험(산업기사)

| 종 목 | 시험시간 | 배 점 | 성 명 | 수험번호 |
|---|---|---|---|---|
| 콘크리트산업기사 | 1시간 30분 | 60 | | |

※ 수험자 인적사항 및 계산식을 포함한 답안 작성은 검은색 필기구만 사용해야 하며, 그 외 연필류, 빨간색, 청색 등 필기구로 작성한 답항은 0점 처리 됩니다.

---

□□□ 기06③, 산05①,14①,21②

**01** 레디믹스트 콘크리트(KS F 4009)의 제조시 각 재료의 1회 계량 분량의 한계 오차를 쓰시오.

득점 / 배점 4

| 재료의 종류 | 측정 단위 | 1회 계량 오차 |
|---|---|---|
| 시멘트 | 질량 | -1%, +2% |
| 골재 | 질량 | ① |
| 물 | 질량 또는 부피 | ② |
| 혼화재 | 질량 | ③ |
| 혼화제 | 질량 또는 부피 | ④ |

해답 ① +3%　② -2%, +1%　③ ±2%　④ ±3%

---

□□□ 산05①,14①

**02** 기존 철근 콘크리트 구조물의 구조 내력의 검토를 위해 철근 탐사기를 이용한다. 이런 철근 탐사기로 측정할 수 있는 항목 3가지만 쓰시오.

득점 / 배점 6

① _____

② _____

③ _____

해답 ① 설계도면과 실제 배근상태의 일치 여부
② 구조부재의 피복두께
③ 철근의 깊이 및 위치
④ 공동

□□□ 산08③,14①

**03** 아래와 같은 배합설계에 의해 콘크리트 1m³를 배합하는 데 필요한 단위 수량, 단위 잔골재량, 단위 굵은 골재량을 구하시오. (단, 소수 넷째자리에서 반올림하시오.)

| | |
|---|---|
| • 물-시멘트비 : 48% | • 잔골재율 : 42% |
| • 단위 시멘트량 : 280kg/m³ | • 시멘트 밀도 : 3.15g/cm³ |
| • 잔골재 표건 밀도 : 2.50g/cm³ | • 굵은 골재 표건 밀도 : 2.62g/cm³ |
| • 공기량 : 5% | |

계산 과정)

[답] ① 단위 수량 : _____

② 단위 잔골재량 : _____

③ 단위 굵은 골재량 : _____

해답 ① 물-시멘트비에서 $\frac{W}{C} = 48\%$ 에서

단위 수량 $W = 0.48 \times 280 = 134.4 \text{kg/m}^3$

② 단위 골재의 절대 체적

$$V_a = 1 - \left( \frac{\text{단위수량}}{1000} + \frac{\text{단위 시멘트량}}{\text{시멘트 밀도} \times 100} + \frac{\text{공기량}}{100} \right)$$

$$= 1 - \left( \frac{134.4}{1000} + \frac{280}{3.15 \times 1000} + \frac{5}{100} \right) = 0.727 \text{m}^3$$

③ 단위 잔골재량 = 단위 골재의 절대 체적×잔골재율×잔골재의 밀도×1000

$$= 0.727 \times 0.42 \times 2.50 \times 1000 = 763.350 \text{kg/m}^3$$

④ 단위 굵은 골재량 = 단위 굵은 골재의 절대 체적×굵은 골재 밀도×1000

$$= 0.727 \times (1-0.42) \times 2.62 \times 1000 = 1104.749 \text{kg/m}^3$$

□□□ 기13③, 산09①,12①,14①,17③

**04** 콘크리트의 압축 강도를 추정하기 위한 비파괴 검사 방법의 종류를 4가지만 쓰시오.

① _____  ② _____

③ _____  ④ _____

해답 ① 반발 경도법  ② 초음파 속도법  ③ 조합법  ④ 코어 채취법  ⑤ 인발법

□□□ 산06③,09③,14①,16③

05 지름 100mm, 높이 200mm인 원주형 공시체를 사용하여 쪼갬 인장 강도 시험을 하여 시험기에 나타난 최대 하중 $P=31400$N이었다. 이 콘크리트의 인장강도를 구하시오.(단, $\pi=3.14$)

계산 과정)

답 : _____

 $f_{sp} = \dfrac{2P}{\pi dl} = \dfrac{2 \times 31400}{3.14 \times 100 \times 200} = 1.00\,\text{N/mm}^2 = 1.00\,\text{MPa}$

□□□ 산14①,16③,19②

06 다음의 각 조건일 때 물음에 답하시오.

가. 30회 이상의 콘크리트 압축강도 시험 실적으로부터 구한 압축강도의 표준편차가 3.0MPa이고, 콘크리트의 호칭강도가 28MPa인 경우 배합강도를 구하시오.

계산 과정)

답 : _____

나. 압축강도 기록이 없고, 호칭강도가 28MPa인 경우 배합강도를 구하시오.

계산 과정)

답 : _____

다. 30회 이상의 콘크리트 압축강도 시험 실적으로부터 결정한 압축강도의 표준편차가 4.5MPa이고, 호칭강도가 38MPa일 때 배합강도를 구하시오.

계산 과정)

답 : _____

라. 17회의 콘크리트 압축강도 시험 실적으로부터 결정한 압축강도의 표준편차가 3.0MPa인 경우 표준편차의 보정계수를 적용하여 배합강도 결정을 위한 표준편차를 구하시오.(단, 소수점 이하 셋째자리에서 반올림 하시오.)

계산 과정)

답 : _____

해답 가. • $f_{cn} \leq 35$MPa일 때
　　• $f_{cr} = f_{cn} + 1.34\,s\,(\text{MPa}) = 28 + 1.34 \times 3.0 = 32.02\,\text{MPa}$
　　• $f_{cr} = (f_{cn} - 3.5) + 2.33\,s\,(\text{MPa}) = (28 - 3.5) + 2.33 \times 3.0 = 31.49\,\text{MPa}$
　　∴ 배합강도 $f_{cr} = 32.02\,\text{MPa}$(두 값 중 큰 값)
　나. $f_{cr} = f_{cn} + 8.5 = 28 + 8.5 = 36.5\,\text{MPa}$

다. • $f_{cn} > 35\text{MPa}$일 때

　　• $f_{cr} = f_{cn} + 1.34\,s\,(\text{MPa}) = 38 + 1.34 \times 3.0 = 42.02\,\text{MPa}$

　　• $f_{cr} = 0.9 f_{cn} + 2.33\,s\,(\text{MPa}) = 0.9 \times 38 + 2.33 \times 3.0 = 41.19\,\text{MPa}$

　　∴ 배합강도 $f_{cr} = 42.02\,\text{MPa}$

　　[∵ 두 값 중 큰 값이 배합강도이다.]

라. 직선보간 보정계수 $= 1.16 - \dfrac{1.16 - 1.08}{20 - 15} \times 2 = 1.128$

　　∴ 표준편차 $= 1.128 \times 3.0 = 3.38\,\text{MPa}$

---

 **KEY**

• 콘크리트 압축강도의 표준편차를 알지 못할 때, 또는 압축강도의 시험
횟수가 14회 이하인 경우 콘크리트의 배합강도

| 호칭강도 $f_{cn}(\text{MPa})$ | 배합강도 $f_{cr}(\text{MPa})$ |
|---|---|
| 21 미만 | $f_{cn} + 7$ |
| 21 이상 35 이하 | $f_{cn} + 8.5$ |
| 35 초과 | $1.1 f_{cn} + 5.0$ |

• 시험횟수가 29회 이하일 때 표준편차의 보정계수

| 시험횟수 | 표준편차의 보정계수 |
|---|---|
| 15 | 1.16 |
| 20 | 1.08 |
| 25 | 1.03 |
| 30 이상 | 1.00 |

---

□□□ 기05③, 산06③,07③,14①,23②

07 콘크리트의 워커빌리티를 판정하는 기준이 되는 반죽 질기를 측정하는 방법을
4가지만 쓰시오.

| 득점 | 배점 |
|---|---|
| | 4 |

① _____

② _____

③ _____

④ _____

① 슬럼프 시험
② 구관입 시험(케리볼 시험)
③ 진동대에 의한 반죽 질기 시험
④ 진동식 유동성 시험
⑤ 다짐 계수 시험
⑥ 리몰딩 시험

08 그림과 같은 대칭 T형보를 설계하려고 한다. 아래 조건을 보고 물음에 답하시오.(단, $A_s = 9400\text{mm}^2$, $f_{ck} = 30\text{MPa}$, $f_y = 400\text{MPa}$, 유효높이=910mm)

| 득점 | 배점 |
|---|---|
| | 12 |

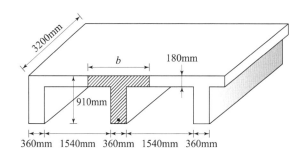

가. 플랜지 유효폭($b$)을 구하시오.

계산 과정)

답 : _____

나. 공칭전단강도($V_c$)를 구하시오.

계산 과정)

답 : _____

다. 중심축간 거리 $c$를 구하시오.

계산 과정)

답 : _____

라. 강도 설계법으로 설계휨강도($\phi M_n$)를 구하시오.(단, 인장파괴임)

계산 과정)

답 : _____

해답 가. T형보의 유효폭은 다음 값 중 가장 작은 값으로 한다.
• (양쪽으로 각각 내민 플랜지 두께의 8배씩 : $16t_f$) $+ b_w$
  $16t_f + b_w = 16 \times 180 + 360 = 3240\,\text{mm}$
• 양쪽의 슬래브의 중심 간 거리 : $\dfrac{1540}{2} + 360 + \dfrac{1540}{2} = 1900\,\text{mm}$
• 보의 경간(L)의 1/4 : $\dfrac{1}{4} \times 3200 = 800\,\text{mm}$
∴ 유효폭 $b = 800\,\text{mm}$

나. $V_c = \dfrac{1}{6}\lambda\sqrt{f_{ck}}\,b_w d$

$= \dfrac{1}{6} \times 1 \times \sqrt{30} \times 360 \times 910$

$= 299057\,\text{N} = 299\,\text{kN}$

다. • $f_{ck} = 30\text{MPa} \le 40\text{MPa}$일 때 $\eta = 1.0$, $\beta_1 = 0.80$

$$a = \frac{A_s f_y}{\eta(0.85 f_{ck})b} = \frac{9400 \times 400}{1 \times 0.85 \times 30 \times 800} = 184.31\,\text{mm}$$

$$a = 184.31\text{mm} > t_f = 180\text{mm} \quad \therefore \text{ T형보}$$

• $A_{st} = \dfrac{\eta(0.85 f_{ck})(b - b_w)t_f}{f_y} = \dfrac{1 \times 0.85 \times 30(800 - 360) \times 180}{400} = 5049\,\text{mm}^2$

• $a_w = \dfrac{(A_s - A_{st})f_y}{\eta(0.85 f_{ck})b_w} = \dfrac{(9400 - 5049) \times 400}{1 \times 0.85 \times 30 \times 360} = 190\,\text{mm}$

• $c = \dfrac{a_w}{\beta_1} = \dfrac{190}{0.80} = 237.5\text{mm}$

라. • $\epsilon_t = \dfrac{0.0033 \times (d - c)}{c}$

$$= \frac{0.0033 \times (910 - 237.5)}{237.5} = 0.0093 > 0.005 \ \text{(인장지배)}$$

$$\therefore \ \phi = 0.85$$

■ $M_n = A_{st} f_y \left(d - \dfrac{t}{2}\right) + (A_s - A_{st})f_y\left(d - \dfrac{a}{2}\right)$

$$= 5049 \times 400 \times \left(910 - \frac{180}{2}\right) + (9400 - 5049) \times 400\left(910 - \frac{190}{2}\right)$$

$$= 1656072000 + 1418426000$$

$$= 3074498000\,\text{N}\cdot\text{m} = 3074.50\text{kN}\cdot\text{m}$$

$$\therefore \ \phi M_n = 0.85 \times 3074.50 = 2613.32\text{kN}\cdot\text{m}$$

---

□□□ 산14①

**09** 보나 기둥에는 주철근을 둘러감는 스트럽이나 띠철근을 사용한다. 이러한 띠철근의 수직 간격에 대한 규정을 3가지만 쓰시오.

| 득점 | 배점 |
|---|---|
|  | 6 |

① _____   ② _____

③ _____

예답 ① 축방향 철근의 16배 이하
② 띠철근 지름의 48배 이하
③ 기둥 단면의 최소 치수 이하

# 국가기술자격 실기시험문제

2014년도 산업기사 제2회 필답형 실기시험 (산업기사)

| 종    목 | 시험시간 | 배 점 | 성 명 | 수험번호 |
|---|---|---|---|---|
| 콘크리트산업기사 | 1시간 30분 | 60 | | |

※ 수험자 인적사항 및 계산식을 포함한 답안 작성은 검은색 필기구만 사용해야 하며, 그 외 연필류, 빨간색, 청색 등 필기구로 작성한 답항은 0점 처리 됩니다.

---

산11③,14②

**01** 계수 전단력 $V_u = 70kN$을 받고 있는 보에서 전단철근의 보강 없이 지지하고자 할 경우 필요한 최소 유효깊이를 구하시오. (단, 보의 폭은 400mm이고 $f_{ck} = 21MPa$, $f_y = 400MPa$이다.)

계산 과정 )

답 : _____

정답 콘크리트가 부담하는 전단강도

$$V_u \le \frac{1}{2}\phi V_c$$

$$V_u \le \frac{1}{2}\phi \frac{1}{6}\lambda\sqrt{f_{ck}}\,b_w\,d$$

$$70 \times 10^3 \le \frac{1}{2} \times 0.75 \times \frac{1}{6} \times 1 \times \sqrt{21} \times 400 \times d$$

∴ 유효깊이 $d = 611.01mm$

---

산10①,14②

**02** 레디믹스트 콘크리트(ready mixed concrete)는 제조·공급방식에 따라 3가지로 분류 한다. 이 3가지를 쓰고 간단히 설명하시오.

① _____

② _____

③ _____

정답 ① 센트럴 믹스트 콘크리트 : 배치 플랜트 내 고정믹서에서 혼합완료후 운반중에 교반하면서 공사현장까지 배달공급하는 방식
② 쉬링크 믹스트 콘크리트 : 배치 플랜트 내 고정믹서에서 1차 혼합후 트럭 믹서에서 2차 혼합하면서 공사현장까지 배달공급하는 방식
③ 트랜싯 믹스트 콘크리트 : 배치 플랜트에서 재료 계량 완료후 트럭 믹서에서 혼합수를 가하여 혼합하면서 공사현장까지 배달공급하는 방식

□□□ 산09①,10③,11③,14②

**03** 콘크리트 압축강도의 표준편차를 알지 못할 때(기록이 없는 경우) 또는 압축 강도의 시험횟수가 14회 이하인 경우 콘크리트 배합강도를 구하는 식을 쓰시오.

득점 배점
6

| 호칭강도 $f_{cn}$(MPa) | 배합강도 $f_{cr}$(MPa) |
|---|---|
| 21 미만 | |
| 21 이상 35 이하 | |
| 35 초과 | |

| 호칭강도 $f_{cn}$(MPa) | 배합강도 $f_{cr}$(MPa) |
|---|---|
| 21 미만 | $f_{cn} + 7$ |
| 21 이상 35 이하 | $f_{cn} + 8.5$ |
| 35 초과 | $1.1f_{cn} + 5.0$ |

□□□ 산14②

**04** 철근 콘크리트 구조물의 탄산화에 대한 콘크리트 구조물 신축시의 대책을 3가지만 쓰시오.

득점 배점
6

① _____

② _____

③ _____

① $CaO$함량이 적은 시멘트를 사용한다.
② 내부에 공극이 없는 치밀하고 강경한 골재를 사용한다.
③ 콘크리트의 배합설계를 할 때 가능한 물–시멘트비를 작게한다.
④ AE제, 감수제를 사용한다.

□□□ 산10③,11③,14②,17①

**05** 콘크리트의 급속동결융해 시험시 300싸이클에서 상대 동탄성계수가 80%일 때 시험용 공시체의 내구성 지수를 구하시오.

득점 배점
4

계산 과정 )

답 : _____

내구성지수 $DF = \dfrac{P \cdot N}{M} = \dfrac{80 \times 300}{300} = 80\%$

□□□ 산11③,14②

06 콘크리트의 배합설계에서 시방배합 결과가 아래표와 같을 때 현장 골재의 상태에 따라 각 재료량을 구하시오. (단, 소수 셋째자리에서 반올림하시오.)

| 득점 | 배점 |
| --- | --- |
|  | 6 |

[표 1]　　　　　　　　　　【시방 배합표】

| 굵은 골재의 최대 치수 (mm) | 슬럼프 (mm) | 공기량 (%) | $W/B$ (%) | $S/a$ (%) | 단위량(kg/m$^3$) | | | | 혼화제 (g/m$^3$) |
| --- | --- | --- | --- | --- | --- | --- | --- | --- | --- |
|  |  |  |  |  | 물 | 시멘트 | 잔골재 | 굵은 골재 |  |
| 25 | 120±15 | 4.5±0.5 | 50 | 41.7 | 180 | 360 | 715 | 985 | 108.6 |

[표 2]　　　　　　　　　　【현장 골재 상태】

| 잔골재가 5mm 체에 남는 양 | 4% |
| --- | --- |
| 굵은 골재가 5mm 체에 통과하는 양 | 2% |
| 잔골재의 표면수 | 2.5% |
| 굵은 골재의 표면수 | 0.5% |

가. 단위 수량을 구하시오.

답 : _____

나. 단위 잔골재량을 구하시오.

답 : _____

다. 단위 굵은 골재량을 구하시오.

답 : _____

해답 ■ 입도에 의한 조정
　　• $S = 715$kg, $G = 985$kg, $a = 4\%$, $b = 2\%$
　　• $X = \dfrac{100S - b(S+G)}{100 - (a+b)} = \dfrac{100 \times 715 - 2(715+985)}{100 - (4+2)} = 724.47\,\text{kg/m}^3$
　　• $Y = \dfrac{100G - a(S+G)}{100 - (a+b)} = \dfrac{100 \times 985 - 4(715+985)}{100 - (4+2)} = 975.53\,\text{kg/m}^3$

■ 표면수에 의한 조정
　　• 잔골재의 표면수 $= 724.47 \times \dfrac{2.5}{100} = 18.11$kg
　　• 굵은골재의 표면수 $= 975.53 \times \dfrac{0.5}{100} = 4.88$kg

■ 현장 배합량
　　가. $180 - (18.11 + 4.88) = 157.01\,\text{kg/m}^3$
　　나. $724.47 + 18.11 = 742.58\,\text{kg/m}^3$
　　다. $975.53 + 4.88 = 980.41\,\text{kg/m}^3$

□□□ 기05①,07③,12③, 산12①,14②

## 07 굵은 골재의 밀도 흡수율 시험에 대한 물음에 답하시오.

| 득점 | 배점 |
|---|---|
| | 6 |

가. 굵은골재의 1회 시험에 사용하는 시료의 최소 질량에 대하여 간단히 쓰시오.

○

나. 경량 골재를 사용할 경우 시료 질량을 구하는 공식을 쓰시오.

○

다. 굵은골재의 밀도 및 흡수율 시험 결과를 보고 아래 물음에 답하시오.

| 공기 중 절대건조상태의 시료질량(A) | 3940g |
|---|---|
| 표면건조포화상태의 시료질량(B) | 4000g |
| 물 속에서의 시료질량(C) | 2491g |
| 15℃에서의 물의 밀도 | 0.9991g/cm³ |

① 표면건조상태의 밀도를 구하시오.

계산 과정 )

답 : _____

② 절대건조상태의 밀도를 구하시오.

계산 과정 )

답 : _____

③ 겉보기 밀도(진밀도)를 구하시오.

계산 과정 )

답 : _____

해답 가. 굵은 골재의 최대 치수(mm)의 0.1배를 kg으로 나타낸 양으로 한다.

나. $m_{\min} = \dfrac{d_{\max} \times D_e}{25}$

여기에서, $m_{\min}$ : 시료의 최소 질량(kg)

$d_{\max}$ : 굵은 골재의 최대치수(mm)

$D_e$ : 굵은 골재의 추정 밀도(g/cm³)

다. ① $D_s = \dfrac{B}{B-C} \times \rho_w = \dfrac{4000}{4000-2491} \times 0.9991 = 2.65\,\text{g/cm}^3$

② $D_s = \dfrac{A}{B-C} \times \rho_w = \dfrac{3940}{4000-2491} \times 0.9991 = 2.61\,\text{g/cm}^3$

③ $D_s = \dfrac{A}{A-C} \times \rho_w = \dfrac{3940}{3940-2491} \times 0.9991 = 2.72\,\text{g/cm}^3$

□□□ 기 08③, 산12①,14②,22②

**08** 휨모멘트와 축력을 받는 철근 콘크리트 부재에 강도설계법을 적용하기 위한 기본 가정을 아래 표의 예시와 같이 3가지만 쓰시오.

> [예시] 콘크리트의 인장강도는 KDS 14 20 60(4.21)의 규정에 해당하는 경우를 제외하고는 철근콘크리트 부재 단면의 축강도와 휨(인장)강도 계산에서 무시할 수 있다.

① _____          ② _____

③ _____

해답 ① 철근 및 콘크리트의 변형률은 중립축으로부터의 거리에 비례한다.
② 휨모멘트 또는 휨모멘트와 축력을 동시에 받는 부재의 콘크리트 압축연단의 극한변형률은 콘크리트의 설계기준압축강도가 40MPa 이하인 경우에는 0.0033으로 가정한다.
③ 철근의 응력이 설계기준항복강도 $f_y$ 이하일 때 철근의 응력은 $E_s$를 곱한 값으로 한다.
④ 철근의 변형률이 $f_y$에 대응하는 변형률보다 큰 경우 철근의 응력은 변형률에 관계없이 $f_y$로 하여야 한다.

□□□ 산13①,14②

**09** 폭 $b=300$mm, 유효깊이 $d=450$mm이고, $A_s=2027$mm$^2$인 단철근 직사각형 보의 설계 휨강도($\phi M_n$)를 구하시오.
(단, $f_{ck}=28$MPap, $f_y=400$MPa이다.)

계산 과정)                                                    답 : _____

해답 • $f_{ck}=28$MPa $\leq 40$MPa일 때 $\eta=1.0$, $\beta_1=0.80$
• $a=\dfrac{A_s f_y}{\eta(0.85 f_{ck})\,b}=\dfrac{2027\times400}{1\times0.85\times28\times300}=113.56\,\text{mm}$
• $c=\dfrac{a}{\beta_1}=\dfrac{113.56}{0.80}=141.95\,\text{mm}$
• $\epsilon_t=\dfrac{0.0033\times(d-c)}{c}=\dfrac{0.0033\times(450-141.95)}{141.95}=0.0072>0.005$ (인장지배)
∴ $\phi=0.85$
∴ $\phi M_n=\phi A_s f_y\left(d-\dfrac{a}{2}\right)=0.85\times2027\times400\left(450-\dfrac{113.56}{2}\right)$
$=270999359.6\,\text{N}\cdot\text{mm}=271.00\,\text{kN}\cdot\text{m}$

□□□ 산14②

**10** 레디믹스트콘크리트의 품질관리 검사 항목을 3가지 쓰시오.

① _____          ② _____

③ _____

해답 ① 강도   ② 슬럼프   ③ 공기량   ④ 염화물 함유량

# 국가기술자격 실기시험문제

2014년도 산업기사 제3회 필답형 실기시험(산업기사)

| 종 목 | 시험시간 | 배 점 | 성 명 | 수험번호 |
|---|---|---|---|---|
| 콘크리트산업기사 | 1시간 30분 | 60 | | |

※ 수험자 인적사항 및 계산식을 포함한 답안 작성은 검은색 필기구만 사용해야 하며, 그 외 연필류, 빨간색, 청색 등 필기구로 작성한 답항은 0점 처리 됩니다.

□□□ 산14③,21③

**01** 콘크리트는 타설한 후 습윤상태의 노출면이 마르지 않도록 하여야 하며, 수분의 증발에 따라 살수를 하여 습윤상태로 보호하여야 한다. 보통 포틀랜드 시멘트와 조강포틀랜드 시멘트를 사용한 경우 일평균 기온에 따른 습윤상태 보호 기간의 표준 일수를 쓰시오.

| 득점 | 배점 |
|---|---|
| | 6 |

| 일평균 기온 | 보통 포틀랜드 시멘트 | 조강 포틀랜드 시멘트 |
|---|---|---|
| 15℃ 이상 | | |
| 10℃ 이상 | | |
| 5℃ 이상 | | |

| 일평균 기온 | 보통 포틀랜드 시멘트 | 조강 포틀랜드 시멘트 |
|---|---|---|
| 15℃ 이상 | 5일 | 3일 |
| 10℃ 이상 | 7일 | 4일 |
| 5℃ 이상 | 9일 | 5일 |

□□□ 산06③,14③

**02** 매스콘크리트에서 수화열 발생으로 인해 발생하는 균열을 측정하는 방법으로서 콘크리트의 인장강도를 부재 내부에 생긴 온도응력 최대값으로 나눈 값을 무엇이라고 하는가?

| 득점 | 배점 |
|---|---|
| | 2 |

○

온도균열지수

□□□ 기13③, 산08③,12③,14③,17②

03 20℃에서 실시된 굵은골재의 밀도시험결과 다음과 같은 측정결과를 얻었다. 표면건조포화상태의 밀도, 절대건조상태의 밀도, 겉보기 밀도를 구하시오.

| 득점 | 배점 |
|---|---|
| | 6 |

---

• 절대건조상태 질량(A) : 989.5g
• 표면건조포화상태 질량(B) : 1000g
• 시료의 수중질량(C) : 615.4g
• 20℃에서 물의 밀도 : 0.9970g/cm³

---

가. 표면건조상태의 밀도를 구하시오.

계산 과정)

답 : _____

나. 절대건조상태의 밀도를 구하시오.

계산 과정)

답 : _____

다. 겉보기 밀도(진밀도)를 구하시오.

계산 과정)

답 : _____

---

해답 가. $D_s = \dfrac{B}{B-C} \times \rho_w = \dfrac{1000}{1000-615.4} \times 0.9970 = 2.59\,\mathrm{g/cm^3}$

나. $D_d = \dfrac{A}{B-C} \times \rho_w = \dfrac{989.5}{1000-615.4} \times 0.9970 = 2.57\,\mathrm{g/cm^3}$

다. $D_A = \dfrac{A}{A-C} \times \rho_w = \dfrac{989.5}{989.5-615.4} \times 0.9970 = 2.64\,\mathrm{g/cm^3}$

---

□□□ 산07③,09③,14③

04 알칼리 골재반응의 종류를 2가지만 쓰시오.

| 득점 | 배점 |
|---|---|
| | 4 |

① _____

② _____

해답 ① 알칼리-실리카 반응
② 알칼리-탄산염 반응
③ 알칼리-실리게이트 반응

□□□ 산10①,14③

**05 다음 물음에 답하시오.**

가. 계수 전단력 $V_u = 36$kN을 받을 수 있는 직사각형 단면이 최소 전단 철근 없이 견딜 수 있는 콘크리트의 최소 단면적 $b_w d$를 구하시오. (단, $f_{ck} = 24$MPa)

계산 과정)

답 : _____

나. 계수 전단력 $V_u = 75$kN을 받을 수 있는 직사각형 단면을 설계하려고 한다. 전단 철근의 최소량을 사용할 경우, 필요한 콘크리트의 최소 단면적 $b_w d$를 구하시오. (단, $f_{ck} = 28$MPa)

계산 과정)

답 : _____

해답 가. 전단 철근 없이 계수 전단력을 지지할 조건

$$V_u \le \frac{1}{2}\phi V_c = \frac{1}{2}\phi\frac{1}{6}\lambda\sqrt{f_{ck}}\,b_w d \text{에서}$$

$$36\times10^3 = \frac{1}{2}\times0.75\times\frac{1}{6}\times1\times\sqrt{24}\,b_w d$$

$$\therefore b_w d = 117575.51\text{mm}^2$$

나. 전단 철근의 최소량을 사용할 범위

$$\frac{1}{2}\phi V_c < V_u \le \phi V_c = \phi\frac{1}{6}\lambda\sqrt{f_{ck}}\,b_w d$$

$$75\times10^3 = 0.75\times\frac{1}{6}\times1\times\sqrt{28}\,b_w d$$

$$\therefore b_w d = 113389.34\text{mm}^2$$

□□□ 산13③,14③,23②

**06 폭 400mm, 유효깊이 600mm인 보통중량콘크리트보($f_{ck}$=27MPa)가 부담할 수 있는 공칭전단강도($V_c$)를 구하시오.**

계산 과정 )

답 : _____

해답 보통 중량콘크리트보가 부담할 공칭전단강도

$$V_c = \frac{1}{6}\lambda\sqrt{f_{ck}}\,b_w d$$

$$= \frac{1}{6}\times1\times\sqrt{27}\times400\times600$$

$$= 207846\text{N} = 208\text{kN}$$

□□□ 산11③,14③

**07** 급속 동결 융해에 대한 콘크리트의 저항 시험 방법(KS F 2456)에 대해 다음 물음에 답하시오.

| 득점 | 배점 |
|---|---|
| | 6 |

가. 동결 융해 1사이클의 원칙적인 온도 범위를 쓰시오.

  ○

나. 동결 융해 1사이클의 소요 시간 범위를 쓰시오.

  ○

다. 콘크리트의 동결 융해 300사이클에서 상대 동탄성 계수가 90%라면 시험용 공시체의 내구성 지수를 구하시오.

 계산 과정)

                                    답 : _____

해답 가. $-18℃ \sim 4℃$
    나. $2 \sim 4$시간
    다. $DF = \dfrac{P \cdot N}{M} = \dfrac{90 \times 300}{300} = 90\%$

> P : N사이클에서의 상대 동탄성 계수(%)
> N : 상대 동탄성 계수가 60%가 되는 사이클 수 또는 동결 융해에의 노출이 끝나게 되는 순간의 사이클 수
> M : 동결융해에의 노출이 끝날 때의 사이클(보통 300)

□□□ 기09①,11③, 산14③

**08** 철근 콘크리트 부재에서 부재의 설계강도란 공칭강도에 1.0보다 작은 강도감소계수 $\phi$를 곱한 값을 말한다. 이러한 강도감소계수를 사용하는 목적을 3가지만 쓰시오.

| 득점 | 배점 |
|---|---|
| | 6 |

① _____

② _____

③ _____

해답 ① 부정확한 설계 방정식에 대비하기 위해서
    ② 주어진 하중 조건에 대한 부재의 연성도와 소요 신뢰도를 위해서
    ③ 구조물에서 차지하는 부재의 중요도 등을 반영하기 위해서
    ④ 재료 강도와 치수가 변동할 수 있으므로 부재의 강도 저하 확률에 대비하기 위해서

□□□ 산14③

**09 일반 콘크리트의 시공에 대한 아래의 물음에 답하시오.**

득점 | 배점
--- | ---
 | 4

가. 콘크리트를 2층 이상으로 나누어 타설할 경우 상층의 콘크리트 타설은 원칙적으로 하층의 콘크리트가 굳기 시작하기 전에 해야 하며, 상층과 하층이 일체가 되도록 시공하여야 한다. 이러한 시공을 위하여 콘크리트 이어치기 허용시간 간격의 기준을 정하고 있는데, 아래의 각 경우에 대한 답을 쓰시오.

① 외기온도가 25℃를 초과하는 경우 허용 이어치기 시간간격의 표준을 쓰시오.

○

② 외기온도가 25℃ 이하인 경우 허용 이어치기 시간간격의 표준을 쓰시오.

○

나. 콘크리트는 신속하게 운반하여 즉시 치고, 충분히 다져야 한다. 원칙적으로 비비기로부터 타설이 끝날 때까지의 시간을 각 경우에 대한 답을 쓰시오.

① 외기온도가 25℃ 이상일 때의 비비기로부터 타설이 끝날 때까지의 시간을 쓰시오.

○

② 외기 온도 25℃ 미만일 때의 비비기로부터 타설이 끝날 때까지의 시간을 쓰시오.

○

해답 가. ① 2시간　② 2.5시간
　　나. ① 1.5시간　② 2시간

KEY 운반 및 타설
① 허용 이어치기 시간간격의 표준

| 외기온도 | 허용 이어치기 시간 간격 |
|---|---|
| 25℃ 초과 | 2.0시간 |
| 25℃ 이하 | 2.5시간 |

② 비비기로부터 타설이 끝날 때까지의 시간

| 외기 온도 | 비비기부터 타설 완료 시간 |
|---|---|
| 25℃ 이상 | 1.5시간 |
| 25℃ 미만 | 2.0시간 |

□□□ 산07③,09①,14③,21③

**10** 잔골재의 표면수 측정 시험을 실시한 결과 다음과 같다. 이 시료의 표면수율을 구하시오.

- 시료의 질량 : 500g
- 용기+표시선까지의 물)의 질량 : 692g
- (용기+표시선까지의 물+시료)의 질량 : 1000g
- 잔골재의 표건밀도 : 2.62g/cm$^3$

계산 과정 )

답 : _____

해답 ■ 표면수율 $H = \dfrac{m - m_s}{m_1 - m} \times 100$

- $m = m_1 + m_2 - m_3 = 500 + 692 - 1000 = 192g$

- 용기와 물의 질량 $m_s = \dfrac{m_1}{d_s} = \dfrac{500}{2.62} = 190.84g$

∴ 표면수율 $H = \dfrac{192 - 190.84}{500 - 192} \times 100 = 0.38\%$

□□□ 산05①,09③,14③

**11** 시방 배합 결과 단위 수량 150kg/m$^3$, 단위 시멘트량 300kg/m$^3$, 단위 잔골재량 700kg/m$^3$, 단위 굵은골재량 1200kg/m$^3$을 얻었다. 이 골재의 현장야적 상태가 아래 표와 같다면 현장 배합상의 단위 수량, 단위 잔골재량, 단위 굵은골재량을 구하시오.

【현장 골재 상태】
- 잔골재 중 5mm체에 잔류하는 양 3.5%,
- 굵은 골재 중 5mm체를 통과한 양 6.5%
- 잔골재의 표면수 2%
- 굵은골재의 표면수 1%

계산 과정 )

[답] ① 단위 수량 : _____

② 단위 잔골재량 : _____

③ 단위 굵은 골재량 : _____

해답 ■ 입도에 의한 조정
- $S = 700kg$, $G = 1200kg$, $a = 3.5\%$, $b = 6.5\%$
- $X = \dfrac{100S - b(S+G)}{100 - (a+b)} = \dfrac{100 \times 700 - 6.5(700 + 1200)}{100 - (3.5 + 6.5)} = 640.56kg/m^3$

- $Y = \dfrac{100G - a(S+G)}{100 - (a+b)} = \dfrac{100 \times 1200 - 3.5(700 + 1200)}{100 - (3.5 + 6.5)} = 1259.44\,\mathrm{kg/m^3}$

■ 표면수에 의한 조정

- 잔골재의 표면수 $= 640.56 \times \dfrac{2}{100} = 12.81\mathrm{kg}$

- 굵은골재의 표면수 $= 1259.44 \times \dfrac{1}{100} = 12.59\mathrm{kg}$

■ 현장 배합량
- 단위수량 : $150 - (12.81 + 12.59) = 124.60\,\mathrm{kg/m^3}$
- 단위잔골재량 : $640.56 + 12.81 = 653.37\,\mathrm{kg/m^3}$
- 단위굵은재량 : $1259.44 + 12.59 = 1272.03\,\mathrm{kg/m^3}$

□□□ 산14③,17②

**12** 콘크리트 압축 강도 측정 결과가 다음과 같다. 배합 설계에 적용할 표준편차를 구하고 호칭강도가 24MPa일 때 콘크리트의 배합 강도를 구하시오.

| 득점 | 배점 |
|---|---|
|  | 6 |

【콘크리트 압축 강도 측정치(MPa)】

| 26.5 | 25.7 | 26.5 | 27.5 | 30.2 | 24.5 |
|---|---|---|---|---|---|
| 28.7 | 28.5 | 25.7 | 24.7 | 25.5 | 24.7 |
| 26.2 | 27.2 | 26.7 | 24.2 | 26.7 | 28.2 |

【시험 횟수가 29회 이하일 때 표준편차의 보정 계수】

| 시험 횟수 | 표준편차의 보정 계수 |
|---|---|
| 15 | 1.16 |
| 20 | 1.08 |
| 25 | 1.03 |
| 30 또는 그 이상 | 1.00 |

가. 위 표를 보고 압축강도의 평균값을 구하시오.

계산 과정)

답 : _____

나. 배합 설계에 적용할 압축 강도의 표준편차를 구하시오.

계산 과정)

답 : _____

다. 배합 강도를 구하시오.

계산 과정)

답 : _____

가. 합계 $\sum x_i = 26.5 + 25.7 + 26.5 + 27.5 + 30.2 + 24.5$
$\qquad + 28.7 + 28.5 + 25.7 + 24.7 + 25.5 + 24.7$
$\qquad + 26.2 + 27.2 + 26.7 + 24.2 + 26.7 + 28.2$
$\qquad = 477.9\,\mathrm{MPa}$

$\therefore$ 압축 강도 평균값

$$\bar{\mathrm{x}} = \frac{\sum x_i}{n} = \frac{477.9}{18} = 26.6\mathrm{MPa}$$

나. 표준편차 $s = \sqrt{\dfrac{\sum (x_i - \bar{\mathrm{x}})^2}{n-1}}$

• 표준편차 합

$\sum (x_i - \bar{\mathrm{x}})^2 = (26.5 - 26.6)^2 + (25.7 - 26.6)^2 + (26.5 - 26.6)^2 + (27.5 - 26.6)^2$
$\qquad + (30.2 - 26.6)^2 + (24.5 - 26.6)^2 + (28.7 - 26.6)^2$
$\qquad + (28.5 - 26.6)^2 + (25.7 - 26.6)^2 + (24.7 - 26.6)^2$
$\qquad + (25.5 - 26.6)^2 + (24.7 - 26.6)^2 + (26.2 - 26.6)^2$
$\qquad + (27.2 - 26.6)^2 + (26.7 - 26.6)^2 + (24.2 - 26.6)^2$
$\qquad + (26.7 - 26.6)^2 + (28.2 - 26.6)^2$
$\qquad = 45.13$

• 표준편차 $s = \sqrt{\dfrac{45.13}{18-1}} = 1.63\,\mathrm{MPa}$

$\therefore$ 직선보간 표준편차 $= 1.63 \times \left( 1.16 - \dfrac{1.16 - 1.08}{20 - 15} \times (18 - 15) \right) = 1.81\,\mathrm{MPa}$

다. 배합 강도를 구하시오.

$f_{cn} = 24\,\mathrm{MPa} \leq 35\,\mathrm{MPa}$일 때 ①과 ② 값 중 큰 값

① $f_{cr} = f_{cn} + 1.34s = 24 + 1.34 \times 1.81 = 26.43\,\mathrm{MPa}$

② $f_{cr} = (f_{cn} - 3.5) + 2.33s = (24 - 3.5) + 2.33 \times 1.81 = 24.72\,\mathrm{MPa}$

$\therefore$ 배합 강도 $f_{cr} = 26.43\,\mathrm{MPa}$

# 국가기술자격 실기시험문제

2015년도 산업기사 제1회 필답형 실기시험 (산업기사)

| 종 목 | 시험시간 | 배 점 | 성 명 | 수험번호 |
|---|---|---|---|---|
| 콘크리트산업기사 | 1시간 30분 | 60 | | |

※ 수험자 인적사항 및 계산식을 포함한 답안 작성은 검은색 필기구만 사용해야 하며, 그 외 연필류, 빨간색, 청색 등 필기구로 작성한 답항은 0점 처리 됩니다.

---

□□□ 산09③,15①,22② 득점 배점 6

**01** 급속 동결 융해에 대한 콘크리트의 저항시험(KS F 2456)에 대해 아래 물음에 답하시오.

가. 동결융해 1사이클의 원칙적인 온도 범위를 쓰시오.

 ○

나. 동결융해 1사이클의 소요시간범위를 쓰시오.

 ○

다. 시험의 종료시 사이클을 쓰시오.

 ○

 가. -18℃~4℃0    나. 2~4시간    다. 300 사이클

>  **KEY** 동결 융해 1사이클
> • 동결 융해 1사이클은 공시체 중심부의 온도를 원칙으로 하며 원칙적으로 4℃에서 -18℃로 떨어지고, 다음에 -18℃에서 4℃로 상승하는 것으로 한다.
> • 동결 융해 1사이클의 소요시간은 2시간 이상, 4시간 이하로 한다.

---

□□□ 산06③,09③,15① 득점 배점 6

**02** 거푸집은 콘크리트가 소정의 강도에 달하면 가급적 빨리 떼어내는 것이 바람직하다. 다음 물음에 답하시오.

가. 다음 부재의 거푸집을 떼어내어도 좋은 콘크리트의 압축강도는 얼마인가?

 ① 기초, 보, 기둥, 벽 등의 측면 :

  ○

 ② 슬래브 및 보의 밑면, 아치 내면(단층구조) :

  ○

나. 다음 시멘트에 대한 콘크리트의 압축강도를 시험하지 않을 경우 거푸집널의 해체 시기는 며칠인가? (단, 20℃ 이상일 때 기초, 보, 기둥 및 벽의 측면의 경우)

① 조강 포틀랜드 시멘트는 며칠인가?

○

② 보통 포틀랜드 시멘트는 며칠인가?

○

해답 가. ① 5MPa 이상
　　　　② 설계기준강도의 2/3 이상 ≥14MPa
　　나. ① 2일
　　　　② 4일

1 콘크리트의 압축 강도를 시험할 경우 거푸집널의 해체 시기

| 부재 | 콘크리트의 압축 강도 |
|---|---|
| 기초, 보, 기둥, 벽 등의 측면 | 5MPa 이상 |
| 슬래브 및 보의 밑면, 아치 내면<br>(단층구조인 경우) | 설계 기준 강도의 2/3 이상<br>(단, 14MPa 이상) |

2 콘크리트의 압축강도를 시험하지 않을 경우 거푸집널의 해체시기
(기초, 보, 기둥 및 벽의 측면)

| 시멘트의 종류<br>평균 기온 | 조강 포틀랜드 시멘트 | 보통 포틀랜드 시멘트<br>고로 슬래그 시멘트(1종)<br>포틀랜드포졸란 시멘트(1종)<br>플라이 애시 시멘트(1종) | 고로 슬래그 시멘트(2종)<br>포틀랜드 포졸란 시멘트(2종)<br>플라이 애시 시멘트(2종) |
|---|---|---|---|
| 20℃ 이상 | 2일 | 4일 | 5일 |
| 20℃ 미만<br>10℃ 이상 | 3일 | 6일 | 8일 |

□□□ 산04③,09③,15①,17②

03 굳지 않은 콘크리트의 염화물 함유량 측정 방법을 3가지만 쓰시오.

| 득점 | 배점 |
|---|---|
| | 6 |

①　_____

②　_____

③　_____

해답 ① 질산은 적정법　　② 흡광 광도법　　③ 전위차 적정법
　　④ 간이 적정법　　⑤ 정량 적정법　　⑥ 이온 크로마토 그래프법

□□□ 기07③, 산05③,15①

04 콘크리트용 부순 굵은 골재(KS F 2527)는 규정에 적합한 골재를 사용하여야 한다. 부순 굵은 골재의 물리적 품질에 대한 아래 표의 빈 칸을 채우시오.

| 시험 항목 | 품질 규정 |
|---|---|
| 절대 건조 밀도(g/cm$^3$) | |
| 흡수율(%) | |
| 안정성(%) | |
| 마모율(%) | |
| 0.08mm 통과율(%) | |

득점 / 배점 6

| 시험 항목 | 부순 굵은 골재 |
|---|---|
| 절대 건조 밀도(g/cm$^3$) | 2.50 이상 |
| 흡수율(%) | 3.0 이하 |
| 안정성(%) | 12 이하 |
| 마모율(%) | 40 이하 |
| 0.08mm 통과율(%) | 1.0 이하 |

 KEY

부순골재의 물리적 성질

| 시험 항목 | 품질 기준 | |
|---|---|---|
| | 부순 굵은 골재 | 부순 잔골재 |
| 절대 건조 밀도(g/cm$^3$) | 2.50 이상 | 2.50 이상 |
| 흡수율(%) | 3.0 이하 | 3.0 이하 |
| 안정성(%) | 12 이하 | 10 이하 |
| 마모율(%) | 40 이하 | – |
| 0.08mm 통과율(%) | 1.0 이하 | 7.0 이하 |
| 안정성 시험은 황산나트륨으로 5회 시험한다. | | |

□□□ 산09①,10③,12①,15①,21③

05 매스콘크리트의 온도 균열 발생 여부에 대한 검토는 온도 균열 지수에 의해 평가하는 것을 원칙으로 한다. 이때 정밀한 해석 방법에 의한 온도 균열 지수를 구하시오.

득점 / 배점 4

· 재령 28일에서의 콘크리트의 쪼갬인장강도 $f_{sp} = 2.4\,\text{MPa}$
· 재령 28일에서의 수화열에 의하여 생긴 부재 내부의 온도응력 최댓값 $f_t = 2\,\text{MPa}$

계산 과정)

답 : _____

해답 온도균열지수 $I_{cr} = \dfrac{f_{sp}}{f_t} = \dfrac{2.4}{2} = 1.2$

산06③,15①

**06** 콘크리트의 시방 배합을 현장 배합으로 수정할 경우 고려할 사항 3가지를 쓰시오.

① _____

② _____

③ _____

해답 ① 골재의 함수 상태
② 잔골재 중에서 5mm체에 남는 굵은 골재량
③ 굵은골재 중에서 5mm체를 통과하는 잔 골재량
④ 혼화제를 희석시킨 희석수량

기10③, 산05①,09①,11①,15①

**07** 콘크리트 압축강도 측정 결과가 다음과 같았다. 이 콘크리트 압축 강도에 대한 아래 물음에 답하시오.

**【압축 강도 측정 결과(MPa)】**

34.5, 31.4, 31.8, 35.7, 30.5

가. 압축 강도의 표준편차를 구하시오.

계산 과정 )

답 : _____

나. 압축 강도의 변동 계수를 구하시오.

계산 과정 )

답 : _____

해답 가. $\overline{x} = \dfrac{\sum x_i}{n} = \dfrac{34.5+31.4+31.8+35.7+30.5}{5} = 32.8\,\text{MPa}$

$\sum(x_i - \overline{x})^2$
$= (34.5-32.8)^2 + (31.4-32.8)^2 + (31.8-32.8)^2 + (35.7-32.8)^2 + (30.5-32.8)^2$
$= 19.55$

$\therefore$ 표준편차 $s = \sqrt{\dfrac{\sum(x_i-\overline{x})^2}{n-1}} = \sqrt{\dfrac{19.55}{5-1}} = 2.21\,\text{MPa}$

나. $C_v = \dfrac{s}{x} \times 100 = \dfrac{2.21}{32.8} \times 100 = 6.74\%$

□□□ 산07③,09①,14③,15①,21③,23②
08 잔골재의 표면수 측정 시험을 실시한 결과 다음과 같다. 이 시료의 표면수율을 구하시오.

> • 시료의 질량 : 500g
> • (용기+표시선까지의 물)의 질량 : 692g
> • (용기+표시선까지의 물+시료)의 질량 : 1000g
> • 잔골재의 표건밀도 : 2.62g/cm³

계산 과정)

답 : _____

해답 표면수율 $H = \dfrac{m - m_s}{m_1 - m} \times 100$

• $m = m_1 + m_2 - m_3 = 500 + 692 - 1000 = 192\text{g}$

• 용기와 물의 질량 $m_s = \dfrac{m_1}{d_s} = \dfrac{500}{2.62} = 190.84\text{g}$

∴ 표면수율 $H = \dfrac{192 - 190.84}{500 - 192} \times 100 = 0.38\%$

□□□ 산07③,09①,14③,15①,17②,23②
09 그림과 같은 단철근 직사각형보에 대한 다음 물음에 답하시오. (단, $A_s = 2742\text{mm}^2$, $f_{ck} = 24\text{MPa}$, $f_y = 400\text{MPa}$)

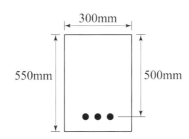

가. 단철근 직사각형보에서 중립축까지의 거리($c$)를 구하시오.

계산 과정)

답 : _____

나. 단철근 직사각형보의 설계 휨 강도($\phi M_n$)를 구하시오.

계산 과정)

답 : _____

해답 가. $c = \dfrac{a}{\beta_1}$

　　• $f_{ck} = 24\text{MPa} \leq 40\text{MPa}$일 때 $\eta = 1.0$, $\beta_1 = 0.80$

　　• $a = \dfrac{A_s f_y}{\eta(0.85 f_{ck})b} = \dfrac{2742 \times 400}{1 \times 0.85 \times 24 \times 300} = 179.22\,\text{mm}$

　　$\therefore c = \dfrac{179.22}{0.80} = 224.03\,\text{mm}$

나. $\phi M_n = \phi A_s f_y \left( d - \dfrac{a}{2} \right)$

　　• $\epsilon_t = \dfrac{0.0033 \times (d-c)}{c} = \dfrac{0.0033 \times (500 - 224.03)}{224.03} = 0.0041 < 0.005\,(변화구간)$

　　$\therefore \phi = 0.65 + (\epsilon_t - 0.002)\dfrac{200}{3}$

　　　$= 0.65 + (0.0041 - 0.002)\dfrac{200}{3} = 0.79$

　　$\therefore \phi M_n = 0.79 \times 2742 \times 400 \left( 500 - \dfrac{179.22}{2} \right)$

　　　　$= 355591444\,\text{N} \cdot \text{mm} = 355.59\,\text{kN} \cdot \text{m}$

□□□ 산15①

**10** 콘크리트의 배합설계에서 $f_{ck}=28\text{MPa}$, 30회 이상의 압축강도 시험으로부터 구한 표준편차 $s=5\text{MPa}$이며, 시험을 통해 시멘트－물($C/W$)비와 재령 28일 압축강도 $f_{28}$과의 관계가 $f_{28}=-14.7+20.7\,C/W$로 얻어졌을 때 다음 물음에 답하시오. (단, 단위시멘트량 320kg/m³, 잔골재율 $S/a$ 34%, 시멘트의 밀도 3.15g/m³, 잔골재의 밀도 2.65g/m³, 굵은골재의 밀도 2.70g/m³, 공기량 2%이다.)

| 득점 | 배점 |
|---|---|
|  | 10 |

가. 배합강도를 하시오.

　계산 과정 )

　　　　　　　　　　　　　　　답 : ＿＿＿＿＿＿

나. 물시멘트비를 구하시오.

　계산 과정 )

　　　　　　　　　　　　　　　답 : ＿＿＿＿＿＿

다. 단위 수량을 구하시오.

　계산 과정 )

　　　　　　　　　　　　　　　답 : ＿＿＿＿＿＿

라. 잔골재량을 구하시오.

　계산 과정 )

　　　　　　　　　　　　　　　답 : ＿＿＿＿＿＿

마. 단위 굵은 골재량을 구하시오.

　계산 과정 )

　　　　　　　　　　　　　　　답 : ＿＿＿＿＿＿

해답 가. • $f_{ck} \leq 35\,\mathrm{MPa}$인 경우 배합강도 $f_{cr}$

　　• $f_{cr} = f_{ck} + 1.34s = 28 + 1.34 \times 5 = 34.7\,\mathrm{MPa}$

　　• $f_{cr} = (f_{ck} - 3.5) + 2.33s = (28 - 3.5) + 2.33 \times 5 = 36.15\,\mathrm{MPa}$

　　∴ $f_{cr} = 36.15\,\mathrm{MPa}$ (∵ 두 값 중 큰 값)

나. $f_{28} = -14.7 + 20.7\,C/W$ 에서

　　$36.15 = -14.7 + 20.7\dfrac{C}{W} \;\rightarrow\; \dfrac{C}{W} = \dfrac{36.15 + 14.7}{20.7} = \dfrac{50.85}{20.7}$

　　∴ $\dfrac{W}{C} = \dfrac{20.7}{50.85} = 0.4071 = 40.71\%$

다. 단위 수량 $W = 320 \times 0.4071 = 130.27\,\mathrm{kg/m^3}$

라. 단위 골재의 절대 체적

$$V_a = 1 - \left( \frac{\text{단위 수량}}{1000} + \frac{\text{단위 시멘트량}}{\text{시멘트 비중} \times 1000} + \frac{\text{공기량}}{100} \right)$$

$$= 1 - \left( \frac{130.27}{1000} + \frac{320}{3.15 \times 1000} + \frac{2}{100} \right) = 0.748\,\mathrm{m^3}$$

　　∴ 단위 잔골재량

　　　$S = V_a \times S/a \times \text{잔골재밀도} \times 1000$

　　　　$= 0.748 \times 0.34 \times 2.65 \times 1000 = 673.95\,\mathrm{kg/m^3}$

마. 단위 굵은골재량

　　$G = V_a \times (1 - S/a) \times \text{굵은골재 밀도} \times 1000$

　　　$= 0.748 \times (1 - 0.34) \times 2.7 \times 1000 = 1332.94\,\mathrm{kg/m^3}$

# 국가기술자격 실기시험문제

2015년도 산업기사 제2회 필답형 실기시험(산업기사)

| 종 목 | 시험시간 | 배 점 | 성 명 | 수험번호 |
|---|---|---|---|---|
| 콘크리트산업기사 | 1시간 30분 | 60 | | |

※ 수험자 인적사항 및 계산식을 포함한 답안 작성은 검은색 필기구만 사용해야 하며, 그 외 연필류, 빨간색, 청색 등 필기구로 작성한 답항은 0점 처리 됩니다.

□□□ 기05①, 산15②,22②
**01** 알칼리 골재반응의 억제대책에 대해 3가지를 쓰시오.

① _____

② _____

③ _____

<table><tr><td>득점</td><td>배점</td></tr><tr><td></td><td>6</td></tr></table>

[해답] ① 반응성 골재를 사용하지 않는다.
② 콘크리트의 치밀도를 증대한다.
③ 콘크리트 시공 시 초기결함이 발생하지 않도록 한다.

□□□ 산06③,09①,15②,17③,18②
**02** 탄산화(중성화)에 대해서 아래 물음에 답하시오

가. 탄산화에 대한 정의를 간단히 쓰시오.

○

나. 탄산화를 촉진시키는 외부환경 조건 2가지를 쓰시오.

① _____

② _____

다. 탄산화 깊이를 판정할 때 이용되는 대표적인 시약을 쓰시오.

○

<table><tr><td>득점</td><td>배점</td></tr><tr><td></td><td>8</td></tr></table>

[해답] 가. 굳은 콘크리트는 표면으로부터 공기 중의 탄산가스를 흡수하여 콘크리트 내부에서 수화반응으로 생성된 수산화칼슘($Ca(OH)_2$)이 탄산칼슘($CaCO_3$)으로 변화하면서 알칼리성을 잃게 되는 현상
나. ① 온도가 높을수록 탄산화를 촉진시킨다.
② 습도가 높을수록 탄산화를 촉진시킨다.
③ 탄산가스의 농도가 높을수록 탄산화를 촉진시킨다.
다. 페놀프탈레인 용액

- 탄산화 반응은 콘크리트의 수축과 알칼리성을 손실한다.
- 탄산화 반응이 되면 수산화칼슘 부분의 pH 12~13가 탄산화한 부분인 pH 8.5~10로 된다.
- 탄산화가 되지 않은 부분은 붉은 색으로 착색되며, 탄산화된 부분은 색의 변화가 없다.

산07③,09①,15②

**03** 한중콘크리트 시공에 있어서 비빔 직후의 온도는 기상조건, 운반조건, 운반시간등을 고려하여 타설할 때에 소요의 콘크리트 온도가 얻어지도록 해야 한다. 비빔 직수 콘크리트 온도 및 주위 기온이 아래와 같을 때 타설 완료 후 콘크리트 온도를 계산하시오.

| 득점 | 배점 |
|---|---|
|  | 4 |

- 비빔 직후의 콘크리트 온도 : 23℃
- 주위의 온도 : 4℃
- 비빔 후부터 타설 완료 시까지의 시간 : 1시간 30분

계산 과정 )

답 : _____

해답 $T_2 = T_1 - 0.15(T_1 - T_0) \cdot t = 23 - 0.15(23 - 4) \times 1.5 = 18.73℃$

산05③,15②

**04** 아래와 같은 배합설계에 의해 콘크리트 $1m^3$를 배합하는 데 필요한 단위수량, 단위 잔골재량, 단위 굵은골재량을 구하시오.

| 득점 | 배점 |
|---|---|
|  | 6 |

- 잔골재율 : 34%
- 물-시멘트비 : 55%
- 시멘트 밀도 : $3.17g/cm^3$
- 단위 시멘트량 : $220kg/m^3$
- 잔골재 표건 밀도 : $2.65g/cm^3$
- 굵은 골재 표건 밀도 : $2.70g/cm^3$
- 공기량 : 2%

가. 단위수량을 구하시오.

계산 과정 )

답 : _____

나. 단위 잔골재량을 구하시오.

계산 과정 )

답 : _____

다. 단위 굵은 골재량을 구하시오.

계산 과정 )

답 : _____

해답 가. 물–시멘트비에서 $\dfrac{W}{C}=55\%$에서

$\therefore$ 단위 수량 $W=0.55\times220=121\,\text{kg/m}^3$

나. 단위 골재의 절대 체적

$$V_a=1-\left(\dfrac{\text{단위수량}}{1000}+\dfrac{\text{단위 시멘트량}}{\text{시멘트 밀도}\times100}+\dfrac{\text{공기량}}{100}\right)$$

$$=1-\left(\dfrac{121}{1000}+\dfrac{220}{3.17\times1000}+\dfrac{2}{100}\right)=0.790\,\text{m}^3$$

$\therefore$ 단위 잔골재량 = 단위골재의 절대 체적×잔골재율×잔골재의 밀도×1000

$$=0.790\times0.34\times2.65\times1000=711.79\,\text{kg/m}^3$$

다. 단위 굵은 골재량 = 단위 굵은골재의 절대체적×굵은 골재 밀도×1000

$$=0.790\times(1-0.34)\times2.70\times1000=1407.78\,\text{kg/m}^3$$

□□□ 기05③, 산15②

**05 일반 수중 콘크리트의 콘크리트 타설의 원칙 3가지만 쓰시오.**

| 득점 | 배점 |
|---|---|
|  | 6 |

① _____

② _____

③ _____

해답 ① 물을 정지시킨 정수 중에서 타설하여야 한다.
② 콘크리트는 수중에 낙하시켜서는 안된다.
③ 콘크리트면은 수평하게 유지하면서 연속해서 타설하여야 한다.
④ 콘크리트가 경화될 때까지 물의 유동을 방지하여야 한다.
⑤ 한 구획의 콘크리트 타설을 완료한 후 레이턴스를 모두 제거하고 다시 타설하여야 한다.
⑥ 트레미나 콘크리트 펌프를 사용해서 타설하여야 한다.

□□□ 산11③,13③,15②,23②

**06 콘크리트용 굵은 골재의 최대치수에 대한 아래 물음에 답하시오.**

| 득점 | 배점 |
|---|---|
|  | 6 |

가. 콘크리트용 굵은 골재의 최대치수에 대한 정의를 간단히 쓰시오

○

나. 콘크리트 배합에 사용되는 굵은 골재의 공칭 최대 치수는 어떤 값을 초과하면 안 되는지 예시와 같이 기준을 2가지만 쓰시오.

[예시] 개별 철근, 다발 철근, 긴장재 또는 덕트 사이의 최소 순간격의 3/4

① _____

② _____

가. 질량비로 90% 이상을 통과시키는 체중에서 최소 치수인 체의 호칭치수로 나타낸 굵은 골재 최대 치수

나. ① 거푸집 양측면 사이의 최소거리 1/5
② 슬래브 두께의 1/3

기09①,11③,14①②, 산15②

**07** 철근콘크리트 부재에서 부재의 설계강도란 공칭강도에 1.0보다 작은 강도감소계수 $\phi$를 곱한 값을 말한다. 이러한 강도감소계수를 사용하는 목적을 3가지만 쓰시오.

득점 | 배점
--- | ---
 | 6

① _____

② _____

③ _____

① 부정확한 설계 방정식에 대비하기 위해서
② 주어진 하중 조건에 대한 부재의 연성도와 소요 신뢰도를 위해서
③ 구조물에서 차지하는 부재의 중요도 등을 반영하기 위해서
④ 재료 강도와 치수가 변동할 수 있으므로 부재의 강도 저하 확률에 대비하기 위해서

기05③,09③, 산09①,15②

**08** 콘크리트의 블리딩 시험 방법(KS F 2414)에 관한 사항 중 일부이다. 아래의 표에 들어갈 알맞은 내용을 쓰시오.

득점 | 배점
--- | ---
 | 3

가. 시험하는 동안 실온을 ( ① )℃로 유지해야 한다.

나. 처음 60분 동안( ② )분 간격으로, 그 후는 블리딩이 정지될 때까지 ( ③ )분마다 표면에 생긴 물을 빨아낸다.

① (20±3)℃   ② 10분   ③ 30분

**KEY**
① 시험하는 동안 실온을 20±3℃를 유지해야 한다.
② 콘크리트를 용기에 3층으로 나누어 넣고 각 층의 윗면을 고른 후 25회씩 다진다.
③ 콘크리트의 용기에 25±0.3cm의 높이까지 채운 후, 윗부분을 흙손으로 편평하게 고르고 시간을 기록한다.
④ 처음 60분 동안 10분 간격으로, 그 후는 블리딩이 정지될 때까지 30분 간격으로 표면에 생긴 물을 빨아낸다.

□□□ 산12①,15②,17③

**09** 폭 $b_w = 300$mm, 유효깊이 $d = 450$mm이고, $A_s = 2570$mm²인 철근 콘크리트 단철근 직사각형 보에서 $f_{ck} = 30$MPa, $f_y = 400$MPa일 때 다음 물음에 답하시오.

| 득점 | 배점 |
|---|---|
| | 6 |

가. 콘크리트가 부담할 수 있는 전단강도($V_c$)를 구하시오.

계산 과정)

답 : _____

나. 강도설계법에 의한 보의 설계휨강도($\phi M_n$)를 구하시오.

계산 과정)

답 : _____

해답 가. $V_c = \dfrac{1}{6}\lambda\sqrt{f_{ck}}\,b_w d = \dfrac{1}{6}\times 1\times\sqrt{30}\times 300\times 450 = 123{,}238\text{N} = 123.24\text{kN}$

나. $f_{ck} = 30\text{MPa} \leq 40\text{MPa}$일 때 $\eta = 1.0$, $\beta_1 = 0.80$

- $a = \dfrac{A_s f_y}{\eta(0.85 f_{ck})b} = \dfrac{2570\times 400}{1\times 0.85\times 30\times 300} = 134.38\,\text{mm}$

- $c = \dfrac{a}{\beta_1} = \dfrac{134.38}{0.80} = 167.98\,\text{mm}$

- $\epsilon_t = \dfrac{0.0033\times(d-c)}{c} = \dfrac{0.0033\times(450-167.98)}{167.98} = 0.0055 > 0.005$ (인장지배)

$\therefore\ \phi = 0.85$

$\therefore\ \phi M_n = \phi A_s f_y\left(d-\dfrac{a}{2}\right) = 0.85\times 2570\times 400\left(450 - \dfrac{134.38}{2}\right)$
$= 334499378\text{N}\cdot\text{mm} = 334.50\text{kN}\cdot\text{m}$

□□□ 산08③,15②

**10** RC구조물의 내구성이 저하되면 철근이 부식되는 등 철근의 단면적이 감소하여 구조적인 문제가 발생할 수 있다. 따라서 구조물 안전조사시 철근부식 여부를 조사하는 것이 중요하다. 기존 콘크리트 내의 철근부식의 유무를 평가하기 위해 실시하는 비파괴 검사 방법을 3가지만 쓰시오.

| 득점 | 배점 |
|---|---|
| | 6 |

① _____

② _____

③ _____

해답 ① 자연 전위법　② 분극 저항법　③ 전기 저항법

**KEY** ① 자연 전위법 : 구조물이 사용되는 시점부터 내부 철근이 부식하고, 부식에 의해 피복 콘크리트에 균열이 발생하기까지의 콘크리트 구조물이 열화하는 초기단계 진단에 유효한 방법이다.

② 분극 저항법 : 콘크리트 구조물 중 철근의 부식 속도에 관계하는 정보를 얻을 수 있다.

③ 전기 저항법 : 대기 중에 있는 콘크리트 구조물을 대상으로 철근 등의 강재를 감싼 콘크리트의 부식 환경 인지 상황에 관하여 진단하는 방법이다.

□□□ 산06③,15②

**11** 잔골재 체가름 시험 결과 잔류율이 다음과 같을 때 잔골재의 조립률을 구하시오.

| 득점 | 배점 |
|---|---|
|  | 3 |

| 체의 크기(mm) | 5 | 2.5 | 1.2 | 0.6 | 0.3 | 0.15 | Pan |
|---|---|---|---|---|---|---|---|
| 각체의 잔류율(%) | 2 | 10 | 21 | 20 | 26 | 16 | 5 |

계산 과정 )

답 : _____

| 체의 크기(mm) | 5 | 2.5 | 1.2 | 0.6 | 0.3 | 0.15 | Pan |
|---|---|---|---|---|---|---|---|
| 각체의 잔류율(%) | 2 | 10 | 21 | 20 | 26 | 16 | 5 |
| 누적 잔류율(%) | 2 | 12 | 33 | 53 | 79 | 95 | 100 |

$$F.M = \frac{\sum 각체에\ 남는\ 잔류률의\ 누계}{100}$$

$$= \frac{0 \times 4 + 2 + 12 + 33 + 53 + 79 + 95}{100}$$

$$= \frac{274}{100} = 2.74$$

**KEY** 골재의 조립률 : 75mm, 40mm, 20mm, 10mm, 5mm, 2.5mm, 1.2mm, 0.6mm, 0.3mm, 0.15mm 등 10개의 체를 사용한다.

# 국가기술자격 실기시험문제

2015년도 산업기사 제3회 필답형 실기시험 (산업기사)

| 종　목 | 시험시간 | 배 점 | 성　명 | 수험번호 |
|---|---|---|---|---|
| 콘크리트산업기사 | 1시간 30분 | 60 | | |

※ 수험자 인적사항 및 계산식을 포함한 답안 작성은 검은색 필기구만 사용해야 하며, 그 외 연필류, 빨간색, 청색 등 필기구로 작성한 답항은 0점 처리 됩니다.

□□□ 산10①,12③,15③,22②

01 강도 설계법에 의한 계수 전단력 $V_u = 70kN$을 받을 수 있는 직사각형 단면을 설계하려고 한다. 다음 물음에 답하시오. (단, $f_{ck} = 24MPa$)

가. 최소 전단 철근 없이 견딜 수 있는 콘크리트의 최소 단면적 $b_w d$를 구하시오.

계산 과정)

답 : _____

나. 전단 철근의 최소량을 사용할 경우, 필요한 콘크리트의 최소 단면적 $b_w d$를 구하시오.

계산 과정)

답 : _____

---

해답 가. 전단 철근 없이 계수 전단력을 지지할 조건

$V_u \leq \dfrac{1}{2}\phi V_c = \dfrac{1}{2}\phi\dfrac{1}{6}\lambda\sqrt{f_{ck}}\,b_w d$ 에서

$70\times 10^3 = \dfrac{1}{2}\times 0.75\times\dfrac{1}{6}\times 1\times\sqrt{24}\,b_w d$

$\therefore b_w d = 228619.04 mm^2$

나. 전단 철근의 최소량을 사용할 범위

$\dfrac{1}{2}\phi V_c < V_u \leq \phi V_c = \phi\dfrac{1}{6}\lambda\sqrt{f_{ck}}\,b_w d$

$70\times 10^3 = 0.75\times\dfrac{1}{6}\times 1\times\sqrt{24}\,b_w d$

$\therefore b_w d = 114309.52 mm^2$

□□□ 기05①,06③, 산08③,11③,15③

02 콘크리트 제조에 사용될 골재가 잠재적으로 알칼리 골재 반응을 일으킬 우려가 있어 사용하고자 하는 시멘트 중에 포함된 알칼리 성분 측정 결과가 아래 표와 같다면 시멘트 중의 전 알칼리량을 구하시오.

| 득점 | 배점 |
|---|---|
|  | 4 |

$$Na_2O = 0.35\%, \quad K_2O = 0.82\%$$

계산 과정)

답 : _____

해답 $R_2O = Na_2O + 0.658K_2O = 0.35 + 0.658 \times 0.82 = 0.890\%$

 KEY 총 알칼리량
$R_2O = Na_2O + 0.658K_2O$
여기서, $R_2O$ : 포틀랜드 시멘트 중의 전 알칼리의 질량(%)
$Na_2O$ : 포틀랜드 시멘트(저알칼리형) 중의 산화나트륨의 질량(%)
$K_2O$ : 포틀랜드 시멘트(저알칼리형) 중의 산화칼륨의 질량(%)

□□□ 산10①,15③

03 다음 수중 콘크리트의 물음에 대해 답하시오.

| 득점 | 배점 |
|---|---|
|  | 8 |

가. 수중 콘크리트의 배합 강도의 기준 : _____

나. 일반 수중 콘크리트의 물–결합재비 : _____

다. 일반 수중 콘크리트의 단위 시멘트량 : _____

라. 일반 불분리성 콘크리트의 타설 시 유속 : _____

마. 수중 불분리성 콘크리트의 타설 시 수중 낙하 높이 : _____

바. 수중 불분리성 콘크리트의 타설 시 수중 유동 거리 : _____

해답 가. 수중 분리 저항성, 유동성 및 내구성 등의 성능을 만족하도록 시험에 의해 정한다.
나. 50% 이하
다. 370kg/m³
라. 50mm/sec 정도 이하
마. 0.5m 이하
바. 5m 이하

□□□ 산05①,14①,15③,16③,20②

04 기존 철근 콘크리트 구조물의 구조 내력의 검토를 위해 철근 탐사기를 이용한다. 이런 철근 탐사기로 측정할 수 있는 항목 3가지만 쓰시오.

| 득점 | 배점 |
|---|---|
| | 6 |

① _____

② _____

③ _____

해답 ① 설계도면과 실제 배근상태의 일치 여부
② 구조부재의 피복두께
③ 철근의 깊이 및 위치
④ 공동

□□□ 산15③

05 T형보에서 플랜지의 유효폭을 구하는 공식을 쓰시오.

| 득점 | 배점 |
|---|---|
| | 8 |

가. 대칭 T형보에서 양쪽으로 각각 내민 플랜지 두께의 8배씩 : $16t_f + b_w$

① _____

② _____

나. 비대칭 T형보에서 (한쪽으로 내민 플랜지 두께의 6t) $+ b_w$

① _____

② _____

해답 가. ① 양쪽의 슬래브의 중심간 거리
② 보의 경간의 $\frac{1}{4}$

나. ① $\left(\text{보의 경간의 } \frac{1}{12}\right) + b_w$
② $\left(\text{인접보와의 내측거리의 } \frac{1}{2}\right) + b_w$

□□□ 산05①,08③,10③,11③,15③,17①,20②

**06** 일반 콘크리트에서 타설한 콘크리트에 균일한 진동을 주기 위하여 진동기의 찔러 넣는 간격 및 장소 당 진동 시간 등을 규정하고 있다. 이러한 내부 진동기의 올바른 사용 방법에 대하여 3가지만 쓰시오.

| 득점 | 배점 |
|---|---|
| | 6 |

① _____

② _____

③ _____

해답 ① 하층의 콘크리트 속으로 0.1m 정도 찔러 넣는다.
② 삽입 간격은 일반적으로 0.5m 이하로 하는 것이 좋다.
③ 1개소당 진동 시간은 5~15초로 한다.
④ 콘크리트로부터 천천히 빼내어 구멍이 남지 않도록 한다.
⑤ 콘크리트를 횡방향으로 이동시킬 목적으로 사용하지 않아야 한다.

□□□ 15③

**07** 양질의 콘크리트가 갖추어야 할 조건 3가지를 쓰시오.

| 득점 | 배점 |
|---|---|
| | 6 |

① _____

② _____

③ _____

해답 ① 재료 분리 현상이 없어야 한다.
② 소요의 강도를 얻을 수 있어야 한다.
③ 입도나 입형이 양호한 골재를 사용한다.
④ 작업이 가능한 한 범위에서 물-결합재비를 작게 한다.

□□□ 산07③,15③

**08** 콘크리트의 동결 융해 저항성 측 정시 사용되는 1사이클의 온도 범위와 시간을 쓰시오.

| 득점 | 배점 |
|---|---|
| | 4 |

가. 동결 융해 1사이클의 원칙적인 온도 범위를 쓰시오.

　ㅇ

나. 동결 융해 1사이클의 소요 시간 범위를 쓰시오.

　ㅇ

해답 가. -18℃~4℃　　나. 2~4시간

동결 융해 1사이클
- 동결 융해 1사이클은 공시체 중심부의 온도를 원칙으로 하며 원칙적으로 4℃에서 −18℃로 떨어지고, 다음에 −18℃에서 4℃로 상승하는 것으로 한다.
- 동결 융해 1사이클의 소요 시간은 2시간 이상, 4시간 이하로 한다.

□□□ 산15③,17②
09 포장용 콘크리트의 배합기준에 대해 다음 물음에 답하시오.

| 항 목 | 기 준 |
|---|---|
| 공기연행 콘크리트의 공기량 범위 | 4~6% |
| 굵은 골재의 최대치수 | 40mm 이하 |
| 설계기준 휨 호칭강도($f_{28}$) | |
| 단위 수량 | |
| 슬럼프 | |

득점 / 배점
6

해답

| 항 목 | 기 준 |
|---|---|
| 공기연행 콘크리트의 공기량 범위 | 4~6% |
| 굵은 골재의 최대치수 | 40mm 이하 |
| 설계기준 휨 호칭강도($f_{28}$) | 4.5MPa 이상 |
| 단위 수량 | $150kg/m^3$ 이하 |
| 슬럼프 | 40mm 이하 |

□□□ 산11③,14③,15③,16①
10 폭($b_w$) 280mm, 유효깊이($d$) 500mm, $f_{ck}$=30MPa, $f_y$=400MPa인 단철근 직사각형 보에 대한 다음 물음에 답하시오. (단, 철근량 $A_s$=3000mm²이고, 일단으로 배치되어 있다.)

득점 / 배점
6

가. 압축 연단에서 중립축까지의 거리 $c$를 구하시오.

계산 과정 )

답 : _____

나. 최외단 인장철근의 순인장 변형률($\varepsilon_t$)을 구하시오.
(단, 소수점 이하 여섯째 자리에서 반올림하시오.)

계산 과정 )

답 : _____

가. 중립축까지의 거리 $c = \dfrac{a}{\beta_1}$

- $f_{ck} = 21\text{MPa} \leq 40\text{MPa}$일 때 $\eta = 1.0$, $\beta_1 = 0.80$

- $a = \dfrac{A_s f_y}{\eta(0.85 f_{ck})b} = \dfrac{3000 \times 400}{1 \times 0.85 \times 30 \times 280} = 168.07\text{mm}$

$\therefore\ c = \dfrac{168.07}{0.80} = 210.09\,\text{mm}$

나. 순인장 변형률 : $\dfrac{0.0033}{c} = \dfrac{\epsilon_t}{d_t - c}$ 에서

$\begin{aligned}
\epsilon_t &= \dfrac{0.0033 \times (d_t - c)}{c} \\
&= \dfrac{0.0033 \times (500 - 210.09)}{210.09} = 0.00455
\end{aligned}$

# 국가기술자격 실기시험문제

## 2016년도 산업기사 제1회 필답형 실기시험(산업기사)

| 종 목 | 시험시간 | 배 점 | 성 명 | 수험번호 |
|---|---|---|---|---|
| 콘크리트산업기사 | 1시간 30분 | 60 | | |

※ 수험자 인적사항 및 계산식을 포함한 답안 작성은 검은색 필기구만 사용해야 하며, 그 외 연필류, 빨간색, 청색 등 필기구로 작성한 답항은 0점 처리 됩니다.

□□□ 산11③,13③,16①

## 01 콘크리트용 굵은 골재의 최대치수에 대한 아래 물음에 답하시오.

| 득점 | 배점 |
|---|---|
| | 10 |

가. 굵은 골재의 최대치수에 대한 정의를 간단히 쓰시오.

　○

나. 콘크리트 배합에 사용되는 굵은 골재 최대치수의 표준에 대한 아래 표의 빈 칸을 채우시오.

| 구조물의 종류 | 굵은 골재의 최대치수(mm) |
|---|---|
| 일반적인 경우 | ① |
| 단면이 큰 경우 | ② |
| 무근 콘크리트 | 40<br>부재 최소치수의 1/4를 초과해서는 안 됨 |

다. 콘크리트 배합에 사용되는 굵은 골재의 공칭 최대치수는 어떤 값을 초과하면 안되는지 아래 표의 예시와 같이 2가지만 쓰시오.

> 개별 철근, 다발철근, 긴장재 또는 덕트 사이의 최소 순간격의 3/4

① _____

② _____

정답 가. 질량비로 90% 이상을 통과시키는 체 중에서 최소 치수인 체의 호칭치수로 나타낸 굵은 골재의 치수
나. ① 20 또는 25
　　② 40
다. ① 거푸집 양 측면 사이의 최소 거리의 1/5
　　② 슬래브 두께의 1/3

□□□ 산11③,14③,15③,16①,22③

02 폭($b_w$) 280mm, 유효깊이($d$) 500mm, $f_{ck}$=30MPa, $f_y$=400MPa인 단철근 직사각형 보에 대한 다음 물음에 답하시오. (단, 철근량 $A_s$=3000mm$^2$이고, 일단으로 배치되어 있다.)

득점 배점
6

가. 압축 연단에서 중립축까지의 거리 $c$를 구하시오.

계산 과정 )

답 : _____

나. 최외단 인장철근의 순인장 변형률($\varepsilon_t$)을 구하시오.
 (단, 소수점 이하 여섯째 자리에서 반올림하시오.)

계산 과정 )

답 : _____

해답 가. 중립축까지의 거리 $c = \dfrac{a}{\beta_1}$

• $f_{ck}=30$MPa $\leq 40$MPa일 때 $\eta=1.0$, $\beta_1=0.80$

• $a = \dfrac{A_s f_y}{\eta(0.85 f_{ck})b} = \dfrac{3000 \times 400}{1 \times 0.85 \times 30 \times 280} = 168.07$mm

∴ $c = \dfrac{168.07}{0.80} = 210.09$mm

나. 순인장 변형률 : $\dfrac{0.0033}{c} = \dfrac{\epsilon_t}{d_t - c}$ 에서

$\epsilon_t = \dfrac{0.0033 \times (d_t - c)}{c}$

$= \dfrac{0.0033 \times (500 - 210.09)}{210.09} = 0.00455$

□□□ 산12③,16①,17①

03 경간 10m의 대칭 T형보를 설계하려고 한다. 아래 조건을 보고 플랜지의 유효폭을 구하시오.

득점 배점
4

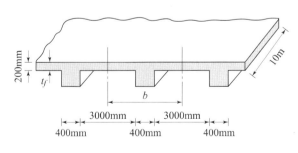

계산 과정 )

답 : _____

해답 T형보의 유효폭은 다음 값 중 가장 작은 값으로 한다.

- 양쪽으로 각각 내민 플랜지 두께의 8배씩 : $16t_f) + b_w$

    $16t_f + b_w = 16 \times 200 + 400 = 3600 \text{mm}$

- 양쪽의 슬래브의 중심 간 거리 : $\dfrac{3000}{2} + 400 + \dfrac{3000}{2} = 3400 \text{mm}$

- 보의 경간(L)의 1/4 : $\dfrac{1}{4} \times 10000 = 2500 \text{mm}$   ∴ 유효폭 $b = 2500 \text{mm}$

□□□ 산05①,09③,12①,16①,17②,21②,23③

04 시방 배합 결과 단위 수량 $150 \text{kg/m}^3$, 단위 시멘트량 $300 \text{kg/m}^3$, 단위 잔골재량 $700 \text{kg/m}^3$, 단위 굵은 골재량 $1200 \text{kg/m}^3$을 얻었다. 이 골재의 현장 야적 상태가 아래 표와 같다면 현장 배합상의 단위 수량, 단위 잔골재량, 단위 굵은 골재량을 구하시오.

| 득점 | 배점 |
|---|---|
|  | 6 |

───────── 【현장 골재 상태】 ─────────

- 잔골재 중 5mm 체에 잔류하는 양 3.5%
- 굵은 골재 중 5mm 체를 통과한 양 6.5%
- 잔골재의 표면수 2%
- 굵은 골재의 표면수 1%

계산 과정)

[답] ① 단위 수량 : _____

② 단위 잔골재량 : _____

③ 단위 굵은 골재량 : _____

해답 ■ 입도에 의한 조정

- $S = 700 \text{kg}$,  $G = 1200 \text{kg}$,  $a = 3.5\%$,  $b = 6.5\%$

- $X = \dfrac{100S - b(S+G)}{100 - (a+b)} = \dfrac{100 \times 700 - 6.5(700 + 1200)}{100 - (3.5 + 6.5)} = 640.56 \text{kg/m}^3$

- $Y = \dfrac{100G - a(S+G)}{100 - (a+b)} = \dfrac{100 \times 1200 - 3.5(700 + 1200)}{100 - (3.5 + 6.5)} = 1259.44 \text{kg/m}^3$

■ 표면수에 의한 조정

- 잔골재의 표면수 $= 640.56 \times \dfrac{2}{100} = 12.81 \text{kg}$

- 굵은 골재의 표면수 $= 1259.44 \times \dfrac{1}{100} = 12.59 \text{kg}$

■ 현장 배합량

- 단위 수량 : $150 - (12.81 + 12.59) = 124.60 \text{kg/m}^3$

- 단위 잔골재량 : $640.56 + 12.81 = 653.37 \text{kg/m}^3$

- 단위 굵은 골재량 : $1259.44 + 12.59 = 1272.03 \text{kg/m}^3$

□□□ 산11①,16①,23③
05 토목 구조물의 보강공법의 종류를 4가지만 쓰시오.

득점 배점
4

① _____  ② _____

③ _____  ④ _____

해답 ① 강판 접착공법    ② 연속섬유 시트 접착공법
　　③ 라이닝공법      ④ 외부케이블 공법

□□□ 산16①
06 콘크리트 구조물의 염해에 대해 다음 물음에 답하시오.

득점 배점
6

가. 염해에 의한 철근의 부식이 생기면 나타나는 현상을 3가지 쓰시오.

① _____  ② _____  ③ _____

나. 레디믹스트 콘크리트의 배출 지점에서 염화물 함유량 측정기에서 얻은 염소이
　온농도($Cl^-$)가 0.15%이고, 배합 보고서에 기재한 단위수량($W$)이 175kg/m³
　일 때 콘크리트의 염화물(kg/m³)을 계산하시오.

계산 과정)

답 : _____

해답 가. ① 녹물의 용출에 따른 콘크리트 표면의 오염
　　　② 피복 콘크리트 탈락
　　　③ 철근 단면적 감소
　　　④ 철근 주변의 콘크리트 균열 발생으로 철근부식 가속화
　　나. 염화물량 $= Cl^- \times \dfrac{1}{100} \times W = 0.15 \times \dfrac{1}{100} \times 175 = 0.263 \, kg/m^3$

□□□ 산16①
07 체가름시험에서 사용되는 시료의 최소 건조질량의 정의를 쓰시오.

득점 배점
6

가. 굵은골재의 최소질량의 정의

　○

나. 구조용 경량골재의 최소 건조질량의 정의

　○

해답 가. 골재의 최대치수의 0.2배를 kg으로 표시한 양으로 한다.
　　나. 굵은골재의 최소건조질량의 1/2로 한다.

체가름 시험에서 시료의 건조 질량
1) 굵은 골재의 경우 사용하는 골재의 최대치수의 0.2배를 kg으로 표시한 양으로 한다.
2) 잔골재의 경우
   1.2mm체를 95% 이상 통과하는 것에 대한 최소 건조질량을 100g으로 하고 1.2mm체에 5% 이상 남는 것에 대한 최소 건조질량을 500g으로 한다.
3) 구조용 경량골재를 사용하는 경우
   위의 최소질량의 1/2로 한다.

□□□ 산06③,12①,16①②

08 압력법에 의한 굳지 않은 콘크리트의 공기량 시험 결과를 보고, 수정 계수를 결정하기 위한 잔골재의 질량과 굵은 골재의 질량을 구하시오.
(단, 단위 골재량은 1m³당 소요량이며, 시험기는 10L 용량을 사용한다.)

| 득점 | 배점 |
|---|---|
|  | 4 |

| 단위 잔골재량 | 단위 굵은 골재량 |
|---|---|
| 900kg/m³ | 1100kg/m³ |

가. 잔골재의 질량

계산 과정)

답 : _____

나. 굵은 골재의 질량

계산 과정)

답 : _____

해답 가. $m_f = \dfrac{V_C}{V_B} \times m_f' = \dfrac{10}{1000} \times 900 = 9\,\mathrm{kg}$

나. $m_c = \dfrac{V_C}{V_B} \times m_c' = \dfrac{10}{1000} \times 1100 = 11\,\mathrm{kg}$

□□□ 산08③,10③,12③,16①,17①

09 RC 구조물에서 철근의 부식 정도를 측정하는 비파괴 시험 종류 3가지만 쓰시오.

| 득점 | 배점 |
|---|---|
|  | 6 |

① _____   ② _____

③ _____

해답 ① 자연 전위법   ② 분극 저항법   ③ 전기 저항법

□□□ 기05③,09③, 산09①,11①,16①,23③

10 어떤 잔골재에 대해 체가름 시험을 한 결과가 다음과 같다. 체가름 시험 결과표를 이용하여 다음 물음에 답하시오.

득점 | 배점
6

가. 각 체에 남는 양의 누계표를 완성하시오.

| 체(mm) | 각 체에 남는 양 | | 각 체에 남는 양의 누계 | |
|---|---|---|---|---|
| | (g) | (%) | (g) | (%) |
| 5 | 25 | 5 | | |
| 2.5 | 50 | 10 | | |
| 1.2 | 70 | 14 | | |
| 0.6 | 100 | 20 | | |
| 0.3 | 200 | 40 | | |
| 0.15 | 55 | 11 | | |
| PAN | 0 | 0 | | |

나. 조립률을 구하시오.

계산근거)

답 : _____

가.

| 체(mm) | 각 체에 남는 양 | | 각 체에 남는 양의 누계 | |
|---|---|---|---|---|
| | (g) | (%) | (g) | (%) |
| 5 | 25 | 5 | 25 | 5 |
| 2.5 | 50 | 10 | 75 | 15 |
| 1.2 | 70 | 14 | 145 | 29 |
| 0.6 | 100 | 20 | 245 | 49 |
| 0.3 | 200 | 40 | 445 | 89 |
| 0.15 | 55 | 11 | 500 | 100 |
| PAN | 0 | 0 | | |

나. $\text{F.M} = \dfrac{\sum \text{각 체에 남는 잔류률의 누계}}{100}$

$= \dfrac{0 \times 4 + 5 + 15 + 29 + 49 + 89 + 100}{100} = \dfrac{287}{100} = 2.87$

# 국가기술자격 실기시험문제

2016년도 산업기사 제2회 필답형 실기시험 (산업기사)

| 종 목 | 시험시간 | 배 점 | 성 명 | 수험번호 |
|---|---|---|---|---|
| 콘크리트산업기사 | 1시간 30분 | 60 | | |

※ 수험자 인적사항 및 계산식을 포함한 답안 작성은 검은색 필기구만 사용해야 하며, 그 외 연필류, 빨간색, 청색 등 필기구로 작성한 답항은 0점 처리 됩니다.

□□□ 산16②,17②,19③

## 01 콘크리트의 비파괴 시험에 대해 다음 물음에 답하시오.

득점 배점<br>8

가. 철근 탐지기의 측정원리를 설명하시오.

　○

나. 반발 경도법의 종류 3가지를 쓰시오.

① _____ ② _____ ③ _____

다. 기존 콘크리트 내의 철근부식의 유무를 평가하기 위해 실시하는 비파괴 검사 방법을 3가지만 쓰시오.

① _____ ② _____ ③ _____

해답 가. 철근 구조체 내부로 송신된 전자파가 전기적 특성이 다른 물질인 철근의 경계에서 반사파를 일으키는 성질을 이용해 철근의 위치와 방향, 표면에서 철근까지의 피복 두께 및 철근 직경에 대한 조사
나. ① 슈미트 해머법　② 낙하식 해머법　③ 스프링 해머법　④ 회전식 해머법
다. ① 자연 전위법　② 분극 저항법　③ 전기 저항법

□□□ 산09①,11①,16②,19③

## 02 보다 빠른 콘크리트 경화나 강도 발현을 촉진시키기 위하여 실시하는 촉진 양생 방법 4가지만 쓰시오.

득점 배점<br>4

① _____ ② _____

③ _____ ④ _____

해답 ① 증기 양생　② 오토클레이브 양생　③ 온수 양생
　④ 전기양생　⑤ 적외선 양생　⑥ 고주파 양생

□□□ 16②,21②

03 한국산업규격(KS)에 규정되어 있는 시멘트의 종류 중 포틀랜드 시멘트의 종류를 5가지만 쓰시오.

득점 배점
　　5

① _____    ② _____

③ _____    ④ _____

⑤ _____

해답 ① 보통 포틀랜드 시멘트    ② 중용열 포틀랜드 시멘트
③ 조강 포틀랜드 시멘트    ④ 백색 포틀랜드 시멘트
⑤ 저열 포틀랜드 시멘트

□□□ 산10①,16②

04 다음 물음에 답하시오.

득점 배점
　　6

가. 계수 전단력 $V_u = 36$kN을 받을 수 있는 직사각형 단면이 최소 전단 철근 없이 견딜 수 있는 콘크리트의 최소 단면적 $b_w d$를 구하시오. (단, $f_{ck} = 24$MPa)

계산 과정)

답 : _____

나. 계수 전단력 $V_u = 75$kN을 받을 수 있는 직사각형 단면을 설계하려고 한다. 전단 철근의 최소량을 사용할 경우, 필요한 콘크리트의 최소 단면적 $b_w d$를 구하시오. (단, $f_{ck} = 28$MPa)

계산 과정)

답 : _____

해답 가. 전단 철근 없이 계수 전단력을 지지할 조건

$V_u \leq \dfrac{1}{2}\phi V_c = \dfrac{1}{2}\phi \dfrac{1}{6}\lambda \sqrt{f_{ck}}\, b_w d$ 에서

$36 \times 10^3 = \dfrac{1}{2} \times 0.75 \times \dfrac{1}{6} \times 1 \times \sqrt{24}\, b_w d$

$\therefore\ b_w d = 117575.51\text{mm}^2$

나. 전단 철근의 최소량을 사용할 범위

$\dfrac{1}{2}\phi V_c < V_u \leq \phi V_c = \phi \dfrac{1}{6}\lambda \sqrt{f_{ck}}\, b_w d$

$75 \times 10^3 = 0.75 \times \dfrac{1}{6} \times 1 \times \sqrt{28}\, b_w d$

$\therefore\ b_w d = 113389.34\text{mm}^2$

05 콘크리트의 배합설계에서 시방 배합 결과가 아래 표와 같을 때 현장 골재의
상태에 따라 각 재료량을 구하시오. (단, 소수 셋째 자리에서 반올림하시오.)

| 득점 | 배점 |
|---|---|
|  | 6 |

[표 1] **【시방 배합표】**

| 굵은 골재의 최대 치수 (mm) | 슬럼프 (mm) | 공기량 (%) | $W/B$ (%) | $S/a$ (%) | 단위량(kg/m³) | | | | 혼화제 (g/m³) |
|---|---|---|---|---|---|---|---|---|---|
|  |  |  |  |  | 물 | 시멘트 | 잔골재 | 굵은 골재 |  |
| 25 | 120±15 | 4.5±0.5 | 50 |  | 180 | 360 | 715 | 985 | 1,086 |

[표 2] **【현장 골재 상태】**

| 잔골재가 5mm 체에 남는 양 | 4% |
|---|---|
| 굵은 골재가 5mm 체에 통과하는 양 | 2% |
| 잔골재의 표면수 | 2.5% |
| 굵은 골재의 표면수 | 0.5% |

가. 단위 수량을 구하시오.

　계산 과정)

　　　　　　　　　　　　　　　　　　　답 : _____

나. 단위 잔골재량을 구하시오.

　계산 과정)

　　　　　　　　　　　　　　　　　　　답 : _____

다. 단위 굵은 골재량을 구하시오.

　계산 과정)

　　　　　　　　　　　　　　　　　　　답 : _____

해답　■ 입도에 의한 조정
- $S = 715$kg, $G = 985$kg, $a = 4\%$, $b = 2\%$
- $X = \dfrac{100S - b(S+G)}{100 - (a+b)} = \dfrac{100 \times 715 - 2(715 + 985)}{100 - (4+2)} = 724.47 \text{kg/m}^3$
- $Y = \dfrac{100G - a(S+G)}{100 - (a+b)} = \dfrac{100 \times 985 - 4(715 + 985)}{100 - (4+2)} = 975.53 \text{kg/m}^3$

■ 표면수에 의한 조정
- 잔골재의 표면수 $= 724.47 \times \dfrac{2.5}{100} = 18.11$kg
- 굵은 골재의 표면수 $= 975.53 \times \dfrac{0.5}{100} = 4.88$kg

■ 현장 배합량
가. 단위 수량 : $180 - (18.11 + 4.88) = 157.01 \text{kg/m}^3$
나. 단위 잔골재량 : $724.47 + 18.11 = 742.58 \text{kg/m}^3$
다. 단위 굵은 골재량 : $975.53 + 4.88 = 980.41 \text{kg/m}^3$

□□□ 산16②,21②

**06** 철근 콘크리트 부재에서 부재의 설계강도란 공칭강도에 1.0보다 작은 강도감소계수 $\phi$를 곱한 값을 말한다. 이러한 강도감소계수에 대해 다음 물음에 답하시오.

| 득점 | 배점 |
|---|---|
| | 9 |

가. 부재 또는 하중의 강도감소계수를 쓰시오.

① 띠철근 :

② 전단철근 :

③ 인장지배단면 :

④ 무근 콘크리트의 휨모멘트 :

나. 강도감소계수를 사용하는 목적을 3가지만 쓰시오.

① _____

② _____

③ _____

다. 철근 콘크리트 구조물 설계시 하중계수, 조합을 고려하여 설계하는 이유를 쓰시오.

○

가. 0.65   나. 0.75   다. 0.85   라. 0.55
나. ① 부정확한 설계 방정식에 대비한 이유
   ② 주어진 하중조건에 대한 부재의 연성도와 소요 신뢰도
   ③ 구조물에서 차지하는 부재의 중요도 등을 반영하기 위해서
   ④ 재료강도와 치수가 변동할 수 있으므로 부재의 강도 저하 확률에 대비한 이유
다. 하중의 변경, 구조해석 할 때의 가정 및 계산의 단순화로 인해 야기될지 모르는 초과하중의 영향에 대한 것이다.

□□□ 산07③,09③,16②

**07** 알칼리 골재 반응의 종류를 2가지만 쓰시오.

| 득점 | 배점 |
|---|---|
| | 6 |

① _____

② _____

① 알칼리-실리카 반응
② 알칼리-탄산염 반응
③ 알칼리-실리게이트 반응

□□□ 산08③,16②

**08 매스 콘크리트에 대한 아래의 물음에 답하시오.**

특점 | 배점
8

가. 매스 콘크리트의 정의를 간단히 쓰시오.

  ○

나. 일반적으로 매스 콘크리트로 다루어야 하는 구조물의 부재 치수에 대하여 쓰시오.

① 넓이가 넓은 평판 구조인 경우 : _____

② 하단이 구속된 벽체인 경우 : _____

다. 매스 콘크리트의 온도 균열을 방지하거나 제어하기 위한 방법을 2가지만 쓰시오.

① _____

② _____

해답 가. 부재 혹은 구조물의 치수가 커서 시멘트의 수화열에 의한 온도 상승 및 강하를 고려하여 설계·시공해야 하는 콘크리트
나. ① 두께 0.8m 이상　② 두께 0.5m 이상
다. ① 온도철근의 배치에 의한 방법
② 팽창 콘크리트의 사용에 의한 균열 방지 방법
③ 파이프 쿨링에 의한 온도 제어
④ 포스트 쿨링의 양생 방법에 의한 온도 제어
⑤ 콘크리트의 선행 냉각, 관로식 냉각 등에 의한 온도 저하 및 제어 방법

□□□ 산07③,11①,16②

**09 굳은 콘크리트는 표면으로부터 공기 중의 탄산가스를 흡수하여 콘크리트 내부에서 수화 반응으로 생성된 수산화칼슘이 탄산칼슘으로 변화하면서 알칼리성을 잃게 되는 현상을 탄산화라 한다. 콘크리트의 탄산화를 촉진하는 외부 환경조건을 2가지만 쓰시오.**

특점 | 배점
4

① _____

② _____

해답 ① 온도가 높을수록 탄산화를 촉진시킨다.
② 습도가 높을수록 탄산화를 촉진시킨다.
③ 탄산가스의 농도가 높을수록 탄산화를 촉진시킨다.

□□□ 산13①,14②,16②

10 폭 $b = 300$mm, 유효깊이 $d = 500$mm이고, $A_s = 1285$mm$^2$인 단철근 직사각형 보의 설계 휨강도($\phi M_n$)를 구하시오.

(단, $f_{ck} = 30$MPa, $f_y = 400$MPa이다.)

<table>
<tr><td>득점</td><td>배점</td></tr>
<tr><td></td><td>6</td></tr>
</table>

계산 과정)

답 : _____

해답 $f_{ck} = 300$MPa $\leq 40$MPa일 때

$\eta = 1.0$, $\beta_1 = 0.80$

$a = \dfrac{A_s f_y}{\eta(0.85 f_{ck})b} = \dfrac{1285 \times 400}{1 \times 0.85 \times 30 \times 300} = 67.19 \, \mathrm{mm}$

• $c = \dfrac{a}{\beta_1} = \dfrac{67.19}{0.80} = 83.99 \mathrm{mm}$

• $\epsilon_t = \dfrac{0.0033 \times (d-c)}{c} = \dfrac{0.0033 \times (500 - 83.99)}{83.99} = 0.0163 > 0.005$ (인장지배)

$\therefore \ \phi = 0.85$

$\therefore \ \phi M_n = \phi A_s f_y \left( d - \dfrac{a}{2} \right)$

$\qquad = 0.85 \times 1285 \times 400 \left( 500 - \dfrac{67.19}{2} \right)$

$\qquad = 203772345 \mathrm{N} \cdot \mathrm{mm} = 203.77 \mathrm{kN} \cdot \mathrm{m}$

# 국가기술자격 실기시험문제

2016년도 산업기사 제3회 필답형 실기시험 (산업기사)

| 종 목 | 시험시간 | 배 점 | 성 명 | 수험번호 |
|---|---|---|---|---|
| 콘크리트산업기사 | 1시간 30분 | 60 | | |

※ 수험자 인적사항 및 계산식을 포함한 답안 작성은 검은색 필기구만 사용해야 하며, 그 외 연필류, 빨간색, 청색 등 필기구로 작성한 답항은 0점 처리 됩니다.

□□□ 산14①,16③,22③

01 그림과 같은 대칭 T형보를 설계하려고 한다. 아래 조건을 보고 물음에 답하시오. (단, $A_s = 9400\text{mm}^2$, $f_{ck} = 30\text{MPa}$, $f_y = 400\text{MPa}$, 유효높이 $= 910\text{mm}$)

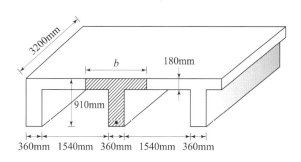

가. 플랜지 유효폭($b$)을 구하시오.

계산 과정)

답 : _____

나. 공칭전단강도($V_c$)를 구하시오.

계산 과정)

답 : _____

다. 중심축간 거리 $c$를 구하시오.

계산 과정)

답 : _____

라. 강도 설계법으로 설계휨강도($\phi M_n$)를 구하시오. (단, 인장파괴임)

계산 과정)

답 : _____

해설 가. T형보의 유효폭은 다음 값 중 가장 작은 값으로 한다.

• (양쪽으로 각각 내민 플랜지 두께의 8배씩 : $16t_f$)$+b_w$

$16t_f + b_w = 16 \times 180 + 360 = 3240\,\mathrm{mm}$

• 양쪽의 슬래브의 중심 간 거리 : $770 + 360 + 770 = 1900\,\mathrm{mm}$

• 보의 경간(L)의 1/4 : $\frac{1}{4} \times 3200 = 800\,\mathrm{mm}$

∴ 유효폭 $b = 800\,\mathrm{mm}$

나. $V_c = \frac{1}{6} \lambda \sqrt{f_{ck}}\, b_w d$

$= \frac{1}{6} \times 1 \times \sqrt{30} \times 360 \times 910$

$= 299057\,\mathrm{N} = 299\,\mathrm{kN}$

다. $f_{ck} = 30\mathrm{MPa} \leq 40\mathrm{MPa}$일 때 $\eta = 1.0,\ \beta_1 = 0.80$

$a = \dfrac{A_s f_y}{\eta(0.85 f_{ck})\, b} = \dfrac{9400 \times 400}{1 \times 0.85 \times 30 \times 800} = 184.31\,\mathrm{mm}$

$a = 184.31\,\mathrm{mm} > t_f = 180\,\mathrm{mm}$    ∴ T형보

• $A_{st} = \dfrac{\eta(0.85 f_{ck})(b - b_w)t_f}{f_y} = \dfrac{1 \times 0.85 \times 30 (800 - 360) \times 180}{400} = 5049\,\mathrm{mm}^2$

• $a_w = \dfrac{(A_s - A_{st})f_y}{\eta(0.85 f_{ck})\, b_w} = \dfrac{(9400 - 5049) \times 400}{1 \times 0.85 \times 30 \times 360} = 190\,\mathrm{mm}$

• $c = \dfrac{a_w}{\beta_1} = \dfrac{190}{0.80} = 237.50\,\mathrm{mm}$

라. • $\epsilon_t = \dfrac{0.0033 \times (d - c)}{c}$

$= \dfrac{0.0033 \times (910 - 237.50)}{237.50} = 0.0093 > 0.005 (인장지배)$

∴ $\phi = 0.85$

■ $M_n = A_{st} f_y \left( d - \dfrac{t}{2} \right) + (A_s - A_{st}) f_y \left( d - \dfrac{a}{2} \right)$

$= 5049 \times 400 \times \left( 910 - \dfrac{180}{2} \right) + (9400 - 5049) \times 400 \left( 910 - \dfrac{190}{2} \right)$

$= 1656072000 + 1418426000$

$= 3074498000\,\mathrm{N \cdot m} = 3074.50\,\mathrm{kN \cdot m}$

∴ $\phi M_n = 0.85 \times 3074.50 = 2613.32\,\mathrm{kN \cdot m}$

□□□ 산12③,16③,21②

02 **굳지 않은 콘크리트의 침하 균열에 대해 다음 물음에 답하시오.**

| 득점 | 배점 |
|---|---|
|  | 6 |

가. 침하 균열의 정의를 쓰시오.

○

나. 침하 균열의 방지 대책 2가지만 쓰시오.

① _____

② _____

해답 가. 콘크리트 타설 후 콘크리트의 표면 가까이에 있는 철근, 매설물 또는 입자가 큰 골재 등이 콘크리트의 침하를 국부적으로 방해하기 때문에 일어난다.

　　나. ① 콘크리트의 침하가 적게 되도록 배합한다.

　　　　② 콘크리트의 치기 높이를 적절하게 한다.

　　　　③ 피복 두께를 적절히 한다.

□□□ 산14①,16③

**03 다음의 각 조건일 때 물음에 답하시오.**

가. 압축강도 기록이 없고, 호칭압축강도가 18MPa인 경우 배합강도를 구하시오.

계산 과정 )

답 : _____

나. 압축강도 기록이 없고, 호칭강도가 28MPa인 경우 배합강도를 구하시오.

계산 과정 )

답 : _____

다. 압축강도 기록이 없고, 호칭강도가 38MPa인 경우 배합강도를 구하시오.

계산 과정 )

답 : _____

라. 30회 이상의 콘크리트 압축강도 시험 실적으로부터 결정한 압축강도의 표준편차가 3.5MPa이고, 호칭강도가 30MPa일 때 배합강도를 구하시오.

계산 과정 )

답 : _____

마. 30회 이상의 콘크리트 압축강도 시험 실적으로부터 결정한 압축강도의 표준편차가 4.5MPa이고, 호칭강도가 40MPa일 때 배합강도를 구하시오.

계산 과정 )

답 : _____

해답 가. $f_{cr} = f_{cn} + 7 = 18 + 7 = 25\,\text{MPa}$

　　나. $f_{cr} = f_{cn} + 8.5 = 28 + 8.5 = 36.5\,\text{MPa}$

　　다. $f_{cr} = 1.1f_{cn} + 5.0 = 1.1 \times 38 + 5.0 = 46.8\,\text{MPa}$

　　라. $f_{cn} \leq 35\text{MPa}$일 때

　　　• $f_{cr} = f_{cn} + 1.34\,s\,(\text{MPa}) = 30 + 1.34 \times 3.5 = 34.69\,\text{MPa}$

　　　• $f_{cr} = (f_{cn} - 3.5) + 2.33\,s\,(\text{MPa}) = (30 - 3.5) + 2.33 \times 3.5 = 34.66\,\text{MPa}$

　　　∴ 배합강도 $f_{cr} = 34.69\,\text{MPa}$ ( ∵ 두 값 중 큰 값)

　　마. $f_{cn} > 35\text{MPa}$일 때

　　　• $f_{cr} = f_{cn} + 1.34\,s\,(\text{MPa}) = 40 + 1.34 \times 4.5 = 46.03\,\text{MPa}$

　　　• $f_{cr} = 0.9f_{cn} + 2.33\,s\,(\text{MPa}) = 0.9 \times 40 + 2.33 \times 4.5 = 46.49\,\text{MPa}$

　　　∴ 배합강도 $f_{cr} = 46.49\,\text{MPa}$ ( ∵ 두 값 중 큰 값)

□□□ 산05①,14①,15③,16③

**04** 기존 철근 콘크리트 구조물의 구조 내력의 검토를 위해 철근 탐사기를 이용한다. 이런 철근 탐사기로 측정할 수 있는 항목 3가지만 쓰시오.

| 득점 | 배점 |
|---|---|
| | 6 |

① _____

② _____

③ _____

해답 ① 설계도면과 실제 배근상태의 일치 여부
② 구조부재의 피복두께
③ 철근의 깊이 및 위치
④ 공동

□□□ 산09①,10③,12①,16③,20②,22③

**05** 매스 콘크리트의 온도 균열 발생 여부에 대한 검토는 온도 균열 지수에 의해 평가하는 것을 원칙으로 한다. 이때 정밀한 해석 방법에 의한 온도 균열 지수를 구하고자 할 경우 반드시 필요한 인자 2가지를 쓰시오.

| 득점 | 배점 |
|---|---|
| | 4 |

① _____

② _____

해답 ① $f_t(t)$ : 재령 $t$일에서의 수화열에 의하여 생긴 부재 내부의 온도 응력 최대값(MPa)
② $f_{sp}(t)$ : 재령 $t$일에서의 콘크리트의 쪼갬 인장 강도(MPa)

 **KEY**  온도균열지수 $I_{cr}(t) = \dfrac{f_{sp}(t)}{f_t(t)}$
여기서, $f_t(t)$ : 재령 $t$일에서의 수화열에 의하여 생긴 부재 내부의 온도 응력 최대값(MPa)
$f_{sp}(t)$ : 재령 $t$일에서의 콘크리트의 쪼갬 인장 강도로서, 재령 및 양생 온도를 고려하여 구함(MPa)

□□□ 산06③,09③,14①,16③,21②,23③

**06** 원주형 공시체 지름 150mm, 높이 300mm를 사용하여 쪼갬인장강도시험을 하여 시험기에 나타난 최대 하중 $P=250$kN 이었다. 이 콘크리트의 인장강도를 구하시오.

| 득점 | 배점 |
|---|---|
| | 6 |

계산 과정 )

답 : _____

해답 $f_{sp} = \dfrac{2P}{\pi dl} = \dfrac{2 \times 250 \times 10^3}{\pi \times 150 \times 300} = 3.54\,\text{N/mm}^2 = 3.54\,\text{MPa}$

09②,16③,23②

07 잔골재에 대한 밀도 및 흡수율 시험 결과가 아래 표와 같을 때 다음 물음에
답하시오. (단, 시험온도에서의 물의 밀도는 $1.0\,\text{g/cm}^3$이다.)

| 득점 | 배점 |
|---|---|
|  | 8 |

| 자연상태 시료의 질량 | 523.5g |
|---|---|
| 노건조상태 시료의 질량 | 486.4g |
| 표면건조상태 시료의 질량 | 542.5g |
| (플라스크+물)의 질량 | 689.6g |
| (플라스크+물+시료)의 질량 | 998.0g |

가. 절대건조 상태의 밀도를 구하시오.

계산 과정 )

답 : _____

나. 표면건조 포화상태의 밀도를 구하시오.

계산 과정 )

답 : _____

다. 흡수율을 구하시오.

계산 과정 )

답 : _____

라. 콘크리트용 잔골재 정밀에 대하여 시험값과 평균값의 차이가 허용되는 범위를
쓰시오.

| 밀도 |  |
|---|---|
| 흡수율 |  |

해답 가. 절대건조 상태의 밀도

$$d_d = \frac{A}{B+m-C} \times \rho_w = \frac{486.4}{689.6+542.5-998.0} \times 1.0 = 2.08\,\text{g/cm}^3$$

나. 표면 건조 포화 상태의 밀도

$$d_s = \frac{m}{B+m-C} \times \rho_w = \frac{542.5}{689.6+542.5-998.0} \times 1.0 = 2.32\,\text{g/cm}^3$$

다. 흡수율을 구하시오.

$$Q = \frac{B-A}{A} \times 100 = \frac{542.5-486.4}{486.4} \times 100 = 11.53\%$$

라. 콘크리트용 잔골재 정밀에 대하여 시험값과 평균값의 차이가 허용되는 범위를 쓰시오.

| 밀도 | $0.01\,\text{g/cm}^3$ 이하 |
|---|---|
| 흡수율 | 0.05% 이하 |

☐☐☐ 산07③,09①,09③,16③,23②

**08** 강도 설계법에서 $f_{ck}=34\text{MPa}$, $f_y=400\text{MPa}$일 때 단철근 직사각형보의 균형 철근비를 구하시오.

| 득점 | 배점 |
|---|---|
| | 4 |

계산 과정)

답 : _____

해답
- $\rho_b = \dfrac{\eta(0.85f_{ck})\,\beta_1}{f_y}\,\dfrac{660}{660+f_y}$
- $f_{ck}=34\text{MPa} \le 40\text{MPa}$일 때 $\eta=1.0$, $\beta_1=0.80$

$\therefore \rho_b = \dfrac{1\times0.85\times34\times0.80}{400}\times\dfrac{660}{660+400}=0.036$

☐☐☐ 기06③,15①,16③

**09** 콘크리트용 골재의 조립률을 계산하기 위해 사용하는 표준체의 호칭 치수 (KS F 2523) 10개를 큰 순서대로 쓰시오.

| 득점 | 배점 |
|---|---|
| | 4 |

① _____  ② _____

③ _____  ④ _____

⑤ _____  ⑥ _____

⑦ _____  ⑧ _____

⑨ _____  ⑩ _____

해답 75mm, 40mm, 20mm, 10mm, 5mm, 2.5mm, 1.2mm, 0.6mm, 0.3mm, 0.15mm

# 국가기술자격 실기시험문제

2017년도 산업기사 제1회 필답형 실기시험(산업기사)

| 종 목 | 시험시간 | 배 점 | 성 명 | 수험번호 |
|---|---|---|---|---|
| 콘크리트산업기사 | 1시간 30분 | 60 | | |

※ 수험자 인적사항 및 계산식을 포함한 답안 작성은 검은색 필기구만 사용해야 하며, 그 외 연필류, 빨간색, 청색 등 필기구로 작성한 답항은 0점 처리 됩니다.

□□□ 산17①

## 01 알칼리 골재반응에 다음 물음에 답하시오.

득점 / 배점 8

가. 알칼리 골재반응 일으키는 3대 요소를 쓰시오.

① _____ ② _____

③ _____

나. 알칼리 골재반응의 종류 2가지를 쓰시오.

① _____ ② _____

해답 가. ① 반응성 골재 ② 알칼리 성분 ③ 물의 공급
　　　 나. ① 알칼리-실리카 반응
　　　　　② 알칼리-탄산염 반응
　　　　　③ 알칼리-실리케이트 반응

□□□ 산11③,14②,17①,21②

## 02 계수 전단력 $V_u = 70$kN을 받고 있는 보에서 전단철근의 보강 없이 지지하고자 할 경우 필요한 최소 유효깊이를 구하시오. (단, 보의 폭은 400mm이고 $f_{ck} = 21$MPa, $f_y = 400$MPa이다.)

득점 / 배점 4

계산 과정 )

답 : _____

해답 콘크리트가 부담하는 전단강도

$$V_u \le \frac{1}{2}\phi V_c$$

$$V_u \le \frac{1}{2}\phi \frac{1}{6}\lambda \sqrt{f_{ck}} b_w d$$

$$70 \times 10^3 \le \frac{1}{2} \times 0.75 \times \frac{1}{6} \times 1 \times \sqrt{21} \times 400 \times d$$

∴ 유효깊이 $d = 611.01$mm

□□□ 산14①,16③,17①

**03** 다음의 각 조건일 때 물음에 답하시오.

가. 압축강도 기록이 없고, 호칭강도가 18MPa인 경우 배합강도를 구하시오.

계산 과정)

답 : _____

나. 압축강도 기록이 없고, 호칭강도가 28MPa인 경우 배합강도를 구하시오.

계산 과정)

답 : _____

다. 압축강도 기록이 없고, 호칭강도가 38MPa인 경우 배합강도를 구하시오.

계산 과정)

답 : _____

라. 30회 이상의 콘크리트 압축강도 시험 실적으로부터 결정한 압축강도의 표준편차가 3.5MPa이고, 호칭강도가 30MPa일 때 배합강도를 구하시오.

계산 과정)

답 : _____

마. 30회 이상의 콘크리트 압축강도 시험 실적으로부터 결정한 압축강도의 표준편차가 4.5MPa이고, 호칭강도가 40MPa일 때 배합강도를 구하시오.

계산 과정)

답 : _____

해답 가. $f_{cr} = f_{cn} + 7 = 18 + 7 = 25\,\text{MPa}$

나. $f_{cr} = f_{cn} + 8.5 = 28 + 8.5 = 36.5\,\text{MPa}$

다. $f_{cr} = 1.1 f_{cn} + 5.0 = 1.1 \times 38 + 5.0 = 46.8\,\text{MPa}$

라. $f_{cn} \leq 35\text{MPa}$일 때

　• $f_{cr} = f_{cn} + 1.34\,s\,(\text{MPa}) = 30 + 1.34 \times 3.5 = 34.69\,\text{MPa}$

　• $f_{cr} = (f_{cn} - 3.5) + 2.33\,s\,(\text{MPa}) = (30 - 3.5) + 2.33 \times 3.5 = 34.66\,\text{MPa}$

　∴ 배합강도 $f_{cr} = 34.69\,\text{MPa}$ (∵ 두 값 중 큰 값)

마. $f_{cn} > 35\text{MPa}$일 때

　• $f_{cr} = f_{cn} + 1.34\,s\,(\text{MPa}) = 40 + 1.34 \times 4.5 = 46.03\,\text{MPa}$

　• $f_{cr} = 0.9 f_{cn} + 2.33\,s\,(\text{MPa}) = 0.9 \times 40 + 2.33 \times 4.5 = 46.49\,\text{MPa}$

　∴ 배합강도 $f_{cr} = 46.49\,\text{MPa}$ (∵ 두 값 중 큰 값)

**04** 굵은 골재의 밀도 및 흡수율 시험(KS F 2503)에 대한 아래의 물음에 답하시오.

득점 | 배점
--- | ---
 | 12

가. 보통 골재의 1회 시험에 사용하는 시료의 최소 질량에 대하여 간단히 설명하시오.

  ○

나. 경량 골재를 사용한 경우 대강의 시료 질량을 구하는 식을 쓰시오.

  ○

다. 다음 성과표는 굵은골재의 밀도 및 흡수율 시험을 15℃에서 실시한 결과이다.
이 결과를 보고 아래 물음에 답하시오.

| 절대건조상태의 시료의 질량(A) | 3915g |
| --- | --- |
| 표면건조포화상태 시료의 질량(B) | 4000g |
| 물 속의 시료질량(C) | 2480g |
| 15℃에서의 물의 밀도 | $0.9991\text{g/cm}^3$ |

① 표면건조상태의 밀도를 구하시오.

  계산 과정 )

  답 : _____

② 절대건조상태의 밀도를 구하시오.

  계산 과정 )

  답 : _____

③ 겉보기 밀도(진밀도)를 구하시오.

  계산 과정 )

  답 : _____

해답 가. 굵은 골재의 최대 치수(mm)의 0.1배를 kg으로 나타낸 양으로 한다.

  나. $m_{\min} = \dfrac{d_{\max} \times D_e}{25}$

  여기에서, $m_{\min}$ : 시료의 최소 질량(kg)

  $d_{\max}$ : 굵은 골재의 최대치수(mm)

  $D_e$ : 굵은 골재의 추정 밀도($\text{g/cm}^3$)

  다. ① $D_s = \dfrac{B}{B-C} \times \rho_w = \dfrac{4000}{4000-2480} \times 0.9991 = 2.63\,\text{g/cm}^3$

   ② $D_d = \dfrac{A}{B-C} \times \rho_w = \dfrac{3915}{4000-2480} \times 0.9991 = 2.57\,\text{g/cm}^3$

   ③ $D_A = \dfrac{A}{A-C} \times \rho_w = \dfrac{3915}{3915-2480} \times 0.9991 = 2.73\,\text{g/cm}^3$

□□□ 산12③,16①,17①,21③,22③
05 경간 10m의 대칭 T형보를 설계하려고 한다. 아래 조건을 보고 플랜지의 유효폭을 구하시오.

| 득점 | 배점 |
|------|------|
|      | 4    |

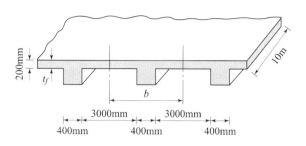

계산 과정)

답 : _____

[해답] T형보의 유효폭은 다음 값 중 가장 작은 값으로 한다.
• 양쪽으로 각각 내민 플랜지 두께의 8배씩 : $16t_f) + b_w$
$$16t_f + b_w = 16 \times 200 + 400 = 3600\,mm$$

• 양쪽의 슬래브의 중심 간 거리 : $\dfrac{3000}{2} + 400 + \dfrac{3000}{2} = 3400\,mm$

• 보의 경간(L)의 1/4 : $\dfrac{1}{4} \times 10000 = 2500\,mm$

∴ 유효폭 $b = 2500\,mm$

□□□ 산05①,08③,10③,11③,15③,17①,20②
06 일반 콘크리트에서 타설한 콘크리트에 균일한 진동을 주기 위하여 진동기의 찔러넣는 간격 및 장소 당 진동시간 등을 규정하고 있다. 이러한 내부 진동기의 올바른 사용방법에 대하여 4가지만 쓰시오.

| 득점 | 배점 |
|------|------|
|      | 8    |

① _____

② _____

③ _____

④ _____

[해답] ① 하층의 콘크리트 속으로 0.1m 정도 찔러 넣는다.
② 삽입 간격은 일반적으로 0.5m 이하로 하는 것이 좋다.
③ 1개소당 진동 시간은 5~15초로 한다.
④ 콘크리트로부터 천천히 빼내어 구멍이 남지 않도록 한다.
⑤ 콘크리트를 횡방향으로 이동시킬 목적으로 사용하지 않아야 한다.

☐☐☐ 산10③,11③,14②,17①

07 콘크리트의 급속동결융해 시험시 300싸이클에서 상대 동탄성계수가 80%일 때 시험용 공시체의 내구성 지수를 구하시오.

| 득점 | 배점 |
|---|---|
| | 4 |

계산 과정)

답 : _____

해답 내구성지수 $DF = \dfrac{P \cdot N}{M} = \dfrac{80 \times 300}{300} = 80\%$

☐☐☐ 산08③,17①,20③

08 고강도 콘크리트를 제조하기 위해서는 혼화재로서 실리카퓸을 주로 사용하기도 한다. 실리카퓸의 어떤 효과들이 콘크리트가 고강도화가 되도록 하는지 2가지의 효과를 쓰시오.

| 득점 | 배점 |
|---|---|
| | 4 |

① _____    ② _____

해답 ① 공극충전(micro filler)효과   ② 포졸란(pozzolan)반응

KEY 실리카퓸을 혼합하면 공극 충전(micro filler) 효과와 포졸란 반응에 의해 $0.1\mu m$ 이상의 큰 공극은 작아지고 미세한 공극이 많아져 전이 영역에서 골재와 결합재 간의 부착력이 증가하고 콘크리트의 강도 증진에 기여한다.
① 공극충전(micro filler) 효과는 초미립의 실리카퓸이 $0.5 \sim 1.0\mu m$의 시멘트 입자 둘레에 생기는 공극을 충전하여 아주 치밀한 구조를 만들어 골재와 결합재 간의 부착력이 증가하여 콘크리트의 강도가 증가되는 효과이다.
② 포졸란(pozzolan) 반응은 혼합률이 5~15%에서 강도 증진 효과가 크며 다른 포졸란 재료와 달리 초기에 포졸란 반응이 일어나는 특징을 가지고 있다.

☐☐☐ 산08③,10③,12③,16①,17①,23③

09 RC 구조물의 내구성이 저하되면 철근이 부식되는 등 철근의 단면적이 감소하여 구조적인 문제가 발생할 수 있다. 따라서 구조물 안전 조사 시 철근 부식 여부를 조사하는 것이 중요하다. 기존 콘크리트 내의 철근 부식의 유무를 평가하기 위해 실시하는 비파괴 검사 방법을 3가지만 쓰시오.

| 득점 | 배점 |
|---|---|
| | 6 |

① _____    ② _____

③ _____

해답 ① 자연 전위법
② 분극 저항법
③ 전기 저항법

# 국가기술자격 실기시험문제

## 2017년도 산업기사 제2회 필답형 실기시험(산업기사)

| 종 목 | 시험시간 | 배 점 | 성 명 | 수험번호 |
|---|---|---|---|---|
| 콘크리트산업기사 | 1시간 30분 | 60 | | |

※ 수험자 인적사항 및 계산식을 포함한 답안 작성은 검은색 필기구만 사용해야 하며, 그 외 연필류, 빨간색, 청색 등 필기구로 작성한 답항은 0점 처리 됩니다.

□□□ 산05①,17②

**01** 콘크리트용 골재의 함수 상태에 따른 다음 그림을 보고 (   ) 안의 빈칸을 채우시오.

| 득점 | 배점 |
|---|---|
| | 4 |

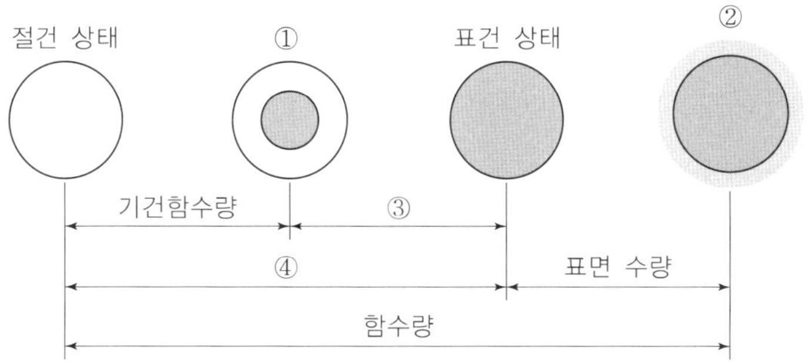

① _____    ② _____

③ _____    ④ _____

해답 ① 공기 중 건조 상태   ② 습윤 상태   ③ 유효 흡수량   ④ 흡수량

□□□ 산04③,09③,15①,17②,21③

**02** 굳지 않은 콘크리트의 염화물 함유량 측정 방법을 3가지만 쓰시오.

| 득점 | 배점 |
|---|---|
| | 6 |

① _____

② _____

③ _____

해답 ① 질산은 적정법   ② 흡광 광도법
③ 전위차 적정법   ④ 간이 적정법
⑤ 정량 적정법   ⑥ 이온 크로마토 그래프법

□□□ 기08③,12③,16③, 산17②

**03** 모르타르 및 콘크리트의 길이 변화 시험 방법(KS F 2424)에 규정되어 있는 길이변화 측정 방법 3가지를 쓰시오.

| 득점 | 배점 |
|---|---|
| | 6 |

① _____    ② _____

③ _____

해답 ① 콤퍼레이터 방법
② 콘택트 게이지 방법
③ 다이얼 게이지 방법

□□□ 산17②

**04** 고강도 콘크리트가 되는 조건 2가지를 쓰시오.

| 득점 | 배점 |
|---|---|
| | 4 |

① _____    ② _____

해답 ① 설계기준압축강도가 보통(중량)콘크리트에서 40MPa 이상
② 설계기준압축강도가 경량콘크리트에서 27MPa 이상

□□□ 산16②,17②

**05** 콘크리트의 비파괴 시험에 대해 다음 물음에 답하시오.

| 득점 | 배점 |
|---|---|
| | 8 |

가. 철근 탐지기의 측정원리를 설명하시오.

　○

나. 반발 경도법의 종류 3가지를 쓰시오.

① _____    ② _____    ③ _____

다. 기존 콘크리트 내의 철근부식의 유무를 평가하기 위해 실시하는 비파괴 검사 방법을 3가지만 쓰시오.

① _____    ② _____    ③ _____

해답 가. 철근 구조체 내부로 송신된 전자파가 전기적 특성이 다른 물질인 철근의 경계에서 반사파를 일으키는 성질을 이용해 철근의 위치와 방향, 표면에서 철근까지의 피복 두께 및 철근 직경에 대한 조사
나. ① 슈미트 해머법　② 낙하식 해머법
③ 스프링 해머법　④ 회전식 해머법
다. ① 자연전위법　② 분극 저항법　③ 전기 저항법

□□□ 산14③,17②

06 콘크리트 배합강도를 구하기 위한 시험횟수 21회의 콘크리트 압축강도 측정 결과가 아래표와 같고 호칭강도가 24MPa일 때 아래 물음에 답하시오.

| 득점 | 배점 |
|------|------|
|      | 8    |

**【콘크리트 압축 강도 측정치(MPa)】**

| 27.4 | 28.5 | 26.3 | 26.9 | 23.3 | 28.9 | 24.2 |
|------|------|------|------|------|------|------|
| 23.1 | 22.4 | 21.9 | 27.9 | 21.1 | 23.3 | 21.7 |
| 21.3 | 26.9 | 27.8 | 29.0 | 26.9 | 22.2 | 24.1 |

가. 위 표를 보고 압축강도의 평균값을 구하시오.

계산 과정 )

답 : _____

나. 압축강도 측정결과를 아래의 표를 이용하여 배합강도를 구하기 위한 표준편차를 구하시오.

**【시험 횟수가 29회 이하일 때 표준편차의 보정 계수】**

| 시험 횟수 | 표준편차의 보정 계수 | 비고 |
|-----------|---------------------|------|
| 15 | 1.16 | |
| 20 | 1.08 | 이표에 명시되지 않은 |
| 25 | 1.03 | 시험횟수에 대해서는 |
| 30 이상 | 1.00 | 직선 보간한다. |

계산 과정 )

답 : _____

다. 배합 강도를 구하시오.

계산 과정 )

답 : _____

해답 가. 평균값$(\bar{x}) = \dfrac{\sum x}{n} = \dfrac{525.1}{21} = 25.00 \text{MPa}$

나. • 표준편제곱합 $s = \sum (x_i - \bar{x})^2 = 152.83$

   • 표준편차$(s) = \sqrt{\dfrac{(x_i - \bar{x})^2}{n-1}} = \sqrt{\dfrac{152.83}{21-1}} = 2.76 \text{MPa}$

   ∴ 직선보간한 표준편차 $= 2.76 \times \left(1.08 - \dfrac{1.08 - 1.03}{25 - 20} \times (21 - 20)\right) = 2.95 \text{MPa}$

다. 배합강도를 구하시오.

   $f_{cn} = 24 \text{MPa} \leq 35 \text{MPa}$

   $f_{cr} = f_{cn} + 1.34s = 24 + 1.34 \times 2.95 = 27.95 \text{MPa}$

   $f_{cr} = (f_{cn} - 3.5) + 2.33s = (24 - 3.5) + 2.33 \times 2.95 = 27.37 \text{MPa}$

   ∴ 두 값 중 큰 값 $f_{cr} = 27.95 \text{MPa}$(두 값 중 큰 값)

□□□ 기13③, 산08③,12③,14③,17②

**07** 20℃에서 실시된 굵은골재의 밀도시험결과 다음과 같은 측정결과를 얻었다. 표면건조포화상태의 밀도, 절대건조상태의 밀도, 겉보기 밀도를 구하시오.

| 득점 | 배점 |
|---|---|
| | 6 |

- 절대건조상태 질량(A) : 989.5g
- 표면건조포화상태 질량(B) : 1000g
- 시료의 수중질량(C) : 615.4g
- 20℃에서 물의 밀도 : 0.9970g/cm³

가. 표면건조상태의 밀도를 구하시오.

계산 과정 )

답 : _____

나. 절대건조상태의 밀도를 구하시오.

계산 과정 )

답 : _____

다. 겉보기 밀도(진밀도)를 구하시오.

계산 과정 )

답 : _____

해답 가. $D_s = \dfrac{B}{B-C} \times \rho_w = \dfrac{1000}{1000-615.4} \times 0.9970 = 2.59\,\mathrm{g/cm^3}$

나. $D_d = \dfrac{A}{B-C} \times \rho_w = \dfrac{989.5}{1000-615.4} \times 0.9970 = 2.57\,\mathrm{g/cm^3}$

다. $D_A = \dfrac{A}{A-C} \times \rho_w = \dfrac{989.5}{989.5-615.4} \times 0.9970 = 2.64\,\mathrm{g/cm^3}$

□□□ 산15③,17②

**08** 포장용 콘크리트의 배합기준에 대해 다음 물음에 답하시오.

| 득점 | 배점 |
|---|---|
| | 6 |

| 항 목 | 기 준 |
|---|---|
| 공기연행 콘크리트의 공기량 범위 | 4~6% |
| 굵은 골재의 최대치수 | 40mm 이하 |
| 설계기준 휨 호칭강도($f_{28}$) | |
| 단위 수량 | |
| 슬럼프 | |

| 항 목 | 기 준 |
|---|---|
| 공기연행 콘크리트의 공기량 범위 | 4~6% |
| 굵은 골재의 최대치수 | 40mm 이하 |
| 설계기준 휨 호칭강도($f_{28}$) | 4.5MPa 이상 |
| 단위 수량 | 150kg/m³ 이하 |
| 슬럼프 | 40mm 이하 |

□□□ 산07③,09①,14③,15①,17②,23②

09 그림과 같은 단철근 직사각형보에 대한 다음 물음에 답하시오. (단, $A_s$=2742mm², $f_{ck}$=24MPa, $f_y$=400MPa)

| 득점 | 배점 |
|---|---|
| | 6 |

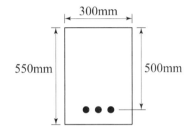

300mm

550mm    500mm

가. 단철근 직사각형보에서 중립축까지의 거리($c$)를 구하시오.

계산 과정)

답 : _____

나. 단철근 직사각형보의 설계 휨 강도($\phi M_n$)를 구하시오.

계산 과정)

답 : _____

해답 가. $c = \dfrac{a}{\beta_1}$

· $f_{ck} = 24$MPa $\leq 40$MPa일 때 $\eta = 1.0$, $\beta_1 = 0.80$

· $a = \dfrac{A_s f_y}{\eta(0.85 f_{ck})b} = \dfrac{2742 \times 400}{1 \times 0.85 \times 24 \times 300} = 179.22\,\text{mm}$

∴ $c = \dfrac{179.22}{0.80} = 224.03\,\text{mm}$

나. $\phi M_n = \phi A_s f_y \left(d - \dfrac{a}{2}\right)$

· $\epsilon_t = \dfrac{0.0033 \times (d-c)}{c} = \dfrac{0.0033 \times (500 - 224.03)}{224.03} = 0.0041 < 0.005\,(\text{변화구간})$

∴ $\phi = 0.65 + (\epsilon_t - 0.002)\dfrac{200}{3}$

$= 0.65 + (0.0041 - 0.002)\dfrac{200}{3} = 0.79$

∴ $\phi M_n = 0.79 \times 2742 \times 400\left(500 - \dfrac{179.22}{2}\right)$

$= 355591444\,\text{N} \cdot \text{mm} = 355.59\,\text{kN} \cdot \text{m}$

□□□ 산05①,09③,12①,16①,17②,19③

10 시방 배합 결과 단위 수량 $150\text{kg/m}^3$, 단위 시멘트량 $300\text{kg/m}^3$, 단위 잔골재량 $700\text{kg/m}^3$, 단위 굵은 골재량 $1200\text{kg/m}^3$을 얻었다. 이 골재의 현장 야적 상태가 아래 표와 같다면 현장 배합상의 단위 수량, 단위 잔골재량, 단위 굵은 골재량 을 구하시오.

| 득점 | 배점 |
|---|---|
| | 6 |

───────────── 【현장 골재 상태】 ─────────────

• 잔골재 중 5mm 체에 잔류하는 양 3.5%

• 굵은 골재 중 5mm 체를 통과한 양 6.5%

• 잔골재의 표면수 2%

• 굵은 골재의 표면수 1%

계산 과정)

[답] ① 단위 수량 : _____

② 단위 잔골재량 : _____

③ 단위 굵은 골재량 : _____

해답 ■ 입도에 의한 조정

• $S = 700\text{kg}$, $G = 1200\text{kg}$, $a = 3.5\%$, $b = 6.5\%$

• $X = \dfrac{100S - b(S+G)}{100-(a+b)} = \dfrac{100 \times 700 - 6.5(700+1200)}{100-(3.5+6.5)} = 640.56\text{kg/m}^3$

• $Y = \dfrac{100G - a(S+G)}{100-(a+b)} = \dfrac{100 \times 1200 - 3.5(700+1200)}{100-(3.5+6.5)} = 1259.44\text{kg/m}^3$

■ 표면수에 의한 조정

• 잔골재의 표면수 $= 640.56 \times \dfrac{2}{100} = 12.81\text{kg}$

• 굵은 골재의 표면수 $= 1259.44 \times \dfrac{1}{100} = 12.59\text{kg}$

■ 현장 배합량

• 단위 수량 : $150 - (12.81 + 12.59) = 124.60\text{kg/m}^3$

• 단위 잔골재량 : $640.56 + 12.81 = 653.37\text{kg/m}^3$

• 단위 굵은 골재량 : $1259.44 + 12.59 = 1272.03\text{kg/m}^3$

2017년도 산업기사 제3회 필답형 실기시험(산업기사)

| 종 목 | 시험시간 | 배 점 | 성 명 | 수험번호 |
|---|---|---|---|---|
| 콘크리트산업기사 | 1시간 30분 | 60 | | |

※ 수험자 인적사항 및 계산식을 포함한 답안 작성은 검은색 필기구만 사용해야 하며, 그 외 연필류, 빨간색, 청색 등 필기구로 작성한 답항은 0점 처리 됩니다.

□□□ 산08③,10①,12①③,17③

01 20℃에서 실시된 굵은 골재의 밀도 시험 결과 다음과 같은 측정 결과를 얻었다. 표면 건조 포화 상태의 밀도, 절대 건조 상태의 밀도, 겉보기 밀도를 구하시오.

| 득점 | 배점 |
|---|---|
| | 8 |

- 절대건조상태 질량(A) : 6194g
- 표면건조포화상태 질량(B) : 6258g
- 시료의 수중질량(C) : 3878g
- 20℃에서 물의 밀도 : 0.9970g/cm³

가. 표면 건조 상태의 밀도를 구하시오.

계산 과정)

답 : _____

나. 절대 건조 상태의 밀도를 구하시오.

계산 과정)

답 : _____

다. 겉보기 밀도(진밀도)를 구하시오.

계산 과정)

답 : _____

라. 흡수율을 구하시오.

계산 과정)

답 : _____

해답 가. $D_s = \dfrac{B}{B-C} \times \rho_w = \dfrac{6258}{6258-3878} \times 0.9970 = 2.62\,\mathrm{g/cm^3}$

나. $D_s = \dfrac{A}{B-C} \times \rho_w = \dfrac{6194}{6258-3878} \times 0.9970 = 2.59\,\mathrm{g/cm^3}$

다. $D_s = \dfrac{A}{A-C} \times \rho_w = \dfrac{6194}{6194-3878} \times 0.9970 = 2.67\,\mathrm{g/cm^3}$

라. $Q = \dfrac{m-A}{A} \times 100 = \dfrac{6258-6194}{6194} \times 100 = 1.03\%$

□□□ 산06③,09①,17③

**02** 탄산화에 대해서 아래 물음에 답하시오.

득점 | 배점
--- | ---
 | 8

가. 탄산화에 대한 정의를 간단히 쓰시오.

　○

나. 탄산화를 촉진시키는 외부 환경 조건 2가지를 쓰시오.

① _____

② _____

다. 탄산화 깊이를 판정할 때 이용되는 대표적인 시약을 쓰시오.

　○

---

해답 가. 굳은 콘크리트가 표면으로부터 공기 중의 탄산가스를 흡수하여 콘크리트 내부에서 수화 반응으로 생성된 수산화칼슘($Ca(OH)_2$)이 탄산칼슘($CaCO_3$)으로 변화하면서 알칼리성을 잃게 되는 현상

나. ① 온도가 높을수록 탄산화를 촉진시킨다.
② 습도가 높을수록 탄산화를 촉진시킨다.
③ 공기 중의 탄산가스의 농도가 높을수록 탄산화를 촉진시킨다.

다. 페놀프탈레인 용액

> **KEY**
> • 탄산화 반응은 콘크리트를 수축시키고 알칼리성을 잃게 한다.
> • 탄산화 반응이 되면 수산화칼슘 부분의 pH 12~13가 탄산화한 부분인 pH 8.5 ~ 10으로 된다.
> • 탄산화가 되지 않은 부분은 붉은색으로 착색되며, 탄산화된 부분은 색의 변화가 없다.

□□□ 기09①,11③, 산13①,17③,23③

**03** 철근 콘크리트 부재에서 부재의 설계 강도란 공칭 강도에 1.0보다 작은 강도 감소 계수 $\phi$를 곱한 값을 말한다. 이러한 강도 감소 계수를 사용하는 목적을 3가지만 쓰시오.

득점 | 배점
--- | ---
 | 6

① _____

② _____

③ _____

---

해답 ① 부정확한 설계 방정식에 대비하기 위해서
② 주어진 하중 조건에 대한 부재의 연성도와 소요 신뢰도를 위해서
③ 구조물에서 차지하는 부재의 중요도 등을 반영하기 위해서
④ 재료 강도와 치수가 변동할 수 있으므로 부재의 강도 저하 확률에 대비하기 위해서

□□□ 기06③,07③,09①,10①, 산09③,12①,17③

04 콘크리트용 모래에 포함되어 있는 유기 불순물 시험(KS F 2510)에 사용되는 식별용 표준색 용액을 제조하는 방법을 쓰시오.

득점 | 배점
4

○

해답 식별용 용액은 10%의 알코올 용액으로 2% 탄닌산 용액을 만들고, 그 2.5mL를 3%의 수산화나트륨 용액 97.5mL에 가하여 유리병에 넣어 마개를 닫고 잘 흔든다.

 표준색 용액 만들기 순서
① 알코올 10g에 물 90g을 타서 10%의 알코올 용액을 만든다.
② 10%의 알코올 용액 9.8g에 탄닌산가루 0.2g을 넣어서 2% 탄닌산 용액을 만든다.
③ 물 291g에 수산화나트륨 9g을 섞어서 3%의 수산화나트륨 용액을 만든다.
④ 2% 탄닌산 용액 2.5mL를 3%의 수산화나트륨 용액 97.5mL에 타서 식별용 표준색 용액을 만든다.
⑤ 식별용 표준색 용액 400mL의 시험용 무색 유리병에 넣어 마개를 막고 잘 흔든 다음 24시간 동안 가만히 놓아둔다.

□□□ 기13③, 산09①,12①,14①,17③

05 콘크리트의 압축 강도를 추정하기 위한 비파괴 검사 방법의 종류를 4가지만 쓰시오.

득점 | 배점
8

① _____  ② _____

③ _____  ④ _____

해답 ① 반발 경도법  ② 초음파 속도법  ③ 조합법  ④ 코어 채취법  ⑤ 인발법

□□□ 산06③,09③,17③

06 지름 100mm, 높이 200mm인 원주형 공시체를 사용하여 쪼갬 인장 강도 시험을 하여 시험기에 나타난 최대 하중 $P = 41300\text{N}$이었다. 이 콘크리트의 인장 강도를 구하시오.

득점 | 배점
4

계산 과정)

답 : _____

해답 $f_{sp} = \dfrac{2P}{\pi dl} = \dfrac{2 \times 41300}{\pi \times 100 \times 200} = 1.31\,\text{N/mm}^2 = 1.31\,\text{MPa}$

□□□ 산06③,13③,17③,23③

07 **특수 콘크리트에 대한 아래의 물음에 답하시오.**

득점 | 배점
6

가. 하루의 평균 기온이 몇 ℃ 이하가 되는 기상 조건에서 한중 콘크리트로서 시공하여야 하는가?

답 : _____

나. 한중 콘크리트의 물-결합재는 원칙적으로 몇 % 이하로 하여야 하는가?

답 : _____

다. 하루의 평균 기온이 몇 ℃를 초과하는 것이 예상될 경우 서중 콘크리트로서 시공하여야 하는가?

답 : _____

해답 가. 4℃   나. 60%   다. 25℃

**KEY** 가. 하루의 평균 기온이 4℃ 이하가 되는 기상 조건일 때는 콘크리트가 동결할 염려가 있으므로 한중 콘크리트로 시공하여야 한다.
나. 한중 환경에 있어 동결 융해 저항성을 갖는 콘크리트의 모세관 조직의 치밀화를 위하여는 물-결합재비를 60% 이하로 하여 소정의 강도 수준을 갖는 콘크리트가 요구된다.
다. 하루 평균 기온이 25℃를 초과하는 것이 예상되는 경우 서중 콘크리트로 시공하여야 한다.

□□□ 산17③

08 **강판접착공법의 장점 3가지를 쓰시오.**

득점 | 배점
6

① _____

② _____

③ _____

해답 ① 강판을 사용하고 있으므로 모든 방향의 인장력에 대응할 수 있다.
② 강판의 분포, 배치를 똑같이 할 수 있으므로 균열특성도 좋다.
③ 시공이 간단하고 강판의 제작, 조립도 쉬워서 현장작업에는 복잡하지 않다.
④ 현장타설콘크리트, 프리캐스트 콘크리트 부재 모두에 적용할 수 있으므로 응용범위가 넓다.

☐☐☐ 산12①,15③,17③

09 폭 $b=300$mm, 유효깊이 $d=450$mm이고, $A_s=2570$mm$^2$인 철근 콘크리트 단철근 직사각형 보에서 $f_{ck}=30$MPa, $f_y=400$MPa일 때 다음 물음에 답하시오.

가. 콘크리트가 부담할 수 있는 전단강도($V_c$)를 구하시오.

계산 과정)

답 : _____

나. 강도설계법에 의한 보의 설계휨강도($\phi M_n$)를 구하시오.

계산 과정)

답 : _____

해답 가. $V_c = \dfrac{1}{6}\lambda\sqrt{f_{ck}}\,b_w d = \dfrac{1}{6}\times 1 \times \sqrt{30}\times 300\times 450 = 123238\text{N} = 123\text{kN}$

나. $f_{ck}=30$MPa $\leq 40$MPa일 때 $\eta=1.0$, $\beta_1=0.80$

• $a = \dfrac{A_s f_y}{\eta(0.85f_{ck})b} = \dfrac{2570\times 400}{1\times 0.85\times 30\times 300} = 134.38\,\text{mm}$

• $c = \dfrac{a}{\beta_1} = \dfrac{134.38}{0.80} = 167.98\text{mm}$

• $\epsilon_t = \dfrac{0.0033\times(d-c)}{c} = \dfrac{0.0033\times(450-167.98)}{167.98} = 0.0055 > 0.005$ (인장지배)

∴ $\phi = 0.85$

∴ $\phi M_n = \phi A_s f_y\left(d-\dfrac{a}{2}\right) = 0.85\times 2570\times 400\left(450-\dfrac{134.38}{2}\right)$

$= 334499378\text{N}\cdot\text{mm} = 334.50\text{kN}\cdot\text{m}$

☐☐☐ 산17③

10 고압고온양생 방법을 2가지만 쓰시오.

① _____ ② _____

해답 ① 증기양생
② 오토클레이브 양생

# 국가기술자격 실기시험문제

## 2018년도 산업기사 제2회 필답형 실기시험 (산업기사)

| 종 목 | 시험시간 | 배 점 | 성 명 | 수험번호 |
|---|---|---|---|---|
| 콘크리트산업기사 | 1시간 30분 | 60 | | |

※ 수험자 인적사항 및 계산식을 포함한 답안 작성은 검은색 필기구만 사용해야 하며, 그 외 연필류, 빨간색, 청색 등 필기구로 작성한 답항은 0점 처리 됩니다.

□□□ 산08③,10①,12①,12③,17③,18②

**01** 20℃에서 실시된 굵은 골재의 밀도시험결과 다음과 같은 측정결과를 얻었다. 표면건조포화상태의 밀도, 절대건조상태의 밀도, 겉보기 밀도, 흡수율을 구하시오.

득점 / 배점 8

- 절대건조상태 질량(A) : 6194g
- 표면건조포화상태 질량(B) : 6258g
- 시료의 수중질량(C) : 3878g
- 20℃에서 물의 밀도 : 0.9970g/cm³

가. 표면건조상태의 밀도를 구하시오.

계산 과정)

답 : _____

나. 절대건조상태의 밀도를 구하시오.

계산 과정)

답 : _____

다. 겉보기 밀도(진밀도)를 구하시오.

계산 과정)

답 : _____

라. 흡수율을 구하시오.

계산 과정)

답 : _____

**[해답]** 가. $D_s = \dfrac{B}{B-C} \times \rho_w = \dfrac{6258}{6258-3878} \times 0.9970 = 2.62\,\mathrm{g/cm^3}$

나. $D_s = \dfrac{A}{B-C} \times \rho_w = \dfrac{6194}{6258-3878} \times 0.9970 = 2.59\,\mathrm{g/cm^3}$

다. $D_s = \dfrac{A}{A-C} \times \rho_w = \dfrac{6194}{6194-3878} \times 0.9970 = 2.67\,\mathrm{g/cm^3}$

라. $Q = \dfrac{m-A}{A} \times 100 = \dfrac{6258-6194}{6194} \times 100 = 1.03\%$

□□□ 산05①,09③,16①,18②,23②

02 시방 배합 결과 단위 수량 150kg/m³, 당위 시멘트량 300kg/m³, 단위 잔골재량 700kg/m³, 단위 굵은 골재량 1200kg/m³을 얻었다. 이 골재의 현장야적 상태가 아래 표와 같다면 현장 배합상의 단위 수량, 단위 잔골재량, 단위 굵은 골재량을 구하시오.

득점 배점
6

【현장 골재 상태】

• 잔골재 중 5mm체에 잔류하는 양 3.5%
• 굵은 골재 중 5mm체를 통과한 양 6.5%
• 잔골재의 표면수 2%
• 굵은 골재의 표면수 1%

계산 과정)

【답】 단위수량 : _____
　　　단위잔골재량 : _____
　　　단위굵은 골재량 : _____

해답 ■ 입도에 의한 조정

$S = 700\text{kg}$, $G = 1200\text{kg}$, $a = 3.5\%$, $b = 6.5\%$

$$X = \frac{100S - b(S+G)}{100 - (a+b)} = \frac{100 \times 700 - 6.5(700 + 1200)}{100 - (3.5 + 6.5)} = 640.56\,\text{kg/m}^3$$

$$Y = \frac{100G - a(S+G)}{100 - (a+b)} = \frac{100 \times 1200 - 3.5(700 + 1200)}{100 - (3.5 + 6.5)} = 1259.44\,\text{kg/m}^3$$

■ 표면수에 의한 조정

• 잔골재의 표면수 $= 640.56 \times \dfrac{2}{100} = 12.81\,\text{kg}$

• 굵은 골재의 표면수 $= 1259.44 \times \dfrac{1}{100} = 12.59\,\text{kg}$

■ 현장 배합량

• 단위수량 : $150 - (12.81 + 12.59) = 124.60\,\text{kg/m}^3$
• 단위잔골재량 : $640.56 + 12.81 = 653.37\,\text{kg/m}^3$
• 단위굵은 골재량 : $1259.44 + 12.59 = 1272.03\,\text{kg/m}^3$
　【답】 단위수량 : $124.60\,\text{kg/m}^3$, 단위잔골재량 : $653.37\,\text{kg/m}^3$
　　　　단위굵은 골재량 : $1272.03\,\text{kg/m}^3$

□□□ 산06③,09③,14①,16③,18②

03 원주형 공시체 지름 150mm, 높이 300mm를 사용하여 쪼갬인장강도시험을 하여 시험기에 나타난 최대 하중 $P = 250\text{kN}$ 이었다. 이 콘크리트의 인장강도를 구하시오.

득점 배점
4

계산 과정)

답 : _____

해답 $f_{sp} = \dfrac{2P}{\pi dl} = \dfrac{2 \times 250 \times 10^3}{\pi \times 150 \times 300} = 3.54\,\text{N/mm}^2 = 3.54\,\text{MPa}$

□□□ 산18②

04 **철근 콘크리트가 성립 가능한 이유 3가지를 쓰시오.**

① _____

② _____

③ _____

해답 ① 철근과 콘크리트 사이의 부착강도가 크다.
② 콘크리트 속의 철근은 부식되지 않는다.
③ 철근은 인장력에 강하고 콘크리트는 압축력에 강하다.
④ 철근과 콘크리트의 열팽창계수가 거의 같아 내화성이 우수하다.

□□□ 산18②

05 **콘크리트 구조기준에서 사용되는 용어의 정의를 간단히 설명하시오.**

가. 탄산화반응 : _____

나. 잔골재율 : _____

다. 수화열 : _____

라. 다짐계수 : _____

해답 가. 강알칼리성인 콘크리트가 대기 중의 탄산가스와 콘크리트중의 알칼리가 반응하여
      탄산화되어 철근이 부식되고 균열이 발생하는 현상
   나. 골재 중 5mm 체를 통과한 골재량과 전체 골재량의 절대 용적 비율
   다. 1몰의 이온 또는 분자가 수화할 때 발생하거나 흡수하는 열량
   라. 규정된 표준치수와 형상의 표준시험조건으로 채워 넣은 콘크리트 중량을 같은 용기 속
      에 완전히 다져진 콘크리트 중량으로 나눈 비

□□□ 산10①,14③,18②

06 **계수 전단력 $V_u = 36$kN을 받을 수 있는 직사각형 단면이 최소 전단철근 없이 견딜 수 있는 콘크리트의 최소 단면적 $b_w d$를 구하시오. (단, $f_{ck} = 24$MPa)**

계산 과정)

답 : _____

해답 전단철근 없이 계수전단력을 지지할 조건

$$V_u \leq \frac{1}{2}\phi V_c = \frac{1}{2}\phi\frac{1}{6}\lambda\sqrt{f_{ck}}\,b_w d \text{에서}$$

$$36 \times 10^3 = \frac{1}{2} \times 0.75 \times \frac{1}{6} \times 1 \times \sqrt{24}\,b_w d$$

$$\therefore b_w d = 117576\,\text{mm}^2$$

□□□ 산13①,14②,16②,18②

07 폭 $b=300$mm, 유효깊이 $d=450$mm이고, $A_s=2027$mm$^2$인 단철근 직사각형 보에 대한 다음 물음에 답하시오. (단, $f_{ck}=28$MPa, $f_y=400$MPa 이고, 철근은 1열로 배치되어 있다.)

가. 보의 압축응력 직사각형의 깊이 $a$를 구하시오.

계산 과정)

답 : _____

나. 압축연단에서 중립축까지의 거리 $c$를 구하시오.

계산 과정)

답 : _____

다. 최외단 인장철근의 순인장 변형률($\epsilon_t$)을 구하시오.

계산 과정)

답 : _____

라. 강도설계법에 의한 보의 설계 휨강도($\phi M_n$)를 구하시오.

계산 과정)

답 : _____

해답 가. $f_{ck}=28$MPa $\leq 40$MPa일 때 $\eta=1.0$, $\beta_1=0.80$

$$a=\frac{A_s f_y}{\eta(0.85 f_{ck})\,b}=\frac{2027\times400}{1\times0.85\times28\times300}=113.56\,\text{mm}$$

나. $c=\dfrac{a}{\beta_1}$

$$\therefore\ c=\frac{113.56}{0.80}=141.95\,\text{mm}$$

다. $\epsilon_t=\dfrac{0.0033\times(d-c)}{c}$

$$=\frac{0.0033\times(450-141.95)}{141.95}=0.0072>0.005(\text{인장지배})$$

$$\therefore\ \phi=0.85$$

라. $\phi M_n=\phi A_s f_y\left(d-\dfrac{a}{2}\right)$

$$=0.85\times2027\times400\left(450-\frac{113.56}{2}\right)$$

$$=270999359.6\,\text{N}\cdot\text{mm}=271.00\,\text{kN}\cdot\text{m}$$

□□□ 산06③,09①,15②,17③,18②

08 탄산화에 대해서 아래 물음에 답하시오

득점 배점
　　 8

가. 탄산화에 대한 정의를 간단히 쓰시오.

　○

나. 탄산화를 촉진시키는 외부환경 조건 2가지를 쓰시오.

① _____

② _____

다. 탄산화 깊이를 판정할 때 이용되는 대표적인 시약을 쓰시오.

　○

---

해답 가. 굳은 콘크리트는 표면으로부터 공기 중의 탄산가스를 흡수하여 콘크리트 내부에서
　　　 수화반응으로 생성된 수산화칼슘($Ca(OH)_2$)이 탄산칼슘($CaCO_3$)으로 변화하면서
　　　 알칼리성을 잃게 되는 현상
　　나. ① 온도가 높을수록 탄산화를 촉진시킨다.
　　　　② 습도가 높을수록 탄산화를 촉진시킨다.
　　　　③ 탄산가스의 농도가 높을수록 탄산화를 촉진시킨다.
　　다. 페놀프탈레인 용액

□□□ 산13③,18②

09 폭 400mm, 유효깊이 600mm인 보통중량콘크리트보($f_{ck}$ =27MPa)가 부담할
수 있는 공칭전단강도($V_c$)를 구하시오.

득점 배점
　　 4

계산 과정)

　　　　　　　　　　　　　　　　답 : _____

해답 보통 중량콘크리트보가 부담할 공칭전단강도

$$V_c = \frac{1}{6} \lambda \sqrt{f_{ck}}\, b_w d$$
$$= \frac{1}{6} \times 1 \times \sqrt{27} \times 400 \times 600$$
$$= 207846\text{N} = 208\text{kN}$$

2018년도 산업기사 제3회 필답형 실기시험 (산업기사)

| 종 목 | 시험시간 | 배 점 | 성 명 | 수험번호 |
|---|---|---|---|---|
| 콘크리트산업기사 | 1시간 30분 | 60 | | |

※ 수험자 인적사항 및 계산식을 포함한 답안 작성은 검은색 필기구만 사용해야 하며, 그 외 연필류, 빨간색, 청색 등 필기구로 작성한 답항은 0점 처리 됩니다.

---

□□□ 기18③

**01 시멘트의 저장방법에 대한 콘크리트표준시방서의 규정 3가지를 쓰시오.**

| 득점 | 배점 |
|---|---|
| | 6 |

① _____ ② _____ ③ _____

정답 ① 시멘트를 쌓아올리는 높이는 13포대 이하로 하는 것이 바람직하다.
② 저장 중에 약간이라도 굳은 시멘트는 공사에 사용하지 않아야 한다.
③ 시멘트는 방습적인 구조로 된 사일로 또는 창고의 품종별로 구분하여 저장하여야 한다.
④ 시멘트를 저장하는 사일로는 시멘트가 바닥에 쌓여서 나오지 않는 부분이 생기지 않도록 한다.

---

□□□ 08①.09②,18③

**02 철근 콘크리트는 철근이 콘크리트 속에 묻혀서 인장력이나 압축력을 부담하고 있으므로, 철근이 그 능력을 발휘하기 위해서는 철근의 단부가 콘크리트로부터 빠져나오지 않도록 해야 한다. 이와 같이 철근의 끝부분이 콘크리트로부터 빠져나오지 않도록 고정하는 것을 철근의 정착이라고 하는데, 이러한 철근의 정착방법을 3가지만 쓰시오.**

| 득점 | 배점 |
|---|---|
| | 6 |

① _____ ② _____

③ _____

정답 ① 매입 길이에 의한 방법
② 갈고리에 의한 방법
③ 기계적 정착에 의한 방법
④ 특별한 정착장치를 사용하는 방법

 철근의 정착방법
① 매입 길이에 의한 방법 : 부착에 의하여 정착, 이형철근에 사용
② 갈고리에 의한 방법 : 철근 끝에 표준갈고리를 부착, 원형철근에 사용
③ 기계적 정착에 의한 방법 : 철근의 가로 방향에 따로 철근을 용접 사용
④ 특별한 정착장치를 사용하는 방법

□□□ 18③

**03** 그림과 같은 경간 8m인 단순보에 등분포 하중(자중포함) $w=30\text{kN/m}$가 작용하며, PS강재는 단면도심에 배치되어 있다. 완전프리스트레싱이 되기 위해서는 최소한의 인장력 $P$를 얼마로 해야 하는가?

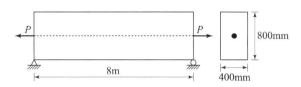

계산 과정 )

답 : _____

---

해답 완전 프리스트레싱이란 인장측 콘크리트의 응력이 0인 경우를 말한다.

■ $f_c = \dfrac{P}{A} - \dfrac{M}{I}y = \dfrac{P}{A} - \dfrac{M}{Z} = 0$ 에서

$$P = \dfrac{M}{Z}A = \dfrac{\dfrac{wl^2}{8}}{\dfrac{bh^2}{6}} \times bh = \dfrac{3wl^2}{4h}$$

【방법1】

$P = \dfrac{3wl^2}{4h}$

• $h = 800\text{mm} = 0.8\text{m}$

∴ $P = \dfrac{3wl^2}{4h} = \dfrac{3 \times 30 \times 8^2}{4 \times 0.8} = 1800\text{kN}$

【방법2】

$P = \dfrac{M}{Z}A$

• $A = 0.4 \times 0.8 = 0.32\text{m}^2$

• $w = 30\text{kN/m}$

• $M = \dfrac{wl^2}{8} = \dfrac{30 \times 8^2}{8} = 240\text{kN/m}$

• $Z = \dfrac{bh^2}{6} = \dfrac{0.4 \times 0.8^2}{6} = 0.04267\text{m}^3$

∴ $P = \dfrac{M}{Z}A = \dfrac{240}{0.04267} \times 0.32 = 1800\text{kN}$

---

□□□ 18③

**04** 숏크리트에 있어서 실제로 노즐로부터 뿜어 붙어지는 콘크리트의 배합으로 건식방법에서는 노즐에서 가해지는 수량 및 표면수를 고려하여 산출되는 숏크리트의 배합을 무엇이라 하는가?

○

---

해답 토출배합(mix proportion at the outlet of a nozzle)

□□□ 산10③,11③,18③,21③

05 **급속 동결융해에 대한 콘크리트의 저항 시험방법(KS F 2456)에 대해 다음 물음에 답하시오.**

| 득점 | 배점 |
|---|---|
| | 8 |

가. 동결융해 1사이클의 원칙적인 온도 범위를 쓰시오.

　○

나. 동결융해 1사이클의 소요시간범위를 쓰시오.

　○

다. 동결 융해에서 상태가 바뀌는 순간의 시간은 얼마를 과해서는 안 되는가?

　○

라. 콘크리트의 동결 융해 300 사이클에서 상대 동탄성계수가 90%라면 시험용 공시체의 내구성 지수를 구하시오.

　계산 과정)

　　　　　　　　　답 : _____

해답 가. $-18℃ \sim 4℃$
　　나. 2 ~ 4시간
　　다. 10분
　　라. $DF = \dfrac{P \cdot N}{M} = \dfrac{90 \times 300}{300} = 90\%$

□□□ 18③

06 **콘크리트용 골재의 흡수율은 절대건조상태의 질량에 표면건조포화상태에 포함되어 있는 물의 질량을 백분율로 나타낸 것으로 다음 물음에 답하시오.**

| 득점 | 배점 |
|---|---|
| | 12 |

가. 각 콘크리트용 골재의 흡수율을 쓰시오.

| 골재의 종류 | 흡수율(%) |
|---|---|
| 잔골재 | ① |
| 부순 굵은 골재 | ② |
| 굵은 골재 | ③ |
| 고로슬래그 굵은 골재의 A급 | ④ |
| 고로슬래그 굵은 골재의 B급 | ⑤ |

나. 현장에서 골재는 저장상태에 따라 다양한 함수상태를 갖게 되는데 공기 중 건조상태와 표면건조포화상태 간의 함수상태를 (　　　)이라 한다.

　○

해답 가.

| 골재의 종류 | 흡수율(%) |
|---|---|
| 잔골재 | ① 3.0 이하 |
| 부순 굵은 골재 | ② 3.0 이하 |
| 굵은 골재 | ③ 3.0 이하 |
| 고로슬래그 굵은 골재의 A급 | ④ 6% 이하 |
| 고로슬래그 굵은 골재의 B급 | ⑤ 4% 이하 |

나. 유효흡수량

 **KEY** 골재의 종류에 따른 흡수율

| 골재의 종류 | 흡수율(%) |
|---|---|
| 잔골재 | 3.0 이하 |
| 고로슬래그 잔골재 | 3.5 이하 |
| 굵은 골재 | 3.0 이하 |
| 순환굵은 골재 | 3.0 이하 |
| 부순 잔골재 | 3.0 이하 |
| 부순 굵은 골재 | 3.0 이하 |
| 고로슬래그 굵은 골재의 A급 | 6% 이하 |
| 고로슬래그 굵은 골재의 B급 | 4% 이하 |

□□□ 18③

**07** 아래와 같은 프리스트레스하지 않는 부재의 현장치기 콘크리트의 최소피복두께 규정을 쓰시오. (단, 흙에 접하거나 옥외의 공기에 직접 노출되는 콘크리트)

| 득점 | 배점 |
|---|---|
| | 4 |

가. 슬래브에 D35 초과하는 철근을 사용하는 경우

　ㅇ

나. 슬래브에 D35 이하인 철근을 사용하는 경우

　ㅇ

해답 가. 40mm　나. 20mm

□□□ 18③

**08** 굵은 골재 최대치수에 따른 압송관의 최소호칭치수를 쓰시오.

| 득점 | 배점 |
|---|---|
| | 6 |

| 굵을 골재의 최대치수 | 압송관의 호칭치수 |
|---|---|
| 20mm | ① |
| 25mm | ② |
| 40mm | ③ |

해답 ① 100mm 이상　② 100mm 이상　③ 125mm 이상

□□□ 18③

**09** 콘크리트의 배합설계에서 설계기준압축강도는 재령 28일에서의 압축강도 24MPa, 30회 압축강도 시험으로부터 구한 표준편차는 3.0MPa, 실험을 통해 시멘트-물($B/W$)비와 재령 28일 압축강도 $f_{28}$과의 관계가 $f_{28}=-14.7+20.7\,B/W$로 얻어졌을 때 다음 물음에 답하시오.

━━━━━━【배합설계표】━━━━━━
- 단위수량 : 181kg/m³
- 잔골재율 : 42%
- 시멘트 밀도 : 3.15g/cm³
- 잔골재 밀도 : 2.60g/cm³
- 굵은골재 밀도 : 2.62g/cm³
- 공기량 : 1.5%

가. 단위 시멘트량을 구하시오.

계산 과정 )

답 : _____

나. 단위 잔골재량을 구하시오.

계산 과정 )

답 : _____

다. 단위 굵은골재량을 구하시오.

계산 과정 )

답 : _____

해답 가. ▪ $f_{ck} \le 35$MPa일 때

$f_{cr} = f_{ck} + 1.34s = 24 + 1.34 \times 3.0 = 28.02\,\text{MPa}$

$f_{cr} = (f_{ck} - 3.5) + 2.33s = (24 - 3.5) + 2.33 \times 3.0 = 27.49\,\text{MPa}$

∴ 배합강도 $f_{cr} = 28.02\,\text{MPa}$(두 값 중 큰 값)

▪ $f_{28} = -14.7 + 20.7\,B/W$에서

$28.02 = -14.7 + 20.7\dfrac{B}{W} \rightarrow \dfrac{B}{W} = \dfrac{28.02 + 14.7}{20.7} = \dfrac{42.72}{20.7}$

물-결합재비 $\dfrac{W}{B} = \dfrac{20.7}{42.72} = 0.4846 = 48.46\%$

∴ 단위 시멘트량 $C = \dfrac{181}{0.4846} = 373.50\,\text{kg/m}^3$

나. 단위 골재의 절대 체적

$V = 1 - \left( \dfrac{\text{단위수량}}{1000} + \dfrac{\text{단위 시멘트량}}{\text{시멘트 밀도} \times 100} + \dfrac{\text{공기량}}{100} \right)$

$= 1 - \left( \dfrac{181}{1000} + \dfrac{373.50}{3.15 \times 1000} + \dfrac{1.5}{100} \right) = 0.685\,\text{m}^3$

∴ 단위 잔골재량 = 단위골재의 절대 체적 × 잔골재율 × 잔골재의 밀도 × 1000

$= 0.685 \times 0.42 \times 2.60 \times 1000 = 748.02\,\text{kg/m}^3$

다. 단위 굵은 골재량 = 단위 굵은골재의 절대체적 × 굵은 골재 밀도 × 1000

$= 0.685 \times (1 - 0.42) \times 2.62 \times 1000 = 1040.93\,\text{kg/m}^3$

# 국가기술자격 실기시험문제

2019년도 산업기사 제2회 필답형 실기시험 (산업기사)

| 종 목 | 시험시간 | 배 점 | 성 명 | 수험번호 |
|---|---|---|---|---|
| 콘크리트산업기사 | 1시간 30분 | 60 | | |

※ 수험자 인적사항 및 계산식을 포함한 답안 작성은 검은색 필기구만 사용해야 하며, 그 외 연필류, 빨간색, 청색 등 필기구로 작성한 답항은 0점 처리 됩니다.

□□□ 산07③,13③,19②,23②

01 콘크리트의 품질 관리에서 계수치 관리도의 종류를 3가지만 쓰시오.

| 득점 | 배점 |
|---|---|
| | 6 |

① _____  ② _____

③ _____

해답 ① $p$ 관리도
② $p_n$ 관리도
③ $c$ 관리도
④ $u$ 관리도

□□□ 산19②

02 콘크리트의 배합설계에서 설계기준압축강도 $f_{ck} = 24$MPa, 30회의 압축강도 시험으로부터 구한 표준편차 $s = 3.5$MPa일 때, 실험을 통해 시멘트-물($W/C$)비와 재령 28일 압축강도 $f_{28}$과의 관계가 $f_{28} = -13.8 + 21.6\,W/C$로 얻어졌을 때, 콘크리트의 물-시멘트($W/C$)비를 구하시오.

| 득점 | 배점 |
|---|---|
| | 4 |

계산 과정 )

답 : _____

해답 ▪ $f_{ck} \leq 35$MPa인 경우
• $f_{cr} = f_{ck} + 1.34s = 24 + 1.34 \times 3.5 = 28.69$MPa
• $f_{cr} = (f_{ck} - 3.5) + 2.33s = (24 - 3.5) + 2.33 \times 3.5 = 28.66$MPa
∴ 배합강도 $f_{cr} = 28.69$MPa(두 값 중 큰 값)

▪ $f_{28} = -13.8 + 21.6\,C/W$에서
$28.69 = -13.8 + 21.6 \dfrac{C}{W} \rightarrow \dfrac{C}{W} = \dfrac{28.69 + 13.8}{21.6} = \dfrac{42.49}{21.6}$

∴ $\dfrac{W}{C} = \dfrac{21.6}{42.49} = 0.5084 = 50.84\%$

□□□ 산19②

03 슬럼프 시험에서 슬럼프 콘의 규격에 대해 답하시오.

| 득점 | 배점 |
|---|---|
| | 6 |

① 상부지름 : _____

② 하부지름 : _____

③ 콘의 높이 : _____

해답 ① 100mm    ② 200mm    ③ 300mm

□□□ 산11③,15③,16①,19②

04 폭($b_w$) 280mm, 유효 깊이($d$) 500mm, $f_{ck}=30$MPa, $f_y=400$MPa인 단철근 직사각형보에 대한 다음 물음에 답하시오. (단, 철근량 $A_s=3000$mm²이고, 일단으로 배치되어 있다.)

| 득점 | 배점 |
|---|---|
| | 6 |

가. 압축 연단에서 중립축까지의 거리 $c$를 구하시오.

계산 과정)

답 : _____

나. 최외단 인장 철근의 순인장 변형률($\varepsilon_t$)을 구하시오.
(단, 소수점 이하 6째 자리에서 반올림하시오.)

계산 과정)

답 : _____

해답 가. 중립축까지의 거리 $c=\dfrac{a}{\beta_1}$

· $f_{ck}=30$MPa $\leq 40$MPa일 때 $\eta=1.0$, $\beta_1=0.80$

· $a=\dfrac{A_s f_y}{\eta(0.85 f_{ck})b}=\dfrac{3000\times400}{1\times0.85\times30\times280}=168.07$mm

∴ $c=\dfrac{168.07}{0.80}=210.09$mm

나. 순인장 변형률 : $\dfrac{0.0033}{c}=\dfrac{\epsilon_t}{d_t-c}$ 에서

$\epsilon_t=\dfrac{0.0033\times(d_t-c)}{c}$

$=\dfrac{0.0033\times(500-210.09)}{210.09}$

$=0.00455$

□□□ 기13③, 산09①,12①,14①,17③,19②,22③

**05** 콘크리트의 압축강도를 추정하기 위한 비파괴검사 방법의 종류를 2가지만 쓰시오.

| 득점 | 배점 |
|---|---|
| | 4 |

① _____ ② _____

해답 ① 반발경도법
② 초음파속도법
③ 조합법
④ 코어 채취법
⑤ 인발법

□□□ 산06③,09①,12①,19②

**06** 탄산화에 대해서 아래 물음에 답하시오.

| 득점 | 배점 |
|---|---|
| | 8 |

가. 탄산화에 대한 정의를 간단히 쓰시오.

  ○

나. 탄산화를 촉진시키는 외부 환경 조건 2가지를 쓰시오.

① _____

② _____

다. 탄산화 깊이를 판정할 때 이용되는 대표적인 시약을 쓰시오.

  ○

해답 가. 굳은 콘크리트는 표면으로부터 공기 중의 탄산가스를 흡수하여 콘크리트 내부에서
   수화 반응으로 생성된 수산화칼슘($Ca(OH)_2$)이 탄산칼슘($CaCO_3$)으로 변화하면서
   알칼리성을 잃게 되는 현상
나. ① 온도가 높을수록 탄산화를 촉진시킨다.
   ② 습도가 높을수록 탄산화를 촉진시킨다.
   ③ 탄산가스의 농도가 높을수록 탄산화를 촉진시킨다.
다. 페놀프탈레인 용액

KEY
• 탄산화 반응은 콘크리트의 수축과 알칼리성을 손실한다.
• 탄산화 반응이 되면 수산화칼슘 부분의 pH 12~13가 탄산화한 부분인
  pH 8.5~10으로 된다.
• 탄산화가 되지 않은 부분은 붉은색으로 착색되며, 탄산화된 부분은 색의
  변화가 없다.

□□□ 산13③,19②

07 폭 400mm, 유효 깊이 600mm인 보통 중량 콘크리트보($f_{ck}=27$MPa)가 부담할 수 있는 공칭 전단 강도($V_c$)를 구하시오.

| 득점 | 배점 |
|---|---|
| | 5 |

계산 과정)

답 : _____

해답 보통 중량 콘크리트보가 부담할 공칭 전단 강도

$$V_c = \frac{1}{6}\lambda\sqrt{f_{ck}}\,b_w\,d$$
$$= \frac{1}{6}\times 1\times\sqrt{27}\times 400\times 600 = 207846\,\text{N} = 208\,\text{kN}$$

□□□ 산14①,19②

08 보나 기둥에는 주철근을 둘러 감는 스트럽이나 띠철근을 사용한다. 이러한 띠철근의 수직 간격에 대한 규정을 3가지만 쓰시오.

| 득점 | 배점 |
|---|---|
| | 6 |

① _____     ② _____

③ _____

해답 ① 축방향 철근의 16배 이하
② 띠철근 지름의 48배 이하
③ 기둥 단면의 최소 치수 이하

□□□ 산06③,13③,17③,19②,23③

09 특수콘크리트에 대한 아래의 물음에 답하시오.

| 득점 | 배점 |
|---|---|
| | 6 |

가. 하루의 평균 기온이 몇 ℃ 이하가 되는 기상 조건에서 한중 콘크리트로서 시공하여야 하는가?

답 : _____

나. 한중 콘크리트의 물-결합재는 원칙적으로 몇 % 이하로 하여야 하는가?

답 : _____

다. 하루의 평균 기온이 몇 ℃를 초과하는 것이 예상될 경우 서중 콘크리트로서 시공하여야 하는가?

답 : _____

해답 가. 4℃   나. 60%   다. 25℃

□□□ 산14①,16③,19②,23③

10 **다음의 각 조건일 때 물음에 답하시오.**

가. 30회 이상의 콘크리트 압축강도 시험 실적으로부터 구한 압축강도의 표준편차가 3.0MPa이고, 콘크리트의 호칭강도가 28MPa인 경우 배합강도를 구하시오.

계산 과정)

답 : _____

나. 압축강도 기록이 없고, 호칭강도가 28MPa인 경우 배합강도를 구하시오.

계산 과정)

답 : _____

다. 30회 이상의 콘크리트 압축강도 시험 실적으로부터 결정한 압축강도의 표준편차가 4.5MPa이고, 호칭강도가 38MPa일 때 배합강도를 구하시오.

계산 과정)

답 : _____

해답 가. • $f_{cn} \leq 35$MPa일 때

 • $f_{cr} = f_{cn} + 1.34\,s\,(\text{MPa}) = 28 + 1.34 \times 3.0 = 32.02\,\text{MPa}$

 • $f_{cr} = (f_{cn} - 3.5) + 2.33\,s\,(\text{MPa}) = (28 - 3.5) + 2.33 \times 3.0 = 31.49\,\text{MPa}$

 ∴ 배합강도 $f_{cr} = 32.02\,\text{MPa}$

나. $f_{cr} = f_{cn} + 8.5 = 28 + 8.5 = 36.5\,\text{MPa}$

다. • $f_{cn} > 35$MPa일 때

 • $f_{cr} = f_{cn} + 1.34\,s\,(\text{MPa}) = 38 + 1.34 \times 3.0 = 42.02\,\text{MPa}$

 • $f_{cr} = 0.9 f_{cn} + 2.33\,s\,(\text{MPa}) = 0.9 \times 38 + 2.33 \times 3.0 = 41.19\,\text{MPa}$

 ∴ 배합강도 $f_{cr} = 42.02\,\text{MPa}$  [∵ 두 값 중 큰 값이 배합강도이다.]

 **KEY**

• 콘크리트 압축강도의 표준편차를 알지 못할 때, 또는 압축강도의 시험 횟수가 14회 이하인 경우 콘크리트의 배합강도

| 호칭강도 $f_{cn}$(MPa) | 배합강도 $f_{cr}$(MPa) |
|---|---|
| 21 미만 | $f_{cn} + 7$ |
| 21 이상 35 이하 | $f_{cn} + 8.5$ |
| 35 초과 | $1.1 f_{cn} + 5.0$ |

• 시험횟수가 29회 이하일 때 표준편차의 보정계수

| 시험횟수 | 표준편차의 보정계수 |
|---|---|
| 15 | 1.16 |
| 20 | 1.08 |
| 25 | 1.03 |
| 30 이상 | 1.00 |

# 국가기술자격 실기시험문제

2019년도 산업기사 제3회 필답형 실기시험 (산업기사)

| 종 목 | 시험시간 | 배 점 | 성 명 | 수험번호 |
|---|---|---|---|---|
| 콘크리트산업기사 | 1시간 30분 | 60 | | |

※ 수험자 인적사항 및 계산식을 포함한 답안 작성은 검은색 필기구만 사용해야 하며, 그 외 연필류, 빨간색, 청색 등 필기구로 작성한 답항은 0점 처리 됩니다.

□□□ 산05①,09③,16①,19③

| 득점 | 배점 |
|---|---|
| | 6 |

01 시방 배합 결과 단위 수량 $150\text{kg/m}^3$, 단위 시멘트량 $300\text{kg/m}^3$, 단위 잔골재량 $700\text{kg/m}^3$, 단위 굵은 골재량 $1200\text{kg/m}^3$을 얻었다. 이 골재의 현장 야적 상태가 아래 표와 같다면 현장 배합상의 단위 수량, 단위 잔골재량, 단위 굵은 골재량을 구하시오.

【현장 골재 상태】

- 잔골재 중 5mm 체에 잔류하는 양 3.5%
- 굵은 골재 중 5mm 체를 통과한 양 6.5%
- 잔골재의 표면수 2%
- 굵은 골재의 표면수 1%

계산 과정)

[답] ① 단위 수량 : _____

② 단위 잔골재량 : _____

③ 단위 굵은 골재량 : _____

해답 ■ 입도에 의한 조정

- $S = 700\text{kg}, \ G = 1200\text{kg}, \ a = 3.5\%, \ b = 6.5\%$
- $X = \dfrac{100S - b(S+G)}{100 - (a+b)} = \dfrac{100 \times 700 - 6.5(700 + 1200)}{100 - (3.5 + 6.5)} = 640.56\text{kg/m}^3$
- $Y = \dfrac{100G - a(S+G)}{100 - (a+b)} = \dfrac{100 \times 1200 - 3.5(700 + 1200)}{100 - (3.5 + 6.5)} = 1259.44\text{kg/m}^3$

■ 표면수에 의한 조정

- 잔골재의 표면수 $= 640.56 \times \dfrac{2}{100} = 12.81\text{kg}$
- 굵은 골재의 표면수 $= 1259.44 \times \dfrac{1}{100} = 12.59\text{kg}$

■ 현장 배합량

- 단위 수량 : $150 - (12.81 + 12.59) = 124.60\text{kg/m}^3$
- 단위 잔골재량 : $640.56 + 12.81 = 653.37\text{kg/m}^3$
- 단위 굵은 골재량 : $1259.44 + 12.59 = 1272.03\text{kg/m}^3$

☐☐☐ 산19③,22③

**02** 콘크리트 균열 깊이를 평가할 수 있는 초음파속도법의 평가 방법 3가지를 쓰시오.

① _____     ② _____

③ _____

[해답] ① T법     ② $T_c - T_o$법     ③ BS법     ④ 레슬리법     ⑤ R–S법

☐☐☐ 기05①, 산06③,19③

**03** 혼화재인 플라이 애시(fly ash)의 특징을 3가지만 쓰시오.

① _____

② _____

③ _____

[해답] ① 사용 수량을 감소시켜 준다.
② 콘크리트의 수밀성을 크게 개선한다.
③ 콘크리트의 워커빌리티를 좋게 한다.
④ 동결 융해에 대한 저항성을 향상시킨다.
⑤ 시멘트의 수화열에 의한 콘크리트의 온도를 감소시킨다.

☐☐☐ 산05①,08③,10③,11③,19③,23②

**04** 일반 콘크리트에서 타설한 콘크리트에 균일한 진동을 주기 위하여 진동기를 찔러 넣는 간격 및 한 개소당 진동시간 등을 규정하고 있다. 이러한 내부 진동기의 올바른 사용방법에 대해 물음에 답하시오.

가. 하층의 콘크리트 속으로 (     )m 정도 찔러 넣는다.

나. 삽입간격은 일반적으로 (     )m 이하로 하는 것이 좋다.

다. 1개소당 진동시간은 (     )초로 한다.

[해답] 가. 0.1m
나. 0.5m
다. 5~15초

□□□ 산16②,19③

## 05 콘크리트의 비파괴 시험에 대해 다음 물음에 답하시오.

가. 반발 경도법의 종류 3가지를 쓰시오.

① _____  ② _____  ③ _____

나. 기존 콘크리트 내의 철근부식의 유무를 평가하기 위해 실시하는 비파괴 검사 방법을 3가지만 쓰시오.

① _____  ② _____  ③ _____

해답 가. ① 슈미트 해머법   ② 낙하식 해머법   ③ 스프링 해머법   ④ 회전식 해머법
　　 나. ① 자연 전위법   ② 분극 저항법   ③ 전기 저항법

□□□ 산14①,19③

## 06 그림과 같은 대칭 T형보를 설계하려고 한다. 아래 조건을 보고 물음에 답하시오.(단, $A_s = 9400 mm^2$, $f_{ck} = 30MPa$, $f_y = 400MPa$, 유효높이$=910mm$)

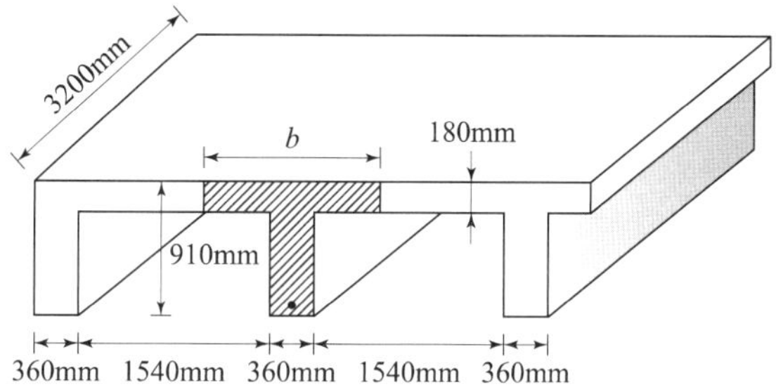

가. 플랜지 유효폭($b$)을 구하시오.

계산 과정)

답 : _____

나. 공칭전단강도($V_c$)를 구하시오.

계산 과정)

답 : _____

다. 중심축간 거리 $c$를 구하시오.

계산 과정)

답 : _____

라. 강도 설계법으로 설계휨강도($\phi M_n$)를 구하시오.(단, 인장파괴임)

계산 과정)

답 : _____

해답 가. T형보의 유효폭은 다음 값 중 가장 작은 값으로 한다.

- (양쪽으로 각각 내민 플랜지 두께의 8배씩 : $16t_f$) $+b_w$

  $16t_f+b_w=16\times180+360=3240\,\mathrm{mm}$

- 양쪽의 슬래브의 중심 간 거리 : $770+360+770=1900\,\mathrm{mm}$

- 보의 경간(L)의 1/4 : $\dfrac{1}{4}\times3200=800\,\mathrm{mm}$

  $\therefore$ 유효폭 $b=800\,\mathrm{mm}$

나. $V_c=\dfrac{1}{6}\lambda\sqrt{f_{ck}}\,b_w d$

$=\dfrac{1}{6}\times1\times\sqrt{30}\times360\times910$

$=299057\,\mathrm{N}=299\,\mathrm{kN}$

다. • $f_{ck}=30\mathrm{MPa}\le40\mathrm{MPa}$일 때 $\eta=1.0,\ \beta_1=0.80$

$a=\dfrac{A_s f_y}{\eta(0.85f_{ck})\,b}=\dfrac{9400\times400}{1\times0.85\times30\times800}=184.31\,\mathrm{mm}$

$a=184.31\,\mathrm{mm}>t_f=180\mathrm{mm}$　$\therefore$ T형보

• $A_{st}=\dfrac{\eta(0.85f_{ck})(b-b_w)t_f}{f_y}=\dfrac{1\times0.85\times30(800-360)\times180}{400}=5049\,\mathrm{mm}^2$

• $a_w=\dfrac{(A_s-A_{st})f_y}{\eta(0.85f_{ck})\,b_w}=\dfrac{(9400-5049)\times400}{1\times0.85\times30\times360}=190\,\mathrm{mm}$

• $c=\dfrac{a_w}{\beta_1}=\dfrac{190}{0.80}=237.50\mathrm{mm}$

라. • $\epsilon_t=\dfrac{0.0033\times(d-c)}{c}$

$=\dfrac{0.0033\times(910-237.50)}{237.50}=0.0093>0.005$ (인장지배)

$\therefore\ \phi=0.85$

■ $M_n=A_{st}f_y\left(d-\dfrac{t}{2}\right)+(A_s-A_{st})f_y\left(d-\dfrac{a}{2}\right)$

$=5049\times400\times\left(910-\dfrac{180}{2}\right)+(9400-5049)\times400\left(910-\dfrac{190}{2}\right)$

$=1656072000+1418426000$

$=3074498000\,\mathrm{N\cdot mm}=3074.50\mathrm{kN\cdot m}$

$\therefore\ \phi M_n=0.85\times3074.50=2613.33\,\mathrm{kN\cdot m}$

---

☐☐☐ 산09①,11①,13①,16②,19③

**07** 보다 빠른 콘크리트 경화나 강도 발현을 촉진시키기 위하여 실시하는 촉진 양생
방법 4가지만 쓰시오.

| 득점 | 배점 |
|---|---|
|  | 4 |

① _____　　② _____

③ _____　　④ _____

해답 ① 증기 양생　　② 오토클레이브 양생　　③ 온수 양생
④ 전기양생　　⑤ 적외선 양생　　⑥ 고주파 양생

□□□ 산19③

08 습윤 상태의 모래 200g이 있다. 모래의 함수 상태별 중량을 측정한 결과, 표면 건조 포화 상태일 때 192g, 절대 건조 상태일 때 190g이었다. 이 때, 표면수율과 흡수율은 얼마인가?

| 득점 | 배점 |
|---|---|
| | 4 |

가. 표면수율

계산 과정 )

답 : _____

나. 흡수율

계산 과정 )

답 : _____

해답 가. 표면 수율 $= \dfrac{\text{습윤 상태} - \text{표면 건조 포화 상태}}{\text{표면 건조 포화 상태}} \times 100$

$= \dfrac{200 - 192}{192} \times 100\% = 4.2\%$

나. 흡수율 $= \dfrac{\text{표면건조 포화상태} - \text{노건조상태}}{\text{노건조 상태}} \times 100$

$= \dfrac{192 - 190}{190} \times 100 = 1.1\%$

□□□ 산06③,09③,15①,19③,20③

09 거푸집은 콘크리트가 소정의 강도에 달하면 가급적 빨리 떼어 내는 것이 바람직하다. 다음 부재의 거푸집을 떼어 내어도 좋은 콘크리트의 압축 강도는 얼마인가?

| 득점 | 배점 |
|---|---|
| | 4 |

가. 기초, 보, 기둥, 벽 등의 측면 : _____

나. 슬래브 및 보의 밑면, 아치 내면(단층구조) : _____

해답 가. 5MPa 이상

나. 설계기준강도의 2/3 이상 ≥ 14MPa

| KEY | 콘크리트의 압축 강도를 시험할 경우 거푸집널의 해체 시기 | |
|---|---|---|
| | 부재 | 콘크리트의 압축 강도($f_{cu}$) |
| | 기초, 보, 기둥, 벽 등의 측면 | 5MPa 이상 |
| | 슬래브 및 보의 밑면, 아치 내면<br>(단층구조인 경우) | 설계 기준 강도의 2/3 이상<br>(단, 14MPa 이상) |

□□□ 산12①,19③,23③

10 **콘크리트의 호칭강도가 24MPa이고, 15회의 콘크리트 압축 강도 시험으로 표준편차 2.4MPa을 얻었다. 이 콘크리트 배합 강도를 구하시오.**

<table>
<tr><td>득점</td><td>배점</td></tr>
<tr><td></td><td>4</td></tr>
</table>

계산 과정)

답 : _____

해답 ■ 표준편차 $s = 2.4\,\text{MPa}$
- 직선 보간 표준편차 $= 2.4 \times 1.16 = 2.784\,\text{MPa}$

■ $f_{cn} = 24\,\text{MPa} \leq 35\,\text{MPa}$일 때 두 값 중 큰 값
- $f_{cr} = f_{cn} + 1.34s = 24 + 1.34 \times 2.784 = 27.73\,\text{MPa}$
- $f_{cr} = (f_{cn} - 3.5) + 2.33s = (24 - 3.5) + 2.33 \times 2.784 = 26.99\,\text{MPa}$

∴ 배합 강도 $f_{cr} = 27.73\,\text{MPa}$

**KEY** • 시험횟수가 29회 이하일 때 표준편차의 보정계수

| 시험횟수 | 표준편차의 보정계수 |
|---|---|
| 15 | 1.16 |
| 20 | 1.08 |
| 25 | 1.03 |
| 30 이상 | 1.00 |

# 국가기술자격 실기시험문제

2020년도 산업기사 제2회 필답형 실기시험 (산업기사)

| 종 목 | 시험시간 | 배 점 | 성 명 | 수험번호 |
|---|---|---|---|---|
| 콘크리트산업기사 | 1시간 30분 | 60 | | |

※ 수험자 인적사항 및 계산식을 포함한 답안 작성은 검은색 필기구만 사용해야 하며, 그 외 연필류, 빨간색, 청색 등 필기구로 작성한 답항은 0점 처리 됩니다.

---

산05①,08③,10③,11③,15③,17①,20②,23②

**01** 일반 콘크리트에서 타설한 콘크리트에 균일한 진동을 주기 위하여 진동기의 찔러넣는 간격 및 장소 당 진동시간 등을 규정하고 있다. 이러한 내부 진동기의 올바른 사용방법에 대하여 4가지만 쓰시오.

| 득점 | 배점 |
|---|---|
| | 8 |

① _____  ② _____

③ _____  ④ _____

 ① 하층의 콘크리트 속으로 0.1m 정도 찔러 넣는다.
② 삽입간격은 일반적으로 0.5m 이하로 하는 것이 좋다.
③ 1개소당 진동시간은 5~15초로 한다.
④ 콘크리트로부터 천천히 빼내어 구멍이 남지 않도록 한다.
⑤ 콘크리트를 횡방향으로 이동시킬 목적으로 사용하지 않아야 한다.

---

산09①,10③,12①,16③,20②,21②,22③

**02** 매스콘크리트의 온도균열 발생 여부에 대한 검토는 온도균열지수에 의해 평가하는 것을 원칙으로 한다. 이 때 정밀한 해석방법에 의한 온도균열지수를 구하고자 할 경우 반드시 필요한 인자 2가지를 쓰시오.

| 득점 | 배점 |
|---|---|
| | 4 |

① _____

② _____

 ① $f_t(t)$ : 재령 $t$일에서의 수화열에 의하여 생긴 부재 내부의 온도응력 최대값(MPa)
② $f_{sp}(t)$ : 재령 $t$일에서의 콘크리트의 쪼갬인장강도(MPa)

**KEY** • 온도균열지수 $I_{cr}(t) = \dfrac{f_{sp}(t)}{f_t(t)}$

여기서, $f_t(t)$ : 재령 $t$일에서의 수화열에 의하여 생긴 부재 내부의 온도응력 최대값(MPa)

$f_{sp}(t)$ : 재령 $t$일에서의 콘크리트의 쪼갬인장강도로서, 재령 및 양생온도를 고려하여 구함(MPa)

□□□ 산13③,20②

**03** 콘크리트의 품질관리에서 계량값 관리도의 종류를 3가지만 쓰시오.

| 득점 | 배점 |
|---|---|
| | 6 |

① _____    ② _____

③ _____

해답 ① $\bar{x} - R$관리도(평균값과 범위의 관리도)
② $\bar{x} - \sigma$관리도(평균값과 표준편차의 관리도)
③ $x$관리도(측정값 자체의 관리도)

**KEY** • 관리도의 종류

| 종류 | 데이터의 종류 | 관리도 | 적용이론 |
|---|---|---|---|
| 계량값 관리도 | 길이, 중량, 강도, 화학성분, 압력, 슬럼프, 공기량, 생산량 | $\bar{x} - R$관리도 (평균값과 범위의 관리도) | 정규분포 |
| | | $\bar{x} - \sigma$관리도 (평균값과 표준편차의 관리도) | |
| | | $x$관리도(측정값 자체의 관리도) | |
| 계수값 관리도 | 제품의 불량률 | $p$관리도 (불량 관리도) | 이항분포 |
| | 불량계수 | $p_n$관리도 (결점수 관리도) | |
| | 결점수 (시료 크기가 같을 때) | $c$관리도 (결점수 관리도) | 포와송 분포 |
| | 단위당 결점수 (단위가 다를 때) | $u$관리도 (단위당 결점수 관리도) | |

□□□ 산13③,20②

**04** 콘크리트 강도시험에 대한 아래의 물음에 답하시오.

| 득점 | 배점 |
|---|---|
| | 6 |

가. 압축강도 시험을 위한 공시체의 형상 및 치수에 대해 설명하시오

　○

나. 휨강도 시험에서 하중을 가하는 속도에 대해 설명하시오.

　○

해답 가. ① 형상 : 공시체는 지름의 2배의 높이를 가진 원기둥
② 치수 : 공시체의 지름은 굵은 골재 최대치수의 3배 이상, 100mm 이상
나. 매초 $(0.06 \pm 0.04)$MPa(N/mm$^2$)

□□□ 산11③,13③,20②

## 05 콘크리트용 굵은 골재의 최대치수에 대한 아래 물음에 답하시오.

득점 배점
6

가. 굵은 골재의 최대치수에 대한 정의를 간단히 쓰시오.

  ○

나. 콘크리트 배합에 사용되는 굵은 골재 최대치수의 표준에 대한 아래 표의 빈 칸을 채우시오.

| 구조물의 종류 | 굵은 골재의 최대치수(mm) |
|---|---|
| 일반적인 경우 | ① |
| 단면이 큰 경우 | ② |
| 무근 콘크리트 | 40<br>부재 최소치수의 1/4를 초과해서는 안 됨 |

다. 콘크리트 배합에 사용되는 굵은 골재의 공칭 최대치수는 어떤 값을 초과하면 안되는지 아래 표의 예시와 같이 2가지만 쓰시오.

> 개별 철근, 다발철근, 긴장재 또는 덕트 사이의 최소 순간격의 3/4

① _____     ② _____

해답 가. 질량비로 90% 이상을 통과시키는 체 중에서 최소 치수인 체의 호칭치수로 나타낸 굵은 골재의 치수
나. ① 20 또는 25
    ② 40
다. ① 거푸집 양 측면 사이의 최소 거리의 1/5
    ② 슬래브 두께의 1/3

□□□ 산13①,17③,20②,23③

## 06 철근 콘크리트 부재에서 부재의 설계강도란 공칭강도에 1.0보다 작은 강도감소계수 $\phi$를 곱한 값을 말한다. 이러한 강도감소계수를 사용하는 목적을 3가지만 쓰시오.

득점 배점
6

① _____     ② _____

③ _____

해답 ① 부정확한 설계 방정식에 대비한 이유
② 주어진 하중조건에 대한 부재의 연성도와 소요 신뢰도
③ 구조물에서 차지하는 부재의 중요도 등을 반영하기 위해서
④ 재료강도와 치수가 변동할 수 있으므로 부재의 강도 저하 확률에 대비하기 위해서

□□□ 산13①,20②

07 부재 또는 하중의 강도감소계수를 쓰시오.

가. 띠철근 : _____

나. 전단철근 : _____

다. 인장지배단면 : _____

라. 무근 콘크리트의 휨모멘트 : _____

해답 가. 0.65   나. 0.75   다. 0.85   라. 0.55

 • 강도감소계수 $\phi$

| 부재 | | 강도감소계수 |
| --- | --- | --- |
| 인장지배단면 | | 0.85 |
| 압축지배단면 | 나선철근으로 보강된 철근 콘크리트 부재 | 0.70 |
| | 그 외의 철근콘크리트 부재 | 0.65 |
| | 변화구간단면(전이구역) | 0.65(0.70)~0.85 |
| 전단력과 비틀림 모멘트 | | 0.75 |
| 콘크리트의 지압력 (포스트텐션 정착부나 스트럿-타이 모델은 제외) | | 0.65 |
| 포스트텐션 정착구역 | | 0.85 |
| 스트럿-타이 모델 | 스트럿, 절점부 및 지압부 | 0.75 |
| | 타이 | 0.85 |
| 무근콘크리트의 휨모멘트, 압축력, 전단력, 지압력 | | 0.55 |

□□□ 산08③,13③,20②

08 경화한 콘크리트의 압축 및 쪼갬 인장시험에서 직경 100mm, 높이 200mm인 공시체를 사용하여 최대 압축 하중 353.25kN, 최대 쪼갬인장하중 50.24kN으로 나타났다. 경화한 콘크리트의 압축 및 쪼갬인장 강도를 구하시오.

가. 압축강도를 계산하시오.

ㅇ

나. 쪼갬인장강도를 계산하시오.

ㅇ

해답 가. $f_c = \dfrac{P}{\dfrac{\pi d^2}{4}} = \dfrac{353.25 \times 10^3}{\dfrac{\pi \times 100^2}{4}} = 44.98\,\text{N/mm}^2 = 44.98\,\text{MPa}$

나. $f_{sp} = \dfrac{2P}{\pi dl} = \dfrac{2 \times 50.24 \times 10^3}{\pi \times 100 \times 200} = 1.60\,\text{N/mm}^2 = 1.60\,\text{MPa}$

□□□ 산20②,23③

09 콘크리트 구조물의 보수공법 3가지를 쓰시오.

① _____  ② _____

③ _____

해답 ① 표면처리공법   ② 충전공법   ③ 주입공법
④ 단면복구공법   ⑤ 강판접착공법

□□□ 산13①,20②

10 폭 $b_w=300$mm, 유효깊이 $d=450$mm이고, $A_s=2027$mm$^2$인 철근 콘크리트 단철근 직사각형 보에서 $f_{ck}=28$MPa, $f_y=400$MPa 일 때 다음 물음에 답하시오.

가. 강도설계법으로 설계 휨강도($\phi M_n$)를 구하시오.

  ○

나. 계수 전단력 $V_u=45$kN을 받고 있는 보일 때 전단철근의 유무를 판단하시오.

  ○

해답 가. $f_{ck}=28$MPa $\leq 40$MPa일 때 $\eta=1.0$, $\beta_1=0.80$

$$a=\frac{A_s f_y}{\eta(0.85 f_{ck})b}=\frac{2027\times400}{1\times0.85\times28\times300}=113.56\text{mm}$$

$$c=\frac{a}{\beta_1}=\frac{113.56}{0.80}=141.95\text{mm}$$

• $\epsilon_t=\dfrac{0.0033\times(d-c)}{c}$

$$=\frac{0.0033\times(450-141.95)}{141.95}=0.0072>0.005(\text{인장지배})$$

∴ $\phi=0.85$

∴ $\phi M_n=\phi A_s f_y\left(d-\frac{a}{2}\right)$

$$=0.85\times2027\times400\left(450-\frac{113.56}{2}\right)$$

$$=270999360\text{N}\cdot\text{mm}=271.00\text{kN}\cdot\text{m}$$

나. 전단철근의 최소량을 사용할 범위

$$\frac{1}{2}\phi V_c<V_u\leq\phi V_c=\phi\frac{1}{6}\lambda\sqrt{f_{ck}}\,b_w d$$

• $\dfrac{1}{2}\phi V_c=\dfrac{1}{2}\times\phi\dfrac{1}{6}\lambda\sqrt{f_{ck}}\,b_w d$

$$=\frac{1}{2}\times0.75\times\frac{1}{6}\times1\times\sqrt{28}\times300\times450$$

$$=44647\text{N}=44.65\text{kN}$$

• $\phi V_c=\phi\dfrac{1}{6}\lambda\sqrt{f_{ck}}\,b_w d$

$$=0.75\times\frac{1}{6}\times\sqrt{28}\times300\times450=89294\text{N}=89.29\text{kN}$$

• $44.65\text{kN}<45\text{kN}\leq89.29\text{kN}$

∴ 전단철근의 최소량 배치

☐☐☐ 산05①,14①,15③,20②

11 기존 철근 콘크리트 구조물의 구조 내력의 검토를 위해 철근 탐사기를 이용한다. 이런 철근 탐사기로 측정할 수 있는 항목 3가지만 쓰시오.

| 득점 | 배점 |
|------|------|
|      | 6    |

① _____  ② _____

③ _____

해답 ① 설계도면과 실제 배근상태의 일치 여부    ② 구조부재의 피복두께
③ 철근의 깊이 및 위치    ④ 공동

# 국가기술자격 실기시험문제

2020년도 산업기사 제3회 필답형 실기시험(산업기사)

| 종 목 | 시험시간 | 배 점 | 성 명 | 수험번호 |
|---|---|---|---|---|
| 콘크리트산업기사 | 1시간 30분 | 60 | | |

※ 수험자 인적사항 및 계산식을 포함한 답안 작성은 검은색 필기구만 사용해야 하며, 그 외 연필류, 빨간색, 청색 등 필기구로 작성한 답항은 0점 처리 됩니다.

☐☐☐ 산05①,09③,16①,20③

**01** 시방 배합 결과 단위 수량 $150kg/m^3$, 당위 시멘트량 $300kg/m^3$, 단위 잔골재량 $700kg/m^3$, 단위 굵은골재량 $1200kg/m^3$을 얻었다. 이 골재의 현장야적 상태가 아래 표와 같다면 현장 배합상의 단위 수량, 단위 잔골재량, 단위 굵은골재량을 구하시오.

【현장 골재 상태】
- 잔골재 중 5mm체에 잔류하는 양 3.5%
- 굵은 골재 중 5mm체를 통과한 양 6.5%
- 잔골재의 표면수 2%
- 굵은골재의 표면수 1%

계산 과정)

[답] ① 단위 수량 : _____

② 단위 잔골재량 : _____

③ 단위 굵은 골재량 : _____

해답 ■ 입도에 의한 조정

$S = 700kg$, $G = 1200kg$, $a = 3.5\%$, $b = 6.5\%$

$$X = \frac{100S - b(S+G)}{100-(a+b)} = \frac{100 \times 700 - 6.5(700+1200)}{100-(3.5+6.5)} = 640.56kg/m^3$$

$$Y = \frac{100G - a(S+G)}{100-(a+b)} = \frac{100 \times 1200 - 3.5(700+1200)}{100-(3.5+6.5)} = 1259.44kg/m^3$$

■ 표면수에 의한 조정

- 잔골재의 표면수 $= 640.56 \times \frac{2}{100} = 12.81kg$

- 굵은골재의 표면수 $= 1259.44 \times \frac{1}{100} = 12.59kg$

■ 현장 배합량

- 단위수량 : $150 - (12.81 + 12.59) = 124.60kg/m^3$
- 단위잔골재량 : $640.56 + 12.81 = 653.37kg/m^3$
- 단위굵은재량 : $1259.44 + 12.59 = 1272.03kg/m^3$

  【답】단위수량 : $124.60kg/m^3$, 단위잔골재량 : $653.37kg/m^3$

  단위굵은골재량 : $1272.03kg/m^3$

□□□ 산11③,15③,16①,20③

02 폭($b_w$) 280mm, 유효깊이($d$) 500mm, $f_{ck}$=30MPa, $f_y$=400MPa인 단철근 직사각형 보에 대한 다음 물음에 답하시오.(단, 철근량 $A_s$=3000mm²이고, 일단으로 배치되어 있다.)

가. 압축연단에서 중립축까지의 거리 $c$를 구하시오.

  ○

나. 최외단 인장철근의 순인장 변형률($\varepsilon_t$)을 구하시오.
   (단, 소수점 이하 6째자리에서 반올림하시오.)

  ○

해답 가. ■ 중립축까지의 거리 $c = \dfrac{a}{\beta_1}$

 · $f_{ck} = 21\text{MPa} \leq 40\text{MPa}$일 때 $\eta = 1.0$, $\beta_1 = 0.80$

 · $a = \dfrac{A_s f_y}{\eta(0.85 f_{ck})b} = \dfrac{3000 \times 400}{1 \times 0.85 \times 30 \times 280} = 168.07\text{mm}$

 ∴ $c = \dfrac{a}{0.80} = \dfrac{168.07}{0.80} = 210.09\text{mm}$

나. 순인장변형률 : $\dfrac{0.0033}{c} = \dfrac{\epsilon_t}{d_t - c}$ 에서

$\epsilon_t = \dfrac{0.0033(d_t - c)}{c} = \dfrac{0.0033 \times (500 - 210.09)}{210.09} = 0.00455$

□□□ 산06③,09③,15①,19③,20③

03 거푸집은 콘크리트가 소정의 강도에 달하면 가급적 빨리 떼어내는 것이 바람직하다. 다음 부재의 거푸집을 떼어내어도 좋은 콘크리트의 압축강도는 얼마인가?

| 부재 | 콘크리트의 압축강도(MPa) |
| --- | --- |
| 기초, 보, 기둥, 벽 등의 측면 | ① (        )이상 |
| 슬래브 및 보의 밑면, 아치내면<br>(단층구조인 경우) | ② (        )이상 |

해답 ① 5MPa 이상   ② 14MPa 이상

 KEY ■ 콘크리트의 압축강도를 시험할 경우 거푸집널의 해체시기

| 부재 | 콘크리트의 압축강도($f_{cu}$) |
| --- | --- |
| 기초, 보, 기둥, 벽 등의 측면 | 5MPa |
| 슬래브 및 보의 밑면, 아치내면<br>(단층구조인 경우) | 설계기준강도의 2/3 이상<br>(단, 14MPa 이상) |

□□□ 산06③,13③,20③
04 **특수 콘크리트에 대한 아래의 물음에 답하시오.**

득점 | 배점
6

가. 하루의 평균 기온이 몇 ℃ 이하가 되는 기상조건에서 한중콘크리트로서 시공하여야 하는가?

　　○

나. 한중 콘크리트의 물− 시멘트비는 원칙적으로 몇 % 이하로 하여야 하는가?

　　○

다. 하루의 평균기온이 몇 ℃를 초과하는 것이 예상될 경우 서중콘크리트로서 시공하여야 하는가?

　　○

해답 가. 4℃　　 나. 60%　　 다. 25℃

> **KEY**
> • 하루의 평균기온이 4℃ 이하가 되는 기상조건일 때는 콘크리트가 동결할 염려가 있으므로 한중콘크리트로 시공하여야 한다.
> • 한중 환경에 있어 동결용해 저항성을 갖는 콘크리트의 모세관 조직의 치밀화를 위하여는 물−결합재비를 60% 이하로 하여 소정의 강도 수준을 갖는 콘크리트가 요구된다.
> • 하루 평균기온이 25℃를 초과하는 것이 예상되는 경우 서중 콘크리트로 시공하여야 한다.

□□□ 산08③,20③
05 **고강도 콘크리트를 제조하기 위해서는 혼화재로서 실리카 퓸을 주로 사용하기도 한다. 실리카 퓸의 어떤 효과들이 콘크리트가 고강도화가 되도록 하는지 2가지의 효과를 쓰시오.**

득점 | 배점
4

① _____

② _____

해답 ① 공극충전(micro filler)효과　　 ② 포졸란(pozzolan)반응

>
> **KEY**
> 실리카퓸을 혼합하면 공극충전(micro filler)효과와 포졸란 반응에 의해 0.1μm 이상의 큰 공극은 작아지고 미세한 공극이 많아져 전이영역에서 골재와 결합재간의 부착력이 증가 콘크리트의 강도증진에 기여한다.
> ① 마이크로 필러(micro filler)효과는 초미립의 실리카퓸이 0.5∼1.0 μm의 시멘트 입자둘레에 생기는 공극을 충전하여 아주 치밀한 구조를 만들어 골재와 결합재간의 부착력이 증가하여 콘크리트의 강도가 증가되는 효과이다.
> ② 포졸란(pozzolan)반응은 혼합율은 5∼15%에서 강도증진 효과가 크며 다른 포졸란 재료와 달리 초기에 포졸란 반응이 일어나는 특징을 가지고 있다.

□□□ 산08③,10③,12③,16①,17①,20③

**06** RC구조물의 내구성이 저하되면 철근이 부식되는 등 철근의 단면적이 감소하여 구조적인 문제가 발생할 수 있다. 따라서 구조물 안전조사시 철근부식 여부를 조사하는 것이 중요하다. 기존 콘크리트 내의 철근부식의 유무를 평가하기 위해 실시하는 비파괴 검사 방법을 3가지만 쓰시오.

| 득점 | 배점 |
|---|---|
|  | 6 |

① _____

② _____

③ _____

해답 ① 자연 전위법　　② 분극 저항법　　③ 전기 저항법

□□□ 산09①,10③,12①,15①,20③

**07** 매스콘크리트의 온도균열 발생 여부에 대한 검토는 온도균열지수에 의해 평가하는 것을 원칙으로 한다. 이 때 정밀한 해석방법에 의한 온도균열지수를 구하시오.

| 득점 | 배점 |
|---|---|
|  | 5 |

- 재령 28일에서의 콘크리트의 쪼갬인장강도 $f_{sp}$ =2.4MPa
- 재령 28일에서의 수화열에 의하여 생긴 부재 내부의 온도응력 최대값 $f_t$ =2MPa

계산 과정)

답 : _____

해답 온도균열지수 $I_{cr} = \dfrac{f_{sp}}{f_t} = \dfrac{2.4}{2} = 1.2$

□□□ 산10①,14③,18②,20③

**08** 계수 전단력 $V_u$=36kN을 받을 수 있는 직사각형 단면이 최소 전단철근 없이 견딜 수 있는 콘크리트의 최소 단면적 $b_w d$를 구하시오. (단, $f_{ck}$=24MPa)

| 득점 | 배점 |
|---|---|
|  | 5 |

계산 과정)

답 : _____

해답 ■ 전단철근 없이 계수전단력을 지지할 조건

$V_u \leq \dfrac{1}{2}\phi V_c = \dfrac{1}{2}\phi\dfrac{1}{6}\lambda\sqrt{f_{ck}}\,b_w d$에서

$36\times 10^3 = \dfrac{1}{2}\times 0.75\times\dfrac{1}{6}\times 1\times\sqrt{24}\,b_w d$

∴ $b_w d = 117576\,\mathrm{mm}^2$

참고 SOLVE 사용

□□□ 산14①,16③,17①,20③
09 다음의 각 조건일 때 물음에 답하시오.

가. 압축강도 기록이 없고, 호칭강도가 18MPa인 경우 배합강도를 구하시오.

계산 근거)

답 : _____

나. 압축강도 기록이 없고, 호칭강도가 28MPa인 경우 배합강도를 구하시오.

계산 근거)

답 : _____

다. 압축강도 기록이 없고, 호칭강도가 38MPa인 경우 배합강도를 구하시오.

계산 근거)

답 : _____

라. 30회 이상의 콘크리트 압축강도 시험 실적으로부터 결정한 압축강도의 표준편차가 3.5MPa이고, 호칭강도가 30MPa일 때 배합강도를 구하시오.

계산 근거)

답 : _____

마. 30회 이상의 콘크리트 압축강도 시험 실적으로부터 결정한 압축강도의 표준편차가 4.5MPa이고, 호칭강도가 40MPa일 때 배합강도를 구하시오.

계산 근거)

답 : _____

해답 가. $f_{cr} = f_{cn} + 7 = 18 + 7 = 25\,\text{MPa}$

나. $f_{cr} = f_{cn} + 8.5 = 28 + 8.5 = 36.5\,\text{MPa}$

다. $f_{cr} = 1.1 f_{cn} + 5.0 = 1.1 \times 38 + 5.0 = 46.8\,\text{MPa}$

라. $f_{cn} \leq 35\text{MPa}$일 때
   • $f_{cr} = f_{cn} + 1.34\,s\,(\text{MPa}) = 30 + 1.34 \times 3.5 = 34.69\,\text{MPa}$
   • $f_{cr} = (f_{cn} - 3.5) + 2.33\,s\,(\text{MPa}) = (30 - 3.5) + 2.33 \times 3.5 = 34.66\,\text{MPa}$
   ∴ 배합강도 $f_{cr} = 34.69\,\text{MPa}(∵ 두 값 중 큰 값)$

마. $f_{cn} > 35\text{MPa}$일 때
   • $f_{cr} = f_{cn} + 1.34\,s\,(\text{MPa}) = 40 + 1.34 \times 4.5 = 46.03\,\text{MPa}$
   • $f_{cr} = 0.9 f_{cn} + 2.33\,s\,(\text{MPa}) = 0.9 \times 40 + 2.33 \times 4.5 = 46.49\,\text{MPa}$
   ∴ 배합강도 $f_{cr} = 46.49\,\text{MPa}(∵ 두 값 중 큰 값)$

☐☐☐ 산09③,15①,20③

**10** 급속 동결 융해에 대한 콘크리트의 저항시험(KS F 2456)에 대해 아래 물음에 답하시오.

| 득점 | 배점 |
|---|---|
| | 6 |

가. 동결융해 1사이클의 원칙적인 온도 범위를 쓰시오.

  ○

나. 동결융해 1사이클의 소요시간범위를 쓰시오.

  ○

다. 시험의 종료 시 사이클을 쓰시오.

  ○

---

해답 가. −18℃ ~ 4℃
   나. 2 ~ 4시간
   다. 300 사이클

 **KEY** 동결 융해 1사이클
- 동결 융해 1사이클은 공시체 중심부의 온도를 원칙으로 하며 원칙적으로 4℃에서 −18℃로 떨어지고, 다음에 −18℃에서 4℃로 상승하는 것으로 한다.
- 동결 융해 1사이클의 소요시간은 2시간 이상, 4시간 이하로 한다.

# 국가기술자격 실기시험문제

2021년도 산업기사 제2회 필답형 실기시험 (산업기사)

| 종 목 | 시험시간 | 배 점 | 성 명 | 수험번호 |
|---|---|---|---|---|
| 콘크리트산업기사 | 1시간 30분 | 60 | | |

※ 수험자 인적사항 및 계산식을 포함한 답안 작성은 검은색 필기구만 사용해야 하며, 그 외 연필류, 빨간색, 청색 등 필기구로 작성한 답항은 0점 처리 됩니다.

---

□□□ 산21②

**01** 유동화 콘크리트의 슬럼프 증가량은 100mm 이하를 원칙으로 한다. 보통 콘크리트 및 경량골재 콘크리트의 슬럼프 최댓값을 빈칸에 쓰시오.

| 득점 | 배점 |
|---|---|
| | 5 |

| 콘크리트의 종류 | 베이스 콘크리트(mm) | 유동화 콘크리트(mm) |
|---|---|---|
| 보통 콘크리트 | | |
| 경량골재 콘크리트 | | |

**애답**

| 콘크리트의 종류 | 베이스 콘크리트 | 유동화 콘크리트 |
|---|---|---|
| 보통 콘크리트 | 150 이하 | 210 이하 |
| 경량골재 콘크리트 | 180 이하 | 210 이하 |

---

□□□ 산12③,16③,21②

**02** 굳지 않은 콘크리트의 침하균열에 대해 다음 물음에 답하시오.

| 득점 | 배점 |
|---|---|
| | 5 |

가. 침하균열의 정의를 쓰시오.

○

나. 침하균열의 방지대책 2가지만 쓰시오.

① _____

② _____

**애답** 가. 콘크리트 타설 후 콘크리트의 표면 가까이에 있는 철근, 매설물 또는 입자가 큰 골재 등이 콘크리트의 침하를 국부적으로 방해하기 때문에 일어난다.
　　　나. ① 콘크리트의 침하가 적게 되도록 배합한다.
　　　　　② 콘크리트의 치기 높이를 적절하게 한다.
　　　　　③ 피복두께를 적절히 한다.

□□□ 산06③,09③,14①,16③,18②,21②

03 원주형 공시체 지름 150mm, 높이 300mm를 사용하여 쪼갬인장강도시험을
하여 시험기에 나타난 최대 하중 $P=250$kN이었다. 이 콘크리트의 인장강도를
구하시오.

| 득점 | 배점 |
|---|---|
| | 5 |

계산 과정)

답 : _____

해답 $f_{sp} = \dfrac{2P}{\pi dl} = \dfrac{2 \times 250 \times 10^3}{\pi \times 150 \times 300} = 3.54\,\text{N/mm}^2 = 3.54\,\text{MPa}$

□□□ 산16②,21②

04 한국산업규격(KS)에 규정되어 있는 시멘트의 종류 특성과 용도에 따라 포틀
랜드 시멘트를 1종에서 5종으로 분류하여 쓰시오.

| 득점 | 배점 |
|---|---|
| | 5 |

① _____   ② _____

③ _____   ④ _____

⑤ _____

해답 ① 1종 보통 포틀랜드 시멘트   ② 2종 중용열 포틀랜드 시멘트
③ 3종 조강 포틀랜드 시멘트   ④ 4종 저열 포틀랜드 시멘트
⑤ 5종 내황산염 포틀랜드 시멘트

□□□ 산05,14①,21②,22②,23③

05 레디믹스트 콘크리트(KS F 4009)의 제조 시 각 재료의 1회 계량 분량의 한계
오차를 쓰시오.

| 득점 | 배점 |
|---|---|
| | 5 |

| 재료의 종류 | 측정 단위 | 1회 계량 오차 |
|---|---|---|
| 시멘트 | 질량 | ① |
| 골재 | 질량 | ② |
| 물 | 질량 또는 부피 | ③ |
| 혼화재 | 질량 | ④ |
| 혼화제 | 질량 또는 부피 | ⑤ |

해답 ① $-1\%,\ +2\%$   ② $\pm 3\%$
③ $-2\%,\ +1\%$   ④ $\pm 2\%$
⑤ $\pm 3\%$

□□□ 산13①,16②,20②,21②
**06** 철근 콘크리트 부재에서 부재의 설계강도란 공칭강도에 1.0보다 작은 강도감소계수 $\phi$를 곱한 값을 말한다. 다음 부재 또는 하중의 강도감소계수를 쓰시오.

| 득점 | 배점 |
|---|---|
| | 5 |

① 띠철근 : _____

② 전단철근 : _____

③ 인장지배단면 : _____

④ 무근 콘크리트의 휨모멘트 : _____

⑤ 나선철근으로 보강된 압축지배단면 : _____

정답 ① 0.65   ② 0.75   ③ 0.85   ④ 0.55   ⑤ 0.70

**KEY** ■ 강도감소계수 $\phi$

| 부재 | | | 강도감소계수 |
|---|---|---|---|
| 인장지배단면 | | | 0.85 |
| 압축지배단면 | 나선철근으로 보강된 철근 콘크리트 부재 | | 0.70 |
| | 그 외의 철근콘크리트 부재 | | 0.65 |
| | 변화구간단면(전이구역) | | 0.65(0.70) ~ 0.85 |
| 전단력과 비틀림 모멘트 | | | 0.75 |
| 콘크리트의 지압력 (포스트텐션 정착부나 스트럿-타이 모델은 제외) | | | 0.65 |
| 포스트텐션 정착구역 | | | 0.85 |
| 스트럿-타이 모델 | 스트럿, 절점부 및 지압부 | | 0.75 |
| | 타이 | | 0.85 |
| 무근콘크리트의 휨모멘트, 압축력, 전단력, 지압력 | | | 0.55 |

□□□ 산21②
**07** 한중 콘크리트에 대하여 다음 물음에 답하시오.

| 득점 | 배점 |
|---|---|
| | 5 |

가. 한중 콘크리트의 정의를 쓰시오.

  ○

나. 한중 콘크리트의 양생방법 2가지를 쓰시오.

① _____   ② _____

정답 가. 하루의 평균기온이 4℃ 이하가 예상되는 조건일 때 시공하는 콘크리트
　　 나. ① 급열 보온양생   ② 단열 보온양생   ③ 피복 보호양생

□□□ 산11③,14②,17①,21②

**08** 계수 전단력 $V_u = 70kN$을 받고 있는 보에서 전단철근의 보강 없이 지지하고 자 할 경우 필요한 최소 유효깊이를 구하시오.(단, 보의 폭은 400mm이고 $f_{ck} =$ 21MPa, $f_y = 400MPa$이다.)

| 득점 | 배점 |
|---|---|
| | 5 |

계산 과정)

답 : _____

해답 콘크리트가 부담하는 전단강도

$$V_u \leq \frac{1}{2}\phi V_c$$

$$V_u \leq \frac{1}{2}\phi\frac{1}{6}\lambda\sqrt{f_{ck}}\,b_w\,d$$

$$70 \times 10^3 \leq \frac{1}{2} \times 0.75 \times \frac{1}{6} \times 1 \times \sqrt{21} \times 400 \times d$$

∴ 유효깊이 $d = 611.01mm$

참고 SOLVE 사용

□□□ 산09①,10③,12①,16③,21②

**09** 매스콘크리트의 온도균열 발생 여부에 대한 검토는 온도균열지수에 의해 평 가하는 것을 원칙으로 한다. 이 때 정밀한 해석방법에 의한 온도균열지수를 구 하고자 할 경우 반드시 필요한 인자 2가지를 쓰시오.

| 득점 | 배점 |
|---|---|
| | 5 |

가. 정밀한 해석방법에 의한 온도 균열지수를 구하는 식을 쓰시오.

  ○

나. 온도균열지수를 구하고자 할 경우 반드시 필요한 인자 2가지를 쓰시오.

① _____

② _____

해답 가. 온도균열지수  $I_{cr}(t) = \dfrac{f_{sp}(t)}{f_t(t)}$

나. ① $f_t(t)$ : 재령 $t$일에서의 수화열에 의하여 생긴 부재 내부의 온도응력 최대값(MPa)
　② $f_{sp}(t)$ : 재령 $t$일에서의 콘크리트의 쪼갬인장강도(MPa)

 **KEY**　온도균열지수 $I_{cr}(t) = \dfrac{f_{sp}(t)}{f_t(t)}$

여기서, $f_t(t)$ : 재령 $t$일에서의 수화열에 의하여 생긴 부재 내부의 온
　　　　　　도응력 최대값(MPa)
　　　　$f_{sp}(t)$ : 재령 $t$일에서의 콘크리트의 쪼갬인장강도로서, 재령 및
　　　　　　양생온도를 고려하여 구함(MPa)

□□□ 산21②

10 다음 철근 콘크리트 구조물의 설계에 관련된 사항이다. 다음 물음에 답하시오.

득점 | 배점
5

가. 구조물 설계 시 하중계수, 하중조합을 고려하여 설계하는 이유 2가지를 쓰시오.

① _____ ② _____

나. 강도감소계수를 사용하는 목적 3가지만 쓰시오.

① _____ ② _____ ③ _____

해답 가. ① 극한 상태에 대한 극한 외력으로서 구조물이나 구조부재에 작용할 수 있는 가장 불리한 조건을 고려하기 위함이다.
② 해당 구조물에 작용하는 최대 소요강도에 대하여 만족하도록 설계하기 위함이다.
③ 구조부재는 사용하중에 대하여 충분히 기능을 확보할 수 있게 하기 위함이다.
나. ① 부정확한 설계 방정식에 대비한 이유
② 주어진 하중조건에 대한 부재의 연성도와 소요 신뢰도
③ 구조물에서 차지하는 부재의 중요도 등을 반영하기 위해서
④ 재료강도와 치수가 변동할 수 있으므로 부재의 강도 저하 확률에 대비하기 위해서

□□□ 산10①,12③,21②

11 알칼리 시험 측정결과 시멘트 속에 포함된 $Na_2O$는 0.43%, $K_2O$는 0.4%의 알칼리 함유량을 갖고 있다. 다음 물음에 답하시오.

득점 | 배점
5

가. 시멘트 중 전 알칼리량을 구하시오.

계산 과정 )

나. 알칼리 골재 반응의 종류 2가지만 쓰시오.

① _____

② _____

해답 가. $R_2O = Na_2O + 0.658K_2O$
$= 0.43 + 0.658 \times 0.4 = 0.69\%$
나. ① 알칼리-실리카 반응
② 알칼리-탄산염 반응
③ 알칼리-실리게이트 반응

□□□ 산05①,09③,16①,18②,21②

**12** 시방 배합 결과 단위 수량 150kg/m³, 단위 시멘트량 300kg/m³, 단위 잔골재량 700kg/m³, 단위 굵은골재량 1200kg/m³을 얻었다. 이 골재의 현장야적 상태가 아래 표와 같다면 현장 배합상의 단위 수량, 단위 잔골재량, 단위 굵은골재량을 구하시오.

| 득점 | 배점 |
|---|---|
|  | 5 |

【현장 골재 상태】

- 잔골재 중 5mm체에 잔류하는 양 3.5%
- 굵은 골재 중 5mm체를 통과한 양 6.5%
- 잔골재의 표면수 2%
- 굵은골재의 표면수 1%

계산과정)

[답] ① 단위수량 : _____

② 단위잔골재량 : _____

③ 단위굵은골재량 : _____

---

해답 ■ 입도에 의한 조정

$S = 700$kg, $G = 1200$kg, $a = 3.5\%$, $b = 6.5\%$

$$X = \frac{100S - b(S+G)}{100 - (a+b)} = \frac{100 \times 700 - 6.5(700 + 1200)}{100 - (3.5 + 6.5)} = 640.56\text{kg/m}^3$$

$$Y = \frac{100G - a(S+G)}{100 - (a+b)} = \frac{100 \times 1200 - 3.5(700 + 1200)}{100 - (3.5 + 6.5)} = 1259.44\,\text{kg/m}^3$$

■ 표면수에 의한 조정

잔골재의 표면수 $= 640.56 \times \dfrac{2}{100} = 12.81$kg

굵은골재의 표면수 $= 1259.44 \times \dfrac{1}{100} = 12.59$kg

■ 현장 배합량
- 단위수량 : $150 - (12.81 + 12.59) = 124.60\,\text{kg/m}^3$
- 단위잔골재량 : $640.56 + 12.81 = 653.37\,\text{kg/m}^3$
- 단위굵은재량 : $1259.44 + 12.59 = 1272.03\,\text{kg/m}^3$

【답】 단위수량 : 124.60kg/m³, 단위잔골재량 : 653.37kg/m³
  단위굵은골재량 : 1272.03kg/m³

2021년도 산업기사 제3회 필답형 실기시험(산업기사)

| 종 목 | 시험시간 | 배 점 | 성 명 | 수험번호 |
|---|---|---|---|---|
| 콘크리트산업기사 | 1시간 30분 | 60 | | |

※ 수험자 인적사항 및 계산식을 포함한 답안 작성은 검은색 필기구만 사용해야 하며, 그 외 연필류, 빨간색, 청색 등 필기구로 작성한 답항은 0점 처리 됩니다.

□□□ 산21③,23②

**01** 콘크리트의 슬럼프 시험(KS F 2402)에 대한 다음 물음에 답하시오.

| 득점 | 배점 |
|---|---|
| | 5 |

가. 슬럼프 시험용 기구인 슬럼프 콘의 윗면의 안지름은 ( ① ), 밑면의 안지름은 ( ② ), 높이는 ( ③ )이다.

나. 슬럼프 콘에는 시험 시 시료를 거의 같은 양의 ( ④ )층으로 나누어 채우고, 각 층은 다짐봉으로 고르게 한 후 ( ⑤ )회 똑같이 다진다.

 ① 100mm  ② 200mm  ③ 300mm  ④ 3층  ⑤ 25회

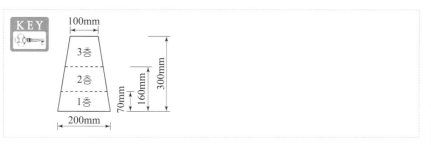

□□□ 산09①,10③,12①,15①,21③

**02** 매스콘크리트의 온도균열 발생 여부에 대한 검토는 온도균열지수에 의해 평가하는 것을 원칙으로 한다. 이 때 정밀한 해석방법에 의한 온도균열지수를 구하시오.

| 득점 | 배점 |
|---|---|
| | 5 |

- 재령 28일에서의 콘크리트의 쪼갬인장강도 $f_{sp}$ =2.4MPa
- 재령 28일에서의 수화열에 의하여 생긴 부재 내부의 온도응력 최대값 $f_t$ =2MPa

계산 과정 )

답 : _____

 온도균열지수 $I_{cr} = \dfrac{f_{sp}}{f_t} = \dfrac{2.4}{2} = 1.2$

□□□ 산07③,21③

**03** 다음과 같은 배합설계표에 의해 콘크리트를 배합하는데 필요한 단위잔골재량, 단위 굵은골재량을 구하시오.

득점 | 배점
5

- 잔골재율(S/a) : 42%, 단위수량 : 175kg/m³, 시멘트 밀도 : 3.15kg/m³
- 물－시멘트비(W/C) : 50%, 잔골재의 표건밀도 : 2.60kg/m³
- 굵은 골재의 표건밀도 : 2.65kg/m³
- 공기량 : 4.5%

[답] ① 단위 잔골재량 : _____

② 단위 굵은 골재량 : _____

해답 ① 물시멘트 비에서 $\dfrac{W}{C}$=50%에서

$\therefore$ 단위 시멘트량 $C = \dfrac{W}{0.50} = \dfrac{175}{0.50} = 350\,\text{kg/m}^3$

② 단위 골재의 절대 체적

$$V = 1 - \left( \frac{\text{단위 수량}}{1000} + \frac{\text{단위 시멘트량}}{\text{시멘트 밀도} \times 1000} + \frac{\text{공기량}}{100} \right)$$

$$= 1 - \left( \frac{175}{1000} + \frac{350}{3.15 \times 1000} + \frac{4.5}{100} \right) = 0.669\,\text{m}^3$$

③ 단위 잔골 재량=단위 잔골재의 절대 체적×잔골재 밀도×1000

$= (0.669 \times 0.42) \times 2.60 \times 1000 = 730.55\,\text{kg/m}^3$

④ 단위 굵은 골재량=단위 굵은골재의 절대체적×굵은 골재 밀도×1000

$= 0.669(1-0.42) \times 2.65 \times 1000 = 1028.25\,\text{kg/m}^3$

【답】 단위 잔골재량 : 730.55kg/m³, 단위 굵은 골재량 : 1028.25kg/m³

□□□ 산14③,21③

**04** 콘크리트는 타설한 후 습윤상태로 노출면이 마르지 않도록 하여야 하며, 수분의 증발에 따라 살수를 하여 습윤상태로 보호하여야 한다. 보통 포틀랜드 시멘트와 조강포틀랜드 시멘트를 사용한 경우 일평균 기온에 따른 습윤상태 보호 기간의 표준 일수를 쓰시오.

득점 | 배점
5

| 시멘트/일평균기온 | 15℃ 이상 | 10℃ 이상 | 5℃ 이상 |
|---|---|---|---|
| 보통 포틀랜드 시멘트 | | | |
| 조강 포틀랜드 시멘트 | | | |

해답

| 시멘트/일평균기온 | 15℃ 이상 | 10℃ 이상 | 5℃ 이상 |
|---|---|---|---|
| 보통 포틀랜드 시멘트 | 5 | 7 | 9 |
| 조강 포틀랜드 시멘트 | 3 | 4 | 5 |

□□□ 산13①,16②,20②,21②③
**05** 철근 콘크리트 부재에서 부재의 설계강도란 공칭강도에 1.0보다 작은 강도감소계수 $\phi$를 곱한 값을 말한다. 다음 부재 또는 하중의 강도감소계수를 쓰시오.

득점 | 배점
--- | ---
 | 5

① 띠철근 : _____

② 전단철근 : _____

③ 인장지배단면 : _____

④ 무근 콘크리트의 휨모멘트 : _____

⑤ 나선철근으로 보강된 압축지배단면 : _____

**예답** ① 0.65 　② 0.75 　③ 0.85 　④ 0.55 　⑤ 0.70

**KEY** 강도감소계수 $\phi$

| 부재 | | 강도감소계수 |
|---|---|---|
| 인장지배단면 | | 0.85 |
| 압축지배<br>단면 | 나선철근으로 보강된 철근<br>콘크리트 부재 | 0.70 |
| | 그 외의 철근콘크리트 부재 | 0.65 |
| | 변화구간단면(전이구역) | 0.65(0.70) ~ 0.85 |
| 전단력과 비틀림 모멘트 | | 0.75 |
| 콘크리트의 지압력<br>(포스트텐션 정착부나 스트럿-타이 모델은 제외) | | 0.65 |
| 포스트텐션 정착구역 | | 0.85 |
| 스트럿-타이<br>모델 | 스트럿, 절점부 및 지압부 | 0.75 |
| | 타이 | 0.85 |
| 무근콘크리트의 휨모멘트, 압축력, 전단력, 지압력 | | 0.55 |

□□□ 산12③,16①,17①,21③
**06** 경간 10m의 대칭 T형보를 설계하려고 한다. 아래 조건을 보고 플랜지의 유효폭을 구하시오.

득점 | 배점
--- | ---
 | 5

계산 과정 )

답 : _____

해답 ■T형보의 유효폭은 다음 값 중 가장 작은 값으로 한다.

• (양쪽으로 각각 내민 플랜지 두께의 8배씩 : $16t_f) + b_w$

$16t_f + b_w = 16 \times 200 + 400 = 3600\,\text{mm}$

• 양쪽의 슬래브의 중심 간 거리 :

$1500 + 400 + 1500 = 3400\,\text{mm}$

• 보의 경간($L$)의 1/4 : $\frac{1}{4} \times 10000 = 2500\,\text{mm}$

∴ 유효폭 $b = 2500\,\text{mm}$

□□□ 산11③,14②,17①,21③

**07** 계수 전단력 $V_u = 70\text{kN}$을 받고 있는 보에서 전단철근의 보강 없이 지지하고자 할 경우 필요한 최소 유효깊이를 구하시오. (단, 보의 폭은 400mm이고 $f_{ck} = 21\text{MPa}$, $f_y = 400\text{MPa}$이다.)

계산 과정)

답 : _____

해답 콘크리트가 부담하는 전단강도

$V_u \leq \frac{1}{2} \phi V_c$

$V_u \leq \frac{1}{2} \phi \frac{1}{6} \lambda \sqrt{f_{ck}} b_w d$

$70 \times 10^3 \leq \frac{1}{2} \times 0.75 \times \frac{1}{6} \times 1 \times \sqrt{21} \times 400 \times d$

∴ 유효깊이 $d = 611.01\,\text{mm}$

참고 SOLVE 사용

□□□ 산10③,11③,18③,21③

**08** 급속 동결융해에 대한 콘크리트의 저항 시험방법(KS F 2456)에 대해 다음 물음에 답하시오.

가. 동결융해 1사이클의 원칙적인 온도 범위를 쓰시오.

○

나. 콘크리트의 동결 융해 300 사이클에서 상대 동탄성계수가 90%라면 시험용 공시체의 내구성 지수를 구하시오.

계산 근거)

답 : _____

해답 가. $-18℃ \sim 4℃$

나. $\text{DF} = \frac{\text{P}\cdot\text{N}}{\text{M}} = \frac{90 \times 300}{300} = 90\%$

□□□ 산08③,12③,14③,17①,21③

09 20℃에서 실시된 굵은골재의 밀도시험결과 다음과 같은 측정결과를 얻었다. 표면건조포화상태의 밀도, 절대건조상태의 밀도, 겉보기 밀도를 구하시오.

| 득점 | 배점 |
|---|---|
| | 5 |

- 절대건조상태 질량(A) : 989.5kg
- 표면건조포화상태 질량(B) : 1000g
- 시료의 수중질량(C) : 615.4kg
- 20℃에서 물의 밀도 : 0.9970g/cm³

가. 표면건조상태의 밀도를 구하시오.

계산 과정)

답 : _____

나. 절대건조상태의 밀도를 구하시오.

계산 과정)

답 : _____

다. 겉보기 밀도(진밀도)를 구하시오.

계산 과정)

답 : _____

해답 가. $D_s = \dfrac{B}{B-C} \times \rho_w = \dfrac{1000}{1000-615.4} \times 0.9970 = 2.59\,\mathrm{g/cm^3}$

나. $D_d = \dfrac{A}{B-C} \times \rho_w = \dfrac{989.5}{1000-615.4} \times 0.9970 = 2.57\,\mathrm{g/cm^3}$

다. $D_A = \dfrac{A}{A-C} \times \rho_w = \dfrac{989.5}{989.5-615.4} \times 0.9970 = 2.64\,\mathrm{g/cm^3}$

□□□ 산07③,13③,19③,21③

10 콘크리트의 품질관리에서 계수치 관리도의 종류를 3가지만 쓰시오.

| 득점 | 배점 |
|---|---|
| | 5 |

① _____  ② _____  ③ _____

해답 ① $p$관리도
② $p_n$관리도
③ $c$관리도
④ $u$관리도

□□□ 산07③,09①,14③,15①,21③,23②

**11** 잔골재의 표면수 측정 시험을 실시한 결과 다음과 같다. 이 시료의 표면수율을 구하시오.

> • 시료의 질량 : 500g
> • (용기＋표시선까지의 물)의 질량 : 692g
> • (용기＋표시선까지의 물＋시료)의 질량 : 1000g
> • 잔골재의 표건밀도 : $2.62\text{g/cm}^3$

계산 과정 )

답 : _____

해답 ■ 표면수율 $H = \dfrac{m - m_s}{m_1 - m} \times 100$

• $m = m_1 + m_2 - m_3 = 500 + 692 - 1000 = 192\text{g}$

• 용기와 물의 질량 $m_s = \dfrac{m_1}{d_s} = \dfrac{500}{2.62} = 190.84\text{g}$

∴ 표면수율 $H = \dfrac{192 - 190.84}{500 - 192} \times 100 = 0.38\%$

□□□ 산21③

**12** 굳지 않은 콘크리트의 염화물 함유량 측정 방법을 3가지만 쓰시오.

① _____  ② _____

③ _____  ④ _____

해답 ① 질산은 적정법   ② 흡광 광도법   ③ 전위차 적정법   ④ 이온 전극법

# 국가기술자격 실기시험문제

## 2022년도 산업기사 제2회 필답형 실기시험(산업기사)

| 종 목 | 시험시간 | 배 점 | 성 명 | 수험번호 |
|---|---|---|---|---|
| 콘크리트산업기사 | 1시간 30분 | 60 | | |

※ 수험자 인적사항 및 계산식을 포함한 답안 작성은 검은색 필기구만 사용해야 하며, 그 외 연필류, 빨간색, 청색 등 필기구로 작성한 답항은 0점 처리 됩니다.

---

기05①, 산15②,22②

**01 알칼리 골재반응의 억제대책에 대해 3가지를 쓰시오.**

① _____

② _____

③ _____

① 반응성 골재를 사용하지 않는다.
② 콘크리트의 치밀도를 증대한다.
③ 콘크리트 시공 시 초기결함이 발생하지 않도록 한다.

---

산08③,16②,22②

**02 매스 콘크리트에 대한 아래의 물음에 답하시오.**

가. 일반적으로 매스 콘크리트로 다루어야 하는 구조물의 부재 치수에 대하여 쓰시오.

① 넓이가 넓은 평판 구조인 경우 : _____

② 하단이 구속된 벽체인 경우 : _____

나. 매스 콘크리트의 온도 균열을 방지하거나 제어하기 위한 방법을 2가지만 쓰시오.

① _____

② _____

가. ① 두께 0.8m 이상   ② 두께 0.5m 이상
나. ① 온도철근의 배치에 의한 방법
② 팽창 콘크리트의 사용에 의한 균열 방지 방법
③ 파이프 쿨링에 의한 온도 제어
④ 포스트 쿨링의 양생 방법에 의한 온도 제어
⑤ 콘크리트의 선행 냉각, 관로식 냉각 등에 의한 온도 저하 및 제어 방법

□□□ 산09③,15①,22②

03 급속 동결 융해에 대한 콘크리트의 저항시험(KS F 2456)에 대해 아래 물음에
답하시오.

| 득점 | 배점 |
| --- | --- |
|  | 5 |

가. 동결융해 1사이클의 원칙적인 온도 범위를 쓰시오.

  ○

나. 동결융해 1사이클의 소요시간범위를 쓰시오.

  ○

다. 시험의 종료시 사이클을 쓰시오.

  ○

해답 가. −18℃~4℃0     나. 2~4시간     다. 300 사이클

> **KEY** 동결 융해 1사이클
> • 동결 융해 1사이클은 공시체 중심부의 온도를 원칙으로 하며 원칙적으로 4℃
>   에서 −18℃로 떨어지고, 다음에 −18℃에서 4℃로 상승하는 것으로 한다.
> • 동결 융해 1사이클의 소요시간은 2시간 이상, 4시간 이하로 한다.

□□□ 산22②

04 공장제품의 증기양생방법의 규정에 대해 답하시오.

| 득점 | 배점 |
| --- | --- |
|  | 5 |

가. 비빈 후 (   ~   )시간 이상 경과된 후에 증기양생을 실시한다.

나. 온도 상승속도는 1시간당 (     )℃ 이하로 한다.

다. 온도상승속도의 최고온도는 (     )℃로 한다.

해답 가. 2~3시간    나. 20℃ 이하    다. 60℃

□□□ 산06③,09③,14①,16③,21②,22②

05 원주형 공시체 지름 150mm, 높이 300mm를 사용하여 쪼갬인장강도시험을
하여 시험기에 나타난 최대 하중 $P = 250$kN 이었다. 이 콘크리트의 인장강도를
구하시오.

| 득점 | 배점 |
| --- | --- |
|  | 5 |

계산 과정 )

답 : _____

해답 $f_{sp} = \dfrac{2P}{\pi dl} = \dfrac{2 \times 250 \times 10^3}{\pi \times 150 \times 300} = 3.54 \, \text{N/mm}^2 = 3.54 \, \text{MPa}$

□□□ 기 08③, 산12①,14②,22②

06 휨모멘트와 축력을 받는 철근 콘크리트 부재에 강도설계법을 적용하기 위한 기본 가정을 아래 표의 예시와 같이 3가지만 쓰시오.

[예시] 콘크리트의 인장강도는 KDS 14 20 60(4.21)의 규정에 해당하는 경우를 제외하고는 철근콘크리트 부재 단면의 축강도와 휨(인장)강도 계산에서 무시할 수 있다.

① _____  ② _____

③ _____

해답 ① 철근 및 콘크리트의 변형률은 중립축으로부터의 거리에 비례한다.
② 휨모멘트 또는 휨모멘트와 축력을 동시에 받는 부재의 콘크리트 압축연단의 극한변형률은 콘크리트의 설계기준압축강도가 40MPa 이하인 경우에는 0.0033으로 가정한다.
③ 철근의 응력이 설계기준항복강도 $f_y$ 이하일 때 철근의 응력은 $E_s$를 곱한 값으로 한다.
④ 철근의 변형률이 $f_y$에 대응하는 변형률보다 큰 경우 철근의 응력은 변형률에 관계없이 $f_y$로 하여야 한다.

□□□ 산10①,12③,15③,22②

07 강도 설계법에 의한 계수 전단력 $V_u = 70$kN을 받을 수 있는 직사각형 단면을 설계하려고 한다. 다음 물음에 답하시오. (단, $f_{ck} = 24$MPa)

가. 최소 전단 철근 없이 견딜 수 있는 콘크리트의 최소 단면적 $b_w d$를 구하시오.

계산 과정)

답 : _____

나. 전단 철근의 최소량을 사용할 경우, 필요한 콘크리트의 최소 단면적 $b_w d$를 구하시오.

계산 과정)

답 : _____

해답 가. 전단 철근 없이 계수 전단력을 지지할 조건

$$V_u \leq \frac{1}{2}\phi V_c = \frac{1}{2}\phi \frac{1}{6}\lambda \sqrt{f_{ck}}\, b_w d \text{ 에서}$$

$$70 \times 10^3 = \frac{1}{2} \times 0.75 \times \frac{1}{6} \times 1 \times \sqrt{24}\, b_w d$$

$$\therefore b_w d = 228619.04 \text{mm}^2$$

나. 전단 철근의 최소량을 사용할 범위

$$\frac{1}{2}\phi V_c < V_u \leq \phi V_c = \phi \frac{1}{6}\lambda \sqrt{f_{ck}}\, b_w d$$

$$70 \times 10^3 = 0.75 \times \frac{1}{6} \times 1 \times \sqrt{24}\, b_w d$$

$$\therefore b_w d = 114309.52 \text{mm}^2$$

□□□ 산09①,13①,22②

08 아래 내용은 콘크리트의 블리딩 시험 방법(KS F 2414)에 관한 사항 중 일부이다.
( ) 안에 들어갈 알맞은 내용을 쓰시오.

| 득점 | 배점 |
|---|---|
| | 5 |

- 시험하는 동안 실온을 ( ① )±3℃를 유지해야 한다.
- 콘크리트를 용기에 ( ② )층으로 나누어 넣고 각 층의 윗면을 고른 후, ( ③ )회씩 다지고, 다진 구멍이 없어지고 콘크리트 표면에 큰 기포가 보이지 않을 때까지 용기 바깥을 10~15회 나무망치로 두들긴다.
- 시료의 표면이 용기의 가장자리에서 (25±0.3)cm 낮아지도록 흙손으로 고른다.
- 시료가 담기 용기를 진동이 없는 수평한 바닥 위에 놓고 뚜껑을 덮는다.
- 처음 60분 동안 ( ④ )분 간격으로, 그 후는 블리딩이 정지될 때까지 ( ⑤ )분 간격으로 표면에 생긴 물을 빨아낸다.

① _____  ② _____

③ _____  ④ _____

⑤ _____

해설 ① 20        ② 3        ③ 25
     ④ 10        ④ 30

KEY
① 시험하는 동안 실온을 (20±3)℃를 유지해야 한다.
② 콘크리트를 용기에 3층으로 나누어 넣고 각 층의 윗면을 고른 후, 25회씩 다진다.
③ 콘크리트의 용기에 (25±0.3)cm의 높이까지 채운 후, 윗부분을 흙손으로 편평하게 고르고 시간을 기록한다.
④ 처음 60분 동안 10분 간격으로, 그 후는 블리딩이 정지될 때까지 30분 간격으로 표면에 생긴 물을 빨아낸다.

□□□ 산10①,22②

09 레디믹스트 콘크리트(ready mixed concrete)는 제조·공급방식에 따라 3가지로 분류한다. 이 3가지를 쓰고 간단히 설명하시오.

| 득점 | 배점 |
|---|---|
| | 5 |

① _____  ② _____  ③ _____

해답 ① 센트럴 믹스트 콘크리트 : 배치 플랜트 내 고정믹서에서 혼합완료 후 운반 중에 교반하면서 공사현장 까지 배달공급하는 방식
② 쉬링크 믹스트 콘크리트 : 배치 플랜트 내 고정믹서에서 1차 혼합 후 트럭믹서에서 2차 혼합하면서 공사현장까지 배달공급하는 방식
③ 트랜싯 믹스트 콘크리트 : 배치 플랜트에서 재료 계량 완료후 트럭믹서에서 혼합수를 가하여 혼합하면서 공사현장까지 배달공급하는 방식

□□□ 산12③,22②

10 레디믹스트 콘크리트(KS F 4009)의 제조시 각 재료의 1회 계량 분량의 한계 오차를 쓰시오.

| 득점 | 배점 |
|---|---|
|  | 5 |

| 재료의 종류 | 측정 단위 | 1회 계량 오차 |
|---|---|---|
| 시멘트 | 질량 | ① |
| 배합수 | 질량 또는 부피 | -2%, +1% |
| 혼화재 | 질량 | ② |
| 화학혼화제 | 질량 또는 부피 | ±3% |
| 골재 | 질량 | ③ |

해답 ① -1%, +2%    ② ±2%    ③ ±3%

| 재료의 종류 | 측정 단위 | 1회 계량 오차 |
|---|---|---|
| 시멘트 | 질량 | -1%, +2% |
| 배합수 | 질량 또는 부피 | -2%, +1% |
| 혼화재 | 질량 | ±2% |
| 화학혼화제 | 질량 또는 부피 | ±3% |
| 골재 | 질량 | ±3% |

□□□ 산18③,22②

11 아래와 같은 프리스트레스 하지 않는 부재의 현장치기 콘크리트의 최소피복두께 규정을 쓰시오. (단, 옥외의 공기나 흙에 직접 접하지 않는 콘크리트)

| 득점 | 배점 |
|---|---|
|  | 5 |

| 슬래브에 D35 초과하는 철근 | ① |
|---|---|
| 슬래브에 D35 이하인 철근 | ② |
| 보, 기둥에 사용하는 철근 | ③ |
| 쉘, 절판부재에 사용하는 경우 | ④ |

해답 ① 40mm    ② 20mm    ③ 40mm    ④ 20mm

□□□ 산22②

12 철근의 이음방법 3가지를 쓰시오.

| 득점 | 배점 |
|---|---|
|  | 5 |

① _____    ② _____    ③ _____

해답 ① 겹침이음    ② 용접이음    ③ 기계적 이음

# 국가기술자격 실기시험문제

2022년도 산업기사 제3회 필답형 실기시험(산업기사)

| 종 목 | 시험시간 | 배 점 | 성 명 | 수험번호 |
|---|---|---|---|---|
| 콘크리트산업기사 | 1시간 30분 | 60 | | |

※ 수험자 인적사항 및 계산식을 포함한 답안 작성은 검은색 필기구만 사용해야 하며, 그 외 연필류, 빨간색, 청색 등 필기구로 작성한 답항은 0점 처리 됩니다.

---

□□□ 산19③,22③

**01** 콘크리트 균열 깊이를 평가할 수 있는 초음파속도법의 평가 방법 3가지를 쓰시오.

① _____  ② _____

③ _____

득점 / 배점 5

해답 ① T법   ② $T_c - T_o$법   ③ BS법   ④ 레슬리법   ⑤ R-S법

---

□□□ 산09③,15①,22③

**02** 급속 동결 융해에 대한 콘크리트의 저항시험(KS F 2456)에 대해 아래 물음에 답하시오.

득점 / 배점 5

가. 동결융해 1사이클의 원칙적인 온도 범위를 쓰시오.

○

나. 동결융해 1사이클의 소요시간범위를 쓰시오.

○

다. 시험의 종료시 사이클을 쓰시오.

○

해답 가. -18℃~4℃     나. 2~4시간     다. 300 사이클

> **KEY** 동결 융해 1사이클
> • 동결 융해 1사이클은 공시체 중심부의 온도를 원칙으로 하며 원칙적으로 4℃에서 -18℃로 떨어지고, 다음에 -18℃에서 4℃로 상승하는 것으로 한다.
> • 동결 융해 1사이클의 소요시간은 2시간 이상, 4시간 이하로 한다.

□□□ 산11①,22③

03 철근 콘크리트 구조물이 해양 환경에 노출되면 해수 중의 화학적 작용에 의한 콘크리트 침식과 콘크리트 속의 철근이 부식되는 염해의 열화과정 4단계 정의 (    )에 대해 물음에 답하시오.

| 득점 | 배점 |
|---|---|
|  | 5 |

가. ( ① )는(은) 강재의 피복 위치에 있어서 염소이온농도가 임계염분량에 달할 때까지의 기간

나. ( ② )는(은) 강재의 부식개시로부터 부식균열발생까지의 기간

다. ( ③ )는(은) 부식균열발생으로부터 부식속도가 증가하는 기간

라. ( ④ )는(은) 부식량의 증가에 따른 내하력의 저하가 현저한 기간

① _____  ② _____

③ _____  ④ _____

해답 ① 잠재기(잠복기)     ② 진전기
    ③ 촉진기(가속 열화기)  ④ 한계기(종료기)

□□□ 산11③,15③,16①,20③,22③

04 폭($b_w$) 280mm, 유효깊이($d$) 500mm, $f_{ck}$=30MPa, $f_y$=400MPa인 단철근 직사각형 보에 대한 다음 물음에 답하시오.(단, 철근량 $A_s$=3000mm²이고, 일단으로 배치되어 있다.)

| 득점 | 배점 |
|---|---|
|  | 5 |

가. 압축연단에서 중립축까지의 거리 $c$를 구하시오.

  ○

나. 최외단 인장철근의 순인장 변형률($\varepsilon_t$)을 구하시오.
   (단, 소수점 이하 6째자리에서 반올림하시오.)

  ○

해답 가. ■ 중립축까지의 거리 $c = \dfrac{a}{\beta_1}$

  • $f_{ck}=21$MPa $\leq 40$MPa일 때 $\eta=1.0$, $\beta_1=0.80$

  • $a = \dfrac{A_s f_y}{\eta(0.85 f_{ck})b} = \dfrac{3000 \times 400}{1 \times 0.85 \times 30 \times 280} = 168.07$mm

  ∴ $c = \dfrac{a}{0.80} = \dfrac{168.07}{0.80} = 210.09$mm

나. 순인장변형률 : $\dfrac{0.0033}{c} = \dfrac{\varepsilon_t}{d_t - c}$에서

  $\varepsilon_t = \dfrac{0.0033(d_t - c)}{c} = \dfrac{0.0033 \times (500 - 210.09)}{210.09} = 0.00455$

□□□ 산09①,10③,12①,16③,20②,21②,22③

05 매스콘크리트의 온도균열 발생 여부에 대한 검토는 온도균열지수에 의해 평가하는 것을 원칙으로 한다. 이 때 정밀한 해석방법에 의한 온도균열지수를 구하고자 할 경우 반드시 필요한 인자 2가지를 쓰시오.

득점 배점
5

① _____

② _____

해답 ① $f_t(t)$ : 재령 $t$일에서의 수화열에 의하여 생긴 부재 내부의 온도응력 최대값(MPa)
　　② $f_{sp}(t)$ : 재령 $t$일에서의 콘크리트의 쪼갬인장강도(MPa)

> **KEY**
> • 온도균열지수 $I_{cr}(t) = \dfrac{f_{sp}(t)}{f_t(t)}$
>
> 　여기서, $f_t(t)$ : 재령 $t$일에서의 수화열에 의하여 생긴 부재 내부의 온도응력 최대값(MPa)
>
> 　　　　$f_{sp}(t)$ : 재령 $t$일에서의 콘크리트의 쪼갬인장강도로서, 재령 및 양생온도를 고려하여 구함(MPa)

□□□ 산12③,16①,17①,21③,22③

06 경간 10m의 대칭 T형보를 설계하려고 한다. 아래 조건을 보고 플랜지의 유효폭을 구하시오.

득점 배점
5

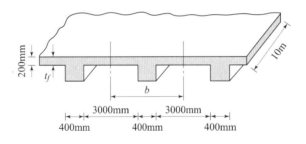

계산 과정)

　　　　　　　　　　　　　　　　　　답 : _____

해답 T형보의 유효폭은 다음 값 중 가장 작은 값으로 한다.
　　• 양쪽으로 각각 내민 플랜지 두께의 8배씩 : $16t_f) + b_w$
　　　$16t_f + b_w = 16 \times 200 + 400 = 3600\,\mathrm{mm}$
　　• 양쪽의 슬래브의 중심 간 거리 : $1500 + 400 + 1500 = 3400\,\mathrm{mm}$
　　• 보의 경간(L)의 1/4 : $\dfrac{1}{4} \times 10000 = 2500\,\mathrm{mm}$

　　　∴ 유효폭 $b = 2500\,\mathrm{mm}$

□□□ 산10①,12③,15③,22③

**07** 강도 설계법에 의한 계수 전단력 $V_u = 70$kN을 받을 수 있는 직사각형 단면을 설계하려고 한다. 다음 물음에 답하시오. (단, $f_{ck} = 24$MPa)

| 득점 | 배점 |
|---|---|
|  | 5 |

가. 최소 전단 철근 없이 견딜 수 있는 콘크리트의 최소 단면적 $b_w d$를 구하시오.

계산 과정)

답 : _____

나. 전단 철근의 최소량을 사용할 경우, 필요한 콘크리트의 최소 단면적 $b_w d$를 구하시오.

계산 과정)

답 : _____

해답 가. 전단 철근 없이 계수 전단력을 지지할 조건

$$V_u \le \frac{1}{2}\phi V_c = \frac{1}{2}\phi \frac{1}{6}\lambda \sqrt{f_{ck}}\, b_w d \text{ 에서}$$

$$70 \times 10^3 = \frac{1}{2} \times 0.75 \times \frac{1}{6} \times 1 \times \sqrt{24}\, b_w d$$

$$\therefore b_w d = 228619.04 \text{mm}^2$$

나. 전단 철근의 최소량을 사용할 범위

$$\frac{1}{2}\phi V_c < V_u \le \phi V_c = \phi \frac{1}{6}\lambda \sqrt{f_{ck}}\, b_w d$$

$$70 \times 10^3 = 0.75 \times \frac{1}{6} \times 1 \times \sqrt{24}\, b_w d$$

$$\therefore b_w d = 114309.52 \text{mm}^2$$

□□□ 기13③, 산09①,12①,14①,17③,19②,22③

**08** 콘크리트의 압축강도를 추정하기 위한 비파괴검사 방법의 종류를 2가지만 쓰시오.

| 득점 | 배점 |
|---|---|
|  | 5 |

① _____   ② _____

해답 ① 반발경도법
② 초음파속도법
③ 조합법
④ 코어 채취법
⑤ 인발법

□□□ 산14①,19②,22③

09 보나 기둥에는 주철근을 둘러 감는 스트럽이나 띠철근을 사용한다. 이러한 띠
철근의 수직 간격에 대한 규정을 3가지만 쓰시오.

| 득점 | 배점 |
|------|------|
|      | 5    |

① _____   ② _____

③ _____

해답 ① 축방향 철근의 16배 이하
② 띠철근 지름의 48배 이하
③ 기둥 단면의 최소 치수 이하

□□□ 산12③,22③

10 콘크리트용 모래에 포함되어 있는 유기 불순물 시험(KS F 2510)에 사용되는
식별용 표준색 용액을 제조하는 방법과 색도의 측정 방법을 쓰시오.

| 득점 | 배점 |
|------|------|
|      | 5    |

가. 식별용 표준색 용액을 제조하는 방법을 쓰시오.

○

나. 색도의 측정 방법을 쓰시오.

○

해답 가. 식별용 용액은 10%의 알코올 용액으로 2% 탄닌산 용액을 만들고, 그 2.5mL를 3%
의 수산화나트륨 용액 97.5mL에 가하여 유리병에 넣어 마개를 닫고 잘 흔든다.
나. 시료에 수산화나트륨 용액을 가한 유리 용기와 표준색 용액을 넣은 유리 용기를 24시
간 정치한 후 잔골재 상부의 용액색이 표준색 용액보다 연한지, 진한지 또는 같은지를
육안으로 비교한다.

 KEY 표준색 용액 만들기 순서
① 알코올 10g에 물 90g을 타서 10%의 알코올 용액을 만든다.
② 10%의 알코올 용액 9.8g에 탄닌산가루 0.2g을 넣어서 2% 탄닌산 용액을
만든다.
③ 물 291g에 수산화나트륨 9g을 섞어서 3%의 수산화나트륨 용액을 만든다.
④ 2% 탄닌산 용액 2.5mL를 3%의 수산화나트륨 용액 97.5mL에 타서 식별
용 표준색 용액을 만든다.
⑤ 식별용 표준색 용액 400mL의 시험용 무색 유리병에 넣어 마개를 막고
잘 흔든 다음 24시간 동안 가만히 놓아둔다.

□□□ 기08③,12③,16③, 산17②,22③

**11** 모르타르 및 콘크리트의 길이 변화 시험 방법(KS F 2424)에 규정되어 있는 길이변화 측정 방법 3가지를 쓰시오.

<table>
<tr><td>득점</td><td>배점</td></tr>
<tr><td></td><td>5</td></tr>
</table>

① _____  ② _____

③ _____

해답 ① 콤퍼레이터 방법
② 콘택트 게이지 방법
③ 다이얼 게이지 방법

□□□ 산21③,22③,23③

**12** 굳지 않은 콘크리트의 염화물 함유량 측정 방법을 3가지만 쓰시오.

<table>
<tr><td>득점</td><td>배점</td></tr>
<tr><td></td><td>5</td></tr>
</table>

① _____  ② _____

③ _____  ④ _____

해답 ① 질산은 적정법       ② 흡광 광도법
③ 전위차 적정법       ④ 이온 전극법

# 국가기술자격 실기시험문제

2023년도 산업기사 제2회 필답형 실기시험 (산업기사)

| 종 목 | 시험시간 | 배 점 | 성 명 | 수험번호 |
|---|---|---|---|---|
| 콘크리트산업기사 | 1시간 30분 | 60 | | |

※ 수험자 인적사항 및 계산식을 포함한 답안 작성은 검은색 필기구만 사용해야 하며, 그 외 연필류, 빨간색, 청색 등 필기구로 작성한 답항은 0점 처리 됩니다.

---

□□□ 산21③,23②

**01** 콘크리트의 슬럼프 시험(KS F 2402)에 대한 다음 물음에 답하시오.

| 득점 | 배점 |
|---|---|
| | 5 |

가. 슬럼프 시험용 기구인 슬럼프 콘의 윗면의 안지름은 ( ① ), 밑면의 안지름은 ( ② ), 높이는 ( ③ )이다.

나. 슬럼프 콘에는 시험 시 시료를 거의 같은 양의 ( ④ )층으로 나누워 채우고, 각 층은 다짐봉으로 고르게 한 후 ( ⑤ )회 똑같이 다진다.

해답 ① 100mm  ② 200mm  ③ 300mm  ④ 3층  ⑤ 25회

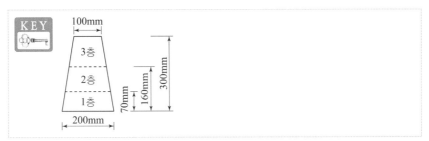

---

□□□ 산05①,08③,10③,11③,19③,23②

**02** 일반 콘크리트에서 타설한 콘크리트에 균일한 진동을 주기 위하여 진동기를 찔러 넣는 간격 및 한 개소 당 진동시간 등을 규정하고 있다. 이러한 내부 진동기의 올바른 사용방법에 대해 물음에 답하시오.

| 득점 | 배점 |
|---|---|
| | 5 |

가. 하층의 콘크리트 속으로 ( )m 정도 찔러 넣는다.

나. 삽입간격은 일반적으로 ( )m 이하로 하는 것이 좋다.

다. 1개소 당 진동시간은 ( )초로 한다.

해답 가. 0.1m
　　　나. 0.5m
　　　다. 5~15초

**03 다음 굳은 콘크리트의 강도시험에 대해 물음에 답하시오.**

가. 원주형 공시체 지름 150mm, 높이 300mm를 사용하여 쪼갬인장강도시험을 하여 시험기에 나타난 최대 하중 $P = 250$kN이었다. 이 콘크리트의 인장강도를 구하시오.

계산 과정 )

답 : _____

나. 지간 530mm, 폭 150mm, 높이 150mm의 공시체를 4점재하 장치에 의해 콘크리트 휨강도 시험을 한 결과 최대하중 40kN 지간의 가운데 부분에서 파괴되었을 때 콘크리트 휨강도를 구하시오.(단, 지간은 450mm이다.)

계산 과정 )

답 : _____

해답 가. $f_{sp} = \dfrac{2P}{\pi dl} = \dfrac{2 \times 250 \times 10^3}{\pi \times 150 \times 300} = 3.54\,\text{N/mm}^2 = 3.54\,\text{MPa}$

나. $f_b = \dfrac{P \cdot l}{b \cdot d^2}$

$= \dfrac{40 \times 10^3 \times 450}{150 \times 150^2} = 5.33\,\text{N/mm}^2 = 5.33\,\text{MPa}$

**04 콘크리트의 워커빌리티를 판정하는 기준이 되는 반죽 질기를 측정하는 방법을 4가지만 쓰시오.**

① _____

② _____

③ _____

④ _____

해답 ① 슬럼프 시험
② 구관입 시험(케리볼 시험)
③ 진동대에 의한 반죽 질기 시험
④ 진동식 유동성 시험
⑤ 다짐 계수 시험
⑥ 리몰딩 시험

□□□ 09②,16③,23②

05 잔골재에 대한 밀도 및 흡수율 시험 결과가 아래 표와 같을 때 다음 물음에 답하시오. (단, 시험온도에서의 물의 밀도는 $1.0\text{g/cm}^3$이다.)

득점 | 배점
5

| | |
|---|---|
| 자연상태 시료의 질량 | 523.5g |
| 노건조상태 시료의 질량 | 486.4g |
| 표면건조상태 시료의 질량 | 542.5g |
| (플라스크+물)의 질량 | 689.6g |
| (플라스크+물+시료)의 질량 | 998.0g |

가. 절대건조 상태의 밀도를 구하시오.

계산 과정)

답 :

나. 표면건조 포화상태의 밀도를 구하시오.

계산 과정)

답 :

다. 흡수율을 구하시오.

계산 과정)

답 :

라. 콘크리트용 잔골재 정밀에 대하여 시험값과 평균값의 차이가 허용되는 범위를 쓰시오.

| 밀도 | |
|---|---|
| 흡수율 | |

---

해답 가. 절대건조 상태의 밀도

$$d_d = \frac{A}{B+m-C} \times \rho_w = \frac{486.4}{689.6+542.5-998.0} \times 1.0 = 2.08 \, \text{g/cm}^3$$

나. 표면 건조 포화 상태의 밀도

$$d_s = \frac{m}{B+m-C} \times \rho_w = \frac{542.5}{689.6+542.5-998.0} \times 1.0 = 2.32 \, \text{g/cm}^3$$

다. 흡수율을 구하시오.

$$Q = \frac{B-A}{A} \times 100 = \frac{542.5-486.4}{486.4} \times 100 = 11.53\%$$

라. 콘크리트용 잔골재 정밀에 대하여 시험값과 평균값의 차이가 허용되는 범위를 쓰시오.

| 밀도 | $0.01\text{g/cm}^3$ 이하 |
|---|---|
| 흡수율 | 0.05% 이하 |

□□□ 산05①,09③,16①,18②,23②

**06** 시방 배합 결과 단위 수량 150kg/m³, 당위 시멘트량 300kg/m³, 단위 잔골재량 700kg/m³, 단위 굵은 골재량 1200kg/m³을 얻었다. 이 골재의 현장야적 상태가 아래 표와 같다면 현장 배합상의 단위 수량, 단위 잔골재량, 단위 굵은 골재량을 구하시오.

<table><tr><td>득점</td><td>배점</td></tr><tr><td></td><td>5</td></tr></table>

─────【현장 골재 상태】─────

· 잔골재 중 5mm체에 잔류하는 양 3.5%

· 굵은 골재 중 5mm체를 통과한 양 6.5%

· 잔골재의 표면수 2%

· 굵은 골재의 표면수 1%

계산 과정)

【답】 단위수량 : _____

　　　단위잔골재량 : _____

　　　단위굵은 골재량 : _____

해답 ■ 입도에 의한 조정

$S = 700\text{kg}, \quad G = 1200\text{kg}, \quad a = 3.5\%, \quad b = 6.5\%$

$X = \dfrac{100S - b(S+G)}{100 - (a+b)} = \dfrac{100 \times 700 - 6.5(700 + 1200)}{100 - (3.5 + 6.5)} = 640.56\text{kg/m}^3$

$Y = \dfrac{100G - a(S+G)}{100 - (a+b)} = \dfrac{100 \times 1200 - 3.5(700 + 1200)}{100 - (3.5 + 6.5)} = 1259.44\text{kg/m}^3$

■ 표면수에 의한 조정

· 잔골재의 표면수 $= 640.56 \times \dfrac{2}{100} = 12.81\text{kg}$

· 굵은 골재의 표면수 $= 1259.44 \times \dfrac{1}{100} = 12.59\text{kg}$

■ 현장 배합량

· 단위수량 : $150 - (12.81 + 12.59) = 124.60\text{kg/m}^3$

· 단위잔골재량 : $640.56 + 12.81 = 653.37\text{kg/m}^3$

· 단위굵은 골재량 : $1259.44 + 12.59 = 1272.03\text{kg/m}^3$

【답】 단위수량 : $124.60\text{kg/m}^3$, 단위잔골재량 : $653.37\text{kg/m}^3$

　　　단위굵은 골재량 : $1272.03\text{kg/m}^3$

□□□ 산07③,09①,09③,16③,23②

**07** 강도 설계법에서 $f_{ck} = 34\text{MPa}$, $f_y = 400\text{MPa}$일 때 단철근 직사각형보의 균형 철근비를 구하시오.

<table><tr><td>득점</td><td>배점</td></tr><tr><td></td><td>5</td></tr></table>

계산 과정)

답 : _____

해답 · $\rho_b = \dfrac{\eta(0.85 f_{ck})\beta_1}{f_y} \dfrac{660}{660 + f_y}$

· $f_{ck} = 34\text{MPa} \leq 40\text{MPa}$일 때 $\eta = 1.0$, $\beta_1 = 0.80$

∴ $\rho_b = \dfrac{1 \times 0.85 \times 34 \times 0.80}{400} \times \dfrac{660}{660 + 400} = 0.036$

□□□ 산07③,09①,14③,15①,17②,23②

08 그림과 같은 단철근 직사각형보에 대한 다음 물음에 답하시오. (단, $A_s=2742\text{mm}^2$, $f_{ck}=24\text{MPa}$, $f_y=400\text{MPa}$)

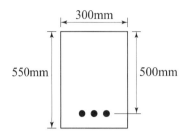

가. 단철근 직사각형보에서 중립축까지의 거리($c$)를 구하시오.

계산 과정)

답 : _____

나. 단철근 직사각형보의 설계 휨 강도($\phi M_n$)를 구하시오.

계산 과정)

답 : _____

해답 가. $c=\dfrac{a}{\beta_1}$

• $f_{ck}=24\text{MPa} \leq 40\text{MPa}$일 때 $\eta=1.0$, $\beta_1=0.80$

• $a=\dfrac{A_s f_y}{\eta(0.85 f_{ck})\,b}=\dfrac{2742\times 400}{1\times 0.85\times 24\times 300}=179.22\,\text{mm}$

∴ $c=\dfrac{179.22}{0.80}=224.03\,\text{mm}$

나. $\phi M_n=\phi A_s f_y\left(d-\dfrac{a}{2}\right)$

• $\epsilon_t=\dfrac{0.0033\times(d-c)}{c}=\dfrac{0.0033\times(500-224.03)}{224.03}=0.0041<0.005\,(\text{변화구간})$

∴ $\phi=0.65+(\epsilon_t-0.002)\dfrac{200}{3}$

$=0.65+(0.0041-0.002)\dfrac{200}{3}=0.79$

∴ $\phi M_n=0.79\times 2742\times 400\left(500-\dfrac{179.22}{2}\right)$

$=355591444\,\text{N}\cdot\text{mm}=355.59\,\text{kN}\cdot\text{m}$

□□□ 산07③,13③,19②,23②

09 콘크리트의 품질 관리에서 계수치 관리도의 종류를 3가지만 쓰시오.

① _____     ② _____

③ _____

해답 ① $p$ 관리도      ② $p_n$ 관리도

③ $c$ 관리도      ④ $u$ 관리도

□□□ 산07③,09①,14③,15①,21③,23②

**10** 잔골재의 표면수 측정 시험을 실시한 결과 다음과 같다. 이 시료의 표면수율을 구하시오.

| 득점 | 배점 |
|---|---|
|  | 5 |

- 시료의 질량 : 500g
- (용기+표시선까지의 물)의 질량 : 692g
- (용기+표시선까지의 물+시료)의 질량 : 1000g
- 잔골재의 표건밀도 : 2.62g/cm$^3$

계산 과정)

답 : _____

[해답] 표면수율 $H = \dfrac{m - m_s}{m_1 - m} \times 100$

- $m = m_1 + m_2 - m_3 = 500 + 692 - 1000 = 192$g

- 용기와 물의 질량 $m_s = \dfrac{m_1}{d_s} = \dfrac{500}{2.62} = 190.84$g

∴ 표면수율 $H = \dfrac{192 - 190.84}{500 - 192} \times 100 = 0.38\%$

□□□ 산11③,13③,15②,23②

**11** 콘크리트용 굵은 골재의 최대치수에 대한 아래 물음에 답하시오.

| 득점 | 배점 |
|---|---|
|  | 5 |

가. 콘크리트용 굵은 골재의 최대치수에 대한 정의를 간단히 쓰시오

○

나. 콘크리트 배합에 사용되는 굵은 골재의 공칭 최대 치수는 어떤 값을 초과하면 안 되는지 예시와 같이 기준을 2가지만 쓰시오.

[예시] 개별 철근, 다발 철근, 긴장재 또는 덕트 사이의 최소 순간격의 3/4

① _____

② _____

[해답] 가. 질량비로 90% 이상을 통과시키는 체중에서 최소 치수인 체의 호칭치수로 나타낸 굵은 골재 최대 치수
  나. ① 거푸집 양측면 사이의 최소거리 1/5
    ② 슬래브 두께의 1/3

12 폭 400mm, 유효깊이 600mm인 보통중량콘크리트보($f_{ck}=27$MPa)가 부담할 수 있는 공칭전단강도($V_c$)를 구하시오.

| 득점 | 배점 |
|---|---|
| | 5 |

계산 과정 )

답 : _____

정답 보통 중량콘크리트보가 부담할 공칭전단강도

$$V_c = \frac{1}{6} \lambda \sqrt{f_{ck}} \, b_w \, d$$

$$= \frac{1}{6} \times 1 \times \sqrt{27} \times 400 \times 600$$

$$= 207846\,\text{N} = 208\,\text{kN}$$

# 국가기술자격 실기시험문제

2023년도 산업기사 제3회 필답형 실기시험(산업기사)

| 종 목 | 시험시간 | 배 점 | 성 명 | 수험번호 |
|---|---|---|---|---|
| 콘크리트산업기사 | 1시간 30분 | 60 | | |

※ 수험자 인적사항 및 계산식을 포함한 답안 작성은 검은색 필기구만 사용해야 하며, 그 외 연필류, 빨간색, 청색 등 필기구로 작성한 답항은 0점 처리 됩니다.

□□□ 산05,14①,21②,22②,23③

**01** 레디믹스트 콘크리트(KS F 4009)의 제조 시 각 재료의 1회 계량 분량의 한계 오차를 쓰시오.

득점 / 배점 5

| 재료의 종류 | 측정 단위 | 1회 계량 오차 |
|---|---|---|
| 시멘트 | 질량 | ① |
| 골재 | 질량 | ② |
| 물 | 질량 또는 부피 | ③ |
| 혼화재 | 질량 | ④ |
| 혼화제 | 질량 또는 부피 | ⑤ |

해답 ① $-1\%$, $+2\%$    ② $\pm3\%$
③ $-2\%$, $+1\%$    ④ $\pm2\%$
⑤ $\pm3\%$

□□□ 기09①,11③, 산13①,17③,23③

**02** 철근 콘크리트 부재에서 부재의 설계 강도란 공칭 강도에 1.0보다 작은 강도 감소 계수 $\phi$를 곱한 값을 말한다. 이러한 강도 감소 계수를 사용하는 목적을 3가지만 쓰시오.

득점 / 배점 5

① _____

② _____

③ _____

해답 ① 부정확한 설계 방정식에 대비하기 위해서
② 주어진 하중 조건에 대한 부재의 연성도와 소요 신뢰도를 위해서
③ 구조물에서 차지하는 부재의 중요도 등을 반영하기 위해서
④ 재료 강도와 치수가 변동할 수 있으므로 부재의 강도 저하 확률에 대비하기 위해서

□□□ 산08③,10③,12③,16①,17①,23③

03 RC 구조물의 내구성이 저하되면 철근이 부식되는 등 철근의 단면적이 감소하여 구조적인 문제가 발생할 수 있다. 따라서 구조물 안전 조사 시 철근 부식 여부를 조사하는 것이 중요하다. 기존 콘크리트 내의 철근 부식의 유무를 평가하기 위해 실시하는 비파괴 검사 방법을 3가지만 쓰시오.

| 득점 | 배점 |
|---|---|
| | 5 |

① _____  ② _____

③ _____

해답 ① 자연 전위법
　　 ② 분극 저항법
　　 ③ 전기 저항법

□□□ 산13③,23③

04 어떤 골재에 대해 10개의 체를 1조로 체가름 시험한 결과, 각 체에 잔류한 골재의 중량 백분율이 다음 표와 같았다. 이 골재의 조립률을 구하시오.

| 득점 | 배점 |
|---|---|
| | 5 |

【골재의 체가름 시험 결과】

| 체의 크기(mm) | 각 체에 남은 골재의 누가 중량 백분율(%) |
|---|---|
| 75 | 0 |
| 40 | 0 |
| 20 | 0 |
| 10 | 0 |
| 5.0 | 4 |
| 2.5 | 15 |
| 1.2 | 37 |
| 0.6 | 62 |
| 0.3 | 84 |
| 0.15 | 98 |

해답 $F.M = \dfrac{\sum 각\ 체에\ 남는\ 잔류율의\ 누계}{100}$

$= \dfrac{0 \times 4 + 4 + 15 + 37 + 62 + 84 + 98}{100} = \dfrac{300}{100} = 3.0$

KEY 골재의 조립률 : 75mm, 40mm, 20mm, 10mm, 5mm, 2.5mm, 1.2mm, 0.6mm, 0.3mm, 0.15mm 등 10개의 체를 사용한다.

□□□ 산05①,09③,12①,16①,17②,21②,23③

**05** 시방 배합 결과 단위 수량 150kg/m³, 단위 시멘트량 300kg/m³, 단위 잔골재량 700kg/m³, 단위 굵은 골재량 1200kg/m³을 얻었다. 이 골재의 현장 야적 상태가 아래 표와 같다면 현장 배합상의 단위 수량, 단위 잔골재량, 단위 굵은 골재량을 구하시오.

| 득점 | 배점 |
|---|---|
| | 5 |

**【현장 골재 상태】**
- 잔골재 중 5mm 체에 잔류하는 양 3.5%
- 굵은 골재 중 5mm 체를 통과한 양 6.5%
- 잔골재의 표면수 2%
- 굵은 골재의 표면수 1%

계산 과정)

[답] ① 단위 수량 : _____

② 단위 잔골재량 : _____

③ 단위 굵은 골재량 : _____

해답 ▪ 입도에 의한 조정
- $S = 700kg$, $G = 1200kg$, $a = 3.5\%$, $b = 6.5\%$
- $X = \dfrac{100S - b(S+G)}{100 - (a+b)} = \dfrac{100 \times 700 - 6.5(700 + 1200)}{100 - (3.5 + 6.5)} = 640.56 kg/m^3$
- $Y = \dfrac{100G - a(S+G)}{100 - (a+b)} = \dfrac{100 \times 1200 - 3.5(700 + 1200)}{100 - (3.5 + 6.5)} = 1259.44 kg/m^3$

▪ 표면수에 의한 조정
- 잔골재의 표면수 $= 640.56 \times \dfrac{2}{100} = 12.81 kg$
- 굵은 골재의 표면수 $= 1259.44 \times \dfrac{1}{100} = 12.59 kg$

▪ 현장 배합량
- 단위 수량 : $150 - (12.81 + 12.59) = 124.60 kg/m^3$
- 단위 잔골재량 : $640.56 + 12.81 = 653.37 kg/m^3$
- 단위 굵은 골재량 : $1259.44 + 12.59 = 1272.03 kg/m^3$

□□□ 기11①,16①,23③

**06** 토목 구조물의 보강공법의 종류를 4가지만 쓰시오.

| 득점 | 배점 |
|---|---|
| | 5 |

① _____  ② _____

③ _____  ④ _____

해답 ① 강판 접착공법
② 연속섬유 시트 접착공법
③ 라이닝공법
④ 외부케이블 공법

□□□ 산13①,14②,23③

**07** 폭 $b=300$mm, 유효깊이 $d=450$mm이고, $A_s=2027$mm²인 단철근 직사각형 보의 설계 휨강도($\phi M_n$)를 구하시오.

(단, $f_{ck}=28$MPap, $f_y=400$MPa이다.)

계산 과정)

답 : _____

해답 • $f_{ck}=28$MPa $\leq 40$MPa일 때 $\eta=1.0$, $\beta_1=0.80$

• $a=\dfrac{A_s f_y}{\eta(0.85f_{ck})\,b}=\dfrac{2027\times400}{1\times0.85\times28\times300}=113.56\,\mathrm{mm}$

• $c=\dfrac{a}{\beta_1}=\dfrac{113.56}{0.80}=141.95\,\mathrm{mm}$

• $\epsilon_t=\dfrac{0.0033\times(d-c)}{c}=\dfrac{0.0033\times(450-141.95)}{141.95}=0.0072>0.005$ (인장지배)

∴ $\phi=0.85$

∴ $\phi M_n=\phi A_s f_y\left(d-\dfrac{a}{2}\right)=0.85\times2027\times400\left(450-\dfrac{113.56}{2}\right)$

$=270999359.6\mathrm{N\cdot mm}=271.00\mathrm{kN\cdot m}$

□□□ 산23③

**08** 다음 그림과 같은 T형보 단면에서 $A_{st}$를 구하시오. (단, $A_s=8-D38=9121$mm², $f_{ck}=35$MPa, $f_y=400$MPa이다.)

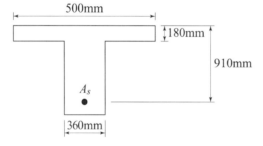

계산 과정)

답 : _____

해답 가. T형보 판별

• $f_{ck}=35$MPa $\leq40$MPa이면 $\eta=1.0$, $\beta_1=0.80$

• $a=\dfrac{A_s f_y}{\eta(0.85f_{ck})\,b}=\dfrac{9121\times400}{1\times0.85\times35\times500}=245.27\,\mathrm{mm}$

∴ $a=245.27>t_f=180$mm : T형보

∴ $A_{st}=\dfrac{\eta(0.85f_{ck})(b-b_w)t_f}{f_y}$

$=\dfrac{1\times0.85\times35(500-360)\times180}{400}=1874.25\,\mathrm{mm}^2$

□□□ 산12①,19③,23③

09 콘크리트의 호칭강도가 24MPa이고, 15회의 콘크리트 압축 강도 시험으로 표준편차 2.4MPa을 얻었다. 이 콘크리트 배합 강도를 구하시오.

| 득점 | 배점 |
|---|---|
| | 5 |

계산 과정)

답 : _____

■ 표준편차 $s = 2.4\,\text{MPa}$
  • 직선 보간 표준편차 = $2.4 \times 1.16 = 2.784\,\text{MPa}$
■ $f_{cn} = 24\,\text{MPa} \leq 35\,\text{MPa}$일 때 두 값 중 큰 값
  • $f_{cr} = f_{cn} + 1.34s = 24 + 1.34 \times 2.784 = 27.73\,\text{MPa}$
  • $f_{cr} = (f_{cn} - 3.5) + 2.33\,s = (24 - 3.5) + 2.33 \times 2.784 = 26.99\,\text{MPa}$
  ∴ 배합 강도 $f_{cr} = 27.73\,\text{MPa}$

**KEY** • 시험횟수가 29회 이하일 때 표준편차의 보정계수

| 시험횟수 | 표준편차의 보정계수 |
|---|---|
| 15 | 1.16 |
| 20 | 1.08 |
| 25 | 1.03 |
| 30 이상 | 1.00 |

□□□ 산06③,13③,17③,23③

10 특수 콘크리트에 대한 아래의 물음에 답하시오.

| 득점 | 배점 |
|---|---|
| | 5 |

가. 하루의 평균 기온이 몇 ℃ 이하가 되는 기상 조건에서 한중 콘크리트로서 시공 하여야 하는가?

답 : _____

나. 한중 콘크리트의 물 – 결합재는 원칙적으로 몇 % 이하로 하여야 하는가?

답 : _____

다. 하루의 평균 기온이 몇 ℃를 초과하는 것이 예상될 경우 서중 콘크리트로서 시공하여야 하는가?

답 : _____

가. 4℃   나. 60%   다. 25℃

가. 하루의 평균 기온이 4℃ 이하가 되는 기상 조건일 때는 콘크리트가 동결할 염려가 있으므로 한중 콘크리트로 시공하여야 한다.

나. 한중 환경에 있어 동결 융해 저항성을 갖는 콘크리트의 모세관 조직의 치밀화를 위하여는 물-결합재비를 60% 이하로 하여 소정의 강도 수준을 갖는 콘크리트가 요구된다.

다. 하루 평균 기온이 25℃를 초과하는 것이 예상되는 경우 서중 콘크리트로 시공하여야 한다.

□□□ 산21③,22③,23③

**11** 굳지 않은 콘크리트의 염화물 함유량 측정 방법을 3가지만 쓰시오.

| 득점 | 배점 |
|---|---|
| | 5 |

① _____  ② _____

③ _____  ④ _____

해답 ① 질산은 적정법  ② 흡광 광도법
　　 ③ 전위차 적정법  ④ 이온 전극법

□□□ 산09①,10③,12①,15①,21③,23③

**12** 매스콘크리트의 온도균열 발생 여부에 대한 검토는 온도균열지수에 의해 평가하는 것을 원칙으로 한다. 이 때 정밀한 해석방법에 의한 온도균열지수를 구하시오.

| 득점 | 배점 |
|---|---|
| | 5 |

- 재령 28일에서의 콘크리트의 쪼갬인장강도 $f_{sp}$ =2.4MPa
- 재령 28일에서의 수화열에 의하여 생긴 부재 내부의 온도응력 최대값 $f_t$ =2MPa

계산 과정 )

　　　　　　　　　　　　　　　　답 : _____

해답 온도균열지수 $I_{cr} = \dfrac{f_{sp}}{f_t} = \dfrac{2.4}{2} = 1.2$

PART

4

# 작업형 핵심정리

# 수험자 유의사항

– 출처 : 한국산업인력공단 –

※ 다음 유의사항을 고려하여 요구사항을 완성하시오.

※ 항목별 배점은 배합설계 15점, 슬럼프 및 공기량 시험 15점, 반발경도시험 10점입니다.

❶ 수험자 인적사항 및 답안 작성은 반드시 검은색 필기구만 사용하여야 하며, 그 외 연필류, 유색 필기구, 지워지는 펜 등을 사용한 답안은 채점하지 않으며 0점 처리됩니다.

❷ 답안 정정 시에는 정정하고자 하는 단어에 두 줄(=)을 긋고 다시 작성하거나 수정테이프 (수정액 제외)를 사용하여 정정하시기 바랍니다.

❸ 계산문제는 반드시 「계산과정」과 「답」란에 계산과정과 답을 정확히 기재하여야 하며 계산과정이 틀리거나 없는 경우 0점 처리됩니다.

❹ 계산문제는 최종 결과 값(답)에서 소수 셋째자리에서 반올림하여 둘째자리까지 구하여야 하나 개별문제에서 소수 처리에 대한 요구사항이 있을 경우 그 요구사항에 따라야 합니다. (단, 문제의 특수한 성격에 따라 정수로 표기하는 문제도 있으며, 반올림한 값이 0이 되는 경우는 첫 유효숫자까지 기재하되 반올림하여 기재하여야 합니다. 예 : 0.0018 → 0.002)

❺ 시험방법은 한국산업표준(KS F)에 따라 실시하여야 합니다.

❻ 각 시험은 1회를 원칙으로 합니다.

❼ 수험자는 수험자간의 대화, 물건주고받기 등 수험에 불필요한 행위는 일체 금지합니다.

❽ 지급된 재료는 인체에 유해한 것이 있으므로 재료 취급 시 항상 주의하여야 하며 만약 유해 물질이 눈 등에 들어갔을 때는 즉시 시험위원에게 신고하고 흐르는 물에 깨끗이 세척합니다.

❾ 지급된 기구 및 시설이 파손되지 않도록 주의해야 하며, 파손 시 수험자는 이를 변상해야 합니다.

❿ 시험 중 수험자는 반드시 안전수칙을 준수해야하며, 작업 복장상태, 정리정돈 상태, 안전 사항 등이 채점대상이 됩니다.(작업에 적합한 복장과 장갑 및 마스크를 항시 착용하여야 합니다.)

⓫ 다음 사항은 실격에 해당하여 채점대상에서 제외됩니다.
  • 수험자 본인이 수험 도중 시험에 대한 포기 의사를 표현하는 경우
  • 전과정(필답형+작업형)에 응시하지 아니한 경우
  • 시험의 전과제(1~3과제) 중 하나라도 수행하지 아니하거나 0점인 경우

# 국가기술자격 실기시험문제

[2024년도 공개문제]　　　　　　　　　　　　　　　　　　　　　　　　출처 : 한국산업인력공단

| 자격종목 | 콘크리트기사 | 과제명 | 콘크리트관련 작업 |
|---|---|---|---|

※ 시험시간 : 4시간
　　－ 1과제 : 1시간 30분
　　－ 2과제 : 1시간 30분
　　－ 3과제 : 1시간

## 1ʹ　요구사항

※ 지급된 재료 및 시설을 사용하여 아래 시험들을 한국산업표준(KS)에 의해 실시하고 성과 및 주어진 조건을 이용하여 양식을 작성 제출하시오.

※ 일부 요구 사항 등이 변경될 수 있으니 이점 유의하여 준비하시기 바랍니다.

## 01 다음의 조건에 의해 콘크리트의 배합설계를 하시오. [1과제]

### 1) 설계조건

가) 콘크리트 표준시방서의 규정에 따라 배합설계를 한다.

나) 설계기준압축강도는 24MPa이며, 목표로 하는 슬럼프 값은 120mm이고, 갇힌 공기량은 2.0%이다.

다) 굵은 골재는 최대치수 25mm의 부순돌을 사용하고, 혼화제는 사용하지 않는다.

### 2) 재료

가) 시멘트의 밀도는 3.15g/cm³이다.

나) 잔골재의 밀도는 주어진 잔골재로 밀도시험(KS F 2504)을 직접 수행하여 그 결과값을 사용한다.

　(1) 잔골재 밀도시험용 시료는 표준사를 사용하며, 함수비를 적게 하여 10~20분 사이에 건조시킬 수 있도록 모래건조기(시료 팬)를 사용한다.

　(2) 잔골재 밀도시험 중 시료를 물의 온도 20±5℃에 일치시키는 작업은 시간관계상 생략하고 실온 그대로 사용하여 표면건조 포화상태일 때의 밀도를 구한다.

　　(단, 물의 밀도는 0.997g/cm³을 적용한다.)

　(3) 시험종료 후 사용한 기구 등은 청결을 유지하도록 한다.

다) 굵은 골재 표건 밀도는 2.65g/cm³, 잔골재의 조립률은 2.8이다.

### 3) 배합강도 계산

배합강도는 표준시방서의 식에 따라 계산하며, 30회 이상의 압축강도 시험으로부터 구한 압축강도의 표준편차($s$)는 시험위원이 지정하는 값으로 한다.

### 4) 물 – 결합재비의 산정

결합재 – 물비 B/W와 재령 28일 압축강도 $f_{28}$과의 관계가 아래의 표와 같이 얻어졌다고 하고, 이를 참고하여 W/B를 추정한다.

$$f_{28} = -13.8 + 21.6 \mathrm{B/W(MPa)}$$

## 5) 잔골재율 및 단위수량의 결정

【표 1】을 참고하여 잔골재율과 단위수량의 대략값을 정한다. 이때 사용재료와 콘크리트의 품질이 【표 1】의 조건과 다를 경우에는 【표 2】에 의해 보정을 한다.

**【표 1】 콘크리트의 잔골재율과 단위수량의 대략값**

| 굵은 골재의 최대 치수 (mm) | 단위 굵은 골재 용적 (%) | 공기연행제를 사용하지 않은 콘크리트 | | | 공기연행 콘크리트 | | | | |
|---|---|---|---|---|---|---|---|---|---|
| | | 갇힌 공기 (%) | 잔골재율 $S/a$ (%) | 단위수량 $W$ (kg) | 공기량 (%) | 양질의 공기연행제를 사용한 경우 | | 양질의 공기연행 감수제를 사용한 경우 | |
| | | | | | | 잔골재율 $S/a$(%) | 단위수량 $W$(kg) | 잔골재율 $S/a$(%) | 단위수량 $W$(kg) |
| 15 | 58 | 2.5 | 53 | 202 | 7.0 | 47 | 180 | 48 | 170 |
| 20 | 62 | 2.0 | 49 | 197 | 6.0 | 44 | 175 | 45 | 165 |
| 25 | 67 | 1.5 | 45 | 187 | 5.0 | 42 | 170 | 43 | 160 |
| 40 | 72 | 1.2 | 40 | 177 | 4.5 | 39 | 165 | 40 | 155 |

주1) 이 표의 값은 보통의 입도를 가진 잔골재(조립률 2.8 정도)와 부순돌을 사용한 물-결합재비 55%정도, 슬럼프 80mm 정도의 콘크리트에 대한 것이다.
주2) 사용재료 또는 콘크리트의 품질이 주1)의 조건과 다를 경우에는 위의 표의 값을 다음 표에 따라 보정한다.

**【표 2】 배합수 및 잔골재율 보정 방법**

| 구 분 | $S/a$의 보정(%) | $W$의 보정 |
|---|---|---|
| 잔골재의 조립률이 0.1 만큼 클(작을) 때마다 | 0.5 만큼 크게(작게)한다. | 보정하지 않는다. |
| 슬럼프 값이 10mm 만큼 클(작을) 때마다 | 보정하지 않는다. | 1.2% 만큼 크게(작게) 한다. |
| 공기량이 1% 만큼 클(작을) 때마다 | 0.5~1.0 만큼 작게(크게) 한다. | 3% 만큼 작게(크게) 한다. |
| 물-결합재비가 0.05 클(작을) 때마다 | 1 만큼 크게(작게) 한다. | 보정하지 않는다. |
| $S/a$가 1% 클(작을) 때마다 | 보정하지 않는다. | 1.5kg 만큼 크게(작게) 한다. |

## 6) 단위량 계산

답안지의 양식을 작성한다.

**02** 콘크리트 타설현장에서 콘크리트의 받아들이기 품질검사를 수행하고 있다. 검사항목 중 슬럼프(KS F 2402) 및 공기량시험(KS F 2421)을 직접 수행하고 결과를 산출하시오. [2과제]

1) 과제에 필요한 콘크리트는 아래 조건에 의해 수험자가 직접 제작하여 실시한다.

　가) 콘크리트 배합은 질량배합으로 한다.

　나) 콘크리트의 질량배합비(시멘트 : 잔골재 : 굵은골재)는 1 : 2 : 4로 한다.

　다) 물 – 시멘트비는 50%로 한다.

　라) 시멘트는 3.2kg을 사용하고 나머지 재료(물, 모래, 자갈)의 양은 계산으로 구하여 사용한다.

　마) 질량배합비에 의한 모래와 자갈의 질량을 계산할 때 표면수율은 무시하고 재료의 질량으로만 계산한다.

　바) 비비기를 완료한 콘크리트 반죽질기의 상태가 실험하기 곤란한 경우 시험위원에게 각 재료를 추가지급토록 요구하여 반죽을 다시 실시한다.

2) 슬럼프 시험을 먼저 실시하고 사용한 콘크리트를 다시 비빔하여 공기량 시험을 실시한다.

3) 공기량시험은 압력법에 의한 방법에 의하여 실시한다. (단, 물을 붓고 시험하는 경우(주수법)로 한다.)

4) 시험종료 후 사용한 기구 등은 청결을 유지하도록 한다.

**03** 콘크리트 구조물의 안전진단을 수행하기 위해 반발 경도법에 의한 비파괴시험(KS F 2730)을 직접 실시하여 콘크리트의 압축강도를 추정하시오. [3과제]

1) 답안지에 주어진 조건에 의해서만 실시하며, 측정값 A, B는 시험위원이 지정하는 값으로 한다.

2) 과제 수행을 위해 타격할 부분을 지급된 분필로 표시하여야 하며, 시험종료 후 분필자국은 다음 수험자를 위하여 깨끗이 닦는다.

3) 답안지의 작성 시 재시험이 필요한 경우 1회에 한하여 재시험을 실시할 수 있다.

# 국가기술자격 실기시험문제

[2024년도 공개문제]                                              출처 : 한국산업인력공단

| 자격종목 | 콘크리트산업기사 | 과제명 | 콘크리트관련 작업 |
|---|---|---|---|

※ 시험시간 : 4시간
- 1과제 : 1시간 30분
- 2과제 : 1시간 30분
- 3과제 : 1시간

## 2  요구사항

※ 지급된 재료 및 시설을 사용하여 아래 시험들을 한국산업표준(KS)에 의해 실시하고 성과 및 주어진 조건을 이용하여 양식을 작성 제출하시오.

※ 일부 요구 사항 등이 변경될 수 있으니 이점 유의하여 준비하시기 바랍니다.

01 **다음의 조건에 의해 콘크리트의 배합설계를 하시오.** [1과제]

### 1) 시멘트의 밀도(KS L 5110) 시험

가) 시멘트 밀도 시험을 먼저 수행한다.

나) 시멘트 밀도 시험 시 실온에서 광유의 온도차는 0.2℃ 이내로 유지된다고 가정한다.

다) 시멘트 밀도 시험의 결과를 답안지에 기록한다.

라) 시험종료 후 사용한 기구 등은 청결을 유지하도록 한다.

### 2) 재료

가) 시멘트의 밀도는 시험에 의해 구한다.

나) 잔골재의 표건밀도(A)와 굵은 골재의 표건밀도(B)는 시험위원이 지정하는 값으로 한다.

### 3) 시방배합표의 작성

가) 각 재료의 단위량을 계산하여 답안지에 주어진 시방배합표의 빈칸을 채운다.

나) 반드시 계산과정을 작성한다.

02 **콘크리트 타설현장에서 콘크리트의 받아들이기 품질검사를 수행하고 있다. 검사항목 중 슬럼프(KS F 2402) 및 공기량시험(KS F 2421)을 직접 수행하고 결과를 산출하시오.** [2과제]

### 1) 과제에 필요한 콘크리트는 아래 조건에 의해 수험자가 직접 제작하여 실시한다.

가) 콘크리트 배합은 질량배합으로 한다.

나) 콘크리트의 질량배합비(시멘트 : 잔골재 : 굵은골재)는 1 : 2 : 4로 한다.

다) 물－시멘트비는 50%로 한다.

라) 시멘트는 3.2kg을 사용하고 나머지 재료(물, 모래, 자갈)의 양은 계산으로 구하여 사용한다.

마) 질량배합비에 의한 모래와 자갈의 질량을 계산할 때 표면수율은 무시하고 재료의 질량으로만 계산한다.

바) 비비기를 완료한 콘크리트 반죽질기의 상태가 실험하기 곤란한 경우 시험위원에게 각 재료를 추가지급토록 요구하여 반죽을 다시 실시한다.

2) 슬럼프 시험을 먼저 실시하고 사용한 콘크리트를 다시 비빔하여 공기량 시험을 실시한다.

3) 공기량시험은 압력법에 의한 방법(KS F 2421)에 의하여 실시한다.
   (단, 물을 붓고 시험하는 경우(주수법)로 한다.)

4) 시험종료 후 사용한 기구 등은 청결을 유지하도록 한다.

**03** **콘크리트 구조물의 안전진단을 수행하기 위해 반발 경도법에 의한 비파괴시험(KS F 2730)을 직접 실시하여 콘크리트의 압축강도를 추정하시오.** [3과제]

1) 답안지에 주어진 조건에 의해서만 실시하며, 8번째 측정값 A는 시험위원이 지정하는 값으로 한다.

2) 과제 수행을 위해 타격할 부분을 지급된 분필로 표시하여야 하며, 시험종료 후 분필자국은 다음 수험자를 위하여 깨끗이 닦는다.

3) 답안지의 작성 시 재시험이 필요한 경우 1회에 한하여 재시험을 실시할 수 있다.

| 세 부 항 목 | 항목 번호 | 항 목 별 작 업 방 법 | 배 점 |
|---|---|---|---|
| 잔골재의 밀도 시험 | 1 | 시료에 물을 가하여 표면 건조 포화 상태로 조제한 다. (습윤 상태의 잔골재를 건조기에 골고루 펴서 건조시키며, 시료를 원뿔형 몰드에 넣을 때 다지지 않고 천천히 넣으며, 시료를 가득 채운 후 맨위의 표면을 다짐대로 가볍게 25회 다져 몰드를 빼 올렸을 때 시료가 조금씩 흘러내리는 상태가 되도록 반복한다.) | |
| | 2 | 플라스크에 물을 채울 때 500mL의 눈금에 정확히 일치시켜 외부의 물기를 헝겊으로 제거하고 질량을 0.1g까지 측정하여 기록한다. | |
| | 3 | 검정 눈금까지 채웠던 물을 일부 따라 내고 500g 이상 (0.1g 정밀도)의 표면 건조 포화 상태 시료를 플라스크 속에 유실되지 않도록 넣는다. | |
| | 4 | 플라스크를 편평한 면 위에 굴려 내부의 공기를 제거하고, 피펫 등을 사용하여 500mL의 검정 눈금까지 물을 정확히 채워 외부 물기를 제거한 후 그 질량을 0.1g의 정밀도로 측정한다. | |
| | 5 | 밀도값에 대한 단위 및 산출 근거나 양식 작성이 옳은지 확인한다. | |
| | 6 | 실험 종료 후 사용한 기구를 청결히 정리한다. | |

## 02 잔골재의 밀도 시험 작업순서

### 01 잔골재의 밀도 시험 기구

1-수푼
2-플라스크
3-피펫
4-비커
5-원뿔형 몰드
6-작은 삽
7-분무기
8-시료 용기
9-다짐대
10-깔때기

### 02 플라스크에 물 채우기

비커의 눈금 500mL에 조금 넘게 물을 준비한다.

### 03 플라스크 표시선까지 물 채우기

• 플라스크를 조금 비스듬히 하여 비커로 물을 채운다.

## 04 피펫 사용하기

피펫을 이용하여 플라스크 표시선까지 물을 채운다.

## 05 물기 제거하기

• 플라스크 표시선 위에 묻어 있는 물기를 제거한다.
• 철선을 이용하여 물기를 제거하면 좋다.

## 06 표시선 눈금 읽기

- 플라스크 표시선 눈금에 정확하게 일치하는지 확인한다.
- 눈높이를 플라스크 눈금 높이와 일치되도록 한다.

## 07 [플라스크 + 물] 질량 측정

- (플라스크 + 물)의 질량을 측정한다.
- ① 690.81g 기록

## 08 플라스크의 물 버리기

플라스크 표시선 눈금의 물을 2/3 정도 비커에 쏟는다.

## 09 플라스크에 남은 물

플라스크 표시선 눈금의 물을 비운 모양

## 10 시료 준비 Ⅰ

분무기로 물을 살포하면서 표면 건조 포화 상태의 시료를 제조한다.

## 11 시료 준비 Ⅱ

물을 살포한 시료를 손으로 가볍게 비벼 표면 건조 포화 상태의 시료를 제조한다.

## 12 표면 건조 포화 상태 시료 만들기

시료를 원뿔형 몰드에 넣을 때 다지지 않고 천천히 넣고, 원추형 몰드에 시료를 가득 채운 후 맨위의 표면을 다짐대로 가볍게 25번 다진다.

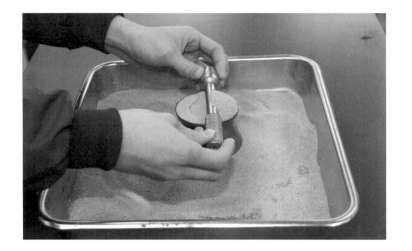

## 13 표면 고르기

25번 다짐 후 남아 있는 공간을 시료를 다시 채워서는 안된다.

**14** 원뿔형 몰드 빼올리기

원뿔형 몰드를 수직으로 빼 올린다.

**15** 표면 건조 포화 상태 시료 모습

원뿔형 몰드를 빼 올렸을 때, 잔골재의 원뿔 모양이 흘러내리기 시작하면 이것을 표면 건조 포화 상태의 시료로 한다.

**16** 저울 눈금 0에 맞추기

저울의 눈금을 '0'에 일치시킨다.

### 17 빈 용기 질량 측정

• 용기의 질량을 측정한다.
• 용기의 질량 : 198.26g

### 18 [시료＋용기] 질량 측정

• 표면 건조 포화 상태의 시료 500g 이상
  을 정확히 측정한다.
• ② 표면 건조 포화 상태의 시료
    ＝698.27－198.26＝500.01g 기입

### 19 시료 넣기 Ⅰ

검정선 눈금까지 채웠던 물을 따라 낸
플라스크에 표면 건조 포화 상태의 시
료를 플라스크에 유실되지 않도록 넣
는다.

### 20 시료 넣기 Ⅱ

플라스크 속의 시료 모양

### 21 시료를 다 넣은 후 물 채우기

깔때기를 이용해 플라스크에 물을 넣는다.

### 22 공기 제거하기

플라스크를 편평한 면에 굴려서 플라스크 내부에 있는 공기를 제거한다.

### 23 표시선 맞추기

피펫을 이용하여 플라스크의 표시선까지 물을 채운다.

### 24 물기 닦아 내기

플라스크에 묻어 있는 물기를 닦아 낸다.

### 25 표시선 눈금 맞추기

눈높이와 플라스크의 표시선 눈금 높이가 일치되는지 눈금을 확인한다.

### 26 표시선에 정확히 눈금 맞추기

- 플라스크의 표시선 눈금에 정확히 맞춘다.
- 이중선으로 보일 때 아래눈금에 일치시킨다.

눈금일치

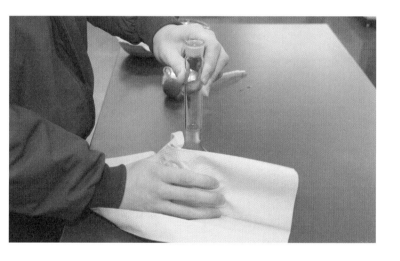

### 27 물기 제거하기

플라스크에 물 또는 시료를 넣은 후 질량을 측정할 때 플라스크의 표면을 수건으로 깨끗이 닦아 낸다.

### 28 [플라스크 + 시료 + 물] 질량 측정

- (플라스크+시료+물)의 질량을 측정한다.
- ③ 996.87g을 양식에 기입

### 잔골재 밀도 시험

| 측정 번호 | 1 |
|---|---|
| (플라스크+물)의 질량(g) | ① 690.81 |
| 시료의 무게(g) | ② 500.1 |
| (플라스크+물+시료)의 질량(g) | ③ 996.87 |
| 표면 건조 포화 상태의 밀도 | ④ 2.57(g/cm³) |
| 산출 근거 | |

$$\frac{500.1}{690.81 + 500.1 - 996.87} \times 0.997 = 2.57 \mathrm{g/cm^3}$$

### 29 시험 결과 기록

- 시험 온도에서의 물의 밀도를 계산근거에 반드시 사용해야 한다.
  (여기서는 0.997g/cm³로 주어짐)
- 주어진 양식에 기재하고 계산 과정을 옳게 작성하여 제출한다.
- 산출 근거를 반드시 남겨야 한다.
- 반드시 단위 g/cm³을 기입해야 한다.

### 30 정리 정돈

실험 종료 후 사용한 기구를 청결히 정리한다.

**예제1**

배합설계에서 아래 표와 같은 조건일 경우 콘크리트의 물-결합재비($W/B$)를 결정하시오.

---

- 설계기준압축강도는 재령 28일에서의 압축강도로서 24MPa
- 30회 이상의 압축강도 시험으로부터 구한 표준편차는 3.0MPa
- 지금까지의 실험에서 결합재-물비($B/W$)와 재령 28일 압축강도 $f_{28}$과의 관계식

  $f_{28} = -13.8 + 21.6\,B/W(\text{MPa})$

---

계산과정)                                    $W/B$ :

---

해답 ▪ $f_{ck} \leq 35\text{MPa}$ 일 때

- $f_{cr} = f_{ck} + 1.34\,s = 24 + 1.34 \times 3.0 = 28.02\text{MPa}$
- $f_{cr} = (f_{ck} - 3.5) + 2.33\,s = (24 - 3.5) + 2.33 \times 3.0 = 27.49\,\text{MPa}$
  
  ∴ 배합강도 $f_{cr} = 28.02\text{MPa}$(두 값 중 큰 값)

▪ $28.02 = -13.8 + 21.6\,B/W(\text{MPa})$에서

$B/W = \dfrac{28.02 + 13.8}{21.6} = \dfrac{41.82}{21.6}$ [요주의 : $f_{28} = f_{cr}$(두 값 중 큰 값)]

∴ $W/B = \dfrac{21.6}{41.82} \times 100 = 51.65\%$

---

**예제2**

배합설계에서 아래 표와 같은 조건일 경우 콘크리트의 물-결합재비($W/B$)를 결정하시오.

---

- 설계기준압축강도는 재령 28일에서의 압축강도로서 40MPa
- 30회 이상의 압축강도 시험으로부터 구한 표준편차는 4.0MPa
- 지금까지의 실험에서 결합재-물비($B/W$)와 재령 28일 압축강도 $f_{28}$과의 관계식

  $f_{28} = -13.8 + 21.6\,B/W(\text{MPa})$

---

계산과정)                                    $W/B$ :

---

해답 ▪ $f_{ck} > 35\text{MPa}$ 일 때

- $f_{cr} = f_{ck} + 1.34\,s = 40 + 1.34 \times 4.0 = 45.36\text{MPa}$
- $f_{cr} = 0.9f_{ck} + 2.33\,s = 0.9 \times 40 + 2.33 \times 4.0 = 45.32\text{MPa}$
  
  ∴ 배합강도 $f_{cr} = 45.36\,\text{MPa}$(두 값 중 큰 값)

▪ $45.36MPa = -13.8 + 21.6\,B/W$에서

$B/W = \dfrac{45.36 + 13.8}{21.6} = \dfrac{59.16}{21.6}$ [요주의 : $f_{28} = f_{cr}$(두 값 중 큰 값)]

∴ 물-결합재비 $W/B = \dfrac{21.6}{59.16} \times 100 = 36.51\%$

**예제3**

다음 표와 같은 조건에 의해 콘크리트의 배합설계를 하시오.

【설계조건】

- 설계기준압축강도는 24MPa이다.
- 굵은골재는 최대치수 25mm의 부순돌을 사용한다.
- 공기연행제(AE제)를 사용하지 않은 콘크리트이다.
- 목표로 하는 슬럼프는 120mm이고 갇힌 공기량은 2.0%로 한다.
- 지금까지의 실험에서 결합재-물비($B/W$)와 재령 28일 압축강도 $f_{28}$과의 관계식

$$f_{28} = -13.8 + 21.6\,B/W(\mathrm{MPa})$$

【재료】

- 사용하는 시멘트의 밀도는 $3.15\mathrm{g/cm^3}$ ── 잔골재 밀도 시험값 적용
- 잔골재의 표면건조상태의 밀도는 $[2.57\mathrm{g/cm^3}]$
- 잔골재의 조립률은 2.80
- 굵은골재의 표건밀도는 $2.65\mathrm{g/cm^3}$
- 시험할 때의 물의 밀도는 $0.997\mathrm{g/cm^3}$

【배합설계 참고표】

| 굵은골재 최대 치수 (mm) | 단위굵은 골재 용적 (%) | 공기연행제를 사용하지 않은 콘크리트 | | | 공기 연행 콘크리트 | | | | |
|---|---|---|---|---|---|---|---|---|---|
| | | 갇힌 공기 (%) | 잔골재율 S/a(%) | 단위 수량 W(kg) | 공기량 (%) | 양질의 공기연행제를 사용한 경우 | | 양질의 공기연행 감수제를 사용한 경우 | |
| | | | | | | 잔골재율 S/a(%) | 단위수량 W($\mathrm{kg/m^3}$) | 잔골재율 S/a(%) | 단위수량 W($\mathrm{kg/m^3}$) |
| 15 | 58 | 2.5 | 53 | 202 | 7.0 | 47 | 180 | 48 | 170 |
| 20 | 62 | 2.0 | 49 | 197 | 6.0 | 44 | 175 | 45 | 165 |
| 25 | 67 | 1.5 | 45 | 187 | 5.0 | 42 | 170 | 43 | 160 |
| 40 | 72 | 1.2 | 40 | 177 | 4.5 | 39 | 165 | 40 | 155 |

주 1) 이 표의 값은 보통의 입도를 가진 잔골재(조립률 2.8 정도)와 부순돌을 사용한 물-시멘트비 55% 정도, 슬럼프 80mm 정도의 콘크리트에 대한 것이다.

2) 사용재료 또는 콘크리트의 품질이 주 1)의 조건과 다를 경우에는 위의 표의 값을 아래 표에 따라 보정한다.

| 구 분 | S/a의 보정(%) | W의 보정(kg) |
|---|---|---|
| 잔골재의 조립률이 0.1만큼 클(작을) 때마다 | 0.5 만큼 크게(작게) 한다. | 보정하지 않는다. |
| 슬럼프값이 10mm 만큼 클(작을) 때마다 | 보정하지 않는다. | 1.2 만큼 크게(작게) 한다. |
| 공기량이 1% 만큼 클(작을) 때마다 | 0.5~1.0(0.75) 만큼 작게(크게) 한다. | 3% 만큼 작게(크게) 한다. |
| 물-시멘트비가 0.05클(작을) 때마다 | 1 만큼 크게(작게) 한다. | 보정하지 않는다. |
| S/a가 1% 클(작을)때마다 | 보정하지 않는다. | 1.5kg 만큼 크게(작게)한다. |

비고 : 단위 굵은 골재용적에 의하는 경우에는 모래의 조립률이 0.1만큼 커질(작아질)때마다 단위굵은 골재용적을 1만큼 작게(크게) 한다.

가. 배합강도(MPa)를 계산하시오.

주어지는 표준편차값

| 압축강도 표준편차 | ( )MPa |
|---|---|
| 배합강도 | |
| 산출과정) | |

나. 물-결합재비(%)를 계산하시오.
   (단, $f_{28} = -13.8 + 21.6\,B/W$(MPa)이 공식을 이용하시오.)

| 물-결합재비 | |
|---|---|
| 산출과정) | |

다. 잔골재율(%)과 단위수량($kg/m^3$)을 계산하시오.

| 잔골재율 | |
|---|---|
| 단위수량 | |
| 산출과정) | |

라. 시방배합에 의한 단위량($kg/m^3$)을 계산하시오.

| 단위량($kg/m^3$) | | | |
|---|---|---|---|
| 물<br>(W) | 시멘트<br>(C) | 잔골재<br>(S) | 굵은골재<br>(G) |
| | | | |
| 산출과정) | | | |

해답 가. 배합강도(MPa)

3.5MPa를 주어졌을 때

| 압축강도 표준편차 | ( 3.5 )MPa |
|---|---|
| 배합강도 | 28.69MPa |

산출과정)

$f_{ck} \leq 35$MPa일 때

- $f_{cr} = f_{ck} + 1.34\,s = 24 + 1.34 \times 3.5 = 28.69$MPa
- $f_{cr} = (f_{ck} - 3.5) + 2.33\,s = (24 - 3.5) + 2.33 \times 3.5 = 28.66$MPa

∴ 배합강도 $f_{cr} = 28.69$MPa(두 값 중 큰 값)

나. 물-결합재비(%)

| 물-결합재비 | 50.84% |
|---|---|

산출과정)

$28.69MPa = -13.8 + 21.6\,B/W$

$B/W = \dfrac{28.69 + 13.8}{21.6} = \dfrac{42.49}{21.6}$ [요주의 : $f_{28} = f_{cr}$ (두 값 중 큰 값)]

∴ 물-결합재비 $W/B = \dfrac{21.6}{42.49} \times 100 = 50.84\%$

다. 잔골재율(%)과 단위수량($\mathrm{kg/m^3}$)

| 잔골재율 | 43.79% |
|---|---|
| 단위수량 | 191.36kg/m³ |

| 보정항목 | 배합참고표 | 설계조건 | 잔골재율($S/a$) 보정 | 단위수량($W$)의 보정 |
|---|---|---|---|---|
| 굵은골재의 치수 25mm 일때 | | | $S/a = 45\%$ | $W = 187$kg |
| 잔골재의 조립률 | 2.80 | 2.80 | $\dfrac{2.80 - 2.80}{0.10} \times 0.5 = 0$ | 보정하지 않는다. |
| 슬럼프값 | 80mm | 120mm(↑) | 보정하지 않는다. | $\dfrac{120 - 80}{10} \times 1.2 = 4.8\%(↑)$ |
| 공기량 | 1.5% | 2.0%(↑) | $\dfrac{2 - 1.5}{1} \times (-0.75) = -0.375\%(↓)$ | $\dfrac{2 - 1.5}{1} \times (-3) = -1.5\%(↓)$ |
| $W/C$ | 55% | 50.84%(↓) | $\dfrac{0.55 - 0.5084}{0.05} \times (-1) = -0.832\%(↓)$ | 보정하지 않는다. |
| $S/a$ | 45% | 43.79%(↓) | 보정하지 않는다. | $\dfrac{45 - 43.79}{1} \times (-1.5) = -1.815(↓)$ |
| 보정값 | | | $S/a = 45 - 0.375 - 0.832$ $= 43.79\%$ | $187\left(1 + \dfrac{4.8}{100} - \dfrac{1.5}{100}\right) - 1.815$ $= 191.36\,\mathrm{kg}$ |

라. 시방배합에 의한 단위량($\text{kg/m}^3$)

| 물<br>(W) | 시멘트<br>(C) | 잔골재<br>(S) | 굵은골재<br>(G) |
|---|---|---|---|
| 191.36 | 376.40 | 752.89 | 996.52 |

- 단위시멘트량 $C$ : $\dfrac{W}{B} = 0.5084 = \dfrac{191.36}{C}$　$\therefore$　$C = 376.40\,\text{kg/m}^3$

- 단위골재량의 절대부피

$$V_a = 1 - \left( \frac{\text{단위수량}}{\text{물의 밀도} \times 1000} + \frac{\text{단위 시멘트}}{\text{시멘트비중} \times 1000} + \frac{\text{공기량}}{100} \right)$$

$$= 1 - \left( \frac{191.36}{(0.997) \times 1000} + \frac{376.40}{3.15 \times 1000} + \frac{2.0}{100} \right) = 0.669\,\text{m}^3$$

- 단위 잔골재량

$$S = V_a \times \text{잔골재율}\,(S/a) \times \text{잔골재밀도} \times 1000$$

$$= 0.669 \times 0.4379 \times 2.57 \times 1000 = 752.89\,\text{kg/m}^3$$

- 단위 굵은골재량

$$G = V_g \times (1 - S/a) \times \text{굵은골재 밀도} \times 1000$$

$$= 0.669 \times (1 - 0.4379) \times 2.65 \times 1000 = 996.52\,\text{kg/m}^3$$

---

KEY

배합설계 참고표에서 찾는 법
- 「설계조건 및 재료」에서 확인할 사항
  - 양질의 공기연행제 사용여부
  - 굵은골재의 최대치수 확인

| 굵은골재<br>최대치수(mm) | 공기량(%) | 공기연행제를 사용하지 않는 콘크리트 | |
|---|---|---|---|
| | | 잔골재율 $S/a$(%) | 단위수량 $W(\text{kg/m}^3)$ |
| 25 | 1.5 | 45 | 187 |

## 01 작업형 실기 시험 방법

| 세 부 항 목 | 항목<br>번호 | 항 목 별 작 업 방 법 | 배 점 |
|---|---|---|---|
| 시멘트의 밀도<br>시험 | 1 | 비중병의 눈금 0~1mL 사이에 광유를 채운 후 비중병의 목 부분에 묻은 광유를 헝겊으로 닦아 낸다. | |
| | 2 | 위 항의 상태에서 광유의 표면 눈금을 읽어 기록한다. | |
| | 3 | 시멘트 약 64g 정도를 0.1g 단위까지 정확하게 칭량하여 기록한다. | |
| | 4 | 시멘트를 비중병에 넣을 때 목 부분에 묻거나 유실되지 않도록 넣는다. | |
| | 5 | 시멘트를 전부 넣은 다음 비중병의 마개를 막고 내부의 공기를 없애고, 광유의 표면이 가리키는 눈금을 기록한다. | |
| | 6 | 산출 근거나 양식 작성을 정확히 한다. | |

## 02 시멘트의 밀도 시험 작업순서

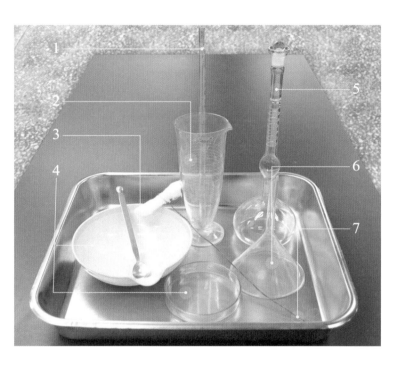

### 01 시멘트 비중 시험 시험 기구

1-스포이드
2-액량계
3-시료 숟가락
4-시멘트 측정 용기
5-르샤틀리에 플라스크
6-깔때기
7-가는 철사

### 02 액량계(비커)에 광유 담기

액량계 250mL에 광유 250mL를 조금
넘게 넣는다.

### 03 르샤틀리에 플라스크에 광유 넣기

액량계의 광유 250mL를 르샤틀리에 플라스크에 넣는다.

### 04 목 부분에 묻은 광유 닦기

르샤틀리에 플라스크의 목 부분에 묻은 광유를 마른 천으로 닦아 낸다.

### 05 최초의 눈금 읽기 준비

르샤틀리에 플라스크의 0~1mL 사이에 광유를 넣는다.

## 06 저울의 0점 눈금

저울의 눈금을 0에 맞춘다.

## 07 용기의 무게

시멘트를 담을 용기 무게를 정확히 칭량한다. (무게 56.78g)

## 08 [시멘트 + 용기]의 무게

(시멘트+용기)의 무게를 정확하게 칭량하여 기록한다. (무게 120.78g)
• 시멘트 무게 : 120.78-56.78=64g
• 양식에 64g 기록

### 09 광유 넣은 후 눈금 읽기

시멘트 무게 측정 후, 광유 표면의 눈금을 읽을 때 액체면은 곡면으로 가장 밑면에 눈과 일치시킨다.

### 10 처음 눈금 읽고 기입

- 눈금을 읽을 때 액체면은 곡면으로 가장 밑면의 높이를 읽는다.
- 최초 광유 눈금 읽기 : 0.6mL라고 양식에 기입한다.

### 11 시멘트 넣기

시멘트를 르샤틀리에 플라스크의 목 부분에 묻거나 유실되지 않도록 조심하면서 넣는다.

### 12 공기 빼내기

르샤틀리에 플라스크를 알맞게 흔들어 시멘트 내부에 들어 있는 공기를 빼낸다. 이때 광유가 휘발하지 않도록 병마개를 막아야 한다.

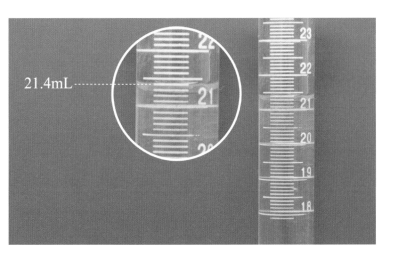

21.4mL

### 13 최종 눈금 읽기

시멘트가 들어간 르샤틀리에 플라스크의 눈금을 읽을 때 밑면이 곡면이므로 가장 밑면의 눈금을 읽는다. (21.4mL)
• 양식에 21.4mL를 기입한다.

#### 시멘트 비중 시험

| 측정 번호 | 1 |
| --- | --- |
| 최초 광유 눈금 읽기(mL) | ① 0.6 |
| 시료의 무게(g) | ② 64 |
| 시료를 넣은 후의 광유 눈금 읽기(mL) | ③ 21.4 |
| 시멘트의 밀도 | 3.08 |
| 산출 근거 $\dfrac{64}{21.4-0.6}=3.08$ | |

### 14 양식 기입

산출 근거를 옳게 계산하고 양식에 기록하여 제출한다.
• 시멘트의 밀도 계산

$$\frac{64}{21.4-0.6}=3.08$$

## 15 시험 완료 후 정리 정돈

• 르샤틀리에 플라스크에 남은 광유와 시멘트를 잘 청소한다.
• 르샤틀리에 플라스크를 물에 씻는 일이 없도록 한다.

**예제1**

다음 표와 같은 조건에 의해 콘크리트의 배합(단위 시멘트량, 단위 잔골재량, 단위 굵은골재량)을 구하시오.
(단, 골재의 절대부피는 소수 셋째자리까지 구하시오.)

**【설계조건】**
- 물-결합재비($W/B$)는 50%로 한다.
- 굵은골재는 최대치수 25mm을 사용한다.
- 목표로 하는 슬럼프는 100mm, 공기량은 5.5%로 한다.
- 잔골재율($S/a$)은 42.1%로 한다.

**【재료】**
- 단위수량은 $167\text{kg/m}^3$ ⎯⎯ 시멘트의 밀도 시험값 적용
- 사용하는 시멘트의 밀도는 $[3.08\text{g/cm}^3]$
- 잔골재의 표건밀도는 $2.62\text{g/cm}^3$
- 굵은골재의 표건밀도는 $2.65\text{g/cm}^3$

단위 시멘트량, 단위잔골재량, 단위굵은골재량 계산

| 단위량($\text{kg/m}^3$) | | |
|---|---|---|
| 단위 시멘트량 | 단위 잔골재량 | 단위 굵은골재량 |
|  |  |  |

계산과정)

[해답]

| 단위량($\text{kg}/\text{m}^3$) | | |
|---|---|---|
| 단위 시멘트량 | 단위 잔골재량 | 단위 굵은골재량 |
| 334 | 733.38 | 1028.01 |

계산과정)

- 단위 시멘트량 C : $\dfrac{W}{B} = 0.50 = \dfrac{167}{C}$  $\therefore$  $C = 334\,\text{kg}/\text{m}^3$

- 단위 골재량의 절대부피

$$V_a = 1 - \left( \frac{\text{단위 수량}}{1000} + \frac{\text{단위 시멘트}}{\text{시멘트밀도} \times 1000} + \frac{\text{공기량}}{100} \right)$$

$$= 1 - \left( \frac{167}{1000} + \frac{334}{3.08 \times 1000} + \frac{5.5}{100} \right) = 0.670\,\text{m}^3$$

- 단위 잔골재량

$$S = V_a \times S/a \times \text{잔골재밀도} \times 1000$$

$$= 0.670 \times 0.421 \times 2.62 \times 1000 = 739.02\,\text{kg}/\text{m}^3$$

- 단위 굵은골재량

$$G = V_g \times (1 - S/a) \times \text{굵은골재 밀도} \times 1000$$

$$= 0.670 \times (1 - 0.421) \times 2.65 \times 1000 = 1028.01\,\text{kg}/\text{m}^3$$

# 03 콘크리트의 슬럼프 시험 KS F 2402

## 01 작업형 실기 시험 방법

| 세부항목 | 항목<br>번호 | 항목별 작업방법 | 배점 |
|---|---|---|---|
| 콘크리트의 조제 | 1 | 주어진 배합비에 의한 콘크리트 소요 재료량을 산출하고 정확히 계량한다. | |
| 슬럼프 시험 | 2 | 슬럼프콘의 내면과 평판의 윗면을 젖은 헝겊으로 닦아 낸 다음 편평한 병면에 콘을 단단히 고성한다. | |
| | 3 | 시료를 슬럼프콘 부피의 1/3씩 넣고, 다짐봉으로 그 앞층에 도달할 정도로 25회씩 다진다. | |
| | 4 | 3층 다짐 후 슬럼프콘의 윗면에 콘크리트가 남아 있도록 여분을 채우고 흙손을 사용하여 콘의 윗면과 편평하게 고른다. | |
| | 5 | 슬럼프콘을 수직으로 천천히 2~3초 동안 들어 올린다. | |
| | 6 | 슬럼프콘에 콘크리트를 채우기 시작하고 나서 슬럼프콘의 들어 올리기를 종료할 때까지의 시간이 3분 이내이어야 한다. | |
| | 7 | 공시체의 중앙부에서 슬럼프를 5mm 단위로 측정하여 양식에 옳게 작성되어야 한다. | |

## 02 콘크리트의 슬럼프 시험 작업 순서

### 01 콘크리트 슬럼프 시험 기구

1-비빔삽
2-흙손
3-비커
4-슬럼프 측정자
5-작은삽
6-다짐봉
7-슬럼프 콘
8-물통

시멘트량 3.46kg 측정

### 02 각 재료량 측정

• 문제에 주어진 시멘트 무게 3.2kg에 따른 중량 배합비 1:2:4로 무게 측정
• 시멘트량 : 3.2kg
• 잔골재량 : 6.4kg
• 굵은 골재량 : 12.8kg

모래 7.20kg 측정

자갈 9.36kg 측정

## 03 수량 측정

주어진 시험기구에 $W/C = 50\%$,
$3.2 \times 0.50 = 1.6\text{kg} = 1600\text{mL}$ 측정

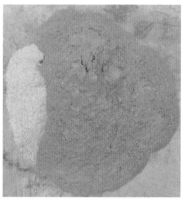

## 04 시멘트와 잔골재 비빔

- 물–시멘트비에 의한 물의 양이 적당
  하고 재료의 분리가 일어나지 않도록
  충분히 혼합한다.
- 1단계 : 시멘트와 모래를 혼합
- 2단계 : 시멘트+모래+굵은 골재 혼합
- 3단계 : 물 주입

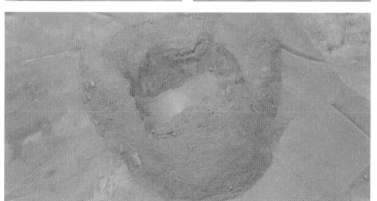

## 05 잔골재 + 시멘트 + 굵은 골재

2단계 : 모래와 시멘트 혼합 후 자갈을
혼합한다.

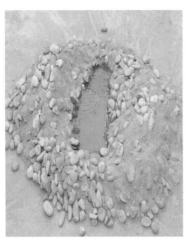

## 06 물 주입

물의 유실이 전혀 없이 혼합한다.
(1차 물 주입)

### 07 2단계 물 주입

물의 유실이 전혀 없도록 혼합한다.
(2차 물 주입)

### 08 삽으로 혼합

색깔이 고르게 될 때까지 혼합한다.

### 09 슬럼프콘 청소

슬럼프콘을 젖은 걸레로 깨끗이 닦는다.

### 10 4분법 표시

시료를 4분법으로 나눈다.

### 11 슬럼프콘에 시료 주입

- 시료를 4분법으로 대표적인 것을 채취한다.
- 슬럼프콘 부피의 1/3씩 3층으로 나누어 주입한다.
- 슬럼프콘에 콘크리트를 넣을 때 콘을 단단히 고정시킨다.

### 12 시료 다짐

- 각 층마다 25회씩 다진다.
- 2층과 3층의 콘크리트를 다질 때 각각의 아래층에 충격이 가해지지 않도록 주의하여 다진다.
- 다짐봉을 수직으로 하여 다짐한다.

### 13 흙손으로 다듬기

시료를 슬럼프콘에 다 넣은 후 시료의
표면을 흙손을 사용하여 편평하게 마
무리한다.

### 14 슬럼프콘 2~3초 안에 벗기기

• 콘크리트 가로 방향이나 비틀림 운동
  을 주지 않도록 수직 방향으로 2~3
  초 사이에 벗긴다.
• 슬럼프콘에 채운 콘크리트의 윗면을
  슬럼프콘의 상단에 맞춰 고르게 한
  후 즉시 슬럼프콘을 가만히 연직으로
  들어 올린다.

### 15 전 작업을 3분 이내 끝내기

슬럼프콘에 시료 주입에서부터 슬럼프콘 벗기기까지 전 작업을 중단 없이 3분 이내로 끝마친다.

### 16 슬럼프콘 벗긴 모습

공시체가 다 주저 앉지 않고 전단되지 않은 상태에서 내려앉은 길이를 측정하여 슬럼프값을 측정한다.

### 17 슬럼프값 측정

콘크리트의 중앙부에서 공시체 높이와의 차를 5mm 단위로 측정하여 이것을 슬럼프값으로 한다.

상단에 30cm로 된 곳의
슬럼프값을 읽어서는 안된다.

상단에 0으로 된 곳의
슬럼프값을 읽어야 한다.

## 18 슬럼프값 오류 측정 조심

• 상단에 30cm로 된 곳의 슬럼프 값을 읽어서는 안된다.
• 상단에 0으로 된 곳의 슬럼프 값을 읽어야 한다.

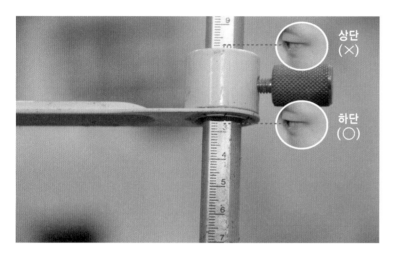

## 19 슬럼프 측정값 정확히 읽기

• 상단을 읽지 않도록 조심, 반드시 하단을 읽어야 한다.
• 124mm는 125mm로 기입(○)
• 122mm는 120mm로 기입(○)
• 124mm로 기입하면 틀림(×)
• 122mm로 기입하면 틀림(×)

### 콘크리트 슬럼프

| 측정 번호 | 1 |
| --- | --- |
| 시멘트의 질량(kg) | 3.2 |
| 모래의 질량(kg) | 6.4 |
| 자갈의 질량(kg) | 12.8 |
| 물−시멘트비(%) | 50 |
| 슬럼프값(mm) | 125mm |

## 20 양식에 슬럼프값 기록

슬럼프 측정값을 주어진 양식에 5mm(0.5cm) 단위로 정확히 기재한다.

# 04 콘크리트의 공기량 시험 KS F 2421

## 01 작업형 실기 시험 방법

| 세 부 항 목 | 항목<br>번호 | 항 목 별 작 업 방 법 | 배 점 |
|---|---|---|---|
| 공기량 시험 | 1 | 콘크리트 시료를 용기에 약 1/3씩 3층으로 나누어 채우고 각 층을 다짐봉으로 25회씩 다지며, 이때 용기의 옆면을 10~15회 나무망치로 두드려 기포를 제거한다. | |
| | 2 | 맨 윗층을 다진 후 목재정규로 여분의 시료를 깎아서 평탄하게 한다. | |
| | 3 | 용기를 플랜지 및 덮개의 플랜지를 완전히 닦은 후 덮개를 조이고, 주수구에 물을 붓고, 밸브를 닫은 후 핸드펌프로 공기실의 압력을 초기 압력 눈금에 일치시킨다. | |
| | 4 | 약 5초 후에 조절 밸브를 서서히 열고 압력계를 가볍게 두드려 압력계의 지침을 초기 압력 눈금에 일치시킨다. | |
| | 5 | 약 5초 후에 작동 밸브를 충분히 열고 용기의 측면을 나무(고무)망치로 두드린다. | |
| | 6 | 다시 작동 밸브를 충분히 열고 지침이 안정되고 나서 압력계의 눈금을 소수점 이하 1자리로 읽는다(겉보기 공기량) | |
| | 7 | 결과값을 양식에 작성한다. | |
| | 8 | 실험 종료 후 사용한 기구를 청결히 정리한다. | |

## 02  콘크리트의 공기량 시험 작업 순서

### 01 공기량 시험 기구

1-다짐봉(또는 목재 정규)
2-작은삽
3-공기량 시험기
4-물통
5-고무(나무)망치

### 02 공기량 측정기의 구조

1-배수구
2-압력 조정구
3-주수구
4-주수구 조정 밸브
5-게이지
6-핸드 펌프
7-플랜지(고정 나사)
8-작동 밸브

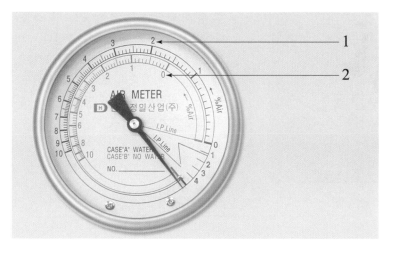

### 03 게이지 확인 방법

1-주수법 : 검정색 눈금
2-주수법이 아닐 때 : 붉은색 눈금

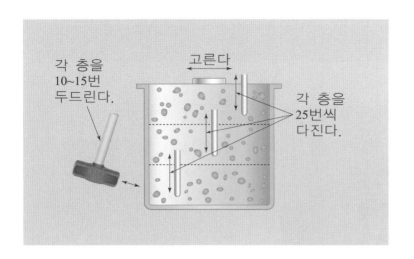

## 04 시료 넣기의 모형도

- 각 층을 25번씩 다진다(총 75번 다짐)
- 고무망치로 용기의 옆면을 10~15번 두드린다(총 30~45번 두드림).

## 05 용기에 시료 넣기

- 용기의 1/3씩 넣는다.
- 총 3층

## 06 다짐 모습

시료를 용기의 1/3까지 넣고 고르게 한 후 용기 바닥에 닿지 않도록 각 층을 다짐봉으로 25회 균등하게 다진다. 그리고 다짐 구멍이 없어지고 콘크리트의 표면에 큰 거품이 보이지 않게 되도록 하기 위하여 용기의 옆면을 10~15회 고무망치로 두드린다.

## 07 중간 다짐

용기의 약 2/3까지 넣고 25회 다지고, 고무망치로 10~15회 용기를 두드린다.

## 08 최종 다짐

마지막으로 용기에서 조금 흘러넘칠 정도로 시료를 넣고 같은 조작을 반복한다. 다짐봉의 다짐 깊이는 거의 각 층의 두께로 한다.

## 09 용기의 옆면 두들기기

용기의 옆면을 고무망치로 가볍게 두드려(10~15회) 빈틈을 없애는 모습

### 10 다짐봉으로 마무리

용기 윗부분의 남는 여분의 시료를 자로
(다짐봉)으로 깍아서 평탄하게 한다.

### 11 뚜껑을 닫기 위해 청소

덮개가 닿을 용기의 윗면에 남은 콘크
리트를 걸레로 닦아 낸다.

### 12 깔끔히 청소한 모습

남은 콘크리트를 말끔히 최종 청소된
모양

### 13 플랜지(고정 나사) 조이기

용기의 플랜지의 윗면과 덮개의 플랜지의 아랫면을 완전히 닦은 후 덮개의 겉과 안을 통기할 수 있도록 하여 살짝 덮개를 용기에 부착하고 공기가 새지 않도록 대각선을 반복하여 조인다.

### 14 빈틈 없이 플랜지를 조인다.

공기가 새지 않도록 대각선으로 하여 플랜지(고정 나사)를 3~4번 반복하여 조인다.

### 15 배수구를 연다.

배수구에서 배수되어 덮개의 안팎과 수면 사이의 공기가 빠져나갈 수 있도록 배수구를 열어 놓는다.

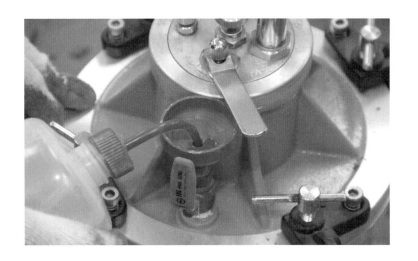

### 16 주수구에 주수하기

배수구에서 배수되어 덮개의 안팎과
수면 사이의 공기가 빠져나갈 때까지
주수구에서 물을 주수한다. 이때 공기
실의 주밸브는 잠그고, 배수구 밸브와
주수구 밸브를 열어 놓는다.

### 17 배수구 및 주수구 닫기

배수구에서 배수되면 모든 밸브를 닫는다.

### 18 핸드 펌프 펌핑하기

공기 핸드 펌프로 공기실의 압력을 초
기 압력보다 약간 높아질 때까지 펌핑
한다.

### 19 무리하지 않게 펌핑

공기 핸드 펌프로 펌핑하는 모습

### 20 공기 핸드 펌프 잠그기

공기실의 압력을 초기 압력보다 약간
높아지면 펌핑을 멈춘다.

### 21 압력계 손끝으로 두드리기

약 5초 후 조절 밸브를 서서히 열고 압
력계의 바늘을 안정시키기 위하여 압
력계를 가볍게 두드리고 압력계의 지
침을 초기 압력의 눈금에 바르게 일치
시킨다.

## 22 초기 압력 눈금

압력계의 지침을 초기 압력이 '1'에
일치시킨다.
- 주수법 : 1
- 무수법 : 0

## 23 작동 밸브를 누르기

약 5초 후에 작동 밸브를 충분히 연다.

## 24 최종 고무 망치 사용하기

작동 밸브를 충분히 열고 난후 용기의
측면을 고무망치로 두드린다.

## 25 게이지 눈금 읽기

- 압력계의 눈금을 소수점 이하 첫째 자리로 읽는다.
- 주수법이기 때문에 1.7눈금을 콘크리트의 겉보기 공기량으로 한다.

### 콘크리트 공기량 시험(기사)

| 측정 번호 | 1 |
| --- | --- |
| 겉보기 공기량(%) | 1.7 |
| 골재 수정 계수(%) | 0.8 |
| 공기량(%) | 0.9 |

### 콘크리트 공기량 시험(산업기사)

| 측정 번호 | 1 |
| --- | --- |
| 겉보기 공기량(%) | 1.7 |

## 26 양식에 겉보기 공기량 기입

- 콘크리트 기사
- 겉보기 공기량 : 1.7 기입
- 골재 수정 계수 : 0.8% 주이짐.
- 공기량 계산
  1.7 − 0.8 = 0.9
- 콘크리트 산업기사
- 겉보기 공기량 1.7만 기입한다.
- 공기량 계산은 없음

# 05 반발 경도 비파괴 시험 KS F 2730

## 01 작업형 실기 시험 방법

| 세 부 항 목 | 항목 번호 | 항 목 별 작 업 방 법 | 배 점 |
|---|---|---|---|
| 반발경도 시험 | 1 | 측정면은 평탄면을 선정하여, 연삭 숫돌 또는 사포로 연마한다. | |
| | 2 | 타격점 간의 간격이 30mm 이상이고, 20점의 시험 값을 올바르게 구한다. | |
| | 3 | 요구한 각도로 타격하며 시험체 면과 수직으로 타격 한다. | |
| | 4 | 측정된 20개의 반발도의 평균 반발도 R값을 구하여 양식에 올바르게 기재한다. (이때 20개의 평균으로 부터 오차가 20% 이상이 되는 시험값은 버리고 나머지 시험값의 평균을 구하며, 버리는 값이 4개 이상이면 전체 시험값군을 버리고 재시험을 수행) | |
| | 5 | 시험 결과를 가지고 R값을 제외한 양식 작성이 정확하고 산출 근거가 옳은지 확인한다. | |
| | 6 | 실험 종료 후 사용한 기구를 청결히 정리하고 분필 자국을 닦는다. | |

※ 참고
수정 반발 경도$(R_o) = R + \triangle R$
압축 강도 추정값$(F_c) = \alpha_t \times F$

## 02 반발 경도 비파괴 시험 작업 순서

### 01 반발 경도 시험 시험 기구

1-슈미트 해머
2-연삭숫돌
3-거리측정자
4-분필
5-붓솔

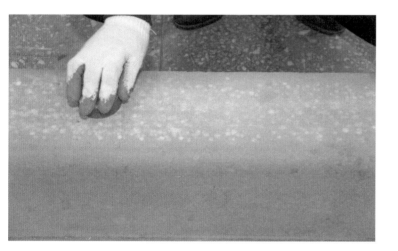

### 02 연삭숫돌 사용

평탄면을 선정하여, 연삭 숫돌 또는
사포로 연마한다.

### 03 청소

평탄면을 선정하여, 연삭 숫돌 또는
사포로 연마 후 붓솔을 사용하여 청소
한다.

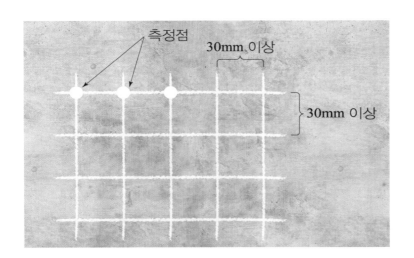

측정점

30mm 이상

30mm 이상

## 04 타격점 모양

타격 점의 상호간격은 30mm로 하여 종으로 4열, 횡으로 5열의 선을 그어 직교되는 20점을 타격한다.

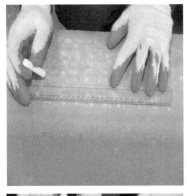 

 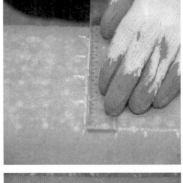

 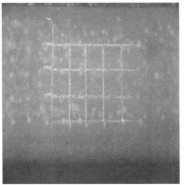

## 05 타격점 만들기

- 거리 측정자를 이용하여 측정점을 표시 한다.
- 종으로 4열

### 06 첫 타격봉 모양

첫 타격점에 타격봉을 댄다.

### 07 타격 후의 모양

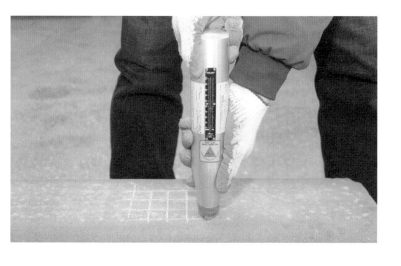

### 08 타격하는 자세

타격 후의 자세는 콘크리트의 표면에
수직으로 한다.

### 09 멈춤 단추 누르기

타격 후 멈춤 단추을 누르고 지침이 가리키는 눈금을 읽는다.

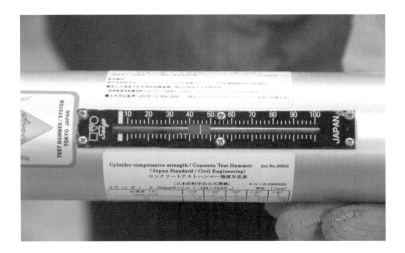

### 10 첫 번째 눈금 읽기

첫 측점 지침이 가리키는 눈금 45를 읽는다. (눈금 45를 기록한다.)

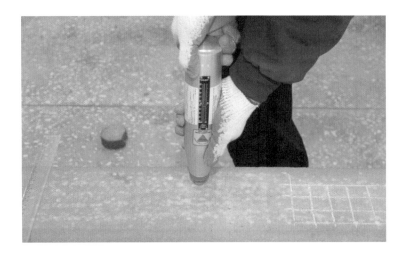

### 11 빈 공간에서 슈미트 해머

타격봉을 빈 공간에 대고 멈춤 버튼을 누른다.

## 12 멈춤 버튼 누르기

타격봉을 빈 공간 바닥판에 대고 멈춤 버튼을 누른다.

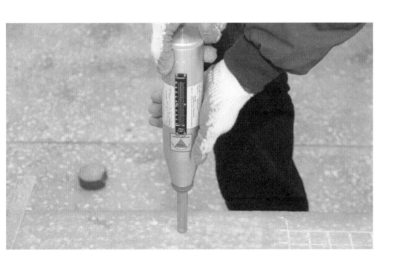

## 13 타격 전의 자세

타격봉을 빈 공간 바닥판에 대고 멈춤 버튼을 누르면 아래와 같은 모양이 된다.

## 14 타격 후의 자세

2번째 측격정점에 대고 반복하여 타격한다.

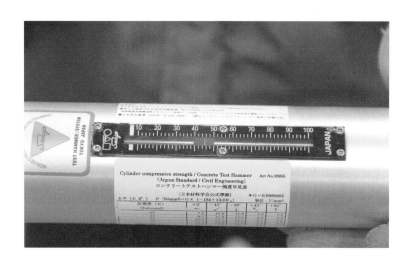

### 15 두 번째 눈금 읽기

2번째 측정값 46을 읽는다. 그리고 양식지에 46을 기록한다.

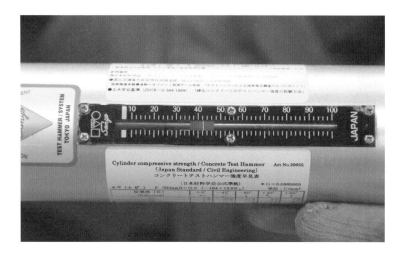

### 16 세 번째 눈금 읽기

3번째 측정값 42를 읽고 양식지에 42를 기록한다.

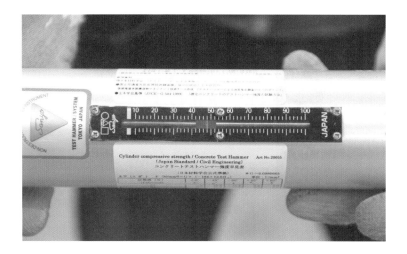

### 17 네 번째 눈금 읽기

4번째 측정값 48을 읽고 양식에 48을 기록한다.

| 45 | 46 | 42 | 48 | 44 |
|----|----|----|----|----|
| 43 | 44 | 46 | 43 | 47 |
| 45 | 46 | 45 | 44 | 45 |
| 46 | 47 | 44 | 46 | 47 |

## 18 측정값의 기록

측정값을 양식지에 기록한 결과물

## 19 타격했던 흔적

## 20 최종 청소하기

타격했던 흔적을 지워 정리 정돈한다.

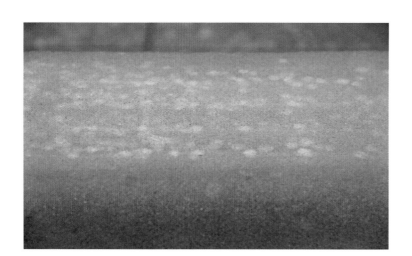

**21** 정리 정돈 후의 모습

## 【첨부물】 재령 보정계수

| 재령 | 4일 | 5일 | 6일 | 7일 | 8일 | 9일 | 10일 | 11일 | 12일 | 13일 |
|---|---|---|---|---|---|---|---|---|---|---|
| $\alpha_t$ | 1.90 | 1.84 | 1.78 | 1.72 | 1.67 | 1.61 | 1.55 | 1.49 | 1.45 | 1.40 |
| 재령 | 14일 | 15일 | 16일 | 17일 | 18일 | 19일 | 20일 | 21일 | 22일 | 23일 |
| $\alpha_t$ | 1.36 | 1.32 | 1.28 | 1.25 | 1.22 | 1.18 | 1.15 | 1.12 | 1.10 | 1.08 |
| 재령 | 24일 | 25일 | 26일 | 27일 | 28일 | 29일 | 30일 | 32일 | 34일 | 36일 |
| $\alpha_t$ | 1.06 | 1.04 | 1.02 | 1.01 | 1.00 | 0.99 | 0.99 | 0.98 | 0.96 | 0.95 |
| 재령 | 38일 | 40일 | 42일 | 44일 | 46일 | 48일 | 50일 | 52일 | 54일 | 56일 |
| $\alpha_t$ | 0.94 | 0.93 | 0.92 | 0.91 | 0.90 | 0.89 | 0.87 | 0.87 | 0.87 | 0.86 |
| 재령 | 58일 | 60일 | 62일 | 64일 | 66일 | 68일 | 70일 | 72일 | 74일 | 76일 |
| $\alpha_t$ | 0.86 | 0.86 | 0.85 | 0.85 | 0.85 | 0.84 | 0.84 | 0.84 | 0.83 | 0.83 |
| 재령 | 78일 | 80일 | 82일 | 84일 | 86일 | 88일 | 90일 | 100일 | 125일 | 150일 |
| $\alpha_t$ | 0.82 | 0.82 | 0.82 | 0.81 | 0.81 | 0.80 | 0.80 | 0.78 | 0.76 | 0.74 |
| 재령 | 175일 | 200일 | 250일 | 300일 | 400일 | 500일 | 750일 | 1000일 | 2000일 | 3000일 |
| $\alpha_t$ | 0.73 | 0.72 | 0.71 | 0.70 | 0.68 | 0.67 | 0.66 | 0.65 | 0.64 | 0.63 |

**예제1**

## 반발 경도 시험

| 측정 위치 | 측정값 | | | | | 평균 반발도 | 타격 각도 | 각도 보정값 | 수정 반발경도 | 압축 강도 (MPa) | 재령 보정계수 | 압축강도 추정값 (MPa) |
|---|---|---|---|---|---|---|---|---|---|---|---|---|
| | | | | | | $R$ | $\alpha$ | $\triangle R$ | $R_o$ | $F$ | $\alpha_t$ | $F_c$ |
| | 45 | 46 | 42 | 48 | 44 | 45 | $-90°$ | +3.3 | 48.3 | 44.39 | 0.82 | 36.40 |
| | 43 | 44 | 46 | 43 | 47 | | | | | | | |
| | 45 | 46 | 45 | 44 | 45 | | | | | | | |
| | 46 | 44 | 44 | 45 | 46 | | | | | | | |

[조건]

1. 주어진 조건에서의 보정만 실시한다.
2. 타격방향에 대한 각도보정값은 첨부물의 표를 사용하며, 이 값을 이용하여 수정반발경도 $R_o$를 구한다.
3. 압축강도($F$) = $1.3R_o - 18.4$(MPa)
4. 콘크리트의 재령일은 80일이며, 재령보정계수는 첨부물의 표를 사용한다.
5. 재령보정계수를 이용하여 압축강도 추정값($F_c$)를 산출한다.

[산출 근거]

· 평균 반발도(R) :

$$R = \frac{45+46+42+48+44+43+44+46+43+47+45+46+45+44+45+46+44+44+45+46}{20}$$

$$= \frac{\Sigma\,898}{20} = 45$$

· ±20% 오차 범위 내의 값

$(0.80) \times 45 = 36 \sim (1.20) \times 45 = 54$

∴ 벗어난 측정값이 없으므로 평균반발도 $R = 45$

· 수정 반발 경도($R_o$)

[첨부물]

· 타격 방향에 대한 보정값에서 R=45와 $-90°$ 일치점

$\triangle R = +3.3$

∴ $R_o = R + \triangle R = 45 + 3.3 = 48.3$

· 압축 강도($F$)

$F = 1.3\,R_o - 18.4 = 1.3 \times 48.3 - 18.4 = 44.39\,\text{MPa}$

$\alpha_t = 0.82(\because$ 재령 80일 때)

[첨부물]

· 재령 보정 계수에서 80일

∴ $F_c = \alpha_t\,F = 0.82 \times 44.39 = 36.40\,\text{MPa}$

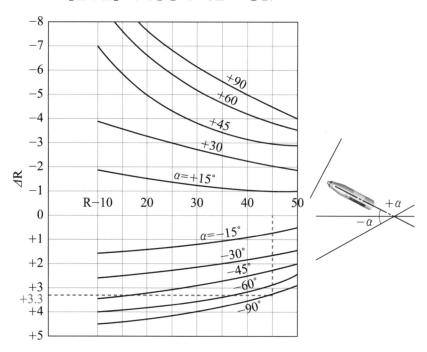

【첨부물】타격방향에 대한 보정값

예제2

반발 경도 시험

| 측정<br>위치 | 측정값 | | | | | 평균<br>반발도 | 타격<br>각도 | 각도<br>보정값 | 수정<br>반발경도 | 압축<br>강도<br>(MPa) | 재령<br>보정계수 | 압축강도<br>추정값<br>(MPa) |
|---|---|---|---|---|---|---|---|---|---|---|---|---|
| | | | | | | $R$ | $\alpha$ | $\triangle R$ | $R_o$ | $F$ | $\alpha_t$ | $F_c$ |
| | 45 | 46 | 30 | 48 | 44 | 45.05 | 0° | 0 | 45.05 | 40.17 | 0.70 | 28.12 |
| | 43 | 44 | 55 | 43 | 47 | | | | | | | |
| | 45 | 46 | 45 | 44 | 45 | | | | | | | |
| | 46 | 44 | 44 | 45 | 46 | | | | | | | |

[조건]

1. 주어진 조건에서의 보정만 실시한다.

2. 타격방향에 대한 각도보정값은 첨부물의 표를 사용하며, 이 값을 이용하여 수정반발경도 $R_o$를 구한다.

3. 압축강도$(F) = 1.3R_o - 18.4(MPa)$

4. 콘크리트의 재령일은 300일이며, 재령보정계수는 첨부물의 표를 사용한다.

5. 재령보정계수를 이용하여 압축강도 추정값$(F_c)$를 산출한다.

[산출 근거]

· 평균 반발도(R) :

$$R = \frac{45+46+30+48+44+43+44+46+43+47+45+46+45+44+45+46+44+44+45+46}{20}$$

$$= \frac{\sum 886}{20} = 44$$

· ±20% 오차 범위 내의 값

$(0.80) \times 44 = 35.2 \sim (1.20) \times 44 = 52.8$

측정값 30이 벗어났으므로 제외

$$\therefore R = \frac{886-30}{19} = 45.05$$

· 수정 반발 경도($R_o$)

[첨부물]

· 타격 방향에 대한 보정값에서 R=45와 0° 일치점

$\Delta R = 0$

$$\therefore R_o = R + \Delta R = 45.05 + 0 = 45.05$$

· 압축 강도($F$)

$F = 1.3 R_o - 18.4 = 1.3 \times 45.05 - 18.4 = 40.17 MPa$

$\alpha_t = 0.70 (\because 재령 300일 때)$

[첨부물]

· 재령 보정 계수에서 300일

$$\therefore F_c = \alpha_t F = 0.70 \times 40.17 = 28.12 MPa$$

【첨부물】 타격방향에 대한 보정값

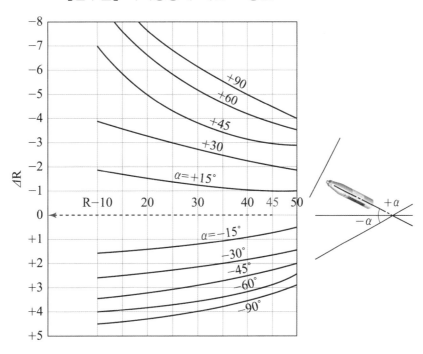

예제3

반발 경도 시험

| 측정 위치 | 측정값 | | | | | 평균 반발도 | 타격 각도 | 각도 보정값 | 수정 반발경도 | 압축 강도 (MPa) | 재령 보정계수 | 압축강도 추정값 (MPa) |
|---|---|---|---|---|---|---|---|---|---|---|---|---|
| | | | | | | $R$ | $\alpha$ | $\triangle R$ | $R_o$ | $F$ | $\alpha_t$ | $F_c$ |
| | 45 | 46 | 44 | 48 | 44 | 45 | +90° | -4.6 | 40.4 | 34.12 | 0.82 | 27.98 |
| | 43 | 30 | 46 | 43 | 47 | | | | | | | |
| | 45 | 46 | 45 | 54 | 45 | | | | | | | |
| | 46 | 44 | 44 | 45 | 44 | | | | | | | |

[조건]
1. 주어진 조건에서의 보정만 실시한다.
2. 타격방향에 대한 각도보정값은 첨부물의 표를 사용하며, 이 값을 이용하여 수정반발경도 $R_o$를 구한다.
3. 압축강도($F$) = $1.3R_o - 18.4$(MPa)
4. 콘크리트의 재령일은 80일이며, 재령보정계수는 첨부물의 표를 사용한다.
5. 재령보정계수를 이용하여 압축강도 추정값($F_c$)를 산출한다.

[산출 근거]
· 평균 반발도(R) :

$$R = \frac{45+46+30+48+44+43+44+46+43+47+45+46+45+44+45+46+44+44+45+54}{20}$$

$$= \frac{\sum 894}{20} = 44.7$$

· ±20% 오차 범위 내의 값
  $(0.80) \times 44.7 = 35.76 \sim (1.20) \times 44.7 = 53.64$
  측정값 30.54가 벗어났으므로 제외

$$\therefore R = \frac{894 - 30 - 54}{18} = 45$$

· 수정 반발 경도($R_o$)
[첨부물]
· 타격 방향에 대한 보정값에서 R=45와 +90° 일치점
  $\triangle R = -4.6$
  $\therefore R_o = R + \triangle R = 45 - 4.6 = 40.4$
· 압축 강도($F$)
  $F = 1.3R_o - 18.4 = 1.3 \times 40.4 - 18.4 = 34.12 \text{MPa}$
  $\alpha_t = 0.82 (\because 재령 80일 때)$
[첨부물]
· 재령 보정 계수에서 80일
  $\therefore F_c = \alpha_t F = 0.82 \times 34.12 = 27.98 \text{MPa}$

【첨부물】 타격방향에 대한 보정값

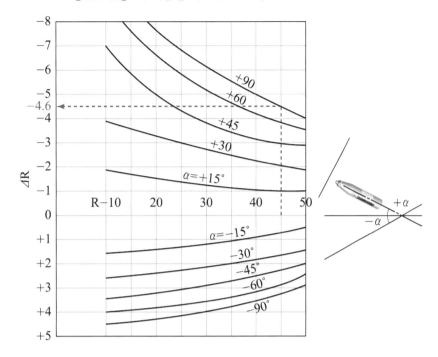

필답형+작업형

# 콘크리트기사 · 산업기사 3주완성(실기)

—————————— 定價 30,000원

저 자   정용욱 · 한웅규
　　　　홍성협 · 전지현

발행인   이　종　권

2014年　4月　 7日　초판1쇄발행
2014年　6月　 3日　초판2쇄발행
2015年　3月　 3日　2차개정발행
2016年　3月　 7日　3차개정발행
2017年　1月　29日　4차개정발행
2018年　3月　 6日　5차개정발행
2019年　3月　19日　6차개정발행
2020年　3月　16日　7차개정발행
2021年　3月　25日　8차개정발행
2022年　3月　16日　9차개정발행
2023年　3月　15日　10차개정발행
2024年　3月　20日　11차개정발행

發行處   (주) 한솔아카데미

(우)06775 서울시 서초구 마방로10길 25 트윈타워 A동 2002호
TEL : (02)575-6144/5　　FAX : (02)529-1130
〈1998. 2. 19 登錄 第16-1608號〉

ISBN 979-11-6654-509-2 13530

**건축기사시리즈**
**①건축계획**
이종석, 이병억 공저
536쪽 | 26,000원

**건축기사시리즈**
**②건축시공**
김형중, 한규대, 이명철, 홍태화 공저
678쪽 | 26,000원

**건축기사시리즈**
**③건축구조**
안광호, 홍태화, 고길용 공저
796쪽 | 27,000원

**건축기사시리즈**
**④건축설비**
오병칠, 권영철, 오호영 공저
564쪽 | 26,000원

**건축기사시리즈**
**⑤건축법규**
현정기, 조영호, 김광수, 한웅규 공저
622쪽 | 27,000원

**건축기사 필기 10개년**
**핵심 과년도문제해설**
안광호, 백종엽, 이병억 공저
1,000쪽 | 44,000원

**건축기사 4주완성**
남재호, 송우용 공저
1,412쪽 | 46,000원

**건축산업기사 4주완성**
남재호, 송우용 공저
1,136쪽 | 43,000원

**7개년 기출문제**
**건축산업기사 필기**
한솔아카데미 수험연구회
868쪽 | 37,000원

**건축설비기사 4주완성**
남재호 저
1,280쪽 | 44,000원

**건축설비산업기사**
**4주완성**
남재호 저
770쪽 | 38,000원

**10개년 핵심**
**건축설비기사 과년도**
남재호 저
1,148쪽 | 38,000원

**건축기사 실기**
한규대, 김형중, 안광호, 이병억 공저
1,672쪽 | 52,000원

**건축기사 실기**
**(The Bible)**
안광호, 백종엽, 이병억 공저
818쪽 | 37,000원

**건축기사 실기 12개년**
**과년도**
안광호, 백종엽, 이병억 공저
688쪽 | 30,000원

**건축산업기사 실기**
한규대, 김형중, 안광호, 이병억 공저
696쪽 | 33,000원

**건축산업기사 실기**
**(The Bible)**
안광호, 백종엽, 이병억 공저
300쪽 | 27,000원

**실내건축기사 4주완성**
남재호 저
1,320쪽 | 39,000원

**실내건축산업기사**
**4주완성**
남재호 저
1,020쪽 | 31,000원

**시공실무**
**실내건축(산업)기사 실기**
안동훈, 이병억 공저
422쪽 | 31,000원

# Hansol Academy

**건축사 과년도출제문제
1교시 대지계획**
한솔아카데미 건축사수험연구회
346쪽 | 33,000원

**건축사 과년도출제문제
2교시 건축설계1**
한솔아카데미 건축사수험연구회
192쪽 | 33,000원

**건축사 과년도출제문제
3교시 건축설계2**
한솔아카데미 건축사수험연구회
436쪽 | 33,000원

**건축물에너지평가사
①건물 에너지 관계법규**
건축물에너지평가사 수험연구회
818쪽 | 30,000원

**건축물에너지평가사
②건축환경계획**
건축물에너지평가사 수험연구회
456쪽 | 26,000원

**건축물에너지평가사
③건축설비시스템**
건축물에너지평가사 수험연구회
682쪽 | 29,000원

**건축물에너지평가사
④건물 에너지효율설계·평가**
건축물에너지평가사 수험연구회
756쪽 | 30,000원

**건축물에너지평가사
2차실기(상)**
건축물에너지평가사 수험연구회
940쪽 | 45,000원

**건축물에너지평가사
2차실기(하)**
건축물에너지평가사 수험연구회
905쪽 | 50,000원

**토목기사시리즈
①응용역학**
염창열, 김창원, 안광호, 정용욱,
이지훈 공저
804쪽 | 25,000원

**토목기사시리즈
②측량학**
남수영, 정경동, 고길용 공저
452쪽 | 25,000원

**토목기사시리즈
③수리학 및 수문학**
심기오, 노재식, 한웅규 공저
450쪽 | 25,000원

**토목기사시리즈
④철근콘크리트 및 강구조**
정경동, 정용욱, 고길용, 김지우
공저
464쪽 | 25,000원

**토목기사시리즈
⑤토질 및 기초**
안진수, 박광진, 김창원, 홍성협
공저
640쪽 | 25,000원

**토목기사시리즈
⑥상하수도공학**
노재식, 이상도, 한웅규, 정용욱
공저
544쪽 | 25,000원

**10개년 핵심 토목기사
과년도문제해설**
김창원 외 5인 공저
1,076쪽 | 45,000원

**토목기사 4주완성
핵심 및 과년도문제해설**
이상도, 고길용, 안광호, 한웅규,
홍성협, 김지우 공저
1,054쪽 | 42,000원

**토목산업기사 4주완성
7개년 과년도문제해설**
이상도, 정경동, 고길용, 안광호,
한웅규, 홍성협 공저
752쪽 | 39,000원

**토목기사 실기**
김태선, 박광진, 홍성협, 김창원,
김상욱, 이상도 공저
1,496쪽 | 50,000원

**토목기사 실기
12개년 과년도문제해설**
김태선, 이상도, 한웅규, 홍성협,
김상욱, 김지우 공저
708쪽 | 35,000원